LE HÊTRE

LE HÊTRE

Comité de rédaction :

E. Teissier du Cros
Coordonnateur

et

F. Le Tacon
G. Nepveu
J. Pardé
R. Perrin
J. Timbal

Département des Recherches forestières

1981

INSTITUT NATIONAL DE LA RECHERCHE AGRONOMIQUE
DÉPARTEMENT DES RECHERCHES FORESTIÈRES
149, rue de Grenelle, 75341 Paris Cedex 07

TABLE DES AUTEURS*

Aussenac **Gilbert,** Station de Sylviculture et Production (1).

Becker **Michel,** Directeur du Laboratoire de Phytoécologie Forestière (1).

Bonneau **Maurice,** Directeur de la Station de Recherches sur les Sols Forestiers et la Fertilisation (1).

Bonnet-Masimbert **Marc,** Station d'Amélioration des Arbres Forestiers (2).

Bouchon **Jean,** Station de Sylviculture et Production (1).

Bouvarel **Pierre,** Chef du Département des Recherches Forestières (1).

Buffet **Michel,** Section Technique de l'Office National des Forêts, Boulevard de Constance, 77305 Fontainebleau Cedex.

Comps **Bernard,** Laboratoire de Botanique, Université de Bordeaux I, 33405 Talence.

Cornu **Daniel,** Station d'Amélioration des Arbres Forestiers (2).

Decourt **Noël,** Directeur de la Station de Recherches sur la Forêt et l'Environnement (2).

Ducreux **Pierre,** Chef de la Division Graines et Plants forestiers, Centre National du Machinisme Agricole, du Génie Rural, des Eaux et des Forêts, Domaine des Barres, 45290 Nogent-sur-Vernisson.

Ferrand **Jean-Charles,** Station de Recherches sur la Qualité du Bois (1).

Frochot **Henri,** Station de Sylviculture et Production (1).

Huber **Françoise,** Station de Recherches sur la Qualité des Bois (1).

Janin **Gérard,** Station de Recherches sur la Qualité des Bois (1).

Keller **René,** Professeur de Technologie Forestière (3).

Lanier **Louis,** Professeur de Sylviculture (3).

Le Goff **Noël,** Station de Sylviculture et Production (1).

Le Louarn **Henri,** Centre de Recherches Agronomiques, Ecole Nationale Supérieure Agronomique, 65, rue de Saint-Brieuc, 35042 Rennes Cedex.

Le Pont **Pierre,** Inspection Générale de l'Office National des Forêts, 2, avenue de Saint-Mandé, 75570 Paris Cedex 12.

Le Tacon **François,** Station de Recherches sur les Sols Forestiers et la Fertilisation (1).

Letouzey **Josette,** Laboratoire de Botanique, Université de Bordeaux I, 33405 Talence.

Malphettes **Claude-Bernard,** Station de Recherches de Zoologie et Biocénotique Forestières (2).

Martin **Bernard,** Professeur de Génétique et de Reboisement (3).

Martinot-Lagarde **Pierre,** Directeur Technique de l'Office National des Forêts, 2, avenue de Saint-Mandé, 75570 Paris Cedex 12.

---

* Table des matières : cf. p. 11.

MORMICHE André, Directeur Régional de l'Office National des Forêts, Région Haute et Basse Normandie, 58, avenue Bouquet, 76042 Rouen Cedex.

MULLER Claudine, Laboratoire de Graines (1).

NEPVEU Gérard, Station de Recherches sur la Qualité des Bois (1).

OSWALD Helfried, Station de Sylviculture et Production (1).

PARDÉ Jean, Directeur de la Station de Sylviculture et Production (1).

PERRIN Robert, INRA, Station de Recherches sur la Flore Pathogène dans le Sol, 17, rue Sully, B.V. 1540, 21034 Dijon Cedex.

PICARD Jean-François, Laboratoire de Phytoécologie Forestière (1).

RIEDACKER Arthur, Station de Sylviculture et Production (1).

TEISSIER du CROS Eric, Station d'Amélioration des Arbres Forestiers (2).

THIEBAUT Bernard, Institut de Botanique, Université des Sciences et Techniques du Languedoc, rue Auguste Broussonnet, 34000 Montpellier.

TIMBAL Jean, Laboratoire de Phytoécologie Forestière (1).

VANNIÈRE Bernard, Professeur d'Aménagement Forestier (3).

VENET Jean, Professeur Honoraire de Technologie Forestière et Sylviculture (3).

VERNET Jean-Louis, Laboratoire de Paléobotanique et Evolution des Végétaux, Faculté des Sciences et Techniques du Languedoc, Place E. Bataillon, 34060 Montpellier.

VERNET Philippe, Centre National de la Recherche Scientifique, C.E.P.E., Laboratoire de Génétique Ecologique, B.P. 5051, 34033 Montpellier Cedex.

(1) Institut National de la Recherche Agronomique (INRA). Centre National de Recherches Forestières. Champenoux 54280 Seichamps.

(2) INRA, Centre de recherches d'Orléans. Ardon 54160 Olivet.

(3) Ecole Nationale du Génie Rural, des Eaux et des Forêts. 14, rue Girardet. 54042 Nancy Cedex.

AVERTISSEMENT

Pour cet ouvrage, nous avons fait appel à de nombreux auteurs. Chacun s'est exprimé selon son style et selon la vue particulière de sa spécialité. Les opinions émises n'engagent que leur responsabilité.

Cet ouvrage comporte de nombreuses illustrations. Si elles ont été empruntées à d'autres auteurs, ou si elles ont déjà été publiées, cela est indiqué clairement. L'absence de toute indication sous entend qu'elles sont publiées pour la première fois.

Chaque fois que nécessaire, des termes techniques précis ont été employés plutôt que des périphrases. Si la définition ne suit pas immédiatement dans le texte, elle pourra être trouvée dans le « glossaire » en fin d'ouvrage.

Le Comité de Coordination

REMERCIEMENTS

Nous tenons à exprimer notre reconnaissance à tous les forestiers de la forêt soumise et de la forêt privée, à tous les techniciens des équipes de la recherche forestière qui ont permis de réaliser les dispositifs et les observations d'où découle l'essentiel des développements qui suivront.

Nous remercions les dessinateurs sans qui cet ouvrage aurait perdu beaucoup de sa valeur. Nous citerons parmi eux Monsieur Epvre HENRION, dont chacun connait la qualité des travaux.

Nous sommes tous redevables à Mademoiselle Michèle AUDOUX et Mademoiselle Marie-Jeanne LIONNET du soin qu'elles ont mis à mettre en forme les si nombreuses références bibliographiques que comporte ce livre.

Nous disons enfin notre gratitude aux personnels des divers secrétariats qui ont assumé la tâche parfois ingrate d'une frappe difficile et souvent répétée.

Les auteurs

TABLE DES MATIÈRES

CONTENTS

PRÉFACE

par

Pierre BOUVAREL

La littérature forestière de langue française est relativement pauvre en monographies d'espèces. Les livres de CAMUS sur les cyprès et les chênes sont surtout œuvres de botaniste ; le traité de subériculture de NATIVIDADE (1956) peut être considéré comme une monographie du chêne-liège ; dans les années récentes, seul l'excellent travail de PUTOD sur le cèdre entre dans cette catégorie.

Les littératures de langues allemande et anglaise sont plus riches : le douglas, le chêne, le chêne rouge, le mélèze, l'épicéa entre autres, y font l'objet d'ouvrages importants. Aux Etats-Unis, la collection des « Sylvics » est un ensemble de monographies brèves mais bien documentées sur les principales essences nord américaines.

A ma connaissance, il n'existe pour le hêtre que deux monographies : l'une en roumain (MILESCU *et al.*, *Fagul*, 1967) qui traite surtout de l'espèce en Roumanie, l'autre en allemand (SCHOBER, *Die Rotbuche*, 1972), où sont spécialement développés les aspects sylviculture et production.

Ce fut une des raisons de l'initiative prise par les chercheurs du Département des recherches forestières de l'I.N.R.A. ; mais aussi la place qu'occupe le hêtre dans nos forêts, les problèmes que posent la gestion et le renouvellement des hêtraies, les nombreux travaux qui lui furent consacrés, en France et en Europe, depuis une vingtaine d'années.

Est-ce à dire que cette grande espèce a été jusque là négligée ? Dans le grand traité de sylviculture de PERRIN (1952), sur 1882 références bibliographiques, 41 seulement mentionnent le hêtre dans leur titre. Cette impression est bien sûr fausse, le hêtre a toujours tenu un bon rang dans les préoccupations des forestiers français — cependant, assez loin derrière le chêne. Mais il faut observer que, d'une manière générale, les connaissances *individuelles* sur les essences forestières, comme d'ailleurs celles sur les espèces d'autres groupes végétaux ou animaux, ont surtout progressé depuis une vingtaine d'années ; cela, en même temps que les progrès foudroyants de la biologie. La diversité des êtres vivants n'est plus perçue seulement par la description systématique et la morphologie, mais par l'infinie variété des fonctionnements et des comportements vis-à-vis des facteurs du milieu, traduisant celle des stratégies adaptatives. Cette avancée des sciences de la vie vient en contrepoint de l'approche des lois fondamentales, portée, avec le succès que l'on sait, par la biologie moléculaire.

Revenons au hêtre : l'ouvrage que nous présentons sera, je l'espère, une bonne illustration de cette « personnalisation » d'une grande espèce forestière. En ce sens, le terme de monographie appliqué à ce volume ne correspond pas au souhait un peu naïf de RENAN « que toutes les parties de la science soient élucidées par des monographies spéciales ». Plusieurs parties de la science, plusieurs disciplines de la biologie végétale sont ici employées, chacune avec son éclairage propre, pour cerner le mieux possible la *personnalité du hêtre* : écologie, physiologie, génétique, pathologie, biométrie notamment.

Nous avons voulu pousser assez loin ce parti que nous avions pris : écrit d'une seule plume, ce livre aurait sans doute gagné en cohérence, en facilité de lecture. Nous avons fait appel à de nombreux auteurs, laissant chacun s'exprimer avec son style propre et la vue particulière de sa spécialité. Qu'on pardonne alors une certaine disparité entre les articles, et quelques redites.

La plupart des auteurs sont donc des spécialistes assez « pointus », qui ne se sont pas limités à exposer leurs propres travaux, mais en s'aidant d'une abondante bibliographie française et étrangère, ont fait le point actuel des connaissances dans le domaine traité. Il faut noter que la cohérence implicite de l'ouvrage tient au fait que beaucoup, chercheurs au Département des recherches forestières de l'I.N.R.A., ont une bonne connaissance des travaux de leurs co-auteurs et travaillent ensemble sur des programmes pluridisciplinaires concernant le hêtre.

Ce livre n'est pas destiné seulement à des scientifiques. Tous les auteurs ont fait le chemin de la connaissance scientifique aux applications, et chaque chapitre comprend des enseignements dont les praticiens pourront tirer parti. Certains, et notamment le chapitre final sur l'aménagement des hêtraies, ont été rédigés par des forestiers ayant une longue pratique de la gestion de ces forêts. En matière forestière, on sait bien que le progrès ne peut être que le fruit commun de l'expérience et de la science.

Je crois que tous, ingénieurs forestiers, techniciens, gestionnaires publics et privés, chercheurs, trouveront dans ce livre, par quelque partie qu'ils l'abordent, du « bon grain », et du nouveau : qu'il s'agisse du comportement du hêtre vis-à-vis des sols et des climats, de la physiologie de sa croissance et de son développement, des techniques de régénération naturelle ou artificielle, des outils dendrométriques utilisables pour le traitement des hêtraies, des parasites et ravageurs, des caractéristiques de son bois. Bien sûr, rien n'est clos ni définitif, et on verra bien, à la lecture, les nombreux domaines ouverts sur de nouveaux progrès en particulier pour les techniques de régénération artificielle et pour une sylviculture orientée de façon plus précise vers la production de bois de qualité.

Je remercie ici tous les auteurs, chacun a traité son sujet clairement et complètement; je fais une mention particulière pour ceux qui ont eu la très lourde tâche d'harmoniser l'ensemble : Eric TEISSIER DU CROS, principal organisateur; Jean PARDÉ qui a revu les textes et apporté d'importantes retouches à certaines parties; Jean TIMBAL, François LE TACON, Gérard NEPVEU, Robert PERRIN qui ont coordonné les grands chapitres.

Je remercie enfin le Service des Publications de l'I.N.R.A., dirigé par Bernard HURPIN, qui a accepté de publier cet important volume; en espérant que l'accueil qu'il recevra encouragera l'éditeur et les auteurs à en faire le premier d'une série.

BIBLIOGRAPHIE

CAMUS A., 1914. Les cyprès. Genre *Cupressus*. Monographie systématique, anatomie, culture, principaux usages. Paris. Lechevalier (Encyclopédie économique de sylviculture. vol. 2), 99 p.

CAMUS A., 1934, 1954. Les chênes. Monographie du Genre *Quercus*. Paris. Lechevalier (Encyclopédie économique de sylviculture, vol. 6), 4 vol.

MILESCU I., ALEXE A., NICOVESCU H., SUCIU P., 1967. Fagul [Le hêtre]. Ed. Agros-Silvica. Bucarest. 581 p.

NATIVIDADE J.V., 1956. Traité de Subériculture. Nancy. E.N.E.F., 304 p.

PERRIN H., 1952. Sylviculture. I. Bases scientifiques de la Sylviculture. Nancy. E.N.E.F., 318 p.

PUTOD R., 1974. Le cèdre dans la région Provence-Côte d'Azur. *Bull. Vulg. For.*, 6, 41 p.

PUTOD R., 1979. Le cèdre en Languedoc-Roussillon. *Bull. Vulg. For.*, 8/9, 11-42.

SCHOBER R., 1972. Die Rotbuche. Frankfurt : Sauerländers. − 333 p.

INTRODUCTION

par

Pierre MARTINOT-LAGARDE

La préface de la présente monographie a montré tout son intérêt, indiquant la place qu'elle vient remplir dans la littérature forestière française. Que peut apporter une introduction à une œuvre aussi dense et aussi complète que le présent ouvrage ? Me posant la question, je suis arrivé à la conclusion qu'elle n'aurait de sens que dans la mesure où elle aiderait le lecteur à en tirer le meilleur parti.

Ce lecteur peut, en simplifiant, être un chercheur ou un praticien. Admettant, de propos délibérés, que le premier, habitué à faire de la documentation, n'aura que peu de difficulté à l'utiliser, j'ai pensé que c'était plutôt au lecteur praticien que je devais m'adresser.

Les praticiens trouveront dans ces pages, et plus particulièrement dans les quatre premiers chapitres, d'excellents exposés qui leur permettront d'accroître, ou de mettre à jour, leurs connaissances fondamentales sur le hêtre et la hêtraie. Ils seront ainsi à même de réfléchir sur les phénomènes qu'ils ont pu observer, de les mieux comprendre et donc de progresser dans l'amélioration de leur gestion.

Ils y trouveront, également, bon nombre de principes ou de techniques, maintenant suffisamment au point pour être immédiatement mis en pratique. C'est sur eux qu'il me parait souhaitable d'insister, après avoir brièvement présenté la hêtraie française.

Nous n'avons pas de chiffres précis concernant les surfaces occupées par la hêtraie de *Fagus silvatica* en Europe de l'Ouest, mais on peut l'évaluer à environ 12 millions d'hectares. En France, les peuplements à « hêtre prépondérant » représentent d'après l'Inventaire Forestier National, 1,25 à 1,30 millions d'hectares, soit un peu moins de 10 % de la forêt française. Toutefois, le hêtre n'est pas toujours prépondérant et on peut admettre qu'on le rencontre dans 1,7 à 2 millions d'hectares de forêt.

Dans les forêt appartenant à l'État et aux collectivités locales, les peuplements, dont le hêtre est l'essence principale, couvrent entre 750 000 et 800 000 hectares. Grâce aux enquêtes réalisées en vue de planifier la mise en valeur de la forêt publique, nous connaissons, avec plus de précision, les surfaces de futaie et les surfaces de taillis-sous-futaie, actuellement en cours de conversion en futaie de hêtre, ou considérées comme susceptibles d'être converties. Elles représentent au total 720 000 hectares, dont 350 000 hectares de futaie, et 370 000 hectares en conversion ou à convertir.

Les futaies actuelles, surtout domaniales (220 000 hectares), se répartissent également entre les zones de plaine et les zones de montagne, de même qu'entre les régions du Nord-Est (Alsace, Bourgogne, Champagne, Franche-Comté, Lorraine) et le reste de la France. Notons, en passant que les hêtraies domaniales les plus connues, qui sont celles de Haute Normandie et de Picardie, ne couvrent ensemble que 70 000 hectares, soit 20 % de la futaie de hêtre publique.

La répartition dans l'espace des futaies deviendra toute autre dans une centaine d'années, lorsque toutes les conversions auront été menées à bien. En effet les peuplements en cours de conversion, ou à convertir en futaie de hêtre, sont situés, presqu'en totalité, dans les cinq régions du Nord-Est (330 000 hectares sur 370 000) et en plaine (345 000 ha). A terme le nord-est de la France possèdera donc 70 % de la futaie de hêtre publique au lieu de 50 % actuellement, et un peu plus de 70 % de cette futaie sera située en plaine. Cette évolution est à noter et devra être prise en compte dans l'orientation des futures recherches.

Lorsque le hêtre doit remplir le rôle d'essence principale du peuplement, les questions que se posent les sylviculteurs à son propos sont de deux ordres : où doit-on le cultiver, et comment ? Il en est de même, à un moindre degré, quand le hêtre est seulement destiné à servir d'essence d'accompagnement.

Ce sont les chapitres de la monographie ayant trait à l'écologie, aux facteurs de production et aux facteurs de qualité, qui s'efforcent de répondre au premier groupe de questions.

Pour bien se développer, le hêtre demande que l'état hygrométrique de l'air soit élevé ; la pluviométrie annuelle doit être supérieure à 600 mm ; au-dessus, son importance ne constitue pas un bon critère de choix. Le hêtre résiste à des froids hivernaux très rigoureux, mais est très sensible aux gelées de printemps, peu à craindre dans l'étage montagnard, mais, en revanche, redoutables à basse altitude, dans les zones d'accumulation d'air froid. C'est une essence de lumière en climat humide, et d'ombre en climat sec.

Le hêtre se plait sur une gamme de sols très étendue, ce qui fait qu'il est préférable de préciser ceux qui ne lui conviennent pas. Ce sont, essentiellement, les sols très pauvres et très acides et les sols à hydromorphie permanente (gley) et temporaire (pseudogley), quand l'horizon hydromorphe est proche de la surface. Il a été longtemps considéré comme une essence améliorante du sol : en fait, ce n'est pas le cas, mais il est rarement très dégradant.

En matière de liaison station-production, j'ai noté une croissance du hêtre plus rapide en climat doux et humide (ouest de la France) qu'en climat plus rigoureux et plus sec (Est), et surtout l'influence importante du microclimat sur la production, qui est nettement plus forte aux expositions nord qu'aux expositions sud.

Quant à l'influence des facteurs édaphiques, on peut retenir que sur les sols acides (Ardennes belges), la production varie de 2 à 7 m^3/ha/an suivant que l'humus est un mor (le moins favorable), un moder ou un mull. Sur les sols calcaires (plateaux du Nord-Est) la production dépend directement du régime hydrique du sol, et est d'autant plus élevée que la station est plus favorable de ce point de vue (bas de pente, calcaires marneux ou fortement alluvionnés, sol lessivé de plateau sur limon...). Elle varie également entre 2 et 7 m^3/ha/an.

Il constitue dans ce cas une essence de reboisement particulièrement adaptée du fait de ses performances.

En ce qui concerne la qualité du bois de hêtre, il semble qu'il faille être beaucoup plus nuancé que par le passé, lorsque l'on opposait le « bon » hêtre calcaire au « mauvais » hêtre siliceux, car il est admis maintenant que les différences entre les bois de hêtre poussés sur ces deux grands types de sols étaient faibles en regard de la variabilité entre massifs. Au total la qualité du bois produit dépendra, essentiellement, de l'origine des hêtres et de la sylviculture qui leur sera appliquée, que nous évoquerons plus loin.

Une prévision précoce des fructifications du hêtre permettrait de mieux organiser les récoltes de faînes et les travaux préparatoires à l'ensemencement ; malheureusement nous ne disposons pas encore, en la matière d'une méthode fiable et facile à mettre en œuvre. Toutefois il est possible dès à présent, d'observer, vers le mois de janvier, s'il existe ou non des fleurs mâles sur les rameaux du sommet des arbres (coupes en exploitation), au printemps l'abondance des fleurs mâles lors de leur chute, dès le mois de juin l'apparition des fruits.

De façon générale, c'est en plaine que l'obtention d'une régénération naturelle de hêtre pose le plus de problèmes. C'est la raison pour laquelle elle y a fait l'objet de nombreuses études au cours de la dernière décennie.

Ces études ont mis en évidence l'intérêt du travail du sol avant la faînée, qui élimine une grande partie de la végétation concurrente, fragmente les horizons organiques permettant ainsi une meilleure pénétration des racines et, enfin, en enfouissant les litières et horizons organiques, empêche le développement de *Rhizoctonia solani*, champignon responsable de la destruction de bien des faînées. Il est donc recommandé, pour toutes ces raisons, d'exécuter, en plaine, un labour profond avant faînée, dont l'efficacité peut encore être améliorée par un deuxième passage superficiel, enfouissant légèrement les faînes.

Restent les dégâts des grands animaux, des rongeurs, et surtout des oiseaux (pinson du Nord et pigeon ramier). On sait, maintenant, que ces derniers sont une des principales causes de l'échec des régénérations naturelles, notamment en Picardie. Malheureusement des systèmes pratiques de protection contre ces prédateurs sont encore à mettre au point.

Au total il apparait que pour réussir une régénération naturelle, il faille avoir environ 20 semis d'un an au mètre carré, répartis assez régulièrement.

Il est admis que la surface terrière à l'hectare du peuplement semencier doit être, au minimum, de 10 m^2 pour assurer un ensemencement convenable. En début de régénération, il convient d'être patient, quitte à renouveler le travail du sol. En revanche, le semis bien installé, il faut aller relativement vite dans l'enlèvement du vieux peuplement, opération qui devrait être terminée en 10 à 15 ans.

Bien qu'il soit d'usage d'utiliser au maximum la régénération naturelle, la régénération artificielle est également largement utilisée tant en cas d'impossibilité d'obtenir un bon ensemencement de futaies arrivées à maturité, qu'en cas d'insuffisance du nombre de semenciers (conversion de taillis-sous-futaie).

Les études génétiques en cours montrent la grande variabilité du hêtre entre régions, provenance ou peuplements, et même entre individus d'un même peuplement. En attendant les résultats définitifs des essais qui définiront les origines de graines à utiliser dans une station donnée, pour obtenir le bois de la meilleure qualité et la plus forte production, il convient d'être très prudent et d'utiliser des plants issus de graines de provenance locale, et en tous cas de ne jamais introduire une « provenance siliceuse » sur une « station calcaire », ni inversement.

Dans ces conditions, compte-tenu de la législation en vigueur, il convient d'étendre judicieusement notre réseau de peuplements porte-graines classés pour qu'il puisse satisfaire l'ensemble des besoins.

Il a été montré que la capacité de production de graines de ces peuplements classés pouvait être améliorée par fertilisation et par des éclaircies précoces et intenses accroissant l'éclairement des houppiers.

Les faînes sont récoltées au sol. Il est souhaitable de ne le faire que sous des arbres remarquables par leur aspect (éliminer les fourchus et les « fibres torses ») et l'abondance de leur fructification. Avant la récolte il est bon de nettoyer le terrain (suppression de la végétation basse, enlèvement de la litière). Les techniques de récolte sont diverses. Le ramassage est encore souvent fait à la main : on a alors un produit très pur mais très coûteux. On utilise de plus en plus le balayage ou l'aspiration, qui donne un mélange qu'il faut ensuite trier.

Après nettoyage et séchage, les faines se conservent très bien pendant cinq années, et même plus, en chambre froide. Il faut savoir cependant qu'avant de semer ces graines, il faut lever leur dormance en les plaçant, par exemple, sur un milieu humide (tourbe, sable) entre + 1 et + 3° jusqu'à l'apparition des premières radicules, sinon on aboutit à un échec. D'autres procédés de levée de dormance sont actuellement à l'étude en particulier en l'intégrant à la conservation.

Les plants de hêtre peuvent être produits dans des pépinières classiques, si possible sur sol de texture sableuse ou sablo-limoneuse; on obtient alors en 3 à 5 ans des plants utilisables (0,4 à 0,8 m). La culture sur tourbe a permis de faire des progrès considérables, fournissant, en 1 an, des plants de bonnes dimensions dont la reprise en forêt est excellente. En revanche ils sont, pour l'instant, à proscrire sur sol non forestier car n'étant pas mycorhizés, leur reprise peut être difficile.

L'intérêt des plantations à densité élevée (localement 10 000/ha) est confirmé sur terrain nu ou avec protection latérale (bandes). Par ailleurs, il faut signaler le bon comportement des plantations sous abri à des densités « classiques », avec l'inconvénient des dégâts éventuellement causés par l'enlèvement de l'abri.

Dans des conditions données de station et d'origine du peuplement la qualité du bois de hêtre qui sera produit est fonction :
— d'une sélection vigoureuse menée contre les arbres à fil tors et à fourches multiples et contre les individus tarés susceptibles de propager la maladie dont ils sont atteints (chancre),
— d'un développement rapide des sujets d'avenir afin qu'ils se constituent le plus tôt possible un houppier bien développé et bien équilibré, les contraintes de croissance étant ainsi limitées au minimum,
— d'une récolte suffisamment précoce pour éviter la formation d'un cœur rouge, soit un âge d'exploitabilité le plus souvent inférieur à 120 ans.

Ces exigences ne peuvent être satisfaites que par une sylviculture énergique, plus dynamique que celle qui fut appliquée dans le passé aux grandes futaies domaniales.

D'un bout à l'autre de la vie d'un peuplement, on doit lui appliquer des opérations sélectives, ayant toutes pour objet de favoriser les sujets de hêtre (ou d'essences qui peuvent lui être associées) possédant les meilleures qualités potentielles. Il est bien entendu que favoriser ne signifie pas que le reste de la population doit être détruit, mais subordonné, afin de constituer un peuplement à deux étages, l'étage inférieur accompagnant le peuplement principal une partie de sa vie et concourant à la formation de ses fûts.

Dès les dégagements, l'élimination de la végétation concurrente du hêtre doit être accompagnée de la suppression des préexistants mal conformés et des sujets contagieux (chancre).

L'intérêt d'un cloisonnement cultural installé dès ces premières interventions n'est plus à démontrer, mais il est souvent imprudent d'en profiter pour ne travailler que par bandes sur une partie de lat surface.

Les nettoiements dans les gaulis doivent être des interventions dans les sujets dominants au détriment des tiges de mauvaise forme et de mauvaise qualité qui doivent être extraites en deux ou trois opérations. Il est inutile, et même nuisible d'éliminer les tiges dominées. Enfin il est indispensable, au cours de ces opérations de respecter suffisamment de sujets des essences d'accompagnement (souvent tous) pour assurer un bon mélange.

Entre 30 et 90 ans la densité d'un peuplement doit passer de 4 000/ 5 000 à l'hectare à 300/500 à l'hectare, mais c'est entre 30 et 40 ans que cette décroissance doit être la plus marquée car ensuite c'est trop tard. Qu'elles soient réalisées après désignation d'arbres de place (à choisir vers 35/40 ans) ou de façon traditionnelle, les éclaircies doivent être fréquentes et énergiques et des normes (§ 6.3) pourront servir de guide pour les conduire.

En ce qui concerne les prévisions de production et de récolte les tables de production anglaise (Hamilton et Christie, 1977) et allemande (Schober, 1972) ont été reconnues valables respectivement pour le nord-ouest et le nord-est de la France.

Voici donc, brièvement présentés, les aspects de la monographie du hêtre sur lesquels il m'a paru bon d'insister. Comme ils se rapportent essentiellement à la culture du hêtre lui-même en tant qu'essence objectif, je voudrais, en guise de conclusion, évoquer le problème de la monoculture, dont il est inutile de rappeler les inconvénients.

Lorsque le hêtre est l'essence objectif, il faut absolument éviter de le conduire en peuplements purs, et c'est une « obsession » que le gestionnaire doit avoir tout au long de la vie des peuplements. Elle doit, en particulier, se traduire par le respect des tiges d'accompagnement (érables, merisiers, fruitiers, divers, ... et même chêne sur terrain acide) lors des dégagements et des nettoiements, leur introduction pour compléter les régénérations naturelles, leur maintien dans les peuplements adultes pour assurer une régénération mélangée.

Enfin, pour terminer, et bien que ce ne soit pas le sujet de cet ouvrage, rappelons que le hêtre est lui-même une essence d'accompagnement, du chêne dont il assure, en sous-étage, un bon élagage des fûts, du sapin et de l'épicéa, dont il facilite la régénération et, d'une façon générale, de tous les résineux à l'intérieur de son aire, même s'il est parfois indispensable de lutter contre lui, pour défendre l'essence principale. Ce rôle plus obscur du hêtre est extrêmement important et mériterait lui aussi d'être plus développé, peut-être dans une étude consacrée aux mélanges d'essences.

TAXONOMIE ET
CARACTÈRES BOTANIQUES

1. – TAXONOMIE ET CARACTÈRES BOTANIQUES

par

Michel BECKER

1.1. LES DIVERSES APPELLATIONS DU HÊTRE

Comme beaucoup d'arbres, le hêtre commun a beaucoup de synonymes, souvent régionaux, que l'on retrouve d'ailleurs fréquemment dans des noms de lieu (toponymie).

Parmi ceux-ci, on peut citer comme plus courant : *fayard, foyard, fouillard, fau, fay, four, foug, fouteau, favinier, feysse, haget...*

Le binôme latin est lui solidement établi : *Fagus silvatica* L. (ou *F. sylvatica*). Ses autres synonymes sont depuis longtemps totalement désuets; citons, pour information, *Fagus echinata* Gilibert, *Fagus silvestris* Gaertn., *Castanea fagus* Scop., *Fagus ciliata* Opiz.

En allemand : *Buche, Rotbuche, Buchbaum*
En anglais : *beech, buck*
En flamand : *beuk, beukenboom, buuk*
En italien : *faggio*

Le nom de « hêtre » quant à lui, vient du vieux germanique *hester,* qui désignait un jeune hêtre (GUYOT et GIBASSIER, 1966).

1.2. CARACTÈRES BOTANIQUES SYSTÉMATIQUES

1.21. APPAREIL REPRODUCTEUR (voir aussi § 521, p. 198)

Comme toutes les plantes de la famille des fagacées (cf. § 123), le hêtre est monoïque, c'est-à-dire qu'il porte sur le même pied des fleurs de deux sortes, les unes staminées (mâles), les autres pistillées (femelles). De

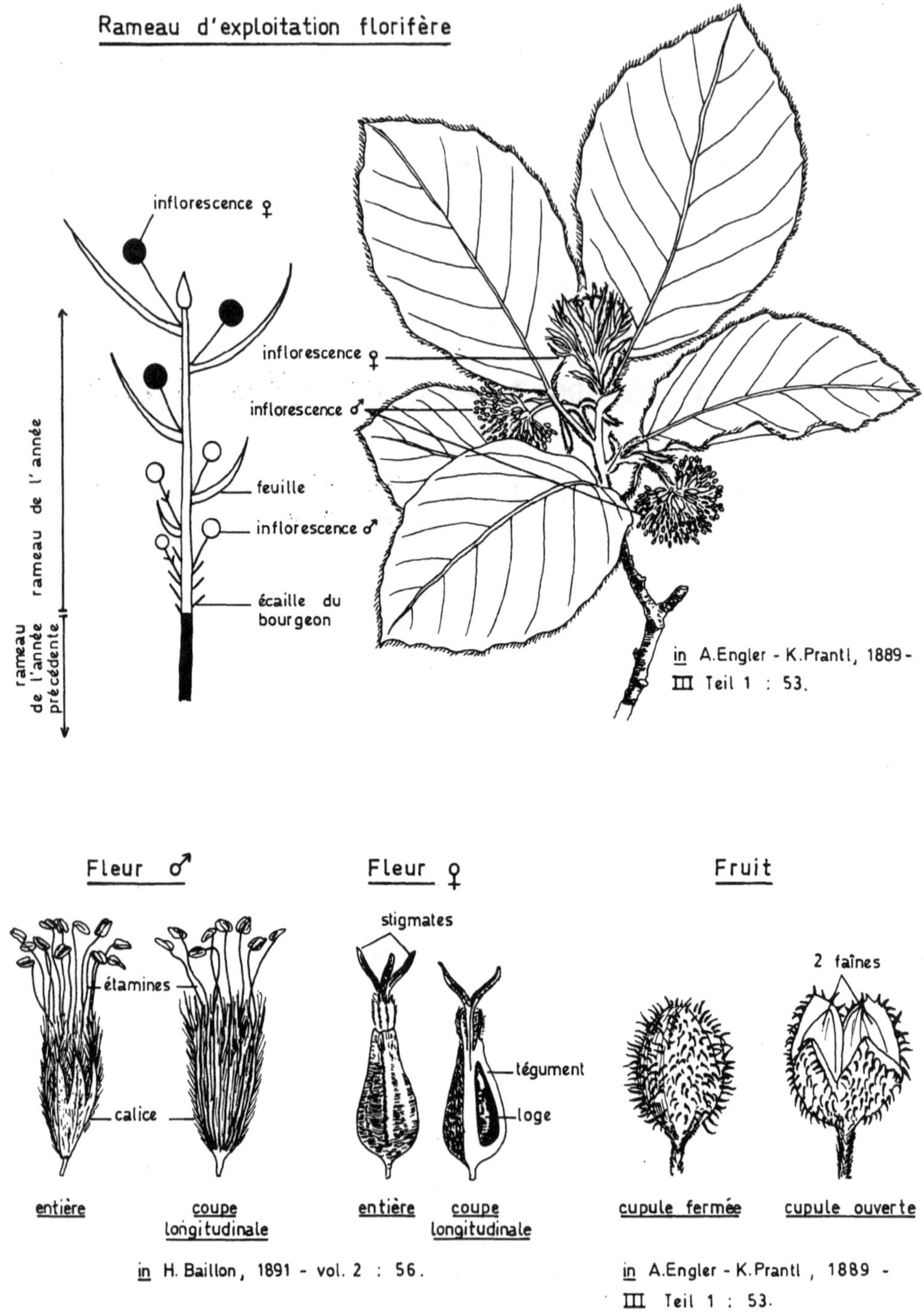

Rameau d'exploitation florifère

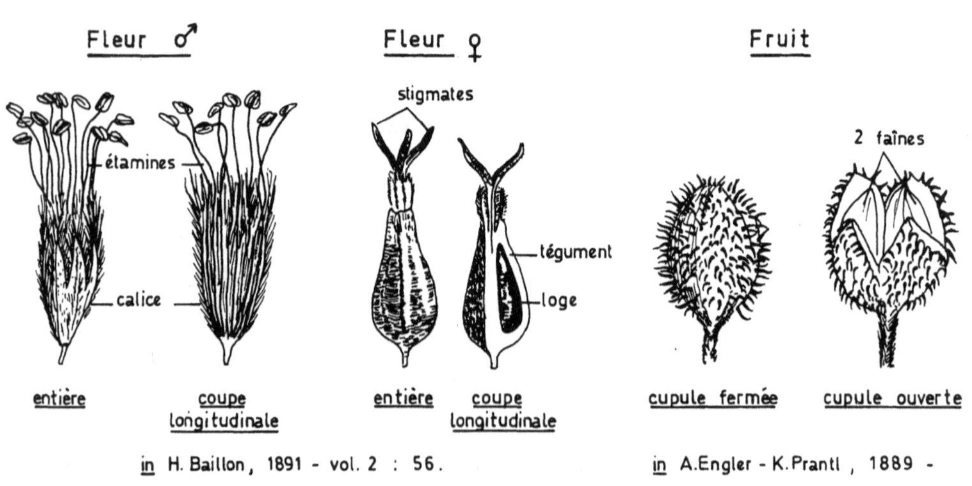

FIG. 1.a. — *Fleurs et fruits du hêtre*
(d'après THIEBAUT et VERNET)

rares exceptions ont pourtant été observées (fleurs hermaphrodites, NICOTA et STAMENKOV, 1967) (fig. 1a).

Chaque fleur staminée présente un calice à 5 ou 6 divisions et 8 à 20 étamines. Ces fleurs mâles sont réunies en chatons globuleux poilus pendant à l'extrémité de longs pédoncules grêles, qui se développent à l'aisselle des écailles et des feuilles, *à la base* des jeunes rameaux.

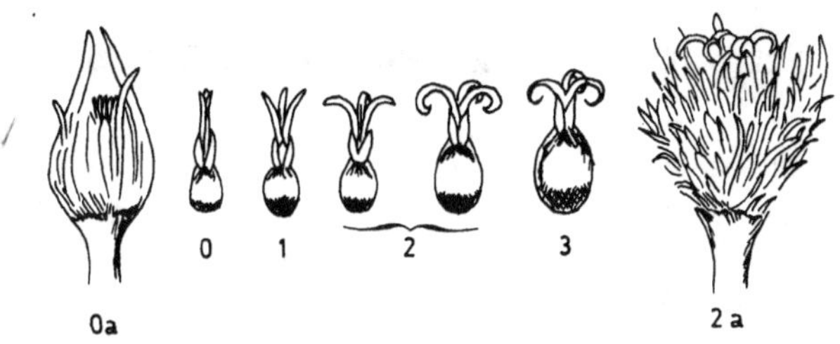

FIG. 1.b. – *Différents stades de développement de la fleur ♀ de hêtre in* NIELSEN *et* M. SCHAFFALITZKY *de* MUCKADELL, *1954*

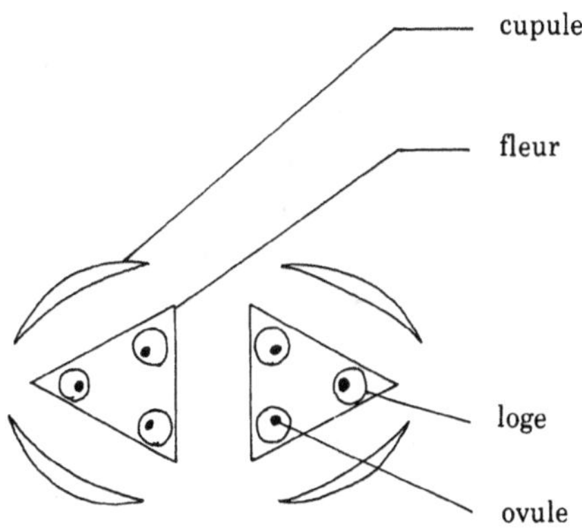

FIG. 2. – *Diagramme d'une inflorescence femelle de hêtre*

Dans la fleur pistillée, le calice est divisé en lanières plumeuses au sommet; il est adhérent à l'ovaire. Celui-ci est à trois loges renfermant chacune deux ovules (1), et se termine par trois stigmates minces. Ces fleurs femelles, réunies par deux dans une enveloppe hérissée de pointes molles, sont portées par un pédoncule court et dressé à l'extrémité des pousses de l'année (fig. 1b et 2).

(1) A l'origine, chaque fleur renferme donc 6 ovules, mais un seul se développe par la suite (monospermie).

Cette enveloppe (la cupule), velue à l'extérieur et en dedans, s'accroît, devient coriace, brune, puis s'ouvre à maturité en quatre valves pour laisser échapper deux fruits secs de couleur brune, les faînes. La faîne a la forme d'un tétraèdre, conservant au sommet les traces du calice sous forme de poils. Elle contient une seule graine, sans albumen, dont la plantule a des cotylédons épais et plissés.

1.22. **AUTRES CARACTÈRES BOTANIQUES**

Le hêtre est un grand arbre à feuilles caduques, en moyenne haut de 25 à 30 m, mais pouvant atteindre 40 m et 1,50 m de diamètre (jusqu'à 45 m et 2 m de diamètre). Son port peut être très variable selon le traitement forestier. En futaie, le houppier est élancé, à branches et rameaux droits et dressés assez près de la verticale (environ 30°), ceux de dernier ordre fins, souples et serrés, le fût peut être dépourvu de branches sur 15 à 20 m. En taillis-sous-futaie ou à l'état isolé, le houppier est généralement globuleux ou ovoïde.

La longévité est de l'ordre de 150 à 200 ans, pouvant exceptionnellement atteindre 300 ans. Mais la croissance en hauteur ne reste réelle que jusqu'à 120-150 ans (0,50 à 0,70 m de diamètre).

Le tronc est en général cylindrique et non cannelé comme chez le charme, recouvert d'une écorce gris argenté (2) restant lisse pendant toute la vie de l'arbre (cf. § 44, p. 174). Cette écorce est fine et assez sensible aux agents extérieurs, en particulier aux « coups de soleil » et aux passages d'incendie.

La ramification est alterne et distique. Les rameaux sont de deux sortes : des rameaux longs, brun verdâtre luisant, un peu en zig-zag, portant des feuilles écartées les unes des autres ; des rameaux courts latéraux portant un bouquet de feuilles.

Les bourgeons sont longs, fusiformes, très aigus, brun luisant, à écailles nombreuses et coriaces.

Les feuilles sont pétiolées (1-1,5 cm), ovales aigües, entières (ou parfois plus ou moins crénelées), à bord légèrement ondulé, à 6 ou 7 paires de nervures latérales. Par ailleurs, leur morphologie varie assez nettement avec la saison (3) : les jeunes feuilles sont vert clair, très tendres et frangées de longs cils blancs ; les feuilles anciennes sont vert plus foncé,

---

(2) Mais les mousses et les lichens qui la recouvrent souvent en modifient plus ou moins la couleur, surtout en plaine dans les régions à climat océanique.

(3) Dans les localisations les plus sèches de l'espèce, on remarque aussi une augmentation de la consistance coriace des feuilles. De même, sur un même arbre (surtout s'il est à l'état isolé ou en lisière), les feuilles du pourtour sont plus dures que celles de l'intérieur non exposées à la forte lumière (feuilles « de lumière » et feuilles « d'ombre »).

coriaces et pratiquement non velues. A l'automne, la couleur du feuillage varie du jaune pâle au début d'octobre au brun-rouge au début de novembre; il est parfois marcescent (persistance des feuilles sèches jusqu'au printemps suivant), surtout chez les jeunes sujets.

1.23. **PLACE DU HÊTRE DANS LES FAGACÉES**

La famille des *Fagacées* (= Cupulifères), avec celle des Corylacées et des Bétulacées, se rattache à l'ordre des Fagales.

Le nombre de chromosomes y est de 2n = 24.

Elle comprend six genres, rassemblant environ 600 espèces de l'Hémisphère nord non tropical et de l'Antarctique.

CARACTÈRES GÉNÉRAUX

Arbres ou arbustes à ramification spiralée, à feuilles alternes, caduques ou persistantes, à limbe entier, diversement denté ou en chatons unisexués ou androgynes (*Castanea*) se développent sur le rameau de l'année. Fleurs mâles munies d'un périanthe pétaloïde. Fleurs femelles entourées de pièces qui se développent en *cupule*, entourant totalement (*Castanea, Fagus*) ou partiellement (*Quercus, Lithocarpus*) la graine. Trois carpelles formant un ovaire à trois loges biovulées. Fruit à péricarpe coriace.

CARACTÈRES COMPARÉS DES GENRES (tableau 1)

TABLEAU 1

Situation du genre Fagus *par rapport aux genres voisins*

	Fagus (incl. Nothofagus)	*Quercus*	*Lithocarpus (incl. Pasania)*	*Castanopsis*	*Castanea*
Feuilles	caduques	cad. ou pers.	persistantes	persistantes	caduques
Inflorescences	unisexuées	unisexuées ou androgynes	unisexuées ou androgynes	unisexuées ou androgynes	androgynes
Chatons ♂	pendants épis simples	pendants épis simples	dressés, épis simples ou comp.	dressés, épis simples ou panic	dressés épis comp.
Chaton ♀	biflore	uniflore	3-6 fleurs	1-3 fleurs	3 fleurs
Cupule	à aiguillons déhiscente	symétrique à écailles ou zones saillantes	symétr., à zones saillantes ou écailles	bogue asymétr. à aiguillons	bogue à aiguillons, déhiscente

Les *Nothofagus* sont très souvent considérés comme formant un genre à part entière, très proche des autres *Fagus*. Les *Lithocarpus* (que l'on fait souvent englober les *Pasania*) et les *Castanopsis,* sont intermédiaires entre les chênes (*Quercus*) et les châtaigniers (*Castanea*).

Les *Quercus* comptent plus de 200 espèces sur l'hémisphère nord (surtout Mexique, USA, Europe, Asie occidentale, Japon).

Les *Lithocarpus* et *Pasania :* environ 200 espèces, surtout en Asie du sud-est.

Les *Castanea :* environ 50 espèces, dont les *Castanea* au sens strict en Eurasie tempérée et Amérique du Nord et les *Castanopsis* en Asie orientale et Californie.

Les *Nothofagus,* très proches des hêtres au sens strict sur le plan systématique, mais d'aspect bien différent (feuilles en général très petites), rassemblent 14 espèces environ des régions antarctiques (extrême sud de l'Amérique du Sud, sud-est d'Australie, Nouvelle-Zélande). Citons *N. antartica, N. procera, N. obliqua* (Chili) et *N. solandri* (Nouvelle Zélande).

Les *Fagus* enfin comprennent 8 espèces sur l'Hémisphère nord. Certains sont asiatiques, tels *F. engleriana* (centre Chine), *F. sieboldii* et *F. japonica* (Japon), *F. lucida* (ouest Chine), *F. longipetiolata* (centre et ouest Chine).

Fagus grandifolia (= americana = ferruginea) est originaire de l'Est des Etats-Unis et du Canada.

En Europe, on trouve deux espèces : le hêtre commun (*Fagus silvatica* L.) et le hêtre d'Orient (*F. orientalis* Lipsky). L'aire de cette dernière espèce est surtout restreinte aux massifs montagneux du nord du Proche-Orient (chaîne pontique en Turquie et de l'Elbourz en Iran), et du sud de l'URSS (Caucase). En Europe le hêtre d'Orient se cantonne dans la Crimée, la Bulgarie, la Grèce, la Turquie d'Europe (Thrace), et dans quelques îlots du rebord méridional des Carpates, en Roumanie.

Deux formes intermédiaires ont été décrites : le *Fagus taurica* plus proche du *F. orientalis* (Crimée, Roumanie) et le *F. moesiaca,* plus proche de *F. silvatica* et à aire plus vaste (Grèce, Yougoslavie essentiellement).

Ces formes de transition montrent que le hêtre d'Europe et le hêtre d'Orient sont des espèces très proches, entre lesquelles existent sans doute des liens phylogénétiques étroits (cf. § 21). Elles diffèrent sur le plan morphologique par quelques points de détail :
- feuille plus grande, plus allongée, et à nervures plus nombreuses chez *F. orientalis* ;
- fleur mâle à perianthe à coupures moins profondes, et couvert de poils noirs à la partie supérieure chez *F. orientalis* ;
- cupules possèdant, chez *F. orientalis,* en plus des appendices aigüs, des bractées spatulées vers la base, ayant parfois l'aspect de petites feuilles,

mais caduques. Ce dernier caractère est souvent considéré comme le plus sûr.

— de plus *F. orientalis* a une capacité de rejeter de souche beaucoup plus marquée que chez *F. silvatica,* et qui se maintient jusqu'à la vieillesse.

1.3. **VARIÉTÉS REMARQUABLES**

Le hêtre compte un nombre considérable de variétés plus ou moins curieuses, dont la plupart sont des formes ornementales sélectionnées par les horticulteurs. Nous ne citerons ici que les plus courantes (selon JOU-GAN, 1973 et MITCHELL, 1977).

Fagus silvatica « purpurea » (hêtre pourpre). Déjà connu avant 1700, c'est la plus commune des variétés. Elle peut être multipliée par semis, mais dans la descendance, on observe de grandes variations dans la dimension et le coloris des feuilles; elle est donc le plus souvent greffée et livrée en pots.

Fagus silvatica « atropurpurea » (= « atropunicea » = « purpurea major » = « atropurpurea latifolia »). C'est la plus belle forme du hêtre pourpre, avec des feuilles très grandes et d'un beau coloris.

Fagus silvatica « pendula » (hêtre pleureur, 1820). il est également fréquent dans parcs et jardins et se caractérise par de longs rameaux pendants; la forme de la couronne est variable. Il en existe également une forme pourpre *(F.s. « purpurea pendula »).*

Fagus silvatica « fastigiata » (= dawyckii »). Hêtre fastigié ou hêtre de Dawyck (vers 1860). Son port rappelle fortement celui du peuplier d'Italie. Il est de plus en plus planté comme arbre d'alignement.

Fagus silvatica « rosea marginata » (= « tricolor »). C'est la forme rare (1879), à feuilles tricolores : vertes, tachetées de blanc, et à marges rosâtres.

Fagus silvatica « albovariegata ». Forme rare également (avant 1770), à feuilles panachées de blanc. On cite également, encore plus rare, *Fagus silvatica « luteovariegata »* (avant 1770), à feuilles panachées et à marge jaune pâle.

Fagus silvatica « zlatia ». C'est le hêtre de Hongrie (1892), forme très rare, aux larges feuilles de couleur dorée pendant tout le printemps, devenant vertes en juillet.

Fagus silvatica « laciniata » (= « *aspleniifolia* » = « *heterophylla* »). Ce « hêtre à feuilles de fougère » (1820) est assez fréquent dans les parcs des villes. Les feuilles sont de forme très variable sur le même arbre : soit profondément découpées et lobées, soit longues et très étroites comme celles d'un saule.

Fagus silvatica « cristata » (1836). Rare, à feuilles groupées, sessiles, dentées, plus ou moins en forme de crête.

Fagus silvatica « rotundifolia » (1870). Rare, à feuilles petites, entières, presque rondes.

Fagus silvatica « tortuosa ». Une mention particulière doit être faite du hêtre tortueux (ou « tortillard »). Il s'agit d'une forme à troncs et branches contournées, portant des renflements irréguliers, souvent ressoudées entre elles. Les ramifications jeunes sont très nombreuses, à tendance pendante. La forme générale des individus est plus ou moins en parasol. Les plus connus en France sont les « Faux de Verzy », dans la Montagne de Reims. Mais il est également signalé en Argonne et en Lorraine (ROL, 1955), ainsi qu'en Alsace (NEY, 1912). Des formes très semblables sont aussi mentionnées en Allemagne (Ouest-Hanovre ; NEY, 1912), au Danemark (OPPERMANN, 1909, 1930), en Autriche (TSCHERMAK, 1929)...

L'origine et les causes de ce phénomène sont encore controversées (LAPLACE, MASSON, 1979). Diverses hypothèses ont été avancées : accomodat, mutation, dérive génique (consanguinité), induction virale (ou mycoplasmique), responsabilité du milieu sur des modifications géniques (notion de génotrophe)... Bien que non pleinement satisfaisante (la forêt de Verzy renferme également quelques châtaigniers et chênes sessiles présentant aussi un caractère « tortillard »...), l'hypothèse la plus probable est celle d'une mutation spontanée qui serait survenue dans un passé plus ou moins lointain. Dans ce cas il semblerait d'ailleurs que le caractère « tortillard » soit sous le déterminisme de plusieurs gênes, ce qui expliquerait l'abondance des formes intermédiaires (LANCE, 1974). Par ailleurs, la croissance des « faux » étant beaucoup plus lente, cette forme ne se serait maintenue que dans des situations écologiques limites pour l'espèce (ce qui est plus ou moins le cas à Verzy).

1.4. LES STADES PHÉNOLOGIQUES DE DÉVELOPPEMENT DU HÊTRE

La phénologie proprement dite du hêtre et des hêtraies, avec ses implications écologiques, est traitée dans le chapitre 3, consacré à l'écologie de cette essence.

1.41. **OBSERVATIONS SUR L'INDIVIDU HÊTRE**

Le hêtre est un arbre à feuilles caduques. En plaine et selon les circonstances climatiques la *feuillaison* printanière intervient environ 15 jours avant celle du chêne, entre la mi-avril et la mi-mai selon les individus (voir § suivants). La chutes des feuilles (défeuillaison) intervient d'octobre à la fin novembre; mais les feuilles sèches peuvent parfois persister jusqu'au printemps suivant (marcescence), particulièrement chez les individus jeunes (SCHAFFALITZKY DE MUCKADELL, 1959, *in* GALOUX- 1966). Vert clair après le débourrement, les feuilles virent au vert foncé en été; les couleurs automnales varient du jaune pâle au début au brun rouge à la fin.

On observe que, chez un arbre donné, les branches basses feuillent souvent avant les autres (feuilles d'ombre); mais il ne s'agit pourtant pas là d'une règle absolue, et il arrive aussi que les bourgeons de la cime débourrent les premiers (COINTAT, 1959).

La pousse des rameaux de l'année a lieu en mai et juin. Les arbres adultes ne font qu'une seule pousse. Mais on observe parfois plusieurs pousses chez des individus jeunes. Dans ce cas, on peut avoir, soit un simple ralentissement de la vitesse de croissance du rameau initial, avec diminution de la longueur des entre-nœuds, suivi d'une reprise d'allongement, soit la formation d'un véritable bourgeon, qui, tard en été, débourre et s'allonge. Ce phénomène est plutôt défavorable, car de telles pousses sont particulièrement sensibles aux attaques d'insectes et aux gelées précoces, et souvent détruites avant d'avoir pu reformer un bourgeon terminal.

La floraison du hêtre a lieu en même temps que la feuillaison. Les graines arrivent à maturité en septembre-octobre; les cupules s'ouvrent alors pour laisser échapper les faînes.

La production de faînes commence vers 60-80 ans et peut se poursuivre jusqu'à plus de 200 ans (bien que moins abondante vers la fin). Des fructifications sont parfois observées dans des peuplements plus jeunes, mais elles semblent en général correspondre à un mauvais état de santé (BROWN, 1953).

L'importante question de la périodicité et de l'ampleur des faînées est abordée par ailleurs (cf. § 52 et 53).

1.42. **OBSERVATIONS SUR UNE POPULATION DE HÊTRES**

On peut observer couramment que les jeunes hêtres feuillent avant les arbres adultes au printemps. Ceci est particulièrement visible dans les régénérations naturelles en futaie, sous les arbres adultes.

Le caractère génétique ou écomorphologique du phénomène est encore contesté. Selon ENGLER (1911), *in* GALOUX, (1966), l'abri des arbres dominants est déterminant, et, en cas de transplantation en plein découvert, les plants débourrent d'abord plus tôt que les individus d'âge égal nés en pleine lumière, puis, au bout de quelques années s'alignent peu à peu sur ceux-ci. Selon BROWN (1953) par contre, la précocité du débourrement s'observe aussi chez les individus de pleine lumière. Il est probable que les deux hypothèses ne se contredisent pas, mais se complètent : physiologiquement, la juvénilité du hêtre irait de pair avec une précocité plus grande, laquelle serait accentuée à l'abri des arbres dominants, du fait des modifications parallèles du microclimat (lumière, régime thermique).

Par ailleurs, il y a une variabilité individuelle considérable, chez des arbres de taille comparable, tant dans la date de feuillaison que dans celle de défeuillaison. Des observations très précises et répétées pendant cinq années successives, ont montré que dans une forêt de la Haute-Marne, la date de pleine feuillaison des arbres d'un peuplement s'étalait, certaines années, sur plus de 35 jours. Quant à la date de défeuillaison totale, elle peut, elle aussi, être comprise dans une fourchette de 25 jours. De plus, fait important, date de feuillaison et date de défeuillaison sont indépendantes. Ceci se traduit par des durées de végétation assez variables à l'intérieur d'un même peuplement (160 à 190 jours dans le cas précédent) (COINTAT, 1959).

A cette variabilité spatiale importante à l'intérieur d'un peuplement, s'ajoute une variabilité non négligeable dans le temps, d'une année à l'autre; Pour un arbre donné (même étude), des écarts de 18 jours pour la feuillaison, et de 24 jours pour la défeuillaison, ont été observés entre 1954 et 1958. On constate, de plus, que la feuillaison des arbres s'effectue toujours dans le même ordre; le déterminisme génétique du phénomène est donc indéniable (COINTAT, 1959). Ces observations confirment celles de LEIBUNDGUT et KUNZ (1952, *in* GALOUX, 1966). Pour la date de défeuillaison, les choses semblent beaucoup moins nettes.

BIBLIOGRAPHIE

BONNIER G. Flore complète illustrée en couleurs de France, Suisse et Belgique. Paris : Librairie générale de l'enseignement, E. Orlhac, 1934, 13 vol. − voir volume **10**.

BROWN J.M.B., 1953. Studies on british beechwoods. *For. Comm. Bull.,* **20**, 100 p.

COINTAT M., 1959. Observations sur la foliation du Hêtre. *Rev. for. fr.,* **11** (3), 214-217.

EMBERGER L., 1960. Traité de botanique systématique. II : Les végétaux vasculaires. Fasc. 1. Paris : Masson. − 755 p.

FOURNIER P., 1948. Le livre des plantes médicinales et vénéneuses de France. Paris : P. Lechevalier, 3 vol. : 448 p. + 504 p. + 637 p.

GALOUX A., 1966. La variabilité génécologique du hêtre commun (*Fagus silvatica* L.) en Belgique. Groenendaal-Hoeilaart : *St. Rech. Eaux et Forêts,* Travaux, Série A, n° 11, 121 p.

GUYOT L., GIBASSIER P., 1966. Les noms des arbres. Paris : Presses universitaires de France. − 128 p. (*Que sais-je ?* 861).

JOUGAN E., 1973. Les variétés ornementales de hêtre. *Jard. Fr.,* (3), 30-33.

LANGE F., 1974. Morphologische Untersuchungen an der Süntelbuche. *Mitt. dtsch. dendrol. Ges.,* **67**, 24-44.

LAPLACE Y., MASSON M., 1979. Les Faux de Verzy. − Reims : C.R.D.P. − 48 p.

MALAISSE F., 1968. L'étude de la variabilité génétique des populations de hêtre du sud-est de la France permet de distinguer différents types qui font mieux comprendre l'histoire récente de cette essence. Thèse annexe doct. : sci. bot. : Lubumbashi, Université officielle du Congo. Faculté des sciences, sciences appliquées et d'agronomie. − 12 p.

MATHIEU A., 1897. Flore forestière. 4ᵉ édition revue par P. Fliche. Paris : Baillière et fils. − 405 p.

MILESCU I., ALEXE A., NICOVESCU M., SUCIU P. Fagul. Bucarest : Agro-silvica. − 581 p.

MITCHELL A., 1977. Tous les arbres de nos forêts. Bruxelles : Elsevier sequoia. − 414 p.

NEY D., 1912. Die Süntelbuche. *Mitt. dtsch. dendrol. Ges.,* **21**, 110-114.

NICOTA B., STAMENKOV M., 1967. Hermafroditni cvetovi kod bukve (*Fagus moesiaca* Maly-Czecz) (Les fleurs monoclines chez le Hêtre). I. *Sumar. List,* **91** (7/8), 284-290, résumé français.

NIELSEN M., SCHAFFALITZKY de MUCKADELL P., 1954. Flower observations and controlled pollination in Fagus. *Z. Forstgenet.,* **3** (1), 6-17.

OPPERMANN A., 1909. Renkbuchen in Dänemark. *Centralbl. gesamt. Forstwes.,* **35,** 108-129.

OPPERMANN A., 1930. Bogeskov paa Fiskerbokken. *Forstl. Forsoegvaes. Dan.,* **10,** 269-343.

ROL R., 1955. Les faux de Verzy. *Bull. Soc. bot. Fr.,* **102,** 25-29.

ROL R., 1962. Flore des arbres, arbustes et arbrisseaux. I : Plaines et collines. Paris : La Maison rustique. − 95 p.

TSCHERMAK L., 1929. Die Verbreitung der Rotbuche in Oesterreich. *Mitt. forstl. Versuchswes. Oesterreich., 41, 121 p.*

CHAPITRE 2

HISTOIRE
ET RÉPARTITION

Hêtraie « vierge » dans les Carpathes (Roumanie)

2. – HISTOIRE ET RÉPARTITION

2.1. L'HISTOIRE DU HÊTRE

par

Jean-Louis VERNET

L'histoire du hêtre s'inscrit dans une double perspective celle de l'histoire des climats et des végétations, plus particulièrement en Europe occidentale, et celle de l'action de l'homme.

Deux disciplines historiques nous fournissent les données essentielles, l'analyse pollinique des sédiments et la macropaléobotanique. L'analyse pollinique est l'étude des pollens tant du point de vue de la connaissance des arbres et herbacées que de leur importance respective dans la végétation. La macropaléobotanique étudie les feuilles, fruits, graines, bois fournis par les sédiments. Il faut y ajouter l'analyse anthracologique qui s'intéresse aux bois carbonisés, témoins de l'environnement de l'homme préhistorique.

2.11. ORIGINE DU HÊTRE

L'histoire du hêtre au Tertiaire en Europe peut se résumer ainsi : TRALAU (1962). Au Paléogène (Eocène, Oligocène) les hêtres appartiennent au groupe *Fagus grandifolia*. Ce groupe a survécu en Europe centrale jusqu'à la fin du Tertiaire. Les premiers représentants du groupe *Fagus silvatica* apparaissent à la fin du Miocène, ils sont proches du *Fagus orientalis* actuel.

C'est à partir du hêtre pliocène (*Fagus pliocenica*) que s'est différencié le hêtre *Fagus silvatica* (TATARANU, 1959; PONS, 1964). On ne sait pas comment ce dernier est apparu. Il est hautement probable que les refroidissements quaternaires y sont pour quelque chose. Dans une population polymorphe vivant jusque là dans des conditions tempérées à chaudes, les premiers froids ont permis la sélection de génotypes résistants, éliminant les autres. Un tel mécanisme est connu chez les charmes (JENTYS-SZAFEROWA, 1961).

2.12. **LE HÊTRE AU PLÉISTOCÈNE**

L'histoire pléistocène de la végétation apparaît comme un phénomène cyclique. Aux phases les plus froides caractérisées par une végétation ouverte à dominante herbacée, steppique, succède, lors des réchauffements, une végétation pionnière colonisatrice (bouleau, pin) puis, si le réchauffement persiste, une végétation plus thermophile, généralement la chênaie. Un nouveau refroidissement provoque le retour des conifères puis de la steppe.

Pendant le Pléistocène inférieur (1), le hêtre est présent en compagnie d'arbres aujourd'hui disparus de nos régions et que l'on retrouve près de la mer Caspienne et dans le Caucase avec *Fagus orientalis*; ce sont des *Pterocarya, Parrotia, Zelkova*, etc. Les conditions climatiques sont très proches, voire semblables, à celles qui existaient au Pliocène. Dans la péninsule balkanique, *Fagus orientalis* croît de 10 à 1 400 m alors que *Fagus silvatica* a une amplitude altitudinale différente (700 à 2 000 m). Le premier est donc moins montagnard mais surtout plus thermophile que le deuxième.

Au Pléistocène moyen, à partir de 700 000 ans environ, un changement radical s'opère dans les conditions écologiques. Le hêtre devient très proche sinon identique au *Fagus silvatica* actuel. On le rencontre en compagnie du pin sylvestre, du sapin. Avec lui, on trouve au cours de ces périodes, des chênes à feuillage caduc, l'orme, le noisetier, le tilleul. Ce sont des phases tempérées. Pendant les phases les plus chaudes, il est généralement absent. On rencontre alors le chêne vert dans le sud-ouest de la France (Période interglaciaire) Mindel-Riss (OLDFIELD, 1968); Riss-Wurm (PAQUEREAU et TEXIER, 1973).

Au pléistocène supérieur, pendant la dernière glaciation (entre 70 000 et 10 000 avant le présent), dans le nord-est de la France, seules les analyses fines peuvent permettre de le reconnaître. Il devait être épars et ne jouer qu'un rôle mineur dans la végétation d'alors dominée par des formations ouvertes à pins, bouleaux et herbacées (WOILLARD, 1975). Dans le sud-ouest de la France, on le rencontre plus nettement lors de périodes un peu tempérées (PAQUEREAU, 1974).

Dans la région méditerranéenne, la preuve est maintenant faite de l'existence du hêtre (*Fagus cf. silvatica*) en plaine, (BAZILE E. et F., 1978, 1979). On l'a trouvé, en effet, très régulièrement, près de Nîmes, au cours de phases plus tempérées du dernier glaciaire (Wurm récent) entre 40 000

---

(1) Le Pléistocène inférieur s'étend sur une longue période, de 1,8 million d'années à 700 000 ans avant le présent.

et 15 000 ans avant le présent. Il est alors associé aux chênes verts, à des chênes à feuillage caduc, à divers feuillus et aussi au pin sylvestre à côté de plus rares pins noirs (*Pinus nigra* ssp. *salzmanni*). Il est absent des phases froides notamment de la plus froide datée de 18000 ans avant le présent et caractérisée par les seuls pins sylvestres, argousier (*Hippophae rhamnoïdes*), bouleau (*Betula verrucosa* et non bouleau nain comme on pourrait le penser), saules, frênes et des herbacées.

Un dernier cycle de végétation avant la période postglaciaire dans laquelle nous sommes impliqués, se situe entre 15 000 et 10 000 ans avant le présent (Tardiglaciaire). Il est caractérisé par deux périodes froides principales encadrant une ou deux phases plus tempérées avec pins et bouleaux plus abondants. En se rapprochant de la région méditerranéenne, les arbres sont plus fréquents. Les espèces caractéristiques changent, on rencontre *Juniperus, Betula verrucosa, Pinus silvestris* en périodes froides, chênes verts, buis, cistes, pins sylvestres, hêtres au cours de périodes tempérées. On a démontré tout récemment que le hêtre était aussi présent dans la basse vallée du Rhône à la fin du Tardiglaciaire et au début du Postglaciaire (TRIAT-LAVAL, 1979).

Dans les Pyrénées, dans certains cas, le hêtre persiste disséminé dans la végétation durant tout le Tardiglaciaire. Il faut concevoir l'existence de refuges, même en montagne. C'est ainsi que dans le pays de Sault (JALUT, SACCHI et VERNET, 1975) au cours d'une phase froide durant laquelle la limite inférieure de la forêt de pins à crochets était au-dessous de 1 000 m, l'analyse pollinique et l'analyse anthracologique ont mis en évidence le hêtre avec les chênes à feuillage caduc et le pin sylvestre, à 960 m d'altitude.

On rencontre aussi le hêtre, en faibles quantités bien sûr, dans le nord de l'Italie, dans la région du lac de Garde, durant une phase froide du Tardiglaciaire (GUILLET *et al.*, 1976).

2.13. LE HÊTRE ET L'HISTOIRE POST-GLACIAIRE DE LA VÉGÉTATION

Le Post-glaciaire est la période qui succède au dernier glaciaire. Les géologues admettent le chiffre de 10 200 ans avant le présent environ pour le début de cette période qui dure encore aujourd'hui. C'est la paléobotanique qui a permis de subdiviser le Postglaciaire sur la base de travaux réalisés en Europe du nord. On convient de distinguer successivement :
– le Préboréal, de 10 150 à 8 750 BP (before present = avant le présent),
– le Boréal, de 8 750 à 7 450 BP,

– l'Atlantique, de 7 450 à 4 450 BP,
– le Subboréal, de 4 450 à 2 650 BP,
– le Subatlantique, de 2 650 BP à l'actuel.

Cette chronologie est basée sur le carbone 14, l'année conventionnelle de référence étant 1950.

2.131. Le Climat

Le climat postglaciaire est caractérisé par une période de réchauffement qui culmine à l'Atlantique, puis par une période de refroidissement, sans toutefois que la température des océans n'atteigne les valeurs minimales de la dernière période glaciaire.

2.132. Les plaines françaises

Le Préboréal est caractérisé par le pin sylvestre (PLANCHAIS, 1969). Le bouleau domine rarement (Sologne). Dans le Bordelais, le hêtre apparaît mais il n'aura qu'une faible fréquence pendant longtemps.

Pendant le Boréal, le hêtre est absent. Il ne réapparaît qu'à la fin de l'Atlantique dans l'est du bassin parisien, puis au Subboréal en Normandie. Les hêtraies vont se développer au Subatlantique; elles seront toutefois moins fréquentes que les chênaies. Durant cette période, il faut retenir aussi la forte action humaine qui a considérablement modifié l'extension des forêts.

Dans la région méditerranéenne, des Pyrénées à la Provence, pendant toute cette période, le hêtre ne réapparaît pas du fait de la double action de la sécheresse estivale et des activités humaines (VERNET, 1973, 1974, 1976; TRIAT, 1976, 1979; PLANCHAIS, 1973).

2.133. Les Vosges

Le hêtre et le sapin ne pénètrent dans les Vosges qu'à la fin de l'Atlantique et au début du Subboréal. Tourbification accrue, développement des aulnaies, qui accompagnent ce phénomène, sont le fruit d'une nette augmentation des précipitations et d'un refroidissement. La hêtraie va s'installer au Subboréal entre 5000 et 2750 avant le présent. A cette époque le sapin sera toujours subordonné au hêtre, surtout dans les Vosges méridionales.

Au cours du Subatlantique, leur aire déborde les limites actuelles puis régresse, jusqu'à nos jours sous l'influence de l'homme.

2.134. **Le Jura**

Le hêtre est apparu dans le Jura méridional vers 6000 avant le présent, un peu plus tard dans le Jura central (milieu à fin de l'Atlantique).

Au Subboréal, entre 500 et 800 m d'altitude, la sapinière à hêtres s'étend au détriment de la chênaie mixte. De 800 à 1 300 m, le hêtre prend de plus en plus d'importance. Vers 4 500 avant le présent, l'épicéa envahit les sapinières des hautes altitudes. Déboisements et défrichements traduisent l'activité agricole.

Au Subatlantique, les hêtraies-sapinières restent dominantes de 500 à 1 000 m. A basse altitude, la chênaie n'occupe qu'une place médiocre. Vers 800 - 1 000 m et au-dessus, l'épicéa s'étend de plus en plus et domine même hêtres et sapins (sud-ouest du Jura).

2.135. **Les Alpes** (figure 3)

Comme dans les Vosges et le Jura, le hêtre s'étend dans les forêts du nord du massif vers la fin de l'Atlantique.

Au Subboréal, dans le Bas-Dauphiné, dès le début de la période, la sapinière avec hêtre supplante la chênaie mixte. Le hêtre s'étend dans les étages collinéen et montagnard inférieur des Préalpes et du centre du massif. Il se substitue au sapin. Le hêtre semble déjà manquer dans les massifs intra-alpins, sans doute plus secs, même à cette époque.

Au Subatlantique, l'influence humaine devient prépondérante. Néanmoins, le hêtre connaît une certaine extension, ainsi en Belledonne où il supplante le sapin. Dans le Champsaur, le Dévoluy et l'Oisans, les sapinières sont remplacées par les pineraies à pins sylvestres alors que la hêtraie a un très bref développement. On a émis l'hypothèse que l'extension du hêtre a pu être favorisée par les défrichements au moins dans certains cas, dans les Alpes du nord (WEGMÜLLER) (1977) (2).

Dans le sud du massif alpin, la mise en place des hêtraies et des hêtraies-sapinières montagnardes date du Subboréal, de même qu'à l'étage subalpin s'installe la pessière.

(2) Dans l'Aisne, MORAND et BARTHÉLÉMY (1975), distinguent un « hêtre forestier » et un « hêtre champêtre », ce dernier en boqueteaux isolés dans des champs ou des prés. Ils attribuent au « hêtre champêtre » un rôle pionnier dans la recolonisation des terres en friche.

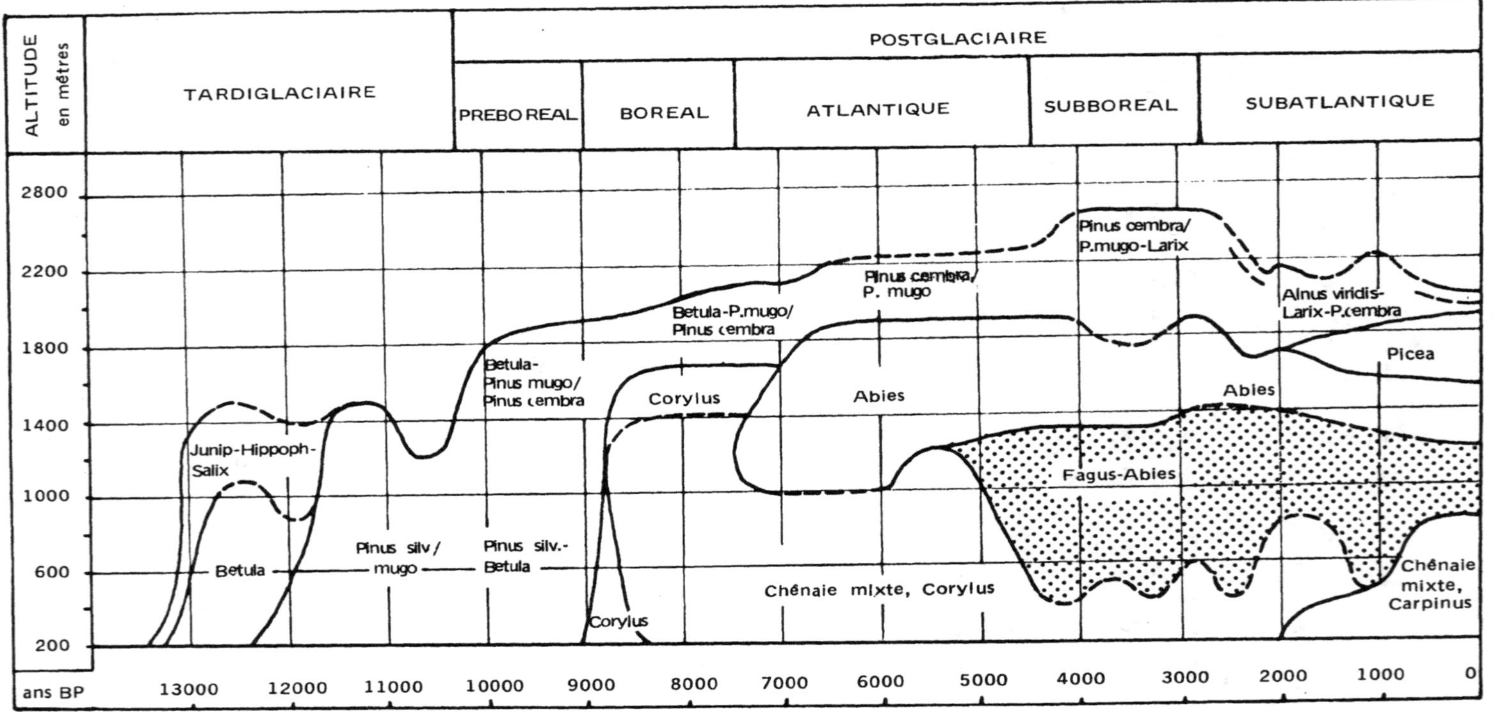

FIG. 3. — *Histoire de la végétation des Alpes du nord depuis le Tardiglaciaire*

2.136. **Le Massif Central**

Au Subboréal, la chênaie mixte installée depuis l'Atlantique est remplacée par la sapinière, la hêtraie ou la hêtraie sapinière selon l'altitude et l'exposition. Dans les Cévennes, ce sont les forêts de hêtre qui se développpent entre 5 000 et 4 500 avant le présent. Ce sont des hêtraies pures sans sapin comme dans le Velay, l'Aubrac et les montagnes du Nord-Est du Massif Central. Ailleurs, notamment dans le Cantal, c'est le domaine de la sapinière.

Dans les Causses, au début du Subboréal (VERNET, 1973), la régression des pineraies à pin sylvestre s'amorce alors que la chênaie s'étend et que le hêtre connaît un premier développement. Après 3 600 avant le présent, le hêtre tend à accroître son aire sur les Causses. En même temps, l'action de l'homme devient prépondérante. On constate une nouvelle extension du pin sylvestre et surtout du buis.

L'action humaine est surtout sensible au Subatlantique. Elle semble avoir gêné considérablement la progression de la hêtraie dans les Causses (3). Ailleurs, dans le Massif central, le Subatlantique est marqué par d'importants défrichements qui affectent les hêtraies. Le sapin prend un certain développement souvent aux dépens du hêtre (Forez, Mezenc). Il est possible qu'une cause climatique soit à l'origine de ce dernier phénomène mais rien n'est moins sûr.

2.137. **Les Pyrénées**

Au cours du Préboréal (JALUT, 1974, 1976), le hêtre est représenté surtout dans les Pyrénées centrales (région de Lourdes). On le trouve en faible abondance dans les Pyrénées orientales.

Puis au Boréal, il s'étend un peu à l'Ouest, dans la vallée d'Ossau.

A l'Atlantique, dans la moitié orientale, surtout au-dessous de 1 400 m, sapinière et chênaie caducifoliée se développent. Le hêtre progresse aussi. Dans la région de Lourdes, la chênaie mixte (chênes, ormes, tilleuls), le pin et le noisetier, composent la végétation. Dans la vallée d'Ossau, le hêtre s'étend très fortement, la chênaie restant toutefois bien implantée. C'est le même phénomène sur la côte atlantique.

Au Subboréal, les hêtraies connaissent leur extension maximale dans la moitié orientale, assez tard d'ailleurs, vers 2 700 avant le présent soit

(3) En Champagne crayeuse, BOURNERIAS et TIMBAL(1979, 1980), se basant sur une analyse de la végétation actuelle, indiquent que si le hêtre est bien indigène dans cette région, les défrichements précoces ont dû limiter considérablement son extension, ce qui expliquerait sa rareté.

vers la fin de la période (4). Près de Lourdes, la hêtraie connaît son développement maximal plus tôt, vers 3 800 avant le présent.

Enfin, au Subatlantique, il n'y a que peu de différence par rapport au Subboréal.

2.138. Les montagnes corses

Le hêtre s'est nettement implanté en Corse au début du Subboréal en même temps que le sapin. Son extension n'est pas synchrone dans toute l'île. Dès la fin de l'Atlantique, elle a lieu au Sud, dans l'Incudine, dans la deuxième moitié du Subboréal au centre (Rotondo). Sur le versant sud du Rotondo, le milieu plus favorable aux chênaies et aux groupements à ifs, gêne l'essor de la hêtraie.

C'est l'homme qui, en détruisant les chênaies, a favorisé la hêtraie au Subatlantique. L'influence humaine est nettement marquée dès le début du Subatlantique. Cependant, le sapin connaît une extension importante jusqu'au XIVe siècle. A ce moment là, il est partout l'objet de coupes intensives. Le hêtre n'est pas touché pendant longtemps. La chênaie caducifoliée disparaîtra complètement à une époque très récente.

2.139. Histoire du hêtre en Europe

Ailleurs, en Europe centrale, l'histoire de la végétation peut se résumer ainsi :
- Préboréal ; période à pins et bouleaux,
- Boréal ; période à noisetier et début du développement de la chênaie,
- Atlantique ; période à forêts de chênes et noisetiers,
- Suboréal et Subatlantique ; période de la hêtraie et de la sapinière. C'est la succession de base d'Europe centrale (RUDOLPH, 1930). Il s'agit bien sûr d'un schéma général (LANG, 1967) qui peut subir des modifications en fonction de la latitude et de l'altitude. Nous n'entrerons pas dans les détails de cette histoire. Cependant, nous remarquerons que, dans les îles britanniques (GODWIN, 1956, PENNINGTON, 1969), le pollen de hêtre est trouvé en quantités importantes depuis seulement 2 500 ans, dans le Sud de l'Angleterre. On a suggéré que l'homme est peut-être à l'origine de ce phénomène. En effet, les sols calcaires légers, bien drainés, aujourd'hui occupés par le hêtre étaient presque certainement fortement déboisés jusqu'à l'âge du Fer. Puis, à partir de cette période (il y a 2 800 ans), l'invention d'outils plus efficaces a permis à l'homme

---

(4) Dans le haut Vallespir, l'action de l'homme, très importante, provoque au Subboréal la quasi-disparition du hêtre.

de se tourner vers les sols lourds, argileux. Le hêtre a pu alors coloniser rapidement les terres calcaires abandonnées.

Au Sud de la Yougoslavie, le Hêtre est présent depuis l'Atlantique en pourcentages élevés (BRANDE, 1973). De même, en Italie, dans la région du lac de Garde (BEUG, 1964).

2.14. CONCLUSION

Le hêtre, *Fagus silvatica*, a évolué vraisemblablement vers le Pléistocène moyen, dès les premiers froids importants, à partir d'un ancêtre proche de l'actuel *Fagus orientalis*. En même temps, les derniers représentants du groupe *grandifolia* disparurent d'Europe.

Le hêtre semble jouer un rôle relativement discret au Pléistocène moyen et supérieur. Il est vrai que nos données sont peu abondantes pour ces périodes, meilleures toutefois pour le dernier glaciaire.

Sauf exception, en Europe centrale, occidentale et méditerranéenne, la hêtraie est un phénomène récent. Il n'en demeure pas moins que des pollens ou des macrorestes de hêtre sont rencontrés depuis le début du Postglaciaire. Ceci implique que, avant son expansion, le hêtre n'était pas rare et existait disséminé dans les chênaies, colonisant les zones les plus mésophiles de ces formations. En régions montagneuses, les versants nord devaient lui être particulièrement favorables.

Rappelons les périodes d'expansion de la hêtraie en France. Au Boréal elle a lieu dans les Pyrénées atlantiques, les plus humides. C'est surtout au cours de l'Atlantique et au Subboréal que l'essentiel des hêtraies de notre territoire se met en place. Dans le détail, la zone pyrénéenne la plus humide est, là encore, la plus précoce. Ensuite, vers la fin de l'Atlantique, c'est au tour des Alpes du Nord, Vosges, et Est du Bassin parisien, de voir se développer les forêts de hêtres. Au Subboréal, les hêtraies gagnent la Normandie, les Alpes du Sud, le Massif central puis le Jura méridional et le Jura central. Dans les Pyrénées orientales, enfin, l'extension des hêtraies est retardée à la fin du Subboréal.

L'extension postglaciaire des hêtraies répond à deux modèles explicatifs.

Le climat a joué, dans beaucoup de cas, un rôle essentiel. Il est démontré que les temps post Atlantique sont une période de refroidissement (FRENZEL, 1966) qui s'est accompagnée d'une augmentation de l'humidité sauf au début du Subboréal, au moins, période beaucoup plus sèche, en région méditerranéenne notamment.

Mais les climats postglaciaires ne sauraient expliquer dans le détail toute l'histoire du hêtre. L'homme a joué un rôle d'autant plus affirmé que l'extension des hêtraies se place tard dans l'histoire des civilisations. La période de l'âge des métaux, Chalcolithique, Bronze et Fer (4 500 à 2 500 ans avant le présent) a été capitale à cet égard. On a pu montrer ainsi que dans les montagnes périméditerranéennes, dans le sud du Massif central, l'homme est intervenu sur la végétation au moment où la hêtraie était en pleine expansion. Le résultat en a été leur substitution par les landes à bruyère, buxaies et autres groupements de dégradation. On a tout lieu de penser que dans certaines de ces régions d'altitude insuffisante (800 m au moins) le hêtre n'a jamais pu réellement s'implanter, les buxaies provenant de la dégradation des chênaies occupant tout l'espace.

2.2. **RÉPARTITION EN EUROPE ET EN FRANCE DU HÊTRE**

par

Jean TIMBAL

2.21. **RÉPARTITION EN EUROPE**

Quand on regarde une carte de répartition du hêtre (voir figure 4), on voit clairement que son aire est limitée à la partie occidentale de l'Europe à l'exclusion de ses régions les plus septentrionales.

En effet le hêtre n'est présent que dans le sud de la Suède (Scanie), en deux points littoraux et méridionaux de la Norvège et complètement absent de la Finlande et de l'Islande. En URSS il n'est présent qu'en deux régions : à la frontière nord de la Pologne (Kaliningrad, Lituanie), et dans le nord de l'Ukraine (L'vov) sur le piémont nord des Carpates.

Cette carte révèle aussi un fait fondamental. Dans le nord de son aire, le hêtre est très souvent une essence de plaine, tandis que dans la partie méridionale de celle-ci il se cantonne dans les régions montagneuses. Sa répartition en Espagne, Corse, Italie et Balkans est très caractéristique à cet égard. Cela est dû au climat méditerranéen de ces régions qui « oblige » le hêtre à « compenser » par l'altitude ses exigences ombrothermiques. Cela explique sans doute son absence quasi totale du Portugal. Le hêtre est aussi totalement absent d'Irlande et n'est présent que dans le sud de l'Angleterre pour des raisons inconnues et sans doute historiques car il ne semble pas que les conditions climatiques de ces régions puissent être limitantes pour

FIG. 4. — *Aire de répartition de Fagus silvatica* (−) *et de F. orientalis* (....)

lui, comme l'indique la réussite des plantations que l'on peut en faire, sauf sans doute en Ecosse et en Irlande.

En Scandinavie et à la limite NE de son aire c'est certainement la rigueur du climat qui a limité son extension dans des régions où le climax est alors une formation feuillus-résineux.

En Ukraine et Roumanie c'est déjà une pluviosité insuffisante qui limite l'extension vers l'Est de la hêtraie qui s'arrête donc à la frontière de la steppe.

Plus au sud (Bulgarie, Grèce) on retrouve l'influence méditerranéenne qui explique la relégation du hêtre dans les zones montagneuses.

Fagus silvatica L. n'est pas la seule espèce de hêtre présente en Europe. Il existe aussi *Fagus orientalis* Lipsky et les formes intermédiaires : *F. moesiaca* et *F. taurica* (cf. chapitre I).

La figure 4 représente les aires respectives de ces deux espèces. On remarquera qu'elles ne se recoupent théoriquement (5) pas, et que c'est en Turquie d'Europe (Thrace) qu'elles entrent presque en contact.

2.22. **RÉPARTITION EN FRANCE** (figure 5)

Du fait de ses exigences écologiques le hêtre est presque partout présent en France; surtout dans sa partie nord. En effet, rares sont les régions d'où il est totalement absent. Parmi celles-ci il faut d'abord citer la région méditerranéenne proprement dite, et la plus grande partie du Bassin aquitain (bassin de la Garonne). Mais dans cette France méridionale le hêtre se retrouve dans toutes les zones montagneuses. A cette zone méridionale il faut rajouter la zone littorale atlantique depuis la Gironde jusqu'à Lorient, zone où, il faut le remarquer, le chêne vert (*Quercus ilex*) est encore présent, du fait d'un climat plus doux que dans les zones plus internes correspondantes.

Dans la moitié nord de la France trois zones seulement sont dépourvues de hêtre, pour diverses raisons.

Il y a d'abord une grande partie de la plaine alsacienne où un déficit de pluviosité est certain pour la zone méridionale à chêne sessile et pubescent.

La deuxième de ces zones sans hêtres est la Sologne. Pour elle, les facteurs historiques et édaphiques doivent intervenir, car on ne voit pas

(5) Théoriquement, car l'existence des formes intermédiaires (et surtout de *F. taurica*) montre qu'il est difficile de tracer une limite nette entre les aires de ces deux espèces.

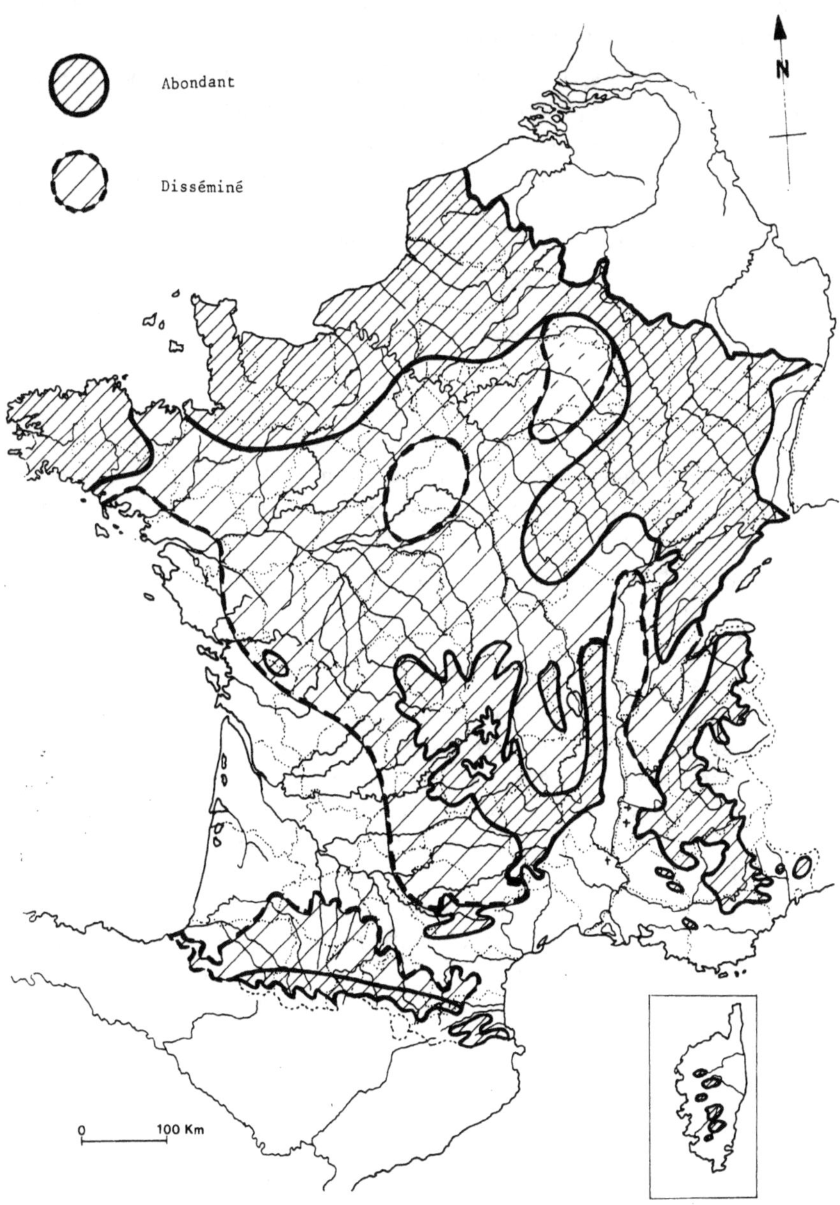

FIG. 5. – *Le hêtre* (Fagus silvatica *L.*) *en France*
(d'après ROL, 1962)

très bien en quoi les facteurs climatiques peuvent y être limitants, et en tout cas significativement différents dans leurs valeurs de celles prises dans les régions à hêtre les plus voisines.

La dernière de ces trois zones sans hêtre est la Champagne crayeuse où, encore moins que dans la région précédente, les facteurs climatiques ne paraissent limitants, pas plus que les conditions édaphiques. On est donc dans ce cas, en droit de penser que, seules, des raisons historiques peuvent expliquer l'absence du hêtre dans cette vaste région. En effet une étude récente (BOURNERIAS et TIMBAL, 1979) a montré que cette espèce était actuellement présente (quoique à l'état extrêmement disséminé) dans la plus grande partie de cette région et que c'est son défrichement extrêmement précoce et général (par rapport aux régions voisines), qui a sans doute empêché son extension.

Partout ailleurs, le hêtre est présent et, si de nombreuses régions (surtout dans l'ouest du Pays) peuvent paraître dépourvues de hêtraies, cela y est dû à l'importance du défrichement, et non à l'absence de l'espèce, dont l'importance variable au sein des vestiges forestiers et des haies, suffit à y montrer son caractère climacique indéniable.

Cependant l'importance prise par le hêtre dans les forêts françaises est extrêmement variée cela pour des raisons écologiques et aussi historiques.

Parmi les facteurs écologiques, les facteurs édaphiques sont particulièrement importants, et il fait montre à leurs égards d'une large plasticité écologique en particulier vis-à-vis du caractère carbonaté ou non du sol, mais il ne supporte pas l'hydromorphie marquée des sols (cf. § 32), ce qui explique son absence sur de larges surfaces dans certaines plaines argileuses de la moitié nord de la France. C'est le cas en particulier en Lorraine sur les affleurements argileux de la Woëvre (Callovo-oxfordien) ou du « Plateau lorrain » (Keuper-Muschelkalk), où le chêne pédonculé supplante très largement le hêtre. Celui-ci est dominant sur tous les autres substrats, et en particulier sur les calcaires, où il redevient dominant chaque fois que ces formations argileuses sont recouvertes d'une épaisseur suffisante de limons quaternaires.

Les zones calcaires de l'est de la France, du fait de leur fort taux de boisement, constituent des terrains favorables à l'étude de l'influence des facteurs climatiques sur le gradient de répartition nord-sud du hêtre en France.

Quand, depuis la Lorraine, on se dirige vers la Bourgogne, on constate que, surtout à partir du plateau de Langres, à altitude et à substrat identique, la hêtraie lorraine se transforme en une chênaie par enrichissement progressif en chênes (surtout chêne sessile). En Bourgogne, la chênaie-charmaie devient le climax climatique tandis que la hêtraie se cantonne aux expositions nord ou aux altitudes supérieures (caractère submontagnard).

Plus au sud, le hêtre devient une essence nettement montagnarde. En Provence, nous avons déjà dit que le hêtre était absent du fait du climat méditerranéen qui lui est défavorable. Ce n'est pourtant pas tout à fait exact, car il existe deux îlots relictuels, dont la position topographique est caractéristique. L'un est constitué par la célèbre hêtraie de la Sainte-Baume, à la limite des Bouches-du-Rhône et du Var, sur un flanc particulièrement bien exposé au nord, du fait de l'altitude relativement élevée de cette région. L'autre, sans doute moins connue, est la hêtraie (ou plutôt les hêtres) de l'ancienne Chartreuse de Valbonne dans le Gard dont la spontanéité a longtemps été contestée. Il s'agit là, au contraire, de vallons encaissés où l'accumulation d'air froid provoque l'existence d'un mésoclimat favorable au maintien du hêtre.

L'importance du hêtre dans les zones montagneuses est également assez variée. Elle est très grande dans les massifs peu élevés septentrionaux et soumis à l'influence océanique comme les Vosges, le Jura ou le Massif Central. Elle y est beaucoup plus réduite dans les massifs plus élevés et méridionaux.

Pour le premier cas, l'exemple des Vosges est très didactique du fait de son fort taux de boisement (voir figure 6). En effet sur le versant lorrain le hêtre est associé aux chênes (chêne pédonculé et surtout chêne sessile) ainsi qu'au charme à l'étage collinéen, au sapin au montagnard moyen et se retrouve seul au montagnard supérieur à la limite du subalpin, où il forme la limite supérieure de la forêt, avant les landes subalpines des plus hautes

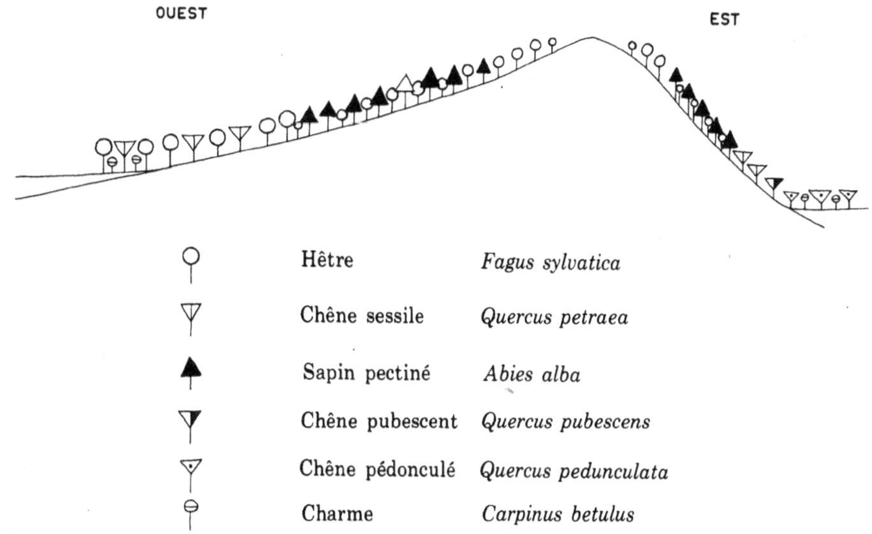

FIG. 6. – *Le hêtre dans les montagnes atlantiques sur l'exemple des Vosges*

crêtes vosgiennes. Sur le versant alsacien, la succession est sensiblement identique, à la différence que le hêtre est pratiquement absent de l'étage collinéen où il est remplacé par le chêne sessile.

Dans le deuxième cas, celui des montagnes méridionales, le hêtre ne forme qu'un étage parmi d'autres, généralement d'amplitude altitudinale assez restreinte. C'est le cas en particulier dans les Pyrénées orientales, où l'étage du hêtre (montagnard inférieur) est nettement intercalé entre celui du chêne pubescent (collinéen) et celui du sapin (montagnard supérieur).

Dans les zones continentales plus sèches, comme dans la zone interne des Alpes ou sur certains versants abrités de l'étage montagnard des Vosges, du Jura, du Massif Central ou des Pyrénées, il faut noter que le hêtre ne trouve plus ses exigences pluviométriques satisfaites (6) et est alors remplacé par une essence moins exigeante : le pin sylvestre.

Mais on ne peut vraiment comprendre l'importance actuelle du hêtre dans les forêts françaises, que si l'on prend aussi en compte l'histoire de ces forêts, et en particulier le rôle qu'elles ont joué dans l'économie des régions et la manière dont elles ont été exploitées pour satisfaire à la demande de produits qu'on attendait d'elles.

Dans les économies rurales traditionnelles, vivant pratiquement en autarcie, la forêt devait fournir essentiellement l'énergie (bois de feu), les matériaux de constructions (bois d'œuvre) et assurer une partie de l'alimentation des troupeaux. Le traitement des forêts en taillis sous futaie répondait bien à ces besoins.

En plaine, ce traitement favorisait les chênes, qui contrairement au hêtre rejettent bien de souche après récepage du taillis. De plus il était aussi favorable pour la qualité du bois d'œuvre qu'il donnait, que pour les glands qu'il fournissait et dont se nourrissaient des troupeaux de porcs. C'est ainsi que des siècles de traitement en taillis-sous-futaie ont souvent fait fortement régresser, ou même complètement disparaître le hêtre sur de vastes territoires, surtout sur les sols où sa régénération naturelle n'était pas aisée. Par exemple sur les plateaux calcaires du nord-est de la France, le hêtre a parfois cédé la place à des chênaies-charmaies calcicoles secondaires. C'est aussi le cas dans les Ardennes, où la chênaie acidophile à chêne sessile est en fait le plus souvent une formation de substitution à la hêtraie-chênaie climacique dont il ne reste guère de témoins.

Dans les zones de montagnes où les chênes étaient naturellement absents, le hêtre a été à la fois favorisé et défavorisé. Il a été favorisé dans la mesure où, étant le seul feuillu (face aux résineux, et en particulier au sapin), c'est lui qui fournissait alors le bois de feu et une partie du bois

---

(6) Surtout si un déficit pluviométrique n'est pas compensé par un sol à fortes réserves hydriques.

d'œuvre (menuiserie); et il a été aussi défavorisé dans la mesure où, pour les besoins de l'économie pastorale (relativement beaucoup plus importante qu'en plaine), d'immenses étendues de forêts ont été détruites pour faire place à des pàturages extensifs. C'est le cas dans tout le Massif Central, et les Pyrénées où les forêts montagnardes à sapin et surtout à hêtre ont payé un lourd tribu à l'économie pastorale. Cela explique que dans ces régions les hêtraies que l'on trouve soient le plus souvent constituées de taillis (car le hêtre rejette mieux de souche en montagne) ou de futaie sur souches résultant de la conversion de ces taillis.

Tout cela explique que le hêtre qui est déjà la deuxième essence feuillue des forêts françaises (7), y tient potentiellement une place plus importante encore.

BIBLIOGRAPHIE

BAZILE E., 1979. Flore et végétation du Sud de la France pendant la dernière glaciation d'après l'analyse anthracologique. Thèse 3ᵉ cycle : Montpellier. 154 p.

BEUG H.J., 1964. Untersuchungen zur spät und postglazialen Vegetationsgeschichte im Gardaseegebiet unter besonderer Berückssichtigung der mediterraneen Arten. *Flora*, **154**, 401-444.

BOURNERIAS M., TIMBAL J., 1979, 1980. Le hêtre et les climax en Champagne crayeuse. *Bull. Soc. bot. Fr. Lett. bot.*, **126** (2), **127** (2).

BRANDE A., 1973. Untersuchungen zur postglazialen Vegetationsgeschichte im Gebiet der Neretva-Niederungen (Dalmatien, Herzegowina). *Flora, ***162**, 1-44.

C.N.R.S. Service de la Carte de la Végétation. Cartes de la végétation de la France au 1/200 000. Paris : CNRS.

CHALINE J., 1972. Le Quaternaire. Paris : Doin. – 338 p.

DEFFONTAINES P., 1969. L'Homme et la forêt. – 2ᵉ édition. Paris : NRF Gallimard. – 187 p.

FRENZEL B., 1966. Climatic change in the Atlantic/Sub-Boreal transition on the Northern Hemisphere : botanical evidence. – Royal Meteorol. Soc. proc. of the International symposium on World Climate from 8000 to 0 BC, 99-123.

GODWIN H., 1956. The history of the British Flora. Cambridge : Cambridge Univ. Press. – 384 p.

---

(7) 15 % contre 34 % pour l'ensemble des chênes.

GRANGEON P., 1958. Contribution à l'étude de la paléontologie végétale du massif du Coiron (Ardèche). *Mém. Soc. Hist. nat. Auvergne,* **6,** 301 p.

GRUGER J., 1968. Untersuchungen zur spätglazialen und frühpostglazialen Vegetationsentwicklung der Südalpen im Umkreis der Gardasees. *Bot. Jb.,* **88** (2), 163-199.

GUILLET B., JANSSEN C.R., KALIS A.J., VALK E.J. de, 1976. La Végétation pendant le Postglaciaire dans l'Est de la France. In : LUMLEY H. de, GUILAINE J., Ed., La Préhistoire française. Paris : C.N.R.S., t. II, 74-81.

JALUT G., 1974. Evolution de la végétation et variations climatiques durant les quinze derniers millénaires dans l'extrémité orientale des Pyrénées. Thèse doct. : Sci. : Toulouse, Université Paul Sabatier. – 181 p.

JALUT G., SACCHI D., VERNET J.L., 1975. Mise en évidence d'un refuge tardiglaciaire à moyenne altitude sur le versant nord-oriental des Pyrénées (Belvis, alt. 960 m, Aude). *C.R. Acad. Sci., sér. D,* **280,** 1781-1784.

JALUT G., 1976. La végétation pendant le postglaciaire dans les Pyrénées. In : LUMLEY H. de, GUILAINE J., Ed. La Préhistoire française. Paris : C.N.R.S., t. II, 74-81.

JENTYS-SZAFEROWA J., 1961. The role of the glacial epoch in the history of the species *Carpinus betulus* in Europe. International Congress Quaternary, 6. Varsovie, **2,** 433-438.

KENLA J.V., JALUT G., 1979. Déterminisme anthropique du développement du hêtre dans la sapinière du Couserans (Pyrénées ariégeoises) durant le Subatlantique. *Geobios,* **12** (5), 735-738.

LANG G., 1962, paru 1967. Über die Geschichte von Pflanzengesellschaften auf Grund quartärbotanischer Untersuchungen. *Pflanzensoz. Palynologie,* 24-37.

MORAND F., BARTHÉLÉMY L., 1975. Sur quelques taxons guides de l'histoire récente de la végétation de la France des plaines. Relations avec les défrichements. – Centre de recherches et d'enseignement de Cernères, Notes et Cahiers, 8, 29 p.

OLDFIELD F., 1968. The Quaternary vegetational history of the French Pays Basque. I. Stratigraphy and pollen analysis. *New Phytol.,* **67,** 677-731.

PAQUEREAU N.M., TEXIER J.P., 1973. La séquence wurmienne et interglaciaire Riss-Wurm du BREUIL. *Quaternaria,* **17,** 321-342.

PAQUEREAU M., 1974. Le Würm ancien en Périgord. *Quaternaria,* **18,** 67-115; 117-159.

PENNINGTON W., 1969. The history of British vegetation. London : Univ. Press. – 152 p.

PLAISANCE G., 1950. La chasse au hêtre dans le passé. *Rev. for. fr.,* **12** (9), 458-461.

PLANCHAIS N., 1969. La végétation dans les plaines françaises pendant le Tardiglaciaire et le Postglaciaire. Etudes françaises sur le Quaternaire, suppl. *Bull. Assoc. fr. Etud. Quaternaire,* 111-115.

PLANCHAIS N., 1973. Premiers résultats d'analyse pollinique de sédiments versiliens en Languedoc. Congrès international Quaternaire. 9ᵉ, 146-152.

Pons A., 1964. Contribution palynologique à l'étude de la flore et de la végétation pliocènes de la région rhodanienne. *Ann. Sc. nat. Bot., Biol. vég.,* **12** (5), 499-722.

Préhistoire (La) française/Sous la dir. de H. de Lumley, J. Guilaine. Paris : C.N.R.S., 2 vol. — 2 500 p.

Reille M., 1975. Contribution pollenanalytique à l'histoire tardiglaciaire et holocène de la végétation de la montagne corse. Thèse : Sci. : Aix-Marseille. — 2 vol., 206 p.

Roisin P., 1969. Le domaine phytogéographique atlantique d'Europe. Gembloux : Dumculot. — 262 p.

Rol R., 1962. Flore des arbres arbustes et arbrisseaux. Vol. I. Plaines et collines. Paris. La Maison rustique. 95 p.

Rudolph K., 1930. Grundzüge der nacheiszeitlichen Waldgeschichte Mitteleuropas. *Beih. Bot. Centralbl.,* **47** (2), 111-176.

Tralau H., 1962. Die spättertiären Fagus-arten Europas. *Bot. Not.,* **115** (2), 147-176.

Triat H., 1973. Analyse pollinique de sédiments versiliens en Provence. Congrès international Quaternaire. 9ᵉ. Christchurch, 142-145.

Triat-Laval H., 1979. Contribution pollenanalytique à l'histoire tardi- et postglaciaire de la végétation de la basse vallée du Rhône. Thèse : Marseille. — 343 p.

Vernet J.L., 1973. Contribution à l'histoire de la végétation du sud-est de la France au Quaternaire. Etude de macroflores, de charbons de bois principalement. Thèse : Sci. nat. : Montpellier : Université des sciences et techniques du Languedoc. — VI-103 p.

Vernet J.L., 1974. Précisions sur l'évolution de la végétation dans la région méditerranéenne depuis le Tardiglaciaire d'après les charbons de bois de l'Arma du Nasino (Savone, Italie). *Bull. Assoc. fr. Etud. Quaternaire,* **11** (39), 65-72.

Vernet J.L., 1976. La végétation au Postglaciaire d'après les charbons de bois. In : Lumley H. de, Guilaine J., Ed., La Préhistoire française. Paris : C.N.R.S., II, 95-103.

Wegmüller S., 1977. Pollenanalytische Untersuchungen zur spät und postglazialen Vegetationsgeschichte der französischen Alpen (Dauphiné). Matériaux pour le levé géobotanique de la Suisse. Bern : P. Haupt. — 185 p.

Woillard G., 1975. Recherches palynologiques sur le Pléistocène dans l'est de la Belgique et dans les Vosges lorraines. *Acta geogr. lovaniensia,* **14**, 118 p.

CHAPITRE 3

ÉCOLOGIE DU HÊTRE
ET DE LA HÊTRAIE

3. – ÉCOLOGIE DU HÊTRE ET DE LA HÊTRAIE

3.1. CARACTÉRISATION CLIMATIQUE DE LA HÊTRAIE

par

Michel BECKER

L'étude de la répartition géographique du hêtre en Europe (cf. § 22), montre à l'évidence que cette essence peut se rencontrer dans des climats assez variés.

On la trouve depuis le niveau de la mer dans les régions nord-atlantiques, jusqu'à 1 800 m en Corse, et même 1 950 m, sur l'Etna, en Sicile. Au nord, sa limite altitudinale est surtout une limite supérieure ; au sud, au contraire, il s'agit plutôt d'une limite inférieure.

En fait, il existe une sorte de compensation entre l'altitude et la latitude, ainsi que l'ont bien montré LAUSI et PIGNATTI en 1973 (fig. 7).

On peut voir sur les courbes présentées par ces chercheurs, que leur convexité maximum se situe pour une altitude de 500-600 m et une latitude de 45-46° (en gros, la latitude de Lyon) ; conditions qui semblent donc les plus favorables au hêtre. Cette observation est cependant d'une valeur toute relative étant donné l'importance d'autres facteurs écologiques comme la quantité globale des précipitations et la nature des sols. On constate également que, pour les limites supérieures à un déplacement de 1° en latitude vers le sud, correspond une augmentation de 110 m d'altitude.

La pente et l'exposition des milieux n'interviennent que comme des éléments de compensation dans le schéma général (fig. 8).

Le caractère écologique le plus constant de la hêtraie semble la nécessité d'un état hygrométrique élevé de l'air (ROL, 1962). Ainsi s'expliquerait en particulier la compensation altitude-distance à la mer, entre climat atlantique froid et climat montagnard humide (fig. 9).

La pluviométrie totale annuelle n'est pas un bon critère et peut être assez variable, bien que pratiquement jamais inférieure à 600 mm. Sa répartition saisonnière et même mensuelle est beaucoup plus utile à considérer pour juger de la qualité de l'approvisionnement en eau (fig. 10) (voir aussi § 33).

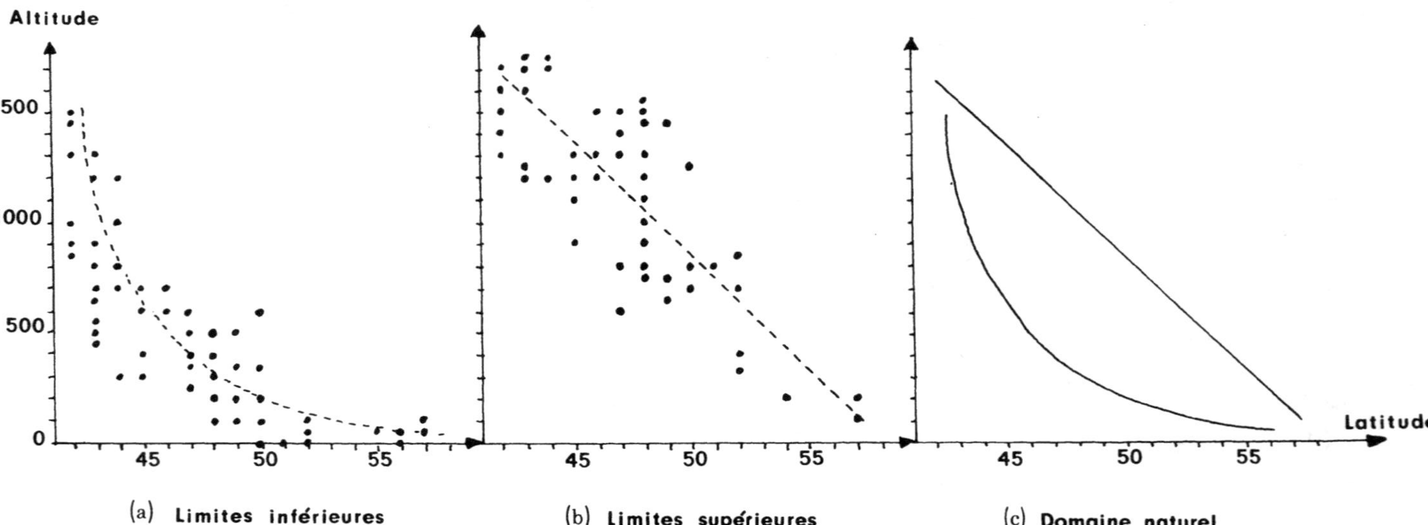

FIG. 7. — *Limites inférieures et supérieures des hêtraies naturelles d'Europe en fonction de l'altitude et de la latitude.*
a) limite inférieure; b) limite supérieure; c) Domaine naturel des hêtraies en Europe.
(D'après LAUSI et PIGNATTI, 1973)

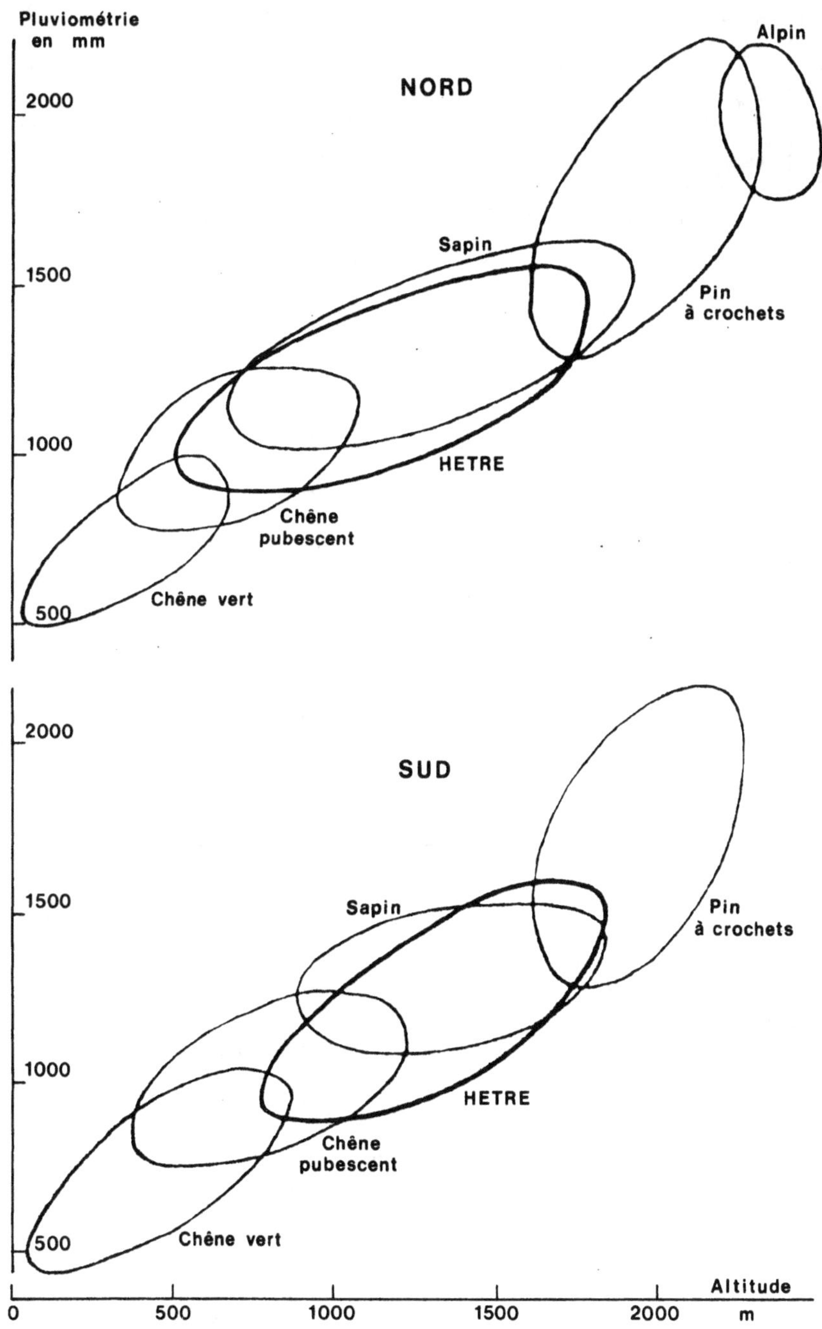

FIG. 8. − *Répartition des aires de végétation en fonction de l'altitude, de la pluviométrie annuelle et de l'exposition dans le front nord pyrénéen des Pyrénées-orientales.*
(D'après REY P., 1961 : Essai de phytocinétique biogéographique)

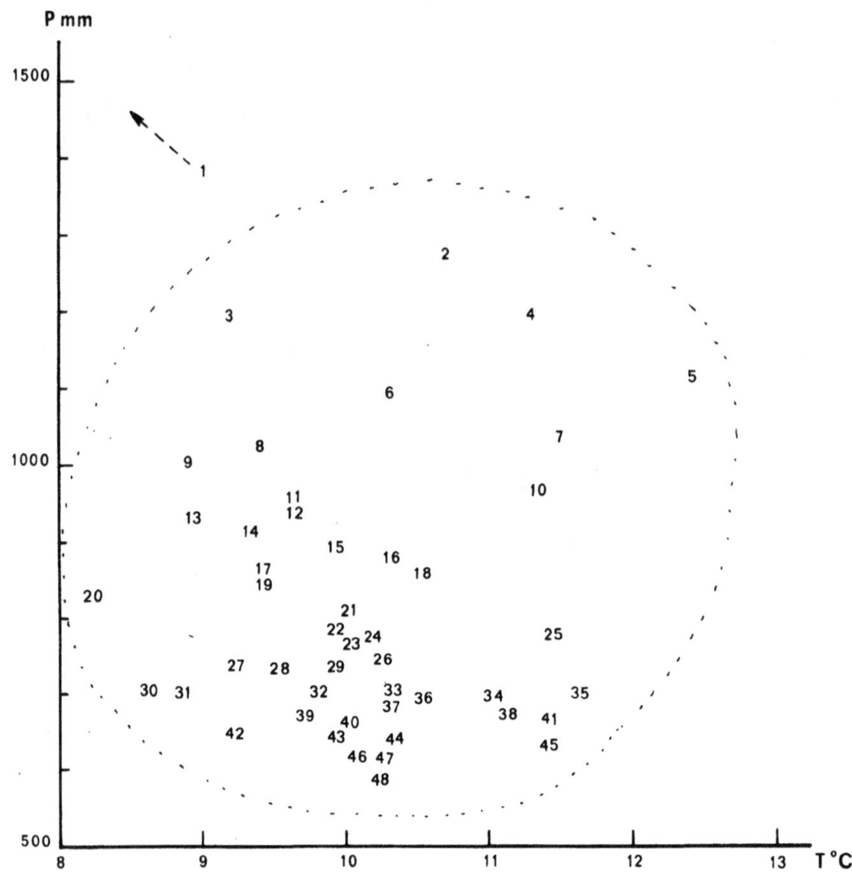

FIG. 9. — *Diagramme ombrothermique de quelques localités à hêtres de basse altitude en France.*

P = précipitations moyennes annuelles en millimètres d'eau.

T = température moyenne annuelle en degrés Celsius

1 – Mont Aigoual[*]	17 – Neufchateau	33 – Rouen
2 – Bagnères de Bigorre	18 – Saint-Lo	34 – Rennes
3 – Aurillac	19 – Commercy	35 – Millau
4 – Tulle	20 – Saint-Flour	36 – Caen
5 – Pau	21 – Eu	37 – Dunkerque
6 – Besançon	22 – Chatillon/Seine	38 – Le Mans
7 – Quimper	23 – Abbeville	39 – Metz
8 – Belfort	24 – Dieppe	40 – Amiens
9 – Epinal	25 – Pontivy	41 – Poitiers
10 – Brest	26 – Alençon	42 – Le Puy
11 – Guéret	27 – Sarreguemines	43 – Beauvais
12 – Yvetot	28 – Nancy	44 – Châlons/Marne
13 – Langres	29 – Mulhouse	45 – Angers
14 – Luxeuil	30 – Toul	46 – Versailles
15 – Chaumont	31 – Fontainebleau	47 – Montagne de Reims
16 – Fougères	32 – Saint-Quentin	48 – Compiègne

[*] Hors du cadre de la figure. Coordonnées 4,5°, 2 100 mm.

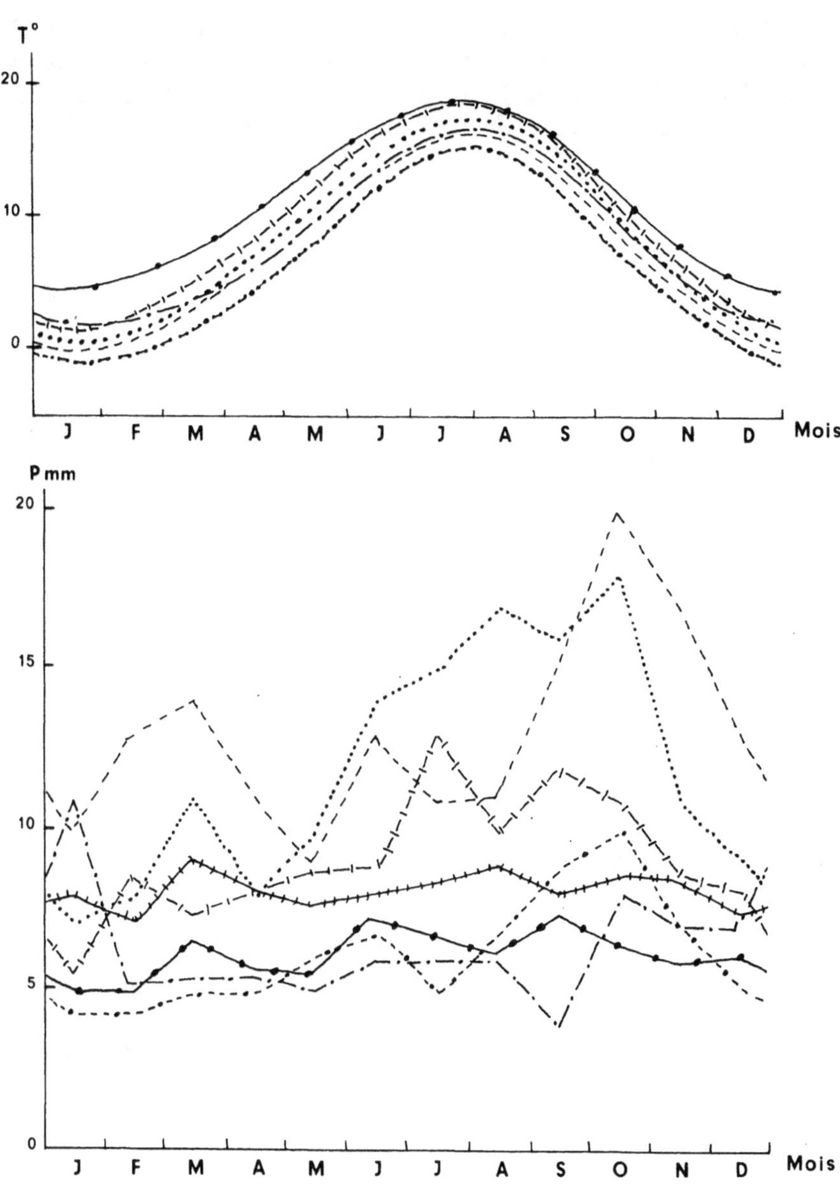

FIG. 10. — *Régime thermique (en haut) et pluviométrie moyenne correspondant à la série du hêtre dans différentes régions françaises.*
(D'après P. REY, 1961, Essai de phytocinétique biogéographique)

Alpes maritimes – – –   Vallée du Rhône – [– [– [–
Velay – – – . – – – . – – –   Vivarais · · · · · ·
Pyrénées orientales – – · – – · – –   Aquitaine ●—●—●
Front Nord-pyrénéen +++++++++

L'établissement de diagrammes ombrothermiques selon la méthode préconisée par BAGNOULS et GAUSSEN, montre que pour les localités à hêtre (fig. 11), il n'y a pas de période sèche, c'est-à-dire de période où, éventuellement la pluviosité P exprimée en mm est inférieure à 2 fois la température moyenne correspondante (voir aussi § 33).

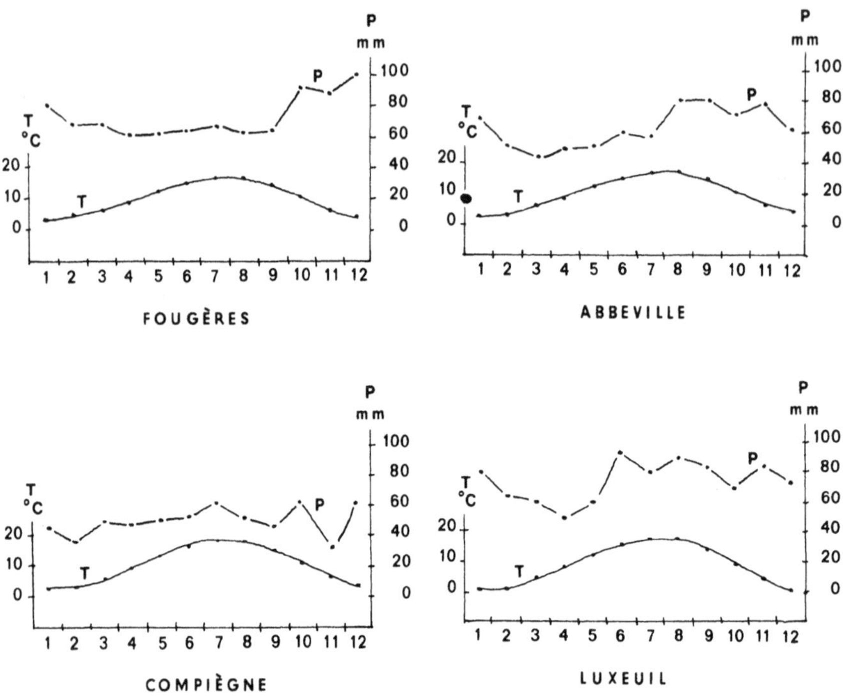

FIG. 11. — *Diagrammes ombrothermiques de Bagnouls et Gaussen pour 4 localités de hêtraie de la moitié nord de la France.*

Quand les précipitations ne sont pas régulièrement réparties tout au long de l'année, le hêtre peut quand même se développer par le jeu des compensations de facteur.

Ainsi, dans les climats continentaux du centre ou de l'est de l'Europe où la répartition des précipitations n'est pas régulière, mais montre des maximums, la hêtraie peut se développer si la pluviosité totale avoisine le seuil inférieur, car une grande partie de celle-ci tombe au printemps lors de la période de végétation active.

En ce qui concerne la durée de l'enneigement, les observations recueillies par LAUSI et PIGNATTI (1973) en 1962-63 ont montré qu'elle était en moyenne de 81 jours, la majorité des données se situant entre 60 et 120 j. (avec des extrêmes à 10 et 170 j.). En raisonnant par grand types de

hêtraies, les moyennes suivantes, beaucoup plus intéressantes et significatives, ont été obtenues :
- hêtraies mésophiles *(Eu - Fageta)*............   77 jours
- hêtraies thermophiles *(Cephalanthero - Fageta)*..   69 jours
- hêtraies acidophiles *(Luzulo - Fageta)*..........   60 jours
- hêtraies montagnardes *(Abieti - Fageta)*........   109 jours

S'il est bien résistant aux froids rigoureux de l'hiver, le hêtre est particulièrement sensible aux gelées de printemps. Ceci explique ses possibilités d'installation aux étages montagnards, ou de telles gelées sont peu à craindre, alors qu'il est écarté, en plaine, de toutes les situations où l'air froid peut s'accumuler (fonds de vallons sur plateaux calcaires en particulier).

Dans le tableau 2, malheureusement incomplet, RÜBNER (1938) a tenté de rassembler les caractéristiques climatiques générales des régions où le hêtre est susceptible d'être rencontré.

TABLEAU 2

Caractéristiques climatiques générales des régions où le hêtre peut être rencontré
(d'après RÜBNER, 1934, *in* PERRIN, 1963)

Zone climatique	Sous-zone climatique	Température moyenne annuelle	Nombre de jours au-dessus de 10 °C	Amplitude thermique	Température moyenne du mois le plus		Précipitations		Espèces caractéristiques
					froid	chaud	Total annuel	Epoque des max.	
Tempérée de plaine	maritime de	7-10 °C		7-17 °C	− 1 à + 5 °C	12 à 17 °C	< 1 000	été, automne	Houx et
	transition	5- 9 °C		17-21 °C	− 5 à 0 °C	16 à 20 °C	< 800	été	Hêtre
	continentale	3- 8 °C	121-180	21-38 °C	− 16 à − 4 °C	18 à 24 °C	< 600	été	Ch. pédonculé, Pin sylvestre
Tempérée de montagne	maritime de transition continentale				− 1 à + 2 °C	14 à 19 °C	> 1 000 800-1 400 700- 800	régulier régulier été	Hêtre, Sapin Chênes, Châtaignier

3.2. CARACTÉRISATION ÉDAPHIQUE

par

François LE TACON

Quand les exigences ombrothermiques du hêtre sont satisfaites, les sols que l'on peut rencontrer sous hêtraie présentent une très large diversité. Nous allons tout d'abord préciser les conditions édaphiques qui entraînent la disparition du hêtre, puis présenter schématiquement les grandes lignes des sols de la hêtraie française.

Le hêtre n'est plus présent lorsque les conditions édaphiques deviennent extrêmement défavorables : très faible réserve en eau, très grande pauvreté chimique doublée d'un pH très bas, hydromorphie.

Le facteur auquel il est de très loin le plus sensible est l'excès d'eau. C'est ainsi qu'il est éliminé de tous les sols à hydromorphie permanente caractérisés par la présence d'un gley à profondeur plus ou moins grande.

Il ne tolère guère mieux les sols à hydromorphie temporaire caractérisés par la présence d'une nappe perchée et l'existence d'un niveau de pseudogley.

C'est ainsi que l'on ne rencontre jamais de hêtraie sur les sols à pélosol pseudogley, ni sur les sols à pseudogley de surface. Tous les sols caractérisés par l'existence d'un type d'humus hydromorphe (hydromull, hydromoder, hydromor), ou l'existence de phénomène d'oxydo-réduction à moins de 20 cm de la surface, entraînent automatiquement l'exclusion du hêtre. Les sols à texture argileuse dès la surface lui sont aussi très défavorables. Néanmoins sur les affleurements marneux ou argileux de Lorraine il est possible de rencontrer de la hêtraie à condition que la pente soit suffisante. C'est ainsi qu'en forêt communale de Padoux (Vosges) ou en forêt de Parroy (Meurthe-et-Moselle), le hêtre existe sur des pélosols vertiques caractérisés par la présence de 50 % d'argile dès la surface. Dans ce cas la texture défavorable est compensée par la pente et la bonne structure du sol (mull calcique) qui assurent un drainage sufisant.

Notons cependant que les sols lessivés à pseudogley, ou les sols lessivés marmorisés sont très fréquents sur les limons qu'affectionnent particulièrement le hêtre, mais, dans ce cas, les horizons hydromorphes sont éloignés de la surface.

En dehors de l'hydromorphie, un autre facteur peut entraîner l'absence du hêtre, il s'agit de l'excès d'acidité. Il n'existe pas sur les sols sableux les plus acides caractérisés par la présence d'un mor et d'un podzol humo-ferrugineux, et à plus forte raison n'existe pas sur les sols sableux à nappe (podzols hydromorphes). Par exemple, en Normandie, sur les sols les plus grossiers des formations à silex, ou dans le Bassin Parisien sur les affleurements sableux du tertiaire, le hêtre est remplacé naturellement par le chêne rouvre.

LES HÊTRAIES TRÈS ACIDIPHILES ET ACIDIPHILES

La plasticité du hêtre est telle que les hêtraies les plus acidiphiles à canche flexueuse et à fougère peuvent se rencontrer sur des sols podzoliques et parfois même sur des podzols comme à Villers-Cotterêt sur sables de Fontainebleau. Cela reste néanmoins exceptionnel et si l'on rencontre parfois des hêtraies très acidiphiles dans ces conditions extrêmes dans l'ouest ou le centre de la France, dans l'est de la France on ne rencontre jamais de hêtraie sur sols podzoliques ou sur podzols. Dans les Basses Vosges il existe des hêtraies très acidiphiles sur les sables du trias (grès à voltzia, grès intermédiaire et parfois grès vosgien). Si le type d'humus peut être un véritable mor le sol ne dépasse jamais le stade ocre podzolique. Les hêtraies à mor et à myrtille restent également très exceptionnelles dans les Vosges. Dans l'est de la France les hêtraies acidiphiles les plus fréquentes sont les hêtraies à canche flexueuse caractérisées par la présence d'un moder ou d'un dysmoder et un sol de type brun ocreux.

Dans le centre du Bassin Parisien et dans l'ouest de la France, les hêtraies acidiphiles sont très répandues sur limons éoliens. Les sols sont en général de type lessivé ou lessivé hydromorphe.

Dans certains cas l'humus peut être un mor, et souvent un dysmoder. On observe alors des phénomènes de micropodzolisation qui s'ajoutent au lessivage. Il peut exister un véritable micropodzol de 10 à 15 cm d'épaisseur, qui se développe dans la partie supérieure de l'horizon éluvial du sol lessivé. L'horizon A_2 de ce micropodzol a tout au plus 5 cm d'épaisseur. On observe également un horizon Bhfe de quelques centimètres. Cet horizon spodique (horizon d'accumulation des sesquioxydes de fer et d'aluminium) perd toute structure sur limons et entraîne juste à son niveau des phénomènes d'hydromorphie temporaire. Cette micropodzolisation sous hêtraie dans l'ouest de la France, s'observe particulièrement bien en forêt de Fougères ou en forêt de Villecartiers en Bretagne. On peut également l'observer sur les limons des grandes hêtraies normandes.

Néanmoins les hêtraies acidiphiles normandes sur limons sont le plus souvent caractérisées par un moder. Très souvent en Normandie sous ce moder existe un petit horizon Bh à structure spodique induisant des microphénomènes d'hydromorphie temporaire. Le sol reste de type lessivé.

Toutes ces hêtraies très acidiphiles à mor, à dysmoder ou à moder ont des pH très bas compris entre 3,5 et 4. Corrélativement le rapport C/N est toujours supérieur à 20 sans toutefois dépasser 25. Les taux de saturation sont aussi très faibles, surtout sur les limons de l'Ouest et en particulier sur les limons de Bretagne.

Les hêtraies très acidiphiles de moyenne montagne sur cristallin (Vosges, Massif Central, Pyrénées) ont les mêmes caractéristiques, c'est-à-dire les mêmes types d'humus, mais les sols sont de type brun-ocreux ou ocre podzolique dans les cas extrêmes.

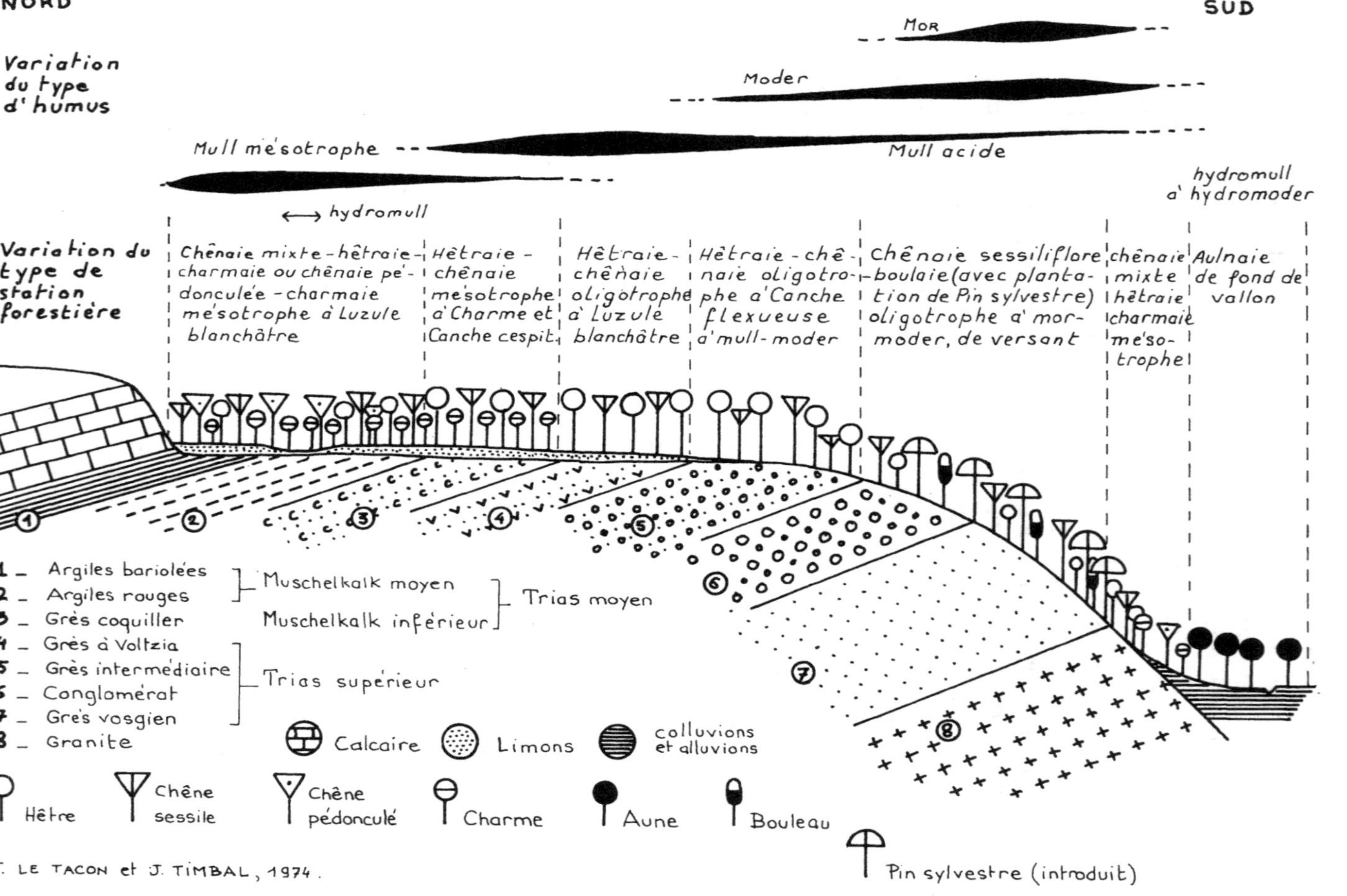

FIG. 12. — *Représentation schématique des relations sol végétation en forêt de Darney (Vosges).*

LES HÊTRAIES MOYENNEMENT ACIDIPHILES

Les hêtraies moyennement acidiphiles représentent des surfaces considérables dans les Basses Vosges, les Pyrénées et à un degré moindre dans le Massif Central et les Alpes ou la Normandie. Leur point commun est l'existence d'un mull acide à pH moyen de 4,5 et à taux de saturation compris entre 15 et 25 %. Les propriétés chimiques du sol deviennent suffisantes pour assurer l'existence d'une microflore et d'un microfaune capables de détruire rapidement la litière. L'horizon A_0 est uniquement constitué par les feuilles de l'année. L'horizon A_1 possède un complexe argilo-humique et présente une structure grumeleuse.

Le type génétique du sol est plus varié, en moyenne montagne et en basse montagne il s'agit de sols bruns acides, en plaine et en station horizontale, il s'agit de sols bruns lessivés ou lessivés.

En moyenne montagne ces hêtraies se développent le plus souvent sur Cristallin (granites, roches métamorphiques);

En basse montagne (Vosges) il s'agit surtout de grès (grès à voltzia et grès intermédiaire). Dans ces deux cas la texture du sol et de type sablo-limoneuse (voir figure 12).

En plaine il s'agit le plus souvent de limons et donc de sol à dominante limoneuse.

LES HÊTRAIES NEUTROACIDIPHILES

Les hêtraies neutroacidiphiles se rencontrent essentiellement en plaine sur limons ou argiles de décarbonatation, mais peuvent exister à moyenne altitude dans le Jura (1er plateau) ou dans les Alpes ou les Pyrénées mêmes sur roches riches en bases échangeables.

La caractéristique essentielle de ces hêtraies est l'existence d'un mull mésotrophe à pH compris entre 4,5 et 5,5 et à taux de saturation compris entre 25 et 75 %. La minéralisation de la matière organique est très rapide en raison de la très forte activité biologique. Il n'existe qu'une couche constituée de feuilles de l'année.

Génétiquement les sols sont plus variables. Il s'agit surtout de sols lessivés ou bruns lessivés sur limons ou argile de décarbonatation en station horizontale. Sur pente il peut s'agir de sols bruns.

LES HÊTRAIES NEUTROPHILES

Ces hêtraies se rencontrent uniquement sur calcaire ou sur marnes, partiellement décarbonatés et parfois sur limons peu ou pas lessivés, soit en plaine, soit éventuellement à basse ou moyenne altitude dans le Jura, les Alpes ou les Pyrénées (figure 13).

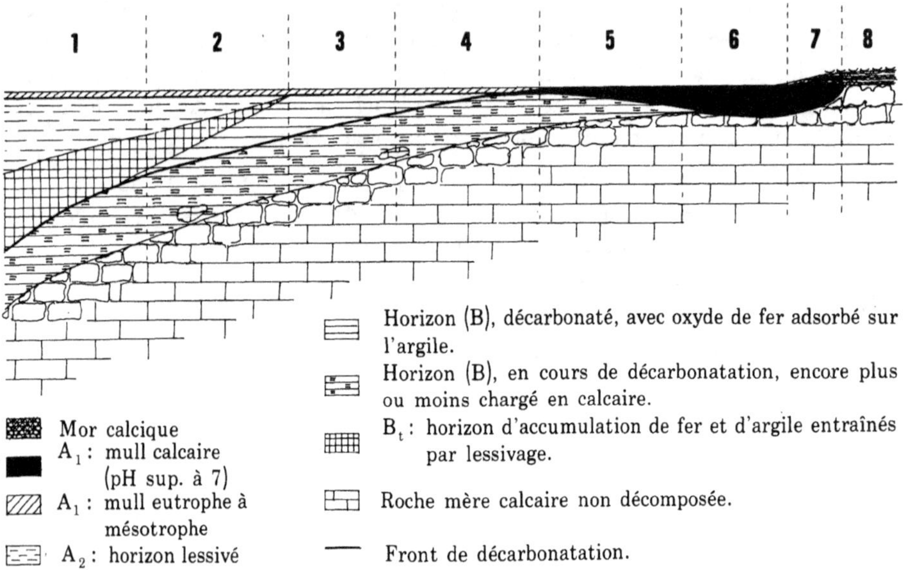

FIG. 13. – *Représentation schématique des différents types de sols des hêtraies des plateaux calcaires du nord-est de la France en station horizontale.*
(D'après BECKER, TIMBAL, LE TACON).

1 : sol lessivé; 2 : sol brun lessivé; 3 : sol brun eutrophe; 4 : sol brun calcique; 5 : rendzine brunifiée; 6 : rendzine; 7 : sol humocalcaire; 8 : sol lithocalcique.

1-2 : hêtraie neutroacidiphile; 3 : hêtraie neutrophile; 4-5 : hêtraie calcicole; 6-7 : hêtraie xérocalcicole; 8 : hêtraie exclue.

En général la profondeur de décarbonatation ne dépasse pas 40 cm. La caractéristique essentielle de ces hêtraies est l'existence d'un mull eutrophe à pH compris entre 5,5 et 7 et à taux de saturation compris entre 75 et 100 %. L'activité biologique est très élevée et la minéralisation de la matière organique fraîche est très rapide.

Néanmoins l'horizon A_1 est en général un peu plus épais et un peu plus noir que l'horizon A_1 des mulls mésotrophes en raison de la forte disponibilité en calcium échangeable du sol.

LES HÊTRAIES CALCICOLES

Les hêtraies calcicoles ont comme point commun l'existence de mulls calcaires, à teneur variable en carbonate de calcium, à pH supérieur à 7, riche en matière organique (humine), à structure grumeleuse très développée.

La réserve en eau de ces sols est en général relativement faible et l'on peut subdiviser les hêtraies calcicoles en fonction de la disponibilité en eau utile.

On peut distinguer assez schématiquement :

1) les hêtraies calcicoles à forte réserve en eau, développées soit sur colluvium de bas de pente soit sur calcaire marneux ou marne, à sol de type rendzine humifiée colluviale ;

2) les hêtraies calcicoles à réserve en eau moyenne à faible (60-120 mm de réserves en eau utile) : le sol est en général une rendzine brunifiée ou une rendzine développée sur calcaire en station horizontale ou sur pente forte ;

3) les hêtraies calcicoles xérophiles développées encore sur rendzines ou rendzines brunifiées mais très superficielles, sur calcaire dur : les réserves en eau descendent au-dessous de 50 à 60 mm.

Un type particulier de hêtraie calcicole xérophile est constitué par les hêtraies à mor calcique. Il s'agit de sol très superficiel à squelette calcique très important. Le complexe argilo-humique ne s'est pas constitué dans l'horizon A_1. En raison du régime hydrique défavorable, l'activité biologique est faible et il y a accumulation d'une litière importante de type mor, mais à taux de saturation de 100 %. Le sol est un sol humo-calcaire à mor calcique.

Ces hêtraies peuvent se rencontrer en plaine par exemple sur les formations jurassiques du nord-est de la France (figure 13) ou sur la craie cénomanienne de Champagne, ou, plus fréquemment, en montagne, sur calcaire dur, dans le Jura ou les Alpes, mais à altitude assez élevée (1 000 m).

LES HÊTRAIES D'ALTITUDE

Les hêtraies d'altitude au-dessus de 1 000 m constituent un cas particulier au point de vue édaphique en raison de l'interférence du climat sur les caractéristiques du sol. Les facteurs climatiques induisent la formation d'humus à décomposition lente qui s'accentue au montagnard supérieur où tous les sols présentent des infiltrations profondes et importantes de matière organique.

Sur les calcaires durs du jurassique dans le Jura et les Alpes, l'humus est généralement un mor calcique et le sol un sol humo-calcaire (présence de carbonate en A_1 dans la terre fine) ou un sol humo-calcique (pas de carbonate dans la terre fine en A_1). Ces sols ne sont en général jamais occupés par la hêtraie pure, il s'agit le plus souvent de hêtraie sapinière ou de sapinière à hêtre.

Sur les roches cristallines acides des Vosges, du Massif Central, et dans certaines conditions dans les Pyrénées ou les Alpes, au-dessus de 1 000 m à 1 200 m d'altitude, la hêtraie pure domine et peut représenter des surfaces très importantes. Les sols sont le plus souvent des sols bruns ocreux humifères ou des sols ocres podzoliques humifères. L'humus est un moder d'altitude parfois proche du mor. Il est toujours épais et les infiltrations de matière organique atteignent souvent 40 à 50 cm.

Au fur et à mesure que l'on monte en altitude ce caractère humifère s'accentue et les sols ocres podzoliques humifères passent progressivement aux rankers cryptopodzoliques humifères, le passage aux rankers d'altitude se traduit toujours par la disparition du hêtre qui est remplacé, soit par une pelouse subalpine dans les Vosges, le Massif Central, soit par des résineux d'altitude : épicéa et pin à crochets dans les Alpes, sapin ou pin à crochets dans les Pyrénées.

Les différents types de sols des hêtraies françaises ne diffèrent guère des sols que l'on peut rencontrer dans le reste de l'Europe sous hêtre. Il nous semble cependant que le caractère acidiphile avec des humus, de type moder, dysmoder ou mor se rencontre beaucoup plus en conditions atlantiques qu'en conditions continentales.

3.3. LE HÊTRE EN SITUATION MARGINALE DANS LE SUD DE LA FRANCE (1)

Essence plutôt septentrionale, le hêtre arrive cependant à croître et même à former parfois des « hêtraies » dans le sud de l'Europe, en particulier dans les régions méditerranéennes française, italienne, espagnole, et en Aquitaine.

(1) Rédigé par J. TIMBAL d'après les textes de B. THIÉBAUT pour la région méditerranéenne, de B. COMPS et J. LETOUZEY pour l'Aquitaine.

Au paragraphe 2.1., nous avons vu que le hêtre semble être présent dans ces régions méridionales depuis plus longtemps que dans les plaines du nord de l'Europe. Mais à la limite sud de son aire, le hêtre croît dans des conditions écologiques particulières qu'il est intéressant de préciser.

Si on oppose traditionnellement le climat humide du nord de l'Europe à celui, plus sec, du Sud, c'est par une schématisation un peu abusive qui masque une réalité plus nuancée. En particulier, la limite méridionale de la hêtraie n'est jamais brutale. Deux zones peuvent être distinguées :
- une zone où les facteurs climatiques sont favorables à la hêtraie et où le hêtre est prépondérant dans les forêts, tant par le nombre d'individus (potentialité de régénération) que par leur vigueur (croissance et développement optimal). C'est ce que l'on a appelé « l'étage du hêtre » où ce dernier forme des associations de climax climatique : hêtraies pures ou hêtraies sapinières ;
- une zone marginale pour le hêtre, « ... *Une zone d'épreuve ou zone contestée, dans laquelle toutes les causes agissent sur l'espèce avec une force inégale selon leur nature et variable selon les années...* » (FLA-HAUT, 1901). Dans cette zone, la hêtraie se morcelle en îlots dispersés dans les situations plus fraîches (climax stationnel), puis, au-delà d'une certaine limite, la hêtraie disparaît et le hêtre n'est plus représenté que par des pieds isolés. Dans cette zone on observe des hêtraies-chênaies.

On met ainsi en évidence deux limites : une limite « minimale » de la hêtraie déterminée par le climat régional, et une limite « maximale » déterminée à la fois par le climat régional (qui est alors défavorable à la hêtraie), et le climat local ou stationnel, plus favorable (tableau 3). Le passage de la première zone où le hêtre domine, à la deuxième où il est « marginal », correspond au passage d'un climat humide à un climat à tendances arides du point de vue des écologistes.

RÉGIME PLUVIOTHERMIQUE

Cette aridité peut être appréciée à l'aide des coefficients combinant les précipitations et la température. L'un des plus simples et des plus utilisé est celui de BAGNOULS et GAUSSEN (1953).

Pour un mois, ce coefficient s'exprime par le rapport P/T des précipitations totales mensuelles exprimées en mm, sur la température moyenne mensuelle exprimée en degrés Celsius. BAGNOULS et GAUSSEN considèrent que le climat d'un mois est « sec » lorsque ce coefficient prend une valeur inférieure ou égale à 2. D'autres auteurs, dont CURE (1943-1964) et WAL-

TABLEAU 3

Limites d'extension de la hêtraie sous l'influence du climat
(d'après THIEBAUT 1979)

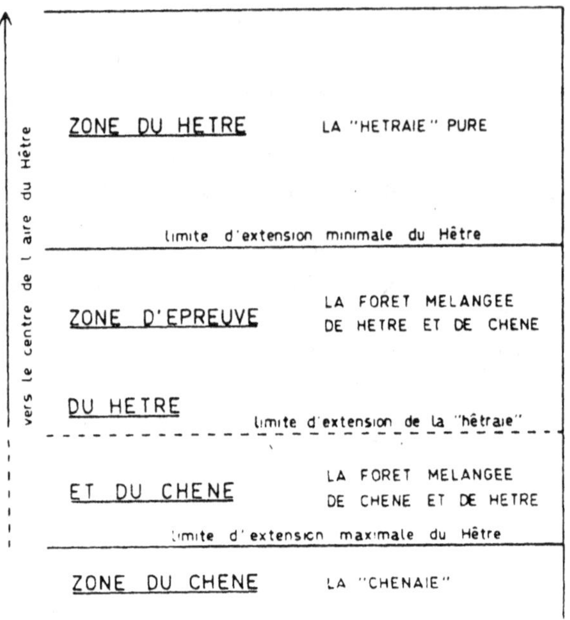

TER et LEITH (1960-1964), envisagent l'existence de mois « subsecs » lorsque la valeur de ce coefficient est comprise entre 2 et 3.

Si $P/T \leqslant 2$: mois « sec »

$2 < P/T \leqslant 3$: mois « subsec »

On peut aussi exprimer ces résultats sous la forme d'un graphique où on porte le temps en abscisses (les 12 mois d'une année civile), et en ordonnées les précipitations et les températures ; l'échelle des températures exprimées en degrés Celsius étant le double de celle des précipitations exprimées en mm. L'intersection éventuelle des deux courbes permet de déterminer alors, en étendue et en importance, les périodes de sécheresse. Avec une échelle triple pour les températures on peut, de la même manière, construire une 3e courbe qui permet de déterminer graphiquement les périodes de subsécheresse. Les graphiques de la figure 14 représentent ces diagrammes, dits ombro-thermiques, pour quelques localités de hêtraies périméditerranéennes.

Mais les différences de régime pluvio-thermique ne permettent pas d'expliquer à elles seules la répartition du hêtre et de la hêtraie. Dans les régions marginales pour le hêtre, de fréquentes nappes de brouillard viennent compenser, au moins partiellement, une pluviométrie insuffisante. Ainsi sur les versants de montagne, la limite « minimale » du hêtre coïncide

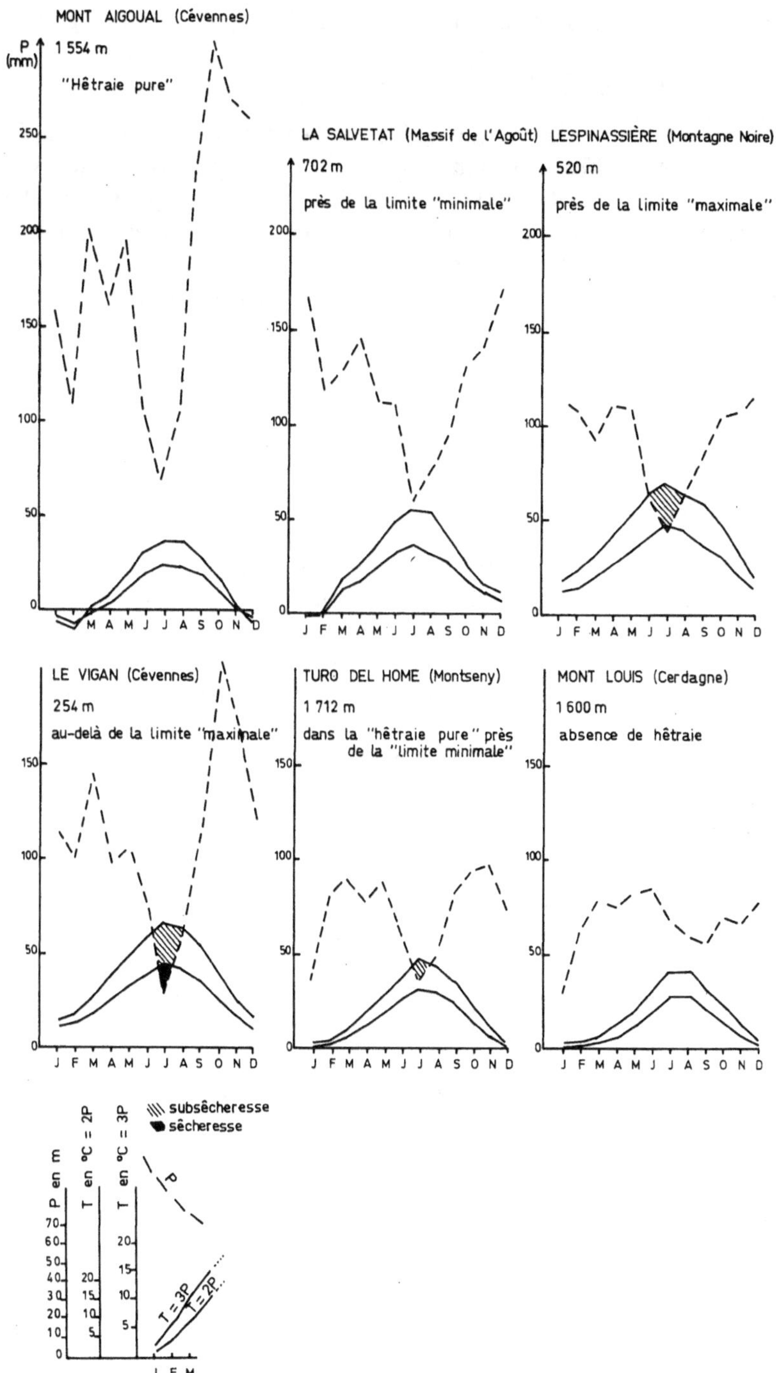

FIG. 14. — *Graphiques ombrothermiques de six hêtraies méditerranéennes.*
(THIÉBAUT, 1979)

souvent avec celle des brouillards fréquents. Cela s'observe en particulier dans le massif du Montseny en Catalogne espagnole, et dans celui de l'Agoût dans le sud du Massif Central.

Réalisés à partir de moyennes de températures et de précipitations, les diagrammes ombro-thermiques procurent une vision très intéressante mais forcément schématique des phénomènes. Ces diagrammes permettent la comparaison des situations pluvio-thermiques variées. Mais pour cerner de plus près la réalité climatique d'une station donnée, et tenir compte des situations extrêmes pouvant intervenir, il est indispensable de suivre l'évolution des données mensuelles d'une année à l'autre, cela sur des périodes suffisamment longues.

Cela peut se faire en réalisant des tableaux dits « diachroniques ». Ils se présentent sous la forme de tableaux à double entrée où les colonnes représentent les 12 mois de l'année (on ne peut éviter le découpage arbitraire en années civiles), et les lignes, la succession des années d'observations. Dans chaque case on porte la valeur mensuelle correspondant à la grandeur à analyser, les précipitations mensuelles par exemple. Pour obtenir une représentation imagée plus synthétique, on peut découper la gamme de ces valeurs en un certain nombre de classes et affecter à chacune d'elles une couleur, ou une intensité de grisé, selon un ordre logique. La lecture de ce tableau, ligne après ligne (horizontalement), permet de se rendre compte des rythmes pluriannuels : à des « années humides » succèdent des « années sèches », et la lecture, colonne après colonne (verticalement), permet de suivre les rythmes saisonniers : à un « été sec » succède un automne pluvieux...

De tels tableaux ont été dressés (THIEBAUT, 1979) pour les précipitations et pour les coefficients pluvio-thermiques de BAGNOULS et GAUSSEN. Ces coefficients sont particulièrement intéressants à considérer (fig. 15).
- Dans la « hêtraie pure » (Ex. le Mont Aigoual dans les Cévennes), quand elle se manifeste, la sécheresse estivale, est de courte durée (guère plus de 2 mois), et elle est sans doute « compensée » par des brouillards fréquents.
- A la « limite minimale » de la hêtraie (Ex. : Fraisse, dans le massif de l'Agoût), la sécheresse ne se manifeste pas tous les ans et elle dure, au plus, 2 ou 3 mois. Des brouillards fréquents atténuent d'ailleurs ces sécheresses parfois intenses mais épisodiques.
- Sur la « limite maximale » de la hêtraie (Ex. : Lespinassière dans la Montagne Noire), la sécheresse est un phénomène constant chaque année. Elle est aussi intense que précédemment, mais elle dure plus de 3 mois, et sort donc du « cadre » de l'été pour « déborder » sur le printemps et l'automne. Et même des conditions stationnelles plus fraîches n'arrivent plus à « compenser » cette sécheresse intense pendant une période aussi longue.

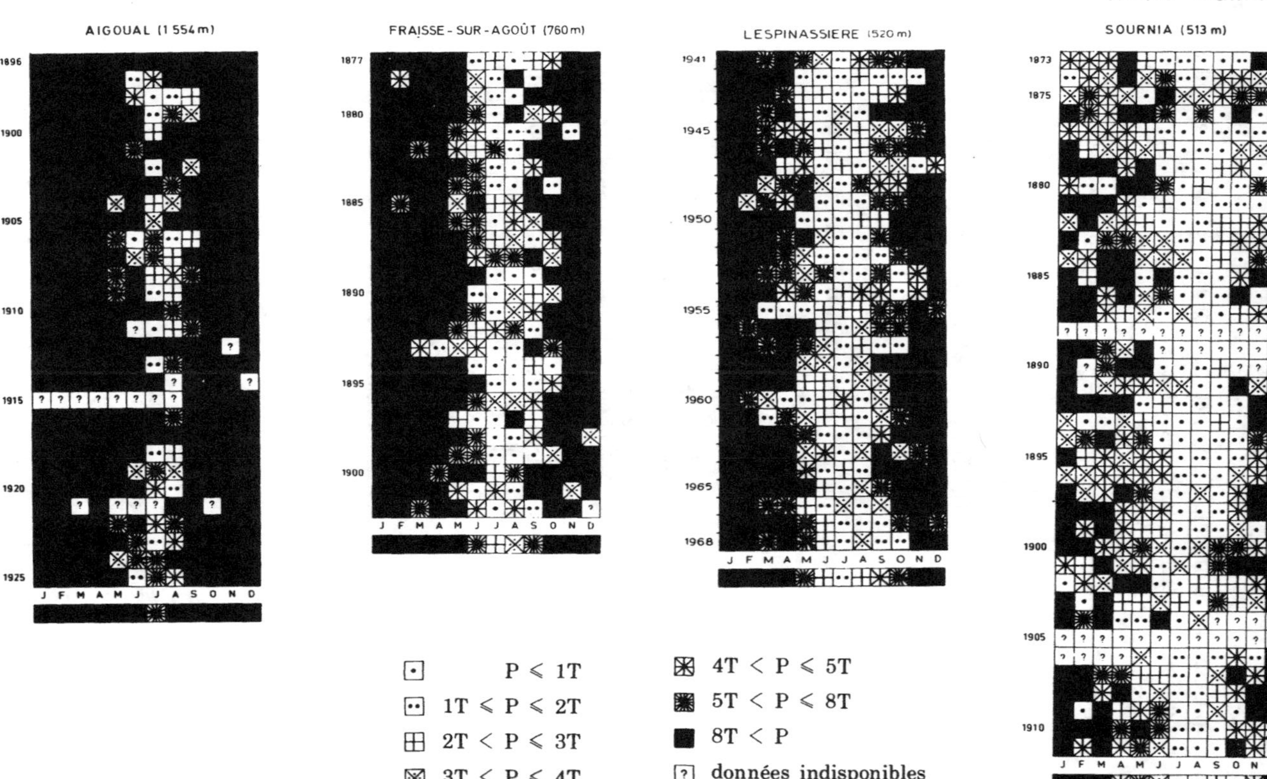

FIG. 15. — *Tableaux diachroniques de quatre hêtraies caractéristiques en région méditerranéenne.* (THIÉBAUT, 1979)

Dans les régions périméditerranéennes, le facteur climatique qui limite l'extension de la hêtraie à basse altitude, n'est pas tant l'intensité de la sécheresse estivale, que sa durée.

La sécheresse peut être aussi intense entre la « limite minimale » et la « limite maximale » dans la zone « contestée » du hêtre, qu'au-delà, mais elle y dure moins longtemps (3 mois au plus), et elle n'apparaît pas tous les ans, ce qui permet le maintien d'une hêtraie sous un climat régional sec, dans des conditions stationnelles plus fraîches.

Des considérations précédentes, il ressort donc, qu'au moins sur le plan climatique, on peut parler de « hêtraie méditerranéenne ».

DÉVELOPPEMENT DE LA HÊTRAIE (dans le temps)

Quel que soit le substrat géologique, le développement des hêtraies, c'est-à-dire, les processus dynamiques de constitution ou de reconstitution des hêtraies, est différent en dessus et en dessous de la limite des brouillards fréquents, de part et d'autre de la limite « maximale » de la hêtraie :

— sous climat régional « humide » (zone du hêtre), le hêtre se développe en pleine lumière, dans les vides, en lisière, et parfois même assez loin de la hêtraie dans des friches voisines. Il présente dès son jeune âge un comportement d'essence de lumière (à un moindre degré que le chêne bien sûr), et la hêtraie peut progresser directement sur les terrains voisins avec un fort dynamisme ;

— sous climat régional sec, au contraire, le hêtre ne se développe plus en pleine lumière et a besoin d'un abri dès son jeune âge. Il présente alors un comportement typique d'essence d'ombre. La hêtraie ne peut progresser sur les terrains déboisés voisins que par l'intermédiaire de formations ligneuses héliophiles transitoires, où dominent le coudrier et les sorbiers par exemple. Son dynamisme est alors moindre.

STRUCTURE HORIZONTALE DE LA HÊTRAIE

L'étude de la structure horizontale (c'est-à-dire de la répartition de la végétation du sous-bois en tâches de formes et de dimensions variées), a été effectuée, pour un certain nombre de hêtraies périméditerranéennes (THIÉ-BAUT, 1979), à l'aide de relevés linéaires le long desquels a été observée la distribution des espèces.

A partir de ces observations, des calculs basés sur la théorie de l'information (GODRON, 1972), permettent de déterminer de manière précise les « limites optimales » V (L) entre unités structurales. Plus les valeurs de V (L) sont élevées, plus la répartition des individus est hétérogène, et plus la structure horizontale de l'écosystème est accusée. On peut d'ailleurs étudier cette structure horizontale au niveau interspécifique ou au niveau intraspécifique.

— au niveau des espèces prises individuellement, des mesures concernant un échantillonnage restreint d'espèces, ont montré que si quelques-

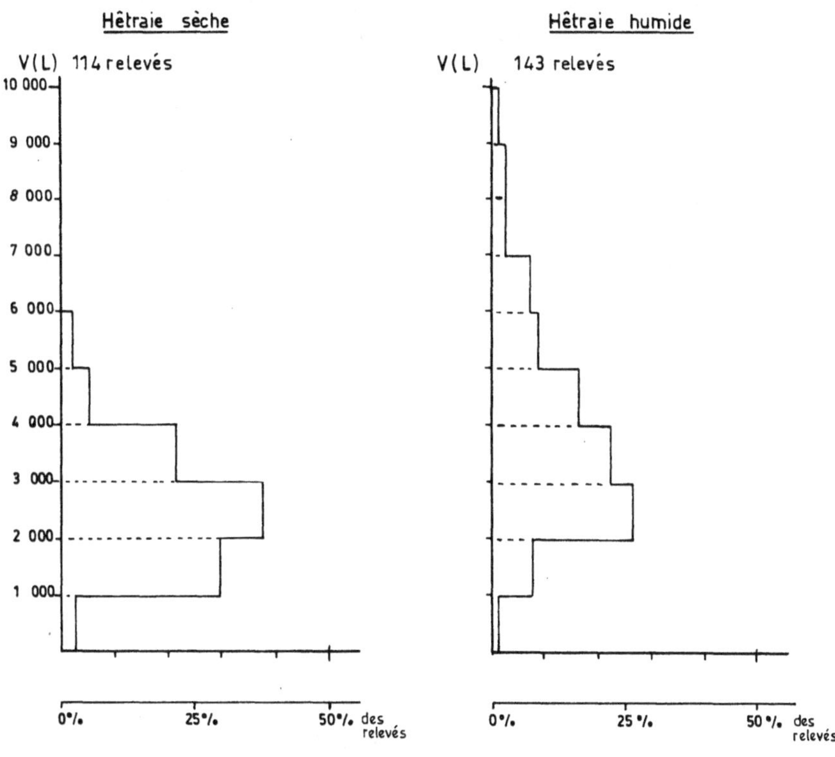

Origine des relevés

Lafage - Liron : 6 rel.
Montagne Noire orientale : 10 rel.
La Massane : 5 rel.
Sorède : 5 rel.
Montseny : 19 rel.
Conflent : 6 rel.
Vallespir : 13 rel.
Serra de Milany : 24 rel.

Aigoual - Lozère : 19 rel.
Larzac : 31 rel.
Albères : 11 rel.
Montagne Noire : 66 rel.
Vallespir - Conflent : 6 rel.
Salvanère : 7 rel.
Aigoual - Lozère : 60 rel.

FIG. 16. – *Structure horizontale de hêtraie.*
(THIÉBAUT, 1979)

unes, du fait de leur mode de progagation, présentaient un comportement constant quel que soit le climat, la plupart présente par contre une tendance à une répartition plus « structurée » dans la hêtraie sous climat régional humide que sous climat sec ;

– au niveau de la végétation (niveau synécologique), on constate que les hêtraies « humides » sont beaucoup mieux « structurées » que les hêtraies « sèches », du moins à âge constant, car on sait que le degré de « structuration » des biocénoses de hêtraies, augmente au fur et à mesure de leur développement dans le temps. Ceci confirme de manière objective l'observation empirique qui est souvent faite : à savoir que les mosaïques de végétation ne s'observent que dans les hêtraies « humides ».

Ce degré de structuration horizontale des hêtraies peut se représenter graphiquement par une courbe ou un histogramme en portant en ordonnées les valeur calculées des « limites optimales » V (L), et en abscisses les fréquences absolues, ou relatives, des espèces dans un échantillon de relevés (fig. 16).

STRUCTURE VERTICALE

Le phytogéographe BAUDIÈRE a proposé en 1974, une méthode simple, du moins dans son principe, pour examiner la structure verticale de la végétation, c'est-à-dire la répartition des masses végétales et des espèces, dans différentes strates.

Il mesure le recouvrement de chaque strate (ces dernières étant désignées par la catégorie de formes biologiques qui la compose), et, pour chacune, il note la diversité spécifique. A chaque espèce de chaque strate sont affectés les coefficients habituels d'abondance, de dominance et de sociabilité, utilisés en phytosociologie (fig. 17).

On obtient ainsi une sorte de « pyramide structurale ». Il est ensuite aisé de comparer entre elles des pyramides correspondant à des conditions stationnelles diverses. Bien entendu, on ne peut ainsi comparer valablement que des forêts du même âge et subissant le même traitement sylvicole, car un type de traitement impose un certain type de structure verticale. C'est bien évidemment la futaie régulière adulte qui se prête le mieux à l'analyse de la structure verticale naturelle.

BAUDIÈRE a construit de telles « pyramides structurales » en prenant certains exemples dans des hêtraies périméditerranéennes. Là aussi, les forêts les mieux structurées (où le hêtre est présent dans toutes les strates avec des fréquences régulièrement croissantes de haut en bas), sont celles

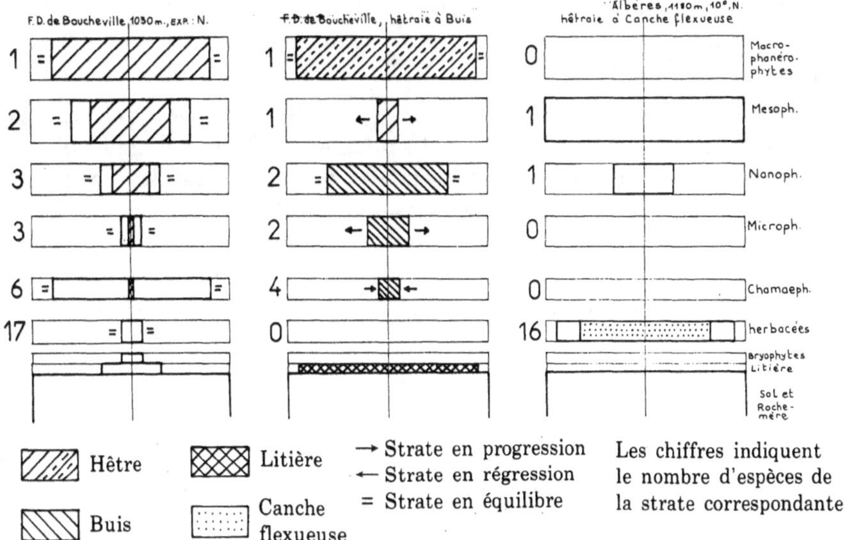

FIG. 17. – *Pyramide structurale de végétation dans quelques hêtraies des Pyrénées orientales.*
(d'après BAUDIÈRE, 1974)

qui poussent sous climat « humide ». Dans les exemples proposés (fig. 17), la différence est frappante entre la hêtraie de la forêt de Boucheville dans les Hautes Corbières (Fenouillède) sous climat régional plutôt humide, et celle des Albères sous climat régional plus sec. De même, pour la même forêt de Boucheville, la différence est grande entre la structure verticale de la hêtraie à buis qui occupe la partie inférieure de la forêt, et la hêtraie à sapins qui en occupe la partie supérieure.

COMPOSITIONS FLORISTIQUES

Cet aspect n'est cité ici que pour mémoire, car il est traité, dans un cadre plus général, au § 3.4.

LE HÊTRE EN AQUITAINE

Malgré les différences climatiques existant entre la région périméditerranéenne et l'Aquitaine, il existe entre les hêtraies de ces deux régions, de nombreuses similitudes qui tiennent à leur position marginale commune. En Aquitaine les hêtraies se répartissent en deux grands ensembles : l'un au nord et l'autre au sud.

Au sud, c'est l'ensemble nord-Pyrénéen où, en dessous d'un étage montagnard de la hêtraie pure, existe un étage collinéen de chênaies au sein duquel des îlots de hêtraies-chênaies persistent dans les conditions mésoclimatiques les plus fraîches (versants Nord essentiellement). Cette zone « contestée » du hêtre, pour reprendre la terminologie de THIÉBAUT, s'étend tout au long du Piémont pyrénéen dans le Plantaurel et le Plateau du Lannemezan au sens large, les collines de Béarn et jusqu'en Chalosse. Dans tous ces secteurs, l'existence de peuplements de superficie très variable, indépendamment de l'altitude, témoignent des déboisements dont le hêtre a particulièrement souffert.

On retrouve donc, dans cette zone nord-pyrénéenne, la même succession et les mêmes limites mises en évidence par THIÉBAUT pour les hêtraies périméditerranéennes, avec, en plus, l'interférence d'une pression humaine très forte.

L'ensemble nord est beaucoup plus vaste puisqu'il englobe les marches occidentales et sud-occidentales du Massif Central, avec deux noyaux principaux assez isolés : un dans les Charentes, et un dans le Périgord noir, plus ou moins bien reliés entre eux par des peuplements plus isolés qui témoignent d'une extension ancienne de l'espèce.

Dans tous ces cas, l'observation montre qu'au milieu de cette ambiance générale de chênaies (chênaie pédonculée ou chênaie pubescente), le hêtre recherche presque toujours la correction ombrothermique des versants nord. En Périgord, en particulier, la topographie vigoureuse et le substrat calcaire déterminent entre les versants des contrastes marqués sur le plan thermique ; l'atmosphère et le sol de l'adret étant trop chauds pour permettre la germination des faînes. En effet, il semble bien que, à la limite climatique de son aire, le hêtre soit surtout subordonné aux possibilités de germination des faînes, elle-même liée à certaines conditions thermiques. Une fois ce stade critique franchi, le hêtre résiste mieux à des circonstances climatiques défavorables, et pourrait croître dans des stations d'où il est actuellement exclu. Des mesures climatiques ont montré que, dans des stations à hêtres, le degré hygrométrique de l'air reste suffisamment élevé toute l'année, même aux adrets, pour permettre l'implantation ou le maintien du hêtre, mais il est apparu que c'étaient surtout les températures maximales qui constituaient le facteur limitant ; quoique dans la réalité, c'est souvent l'action commune du degré hygrométrique de l'air et de la température maximale de l'air et du sol qui sont en cause.

Sur le plan phytosociologique, on se reportera également au § 3.4.

3.4. TYPOLOGIE DES HÊTRAIES

par

Jean TIMBAL

3.41. HÊTRAIE ET *FAGETUM*

Depuis que la littérature phytosociologique a répandu les appellations latinisées utilisées dans la systématique des groupements végétaux (synsystématique), une certaine confusion s'est instaurée dans ce domaine et, en particulier, entre les vocables de hêtraie et de *Fagetum*.

Une hêtraie est une formation végétale, c'est-à-dire un paysage végétal dominé par le hêtre ou du moins, où le hêtre tient une place prépondérante. Les vocables de hêtraies-chênaies ou de hêtraies-sapinières doivent être pris dans le même sens, et désignent donc des formations mixtes où l'espèce citée en premier est généralement dominante par rapport à la seconde.

Un *Fagetum* est une association bien particulière (au sens de l'Ecole phytosociologique Zuricho-montpellieraine de Braun-Blanquet), où le hêtre tient une certaine place, pas forcément dominante et même parfois nulle ou insignifiante du fait généralement de circonstances historiques (peuplements secondaires ou artificialisés le plus souvent). D'ailleurs, on ne doit pas parler de *Fagetum* seul car, selon les règles de la nomenclature syntaxonomique, le nom des syntaxons doit être formé par un binôme, c'est-à-dire, dans le cas qui nous intéresse, que le terme *Fagetum* doit être complété par celui d'un adjectif, généralement géographique (Ex. *Fagetum praealpino-jurassicum, Fagetum gallicum...*), ou celui d'une espèce caractéristique de la phytocénose correspondante (Ex. *Carici albae-Fagetum, Ilici-Fagetum, Endymio-Fagetum...*), binômes qui désignent des associations précises, ayant une certaine composition floristique (aux fluctuations aléatoires près), et une certaine aire de répartition (synchorologie).

3.42. SYNSYSTÉMATIQUE DES HÊTRAIES EUROPÉENNES

Nous ne parlerons ici que de la classification réalisée dans le cadre de l'Ecole phytosociologique Zuricho-montpelliéraine de BRAUN-BLANQUET dite aussi Ecole Sigmatiste du nom de la Station Internationale de Géobotanique Méditerranéenne et Alpine, de Montpellier, dirigée par le Dr. J. BRAUN-BLANQUET, de loin la plus utilisée (1) et qui se base sur la composition floristique globale

Dans ce système hiérarchisé, l'unité taxonomique fondamentale est l'*Association*. Les unités supérieures sont l'*alliance*, l'*ordre* et la *classe*. Les unités inférieures sont la *sous-association* et la *variante* (Tableau 4).

TABLEAU 4
Terminologie de la syntaxonomie sigmatiste

Niveau syntaxonomique	*suffixe latinisé*
Classe	– *etea*
sous classe	– *enea*
Ordre	– *etalia*
sous ordre	– *enalia*
Alliance	– *ion*
sous-alliance	– *enion*
Association	– *etum*
sous-association	– *etosum*
Variante	désigné par le nom
Faciès	d'une espèce

Chacun de ces syntaxons est caractérisé par la présence simultanée d'un certain nombre d'espèces végétales plus ou moins électives, c'est-à-dire ayant une fréquence significativement (au sens statistique du terme), plus élevée dans ce syntaxon que dans les autres de même niveau. Une espèce caractéristique d'un syntaxon l'est également *ipso facto*, de tous les syntaxons de rang supérieur, l'inverse n'étant généralement pas vrai.

Avant de poursuivre, il est nécessaire de bien préciser que la Phytosociologie est une science encore jeune et qui, dans beaucoup de ses secteurs, n'a pas atteint le degré d'avancement et de stabilité qui est actuellement celui de la Systématique des espèces végétales.

Cela est particulièrement vrai pour les forêts tempérées caducifoliées qui sont des milieux relativement « tamponnés » : on n'y trouve pratiquement pas d'espèces végétales qui soient vraiment caractéristiques d'une association particulière, contrairement à ce qui se passe dans des milieux

____

(1) Dans les pays scandinaves et de l'Europe de l'Est, un autre système est fréquemment utilisé : celui de Cajander ou de Sukachev, basé sur les espèces dominantes et non pas sur la composition floristique globale.

écologiquement bien contrastés comme les milieux méditerranéens ou alpins.

Grâce aux nombreux travaux qui sont effectués un peu partout, de nombreuses associations de hêtraies sont décrites et des synthèses sont alors possibles, qui remettent souvent en question l'édifice actuel qu'il faut donc considérer comme provisoire, surtout en ce qui concerne l'organisation des unités supérieures.

La classification que nous donnons est celle qui est la plus communément admise, et qu'il est donc intéressant de connaître. Cependant nous nous efforcerons de la replacer dans le cadre des formations végétales de hêtraies et de mettre en évidence les grands facteurs écologiques et chorologiques qui la sous-tendent.

Dans cette classification, les hêtraies se répartissent en deux classes :
- la classe des *Quercetea robori-petraeae* : chênaies (avec ou sans Bouleau) et chênaies-hêtraies, acidophiles, collinéennes ou submontagnardes;
- la classe des *Querco-Fagetea*, beaucoup plus vaste, regroupant les forêts caducifoliées mésophiles, neutrophiles ou calcaricoles à Chênes, Hêtre et Charme et regroupant la très grosse majorité des hêtraies européennes.

Dans la classe des *Quercetea robori-petraeae* on distingue un seul ordre : les *Quercetalia robori-petraeae*. Dans cet ordre, les hêtraies-chênaies acidophiles collinéennes ou submontagnardes forment l'alliance de l'*Ilici-Fagion*.

Actuellement la classe des *Querco-Fagetea* est divisée en deux ordres : *Fagetalia silvaticae* et *Quercetalia pubescentis*.

Outre la plupart des chênaies pubescentes, l'ordre des *Quercetalia pubescentis* renferme une partie des hêtraies thermophiles, le plus souvent calcaricoles, du sud de la France : soit dans l'alliance oro-méditerranéenne de *Buxo (abieti) Fagion*, soit dans celle, supraméditerranéenne ou collinéenne, du *Quercion pubescentis*.

Parmi les espèces les plus caractéristiques on peut noter des ligneux comme *Acer opalus, Acer monspessulanum, Sorbus aria, Sorbus domestica, Buxus sempervirens, Rhamnus alpina*, et dans le Sud-Est de la France des espèces herbacées comme *Androsace chaixi* ou *Trochischantes nodiflorus*.

C'est l'ordre des *Fagetalia silvaticae* qui regroupe la plus grande partie des hêtraies d'Europe. On y distingue classiquement un certain nombre d'alliances :
- l'*Alno-Ulmion* regroupant les forêt hygrophiles (souvent alluviales) à Ormes (*Ulmus*), Aunes (*Alnus*), Frênes (*Fraxinus*), etc. où le hêtre n'est pratiquement jamais présent.
- le (*Fraxino*) *Carpinion* comprenant les forêts méso-neutrophiles collinéennes à chênes et charmes. Pour certains phytosociologues les hê-

traies-charmaies collinéennes de la moitié nord de la France font aussi partie de cette alliance.
- le *Fagion silvaticae* qui regroupe les hêtraies, les hêtraies-sapinières et les sapinières-hêtraies de l'Etage montagnard.

Dans cette classification, les hêtraies méso-neutrophiles se partagent donc entre le *(Fraxino)-Carpinion* collinéen et le *Fagion sylvaticae* montagnard. Mais ce « partage » mis en place dans les régions méridionales où les hêtraies sont uniquement montagnardes (voir 1re partie), se révèle mal adapté aux hêtraies-chênaies collinéennes du nord et surtout du nord-est de la France, où la latitude et la continentalité compensent en partie le caractère montagnard du *Fagion silvaticae*.

D'autres alliances de hêtre ont été décrites eu Europe. Le Phytogéographe P. OZENDA, en a tenté une synthèse synchorologique dans un article récent (1979). Il s'agit là d'une tentative intéressante mais qui demande à être complétée et confirmée sur de nombreux points en particulier sur le plan syngénétique.

Selon cet auteur, autour d'un « noyau central », vaste et diversifié, centré sur l'Europe Centrale (avec des débordements vers le Nord-Ouest et le Sud), constitué par le *Fagion (medioeuropaeum)*, on peut distinguer un certain nombre d'alliances périphériques, plus ou moins importantes et éloignées du « noyau central ».

Une première « ceinture » serait constituée par les alliances suivantes :
- le *Fagion dacicum* des Carpates (Roumanie);
- le *Fagion illyricum* des Alpes dinariques (Yougoslavie);
- un ensemble méridional formé par le sud des Alpes, le nord de l'Apennin et la Corse dénommé par certains auteurs *Trochiscantho-Fagion* du nom de l'espèce *Trochiscanthes nodiflorus* qui avec *Geranium nodosum* caractérise bien ces hêtraies sud-européennes;
- notons cependant que pour la Corse elle-même une alliance du *Fago-Pinion corsicanae* (= *Galio Fagion*) a été définie pour les forêts oro-méditerranéennes à Hêtre-Sapin et Pin laricio et dont les caractéristiques seraient *Pinus nigra laricio*, *Poa balbisii*, *Lathyrus venetus*, *Luzula pedemontana*, *Cynosurus elegans* et *Galium rotundifolium*;
- pour mémoire citons de nouveau le *Scillo-Fagion* du domaine sud-atlantique, et l'*Ilici-Fagion* nord-atlantique, considérés par cet auteur comme des alliances autonomes.

Remarquons que pour certains phytosociologues toutes ces syntaxons ne seraient que des sous-alliances du *Fagion* comme nous le pensons pour les deux dernières.

Une deuxième ceinture plus externe serait constituée par les alliances suivantes :

- le *Fagion moesiacum* des Balkans *sensu stricto,* des Rhodopes et du sud des Alpes dinariques (Bulgarie, Yougoslavie);
- le *Fagion hellenicum* du nord de la Grèce;
- le *Geranio striati-Fagion* du sud des Apennins et de la Sicile.

Ces deux dernières alliances étant parfois réunies sous le vocable de *Fagion meridionale :*

- un *Fagion* encore non défini, dans les régions hyper-océaniques de Bretagne et de la Cordillère cantabrique;
- enfin il y a le *Fagion orientalis* (ou *Rhododendro pontici Fagion orientalis*) de Turquie, du Caucase et d'Iran, présent en Europe dans la petite région de la Thrace.

En Europe occidentale, l'alliance du *Fagion silvaticae* est actuellement et classiquement subdivisée selon six sous-alliances. Trois d'entre elles correspondent à des climax climatiques (c'est-à-dire en équilibre avec le seul climat régional), tandis que les trois autres correspondent à des climax stationnels, c'est-à-dire liés à la prédominance locale d'un ou plusieurs facteurs écologiques (édaphiques ou mésoclimatiques). Cependant cette subdivision est souvent remise en question et d'autres sont régulièrement proposées.

Les trois sous-alliances climatiques sont les suivantes :

A – l'*Eu-Fagenion* (= *Asperulo-Fagenion*), correspond aux hêtraies et hêtraies-sapinières à humus doux (mull mésotrophe et eutrophe), méso-neutrophiles montagnardes et submontagnardes médioeuropéennes. En France il se rencontre un peu dans les Vosges, mais surtout dans le Jura et les Alpes.

Les espèces les plus caractéristiques sont *Abies alba* (à l'état spontané), *Elymus europaeus, Petasites albus, Dentaria pinnata, D. digitata, Actaea spicata, Knautia silvatica, Dryopteris linnaeana, Polygonatum verticillatum, Prenanthes purpurea, Veronica latifolia, Senecio fuchsii, Aconitum vulparia, Circaea alpina, C. intermedia, Lonicera nigra, L. alpigena, Polystichum lobatum, Salvia glutinosa, Stellaria nemorum, Impatiens-noli-tangere, Daphne mezereum, Ribes alpinum...*

Le terme d'*Eu-Fagion* veut dire qu'il s'agit là de syntaxons où la croissance du hêtre (et du sapin) est à son optimum, du moins à l'étage montagnard, du fait de la richesse des sols en éléments minéraux et de leur bonne alimentation en eau. Ceci est relatif, car les hêtraies collinéennes peuvent avoir une productivité supérieure.

B – le *Scillo-Fagenion* remplace l'*Eu-Fagenion* dans le domaine atlantique (Pyrénées, Massif Central). Il se caractérise par une grande richesse floristique, car, en plus des espèces précédentes, on y trouve les espèces suivantes : *Scilla lilio-hyacinthus,* (qui donne son nom à cette sous-alliance), *Meconopsis cambrica, Euphorbia hybernica, Crepis lampsanoïdes, Daphne phillipi, Pulmonaria affinis, Scrofularia alpes-*

tris, ssp. *scopoli*, *Helleborus viridis* ssp *occidentalis*, *Saxifraga umbrosa*, *S. geum* ssp *hirsuta*, *Lathyrus luteus grandiflorus*, *Geranium nodosum*, *Doronicum pardalianches*, *Isopyrum thalictroïdes*, etc.

Il est possible qu'à l'instar du *Scillo-Fagenion* atlantique, les autres alliances européennes citées (*Fagion illyricum, dacicum, meridionale, moesiacum...*) ne soient que des sous-alliances régionales du *Fagion*, vicariantes de l'*Eu-Fagenion*.

C – l'*Acerenion pseudo-platani* (= *Aceri-Fagenion*) correspond aux hêtraies sommitales (montagnard supérieur à sub-alpin) des basses montagnes océaniques; trop basses pour qu'un étage subalpin à conifères puisse s'y développer, mais où des effets de crête limitent l'extension du Sapin et de l'Epicéa, avec formation de pelouses culminales subalpines (appelées autrefois pseudo-alpines). Du fait de ses moindres exigences écologiques et de sa rusticité, le hêtre forme alors un étage de végétation particulier qui constitue la limite supérieure de la végétation forestière. C'est dans les Vosges que cet étage (et cette sous-alliance) est le plus développé, mais il se retrouve aussi dans le Jura, les Alpes externes, le Massif Central et les Pyrénées.

On y trouve de nombreuses espèces transgressives des groupements hygro-nitratophiles à hautes herbes (mégaphorbiaies) subalpines telles que *Cicerbita alpina*, *C. plumieri*, *Adenostyles alliariae*, *Rumex arifolius*, *Polygonum bistorta*, *Streptopus amplexifolius*, *Ranunculus aconitifolius*, *Athyrium alpestre*, *Geranium silvaticum*, etc.

Les trois sous-alliances spécialisées sont les suivantes :

D – le *Luzulo-Fagenion* pour les hêtraies submontagnardes ou les hêtraies sapinières montagnardes neutro-acidophiles (mull oligotrophe à moder). Cette sous-alliance correspond donc à l'aile acidophile du *Fagion* et marque le passage vers les hêtraies-chênaies acidophiles de basse altitude (ordre des *Quercetalia robori-petraeae*) ou les forêts acidophiles de conifères, montagnardes à subalpines (classe des *Vaccinio-Piceetea*, ordre des *Vaccinio-Piceetalia*). Outre les nombreuses espèces transgressives de ces deux classes, on trouve dans le *Luzulo-Fagenion* un certain nombres d'espèces plus caractéristiques comme *Luzula albida* (dans le domaine médio-européen) *Luzula nivea* (dans le domaine sud-atlantique), *Calamagrostis arundinacea*, *Prenanthes purpurea*, *Festuca silvatica*, *Galium rotundifolium*, *Sambucus racemosa*, *Sorbus aucuparia*, *Oxalis acetosella*, *Dryopteris dilatata*, etc. Ce sont les conditions édaphiques qui font l'unité de cette sous-alliance, mais la productivité des arbres forestiers, et en particulier du Hêtre et du Sapin, peut y être assez variable en fonction de l'altitude et de la richesse chimique des sols.

E — le *Cephalanthero-Fagenion* correspond aux hêtraies-chênaies calcaricoles collinéennes et montagnardes à mull calcaire, rarement à des
hêtraies-sapinières du fait de la faiblesse des réserves en eau des sols
de cette sous-alliance (rendzines à rendzines brunifiées généralement). Cette aile calcaricole du *Fagion* fait transition avec les groupements nettement thermophiles de l'ordre des *Quercetalia pubescentis*. La séparation entre *Cephalanthero-Fagenion* et *Quercetalia
pubescentis* est d'ailleurs malaisée, du fait qu'il n'y a généralement
pas de solution de continuité entre les groupements relevant de ces
deux syntaxons. C'est pourquoi certains phytosociologues ont proposé de rattacher le *Cephalanthero-Fagenion* à l'ordre des *Quercetalia pubescentis*.

Sur le plan floristique, outre les espèces transgressives des *Quercetalia pubescentis* (*Quercus pubescens, Quercus x calvescens, Polygonatum odoratum, Teucrium chamaedrys, Melittis melissophyllum, Sorbus
domestica, Helleborus foetidus, Vincetoxicum officinale, Anthericum
ramosum, A. liliago...*), les espèces les plus caractéristiques de cette
sous-alliance sont *Sorbus aria, Sesleria caerulea, Carex alba, Carex
montana, Evonymus latifolius, Hepatica triloba, Melica nutans, Ce-
phalanthera pallens, C. rubra, Carex ensifolia, Rubus saxatilis*, etc.
Du fait de son déterminisme édaphique (ou des compensations thermiques réalisées par le relief), le *Cephalanthero-Fagenion* a une large
amplitude collinéenne et montagnarde. Cependant, certains phytosociologues pensent que les hêtraies calcaricoles collinéennes, très
pauvres en espèces montagnardes, devraient être regroupées en une
alliance ou une sous-alliance particulière à rattacher à l'alliance des
Carpinion, gardant ainsi au *Cephalanthero-Fagenion* un caractère
montagnard.

F — la dernière des sous-alliances du *Fagion-sylvaticae* est le *Tilio-Acere-
nion* (= *Lunario-Acerenion*). Nous le citons en dernière position, et,
pour ainsi dire, « pour mémoire », car elle correspond à des groupements submontagnards spécialisés, à mésoclimat plus froid et plus
contrasté thermiquement, et à substrat le plus souvent constitué
d'éboulis grossiers, situés dans des ravins ou au pied de falaises
calcaires. Le hêtre y est marginal et souvent absent. Les arbres
dominants y sont le Tilleul à grandes feuilles (*Tilia platyphyllos*) et
l'Erable sycomore (*Acer pseudoplatanus*). On y rencontre aussi, outre
le hêtre, l'Orme de montagne (*Ulmus glabra*) L'Erable plane (*Acer
platanoïdes*) et le Frêne (*Fraxinus excelsior*). Les espèces caractéristiques, peu nombreuses, mais à un fort degré, sont :
*Actaea spicata, Phyllitis scolopendrium, Campanula latifolia, Aruncus
silvester, Aspidium angulare* et surtout *Lunaria rediviva*.

Les hêtraies-chênaies acidophiles de l'*Ilici-Fagion* sont très proches floristiquement des chênaies acidophiles du *Quercion robori-petraeae*, alliance toutes deux réunies dans l'ordre des *Quercetalia robori-petraeae*. En effet, on y retrouve la même flore acidophile banale, souvent à très large répartition géographique : *Deschampsia flexuosa, Vaccinum myrtillus, Maianthemum bifolium, Calluna vulgaris, Melampyrum pratense, Hypericum pulchrum, Lonicera periclymenum, Pteridium aquilinum, Holcus mollis, Carex pilulifera, Luzula maxima, Luzula campestris, Luzula multiflora, Luzula forsteri,* les mousses : *Polytrichum formosum, Dicranum scoparium, Leucobryum glaucum, Pleurozium schreberi, Pseudoscleroposium purum, Hylocomium splendens,* sans oublier les hygrophiles *Molinia caerulea* et *Rhamnus frangula.* Pratiquement les seules différences, mais elles sont de taille, sont le remplacement de la dominance du chêne par celle du hêtre, ce qui correspond généralement à une tonalité plus fraîche du climat du fait de la latitude, de l'altitude ou de la continentalité, et de l'abondance du Houx (*Ilex aquifolium*) dans l'*Ilici-Fagion*.

Les tableaux 5 et 6 résument l'importance du hêtre et des hêtraies dans l'ensemble des diverses unités supérieures qui ont été décrites.

TABLEAU 5

Position écologique relatives des différentes unités supérieures de la classification phytosociologique avec le sous-ensemble occupé par les hêtraies

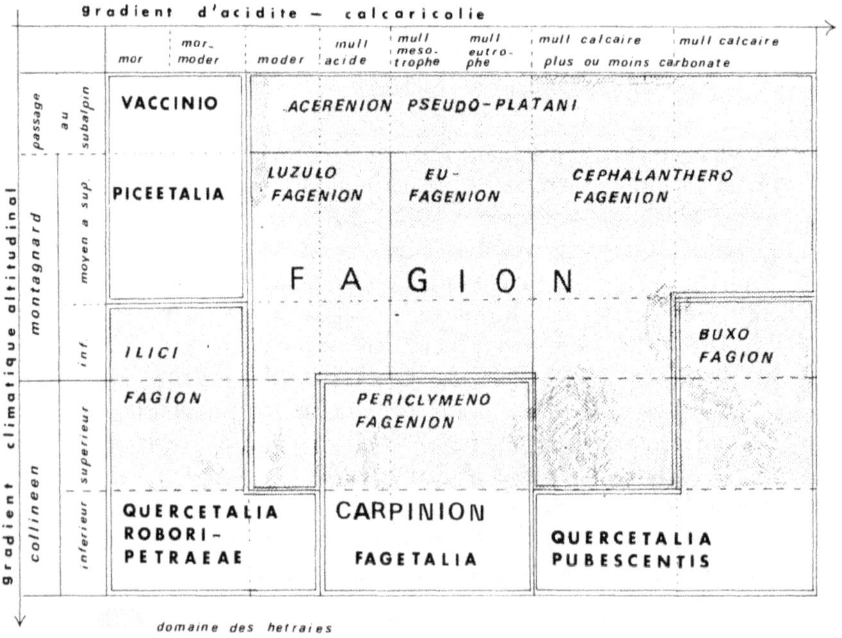

TABLEAU 6

Tableau récapitulatif de la syntaxonomie des hêtraies françaises

Rang	Syntaxons	Présence du hêtre
Classe	Quercetea robori-petraeae	* *
Ordre	Quercetalia robori-petraeae	
Alliance	Quercion pubescentis-petraeae	
Alliance	Ilici-Fagion	* *
Classe	Querco-Fagetea	* * * *
Ordre	Fagetalia silvaticae	* * *
Alliance	Alno-Ulmion	*
Alliance	Fraxino-Carpinion	* *
Alliance	Fagion	* * *
Sous-alliance	Eu-Fagenion	* * *
Sous-alliance	Scillo-Fagenion	* * *
Sous-alliance	Acerenion pseudo-platani	* *
Sous-alliance	Luzulo-Fagenion	* *
Sous-alliance	Cephalanthero-Fagenion	* *
Sous-alliance	Tilio-acerenion	*
Ordre	Quercetalia pubescentis	*
Alliance	Buxo-abieti-Fagion	*
Alliance	Quercion pubescentis petraeae	*

3.43. LA VARIÉTÉ DES HÊTRAIES FRANÇAISES

3.431. Les causes de cette variabilité

La première cause de variabilité tient à l'espèce hêtre elle-même, avec sa variabilité génétique qui commence à être analysée et qui explique sa forte amplitude écologique, tant sur le plan climatique qu'édaphique. Comme il a été dit plus haut (§ 31), cette plasticité écologique explique l'aire considérable qu'il recouvre en Europe et la variété des syntaxons dans lesquels il se trouve. Pour les seules hêtraies (au sens large), nous avons vu que cela concernait deux classes, trois ordres, une dizaine d'alliances ou de sous-alliances et un nombre très grand, encore indéterminé, d'associations (§ 342).

La deuxième cause tient à la diversité écologique et floristique de la France; ce qui permet d'y retrouver la plus grande partie de la variabilité syntaxonomique décrite précédemment.

Parmi les causes écologiques, citons surtout la variété des types de substrat et des sols (résultat de l'histoire géologique de notre pays), l'existence de chaînes de montagnes plus ou moins élevées, et surtout une variété climatique résultant du relief et de la position de la France au carrefour des influences atlantiques, médio-européennes et méditerranéennes.

3.432. **Les formations à hêtre en France**

Le hêtre, du moins en France, forme rarement à l'état naturel des forêts pures, même si on entend par là le fait qu'il soit seul dans la strate arborescente dominante. Cette « pureté » existe cependant à l'étage montagnard inférieur des montagnes méridionales, comme par exemple dans les Pyrénées, où il existe vraiment un « Etage du Hêtre ».

Le plus souvent, il est associé à une ou plusieurs essences secondaires. Celles-ci sont, en règle générale, plus nombreuses sur les sols calcaires que sur les sols acides.

A l'étage collinéen, ces essences accompagnatrices sont les chênes (chêne sessile essentiellement, mais aussi chêne pédonculé et chêne pubescent dans les zones calcaires les plus chaudes), et le charme. On y trouve aussi accessoirement, sur les sols riches ou carbonatés, le frêne, le merisier, l'orme de montagne, les érables, les tilleuls, les sorbiers et les alisiers.

A l'étage montagnard, il est associé et, le plus souvent même, subordonné au sapin, plus rarement (au montagnard supérieur) à l'épicéa. Sur les sols les plus riches, on y retrouve aussi le frêne commun, le tilleul à grandes feuilles et l'orme de montagne. L'érable à feuilles d'obier se rencontre souvent dans les hêtraies méridionales et le charme-houblon dans les Alpes maritimes.

Ajoutons que dans les montagnes soumises à l'influence méditerranéenne (étage oro-méditerranéen), les pins noirs (espèce collective *Pinus nigra*) forment un étage de végétation qui interfère souvent dans de fortes proportions avec celui du hêtre. En Corse, c'est le pin laricio; dans les Cévennes, les Pyrénées orientales et le versant espagnol des Pyrénées, c'est le pin de Salzmann, sans parler de nombreux reboisements en pin laricio et de pin noir d'Autriche qui ont été effectués un peu partout à l'étage du hêtre. Ce mélange hêtre + pin noir se retrouve ailleurs en Europe : avec le pin noir d'Autriche, en Autriche, en Italie et dans les Balkans, et avec le pin de Pallas en Grèce et en Turquie.

3.433. **Les associations de hêtraies en France**

Nous avons rassemblé et résumé dans le tableau 7 les connaissances actuelles sur les associations de hêtraies en France. Il a un caractère provisoire du fait des synthèses qui restent à faire dans ce domaine.

Pour la clarté de ce tableau, nous avons adopté la hiérarchie suivante des critères :
- critères phytogéographiques et macroclimatiques d'abord;
- critères édaphiques ensuite.

TABLEAU 7

Les associations de hêtraies en France
(provisoire)

TABLEAU 7

Les associations de hêtraies en France

(provisoire)

Sol	Association	Alliances (et/ou sous-alliance)	Commentaires et répartition géographique
		Collinéen atlantique	
carbonaté	Daphno-Fagetum	Cephalanthero-Fagenion ?	Nord-ouest (Picardie, Normandie)
	Rubio-Fagetum	Quercion pubescentis ?	Centre-ouest (Charentes essentiellement)
	Acero monspessulani-Fagetum	Cephalanthero-Fagenion ?	Périgord et Quercy
	Pulmonario affinis-Fagetum	Cephalanthero-Fagenion ?	Piemont pyrénéen
mésotrophe à eutrophe	Endymio-Fagetum	Carpinion (Lonicero-Fagenion)	Nord, Picardie, Normandie
	Rusco-Melico-Fagetum	» » »	Bretagne
	Querco-Fagetum	» » »	Perche et Centre-ouest
	Periclymeno-Fagetum	» » »	} Bassin parisien
	Ilici-Fagetum melicetosum	» » »	
acide	Ilici-Fagetum luzuletosum et vaccinietosum	Ilici-Fagion ?	Bassin parisien, Picardie, Normandie
	Rusco-Fagetum vaccinietosum	Ilici-Fagion ?	Bretagne
	Androsaemo-Fagetum	Carpinion thermophile	Aquitaine
	Blechno-Fagetum	Ilici-Fagion	Étage inférieur des Pyrénées centrales et altlantiques
		Collinéen médioeuropéen	
carbonaté	Carici-Fagetum pro parte	Cephalanthero-Fagenion ?	Nombreuses variantes et races géographiques
mésotrophe à eutrophe	Melico-Fagetum p.p.	Eu-Fagenion ou carpinion (Lonicero-Fagenion)	Sur limons ou argiles de décarbonatation-Lorraine
	Scillo-Carpinetum fagetosum	Carpinion	Plateau de Langres
	Dentario-Fagetum p.p.	Eu-Fagenion	Bassin parisien, Bourgogne, Lorraine
acide	Fago-Quercetum	Ilici-Fagion ?	Est du Bassin parisien, Bourgogne
	Fago-Quercetum submontanum	Ilici-Fagion ?	Lorraine
	Vaccinio-Fagetum	Ilici-Fagion ?	Sur les sols les plus acides sous climat submontagnard
	Luzulo (albidae)-Fagetum p.p.	Luzulo-Fagenion	Ardennes, Vosges
		Montagnard atlantique	
carbonaté	Helleboro (viridis)-Fagetum	Scillo-Fagenion ?	Pyrénées centrales et occidentales

mésotrophe à eutrophe	Scillo - Fagetum	Scillo - Fagenion	Massif central, Pyrénées
acide	Saxifrago hirsutae - Fagetum	Luzulo - Fagenion ?	Pyrénées occidentales
	Lysimachio nemori - Fagetum	Luzulo - Fagenion ?	Pyrénées centrales

Montagnard médioeuropéen

carbonaté	Carici - Fagetum p.p.	Cephalanthero - Fagenion	Alpes du nord, Jura
	Cephalanthero - Fagetum	»　　»	»　　»
	Tilio platyphylli - Fagetum	»　　»	»　　»
	Elymo - Fagetum	»　　»	»　　»
	Seslerio - Fagetum	»　　»	»　　»
	Taxo - Fagetum	»　　»	»　　»
	Teucrio chamaedrys - Fagetum	»　　»	»　　»
	Polygalo chamaebuxi - Fagetum	»　　»	Limite Alpes internes
mésotrophe à eutrophe	Abieto - Fagetum	Eu - Fagenion	Jura, Alpes du nord
	Fagetum sylvaticae	(= Asperulo-Fagenion)	»　　»
	Dentario - Fagetum p.p.	»　　»	»　　»
	Melico - Fagetum p.p.	»　　»	»　　»
	Fagetum praealpino jurassicum	»　　»	»　　»
	Trochiscantho - Abietetum	»　　»　　)	Alpes sud orientales
	Anemano trifoliae - Fagetum	»　　»	»　　»
acide	Luzulo albidae - Fagetum p.p.	Luzulo - Fagenion	Vosges, Ardennes, Alpes, Jura
	Melampyro - Fagetum	»　　»	Jura
	Calamagrosto arundinaceae - Fagetum	»　　»	Alpes, Jura, Pyrénées ?
	Carici pilosae - Fagetum	»　　»	Jura

Montagnard méditerranéen = oroméditerranéen

presque toujours acide	Luzulo niveae - Fagetum	Luzulo - Fagenion thermophile	Massif central, Pyrénées orientales
	Luzulo pedemontanae - Fagetum	(= Galio - Fagenion ?)	Alpes sud orientales
	Calamintho grandiflorae - Fagetum	»　　»	Sud du Massif central, Alpes du Sud
	Galio rotundifolii - Fagetum	»　　»	Pyrénées, Espagne
	Poa balbisii - Fagetum		Corse
	Buxo - Fagetum	Quercion pubescentis	Alpes du Sud, Pyrénées orientales, Aragon
	Fagetum gallicum	Eu - Fagenion ?	Provence
	Deschampsio - Fagetum	Quercion robori - petrae ?	Massif central, Pyrénées orientales, Espagne

Montagnard supérieur à subalpin sous influence oécanique

indifférent	Acero pseudoplatani - Fagetum	Acerenion pseudo - platani	Vosges, Jura, Massif central, Pyrénées ?
	Verticillato - Fagetum	(= Acero - Fagenion)	»　　»　　»

3.434. **La typologie des hêtraies à l'échelle régionale**

Les diverses associations de hêtraies (les divers *Fagetum*) et surtout celles qui subsisteront lorsque les indispensables synthèses auront établi les éventuelles synonymies, ont une aire relativement grande, surtout lorsqu'elles correspondent à des climax climatiques. En gros, on peut dire que dans une région donnée, où le climat peut être considéré comme homogène (ou dans un étage de végétation dans les zones de montagne), pour les hêtraies, on a une association de climax climatique sur les sols à mull, une association spécialisée sur les sols acides (climax édaphique) et une autre association spécialisée sur les sols carbonatés (climax édaphique également), avec bien entendu des cas intermédiaires.

Il existe donc une certaine variabilité à l'intérieur de chaque association en fonction de la variation locale des facteurs écologiques. A l'échelle régionale, cette variation est essentiellement édaphique (variation de la richesse chimique, du régime hydrique, de l'activité biologique), mais elle peut être aussi mésoclimatique du fait de la topographie, ou même biotique du fait de la pression des animaux ou du degré d'exploitation humaine. Cette variabilité est importante à prendre en compte, car c'est finalement celle que l'on trouve à l'échelle d'un massif forestier et qui explique la gamme de productivité que l'on peut mettre en évidence pour une essence donnée.

Pour étudier et analyser cette variabilité à l'intérieur des associations, la Phytosociologie classique dispose des syntaxons de rang inférieur à l'association. Ce sont, rappelons-le : la sous-association (suffixe-*etosum*), la variante et le faciès.

La sous-association et la variante se distinguent, par l'existence d'espèces différentielles. Ce sont des espèces non caractéristiques de l'association, généralement transgressives d'associations voisines, mais qui possèdent dans un groupe de relevés se rapportant à une même association, une fréquence significativement plus élevée que dans les autres. Les faciès, au contraire, se caractérisent par la dominance quantitative et locale d'une ou plusieurs espèces.

Quand l'inventaire des associations de hêtraies (des *Fagetums*) pourra être considéré comme terminé, du moins dans une grande région donnée, alors on pourra décrire leur variabilité en termes de sous-associations, variantes et faciès. En attendant il vaut mieux analyser la variabilité au niveau des formations forestières régionales en faisant, à l'intérieur d'un ou de plusieurs massifs forestiers, une *typologie stationnelle*.

Celle-ci se fait suivant la technique phytosociologique habituelle des relevés complets de végétation, mais selon un échantillonnage systématique sur toute la surface à étudier afin d'être sûr de bien prendre en compte toute la variabilité locale. A partir de ces données floristiques, la construction de tableaux « diagonalisés », c'est-à-dire où les espèces végétales et les relevés sont ordonnés selon le gradient écologique principal, permet de mettre en évidence un certain nombre de groupements végétaux correspondants à autant de types stationnels. Ces groupements végétaux peuvent correspondre à des syntaxons de rang variable. Ce peuvent être des associations appartenant à des alliances, ou même à des ordres différents, si il y a de forts contrastes écologiques dans le massif forestier échantillonné, ou, au contraire, des variantes ou des faciès d'une seule et même association dans le cas d'une homogénéité plus grande. Il se peut même, et cela est fréquent, qu'on ne puisse rattacher un groupement végétal mis en évidence à aucun syntaxon connu, mais cela a peu d'importance dans la pratique. L'important est d'avoir mis ce groupement particulier en évidence, de savoir le reconnaître sur le terrain et éventuellement de le cartographier, ne serait-ce qu'en lui donnant un numéro.

Les exemples de telles études stationnelles commencent à devenir

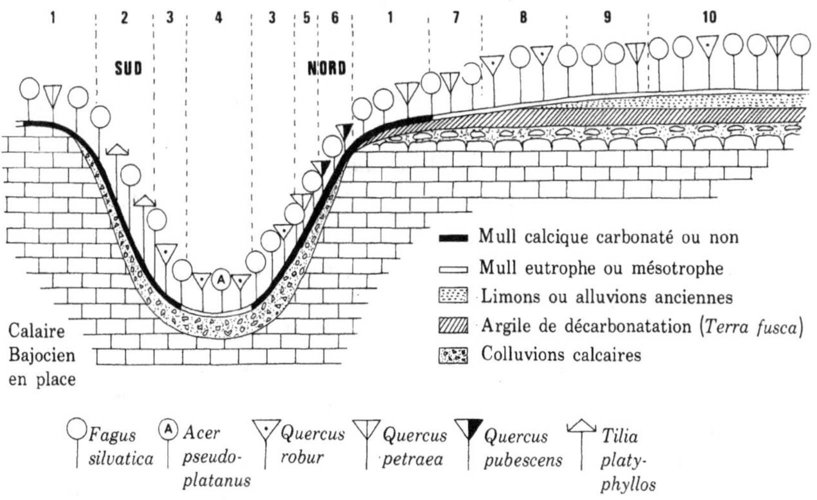

1 – Hêtraie-chênaie calcaricole de plateau à Seslerie
2 – Hêtraie calcaricole à Tilleul à grandes feuilles et Erable sycomore de versant nord
3 – Hêtraie chênaie mésophile calcaricole de bas de pente
4 – Chênaie pédonculée – erablaie de fond de vallon
5 – Hêtraie-chênaie sessiliflore calcaricole thermoxérophile de versant sud à Seslerie
6 – Hêtraie-chênaie et chênaie pubescente de haut de versant sud
7 – Hêtraie-chênaie sessiliflore mesoxérophile à Hepatique et Alisier Blanc
8 – Hêtraie-chênaie mésoneutrophile à Mélique uniflore et Aspérule, de plateau
9 – Hêtraie-chênaie mésoneutrophile à Millet diffus et Canche cespiteuse, de plateau
10 – Hêtraie-chênaie mésoacidophile de plateau à fougères mâle et femelle, Luzule blanchâtre et Chevrefeuille des bois

FIG. 18. – *Représentation schématique des relations Sol-Topographie-Végétation en Forêt de Haye (Côtes de Moselle).* (D'après BECKER, 1978)

nombreux. Pour rester dans le cadre de la hêtraie je citerai l'exemple de la forêt de Haye, sur les côtes de Moselle (Lorraine) d'une superficie d'environ 10 000 ha où le climax est partout constitué par la hêtraie-chênaie-charmaie avec dominance générale du hêtre. Une étude de typologie stationnelle réalisée par BECKER (1978) a permis de mettre en évidence une douzaine de types stationnels auxquels correspond une large gamme de productivité du hêtre (fig. 18).

3.5. **LA PHÉNOLOGIE DES HÊTRAIES**

par

Michel BECKER

3.51. **DÉFINITIONS ET OBJECTIFS**

« La phénologie est la science qui étudie les phénomènes périodiques des plantes. Elle cherche à saisir la progression temporelle et stationnelle de la réapparition de ceux-ci. Elle ne veut pas juger le climat d'après les données météorologiques, mais d'après son action sur les plantes » (MALAISSE, 1967).

Le hêtre est une des essences forestières dont la phénologie a été la plus étudiée en Europe. Elle peut être abordée à des échelles de perception très variables, allant de l'individu isolé jusqu'au continent européen et ses divers écosystèmes de hêtraies. Selon les cas, les buts profonds de telles études peuvent se rattacher à deux aspects bien différents :

- soit − c'est la situation la plus fréquente − c'est la variabilité des phénomènes observés que l'on cherche à expliquer en fonction de la diversité des conditions écologiques (climatiques essentiellement, mais aussi édaphiques) et/ou de considérations touchant à la variabilité génétique de l'espèce;
- soit, au contraire, et à condition d'avoir une bonne garantie d'une relative homogénéité génétique à l'intérieur de la population étudiée, on peut espérer tirer des conclusions quant aux variations climatiques à l'intérieur d'une région donnée, à travers les différences d'ordre phénologique que l'on y observe.

Les observations relatives aux divers stades phénologiques de développement du hêtre ont déjà été exposées dans le premier chapitre. Elles concernaient l'individu hêtre ou une population locale du hêtres.

Pour de telles études, et pour celles qui vont être présentées, il a été nécessaire de mettre au point des systèmes d'observations bien codifiés, que nous allons sommairement présenter.

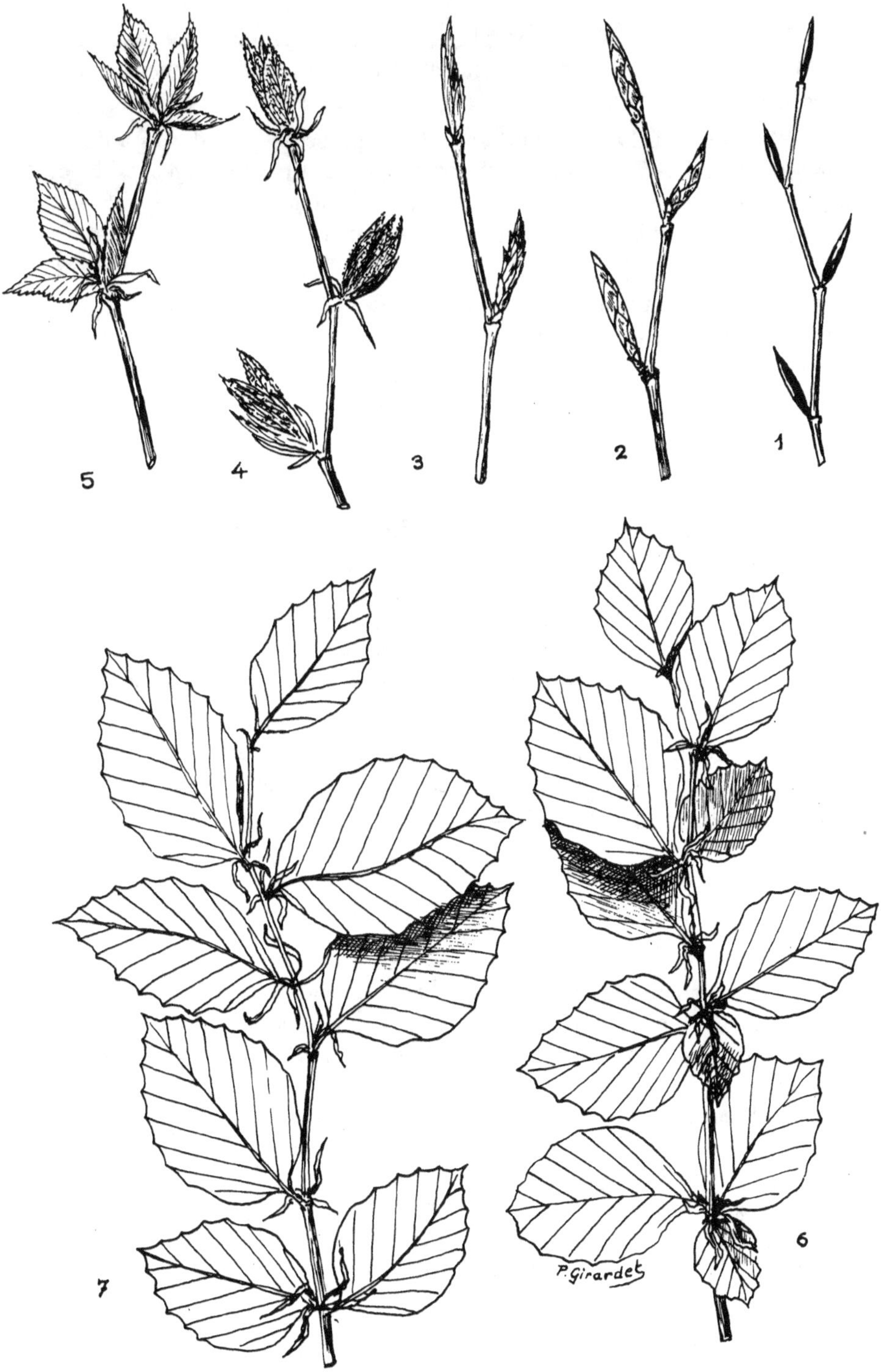

FIG. 19. — *Les 7 stades phénologiques de la feuillaison du hêtre.*
(D'après MALAISSE, 1964)

Les études spécifiques de phénologie du hêtre ont essentiellement porté sur la feuillaison, plus facile à observer et plus régulière que la floraison.

Plusieurs échelles de notation ont été proposées par divers auteurs. Ainsi COINTAT (1959) a-t-il utilisé les stades suivants : bourgeons blancs, feuilles jaunes, feuilles vert pâle, feuilles vert foncé, pour la feuillaison ; feuilles jaunes, feuilles rouges, chute des feuilles, pour la défeuillaison.

LAUSI et PIGNATTI (1973) se contentent au total de 4 stades : chute des écailles de bourgeons, plein étalement des feuilles, début de coloration automnale des feuilles, chute des feuilles.

En ce qui concerne la seule feuillaison, MALAISSE (1964) a mis au point une échelle de notation en sept stades phénologiques, qui semble actuellement la plus utilisée (fig. 19) :
1. bourgeons longuement fusiformes,
2. bourgeons gonflés et quelque peu allongés,
3. extrémité verte des premières feuilles dépassant les écailles qui s'allongent,
4. feuilles plissées et velues, apparentes,
5. feuilles plissées et velues, individualisées,
6. feuilles lisses, écailles brun pâle présentes,
7. écailles brun pâle tombées, feuilles plus fermes, teinte plus sombre.

Pour la défeuillaison, MALAISSE a utilisé six stades différents (et leurs intermédiaires, ce qui donne 11 classes de répartition) : vert, vert jaune, jaune, jaune brun, brun, chute des feuilles.

3.52. LA PHÉNOLOGIE DE LA HÊTRAIE A L'ÉCHELLE RÉGIONALE

Des observations phénologiques bien normalisées, multipliées en un grand nombre de points d'un territoire donné, peuvent permettre d'y définir des régions climatiques différentes, voire, moyennant un étalonnage préalable, d'en préciser les caractéristiques. L'étendue possible du territoire d'étude est fonction, d'une part, bien sûr, des possibilités matérielles de multiplication des observations, d'autre part, et surtout, de la variabilité génétique de ou des espèces prises en compte à l'intérieur de ce territoire. Cette variabilité doit être la plus faible possible, sous peine d'interférer trop gravement avec la variabilité écologique (génécologie); pour le hêtre, cet aspect a encore été récemment rappelé par GAUSSEN (1978).

Ces réserves importantes faites, il est possible de dresser des cartes portant des *isophènes*, c'est-à-dire des courbes joignant des points d'égal stade phénologique. Deux types de cartes peuvent se concevoir.

La première consiste à reporter en chaque point la date à laquelle se manifeste un stade phénologique bien précis. C'est la méthode la plus courante. Ainsi IHNE et KIRCHHOFF (*in* WALTER, 1960) en Europe, et ANDERSON (1974) au Wisconsin, ont-ils cartographié la date de floraison du lilas (*Syringa vulgaris*), définissant ainsi des zones où le printemps intervient de plus en plus tardivement.

La seconde est au contraire une cartographie des stades phénologiques à une date précise donnée. Une façon astucieuse d'affiner la précision des observations peut consister à coupler les notations sur deux ou plusieurs espèces. C'est de cette façon que COUTEAUX (1969) a pu cartographier une partie de la Belgique selon cinq « classes phénologiques » élaborées à partir de données relatives à deux espèces, le hêtre et le prunellier (*Prunus spinosa*). Malgré le peu de stades (trois) observés pour une espèce donnée (ce qui rend lès notations d'autant plus aisées), la combinaison des deux espèces permet d'obtenir la précision finale souhaitée (voir fig. 20).

De telles études (ou des études similaires) sont malheureusement fort

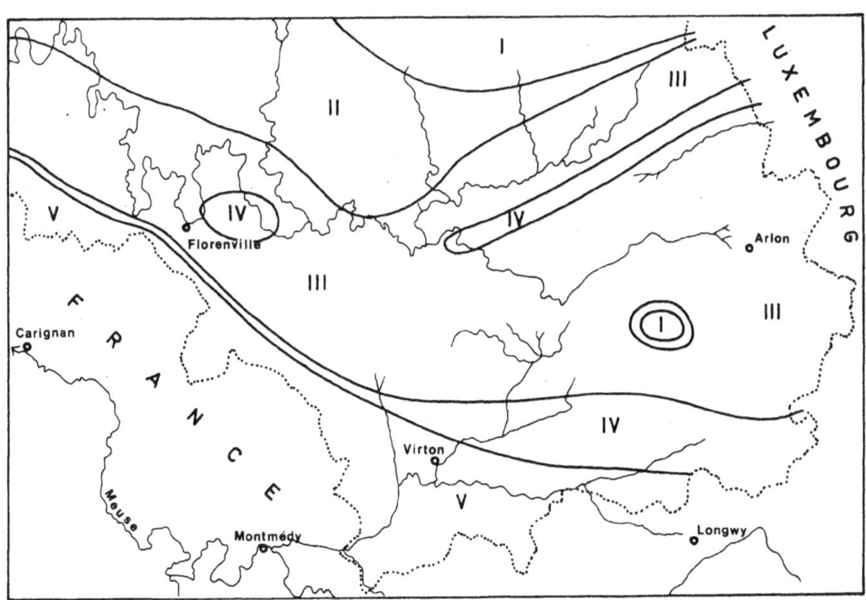

FIG. 20. – *Comportement phénologique du hêtre (débourrement : F_1, F_2, F_3) et du prunellier (floraison : P_1, P_2, P_3), en Lorraine belge, les 26 au 29 avril 1962.*

I = F_1P_1 ; II = F_2P_1 ; III = F_3P_1 ; IV = F_3P_2 ; V = F_3P_3

I à III : zones froides à retard phénologique

IV-V : zones chaudes d'avance phénologique

(COUTEAUX, 1969)

rares, du fait de l'importance des moyens (humains essentiellement) nécessaires à leur mise en œuvre. Pour le hêtre, il convient de citer les observations de MALAISSE (1964, 1967).

3.53. PHÉNOLOGIE DES HÊTRAIES
A L'ÉCHELLE EUROPÉENNE

Les études approfondies et synthétiques sur la phénologie d'une essence forestière à l'échelle d'un vaste territoire sont extrêmement rares. Par chance, c'est le hêtre et les hêtraies qui ont été choisis pour une vaste enquête menée en 1963 au niveau du continent européen (sur 14 pays), dont les résultats ont été analysés et interprétés par LAUSI et PIGNATTI (1973).

Une grande partie de l'aire naturelle du hêtre a été prise en compte dans cette étude. Au total, 204 stations, dans des conditions très diverses de latitude, altitude, roche-mère, ont été analysées. Une des conclusions générales essentielles de l'étude concerne le mode de regroupement des hêtraies le mieux en accord avec la logique des résultats d'ordre phénologique. Deux modes de regroupement ont été testés : l'un *phytosociologique chorologique,* s'appuyant sur la répartition géographique d'un certain nombre d'espèces (on définit ainsi un *Fagion medio-europaeum,* un *Scillo-Fagion,* un *Fagion austro-italicum,* un *Fagion illyricum,* un *Fagion dacicum* et un *Fagion orientalis*), l'autre *phytosociologique et écologique,* qui s'appuie sur 4 grands types de hêtraies (voir aussi § 34).

  — Type F : *Eu-Fageta* ou hêtraies mésophiles. Espèces des *Fagetalia* particulièrement nombreuses. Sols bruns riches bien développés.

  — Type C : *Cephalanthero-Fageta* ou hêtraies thermophiles. Caractérisées par certaines orchidées (Cephalanthères), certains Carex *(Carex alba* en particulier) et des éléments des *Quercetalia pubescentis.* Surtout sur calcaires (rendzines ou sols bruns peu épais).

  — Type L : *Luzulo-Fageta* ou hêtraies acidophiles. Caractérisées le plus souvent par *Luzula albida* et des espèces des *Vaccinio Piceetea* et des *Quercetalia robori-petraeae.* Sols acides, le plus souvent podzolisés, sur substrats siliceux en climat plutôt atlantique.

  — Type A : *Abieti fageta* ou hêtraie montagnarde. Fréquence du sapin, de fougères, de cardamines et d'espèces des *Vaccinio-Piceetea.* Sols en général moins acides que dans le type L.

De façon indiscutable et très nette, c'est le *classement phyto-écologique* ci-dessus qui s'est avéré le plus efficace. C'est lui en particulier qui a permis de structurer la masse considérable et apparemment confuse des données recueillies, et d'accéder à la logique profonde de la distribution des hêtraies et de leur phénologie.

En fait, il s'agit là d'une excellente façon de sérier les facteurs. La phénologie de la hêtraie, surtout à cette échelle, est essentiellement à déterminisme climatique, mais dépend aussi un « bruit » important occasionné par les variables édaphiques. Or ce sont surtout ces dernières (en particulier les possibilités de nutrition minérale et d'alimentation en eau) que traduisent les types F, C, L et A présentés. Il est donc normal que raisonner à l'intérieur de ces unités, permette de mmieux saisir l'influence des grands facteurs climatiques (en particulier l'altitude et la latitude).

Nous allons résumer rapidement les principaux résultats obtenus.

La hêtraie et les autres écosystèmes européens

Des cartes phénologiques ont été dressées pour certaines espèces (telle *Anemone nemorosa* ; cf. fig. 21). Elles sont apparues en accord avec les

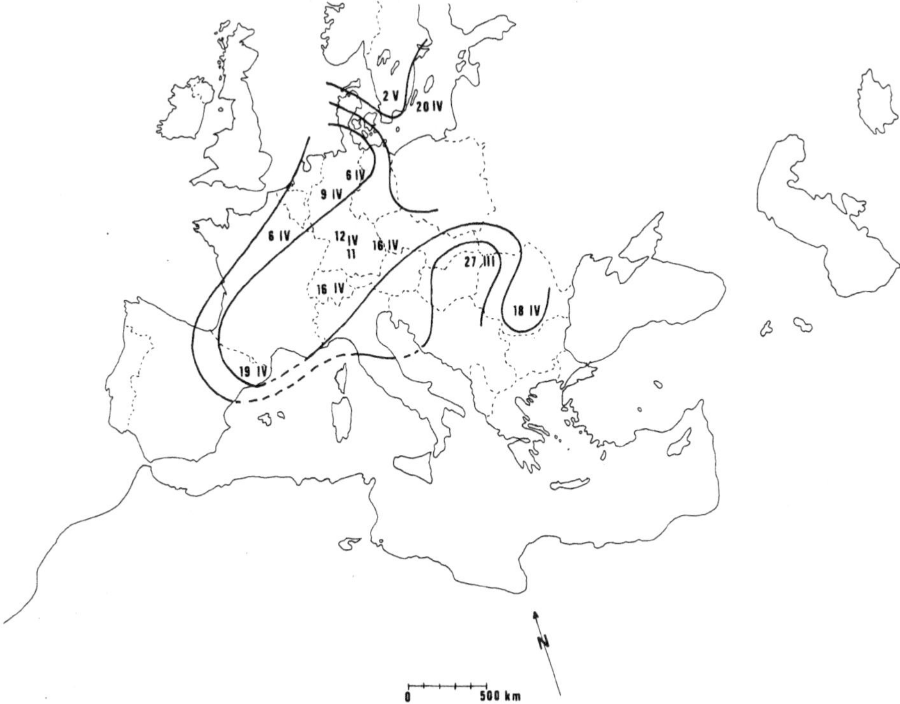

FIG. 21. — *Arrivée du printemps d'après la floraison d'*Anemone nemorosa *dans les hêtraies méso-neutrophiles.*
(D'après LAUZI et PIGNATTI, 1973)

cartes classiques préexistantes, en particulier, au printemps, celle de la floraison du lilas, et en été celle de la moisson du blé d'hiver. Les isophènes de la hêtraie sont donc, globalement, conditionnés par les mêmes facteurs que ceux qui interviennent en général pour la flore européenne.

Phénologie des espèces de la hêtraie prises individuellement

Influence de l'altitude et de la latitude sur la floraison

La réponse à cette question n'est pas unique et, en application directe de ce qui vient d'être dit, varie selon que l'on s'intéresse au comportement global de l'espèce étudiée ou à son comportement au sein d'un type phytoécologique donné.

Dans le premier cas, on observe que la floraison est d'autant plus tardive que l'altitude est plus élevée et que la latitude est plus faible (régions plus méridionales). La contradiction n'est qu'apparente, et doit provenir du fait que les hêtraies à caractère « thermophile » (ou mieux peut-être xérophile) sont plus fréquentes vers le Nord.

Dans le deuxième cas, par contre, on conclut, plus logiquement, qu'à une augmentation aussi bien de l'altitude que de la latitude correspond un retard dans la floraison. Le décalage est d'environ 4 jours par tranche altitudinale de 100 m, et de 3 jours pour 1 degré de latitude.

Ordre de floraison par type de hêtraie

Si l'on se rapporte aux espèces pouvant être rencontrées dans les quatres types de hêtraies, et par rapport au type F (hêtraie mésophile) servant de référence, ces espèces ont en moyenne 7 jours d'avance à la floraison dans le type C (hêtraie thermophile), 2 jours de retard dans le type L (hêtraie acidophile) et 11 jours de retard dans le type A (hêtraie de montagne).

On constate aussi que, très grossièrement, l'ordre de floraison des espèces correspond à celui de la classification systématique en familles, depuis les monocotylédones (telles *Arum maculatum, Scilla bifolia...*) jusqu'aux composées (*Prenanthes purpurea, Senecio fuchsii, Solidago virga aurea...*).

La feuillaison du hêtre

En fonction de la latitude, la feuillaison du hêtre est d'abord plus précoce en allant du sud au nord jusque vers 49-50°, puis plus tardive plus au nord (fig. 22). Le même phénomène, mais sans augmentation nette de la tardiveté tout au Nord, est observé pour la défeuillaison.

En fonction de l'altitude, on retrouve, plus nettement encore, le même phénomène (fig. 22). La précocité de la feuillaison augmente jusque vers 600 m, puis diminue au-dessus. Pour la défeuillaison, on constate que sa tardiveté augmente jusque vers 1 000 m, puis diminue au-dessus.

Il semble que la variabilité génétique, plus peut être que la variation des types phyto-écologiques de hêtraie, soit ici responsable de l'allure de la partie inférieure des courbes, surtout pour l'altitude.

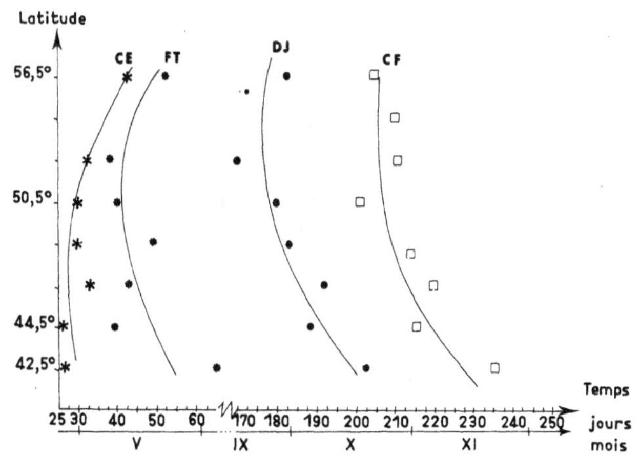

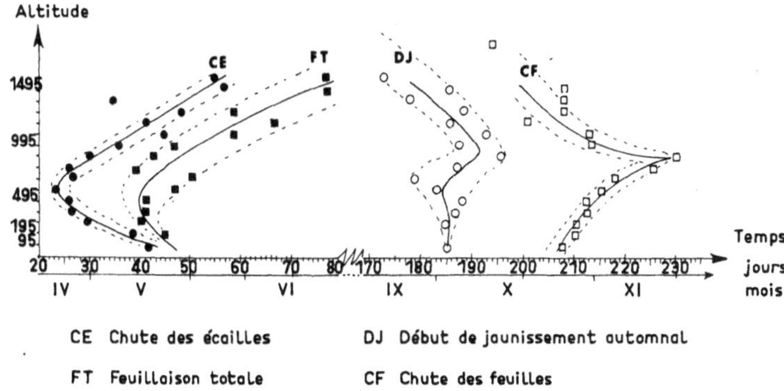

FIG. 22. – *Influence de la latitude et de l'altitude sur la feuillaison du hêtre.*
(D'après LAUZI et PIGNATTI, 1973)

En fonction du type phyto-écologique de hêtraie : les résultats apparaissent dans la fig. 23. On observe des différences sensibles entre types de hêtraies. Pour la date de défeuillaison, et par rapport au type F (hêtraie mésophile), le retard est de 4 jours pour le type C (hêtraie thermophile), 7 jours pour le type L (hêtraie acidophile) et 19 jours pour le type A (hêtraie montagnarde). Ces retards par rapport au type F, où les conditions de végétation sont les plus favorables au hêtre, seraient liés aux conditions énergétiques (type A) et nutritionnelles (types C et L) plus mauvaises. Pour la date de début de jaunissement du feuillage, toujours par rapport au type F, l'avance est de 4 jours pour le type C, 5 jours pour le type L et 2 jours pour le type A.

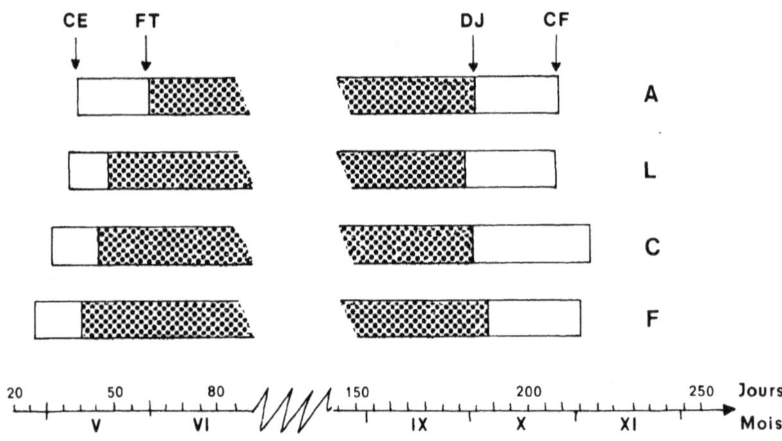

FIG. 23. – *Durée de végétation du hêtre selon le type de hêtraies.*

type A = mésophile	CE = chute des écailles
type L = acidophile	FT = feuillaison totale
type C = thermo-xérophile	DJ = début de jaunissement automnal
type F = montagnard	CF = chute des feuilles

(D'après LAUZI et PIGNATTI, 1973)

C'est donc dans la hêtraie mésophile F que la durée de végétation du hêtre est la plus longue, et dans la hêtraie à caractère montagnard A qu'elle est la plus courte; respectivement 162 et 146 jours, de la chute des écailles de bourgeons au début de jaunissement des feuilles. Ces chiffres sont en accord avec ceux de TOMESCU (1957) en Roumanie, et ceux de MALAISSE (1964) en Belgique, qui utilisent sensiblement les mêmes critères phénologiques. Par ailleurs, les chiffres trouvés dans la littérature peuvent être aussi variables que les méthodes utilisées par leur auteurs (de 139 jusqu'à 240 jours...).

Symphénologie des hêtraies européennes : dans la symphénologie, l'attention ne se porte plus sur des espèces bien définies dont on observe le développement dans les diverses situations, mais sur l'ensemble du cortège floristique de chaque hêtraie, même si celui-ci se modifie profondément d'une situation à l'autre. La date de floraison évoquée ci-dessous est celle de la phytocénose hêtraie ; elle est définie grâce à l'« indice héliothermique symphénologique » proposé par LAUSI et PIGNATTI, de formulation assez complexe. Schématiquement, il s'agit de la date à laquelle on observe la pleine floraison d'un maximum des espèces de chaque type hêtraie. La symphénologie permet en quelque sorte de se faire une idée de l'évolution de l'« aspect » de la hêtraie en faisant abstraction de sa composition spécifique particulière.

Influence de l'altitude et de la latitude

La hêtraie (c'est-à-dire le cortège floristique qui la constitue), fleurit plus tôt vers le nord (3,5 jours par degré de latitude); alors que, nous l'avons vu, les espèces prises individuellement et à l'intérieur d'un type phyto-écologique donné, fleurissent plus tard. Par contre, la hêtraie fleurit plus tard lorsque l'altitude s'élève (4 jours pour 100 m de dénivelée), du moins à 48-49° de latitude où l'amplitude du hêtre est la plus large.

Influence des types phyto-écologiques de hêtraies

Globalement, c'est la hêtraie mésophile (type F) qui fleurit le plus tôt ; tous les autres types, même la hêtraie thermophile C, sont en retard sur F (alors que les espèces communes sont en avance dans C).

Dans les conditions réputées optimales pour la hêtraie (altitude 600-900 m, latitude 47-49°, sols bruns mésophiles), on observe en fait trois vagues successives de floraison :
- la première précède l'apparition des feuilles du hêtre (environ au début de la chute des écailles des bourgeons); elle concerne les espèces vernales, héliophiles, telles que *Hepatica triloba, Anemone nemorosa, A. ranunculoïdes, Asarum europaeum, Corydalis* sp., *Daphne mezereum, Ficaria ranunculoïdes,* etc.,
- les deux autres vagues concernent des espèces sciaphiles et interviennent après la pleine feuillaison du hêtre, l'une avant le solstice d'été, l'autre après.

Lorsque l'on s'éloigne de ces conditions optimales, se produit un retard dans les floraisons. Alors la vague héliophile, ainsi que la deuxième vague sciaphile, empiètent sur la première vague sciaphile, si bien que tout finit par se passer comme s'il n'y avait qu'une vague unique de floraison.

3.6. **LE HÊTRE**
ET LE MAINTIEN DE L'ÉQUILIBRE NATUREL

3.61. CYCLE BIOLOGIQUE EN HÊTRAIE

par

Maurice BONNEAU

3.611. **Introduction**

Le cycle biologique peut être défini sommairement comme la circulation de l'énergie et des éléments entre les différents composants d'un écosystème. Il intéresse l'ensemble des animaux, végétaux et micro-organismes de la station.

Cependant, il ne sera envisagé ici que sous une conception beaucoup plus restreinte : circulation des éléments biogènes et de la matière organique entre le sol et le peuplement, telle qu'elle est schématisée sur la figure 24, p. 130.

Pluie incidente et drainage mis à part, on peut grouper les événements du cycle énumérés sur la figure en quatre ensembles :
a) *Prélèvement* des éléments minéraux.
b) *Immobilisation* dans les parties ligneuses (branches, troncs, racines) de la matière carbonée et des éléments minéraux.
c) *Retour* à la surface du sol de la matière végétale et des éléments biogènes engagés provisoirement dans l'élaboration des parties caduques du peuplement (feuilles, fruits, petits rameaux); ce retour s'effectue essentiellement sous forme de chute de litière et de pluviolessivats nets (éléments contenus dans les pluviolessivats bruts, diminués de ceux de la pluie incidente).
d) *Minéralisation* de la litière et retour vers les horizons du sol prospectés par les racines des éléments qu'elle contient. Théoriquement, cette « litière » devrait également comprendre les fines racines dont une partie meurt chaque année et se décompose en remettant en circulation les éléments qu'elle contient. En fait, on ne possède pratiquement pas d'information quantitative sur ce phénomène difficile à saisir.

Drainage, immobilisation ligneuse, blocage sous forme de litière ou d'humus non décomposés constituent des pertes pour le sol. Elles peuvent être comparées au stock d'éléments assimilables du sol en début de révolution, auquel viennent s'ajouter les apports par les pluies et les éléments libérés par altération des minéraux. On peut donc théoriquement, pour l'ensemble d'une révolution, établir un bilan pour chaque élément nutritif et estimer si l'on va vers un appauvrissement du sol. Les quantités d'éléments apportés par les pluies, l'immobilisation ligneuse et celle des horizons humifères, assez facilement mesurables, sont des postes essentiels de ce bilan. Les pertes par drainage sont plus difficiles à mesurer mais semblent assez faibles. La quantité d'éléments libérés par l'altération reste la grande inconnue dont la très grande difficulté (pour ne pas dire l'impossibilité) de détermination rend très théorique cette notion de bilan.

Malgré cela, il est intéressant de connaître les ordres de grandeur des immobilisations et des pertes : leur confrontation avec le stock d'éléments assimilables permet déjà d'estimer s'il y a un fort risque de pénurie nutritive dans une station donnée.

Notion d'exportation : on récolte une portion variable de la masse ligneuse produite. Les parties non récoltées, abandonnées sur place après les coupes, se décomposent progressivement et restituent au sol les éléments qu'elles contiennent. La perte définitive subie par le sol ne correspond qu'aux parties exportées; l'analyse de la quantité d'éléments immobilisée dans les divers compartiments (racines, troncs, écorces, branches...) du peuplement permet donc de chiffrer le « coût » en éléments nutritifs de divers systèmes d'exploitation allant par exemple de la seule récolte des troncs écorcés à l'exploitation intégrale de la masse ligneuse.

3.612. **Données chiffrées sur le cycle biologique**

3.6121. *Prélèvements, immobilisation, retours annuels*

Les données du tableau 8, tirées en grande partie de ULRICH (1973) et KREUTZER (1976) correspondent à 3 classes de fertilité. Le prélèvement annuel, à classe égale, est du même ordre de grandeur pour le hêtre que pour l'épicéa, mais nettement plus élevé que celui du pin sylvestre.

Comme dans tout peuplement forestier, la part de ce prélèvement qui sert à l'élaboration de la masse ligneuse est faible : 16 à 18 % pour l'azote et le potassium, 25 % environ pour le phosphore et le calcium, 30 à 35 % pour le magnésium.

L'essentiel des éléments tirés du sol est destiné aux feuilles et revient à la surface du sol à l'automne. Ce phénomène bien connu explique que, dans la mesure où la minéralisation de la litière est correcte, la fertilité du sol puisse se maintenir longtemps sous la forêt feuillue de hêtre.

Les retours annuels figurant au tableau 8 comprennent à la fois la chute de litière et les pluviolessivats. La première a lieu surtout en automne, avec un maximum secondaire en mai, et est de l'ordre de 3 à 5 tonnes de matière sèche par ha et par an (AUSSENAC, 1969; DENAYER-DESMET et DUVIGNEAU, 1972; LEMÉE et BICHAUT, 1971; GLOAGUEN et TOUFFET, 1974). Ces retombées de litière sont évidemment constituées

TABLEAU 8

Prélèvement (P) *Immobilisation ligneuse* (I) *Retour* (R)
par la litière et les pluviolessivats pour 3 classes de fertilité en kg/ha/an (racines comprises).
Les chiffres entre parenthèses sont approximatifs.
(d'après ULRICH, 1973 et KREUTZER, 1976)

		N	P	K	Ca	Mg
Classe I	P	81	6,8	42	33	4,3
	I	13	1,6	6	9	1,5
	R	68	5,2	36	24	2,8
Classe II	P	51	4,6	27	21	2,7
	I	9	1,4	4,5	6	0,9
	R	42	3,2	22,5	15	1,8
Classe III	P	(31)	(2,9)	(16)	(15)	(2,2)
	I	5	0,7	3	4	0,7
	R	(26)	(2,2)	(13)	(11)	(1,5)

essentiellement de feuilles; les brindilles représentent moins de 10 % du poids des feuilles. Les faînes et cupules apportent un supplément très variable suivant l'année et l'âge du peuplement. Nulle au stade gaulis, la quantité de matière ainsi apportée au sol peut atteindre 1 100 kg/ha dont les 2/3 environ sont représentés par les cupules. Une année de forte faînée, la semence équivaut donc à 25 % de la litière de feuilles (GLOAGUEN et TOUFFET, 1974; LEMÉE et BICHAUT, 1971). Les apports de faînes et cupules sont plus importants en vieille futaie (760 kg) qu'en jeune et moyenne futaie (550 kg), selon les premiers auteurs ci-dessus.

Dès que le couvert est fermé, la quantité de litière de feuilles qui revient annuellement au sol ne semble pas varier considérablement avec l'âge. Aussi, en forêt de Fontainebleau, elle a pu être chiffrée à 3,05 tonnes dans un gaulis et 3,5 tonnes dans une futaie de 200 ans (LEMÉE et BICHAUT, 1973), en Bretagne à 2 800 kg environ pour un gaulis et une jeune futaie et 3 240 kg pour une vieille futaie (GLOAGUEN et TOUFFET, 1974).

Les feuilles au moment de leur chute sont beaucoup moins riches en certains éléments biogènes qu'en pleine saison de végétation : 0,92 % d'azote contre 2 % en août, 0,09 % de P contre 0,16 %, 0,63 % de K contre 0,89 % (et même 0,25 seulement selon GLOAGUEN et TOUFFET).

La concentration en magnésium n'a baissé que légèrement alors qu'elle a augmenté pour le calcium : 1,45 % de Ca selon GLOAGUEN et TOUFFET contre 1,21 %. Le phénomène est encore plus net pour le manganèse (2,1 ‰ contre 1,4) et le fer (0,33 ‰ contre 0,16). La teneur en cuivre des feuilles au moment de leur chute est de l'ordre de 1 à 5 ppm et en bore de 50 ppm (LE TACON et TOUTAIN, 1973 ; AUSSENAC *et al.*, 1972 ; GLOAGUEN et TOUFFET, 1974).

Les retours annuels en oligo-éléments sont de 2 à 5 kg de Mn, 0,3 à 1 kg de Fe, 20 à 30 g de cuivre (GLOAGUEN et TOUFFET, 1974).

Les retours de calcium et de magnésium indiqués au tableau 8 semblent pouvoir être dépassés : ainsi LEMÉE et BICHAUT (1971), AUSSENAC *et al.* (1972) citent des retours qui atteingnent 50 kg/ha/an pour Ca et 7 kg pour Mg ; tout dépend évidemment de la richesse du sol et de la possibilité physiologique pour l'élément considéré de s'accumuler en excès (consommation de luxe).

L'azote et le phosphore font retour au sol essentiellement par les litières : pour un retour total d'azote dépassant 50 kg/ha/an, les pluviolessivats nets (égouttement des cimes et écoulement des troncs) ne représentent que 1 à 9 kg (ULRICH, 1973 ; LEMÉE et BICHAUT, 1974) ; pour 4 à 5 kg de retour total de phosphore, les eaux de lessivage des cimes n'apportent que 0,1 à 0,3 kg. La proportion est beaucoup plus forte pour le magnésium (plus de 3 kg pour un retour total de 12 kg à Fontainebleau selon LEMÉE et même 3,3 kg pour un total de 5 kg selon ULRICH) et surtout pour le potassium qui est ramené au sol pour moitié environ par les pluviolessivats : 24 kg pour 41 kg au total à Solling selon ULRICH, 9 kg pour 18 kg dans un gaulis de Fontainebleau selon LEMÉE. Dans les futaies âgées, le retour par les pluviolessivats semble même pouvoir être nettement majoritaire : 34 kg sur un total de 43 kg (LEMÉE, 1974). Pour le calcium, la situation semble assez variable : 20 kg reviennent au sol par les pluviolessivats pour un total de 43 kg à Solling (ULRICH), 17 kg sur 62 dans une vieille futaie de Fontainebleau et seulement 6 sur 69 dans un gaulis du même massif.

D'après LEMÉE (1974), ces fortes variations de la proportion de potassium et de calcium ramenées au sol par les eaux de lessivage des cimes s'expliqueraient par la forte quantité de grosses branches dans les vieilles futaies : elles retiennent davantage de poussière, débris végétaux, micro-organismes. Par rapport aux feuilles, au moment de leur chute, les cupules sont plus riches en potassium (0,5 à 0,7 contre 0,2 à 0,3), un peu plus pauvres en azote (0,7 à 0,8 % contre 1 %), nettement plus pauvres en calcium (0,2 contre 0,6 %) et phosphore (0,05 contre 0,09 %).

Les faînes par contre sont riches en azote (2,5 à 3,2 %), phosphore (0,35 %) et magnésium (0,3 %). Leurs teneurs en calcium (0,5 %) et potassium (0,8 %) se rapprochent davantage de celles des feuilles. Une forte faînée prélève et ramène au sol, sous forme de cupules et de faînes, 31 kg d'azote, 3 kg de phosphore, 15 kg de potassium, 5 kg de calcium, 3 kg de magnésium par ha et par an, quantités qui sont du même ordre de grandeur que celles impliquées dans le cycle des feuilles (GLOAGUEN et TOUFFET, 1974).

3.6122. *Apports par les pluies et pertes par drainage*

Les apports par les pluies, évidemment indépendants de la formation forestière, varient beaucoup selon les régions, en fonction notamment de la proximité de foyers urbains et industriels : 10 à 25 kg/ha/an d'azote (surtout sous forme minérale, mi-ammoniacale, mi-nitrique), 0,1 à 0,5 kg de P, 2 à 7 kg de K, 9 à 12 kg de Ca, 2 à 3 kg de Mg. Il est intéressant de noter que ces quantités sont du même ordre de grandeur que celles qui sont immobilisées annuellement dans les parties ligneuses, mais elles arrivent au sol en toutes saisons et les apports hivernaux sont perdus par drainage sans profit pour le peuplement.

On ne dispose pas de beaucoup de données sur les pertes par drainage : d'après ULRICH, à Solling, elles sont de 6 kg/ha/an pour l'azote, à peu près nulles pour P, de 2 kg pour K, 19 kg pour Ca, 3,4 kg pour Mg, donc inférieures pour presque tous les éléments aux apports par la pluie incidente. Ces pertes sont dans l'ensemble assez faibles mais vraisemblablement supérieures à celles de beaucoup de conditions françaises, surtout pour Ca et Mg; en effet le sol de Solling est soumis à un apport important d'acide sulfurique par pollution industrielle.

3.6123. *Présentation globale du cycle biologique*

Le tableau 9 rassemble les résultats obtenus à Solling, pour une hêtraie acidiphile de 130 ans (ULRICH, 1973); les tableaux 10 et 11 indiquent ceux obtenus en forêt de Fontainebleau (LEMÉE, 1978). Nous commenterons surtout les données de Solling qui sont plus complètes.

Pour tous les éléments, sauf le magnésium, les pertes par drainage sont compensées par les apports des pluies incidentes. Si on cherche à établir un bilan au niveau des horizons du sol prospectés par les racines, on écrira :

perte ou gain du sol = apport par les pluies + retour par la litière et les pluviolessivats nets − prélèvements − pertes par drainage.

On trouve ainsi :

− azote :	gain de 6	kg/ha/an
− phosphore :	perte de 1,8	kg/ha/an
− potassium :	perte de 0,6	kg/ha/an
− calcium :	perte de 5	kg/ha/an
− magnésium :	perte de 0,9	kg/ha/an

Le fonctionnement d'une telle hêtraie est donc finalement très « économique ». Ce bilan mérite quelques commentaires.

a) La situation, pour l'azote, est sans doute exceptionnellement favorable à cause de l'apport très important par les pluies.

b) Le bilan ainsi établi suppose l'équilibre entre apport par les litières et libération des éléments par minéralisation.

TABLEAU 9

Eléments contenus dans la biomasse et cycle biologique de la hêtraie de Solling
en kg/ha et kg/ha/an.
Caractéristiques du peuplement : 120 ans   Hm : 26,7 m.
(D'après ULRICH, 1973).

	N	P	K	Ca	Mg
BIOMASSE					
Feuilles	90	6	27	12	2
Bois de tronc	240	40	100	160	40
Ecorces de tronc	80	70	24	80	4
Branches et rameaux	60	10	24	40	4
Total biomasse aérienne	470	126	175	292	50
Racines et souches	120	20	48	80	8
Total biomasse ligneuse	500	140	196	360	56
NÉCROMASSE					
Litières et couches F	870	55	98	108	37
CYCLE BIOLOGIQUE					
Retour par les litières	55	4,8	17	23	1,7
Pluviolessivage net	1	0,1	24	20	3,3
Retour total	56	4,9	41	43	5,0
Immobilisation	14	2,6	7	7	1,6
Prélèvement	69	7,8	48	50	5,7
ENTRÉES et SORTIES					
Apports par les pluies et poussières	25	0,7	8,5	19	3,2
Pertes par drainage	6	0,05	2,1	17	3,4

c) Dans les horizons Ao du moder sont bloqués 870 kg de N, 55 kg de P, 98 kg de K, 108 kg de Ca, 37 kg de Mg qui représentent par rapport à la biomasse ligneuse une immobilisation supplémentaire. Le bilan moyen du sol, du début à la fin de la révolution, devrait en tenir compte et ferait apparaître des pertes plus élevées : 1,25 kg pour l'azote (au lieu d'un gain de 6 kg), 2,2 kg pour le phosphore au lieu de 1,8 ; 1,4 kg de K au lieu de 0,6 ; 5,9 kg de Ca au lieu de 5 kg ; 1,2 kg de Mg au lieu de 0,9. Il faut noter que dans la hêtraie de Solling, l'accumulation de litière semble forte : à Fontainebleau, dans divers peuplements où les litières au sol sont de l'ordre de 6 à 8 tonnes, les quantités d'éléments correspondantes ne sont que de 150 à 170 kg pour N, 5 à 7 kg pour P, 45 kg pour K, 16 à 21 kg pour Mg, mais un peu plus forte pour Ca (118 à 134 kg).

TABLEAU 10

Hêtraie de Fontainebleau : répartition et circulation de la matière organique (t/ha).
(D'après LEMÉE, 1978).

	Biomasse	Production primaire	Retour annuel au sol	Litière avant la chute d'automne	Horizons humifères $H + A_1$	Horizons minéraux
I GAULIS						
Tronc + branches	71	3,83				
Feuilles + écailles	3,8	3,80	3,55	4,70		
Racines	14	0,77	−			
Bois mort			0,65	3,18		
Matière organique humifiée					35	111
II FUTAIE						
Tronc	232	} 4,76				
Branches	58					
Feuilles + écailles	3,45	3,45	3,35	4,5		
Organes reproducteurs	1,2	0,50 +	0,48	0,6 + +		
Racines	49	0,80	−			
Bois mort			1	1,95		
Strate arbustive et herbacée	5,5	1,47	0,50			
Matière organique humifiée					35	111

+ 2 années sur 5, ramené à l'année
+ + cupules seulement

d) Les pertes annuelles par le sol indiquées ci-dessus ne seraient définitives que dans la mesure où la récolte prélèverait toute la masse ligneuse. Ce n'est pas le cas en régime d'exploitation traditionnelle où les bio-éléments contenus dans les fines branches, les rameaux et les litières reviendraient finalement aux horizons minéraux ou hémiorganiques du sol.

e) Le régime d'exploitation traditionnelle apparaissant ainsi comme très peu dispendieux pour les réserves du sol en bio-éléments, le bilan peut éventuellement ne pas être négatif si on fait intervenir la libération d'éléments par altération. On peut ainsi se demander si la fertilisation a des chances d'avoir une action positive en hêtraie. On n'a jusqu'à maintenant que peu d'exemples de fertilisation positive sur la production ligneuse d'une hêtraie adulte (il n'en est pas de même pour la production de faînes). Mais les essais ont été peu nombreux et une augmentation de la production n'est pas exclue car le cycle de la hêtraie n'est pas fondamentalement différent, ni sur le plan qualitatif, ni sur le plan quantitatif, de celui d'autres essences répondant à la fertilisation. La production dépend en effet, en partie au moins, de l'intensité du prélèvement. Or celui-ci peut être limité par un trop faible stock d'éléments assimilables dans le sol : la production et donc l'immobilisation sont alors faibles. Autrement dit une fertilisation, en accroissant le stock d'éléments disponibles dans le sol, augmenterait à la fois l'élaboration de biomasse et les immobilisations.

TABLEAU 11

Hêtraie de Fontainebleau : répartition et circulation des macroéléments.
(D'après LEMÉE, 1978).

	C t/ha	N kg/ha	P kg/ha	K kg/ha	Ca kg/ha	Mg kg/ha
STOCK						
DANS LA BIOMASSE						
Tronc + branches						
gaulis	32,5	426	14,9	60	263	39
futaie	132	1 217	28	414	1 514	203
Racines						
gaulis	6,5	84	3,6	14	63	9
futaie	22	220	6	75	284	42
Feuilles + écailles						
gaulis	1,9	53	1,7	43	48	9
futaie	1,6	35	1,3	31	40	6,5
APPORT ANNUEL AU SOL						
Précipitations		9,8	0,12	2,4	9	2,9
Egouttement						
gaulis		4,4	tr.	9	6,3	3,3
futaie		4,7	0,14	14,9	9,2	3,3
Litière + bois mort						
+ organes reproducteurs (1)						
gaulis	2,1	62,3	2,04	43,4	57,5	9,8
futaie	2,2	53,8	2,14	34	50,6	7,6
STOCK DANS LA LITIÈRE						
(avant chute automnale)						
gaulis	3,5	131	5,2	44,2	111	22,3
futaie	3	147	5	46,4	110	15
STOCK DANS LE SOL						
Sol lessivé à mull						
A1	18	1 330	30	560	2 940	270
horizons minéraux ...		6 150	255	422	792	70
Sol podzolique à moder						
H + A1	26	1 630	28	300	1 590	260
horizons minéraux ...		10 080	290	356	1 085	58

(1) Nuls pour le gaulis

3.613. **Exportations et méthodes d'exploitation**

Les quantités de bio-éléments dans les différents compartiments de la biomasse (tableau 9) indiquent que les écorces, branches et rameaux contiennent une proportion importante de la minéralomasse des parties ligneuses aériennes, surtout en ce qui concerne le phosphore et le calcium. Encore ces chiffres sont-ils faibles.

DENAYER-DESMET et DUVIGNEAUD (1972) indiquent pour la hêtraie de Mirwart, en Belgique, à 130 ans, des quantités d'éléments encore plus fortes en dehors du bois de tronc (en kg/ha) :

	N	P	K	Ca	Mg
Bois de tronc	90	6	105	60	18
Ecorces....................	50	2	15	60	5
Branches et rameaux........	380	63	200	260	37

KREUTZER (1976) a fourni pour 2 classes de fertilité de hêtraie des données permettant de calculer les quantités d'éléments exportées pendant une révolution, ainsi que les exportations moyennes annuelles dans différentes hypothèses d'exploitation. Nous donnons ces résultats aux tableaux 12, 13 et 14.

On doit souligner la part importante d'éléments exportée par les écorces du fait de leur composition intermédiaire entre celle du bois et des feuilles. Il est cependant difficile à l'heure actuelle d'envisager un écorçage en forêt. La récolte des branches, en plus de celle des troncs, augmente

TABLEAU 12

Teneur en éléments minéraux de diverses parties du hêtre : en % de la matière sèche.
(D'après KREUTZER, 1976).

	N	P	K	Ca	Mg
Bois sans écorce (découpe 7 cm de diamètre)	0,12	0,015	0,09	0,08	0,02
Ecorce du bois fort...............	0,75	0,08	0,23	0,90	0,04
Bois de branches avec écorce....................	0,30	0,05	0,12	0,19	0,02
Feuilles vertes.................	2,7	0,17	0,85	0,55	0,08

TABLEAU 13

Exportations totales pendant une révolution, en kg/ha, pour différents niveaux d'utilisation de la masse ligneuse
(D'après KREUTZER, 1976) pour 2 classes :
Classe 1 (Révolution 140 ans, accroissement moyen 8,9 m^3/ha/an),
Classe 2 (130 ans − 4,1 m^3/ha/an)

a) bois de tronc seul
b) bois de tronc avec écorce
A : Bois d'éclaircie

c) bois de tronc + écorce + branches
d) bois de tronc + écorce + branches + souches + grosses racines
B : Bois d'éclaircie + récolte finale

		AZOTE (N)				PHOSPHORE (P)				POTASSIUM (K)			
		a	b	c	d	a	b	c	d	a	b	c	d
Classe 1	A	430	600	810	810	53	73	109	109	280	320	560	560
	B	900	1 250	1 610	1 780	112	150	210	227	570	670	840	910
Classe 2	A	130	190	270	270	16	21	38	38	100	120	160	160
	B	310	430	600	690	39	52	86	95	260	300	380	420

		CALCIUM (Ca)				MAGNÉSIUM (Mg)			
		a	b	c	d	a	b	c	d
Classe 1	A	250	460	610	610	70	78	93	93
	B	530	970	1 220	1 290	146	164	189	207
Classe 2	A	90	150	210	210	23	26	33	33
	B	220	380	490	530	57	64	78	87

TABLEAU 14

Exportations pour différents niveaux d'utilisation (selon légende du tableau 13) ramenées à leur moyenne annuelle pour la durée de la révolution.

		AZOTE (N)				PHOSPHORE (P)				POTASSIUM (K)			
		a	*b*	*c*	*d*	*a*	*b*	*c*	*d*	*a*	*b*	*c*	*d*
Classe 1	B	6,4	8,9	11,5	12,7	0,80	1,07	1,50	1,62	4,1	4,8	6,0	6,5
Classe 2	B	2,4	3,3	4,6	5,3	0,30	0,40	0,66	0,73	2,0	2,3	2,9	3,2

		CALCIUM (Ca)				MAGNÉSIUM (Mg)			
		a	*b*	*c*	*d*	*a*	*b*	*c*	*d*
Classe 1	B	3,8	6,9	8,7	9,2	1,04	1,17	1,35	1,48
Classe 2	B	1,7	2,9	3,8	4,1	0,44	0,49	0,60	0,67

dans des proportions non négligeables l'exportation moyenne d'éléments minéraux : 15 à 60 % suivant l'élément considéré, le plus affecté étant le phosphore; la différence relative est la plus forte pour les faibles classes de fertilité. Cependant, dans les écosystèmes où les apports par les pluies sont importants, comme à Solling, leur excédent par rapport au drainage couvrirait la totalité des exportations d'azote et de potassium correspondant à une exploitation des fûts et des branches en classe 1 : il existerait un déficit de 1 kg/ha/an de P (320 kg environ de P_2O_5 par révolution), 6 kg/ha/an de Ca (840 kg par révolution), 1,6 kg/ha/an de Mg (235 kg par révolution).

Ces déficits doivent être couverts soit par l'altération naturelle des minéraux du sol (difficile à estimer mais qui n'atteindrait probablement pas ces chiffres dans la plupart des sols), soit par fertilisation. Ils seraient beaucoup plus importants dans des écosystèmes où l'apport par les pluies est plus faible.

3.614. Evolution des litières et minéralisation de l'Azote

3.6141. *Introduction*

Dans le schéma du cycle biologique présenté à la figure 24, il est manifeste que le flux (8) de retour des éléments des litières vers les horizons prospectés par les racines, par minéralisation des tissus végétaux, constitue un point-clé. De la rapidité de cette minéralisation dépend l'accumulation à la surface du sol de couches de litières pluriannuelles plus ou moins transformées constituant un horizon désigné par Ao et comprenant, suivant le cas, une ou plusieurs des trois couches classiques L, F et H (BRUN, 1978 ; DELECOUR, 1980). Plus il est épais, plus la remise à disposition des éléments qu'il contient est lente, et moins la fertilité du sol sera élevée, notamment en ce qui concerne l'azote. Cette fertilité diminue donc en général du *mull* (couche L seulement), au *moder* (L + F + H mince), et au *dysmoder* (L + F + H épais), et au *mor* (Ao > 10 cm). Dans les cas extrêmes, le stock d'éléments immobilisés dans les couches L et F, sans utilité immédiate pour les peuplements, peut atteindre 25 à 50 % du stock d'éléments assimilables des horizons minéraux. Celà est d'autant plus dommageable à la nutrition des arbres que cette lenteur de décomposition des litières survient le plus souvent sur les sols pauvres.

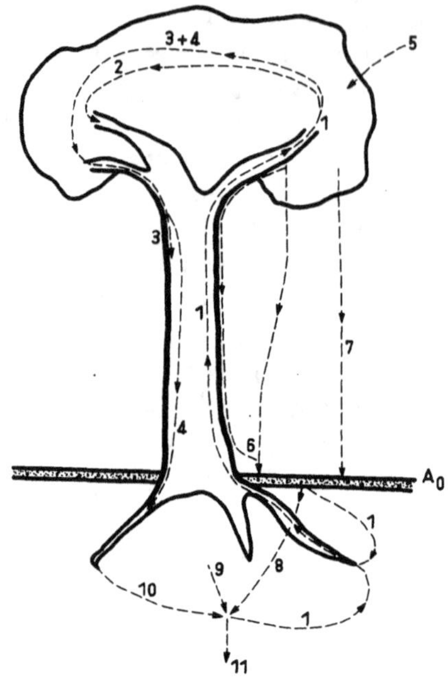

FIG. 24. – *Schéma simplifié du cycle biologique.*

1. Prélèvement
2. Immobilisation dans pousses et bran-ches
3. Immobilisation dans tronc
4. Immobilisation dans racines
5. Apport par pluies + poussières (input)
6. Retour au sol par pluvio-lessivats et ruissellement des troncs
7. Retour par litière
8. Libération par Ao
9. Altération du complexe minéral et minéralisation de mat. org. des horizons hémorganiques
10. Décomposition des racines et exsudats
11. Drainage (output)

3.6142. *Vitesse de décomposition des litières*

On peut avoir une idée de cette vitesse en comparant l'apport annuel de litière au sol A, à la masse organique accumulée dans l'ensemble des couches L et F, que nous désignerons par M.

JENNY *et al.* (1949) ont proposé l'indice suivant :

$$K' = \frac{A}{A + M} \quad (2)$$

qui est d'autant plus élevé que la décomposition est plus rapide.

Parmi les feuillus à feuilles caduques, le hêtre peut être considéré comme une essence à litière difficilement décomposable. En forêt de Fontainebleau LEMÉE et BICHAUT (1973) estiment que la vitesse de décomposition

(2) Dans la formule usuelle, M est appelé L ; nous avons voulu éviter ici une confusion avec la couche L de l'humus.

des litières va en décroissant dans l'ordre : charme, chêne, gaulis de hêtre, futaie de hêtre à mull, futaie de hêtre à moder, futaie de hêtre à mor.

Le type d'humus peut donc varier en hêtraie, du mull où la litière se décompose rapidement, au mor où la décomposition est lente, suivant les conditions stationnelles. Le coefficient de JENNY est très différent d'un humus à l'autre et, pour un même type d'humus, on observe même un très large éventail de valeurs. DELECOUR (1978) note pour les hêtraies des Ardennes belges des valeurs de 7 à 10 % pour les dysmoder, 9 à 18 % pour les moder, 19 à 21 % pour les mull. Il semble que pour des substrats mieux pourvus en bases et en fer, le coefficient K' des mull puisse atteindre 50 à 65 % et même des valeurs supérieures puisque dans certaines stations, les litières de l'année précédente ont pratiquement disparu à l'automne lorsque tombent les feuilles : le coefficient K est alors voisin de 100 %. En forêt de Fontainebleau, LEMÉE et BICHAUT (1973) trouvent un coefficient K' de 38 % pour un mull mésotrophe, 35 % pour un moder, 20 % pour un mor.

La vitesse de décomposition de la litière dépend à la fois du climat et du substrat. Elle est plus rapide dans les sols riches en calcium (plateaux calcaires, marnes) où l'humus est du type mull calcique ou mull eutrophe (à l'exception du mor calcique), plus lente sur les sols acides mais encore très correcte si la roche mère est riche en fer.

Ainsi, sur grés rhétien, l'humus est-il un mull acide sur un faciès contenant 1,88 % de Fe_2O_3 total, et un dysmoder sur un faciès où la teneur en Fe_2O_3 n'est que de 1,04 % (TOUTAIN, 1974). SOUCHIER (1971) avait fait des observations similaires pour un ensemble de sapinières et de hêtraies des Hautes-Vosges : la frontière entre mull et moder semblait se situer également vers 2 % de Fe_2O_3 total.

Par l'intermédiaire de la plus ou moins grande rapidité de recyclage des éléments biogènes, la productivité de la hêtraie est étroitement liée au type d'humus. DELECOUR (1978) a pu mettre en évidence une corrélation positive très significative, à l'intérieur des humus acides, entre le coefficient de JENNY et la production : 7,5 m^3/ha/an de bois fort sur les mull (K' = 21), 6,7 à 7,5 m^3 sur les mull acides (K' = 19 à 20), 6,5 à 7 m^3 sur les mull-moder (K' = 18), 4,5 à 6,5 m^3 sur les moder (K' = 9 à 18), 4 à 4,5 m^3 sur les dysmoder (K' = 7 à 10). Cette corrélation n'est pas cependant généralisable dans d'autres contextes : la production est fort médiocre par exemple sur rendzines superficielles à mull calcique, malgré un coefficient de JENNY certainement très élevé, par suite de la faible réserve en eau et peut-être aussi, comme on le verra plus loin, d'un faible taux de minéralisation de l'azote des fractions organiques humifiées.

La valeur du coefficient de JENNY peut être calculée non seulement pour la litière dans son ensemble, mais pour tout élément contenu dans celle-ci. Il est établi que, de tous les éléments biogènes, c'est l'azote qui retourne le plus lentement aux horizons minéraux; d'après LEMÉE (1973), il y aurait même enrichissement absolu, vraisemblablement par fixation microbienne d'azote atmosphérique, au cours de la décomposition des litières de hêtre; le phosphore se recycle aussi assez lentement, mais un peu plus vite que l'azote ($K' = 6\,\%$ pour l'azote et $9\,\%$ pour le phosphore à Solling, d'après ULRICH, 1973). Calcium et potassium retournent beaucoup plus vite au sol ($K' = 15\,\%$ pour le potassium et $14\,\%$ pour le calcium à Solling). Pour le magnésium les résultats divergent selon les auteurs : son cycle, aussi lent que celui de l'azote selon ULRICH, serait plus rapide que celui du calcium selon LEMÉE. Ce dernier, dans un sol lessivé à mull de la forêt de Fontainebleau, classe les éléments comme suit, avec des valeurs de K' beaucoup plus élevées d'ailleurs que celles trouvées à Solling :

$$K > \quad Mg > \quad Ca > \quad P = N$$
$$K' \text{ (en \%) } \ldots. \quad 44 \qquad 38 \qquad 32 \quad 21 \quad 21$$

3.6143. *Minéralisation de l'azote*

L'azote protéique est d'abord en partie éliminé des couches L sous forme organique soluble et, semble-t-il, plus rapidement des mull que des moder, ce qui explique que la couche L du mull ait un C/N plus élevé (28 à 30) que celle des moder (24 à 26) (DELECOUR, 1978).

Dans les horizons F, H et A_1 le phénomène s'inverse : l'azote protéique est minéralisé et en même temps réincorporé dans des synthèses de produits humiques par l'action microbienne. Cette réincorporation est plus active dans les mull que dans les moder; le dégagement de CO_2 est plus important, de sorte que le C/N s'abaisse dans les mull pour se stabiliser vers 10 dans les mull calciques, 12 à 14 dans les mull mésotrophes et les mull acides, 15 à 17 dans les mull-moder, 18 à 20 dans les moder.

L'abaissement du C/N dans les mull peut aussi s'expliquer en partie par une fixation d'azote atmosphérique. Elle peut être importante dans des conditions expérimentales optimales : 1 mg pour 10 g de mull, d'après HUSER (1970). Elle est certainement beaucoup plus faible dans la pratique. Cependant, LEMÉE et BICHAUT (1973), sans avoir pu la différencier de la fixation dans l'humus de l'azote apporté par les pluies, pensent qu'elle peut atteindre un ordre de grandeur d'une dizaine de kg/ha/an.

L'action globale de la microflore laisse à la disposition des plantes un excédent d'azote minéral correspondant à la *minéralisation nette*. Dans les horizons A_1 et B des sols, les produits humiques formés par synthèse microbienne ou évolution physico-chimique des composés organiques solubles, subissent à leur tour une minéralisation, généralement plus lente que celle des produits peu condensés dérivant directement des litières, et qui participe également à la minéralisation nette globale.

C'est cette libération d'azote ammoniacal et nitrique qui permet le bouclage du cycle biologique par réabsorption de l'azote par les racines, et aussi les pertes par drainage. C'est à partir de l'azote minéralisé (et aussi de celui apporté par les pluies) que s'effectue le prélèvement du peuplement. Le *taux de minéralisation* (azote minéralisé en un temps donné en pourcent de l'azote organique) et la *quantité totale d'azote minéral produit* sont donc des facteurs importants de la fertilité.

Le taux de minéralisation nette, en hêtraie, semble minimum dans les mull calciques et maximum dans les mull-moder et les moder. D'après DUCHAUFOUR (1953), le taux de minéralisation en 6 semaines au laboratoire, dans des conditions de température et d'humidité maintenues à l'optimum, et qu'on admet d'un ordre de grandeur similaire au taux de minéralisation annuel *in situ,* est le suivant :

> Mull calcique . . . . 1 à 2 %
> Mull eutrophe. . . . . 2,5 à 3,5 %
> Mull mésotrophe . . . . 6 %
> Mull-moder . . . . 8 %

Ces valeurs, obtenues au printemps, sont supérieures à celles de l'été.

Dans un mull-moder de la forêt de Fontainebleau, LEMÉE (1967) obtient une minéralisation annuelle *in situ* de 6 % environ.

Des travaux plus récents (VAN PRAAG, 1971 ; RUNGE, 1974) ont permis d'avoir des données plus détaillées, à partir de mesures de terrain, pour les mull acides et les moder. Le taux de minéralisation est maximum dans les horizons F : 10 à 12 % pour l'année. Les horizons H sont moins actifs (4 %) et dans les horizons A_1 et B, le taux de minéralisation n'est que de 1 % environ. RUNGE a chiffré comme suit la libération annuelle d'azote minéral à Solling, dans une hêtraie à moder :

> 39 kg en F
> 25 kg en H
> 22 kg en A_1
> 25 kg en B

Total. . . . . 111 kg

La nitrification est faible dans les horizons F (0 à 20 %) mais atteint 50 à 100 % en H, A_1 et B, par rapport au total d'azote minéralisé.

Ainsi, les humus des hêtraies acides, mull-moder et moder, permettent une excellente alimentation azotée des peuplements, tant sur le plan qualitatif que quantitatif, couvrant largement les prélèvements. Une relation positive a été dégagée en Ardenne entre le taux de nitrification des horizons A_1 des mull et des moder et la productivité de la hêtraie (VAN PRAAG, 1971).

Dans les mull calciques où le taux de minéralisation est faible, l'alimentation azotée dépend essentiellement de l'épaisseur des horizons. Dans les rendzines colluviales à A_1 épais on a probablement une libération annuelle d'azote minéral équivalente à celle des meilleurs moder. Mais, elle doit être bien moindre dans les rendzines et rendzines brunifiées superficielles des pentes (30 à 50 kg environ).

Il est certain qu'on manque encore à l'heure actuelle de beaucoup de données chiffrées, à partir de mesures de terrain, dans ce domaine.

3.615. **Influence du hêtre sur l'évolution des sols**

Le hêtre a été longtemps considéré par les forestiers, de manière plus ou moins intuitive, comme une « essence améliorante ». Aujourd'hui encore on l'introduit en sous-étage sous le chêne (ex. : Bellême), ou le pin sylvestre (ex. : Haguenau), ou bien on envisage de le mêler à la pessière pure, en bouquets, pour améliorer les sols (Haute-Ardenne belge). C'est peut être lui prêter des qualités qu'il n'a pas, ou confondre entre eux divers rôles possibles. DUCHAUFOUR (1947) mettait l'accent sur la variabilité de comportement de la litière de hêtre en fonction du climat et de la richesse du sol.

En sous-étage, le hêtre peut éventuellement améliorer l'humus de chêne en évitant que le vent ne parcoure le sous-bois et dessèche la surface du sol. Sa litière serait aussi, en moyenne, plus riche en calcium que celle du chêne (HESSELMANN, 1926). Sa présence exerce surtout un rôle sylvicole en maintenant un bon élagage des tiges de chêne. Associé sur des sols acides à des peuplements d'épicéa, sa litière, plus décomposable que celle du résineux, peut freiner la dégradation de l'humus; le fait qu'il ait un feuillage caduque et permette, en automne et au printemps, un meilleur échauffement du sol, peut aussi constituer un avantage.

En fait, on sait bien, aujourd'hui que l'évolution des sols est liée étroitement au type d'humus. Sous les moder et sous les mor, où des quantités importantes de matières organiques solubles percolent au-dessous des horizons A_1, le sol a tendance à se podzoliser. Au contraire, sous les mull, où ces produits solubles se minéralisent ou se polymérisent entièrement dans l'horizon A_1, la pédogénèse dominante est la brunification, avec ou sans lessivage, qui n'implique pas comme la podzolisation, une altération rapide des minéraux de réserve et des argiles.

Comme cela a déjà été souligné au § 3.6142., on peut avoir sous la hêtraie aussi bien des mull que des moder et même, dans quelques cas extrêmes, des mor. L'évolution des humus dépend à la fois du climat et de la roche mère; elle est plus défavorable en montagne, aux expositions froides, et sur les substrats pauvres. En plaine, par exemple, on aura des mull sur les calcaires, les argiles de décarbonatation pas trop épaisses et riches en calcium, les marnes, les granites ou les grès contenant plus de

2 % d'oxyde de fer total (Fe_2O_3), des moder sur les grès, les granites et les sables pauvres en fer, les limons fortement acidifiés.

Le hêtre ne peut donc pas être considéré comme une essence améliorante puisqu'il est très capable d'engendrer, sur certains matériaux, des formes d'humus qui favorisent une évolution podzolique. Il a d'ailleurs été indiqué au § 3.6142. que sa litière se décompose moins rapidement que celle des autres essences feuillues. Son rôle améliorant est certainement bien moindre que celui de certains feuillus à litière facilement décomposable tels que le bouleau, le tremble, le charme, le tilleul ou l'aulne. Son effet sur le sol (c'est aussi le cas du chêne) est donc intermédiaire entre celui de ces feuillus et celui des résineux.

Les auteurs belges insistent sur la présence fréquente, sous certains moder de hêtre, d'un « microgley », horizon blanchi situé sous l'horizon H et qui résulte d'une influence réductrice et podzolisante superficielle de la litière de hêtre.

Il faut cependant, faire observer que certains podzols typiques, actuellement sous hêtraie, se sont vraisemblablement développés plus anciennement lors de phases temporaires à pin et callune, comme cela a été montré dans les Basses-Vosges, en forêt de Sainte-Hélène, sur alluvions grossières (GUILLET, 1970).

Parler de l'influence du hêtre sur les sols n'est donc pas simple et la réalité est formée de multiples facettes très différentes. Comme dans toute question de pédogénèse, au moins tempérée, végétation, roche mère et sol forment un enchaînement complexe de causes et d'effets dans lequel on ne sait pas si l'on doit parler d'influence d'une espèce forestière sur le sol plutôt que de l'influence des substrats sur la décomposition de la litière. On ne fait que constater, comme dans beaucoup de chapitres de l'écologie, des coïncidences non fortuites et des équilibres plus ou moins fragiles où intervient non seulement l'espèce principale mais aussi, en fonction de son couvert plus ou moins dense, la flore qui l'accompagne.

Il faut retenir, en ce qui concerne le hêtre que s'il n'est que rarement une essence fortement dégradante (les sols climax de hêtraie dépassent assez rarement le stade brun ocreux ou ocre podzolique), l'évolution de sa litière vers un moder ou dysmoder est suffisamment facile en milieu pauvre pour que des variations faibles de la richesse du substrat puissent engendrer des évolutions notables de la pédogénèse. On peut en trouver la preuve dans les « sols en mosaïque » de la hêtraie sommitale des Hautes-Vosges où mull et moder, sols bruns et sols ocres podzoliques voisinent à quelques mètres de distance sur un substrat géologique apparemment uniforme. (BOUDOT et al., 1980).

3.62. INFLUENCE DU HÊTRE
SUR LE CYCLE DE L'EAU ET SUR LE MICROCLIMAT

par

Gilbert AUSSENAC

3.621. Le cycle de l'eau

L'interception des précipitations

C'est la hauteur d'eau qui est retenue par les houppiers et qui n'atteint pas le sol; on sait maintenant que la plus grande partie de cette eau est évaporée. On peut la définir par la relation In = Pi − (Ps + Pt) avec Pi précipitations incidentes tombant sur le peuplement, Ps précipitations arrivant au sol en traversant le couvert, Pt écoulement le long des troncs.

Les mesures effectuées par différents auteurs (CEPEL, 1967; AUSSE-NAC, 1968, 1975; BRUHLART, 1969; BRETCHEL, 1969; MITSCHERLICH et MOLL, 1970; ABAGIU, 1974 *in* AUSSENAC et BOULANGEAT, 1980 (tableau 15), montrent que l'interception de la hêtraie représente selon les cas entre 15 et 25 % des précipitations annuelles. C'est notablement moins que les résineux du même étage bioclimatique puisque par exemple on trouve 35 % pour l'épicéa, 30 % pour le pin sylvestre et 36 % pour le douglas. Le chêne sessile ou pédonculé présente une interception annuelle voisine de celle du hêtre.

L'interception dépend de la capacité de saturation du couvert, c'est-à-dire de la quantité maximale d'eau qui peut être stockée par les cimes

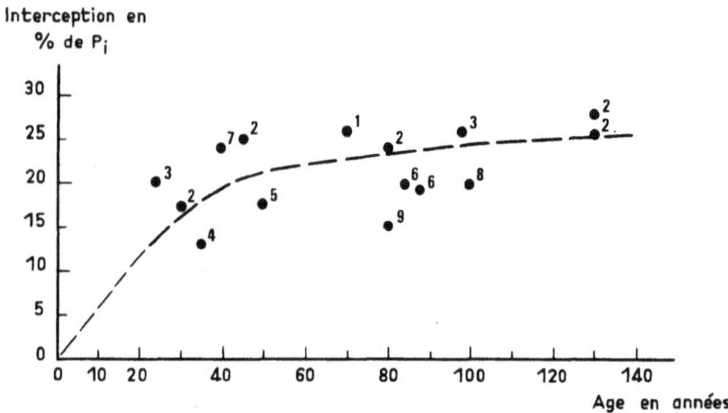

FIG. 25. − *Variation de l'interception en fonction de l'âge des peuplements.*
(1. ABAGIU, 1974; 2. AUSSENAC, 1975; 3. BRETCHEL, 1969; 4. BRULHART, 1969; 5. CEPEL, 1967; 6. HOPPE, 1896; 7. MITSCHERLICH et MOLL, 1970; 8. NIHLGARD, 1970; 9. AUSSENAC et BOULANGEAT, 1980).
(D'après AUSSENAC et BOULANGEAT, 1980)

TABLEAU 15

Valeurs d'interception de peuplements de hêtre (Fagus silvatica *L.) mesurées par différents auteurs.*
(d'après Aussenac et Boulangeat, 1980)

Auteurs et Région	Inter-ception ($\% P_i$)	Période des mesures	P_i (mm)	P_s ($\% P_i$)	P_t ($\% P_i$)	Peuplement			Observations
						Age (an)	Densité (tiges/ha)	Hauteur (m)	
Abagiu *et al.*, 1974 Roumanie	26	Année	1 100.0			70		22.0	Altitude 800 m
Aussenac France (Lorraine) 1975	18.9	Eté 1966	356.0	74.8	6.3	30	1 300	12.5	
	16.9	Année	724.2	76.0	7.1	30	1 300	12.5	
	28.9	Eté 1972	537.7	56.5	14.6	130	375	32.6	
	28.0	Année	701.3	56.9	15.0	130	375	32.6	
	25.4	Eté 1972	525.7	63.4	11.2	130	230	33.0	
	25.5	Année	709.3	62.8	11.6	80	230	33.0	
	25.0	Eté 1972	582.8	66.4	8.6	80	993	15.5	
	23.8	Année	735.9	66.9	9.2	80	993	15.5	
	25.5	Eté 1972	524.0	63.6	10.9	45	2 583	13.1	
	25.0	Année	616.0	63.7	11.2	45	2 583	13.1	
Brechtel 1969 Allemagne (Rhénanie)	20.0	Année	834.0	62.0	18.0	24	2 100	13.7	
	26.0	Année	834.0	54.0	20.0	98	450	26.2	
Bultot *et al.*, 1972 Belgique (Ardennes)	14.2	Année	1 320.0			120-150	281	20.0	
	21.0	Eté	629.0			120-150	281	20.0	
Brühlart, 1969 Suisse (Zürich)	10.1	Mai-Nov.	754.7	76.4	13.5	35		15.0	Jeune futaie, 50 % hêtre
	13.2	Avr.-Oct.	561.3	74.1	12.7	35		15.0	Jeune futaie, 30 % chêne
Cepel, 1967 Turquie (Istanbul)	21.0	Eté	341.0	66.0	13.0	50		15.0	Peuplement de *Fagus orientalis*
	17.4	Année	1 045.0	67.1	15.5	50		15.0	− Recouvrement du couvert 80 %
Eidmann, 1959 Allemagne (Ruhr)	10.8	Mai-Oct.	629.0	72.7	16.5	60-140			
	7.6	Année	1 216.0	75.8	16.6	60-140			
Hoppe, 1896 Autriche	19.0	Avr.-Nov.	435.6	64.0	17.0	88	1 100		
	20.0	Mai-Oct.	308.8	66.0	14.0	84	525		
Mitscherlisch et Moll Allemagne (Forêt Noire) 1970	24.0	Année	1 237.0	64.0	13.0	40	1 167	17.5	
Nihlgard, 1970 Suède (Sud)	21.9	Févr.-Nov.	638.0	66.2	11.9	100	240	25.0	
	19.8	Année	885.0	68.7	11.5	100	240	25.0	

pendant une averse. Les mesures effectuées par différents auteurs montrent qu'elle varie chez le hêtre de 1 à 2 mm. La chute des feuilles provoque une diminution de la capacité de saturation, il en résulte, toutes choses égales par ailleurs, une baisse d'interception en hiver.

L'interception dépend de la structure et de l'âge des peuplements. Elle augmente rapidement jusqu'à 50 ans, on peut alors estimer qu'elle est voisine de 20 % ; au-delà l'interception varie lentement et atteint 25 % à 120-140 ans (figure 25).

L'écoulement le long des troncs

L'écoulement le long des troncs, longtemps considéré comme négligeable, représente en réalité chez le hêtre une fraction importante des précipitations incidentes. Les mesures effectuées ces dernières années ont montré que cet écoulement pouvait représenter chez cette essence de 6 à 20 % des précipitations annuelles. Par comparaison il faut noter que l'écoulement est également élevé chez le charme, les tilleuls, mais est extrêmement faible chez le chêne (de 0,3 à 1,3 %). L'écoulement le long des troncs est favorisé chez le hêtre par le port fastigié des houppiers et par l'écorce lisse. Il dépend de l'importance des précipitations et de la dimension de l'arbre. Au niveau de l'arbre, selon les peuplements, il peut représenter un apport considérable d'eau pour une année (AUSSENAC, 1975) :

Age (ans)	30	45	80	120	120
Densité (arbres/ha)	1 300	2 583	933	376	230
Ecoulement moyen (litres/arbre)	162	266	728	2 800	3 580

L'importance de l'écoulement doit être mis en relation avec un enracinement très fourni autour et sous le tronc. En effet l'examen des types d'enracinement et des types d'écoulement (fort ou faible) a montré que les espèces ayant un écoulement réduit ont un enracinement traçant et peu concentré au voisinage du tronc, alors que c'est le contraire chez les essences à fort écoulement comme le hêtre (AUSSENAC, 1975).

Les précipitations arrivant directement au sol

Sous le couvert, la hauteur d'eau qui arrive directement au sol varie fortement d'un point à un autre en relation avec l'épaisseur des houppiers, les trouées entre les arbres et les phénomènes d'égouttement liés à la morphologie des branches.

Il a été possible d'établir dans une hêtraie le schéma général des précipitations sous le couvert (figure 26). Autour des troncs se trouve une zone bien alimentée en eau grâce aux apports cumulés de l'écoulement le long des troncs et des précipitations traversant le couvert. Lorsqu'on s'éloigne des troncs il y a une diminution des quantités de pluie, puis une augmentation lorsqu'on s'approche de la projection de la périphérie des couronnes. Dans les trouées séparant les houppiers, la hauteur des précipitations peut être égale ou légèrement supérieure à celle des précipitations incidentes tombant sur le couvert.

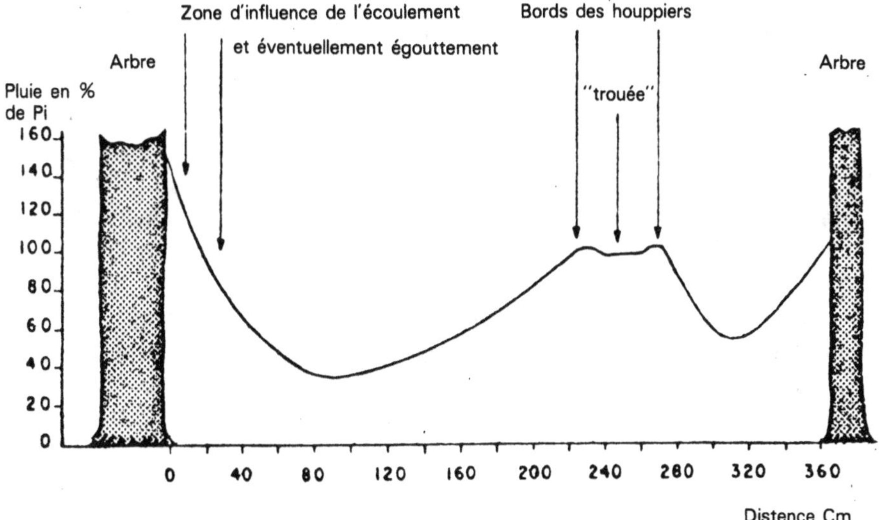

FIG. 26. – *Schéma de la distribution des précipitations au sol (PS + S) entre deux arbres.*
(d'après AUSSENAC, 1970)

L'évapotranspiration de la hêtraie

La mesure de l'évapotranspiration des forêts est d'une façon générale difficile. Aussi peu de données sont disponibles, en particulier sur les hêtraies. Les études faites en Lorraine par AUSSENAC (1972) et AUSSENAC et BOULANGEAT (1980) montrent que pendant la saison de végétation l'évapotranspiration de la hêtraie est voisine de celle des résineux (tableau 16).

Pendant l'hiver, l'évapotranspiration de la hêtraie est inférieure à celle des résineux à cause de l'interception beaucoup plus faible. Au total pendant l'année on peut estimer que le hêtre évapotranspire moins que les résineux.

TABLEAU 16

Exemple (1) de bilan hydrique d'une hêtraie comparé à celui d'un peuplement de Douglas
(d'après AUSSENAC et BOULANGEAT, 1980)

	Age (ans)	Densité (arbres/ha)	P_i (mm)	P_t (mm)	I_n (mm)	ETR (mm)
Hêtre	80	743	147,5	2,5	34,0	208,3
Douglas	23	2 230	147,5	13,7	72,0	211,1

(1) Période du 13/07/78 au 24/10/78.

P_i : précipitations incidentes P_t : écoulement le long des troncs
I_n : interception   ETR : évapotranspiration réelle

L'examen du tableau précédent laisse supposer que le hêtre transpire davantage que le douglas, car pour une évapotranspiration voisine, il intercepte beaucoup moins ; c'est effectivement ce qu'ont trouvé MITSCHERLICH et KUNSTLE (1978) qui constatent que le hêtre a une transpiration plus élevée que le douglas, le pin sylvestre et le bouleau.

Des mesures effectuées à Nancy en 1976, année particulièrement sèche ont permis de calculer l'évapotranspiration (ETR) d'une hêtraie de 80 ans et de la comparer à l'évapotranspiration potentielle (ETP). Pour la saison de végétation le rapport ETP/ETR = 0,5. Malgré ce rapport très défavorable la hêtraie a bien résisté à la sécheresse et il n'y a pas eu de mortalité particulière.

L'enlèvement du couvert par coupe rase ou par clairière se traduit par une diminution de l'évapotranspiration réelle (tableau 17).

TABLEAU 17

*Evapotranspirations réelles comparées d'une hêtraie, d'une clairière
et d'une coupe rase en forêt d'Amance (Meurthe-et-Mosellè)*
(d'après AUSSENAC, 1975)

Période	Hêtraie	Clairière	Coupe rase
29.03.1967 10.11.1967	516	406	393
26.03.1968 10.11.1968	537	353	351
02.04.1969 21.01.1970	560	402	373

3.622. **Le microclimat**

Au niveau du couvert de la hêtraie, les transferts de masse et d'énergie sont influencés par la structure du peuplement : densité, dimension, formes et orientations des surfaces foliaires. Par exemple, le devenir de l'énergie incidente de rayonnement est fortement lié à l'organisation du matériel végétal qui constitue le peuplement, réciproquement l'organisation de l'appareil foliaire dépend des conditions microclimatiques.

La figure 27 montre en exemple, pour une hêtraie d'une hauteur moyenne de 23 m et âgée de 80 ans, l'influence de la répartition des masses foliaires (index foliaire) sur la distribution de quelques variables climatiques (moyennes horaires des valeurs à 15 heures T.U. en août 1973). Le maximum de surface foliaire se situe à 21,60 m. A ce niveau on observe des influences très nettes sur la température, la lumière, l'humidité de l'air et la vitesse du vent.

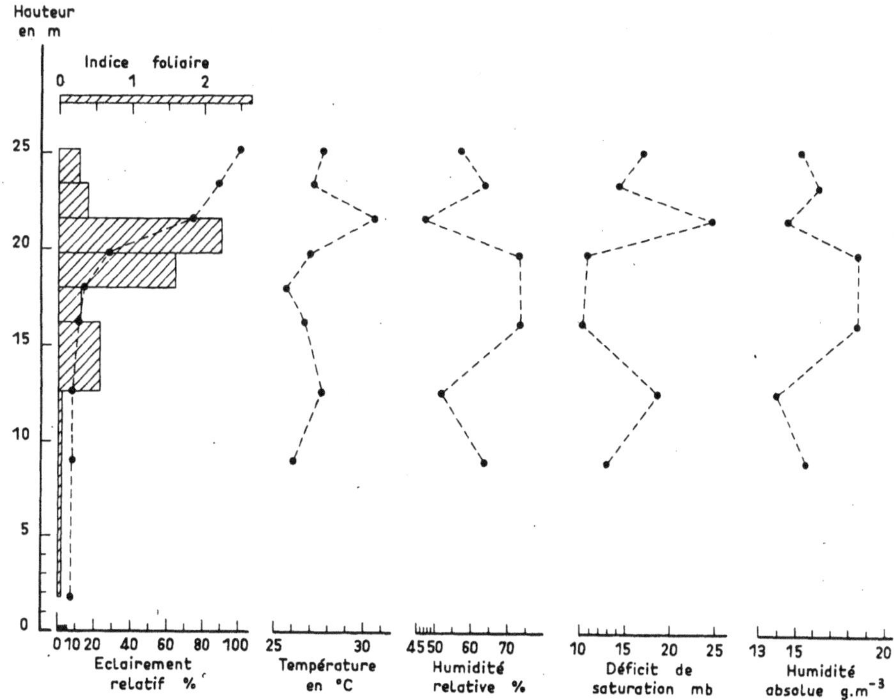

FIG. 27. — *Influence de la répartition de l'indice foliaire sur la distribution de quelques paramètres climatiques.*
(d'après AUSSENAC et DUCREY, 1977)

D'une façon générale, dans la journée, les couronnes absorbent une partie du rayonnement global et chauffent l'air ambiant. Le maximum de température se situe donc dans les houppiers, dans la zone où d'index foliaire est le plus élevé. La nuit l'abaissement de température est dû à l'émission des surfaces foliaires. Le refroidissement le plus important se situe à la partie supérieure des couronnes.

Sous le couvert, les températures de l'air et du sol sont influencées par le peuplement. Le tableau 18 donne comparativement les températures maximum et minimum de l'air à 1,50 m de hauteur et à − 5 cm dans le sol, mesurées dans une zone découverte (poste climatologique) et dans une hêtraie de 120 ans près de Nancy. On remarque que d'une façon générale la température maximum est plus faible sous le couvert de la hêtraie qu'en découvert. Au contraire les températures minimum sont plus élevées. Dans le sol la température minimum dans la hêtraie est plus élevée en hiver et plus basse en été qu'en plein découvert.

TABLEAU 18

Comparaison microclimatique entre une hêtraie et une zone de découvert
(poste climatologique forêt d'Amance)
(d'après AUSSENAC − 1975)

Date	Poste climatologique				Hêtraie			
	Température sous-abri		Température Sol gazonné − 5 cm		Température sous abri		Température sol − 5 cm	
	M	m	M	m	M	m	M	m
Avril 1973	12,7	1,8	9,5	5,3	11,9	2,6	7,1	3,3
Mai.................	20,1	7,6	16,9	10,8	17,6	7,9	11,8	8,1
Juin	23,4	10,5	20,8	15,6	20,6	11,0	14,5	11,5
Juillet.............	23,3	11,7	21,9	17,2	21,0	12,6	15,8	13,3
Août...............	25,9	12,8	22,0	17,5	22,5	14,0	16,9	14,9
Septembre	22,7	9,6	18,4	13,8	19,8	10,3	15,2	12,2
Octobre.............	14,3	4,4	12,0	7,7	11,9	4,6	9,6	7,0
Novembre...........	8,6	0,7	6,7	3,0	7,8	1,1	6,4	4,1
Décembre 1973	3,9	− 2,2	2,7	0,4	3,3	− 1,9	2,9	0,5
Janvier 1974	7,9	1,8	4,7	1,7	7,2	1,9	4,9	2,2
Février	7,9	0,9	4,7	1,2	6,9	0,9	4,7	2,4
Mars...............	11,4	3,2	7,6	3,2	11,6	3,4	6,4	3,9
Avril...............	16,3	2,8	12,1	5,8	15,6	4,0	9,4	6,6
Mai.................	18,2	6,0	14,7	8,4	15,9	6,7	10,4	8,1

M : moyenne des températures maximum − m : moyenne des températures minimum
en °C

TABLEAU 19

Variations de quelques caractéristiques anatomiques et morphologiques des feuilles de hêtre en fonction de leur position dans le peuplement étudié

Situation (hauteur en m)	Epaisseur totale (μ)	Epaisseur du tissu palissadique (μ)	Epaisseur de l'épiderme supérieur (μ)	Teneur en eau des feuilles (%)	Poids spécifique des feuilles (2)	Nombre de stomates par mm²
Sommet des couronnes	(1)	(1)	(1)	(1)	(1)	(1)
23,40	197,5 ± 8,7	77,2 ± 3,4	18,1 ± 1,7	103,3 ± 3,0	103,3 ± 12,1	238 ± 15
21,60	—	—	—	—	94,7 ± 4,8	203 ± 15
19,80	136,9 ± 4,1	54,3 ± 2,6	16,3 ± 1,7	123,1 ± 6,7	69,3 ± 2,9	177 ± 14
18,00	122,0 ± 4,0	47,6 ± 1,5	16,6 ± 1,6	131,2 ± 5,7	49,5 ± 1,9	172 ± 19
16,20	107,9 ± 6,5	42,5 ± 2,8	15,0 ± 1,7	124,5 ± 11,4	42,3 ± 1,6	126 ± 12
Base des couronnes						
12,60	99,7 ± 5,7	41,1 ± 2,9	15,0 ± 1,7	109,3 ± 5,1	34,9 ± 1,8	149 ± 7
9,00	105,1 ± 5,9	42,5 ± 2,0	15,7 ± 1,7	85,7 ± 12,5	33,5 ± 1,8	169 ± 19
Sous-étage 5,40	106,8 ± 3,5	47,7 ± 1,2	14,9 ± 1,2	160,4 ± 18,4	23,0 ± 1,3	159 ± 9
1,80	94,4 ± 5,0	39,2 ± 2,0	13,6 ± 1,4	146,6 ± 16,7	23,5 ± 1,4	115 ± 14

(1) Intervalle de confiance pour P = 0,05.
(2) Poids spécifique en grammes de matière sèche par m².

Le couvert de la hêtraie est particulièrement dense et l'éclairement relatif est très faible : 10 % à la partie inférieure des couronnes, 4 % au sol. Il en résulte que le sous-bois est rare ou inexistant sous une hêtraie contrairement à ce qui se passe dans une chênaie par exemple.

En effet peu d'espèces sont capables de se développer à des niveaux d'éclairement aussi faibles.

Dans cet écosystème la presque totalité de la production est concentrée sur le hêtre alors que dans d'autres formations forestières, elle est la somme de la production de l'essence principale et de la production des autres composantes de sous-étage et de sous-bois qui souvent échappe à l'exploitation de l'homme.

En relation avec l'éclairement qu'elles reçoivent, les feuilles présentent des modifications plus ou moins importantes de leurs caractéristiques morphologiques et anatomiques (tableau 19).

Les feuilles du sommet des couronnes (feuilles de lumière) ont une épaisseur nettement plus importante que les feuilles de la base des couronnes ou du sous-étage (feuilles d'ombre). De même le poids spécifique des feuilles (poids de matière sèche par m^2) est beaucoup plus élevé au sommet des arbres que sous le couvert. On observe aussi une diminution du nombre de stomates dans les parties à l'ombre du couvert.

L'angle d'inclinaison des feuilles sur l'horizontale et le degré de fermeture des limbes varient aussi avec la position dans la cime et l'éclairement reçu. Dans la partie supérieure des couronnes les feuilles sont redressées alors que sous le couvert, à la base des houppiers, la position des feuilles est proche de l'horizontale. Les possibilités d'adaptation du hêtre sont à cet égard plus grandes que d'autres espèces, par exemple le chêne. L'ouverture du limbe varie aussi avec l'importance de l'éclairemant. A la partie supérieure des houppiers les feuilles ont un limbe replié sur lui-même alors qu'à la partie inférieure des couronnes les feuilles sont largement étalées.

TABLEAU 20

Température minimum sous abri (T_m) et indices actinothermiques (*)
à 20 cm de hauteur ($I_{A,20}$) (Amance le 3.05.1967)
(d'après AUSSENAC, 1975)

Hêtraie		Clairière		Coupe rase	
Tm	$I_{A,20}$	Tm	$I_{A,20}$	Tm	$I_{A,20}$
− 0,9	− 1,2	− 1,8	− 2,2	− 3,0	− 4,0
(*) Indice actinothermique : température mesurée sur un thermomètre placé à l'air libre.					

Sous le couvert de la hêtraie on a vu que les températures minimum étaient relevées par rapport au plein découvert. Pour la sylviculture, une conséquence importante de ce phénomène est la diminution des risques de gelées tardives. Le tableau 20 rapporte les températures sous abri et les indices actinothermiques relevés pour une gelée tardive dans trois situations : une hêtraie, une clairière et une coupe rase.

Sous le couvert de la hêtraie et dans une moindre mesure dans la clairière, on constate un effet protecteur du couvert contre les gelées tardives.

Cet effet protecteur du couvert diminue avec l'ouverture des couronnes. Dans le cas des clairières on peut considérer qu'il est nul lorsque le rapport diamètre de la clairière (D), sur hauteur de peuplement (H) dépasse 3.

3.63. **LA HÊTRAIE ET LE GIBIER** (3)

par

Jean-François PICARD

Aucun des grands animaux de nos forêts n'est totalement inféodé à un type particulier de forêt, et aucun n'est exclusivement forestier : pour tous, la forêt sert de refuge et de gagnage, mais les pelouses, cultures ou prairies limitrophes sont également utilisées. Il peut même arriver, à certaines époques, que l'essentiel de leur nourriture soit prélevé hors forêt.

Ce n'est certainement pas la nature de l'essence dominante qui a le plus d'importance dans la répartition et l'abondance des grands animaux gibier. L'association végétale du sous-bois, la structure des peuplements (présence de trouées, de taillis, de fourrés, de hautes futaies...) la tanquillité, l'abondance des points d'eau et des mares... sont autant d'éléments qui importent probablement beaucoup plus. Chaque espèce a des exigences qui lui sont propres et tel biotope particulièrement favorable à l'une peut ne pas convenir à l'autre. Et, aujourd'hui, il n'existe encore que très peu d'études scientifiques permettant d'établir de façon précise une hiérarchie entre ces différents facteurs.

(3) Ce paragraphe fait appel à des termes de cynégétique, ils sont définis dans le glossaire. Trois régimes forestiers, sont cités, en page 146; cette question est largement développée aux § 5.51 et 5.52.

Les animaux que l'on peut rencontrer en hêtraie sont : le sanglier (*Sus scrofa*), le cerf (*Cervus elaphus*), le chevreuil (*Capreolus capreolus*), le mouflon (*Ovis musimon*), le chamois (*Rupicapra rupicapra*) et, beaucoup plus rarement, l'ours brun des Pyrénées (*Ursus arctos*).

Nous laisserons de côté le mouflon et l'ours qui sont, le premier encore peu répandu (et très mal connu), le second en voie de disparition et si rare qu'il n'a que peu d'incidence sur la forêt.

Voyons dans quelle mesure la hêtraie peu satisfaire aux principaux besoins de ces animaux.

Nourriture : tous nos grands animaux gibier ont un régime à dominante herbivore. Ils trouvent dans les différents types de hêtraies des espèces nombreuses et variées qui, une bonne partie de l'année, pourront suffire à leur alimentation ; parties aériennes de plantes arbustives ou herbacées (pour tous), bulbes, tubercules, rhizomes et racines (sanglier), fruits forestiers à l'automne (pour tous), écorces, champignons... Toutes les hêtraies ne fournissent pas des ressources équivalentes : les hêtraies calcicoles et mésophiles sont floristiquement plus riches que les hêtraies acidophiles. De plus, dans un même type phytosociologique de hêtraie, une variation du régime forestier influe sur le potentiel fourrager : le régime de futaie régulière est moins favorable que celui de taillis-sous-futaie ou de futaie jardinée pour deux raisons :

- une d'ordre éthologique : les espèces à comportement territorial affirmé, comme le chevreuil, se plaisent d'autant plus sur un territoire donné, que la variété des structures végétales y est plus accentuée (futaie, gaulis, fourrés, clairières...). Cerf et sanglier n'ont pas ce comportement, ou en tout cas, ne l'ont qu'à échelle beaucoup plus grande que l'on peut évaluer à au moins 5 000 ha pour une population de cerf, et à plus peut-être, pour le sanglier qui se décantonne très facilement ;
- l'autre d'ordre quantitatif : pour un même type de hêtraie, le régime de futaie, au couvert toujours fort, est moins favorable à la croissance des espèces des strates basses, que celui de taillis-sous-futaie, et beaucoup moins favorable encore, que celui de futaie jardinée.

Gîte : Il est indispensable pour tous nos animaux indigènes de disposer de secteurs au couvert suffisamment dense pour qu'ils puissent s'y reposer ou y ruminer en paix. En hêtraie, seule la régénération naturelle, au stade fourré, offre un couvert suffisant aux animaux : les plantations, surtout si elles sont entretenues, ont une bonne valeur cynégétique en tant que gagnages, mais sont sans intérêt comme abris. Il faut souligner ici la perfection avec laquelle les animaux utilisent le camouflage : ils savent se cacher et, une fois installés, ont parfaitement confiance en la qualité de leur cachette. On peut passer à quelques mètres d'un cerf ou d'un chevreuil adulte sans le voir et sans qu'il se dérange. Les faons sont encore plus confiants : ils ne se décident à fuir qu'au moment d'être piétinés.

Tranquillité : C'est un facteur qu'on a tendance à négliger, mais qui est essentiel pour le cerf et le chamois, un peu moins pour le sanglier et le chevreuil. La forêt n'a jamais été, au long de l'histoire, un milieu particulièrement calme. Autrefois, de nombreux artisans (charbonniers, bûcherons, scieurs, sabotiers...) y exerçaient leur métier. Mais le bruit qu'ils faisaient était « habituel » et localisé dans l'espace. Aujourd'hui la pénétration de la forêt est beaucoup plus importante. D'abord par le public (moto et auto vertes, promeneurs, photographes...) mais aussi par des professionnels qui sont plus bruyants qu'autrefois (tronçonneuses, tracteurs, grumiers) et surtout plus mobiles. Dérangés trop souvent, les animaux peuvent déserter une forêt par ailleurs accueillante. En fait, aujourd'hui, la tranquillité d'un massif est surtout fonction d'une part de ses possibilités de pénétration (et les grandes hêtraies de France sont souvent trop bien desservies...), d'autre part de la proximité d'une forte concentration urbaine.

Eau : elle intervient à deux niveaux.

– les animaux ont besoin de boire, mais la présence de sources ou de mares dans les massifs n'est, à la limite, pas indispensable. Nombre d'animaux profitent de la nuit pour sortir se désaltérer hors forêt;

– cerfs et sangliers ont l'habitude pour se débarrasser de leurs parasites, de se souiller; il semble que, dans ce cas, il soit nécessaire qu'ils puissent le faire sans risque d'être dérangés, c'est-à-dire en forêt. Et il existe au moins une forêt en France où, à chaque période de sécheresse, on entretient artificiellement les souilles en y déversant de l'eau.

Conclusion : la hêtraie, même quand elle est relativement pure, n'est certainement pas un milieu défavorable pour les grands animaux-gibier. Elle n'est pas non plus pour eux le milieu le plus favorable, surtout à cause de ses potentialités fourragères qui sont souvent faibles.

En fait, il est bien rare qu'un massif forestier, même à hêtraie dominante, ne comporte pas une certaine hétérogénéité stationnelle ou structurale, facteur favorable à la faune en général, et aux grands animaux - gibier en particulier. Et ce n'est sans doute pas une coïncidence si parmi les grands massifs forestiers à forte tradition cynégétique, il y a beaucoup de hêtraies (Compiègne, Villers-Cotterêts, Eawy,...).

BIBLIOGRAPHIE

ALLAIN R., COMMEAU A., et PICARD J.F., 1978. Etude des relations forêts-cervidés en forêt domaniale d'Arc en Barrois (52). *Rev. for. fr.,* **30** (5), 333-352.

ANDERSON R.C., 1974. Seasonality in terrestrial primary producers. In : LIETH H., Ed. Phenology and seasonality modeling. Berlin : Springer Verlag, 103-111.

AUSSENAC G., 1969. Production de litière dans divers peuplements forestiers de l'est de la France. *Oecol. Plant.*, *4*, 225-236.

AUSSENAC G., 1972. Etude de l'évapotranspiration réelle de quatre peuplements forestiers dans l'est de la France. *Ann. Sci. For.*, **29** (3), 369-389.

AUSSENAC G., LE TACON F., BONNEAU M., 1972. Restitution des éléments minéraux au sol par l'intermédiaire de la litière et des précipitations dans quatre peuplements forestiers de l'Est de la France. *Oecol. plant.*, **7** (1), 1-21.

AUSSENAC G., 1975. Couverts forestiers et facteurs du climat : leurs interactions, conséquences écophysiologiques chez quelques résineux. Thèse doct. : Sci. nat. : Nancy : Université de Nancy I. − 234 p.

AUSSENAC G., DUCREY M., 1977. Etude bioclimatique d'une futaie feuillue (*Fagus silvatica* L. et *Quercus sessiliflora* Salisb.) de l'Est de la France. I : Analyse des profils microclimatiques et des caractéristiques anatomiques et morphologiques de l'appareil foliaire. *Ann. Sci. for.*, **34** (4), 265-284.

AUSSENAC G., GRANIER A., 1979. Etude bioclimatique d'une futaie feuillue (*Fagus silvatica* L. et *Quercus sessiflora* Salisb.) de l'Est de la France. II : Etude de l'humidité du sol et de l'évapotranspiration réelle. *Ann. Sci. for.*, **36** (4), 265-280.

AUSSENAC G., BOULANGEAT C., 1980. Interception des précipitations et évapotranspiration réelle dans des peuplements de feuillus (*Fagus silvatica* L.) et de résineux (*Pseudotsuga menziesii* (Mirb.) Franco). *Ann. Sci. for.*, **37** (2), 91-107.

BAGNOULS F. et GAUSSEN H., 1953. Saison sèche et indice xérothermique. *Bull. Soc. Hist. nat.*, Toulouse, 88, 193-239.

BAUDIÈRE A., 1974. Contribution à l'étude structurale des forêts des Pyrénées orientales : hêtraies et chênaies acidophiles. Colloques phytosociologiques. III : Les forêts acidophiles. Cramer ed., Lille, 17-44.

BECKER M., 1969. Le hêtre (*Fagus silvatica*) et ses problèmes en forêt de Villers-Cotterêts (Aisne). Contribution à la mise au point d'une méthode dynamique d'étude écologique du milieu forestier. *Ann. Sci. for.*, **26** (2), 141-182.

BECKER M., 1972. Etude des liaisons station-production dans une forêt sur sols hydromorphes. *Rev. for. fr.*, **24** (4), 269-287.

BECKER M., 1978. Définition des stations en forêt de Haye (54). Potentialités du hêtre et du chêne. *Rev. for. fr.*, **30** (4), 251-268.

BECKER M., 1979. Une étude phytoécologique sur les plateaux calcaires du Nord-Est (Massif de Haye 54). Utilisation de l'analyse des composantes principales dans la typologie des stations. Relations avec la productivité et la qualité du hêtre et du chêne. *Ann. Sci. for.*, **36** (2), 93-124.

BECKER M., LE TACON F., TIMBAL J., 1980. Les plateaux calcaires de Lorraine, types de stations et potentialités forestières. Nancy : ENGREF. − 216 p.

BONNEAU M., DUCHAUFOUR Ph., 1960. Les sols de la hêtraie en Europe Occidentale. *Bull. Inst. agron. Stn. Rech. Gembloux,* (hors série, vol. 1), 59-74.

BOUDOT J.P., BRUCKERT S., SOUCHIER B., 1981. Végétation et sols climax sur les grauwackes de la série du Markstein (Hautes-Vosges). *Ann. Sci. for.*, **38** (1), 87-106.

BRUN J.J., 1978. Etude de quelques humus forestiers aérés acides de l'Est de la France. Critères analytiques. Classification morphogénétique. Thèse : pédologie : Nancy, Université de Nancy I.

CELINSKI F., WIKA S., 1977. Les hêtraies de Pologne et leur protection. *Nat. can.*, **104**, 11-22.

CHASSE (La) en Alsace et en Moselle. Strasbourg : Ed. des dernières nouvelles. – 365 p.

COINTAT M., 1959. Observations sur la foliaison du Hêtre. *Rev. for. fr.*, **11** (3), 214-217.

COMPS B., LE TOUZEY J., TIMBAL J., 1980. Essai de synthèse phytosociologique sur les hêtraies collinéennes calcicoles du domaine atlantique français. *Doc. phytosociologiques*, n.s. 5, Lille, 1980, 177-211 et 409-443.

COUTEAUX M., 1969. Recherches écologiques sur les forêts de Gaume. I : Etude des régions d'Etalle, de Chatillon et de Villers-devant-Orval, et essai de classification des forêts installées sur substrat triaso-liasique. *Bull. Soc. R. Bot. Belg.*, **39** (3), 227-311.

DABURON H., 1974. L'équilibre forêt-gibier : le problème des cervidés en forêt. *In :* PESSON P., Ed. Ecologie forestière. Paris : Gauthier-Villars, 369-382.

DAGNELIE P., 1956-1957. Recherches sur la productivité dees hêtraies d'Ardenne en relation avec les types phytosociologiques et les facteurs écologiques. *Bull. Inst. agron. Stn., Rech. Gembloux*, **24**, 249-284, 369-410 ; **25, 44-94.**

DELECOUR F., 1978. Facteurs édaphiques et productivité forestière. *Pédologie*, **28** (3), 271-284.

DELECOUR F., 1980. Essai de classification pratique des humus. *Pédologie*, **30** (2), 225-241.

DENAYER-DESMET S., DUVIGNEAUD P., 1972. Comparaison du cycle des polyéléments biogènes dans une hêtraie (130 ans) et une pessière (55 ans) établies sur même roche mère à Mirwart (Ardennes Luxembourgeoises). *Bull. Soc. R. Bot. Belg.*, **105** (1), 197-206.

DUCHAUFOUR Ph., 1947. Le hêtre est-il une essence améliorante ? *Rev. Eaux For.*, **85** (12), 729-737.

DUCHAUFOUR Ph., 1953. Humus actif et humus inerte. Recherches expérimentales sur la minéralisation de l'humus. *Ann. Ec. natl. Eaux Forêts*, **13** (2), 400-454.

DUCHAUFOUR Ph., Dir. 1977. Pédologie. 1 : Pédogénèse et classification. Paris : Masson. – 477 p.

ELLENBERG H., 1978. Vegetation Mitteleuropas mit den Alpen in ökologischer Sicht. 2ᵉ éd. Stuttgart : E. Ulmer. – 943 p.

FICHANT R., 1974. Contribution à la connaissance de l'alimentation naturelle du Mouflon (*Ovis musimon*) en Basse Semois (Belgique). Arlon : Fondation universitaire luxembourgeoise. – 33 p. (Note de recherche n° 3).

FLAHAULT Ch., 1901. La flore et la végétation de la France. In COSTE H., Flore descriptive et illustrée de la France, t. I. Paris : Klinckieck, 1-52.

GARBAYE J., LE TACON F., TIMBAL J., 1976. Le Hêtre en Roumanie. *Rev. for. fr.,* **28** (4), 243-260.

GARREAU B., 1977. Influence de certaines interventions expérimentales (coupes et drainage) sur diverses composantes d'un milieu forestier hydromorphe : microclimat, eau du sol, végétation herbacée, peuplement. Champenoux : I.N.R.A. - Station de recherches sur les sols forestiers et la fertilisation; Laboratoire de phyto-écologie forestière. − 78 p. [Mémoire ENITEF 3ᵉ année].

GAUSSEN, H., 1954. Géographie des plantes. 2ᵉ éd. Paris : A. Colin. − 221 p.

GAUSSEN H., 1978. Les deux types de Hêtres. *Rev. for. fr.,* **30** (1), 42.

GLAVAC V., ELLENBERG H., HORVAT. I., 1972. Vegetation von Sudosteuropa. Stuttgart : G. Fischer.

GLOAGUEN J.C., TOUFFET J., 1974. Production de litière et apport au sol d'éléments minéraux dans une hêtraie atlantique. *Oecol. Plant.,* **9** (1), 11-28.

GODRON M., 1972. Echantillonnage linéaire et cartographie. *Investigacion pesquera,* **36** (1), 171-174.

GOFFIN R.A., CROMBRUGGHE S.A. de, 1976. Régime alimentaire du Cerf (*Cervus elaphus*) et du Chevreuil (*Capreolus capreolus*) et critères de capacité stationnelle de leurs habitats. *Mammalia,* **140** (3), 355-376.

GUILLET B., 1970. Etude palynologique des podzols. 1 : La podzolisation sur alluvions anciennes en Lorraine. *Pollen et Spores,* **12** (1), 45-69.

GUINOCHET, M., 1970. Clé des classes, ordres et alliances phytosociologiques de la France. *Nat. monspeliensia,* sér. Bot., **21,** 79-119.

HARTMANN F.K., JAHN G., 1967. Waldgesellschaften des mitteleuropäischen Gebirgsraumes nördlich den Alpen. Stuttgart : G. Fischer.

HESSELMANN H., 1926. Studier over barrskogens humusstäcke dess egenskaper och beroende ov strogsrenden. *Medd. Statens Skogsförsökanst.,* **22** (5), 169-508.

HUSER R., 1970. Die Mikrobielle Stickstoffbindung im Buchenmull im Abhängigkeit vom Wassergehalt des Mulls. *Z. Pflanzenernäehr. Bodenkd.,* **127,** (1), 49-55.

INTERNATIONAL UNION OF FOREST RESEARCH ORGANIZATION, 1973. Wald und Wild. Seminar. Zürich. 28 août - 2 septembre 1972. *Beih. Z. schweiz. Forstver.,* **52,** 259 p.

JENNY H., GESSEL S.P., BINGHAM F.T., 1949. Comparative study of decomposition rates of organic matter in temperate and tropical regions. *Soil. Sci.,* 2, 419-432.

KREUTZER K., 1976. Effect on growth in the next rotation (regeneration). *Symposium on the harvesting of a larger part of the forest biomass.* Hyvinkaa, 14-16 june 1976, 78-92.

KÜNSTLE E., MITSCHERLICH G., 1976. Photosynthese, Transpiration und Atmung in einem Mischbestand im Schwarzwald. III Teil : Atmung. *Allg. Forst. u. Jagdztg,* **147** (9), 169-176.

LAUSI D., PIGNATTI S., 1973. Die Phänologie der europäischen Buchenwälder auf pflanzensoziologischer Grundlage. *Phytocoenologia,* **1** (1), 1-63.

Lemée G., 1967.Investigations sur la minéralisation de l'azote et son évolution annuelle dans les humus forestiers *in situ. Oecol. Plant.,* **2,** 285-324.

Lemée G., 1974. Recherches sur les écosystèmes des réserves biologiques de la forêt de Fontainebleau. IV : Entrée d'éléments minéraux par les précipitations et transfert au sol par pluviolessivage. *Oecol. Plant.,* **8** (3), 187-200.

Lemée. G., 1978. La hêtraie naturelle de Fontainebleau. In : Lamotte M., Bourlière F., Problèmes d'écologie : écosystèmes terrestres. Paris : Masson, 75-128.

Lemée G., Bichaut N., 1971. Recherches sur les écosystèmes des réserves biologiques de la forêt de Fontainebleau. I : Production de litière et apport au sol d'éléments minéraux majeurs. *Oecol. Plant.,* **6,** 133-150.

Lemée G., Bichaut N., 1973. Recherches sur les écosystèmes des réserves biologiques de la forêt de Fontainebleau II : Décomposition de la litière de feuilles des arbres et libération des bioéléments. *Oecol. Plant.,* **8** (2), 153-174.

Le Tacon F., Toutain F., 1973. Variations saisonnières et stationnelles de la teneur en éléments minéraux des feuilles de hêtre (*Fagus silvatica*) dans l'Est de la France. *Ann. Sci. for.,* **30,** (1), 1-29.

Le Tacon F., Timbal J., 1973. Valeurs indicatrices des principales espèces végétales des hêtraies du nord-est de la France vis-à-vis des types d'humus. *Rev. for. fr.,* **25** (4), 269-282.

Malaisse F., 1964. Contribution à l'étude des hêtraies d'Europe occidentale. Note 4 : quelques observations phénologiques de hêtraies en 1963. *Bull. Soc. r. Bot. Belg.,* **97,** 85-97.

Malaisse F., 1967. Contribution à l'étude des hêtraies d'Europe occidentale. Note 6 : Aperçu climatologique et phénologique relatif aux hêtraies situées sur l'axe Ardennes belges - Provence. Congrès I.U.F.R.O., 14. 1967. Münich. Exposés II, Section 21, 325-334.

Mitchell B., *et al.,* 1977. Ecology of red deer. Grange-over-Sands : Institute of terrestrial ecology. − 74 p.

Moor M., 1952. Die Fagion - Gesellschaften (Buchen, Tannen-Buchen- und Ahornwälder), in Schweizer Jura. *Matériaux pour le levé géobotanique de la Suisse,* fasc. 31, 201 p.

Muller S., 1978. Contribution à la systématique des hêtraies d'Europe occidentale et centrale. Thèse 3e cycle : Ecol. vég. : Orsay, Université Paris 11. − 5. 95 f.

Noirfalise A., 1948-1949. Premier aperçu sur l'étage du hêtre et les types de hêtraie en Haute-Ardenne. *Bull. Inst. agron. Stn. Rech. Gembloux,* **17,** 76-100.

Noirfalise A., Vanesse R., 1977. La hêtraie naturelle à Luzule blanche en Belgique. *Communication du Centre d'écologie forestière et rurale. Nouvelle série,* n° 13, 30 p. + annexes.

Nussbaum A., 1974. Contribution à la mise au point d'une méthode de cartographie des stations forestières : Application à la forêt de la Montagne (55). Champenoux : I.N.R.A. − Laboratoire de botanique forestière. − 70 p. (Mémoire E.N.I.T.E.F., 3e année).

OFFICE NATIONAL DE LA CHASSE, 1976. Bibliographie sur le Sanglier (*Sus scrofa*) *Bull. Off. natl. chasse* (4), 263-270.

OZENDA P., 1979. Sur les correspondances entre les hêtraies médiooeuropéennes et les hêtraies atlantiques et subméditerranéennes. *Doc. phytosociologiques*, NS, 4, 767-782.

PENEL M., 1979. Caractérisation physicochimique et classification des humus forestiers acides en relation avec la végétation et ses exigences écologiques. Thèse doct. : Pédologie : Nancy, Université de Nancy I. – 156 p.

PERRIN H., 1963. Sylviculture I : Bases scientifiques de la sylviculture. Nancy : Ec. Natl. Eaux For. – 318 p.

PICARD J.F., 1970. Les forêts sur rhétien dans le département des Vosges. Nouvelle contribution à la mise au point d'une méthode dynamique d'étude phytoécologique du milieu forestier. Thèse doct. 3ᵉ cycle : Sci. nat. : Nancy, Université de Nancy. – 66 p.

PICARD J.F., 1975. Quelques observations sur les goûts alimentaires des cervidés en forêt domaniale d'Abreschwiller (57). Champenoux : I.N.R.A. · Laboratoire de phytoécologie. – 22 p.

PRIOR R., 1968. The Roe deer of Cranborne-chase. Oxford : University Press. – 222 p.

REICHLING L., 1951. Les forêts du grès du Luxembourg. *Bull. Soc. r. Bot. Belg.*, **83**, 163-212.

REISINGER O., TOUTAIN F., MANGENOT F., ARNOULD M.F., 1978. Etude ultrastructurale des processus de biodégradation. I : Pourriture blanche des feuilles de hêtre (*Fagus silvatica*). *Can. J. Microbiol.* **24** (6) 725-733.

REY P., 1961. Essai de phytocinétique biogéographique, Paris : C.N.R.S. – 400 p.

ROISIN P., 1967. Les hêtraies et les chênaies-hêtraies du secteur médio-atlantique. Thèse doct. : Gembloux, Fac. Sci. Agron. – VI-386 · XVIII p. (manuscrit).

ROISIN P., 1969. Le Domaine phytogéographique atlantique d'Europe. – Gembloux : Duculot. – 262 p.

ROL R., 1962. Flore des arbres, arbustes et arbrisseaux. Vol. I. Plaines et collines. Paris. La Maison Rustique. 95 p.

RÜBEL E., Ed., 1932. Die Buchenwälder Europas. Berlin-Berne : Huber. – 502 p. (Veroeff. geobot. Inst. Rübel Zürich, 8).

RÜBNER E., 1938. Die forstlich-klimatische Cinteilung Europas. *Z. Welt forstwirtsch.*, **5** (6), 422-434.

RUNGE M., 1974. Die Stickstoff mineralisation im Boden eines Sauerhumusbuchenwaldes. I : Mineralstickstoff – Gehalt und netto Mineralisation. II : Die Nitratproduktion. *Oecol. Plant.* **9** (3), 201-230.

SOUCHIER B., 1971. Evolution des sols sur roches cristallines à l'étage montagnard (Vosges). Thèse Doct. : Sci. : Nancy, Université Nancy I. – 134 p.

STETHLAGE K., 1976. Le Sanglier. Paris : La Toison d'or. – 263 p.

TATARANU D., 1959. Origine et position systématique des îlots de Hêtre du Sud-Est de la France. *Rev. for. fr.*, **11** (3), 199-213.

THIÉBAUT B., 1979. Etude écologique de la hêtraie dans l'arc montagneux nord-méditerranéen de la vallée du Rhône à celle de l'Ebre. Thèse-Etat, Univ. sciences et techniques du Languedoc, Montpellier, 267 p. ronéo + Annexes.

TIMBAL J., 1974. Principaux caractères écologiques et floristiques des hêtraies du nord-est de la France. *Ann. Sci. for.,* **31** (1), 27-45.

TIMBAL J., 1980. Les phytocénoses des hêtraies françaises (variétés, dynamique, structures). In : PESSON P., Ed. Actualités d'écologie forestière. Paris : Gauthier-Villars, 257-282.

TOMESCU A., 1957. Fazele periodice de vegetatie in anul 1954. *Ann. Inst. Cercet. Silv.,* **18**, 47-76.

TOUTAIN F., 1966. Etude du sol et des eaux de la forêt de Fougères (Ille-et-Vilaine). Thèse doct. 3ᵉ cycle : Sci. : Paris, Faculté des sciences. − 192 p.

TOUTAIN F., DUCHAUFOUR Ph., 1970. Etude comparée des bilans biologiques de certains sols de hêtraie. *Ann. Sci. for.* **27**. (1), 39-62.

TOUTAIN F., 1974. Etude écologique de l'humification dans les hêtraies acidiphiles. Thèse doct. Etat : Sci. nat. : Nancy, Université de Nancy I. − 132 p.

UECKERMANN E., 1952. Rehwild und Standort. *Der Anblick,* **7** (5), 32 p.

ULRICH B., 1973. Influence de la fertilisation sur le cycle des éléments nutritifs dans les écosystèmes forestiers. *In :* Symposium international FAO - IUFRO sur l'utilisation des engrais en forêt. Paris. Décembre 1973, 23-34.

VALDENAIRE J.M., 1979. Contribution à l'étude des relations, sol végétation dans les hêtraies du nord-est de la France. Champenoux : I.N.R.A. - Station de recherches sur les sols forestiers et la fertilisation; Laboratoire de phytoécologie forestière. − 155 p. (Mémoire E.N.I.T.E.F., 3ᵉ année).

VAN PRAAG H.J., 1971. Contribution à l'étude de la disponibilité de l'azote et du soufre dans les sols forestiers oligotrophes de l'Ardenne. Thèse doct. : Sci. agro. : Gembloux, Fac. des Sciences agronomiques de l'Etat. − ? p.

VAN PRAAG H., MANIL G., 1965. Observations *in situ* sur les variations des teneurs en azote minéral dans les sols bruns acides. *Ann. Inst. Pasteur,* **109** (suppl.), 256-271.

VAN PRAAG H.J., WEISSEIN A., 1976. Nutrition azotée des peuplements forestiers ardennais. *Bull. Soc. r. for. Belg.* **83** (4), 175-188.

VERKOREN J., SISSINGH G., 1976. Het reewild in het bos. − *Ned. Bosbouw Tijdschr.,* **48** (10), 201-204.

WALTER H., 1960. Einführung in die Phytologie. Stuttgart : Ulmer, 4 vol. Voir : vol. 3. 1. Teil : Standortslehre, analytisch-ökologische Geobotanik., 566 p.

WEISSEN F., ANDRÉ, P., 1970. Recherche d'une expression texturale en relation avec la productivité en hêtraie. *Pédologie,* **20** (2), 204-243.

CHAPITRE 4

PHYSIOLOGIE DE LA CROISSANCE

Effet du niveau de décapitation du pivot sur la ramification de l'appareil racinaire de semis de hêtre

(Photo RIEDACKER)

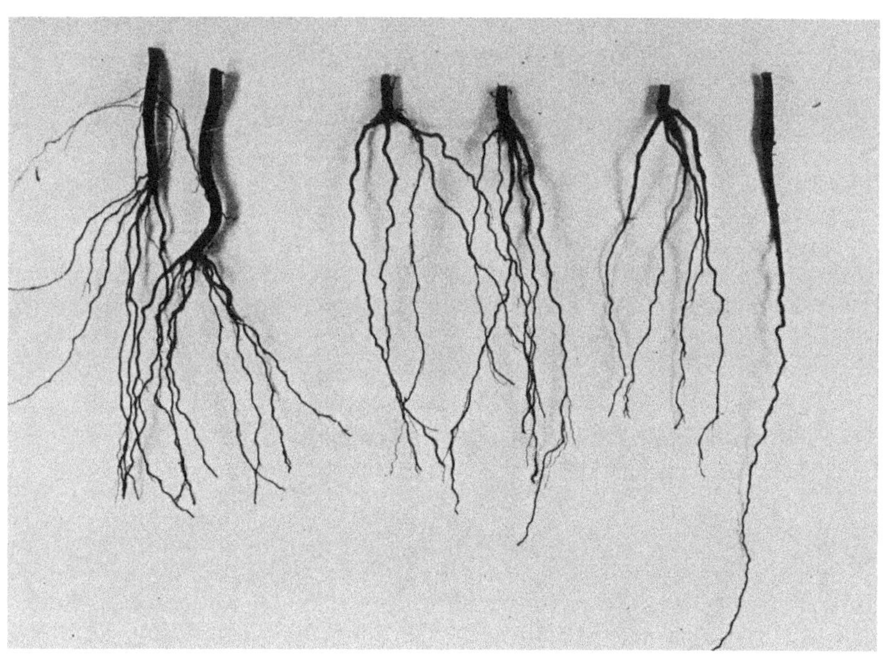

4. – PHYSIOLOGIE DE LA CROISSANCE

4.1. PHOTOSYNTHÈSE

par

Gilbert AUSSENAC

L'activité photosynthétique dépend de nombreuses variables : caractéristiques biologiques propres au végétal et facteurs écologiques.

Chez le hêtre, à l'optimum, la photosynthèse peut atteindre 10 à 12 mg $CO_2/dm^2/h$ chez les feuilles de lumière et 4 à 5 mg $CO_2/dm^2/h$ chez les feuilles d'ombre. Par comparaison on peut noter que l'on trouve 6 mg $CO_2/dm^2/h$ pour les feuilles de lumière du chêne sessile (DUCREY, 1981).

Chez le hêtre la température optimum pour la photosynthèse est voisine de 20 °C.

La figure 28 (d'après SCHULZE et KOCH, 1971) met en parallèle les courbes de photosynthèse des feuilles d'ombre et des feuilles de lumière, pour quelques périodes caractéristiques de la saison de végétation. Le maximum de photosynthèse est obtenu pour des éclairements de 6 000 à 10 000 lux pour les feuilles d'ombre et de 30 000 lux à 50 000 lux pour les feuilles de lumière. Il existe un gradient continu entre le comportement des feuilles d'ombre typiques et le comportement des feuilles de lumière.

La figure 29 représente la variation de photosynthèse au cours de la saison de végétation. La photosynthèse des feuilles d'ombre est plus faible au début mais plus forte que celle des feuilles de lumière en fin d'été et en automne.

En divisant de façon schématique le couvert en feuilles de lumière et feuilles d'ombre, SCHULZE et KOCH montrent que la photosynthèse annuelle des dernières est très voisine de celle des premières : 9.227 kg $CO_2/$ kg de poids sec pour les feuilles d'ombre pour 9.855 kg $CO_2/$kg de poids sec pour les feuilles de lumière.

Selon que l'on exprime la photosynthèse par unité de surface ou par unité de poids de matière sèche, on trouve qu'elle diminue ou qu'elle augmente lorsqu'on passe des feuilles de lumière aux feuilles d'ombre. En fait, on a pu montrer (DUCREY, 1981) que rapportée à l'unité de volume, la photosynthèse reste constante quel que soit le type de feuilles.

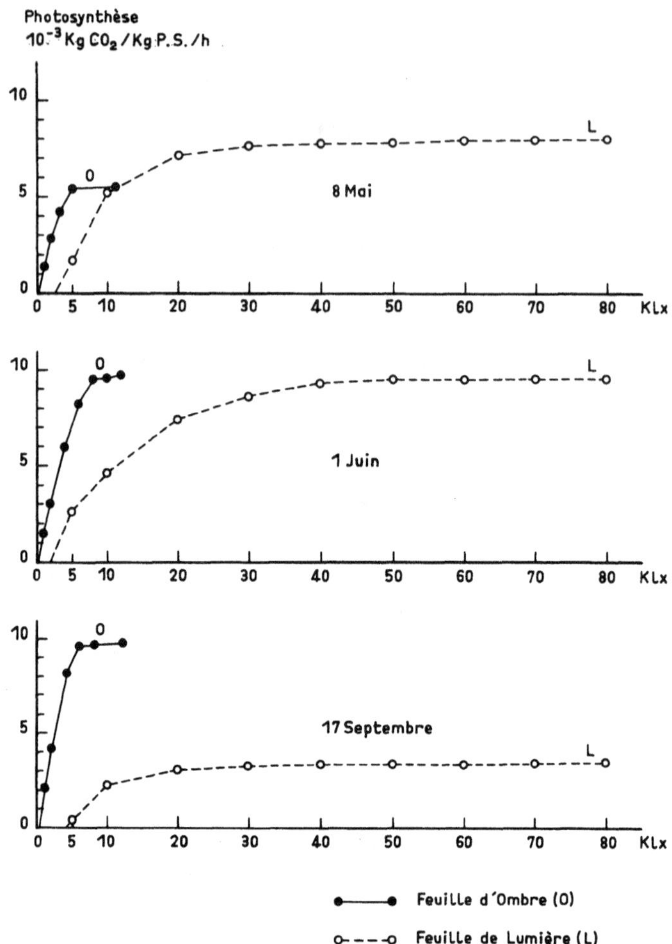

FIG. 28. – *Comportement photosynthétique des feuilles d'ombre et de lumière chez le hêtre à différentes périodes de la saison de végétation.* En abscisses, éclairement exprimé en kilo lux, et en ordonnées, photosynthèse nette exprimée en grammes de CO_2 par kg de poids sec de feuilles et par heure.

(d'après SCHULZE et KOCH, 1971)

Une étude faite à Nancy dans une hêtraie de 80 ans (DUCREY, 1981), a mis en évidence le fait que la partie supérieure du couvert (feuilles de lumière typiques) ne représente que 14 % de la photosynthèse potentielle totale, alors que la zone de contact entre les couronnes (feuilles de demi-lumière) représentent 63 % de la photosynthèse potentielle ; la partie nettement à l'ombre (feuilles d'ombre typiques) ne correspondant qu'à 23 % de la photosynthèse totale du couvert.

Le bilan de la productivité photosynthétique d'un peuplement de hêtre a été effectué par SCHULZE et KOCH (1971) (tableau 21).

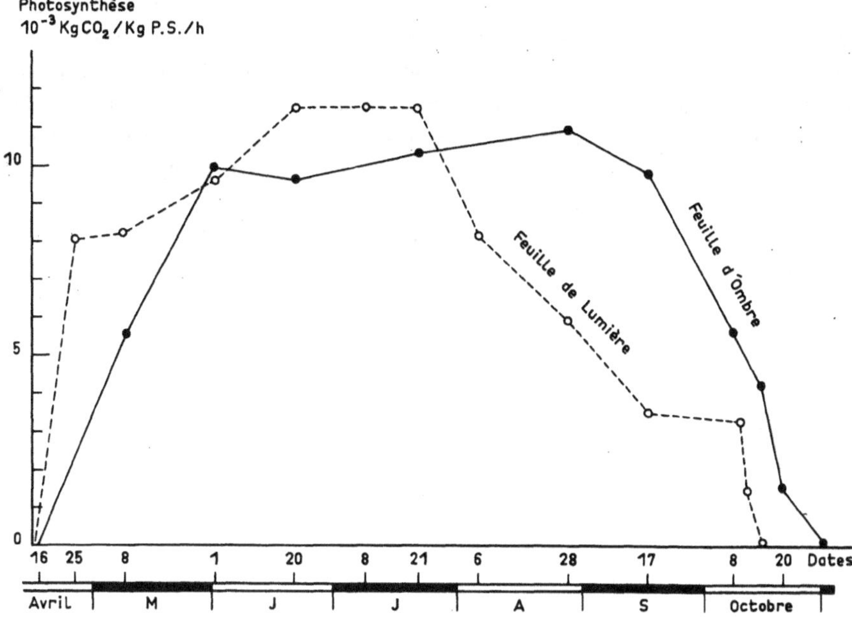

FIG. 29. – *Evolution annuelle de la photosynthèse maximale des feuilles d'ombre et de lumière chez le hêtre.* En abscisses, temps écoulé en mois, et en ordonnées, photosynthèse nette exprimée en grammes de CO_2 par kg de poids sec de feuilles et par heure.

(d'après SCHULZE et KOCH, 1971)

TABLEAU 21

Bilan de la productivité photosynthétique d'un peuplement de hêtre
En kg de carbone par m^2 et par an.
(d'après SCHULZE et KOCH, 1971).

	kg/C/m²/an	Pourcentages
Assimilation nette...................	0,86	100
Pertes par respiration..............	0,43	50
Respiration nocturne des feuilles...	0,13	15
Respiration des bourgeons.........	0,04	5
Respiration des racines et des troncs	0,26*	30*
Accroissement annuel de biomasse	0,43	50
Chute annuelle des feuilles et des rameaux......................	0,19	22
Accroissement net de la biomasse aérienne......................	0,21	24
Accroissement net de la biomasse souterraine..................	0,03*	4*

* Ces valeurs n'ont pas été calculées, elles constituent simplement des ordres de grandeur.

La productivité moyenne des feuilles de lumière et des feuilles d'ombre est de 9,54 kg CO_2/kg de matière sèche foliaire, ce qui représente 2,6 kg/kg de matière sèche foliaire. Dans le peuplement le poids total des feuilles étant de 0,33 kg/m^2, il en résulte une productivité primaire de 0,86 kg de carbone par m^2. Mais, compte tenu des pertes par respiration et de la chute annuelle des feuilles et des rameaux, l'accroissement net de la biomasse aérienne n'est que de 0,21 kg de carbone par m^2, soit un rendement en bois de 25 % de la photosynthèse nette correspondant à un accroissement courant de 7 m^3/ha/an.

4.2. CROISSANCE AÉRIENNE ET SOUTERRAINE

par

Arthur RIEDACKER

Les informations apportées ici sur la croissance aérienne de hêtres concernent essentiellement de jeunes plants placés en conditions contrôlées. D'autres observations sur la phénologie et la croissance figurent aux § 3.5. et 4.3. et au chapitre 8.

Pour la croissance souterraine, certains résultats ont été obtenus en chambres climatisées, d'autres par des observations *in situ*.

4.21. CROISSANCE AÉRIENNE

4.211. Débourrement végétatif

Les biologistes sont depuis longtemps intrigués par le débourrement du hêtre. Celui-ci semble en effet dépendre principalement de deux facteurs, la température et la photopériode (JOST, 1894 et KLEBS, 1914). Nous verrons qu'il est difficile de trancher ; d'autres facteurs interviennent et ils sont interdépendants.

Température : lorsque des jeunes hêtres sont transférés en chambre climatisée à différentes dates au cours de l'hiver, leur débourrement est :

— soit indépendant de la date de transfert et relativement groupé (mi-avril à mi-mai) pour une température de 10 °C ;

— soit lié à la date de transfert pour une température de 20 °C. Dans ce cas, le nombre de jours s'écoulant entre transfert et débourrement est d'abord faible pour les transferts de septembre, puis s'accroît jusqu'à 2 mois pour les transferts de mars.

Ce premier facteur n'intervient donc pas seul puisque son action dépend de l'état physiologique des plants (dormance, besoins en froid).

Photopériode : un éclairemant de 16 heures (fig. 30) provoque un débourrement légèrement plus rapide qu'un éclairement court (9 heures). L'obscurité complète en conditions contrôlées ne provoque pas le débourre-

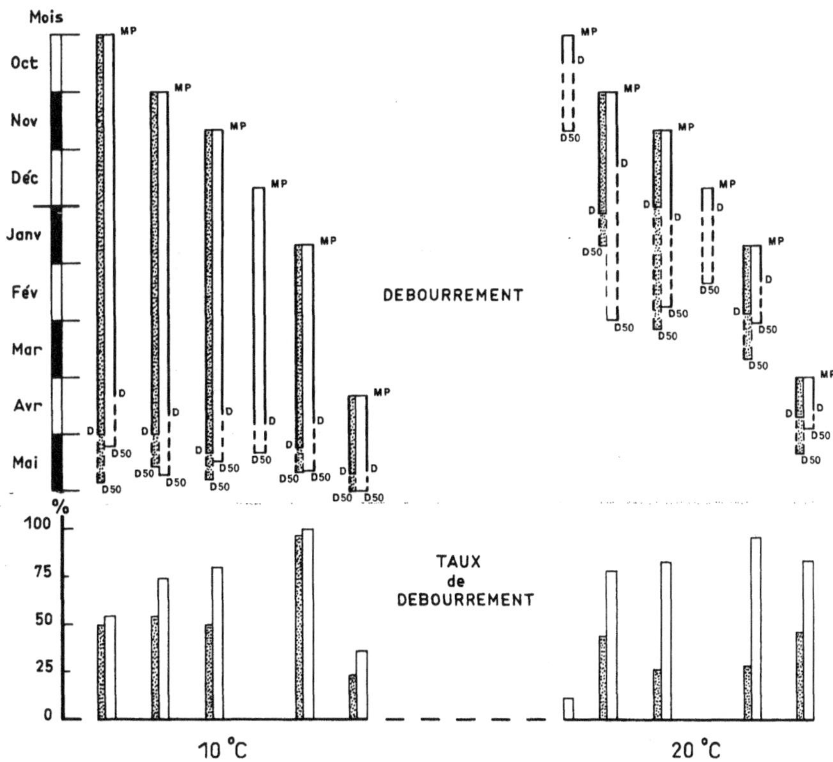

FIG. 30 et 31. — *Débourrement de jeunes hêtres de 3 ans transférés à différentes dates de la pépinière de Nancy en chambre climatisée à 10 °C (à gauche) ou à 20 °C (à droite) en éclairement de 16 h sur 24 h (colonnes blanches) ou de 9 h sur 24 h (colonnes grises).*

MP : Date de transfert du lot de 6 plants.

Débourrement (Fig. 30)

D : Date du premier débourrement.
D_{50} : Date à laquelle 50 % des bourgeons qui débourreront auront débourré.

Taux de débourrement (Fig. 31)

$$\frac{100 \times \text{Nombre de bourgeons débourrés fin juillet}}{\text{Nombre total de bourgeons du lot}}$$

ment (WAREING, 1953). Mais ce deuxième facteur n'intervient pas seul non plus, puisque des plants placés à l'obscurité totale, mais en conditions de pépinière, ne débourrent qu'avec un retard de 10 jours par rapport à des plants placés en photopériode normale (besoins en chaleur).

Le taux de débourrement (figure 31) est beaucoup plus élevé en jours longs qu'en jours courts. Mais le fait de laisser quelques bourgeons d'un plant (40 sur un millier) à la lumière, alors que le reste du plant est à l'obscurité, provoque le débourrement d'un certain nombre des bourgeons à l'obscurité (corrélation entre les différentes parties du plant).

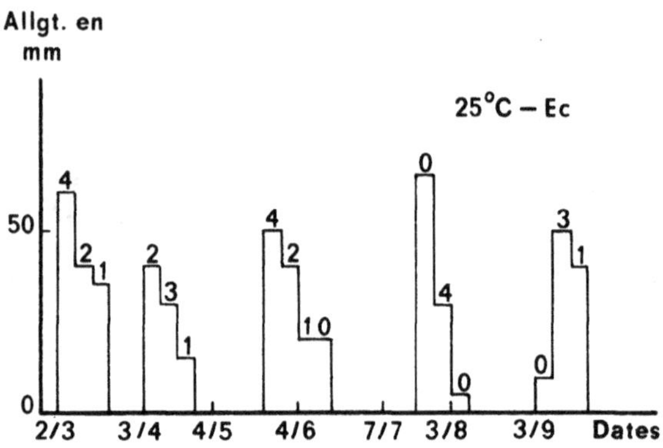

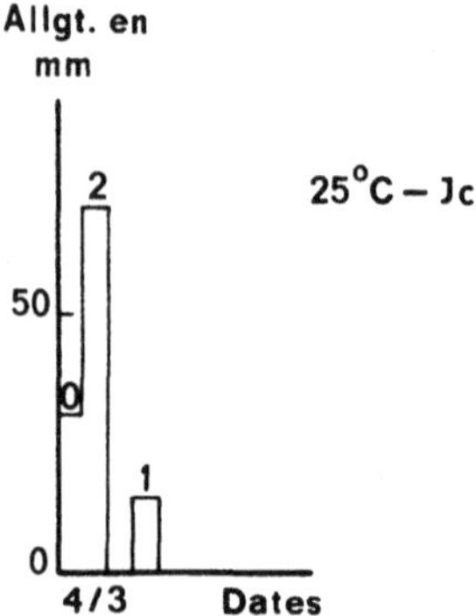

FIG. 32. – *Allongement aérien hebdomadaire (Allgt.) de jeunes hêtres cultivés en chambre climatisée dans diverses conditions.*

En haut : 25 °C avec éclairement continu, en bas : 25 °C avec 8 h d'éclairement par 24 h. Les chiffres placés au-dessus des colonnes indiquent le nombre de feuilles de plus de 3 mm apparues chaque semaine (d'après LAVARENNE *et al.*, 1971).

Facteurs physiologiques internes : à l'automne, en chambre climatisée, le débourrement commence par la base des plants, alors qu'au printemps il commence au sommet. En pépinière, en conditions naturelles de photopériode et de température, le débourrement se produit sur un plant de bas en haut. Il en est de même en peuplement.

Facteurs mécaniques externes : le débourrement peut être retardé jusqu'à une trentaine de jours lorsqu'on supprime les fines racines latérales au moment du repiquage (RIEDACKER et PODA, 1977). Ce retard est vraisemblablement dû à un défaut d'absorption hydrique.

Facteurs héréditaires : cet aspect est aborbé au chapitre 8. Retenons en que le classement pour le débourrement de matériels génétiques variés est stable dans le temps et dans l'espace (classement d'un même échantillon de provenances dans un site sur plusieurs années successives, ou bien en plusieurs sites, la même année). Retenons aussi qu'en forêt, des arbres à débourrement végétatif tardif donnent des descendants qui, en moyenne, ont un débourrement tardif aussi.

4.212. **Rythmes de croissance**

Les jeunes hêtres présentent chaque année, dans les conditions naturelles une à deux « vagues » de croissance (fig. 32), séparées par une période de repos de 1 à 4 semaines. En jours courts de 8 h à 25 °C la croissance s'arrête très rapidement. A la même température, mais en lumière continue, la croissance aérienne peut se poursuivre par vagues espacées de 4 à 8 semaines (LAVARENNE, CHAMPAGNAT et BARNOLA, 1971 ; BALUT, 1956). En jours longs (16 h), dans bien des cas, après deux ou trois périodes d'activités, il apparaît une très longue période de repos. Après plusieurs mois, un nouveau débourrement peut cependant apparaître.

La croissance du hêtre semble par ailleurs, particulièrement sensible à l'alimentation en eau. L'excellente croissance sur tourbe fertilisée ou sur aérosol nutritif, peut-être due en grande partie au régime hydrique très favorable obtenu dans ces conditions d'élevage.

4.22. **CROISSANCE SOUTERRAINE**

4.221. **Croissance en chambre climatisée**

La croissance des racines peut être limitée par divers facteurs. Lorsque les racines sont susceptibles de s'allonger, la vitesse d'allongement des pointes dépend de la température (fig. 33).

Nous avons montré précédemment (RIEDACKER, 1978) que la croissance des racines de la plupart des espèces ligneuses étudiées jusqu'ici, se produisait par vagues de 3 à 5 semaines. L'examen des diagrammes de croissance de hêtres âgés de 2 à 3 ans transférés sans traumatisme de leur système racinaire à différents moments de l'année en chambre climatisée, à 20 °C (16 h de jour, 4000 à 6000 Lux), montre qu'il en est de même pour le hêtre. La figure 34$_A$ représente la croissance aérienne et souterraine d'un plant transféré début novembre de la pépinière en chambre climatisée alors qu'il avait encore 4 petites feuilles vertes. Celles-ci se sont conservées et l'on a pu observer, dans ces conditions, une première vague de croissance de fines racines, suivie par deux vagues extrêmement faibles, tandis qu'un bourgeon commençait à débourrer, que les feuilles se développaient et qu'une pousse s'allongeait de quelques centimètres. Après la croissance aérienne, le système racinaire présente de nouveau des vagues plus importantes de croissance, mais les racines restent encore relativement fines.

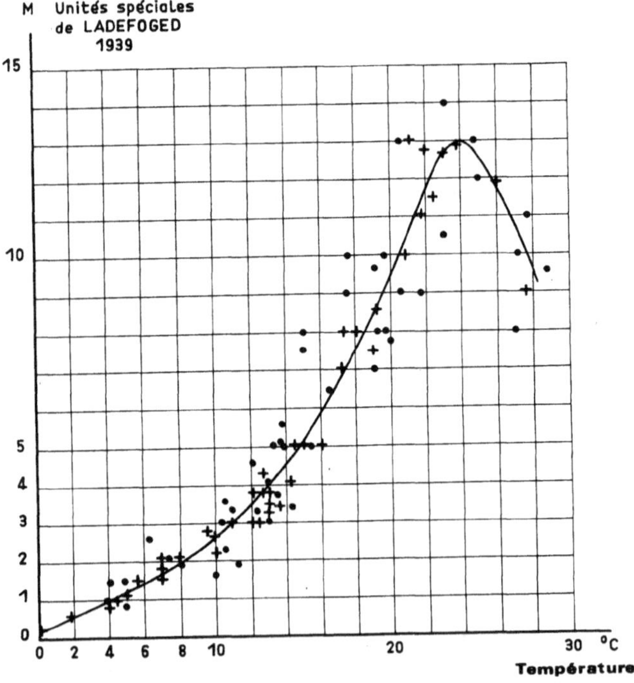

FIG. 33. — *Vitesse d'allongement des racines de semis (•) et de plants (+) de hêtre en fonction de la température* (d'après LADEFOGED, 1939).

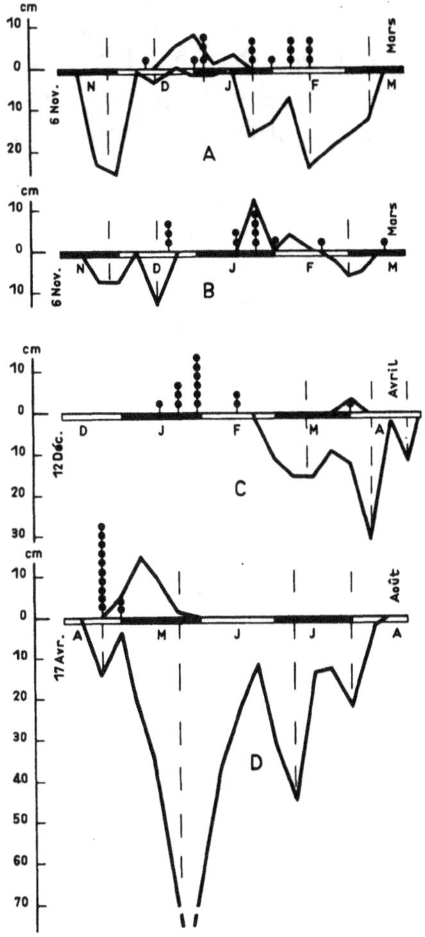

Fig. 34. – *Diagramme de croissance hebdomadaire de plants de hêtre transférés de la pépinière en chambre climatisée (16 h d'éclairement sur 24 h, 4 000 à 6 000 lux, 20 °C) à différentes dates.*

Partie aérienne (partie supérieure du diagramme) :

🌱 Débourrement

— Somme des allongements de différentes pousses en cm

Partie souterraine (partie inférieure du diagramme) :

— Somme des allongements hebdomadaires de toutes les racines visibles sur mini-rhizotron

⬇ Pic de la vague de croissance souterraine

A   Transfert d'un plant avec 4 feuilles vertes en novembre
B   Transfert d'un plant dont toutes les feuilles étaient tombées en novembre
C   Transfert en décembre
D   Transfert en avril.

Ces petites vagues de croissance souterraine observées pendant la croissance aérienne, peuvent néanmoins disparaître. Tel fut le cas des plants transférés sans feuille en chambre climatisée (figure 34$_B$).

En décembre, sous le climat lorrain, les plants de hêtre n'ont généralement plus aucune pointe blanche à l'extrémité de leurs racines, ce qui prouve leur inactivité. Ce n'est qu'après le débourrement que la croissance des racines recommence : il apparaît d'abord de très fines racines (de diamètre inférieur à 0,5 mm) puis, après la vague d'allongement aérien, des racines moins fines (diamètre supérieur à 0,5 mm) croissant toujours apparamment rythmiquement (fig. 34$_C$). Certaines vagues de croissance peuvent donc être fortement affaiblies ou disparaître complètement, sans doute lorsque les sucres ou d'autres éléments nécessaires à la croissance des pointes des racines, ne sont plus suffisamment disponibles.

Des plants transférés dans les mêmes chambres climatisées en avril, débourrent et présentent une croissance souterraine et aérienne presque simultanée (fig. 34$_D$).

4.222. **Croissance *in situ*** : (figure 35)

Si les racines des jeunes hêtres peuvent commencer à s'allonger à Eberswalde (R.D.A.), soit le 15 mars soit début mai, suivant les années

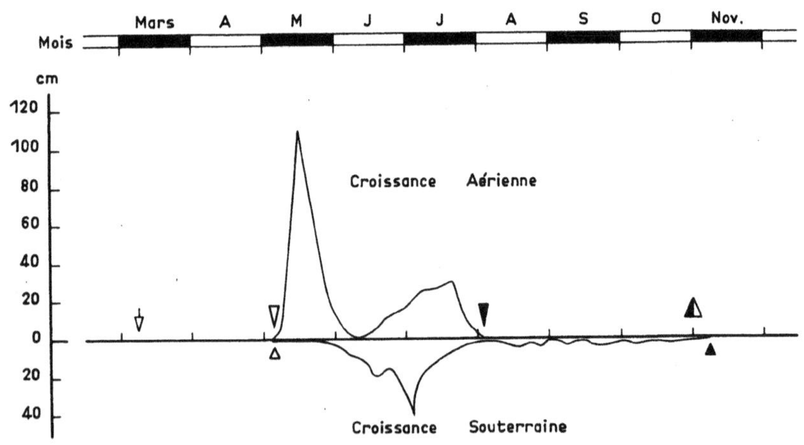

FIG. 35. — *Diagramme de croissance de jeunes hêtres en République Démocratique Allemande*
mande
(d'après HOFFMANN, 1972).

Partie aérienne :
- ▽ Début du débourrement
- ▽ Début d'allongement
- ▲ Jaunissement des feuilles
- ▼ Fin d'allongement

Partie souterraine :
- △ Début de croissance des racines
- ▲ Fin de croissance des racines

(HOFFMANN, 1972), aucune vague importante de croissance souterraine ne se produit avant la première vague d'allongement de la partie aérienne.

En été, sous le climat danois, la température du sol n'atteint jamais la température optimale pour la croissance des racines (LADEFOGED, 1939).

A l'automne, sous le climat continental d'Eberswalde, les racines des plants de hêtre cessent de s'allonger vers la mi-novembre. Au Danemark LADEFOGED (1939) a en revanche pu observer que certaines racines de hêtre, âgés de 30 à 150 ans, pouvaient s'allonger durant tout l'hiver, avec une vitesse journalière variant entre 0,06 mm et 0,69 mm. Ce résultat pourrait s'expliquer à la fois par le fait qu'au Danemark les températures hivernales du sol sont plus élevées et par le fait que s'agissant d'arbres plus âgés, les racines pourraient disposer d'un stock plus important de glucides utilisables pour leur croissance.

4.23. **MORPHOGÉNÈSE SOUTERRAINE** (figure 36)

Les semis de hêtre ont un système racinaire pivotant. Une décapitation de la radicule à la germination ou dans les semaines qui suivent, permet d'obtenir plusieurs racines pivotantes par plant. Mais lorsque le pivot a été décapité à 5 ou 10 cm du collet, sa régénération est difficile après une saison et inexistante après trois saisons de végétation. Les racines latérales des jeunes plants, pourvu qu'elles n'aient pas été sectionnées au ras du pivot, se régénèrent en revanche très bien et nous avons pu montrer que leur présence était essentielle pour l'obtention d'une bonne reprise et d'une bonne croissance initiale (RIEDACKER et PODA, 1977).

Dans tous les cas cependant, le caractère pivotant des semis naturels disparaît au cours du temps. Les racines traçantes et obliques dominent et le pivot disparaît parfois complètement (KÖSTLER et al., 1968).

Vers 20-30 ans, le hêtre a un système fasciculé typique et une multitude de fines racines au pied de l'arbre dont la présence pourrait être due à un écoulement important le long du tronc des précipitations interceptées (AUSSENAC, 1975).

Dans les peuplements purs les fines racines semblent se développer essentiellement dans les horizons humifères. MEYER et GÖTTSCHE (1971) ont pu dénombrer jusqu'à 45 000 pointes de racines de hêtre dans 0,1 l de sol. Dans les peuplements mélangés pin sylvestre-hêtre du plateau de la Margeride (MAC QUEEN, 1968), les racines de hêtre colonisent plus uniformément tout le profil, alors que celles du pin sylvestre colonisent surtout l'horizon superficiel, sur une épaisseur de 10 cm, qui devient très sec en été.

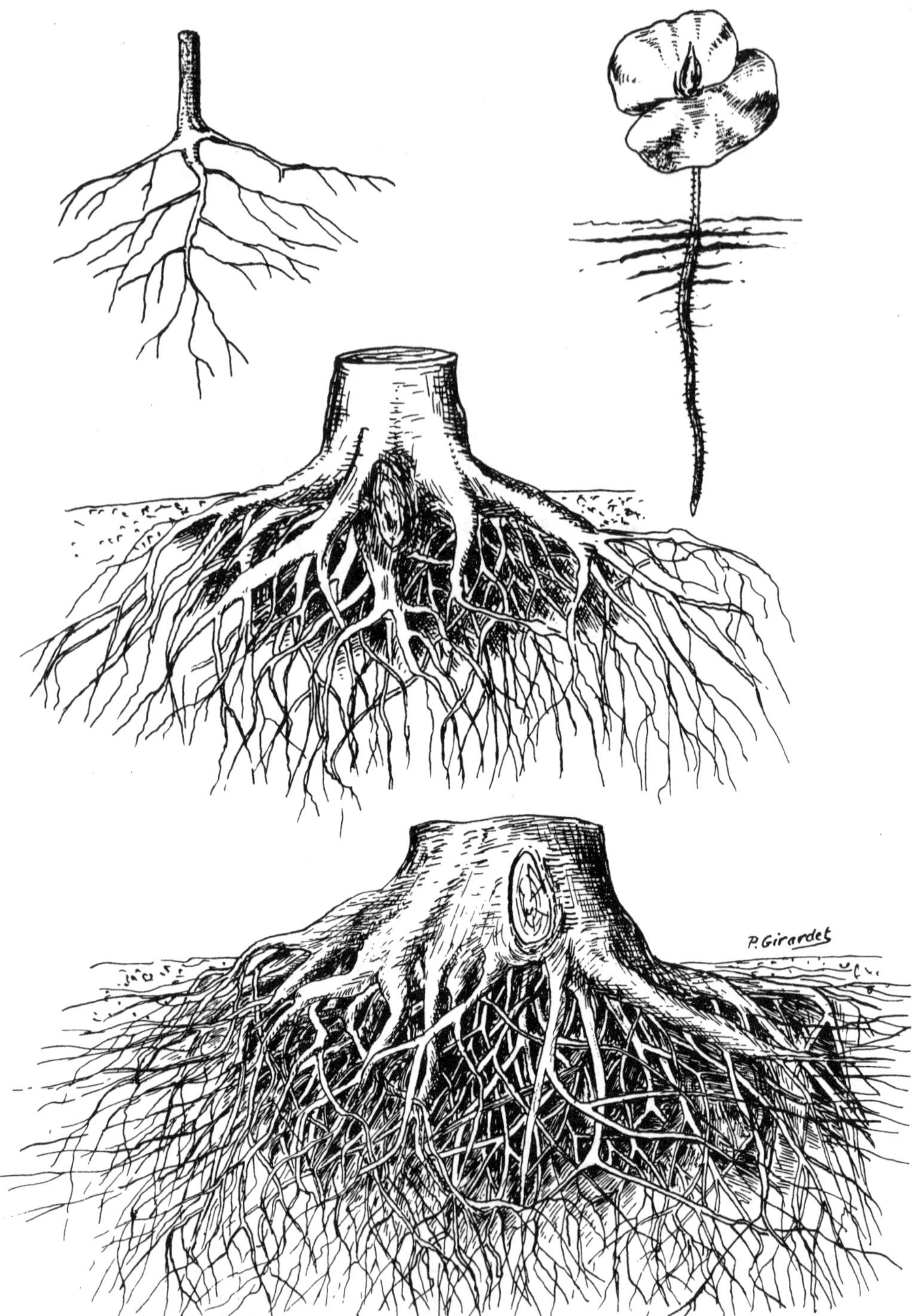

FIG. 36. — *Représentation, à différentes échelles de la morphologie du système racinaire de hêtres à différents âges :*
- Semis avec ses feuilles cotylédonaire (en haut à droite),
- Plant de 4-5 ans (en haut à gauche),
- Partie centrale du système racinaire d'un hêtre d'une vingtaine d'années (au centre),
- Partie centrale du système racinaire d'un hêtre d'une centaine d'années (en bas).

La masse des fines racines augmente avec l'âge. En Margeride elle représente dans les peuplements mélangés hêtre + pin sylvestre, 745 kg/ha à 65 ans et 2 400 kg/ha à 105 ans. Ce dernier chiffre est voisin de celui obtenu par MEYER et GÖTTSCHE (1971), soit 2500 kg/ha, dans une hêtraie allemande.

On ignore cependant la vitesse de renouvellement des fines racines dans les hêtraies.

4.3. FORMATION DES RAMEAUX

par

Bernard THIEBAUT

Dans son aspect hivernal, le hêtre défeuillé laisse voir très aisément sa ramification.

Chaque année la croissance de l'arbre se manifeste à l'extrémité des branches par la formation d'un *rameau* qui représente l'unité de croissance annuelle entre deux bourgeons dormants; le rameau de l'année prolonge le rameau de l'année précédente par accroissement *monopodique*.

Cette pousse est en général monocyclique : une seule vague de croissance suivie de la formation d'un bourgeon terminal dormant. Elle peut aussi être polycyclique avec un rythme apparent. Les pousses formées (jusqu'à 4) sont séparées par une zone de ralentissement marquée par un bourgeon temporaire. Plus tard ces différentes vagues de croissance ne sont pas discernables entre elles alors que les pousses annuelles restent séparées par une cicatrice visible pendant une vingtaine d'années.

Il existe deux types de rameaux :
- *rameaux d'exploration*; de longueur variable, souvent les plus longs avec un bourgeon terminal de 6 à 10 bourgeons latéraux bien développés à l'aisselle des feuilles (figure 37). Ils représentent 63 % du poids sec de la ramure de l'année mais ne portent que 23 % des feuilles épanouies (RENARD, 1971). Par leur grand développement et leur aptitude élevée à se ramifier, ils explorent et occupent l'espace (EDELIN, 1977);
- *rameaux d'exploitation*; petits, formés de 3 à 5 entre nœuds courts, leurs feuilles paraissent fasciculées (figure 38). Ces rameaux sont pourvus d'un bourgeon terminal; les bourgeons latéraux, s'ils existent, restent à l'état d'ébauches et n'engendrent pas de ramification. Par leur nombre élevé ces rameaux densément feuillés contribuent à augmenter considérablement la surface chlorophyllienne de l'arbre; en effet s'ils ne représentent que 37 % en moyenne du poids sec de la ramure annuelle, ils portent 77 % des feuilles selon RENARD (1971). Ils exploitent au maximum le milieu (EDELIN, 1977).

FIG. 37. – *Rameau d'exploration.*

La forme et le mode de croissance d'une *branche* vont dépendre de la position des deux types de rameaux dans la ramification, figure 39 (THIÉ-BAUT, *et al.*, à paraître). Sur une branche, l'analyse des rameaux n'ayant pu être réalisée que sur une période de 20 ans, nous n'avons étudié de cette manière que l'extrémité des branches d'un arbre (tableau 29).

Au bout d'une même branche, on peut observer trois types de fonctionnement (partie en ramification, partie en élongation et partie à croissance ralentie) qui représentent trois *phases* successives dans le développement de la branche (fig. 40) : l'axe principal connaît d'abord une croissance optimale au cours de la phase I, il se ramifie et s'étire explorant le milieu ; puis ayant acquis ses axes latéraux, sa croissance diminue dans la phase II,

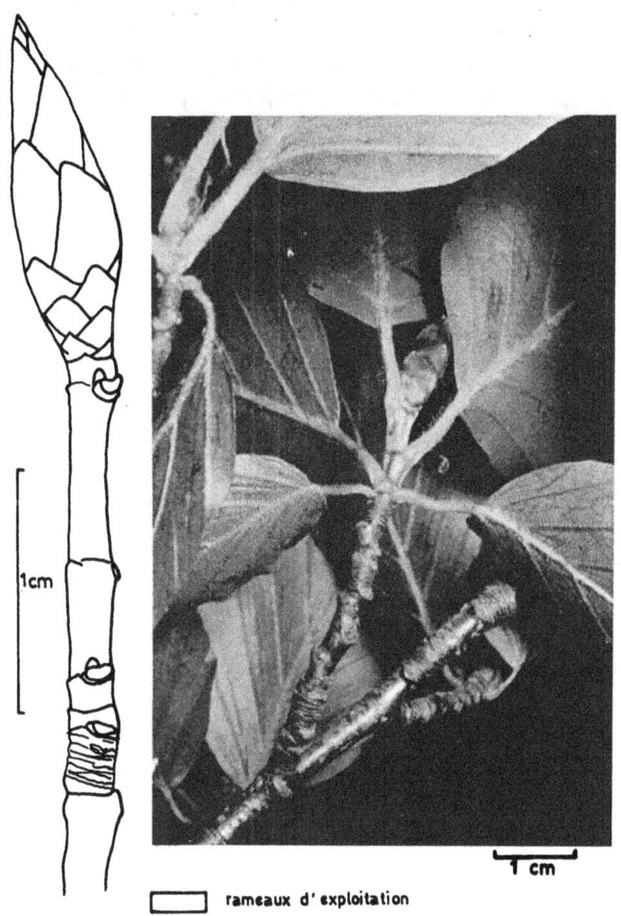

FIG. 38. – *Rameau d'exploitation.*

au cours de laquelle il exploite le milieu dans une direction privilégiée ;
enfin sa croissance se stabilise dans la phase III et l'axe sera ensuite soumis
à un élagage naturel. Ces observations peuvent être reconduites sur les
axes latéraux qui fonctionnent de la même manière, mais la phase I puis la
phase II y sont moins bien représentées et disparaissent quand le rang des
axes s'élève dans la ramification. L'exemple donné ici (figure 40) est un cas
simple car cette branche a rapidement achevé son développement en passant par ces 3 phases successives en une courte période de 21 ans. Les
branches ont généralement une vie plus longue et peuvent présenter anté-

rieurement plusieurs phases de ramifications plus ou moins complexes. En outre, si la croissance d'une branche passe par ces 3 dernières phases de développement, elle peut manifester certaines capacités d'adaptation aux variations du milieu sans modifier fondamentalement l'ordre de ces 3 phases. Ainsi, après une éclaircie du peuplement par exemple, une branche ayant atteint la phase II (extrémité en élongation) peut revenir à la phase antérieure I pour se ramifier à nouveau, puis reprendre son cycle normal en s'allongeant (phase II) et enfin en se stabilisant (phase III).

TABLEAU 29

*Différents types de croissance et de formes
d'une branche de hêtre*

Phases	Répartition des rameaux dans la ramification		Croissance et forme de la branche
	Rameaux d'exploration	Rameaux d'exploitation	
I explo- ration du milieu	présents dans le rang (n) et au moins 1 si ce n'est plus d'1 dans le rang (n + 1) et éventuellement dans les rangs plus élevés (n + 2) et sui- vants.	présents à partir du rang (n) mais peu nombreux sauf sur les axes d'un rang élevé.	branche en *ramification*, forme « ramifiée » simple ou complexe
II exploi- tation du milieu	présents dans le rang (n) et absents dans le rang (n + 1).	présents à partir du rang (n) mais abon- dants dans le rang (n + 1).	branche en *élongation*, forme « en écouvillon »
III stabili- sation	absents	dans le rang (n)	branche à *croissance ralentie*, forme « linéaire »

En conséquence l'extrémité d'une branche peut présenter trois formes distinctes : « ramifiée », « en écouvillon » ou « linéaire », selon la phase de développement en cours (fig. 39).

Dans la couronne d'un arbre, ces trois modes de développement sont prépondérants à l'extrémité des branches dans des zones distinctes qui varient selon l'âge du sujet (fig. 41). Dans la couronne d'un jeune arbre de 10 ans, la phase I est prépondérante à l'extrémité des axes supérieurs alors que la phase II devient plus importante à l'extrémité des axes inférieurs. Dans un arbre plus âgé (20 ans environ), les trois modes de fonctionnement sont privilégiés à l'extrémité des branches dans trois zones superposées.

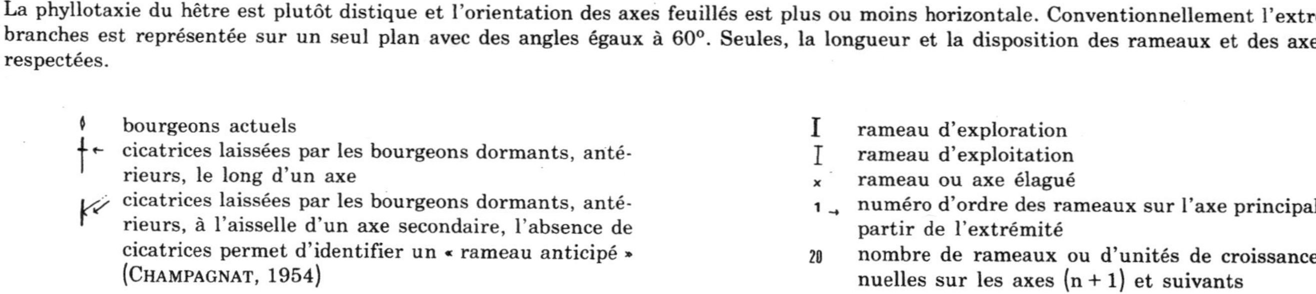

FIG. 39. — *Deux extrémités de branches observées chez le hêtre.*

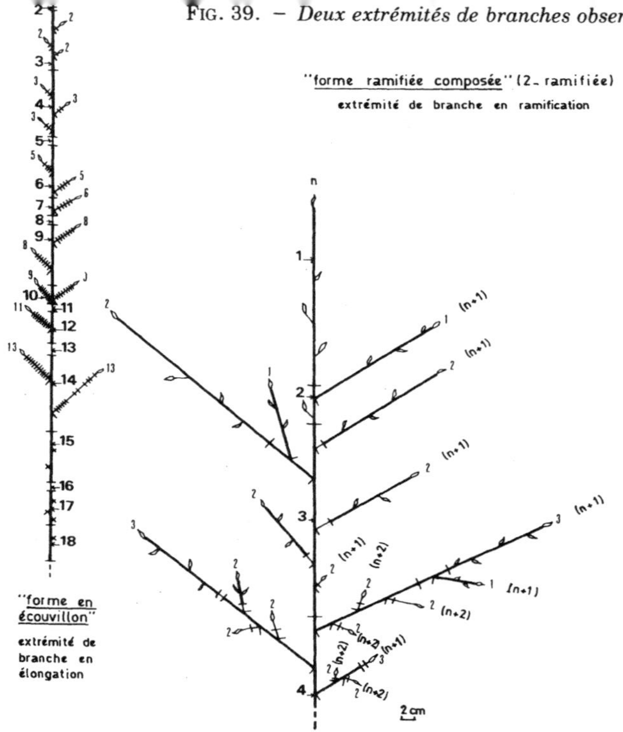

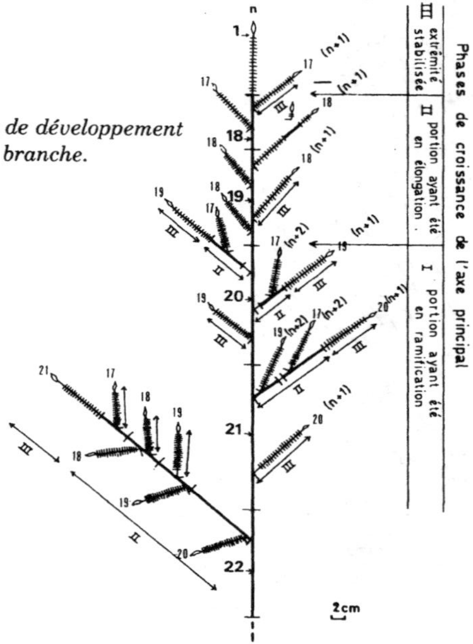

FIG. 40. — *Trois phases de développement sur une même branche.*

La phyllotaxie du hêtre est plutôt distique et l'orientation des axes feuillés est plus ou moins horizontale. Conventionnellement l'extrémité des branches est représentée sur un seul plan avec des angles égaux à 60°. Seules, la longueur et la disposition des rameaux et des axes ont été respectées.

φ	bourgeons actuels
	cicatrices laissées par les bourgeons dormants, antérieurs, le long d'un axe
	cicatrices laissées par les bourgeons dormants, antérieurs, à l'aisselle d'un axe secondaire, l'absence de cicatrices permet d'identifier un « rameau anticipé » (CHAMPAGNAT, 1954)
I	rameau d'exploration
I	rameau d'exploitation
×	rameau ou axe élagué
1 →	numéro d'ordre des rameaux sur l'axe principal (n) à partir de l'extrémité
20	nombre de rameaux ou d'unités de croissances annuelles sur les axes (n + 1) et suivants

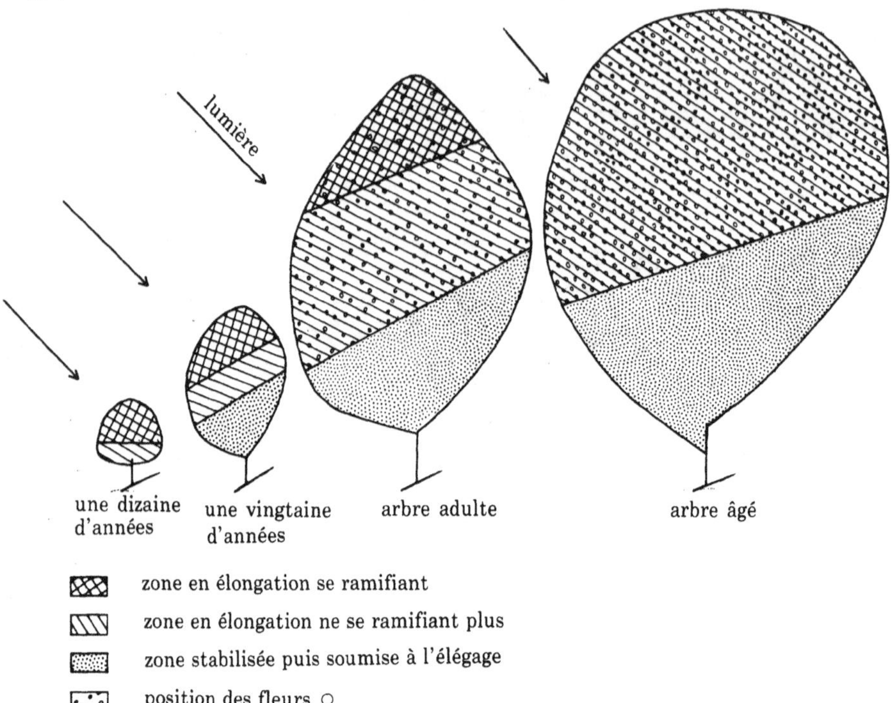

FIG. 41. – *Différentes zones de croissance dans la couronne d'un arbre.*
L'étude des axes est effectuée en partant de leur extrémité quel que soit le niveau dans l'arbre. Donc seule la périphérie de la couronne est décrite et toutes les parties ont le même âge. Seul le mode de fonctionnement des derniers rythmes annuels est différent selon la position et l'âge des axes latéraux (les plus anciens vers le bas).

Enfin, dans un arbre adulte qui approche du terme de sa croissance, les zones en ramification et en élongation se réduisent et tendent à disparaître.

Ces trois *phases* de développement, observées à l'extrémité des branches ainsi qu'à différents niveaux de la couronne, traduisent des vigueurs différentes en rapport avec des ressources et des états physiologiques distincts des organes.

4.4. PARTICULARITÉS DE L'ÉCORCE DU HÊTRE

par

Françoise HUBER

Contrairement à beaucoup d'espèces ligneuses dont l'écorce est crevassée, le hêtre a une écorce lisse (fig. 42).

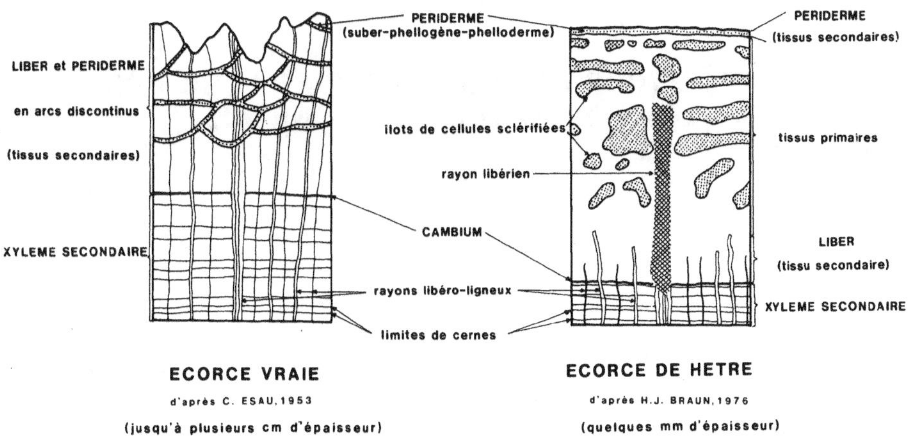

FIG. 42. – *Coupes transversales schématiques d'écorces.*

En effet, le périderme, qui prend naissance aux dépens des cellules du cortex, dès la première année de la croissance de l'arbre, demeure en place tout au long de sa vie.

Dans le cas le plus fréquent, pour les autres essences, le périderme initial se rompt lorsque le diamètre des arbres augmente, et ceci dès la première année ; il est alors remplacé par des péridermes en arcs discontinus prenant naissance dans des couches corticales plus profondes. Ces assises restent en activité pendant une durée limitée, puis d'autres, situées de plus en plus profondément dans les tissus primaires de l'écorce, puis dans le liber, les remplacent peu à peu. Ces assises isolent vers l'extérieur des plaques de tissus corticaux puis de liber qui meurent et finissent par se détacher du tronc.

Chez le hêtre, l'assise subérophellodermique, ainsi que le phelloderme auquel elle donne naissance, gardent la propriété de pouvoir se diviser radialement, permettant à ces tissus d'épouser parfaitement le tronc lorsque celui-ci augmente de circonférence du fait de la production de xylème et de liber. En revanche, les cellules issues du côté externe de cette même assise formant le suber, ont perdu cette propriété. Ne pouvant plus s'accroître tangentiellement, cette couche de cellules fortement tendue finit par se fissurer ; les crevasses peu profondes (0,25 mm) ainsi formées, sont cependant à peine visibles.

Anatomiquement, l'écorce de hêtre se distingue également des autres essences par la présence de rayons libériens, d'origine primaire vraisemblablement, qui se sclérifient rapidement, formant ainsi de véritables barrières s'enfonçant dans le cambium. Pour des raisons pathologiques, il peut parfois se former un périderme interne, mais celui-ci est interrompu par ces rayons libériens sclérifiés.

4.5. LES MYCORHIZES DU HÊTRE ET LEUR RÔLE DANS LA NUTRITION MINÉRALE

par

François LE TACON

Comme tous les arbres forestiers le hêtre est largement pourvu de mycorhizes, c'est-à-dire d'associations symbiotiques entre les racines courtes et divers champignons, qui sont pour la plupart des basidiomycètes.

Structure des mycorhizes

Il s'agit toujours d'ectomycorhizes caractérisées par la présence d'un manteau mycélien de structure et d'épaisseur variable entourant la racine courte et par des hyphes mycéliens qui pénètrent à l'intérieur de la racine, mais sans jamais atteindre les tissus conducteurs. Le « manteau » et le réseau mycélien interne, encore appelé réseau de Hartig, sont les deux constantes de ces ectomycorhizes.

Il existe également des hyphes mycéliens ou des cordons mycéliens externes qui partent du « manteau » et vont explorer le sol à des distances pouvant parfois atteindre plusieurs centimètres. La nature de ce réseau externe est très variable. Parfois il n'existe pas et les mycorhizes apparaissent lisses. Parfois le réseau externe est très développé et les racines courtes avec leur manteau disparaissent complètement sous un abondant feutrage mycélien souvent de couleur blanche. Tous les intermédiaires existent entre ces mycorhizes lisses sans mycelium externe et les mycorhizes à mycelium ou cordons mycéliens externes très développés. On peut supposer que les premières ont une efficacité faible voire nulle, alors que les secondes, au contraire, ont une très grande efficacité en raison de leur capacité à explorer un important volume de sol (photo 1 et 2).

Le manteau fongique présente moins de variabilité. Néanmoins, dans le cas des mycorhizes lisses, il prend l'aspect d'un pseudoparenchyme, alors que dans le cas des mycorhizes à feutrage mycélien externe abondant, il a un aspect beaucoup plus lâche (photo 3).

Ce manteau a en général 20 à 40 μ d'épaisseur et une longueur de 300 à 500 μ.

Il représente 34 à 40 % du poids sec total de la racine (BOULLARD, 1968).

Le réseau de Hartig a un aspect plus constant. Il ne pénètre guère au-delà de la première assise de cellules du cortex encore que dans certains cas il puisse atteindre l'endoderme. La présence du réseau de Hartig entraîne quelques modifications des cellules avoisinantes de l'hôte. Ces cellules apparaissent allongées radialement. Dans certains cas on peut même voir des gouttelettes de tannin à l'intérieur du cytoplasme de ces cellules. HARLEY (1969) suggère que la présence de ces tannins constitue une barrière à une pénétration plus profonde des hyphes mycéliens.

Enfin, notons que le réseau de Hartig n'existe pas au niveau de l'apex de la racine courte.

Morphologie des ectomycorhizes de hêtre

Les mycorhizes de hêtre ont été très largement décrites par HARLEY (1969) auquel nous empruntons sa description, ainsi que par MEJSTRIK et DOMINIK (1969).

Les racines non mycorhizées existent toujours. Ce sont elles qui assurent le développement continu du système racinaire. Elles sont spécialement abondantes au printemps et à l'automne.

Le système de racines très faiblement mycorhizées est formé de racines semblables au système non mycorhizien. La différence tient en l'existence d'un manteau fongique engainant l'apex des racines. Ce manteau est aisément détachable.

Le système mycorhizien diffus consiste en l'existence de racines latérales mycorhizées alternant souvent avec des racines latérales non infectées. Ce système est très abondant dans les horizons A_1 des sols bruns.

Le système pyramidal est très fréquent en hêtraie. Les racines latérales infectées forment une pyramide dont le sommet est constitué par l'apex terminal central. Il existe tous les intermédiaires entre le système pyramidal et le système diffus. Le système pyramidal est très fréquent dans les couches organiques H et F des moder et des mor.

Le système corralloïde dérive du précédent par prolifération non hiérarchisée des racines courtes infectées. Il est relativement rare en hêtraie et se rencontre essentiellement dans les mor.

Dans le *système noduleux* le partenaire fongique est très actif et modifie complètement le développement de la racine. Dans certains cas les nodules peuvent atteindre 1,5 cm.

Harley distingue comme cas particulier l'infection par *Cenococcum graniforme (Mycelium radicis nigrostrigosum).* Ce champignon forme un manteau noirâtre pseudoparenchymateux. Du manteau partent des hyphes noirâtres « hirsutes » caractéristiques.

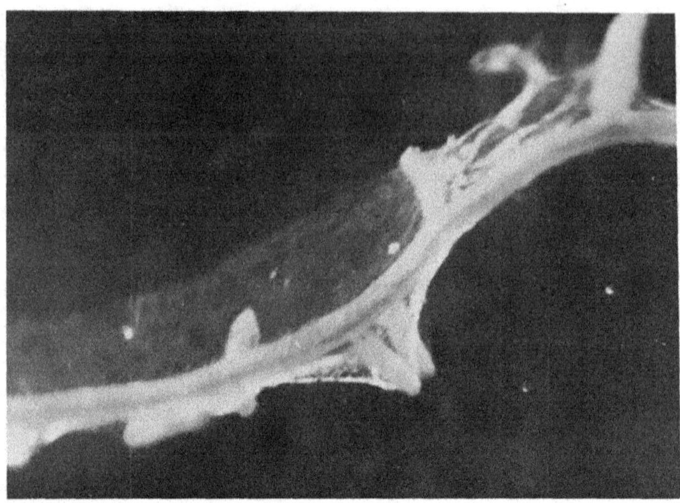

PHOTO 1. – *Mycorhize de hêtre formée par* Hebeloma crustuliniforme
(présence de mycelium *externe au manteau).*
(Photo VOIRY)

Enfin, HARLEY distingue un dernier type. Il s'agit de l'infection par *Mycelium radicis atrovirens.* Ce champignon à hyphes noirs ou verdâtres provoque une infection secondaire des hyphes mycéliens des racines mycorhizées normales. Cette infection ne doit pas être confondue avec *Cenococcum graniforme.*

Les champignons responsables
de la symbiose mycorhizienne chez le hêtre

La plupart des partenaires fongiques des mycorhizes du hêtre sont des basidiomycètes : bolets, lactaires, amanites, girolles, hebelomes, tricholomes et cortinaires.

Il existe également quelques ascomycètes qui sont peut-être plus nombreux qu'on ne le pense généralement en raison de leurs fructifications hypogées difficilement décelables.

Si l'on veut être strict on ne peut donner comme symbiote certain du hêtre que les champignons avec lesquels on aura réussi la synthèse *in vitro.* Mais dans ce cas la liste est très restreinte.

On peut être un peu moins strict et donner la liste des champignons probablement mycorhiziens du hêtre rencontrés sous hêtraie.

Nous donnerons trois exemples de relevés dans trois hêtraies différentes du nord-est de la France (Tableau 22).

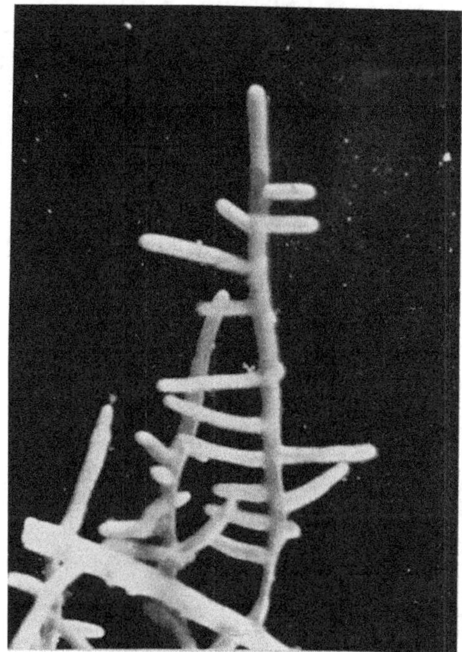

PHOTO 2. – *Mycorhize de hêtre formée par* Lactarius blennius
(absence de mycelium *externe au manteau, aspect lisse).*

(Photo VOIRY)

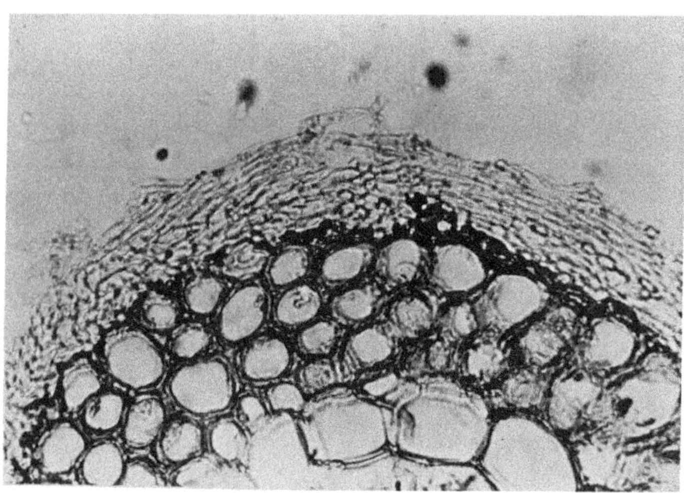

PHOTO 3 – *Coupe transversale de racine de hêtre mycorhizée par* Cortinarius alboviolaceus.

(Photo VOIRY)

TABLEAU 22

Relevés mycologiques dans 3 types de hêtraies de Lorraine
(d'après Garbaye, Kabré, Le Tacon, Mousain, Piou, Voiry)

Type édaphique	Hêtraie acidophile à mull ou moder	Hêtraie méso-neutrophile à mull mésotrophe	Hêtraie xéro-calcicole à mull calcaire
Localité	Darney (Vosges)	Haye (Meurthe-et-Moselle)	Liffol-le-Grand (Vosges)
Laccaria amethystina Bolt.	+	+	+
Lactarius blennius Fr.	+	+	+
Russula cyanoxantha Sch.	+	+	+
Ammanita citrina Sch. ex Fr.	+		
Ammanita rubescens Pers. ex Fr.	+		
Boletus subtomentosus L. ex Fr.	+		
Inocybe friesii Heim	+		
Inocybe lanuginosa Bull.	+		
Lactarius subdulcis Fr.	+		
Russula fellea Fr.	+		
Russula grisea Gil.	+		
Russula mairei Singer	+		
Russula nigricans Bul.	+		
Russula ochroleuca Pers. ex Fr.	+		
Russula vesca Fr.	+		
Tricholoma columbetta Fr.	+		
Tricholoma portentosum Fr.	+		
Tricholoma rutilans Sch.	+		
Tricholoma saponaceum Fr.	+		
Tricholoma virgatum Fr.	+		
Boletus chrysenteron Bull. ex Fr.	+	+	
Lactarius vellereus Fr.	+	+	
Craterellus cornucopioides Fr. ex L.		+	
Laccaria laccata Scop.		+	
Russula olivacea Fr.		+	
Russula delica Fr.		+	
Hygrophorus eburneus Bull.		+	+
Lactarius fuliginosus Fr.		+	+
Ammanita vaginata livido pallescens Gill.			+
Clitopilus prunulus Fr.			+
Cortinarius nemoreus Hy.			+
Hygrophorus odophilus Fr.			+
Inocybe feudisca Fr.			+
Inocybe jurana Pat.			+
Russula emetica Fr.			+
Ammanita phalloides Fr.	+		+
Hebeloma crustuliniforme Fr. ex Bull.	+		+

Le rôle des mycorhizes

Le rôle des mycorhizes dans la croissance du hêtre est considérable, comme chez toutes les espèces forestières. Sans mycorhize le hêtre ne pourrait vivre ni se développer normalement.

Ce rôle est très complexe. D'une manière très schématique on peut considérer que les champignons symbiotiques agissent à trois niveaux :

— ils assurent une protection mécanique des racines contre les nombreux agents pathogènes des sols forestiers (*Fusarium, Verticillium, Rhizoctonia...*). Ils assurent aussi une protection chimique en élaborant des substances bactéricides ou en modifiant la composition de la rhizosphère dans un sens défavorable à la microflore pathogène ;

— ils élaborent de nombreuses substances de croissance et de nombreuses vitamines, qui ont un rôle direct sur la morphologie et la croissance du système racinaire, et par là même sur la croissance de l'arbre ;

— ils jouent un rôle considérable dans l'alimentation en éléments minéraux et en eau de l'arbre.

Les possibilités d'exploration du sol sont multipliées dans des proportions très grandes grâce à la présence des hyphes mycéliens externes qui partent du « manteau ». Les hebelomes et les bolets sont de ce point de vue les partenaires les plus efficaces. L'absorption de tous les éléments minéraux est ainsi facilitée, aussi bien celle des éléments majeurs que celle des oligoéléments.

Néanmoins, l'absorption du phosphore bénéficie tout particulièrement de l'action des champignons symbiotiques. En effet, le phosphore est un élément peu mobile dans le sol. Sans mycorhize, il se produit très rapidement une zone de très faible teneur en phosphore autour de la racine qui ne peut plus s'alimenter. Grâce aux hyphes mycéliens des symbiotes efficaces, comme les hebelomes, le phosphore peut être prélevé là où il se trouve, souvent à des distances de plusieurs mm ou cm de la racine.

Nous emprunterons à HARLEY et MAC CREADY (1950), deux exemples de ce rôle des mycorhizes dans l'absorption du phosphore chez le hêtre.

Globalement (tableau 23), l'absorption du phosphore est multipliée par trois environ. Dans cette expérience précisons que le réseau mycélien externe a évidemment été lésé par le prélèvement, ce qui atténue les différences entre les deux systèmes symbiotiques et non symbiotiques. Cependant le manteau à lui seul joue un rôle très important.

TABLEAU 23

Absorption de ^{32}P à partir d'une solution de KH_2PO_4 à pH 5,5
par des racines de hêtre excisées mycorhizées et non mycorhizées
g de P par 100 g de matière sèche
(d'après HARLEY et MC CREADY, 1950)

Séries	Racines de hêtre non mycorhizées	Racines de hêtre mycorhizées
1	0,88	5,18
2	0,75	6,68
3	0,42	1,97
4	0,61	2,72
5	0,72	1,69

La séparation du manteau (tableau 24) accroît évidemment l'absorption et en particulier celle de l'hôte qui est multipliée par 4. Mais dans les deux cas la capacité d'absorption du phosphore par le manteau, à poids sec égal, est passablement plus élevée que celle de la racine du hêtre (10 à 15 fois si la séparation a lieu après immersion, 5 à 8 fois si la séparation a lieu avant).

TABLEAU 24

Absorption du phosphore (radioactivité par milligramme de poids sec)
de mycorhizes de hêtre avec manteau mycélien séparé avant ou après l'immersion
dans une solution 0,16 mM de KH_2PO_4 marqué au ^{32}P
(d'après HARLEY et MC CREADY, 1950)

	Manteau séparé après immersion			Manteau séparé avant immersion		
	Total	Manteau	Racines de hêtre	Total	Manteau	Racines de hêtre
Exp. I	518	1 200	85	1 200	2 370	428
Exp. II	332	795	65,6	971	2 153	265

L'absorption du phosphore soluble par les mycorhizes et son transfert dans les cellules de l'hôte sont des phénomènes actifs qui sont liés à l'activité métabolique comme le montrent la figure 43 et le tableau 25.

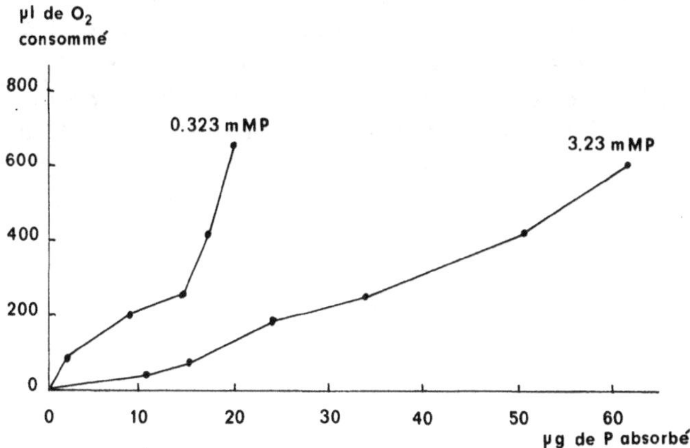

FIG. 43. – *Relations entre l'absorption d'Oxygène et de Phosphore* (pour 100 mg de poids sec de mycorhize de hêtre) *dans deux solutions contenant 3,23 et 0,323 mM de KH₂PO₄* (d'après HARLEY, 1939).

L'oxygène, la température ou des inhibiteurs du métabolisme jouent un très grand rôle dans l'absorption et le transfert du phosphore. Par exemple l'application d'une basse température réduit considérablement l'absorption du phosphore par le manteau ainsi que son transfert (Tableau 25).

TABLEAU 25

Effet de la température et d'une solution diluée d'acide sur l'absorption du phosphore par les mycorhizes de hêtre et sur leur transfert dans les tissus de l'hôte
(HARLEY, MC CREADY, BRIERLEY, 1953)

Traitements	$16^{o}5$			$2^{o}5$			$16^{o}5 + 0,2$ mM d'azide		
Concentration du milieu en P en mM	0,032	3,23	32,3	0,032	3,23	32,3	0,032	3,23	32,3
P total absorbé en g	6,2	62,0	185	1,0	19,0	52,0	0,6	25,0	36,0
P absorbé par le manteau en g	5,5	52,0	96,0	0,94	12,2	29,0	0,34	5,3	33,5
P absorbé par l'hôte	0,7	10,0	89,0	0,10	6,9	23,0	0,23	10,1	35,5

Si le manteau joue un rôle certain dans l'absorption des orthophosphates, il joue un autre rôle en stockant le phosphore dans ses hyphes, puis
en le transférant ensuite à l'arbre au fur et à mesure de ses besoins. La
forme de stockage est controversée. HARLEY émet l'hypothèse que le phosphore s'accumule sous forme organique ou sous forme de polyphosphates,
dans le manteau. D'autres auteurs pensent qu'il s'accumule plutôt sous
forme d'orthophosphates. Il est intéressant de donner le schéma de HARLEY
(1969) sur le transfert du phosphore chez le hêtre.

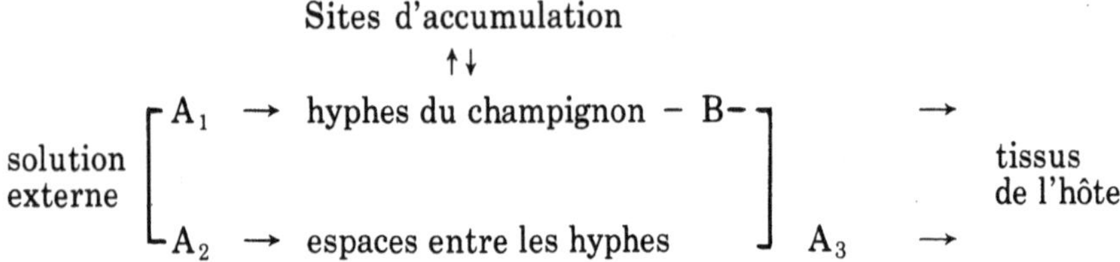

Les champignons symbiotiques permettent à l'arbre d'avoir accès à
des formes moins solubles de phosphore. Par exemple, on a pu montrer que
les mycorhizes du hêtre émettaient des phosphatases qui hydrolysaient les
formes organiques de phosphore et libéraient dans le milieu des ortophos-
phates. Or, on sait que dans le sol le phosphore organique peut représenter
60 à 70 % du phosphore total.

De même, les champignons symbiotiques émettent des acides organiques et des substances de type « chélate » qui peuvent solubiliser les
formes peu solubles du phosphore comme les phosphates tricalciques, les
phosphates de fer ou d'aluminium, ou le phosphore adsorbé sur les cations
du sol (Ca^{++}, Al^{+++}, Fe^{+++}).

CONCLUSIONS

Le hêtre, comme les autres arbres, ne peut pratiquement assurer son
alimentation minérale que grâce à l'existence des champignons symbiotiques mycorhiziens. Les mycorhizes sont particulièrement actives dans le
prélèvement et le transfert du phosphore. Elles jouent également un rôle
moins bien connu dans la nutrition en autres éléments minéraux. Elles
interviennent enfin en protégeant les racines contre la microflore pathogène du sol et en synthétisant de nombreuses substances de croissance et
de nombreuses vitamines.

Le nombre d'espèces de champignons symbiotiques du hêtre est très
élevé et loin d'être totalement connu. Il existe des symbiotes fongiques

particulièrement efficaces comme les hebelomes, alors que d'autres ont une efficacité très faible comme *Cenococcum graniforme*.

Or, ces espèces peu efficaces ont souvent une extension considérable et occupent une grande partie du système racinaire. Si on arrivait à favoriser le développement des espèces efficaces on pourrait espérer améliorer la croissance du hêtre.

4.6. LES ÉLÉMENTS DANS LES FEUILLES. PRINCIPALES VALEURS DE DIAGNOSTIC

par

François LE TACON

D'une manière générale les feuillus, en dehors du peuplier, n'ont fait l'objet que de peu d'études de nutrition minérale. Il est cependant nécessaire de connaître les principales valeurs de diagnostic de nutrition minérale et les variations saisonnières. Nous nous référerons principalement à

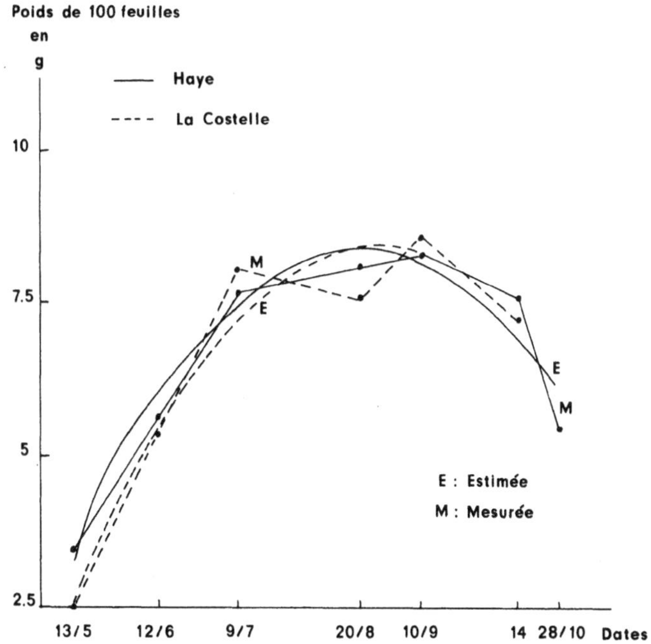

FIG. 44. – *Variation du poids sec des feuilles de hêtre au cours de l'année 1969.*
(d'après LE TACON, TOUTAIN, 1973)

deux études (LE TACON, TOUTAIN, 1973 et LEPOUTRE, TEISSIER du CROS, 1979).

Variations saisonnières de la composition minérale des feuilles de hêtre : La variabilité saisonnière des différents éléments minéraux des feuilles de hêtre est globalement assez semblable à celle du peuplier (TOU- ZET et HEINRICH, 1970 ; GARBAYE, 1972) ou du chêne (LEROY, 1968).

L'évolution au cours de la saison de végétation de la teneur en eau des feuilles et de leur poids montre l'existence de trois phases principales (fig. 44) :

— une première phase de synthèse de matière carbonée avec trans- fert d'éléments minéraux vers les feuilles ;

— une deuxième phase qui débute au mois de juillet et se termine vers la fin août. Au cours de cette phase les phénomènes de synthèse foliaire, et les phénomènes de migration vers d'autres organes tendent à s'équilibrer, au moins du point de vue pondéral ;

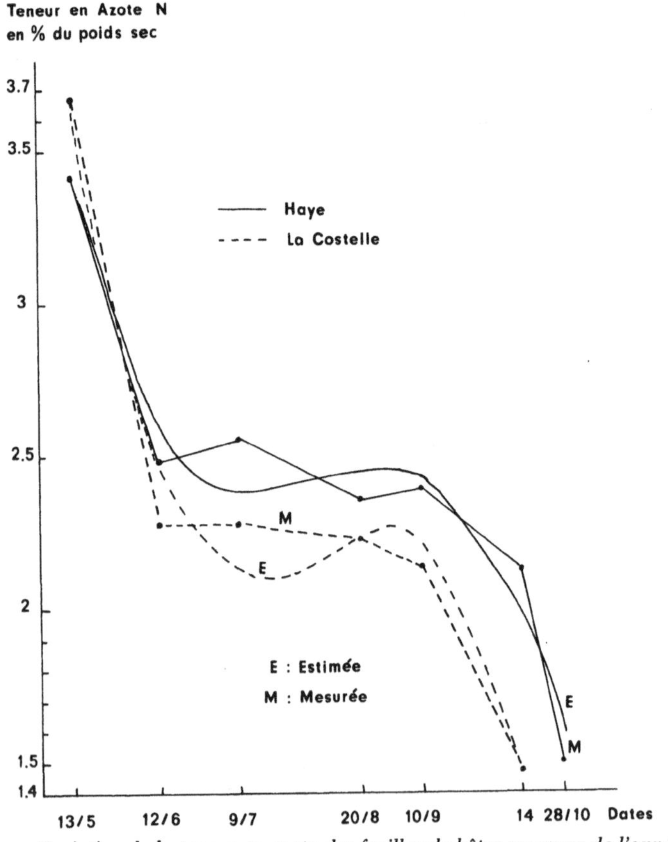

FIG. 45. — *Variation de la teneur en azote des feuilles de hêtre au cours de l'année 1969.*
(d'après LE TACON, TOUTAIN, 1973)

– une troisième phase débute en septembre. Au cours de cette période il y a prédominance de transferts vers les zones productrices de bois ou de réserves sur les phénomènes de synthèse foliaire.

L'azote (fig. 45), le potassium et le phosphore présentent une évolution décroissante avec un palier pendant les mois de juillet et d'août. Le magnésium présente une évolution décroissante continue.

Une évolution inverse, sans palier, aboutit à la concentration du calcium, du silicium, du manganèse et du fer en fin de période de végétation dans les feuilles (fig. 46).

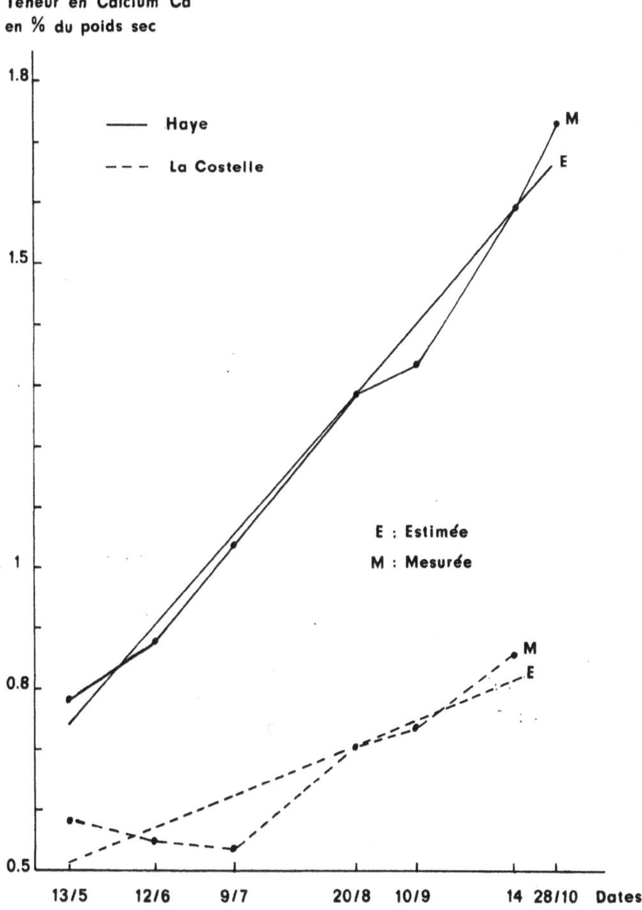

FIG. 46. – *Variations de la teneur en calcium des feuilles de hêtre au cours de l'année 1969.*
(d'après Le Tacon, Toutain, 1973)

Variations de la composition minérale des feuilles de hêtre en fonction du type de station : Une étude effectuée sur 65 peuplements de l'est de la France (Le Tacon, Toutain, 1973) montrent que deux éléments, le manganèse et le calcium, sont très variables d'une station à l'autre (faible teneur en manganèse et forte teneur en calcium sur les sols calcaires, forte teneur en manganèse et faible teneur en calcium sur les sols les plus acides). Par contre la teneur en azote total des feuilles ne varie qu'assez peu en fonction du type de sol (tableau 26).

TABLEAU 26

Variations stationnelles de la teneur en éléments minéraux
des feuilles de hêtre dans l'est de la France au mois d'août 1969
65 peuplements adultes
(d'après LE TACON, TOUTAIN, 1973).

Eléments minéraux totaux des feuilles de hêtre par rapport à la matière sèche	Moyenne observée	Ecart type	Maximum observé	Minimum observé
N %	2,02	0,117	2,24	1,77
P %	0,16	0,06	0,29	0,125
K %	0,89	0,136	1,23	0,63
Ca %	1,21	0,347	1,83	0,63
Mg %	0,16	0,03	0,25	0,07
Mn ‰	1,45	1,28	4,71	0,22
Fe ‰	0,16	0,09	0,39	0,04

Variations en fonction du génotype : Dans une étude de LEPOUTRE et TEISSIER du CROS (1979), dont les conséquences génétiques et pratiques sont données au § 84-2, les teneurs en éléments minéraux des feuilles ont été mesurées sur des semis d'un an, fin août. Ces mesures portaient sur 6 provenances, originaires pour 3 d'entre elles de sols acides et pour les 3 autres de sols carbonatés ou de roche-mère calcaire, semées sur milieu acide et milieu alcalin. Le tableau 27 donne les teneurs observées et leurs variations.

Principales valeurs de diagnostic foliaire : Il est intéressant de connaître les niveaux optimum ou les seuils de carence des divers éléments minéraux dans les feuilles. Ces niveaux sont assez mal connus, nous ne donnerons que des approximations et seulement pour les principaux éléments (tableau 28).

TABLEAU 27

Variation entre provenances de la teneur en éléments minéraux
de feuilles de semis d'un an de hêtre, dans deux milieux
(d'après LEPOUTRE et TEISSIER DU CROS, 1979)

Eléments minéraux totaux des feuilles de hêtre par rapport à la matière sèche	Moyenne des six provenances	Ecart type	Maximum observé	Minimum observé
Milieu acide (pH = 4,9)				
N %	1,94	0,065	2,08	1,88
P %	0,28	0,011	0,30	0,26
K %	0,27	0,013	0,28	0,25
Ca %	1,56	0,126	1,73	0,63
Mg %	0,31	0,016	0,33	0,29
Mn %	0,11	0,027	0,14	0,15
Fe %	0,08	0,012	0,09	0,06
Cu ppm	17,1	2,999	21,2	14,1
Milieu alcalin (pH > 7,5)				
N %	1,95	0,093	2,11	1,87
P %	0,26	0,013	0,28	0,24
K %	0,22	0,051	0,30	0,15
Ca %	1,64	0,095	1,74	1,48
Mg %	0,35	0,021	0,37	0,32
Mn %	0,01	0,005	0,18	0,006
Fe %	0,05	0,005	0,05	0,06
Cu ppm	13,7	2,787	11,8	19,2

TABLEAU 28

Niveau optimum et seuils de carence des principaux éléments minéraux
des feuilles de hêtre adulte au mois d'août.
Ces seuils sont probablement différents pour de jeunes plants,
notamment pour le potassium (voir tableau 27)

	Optimum	Seuil de carence
Azote en % (N)................	1,30	0,80
Phosphore en % (P)	0,20	0,08
Potassium en % (K)	0,90	0,50
Calcium en % (Ca)	1,40	?

BIBLIOGRAPHIE

AUSSENAC G., 1975. Couvert forestier et facteurs du climat : leurs interactions. Conséquences écophysiologiques chez quelques résineux. Thèse doct. Etat : sc. nat. : Nancy, Université Nancy I. − 234 p.

BALUT S., 1956. [Der Einfluss der Tageslänge und der Temperatur auf den Verlauf des einjährigen Lebens Zyklus der Sämlinge **Fagus silvatica** L. und **Abies alba** Mill.]. *Ekol. pol.*, ser. A, **4** (8), 225-292, texte polonais, résumé allemand.

BOULLARD B., 1968. Les mycorhizes. Paris : Masson. − 135 p.

BRAUN H.J., 1976. Neueste Erkenntnisse über das Rindensterben der Buchen : Grundursache und der Krankheitsablauf, verursacht durch die Buchenwolls-childlaus **Cryptococcus fagi** Bär. *Allg. Forst. Jagdztg*, **147** (6/7), 121-130.

DENNE M.P., 1976. Wood production and structure in relation to bud activity in some softwood and hardwood species. *In* : Wood structure in biological and technological research. La Haye : Leiden university press (Leiden bot. ser., 3), 204-211.

DUCREY M., 1981. Etude bioclimatique d'une futaie feuillue (**Fagus silvatica** L. **Quercus sessiliflora** Salisb.) de l'Est de la France. III : Potentialités photo-synthétiques des feuilles à différentes hauteurs dans le peuplement. *Ann. Sci. for.*, **38** (1), 71-85.

EDELIN C., 1977. Image de l'architecture des conifères. Thèse doct. : sci. biol. : Montpellier : Univ. des Sciences et Techniques du Languedoc. 254 p.

ESAU K., 19645. Plant anatomy. 2ᵉ ed. New York, London, Sydney : John and Sons. − 767 p.

GARBAYE J., 1972. L'influence de la date et de la hauteur de prélèvement sur les résultats de l'analyse foliaire chez deux clones de peuplier. *Ann. Sci. for.*, **29** (4), 451-463.

HARLEY J.L., 1969. The biology of mycorrhiza. London : Leonard Hill. − 334 p.

HARLEY J.L., Mc CREADY C.C., 1950. Uptake of phosphate by excised mycorrhiza of beech. *New Phytol.*, **49**, 388-397.

HARLEY J.L., Mc CREADY C.C., BRIERLEY J.K., 1953. Uptake of phosphate by excised mycorrhiza of beech. *New Phytol.*, **52**, 124-132.

HARLEY J.L., Mc CREADY C.C., BRIERLEY J.K., JENNINGS D.H., 1956. The salt respiration of excised beech mycorrhizas II. *New Phytol.*, **55** (1), 28.

HOFFMANN G., 1972. Wachstum-Rhythmik der Wurzeln und Sprossachsen von Forstgehölzen. *Flora*, **161**, 303-319.

HOFFMANN G., 1974. Beendigung des Wurzelwachstums in der Vegetationsperiode und Zuwachs von Wurzeln in Winter. *Beitr. Forstwirtsch.* (8), 38-41.

JOST L., 1894. Uber den Einfluss des Lichtes auf den Knospentreibe der Rotbuche. *Ber. dtsch. Bot. Ges.*, 188-197.

KLEBS G., 1914. Uber das Treiben der einheimischen Bäume speziell der Buche. *Abhandlung der Heidelberger Akademie der Wissenschaften 3*, Heidelberg, 116 p.

KOLTZENBURG Ch., 1967. Der Einfluss von Lichtgenuss, soziologischer Stellung und des Standortes auf Holzeigenschaften der Rotbuche (*Fagus silvatica* L.). Congrès IUFRO XIV. 1967. Munich. − Section 41, 210-235.

KÖSTLER J.N., BRUCKNER E., BIBELRIETHER H., 1968. Die Wurzeln der Waldbäume. Berlin : P. Parey. − 248 p..

LADEFOGED K., 1939. Untersuchungen über die Periodizität im Ausbruch und Längenwachstum der Wurzeln bei einigen unserer gewöhnlichen Waldbäume. *Forstl. Forsoegsvaes. Dan.*, (16) 1, 256 p.

LAVARENNE S., CHAMPAGNAT P., BARNOLA P., 1971. Croissance rythmique de quelques végétaux ligneux des régions tempérées cultivés en chambre climatisée à température élevée et constante sous diverses photopériodes. *Bull. Soc. bot. Fr.*, **118**, (3-4), 131-162.

LEPOUTRE B., TEISSIER DU CROS E., 1979. Croissance et nutrition de semis d'un an de hêtre (*Fagus silvatica L.*) de différentes provenances, élevés sur substratum naturel acide et sur même substratum calcarifié. *Ann. Sci. for.*, **36** (3), 239-262.

LEROY Ph., 1968. Variations saisonnières des teneurs en eau et en éléments minéraux des feuilles de Chêne (*Quercus pedunculata*). *Ann. Sci. for.*, **25** (2), 83-117.

LE TACON F., OSWALD H., 1977. Influence de la fertilisation minérale sur la fructification du hêtre (*Fagus silvatica*). *Ann. Sci. for.*, **34** (2), 81-109.

LE TACON F., TOUTAIN F., 1973. Variations saisonnières et stationnelles de la teneur en éléments minéraux des feuilles de hêtre (*Fagus silvatica*) dans l'Est de la France. *Ann. Sci. for.*, **30** (1), 1-29.

MAC QUEEN D.R., 1968. The quantitative distribution of absorbing roots of *Pinus silvestris* and *Fagus silvatica* in forest succession. *Oecol. Plant.*, **3**, 83-99.

MANIL G., DELECOUR F., FORGET G., EL ATTAR A., 1963. L'humus facteur de station dans les hêtraies acidophiles de Belgique. *Bull. Inst. agron. Stn. Rech. Gembloux*, **31** (1), 28-102, (2) 183-122.

MEJSTRIK V., DOMINIK T., 1969. The ecological distribution of mycorrhiza of beech. *New Phytol.*, **68**, 689-700.

MEYER F.H., GÖTTSCHE D., 1971. Distribution of roots tips and tender roots of beech. *In* : Integrated experimental ecology/Ed. H. Ellenberg. Berlin : Springer (Ecological studies, 2), 48-52.

RENARD Ch., 1971. Quelques caractères des auxiblastes chez le Hêtre en Haute-Ardenne. *Lejeunia, Rev. Bot.*, **59,** 1-14.

RIEDACKER A., PODA V., 1977. Le système racinaire de jeunes plants de hêtre et de chêne. I : Modification de leur morphogénèse par décapitation d'extrémités de racines et conséquences pratiques. *Ann. Sci. for.,* **34** (2), 111-135.

RIEDACKER A., 1978. Rythmes de croissance et de ramifications des systèmes racinaires de jeunes cèdres *in situ* et en chambre climatisée. Symposium IUFRO Physiologie des racines et Symbioses. Nancy, 11-15 sept. 1978, 71-85.

SCHULZE E.D., KOCH W., 1971. Measurement of primary production with cuvettes. In : DUVIGNEAUD P., Ed. Productivité des écosystèmes forestiers (1969), Paris : UNESCO, 141-157.

TOUTAIN F., DUCHAUFOUR Ph. Etude comparée des bilans biologiques de certains sols de hêtraies. *Ann. Sci. for.,* **27** (1), 39-61.

TOUTAIN F., 1972. Etude comparée de deux hêtraies sur grès rhétien : divergences pédoclimatiques et biochimiques. *Bull. Ec. natl. super. Agron. Ind. aliment. Nancy,* **14** (1), 103-116.

TOUZET G. et HEINRICH J.C., 1970. Concentrations foliaires en azote, phosphore, potassium et calcium du peuplier c.v. « I 214 ». Association Forêt Cellulose. Compte rendu d'activité. 103-134.

VOIRY M., 1980. Les ectomycorhizes du hêtre et du chêne dans le Nord-Est de la France. Champenoux : INRA - Station de recherches sur les sols forestiers et la fertilisation. − 73 p. (Mémoire ENITEF, 3e année.

WAREING P.F., 1953. Growth studies in woody species. V : Photoperiodism in dormant brids of *Fagus silvatica* L. *Physiol. plant.,* **6**, 692-702.

CHAPITRE 5

SYLVICULTURE

Régénération de hêtre en forêt de Haye (Meurthe-et-Moselle)

5. – SYLVICULTURE

5.1. HISTORIQUE ET OBJECTIFS

par

Jean PARDÉ

Avant l'époque gallo-romaine, bien des forêts de notre pays, du moins dans les régions de plaines et collines, voyaient hêtre et chêne cohabiter en mélange ; et l'état de forêt vierge favorisait le plus souvent le hêtre, essence d'ombre.

Vint le temps de la cueillette : « on allait chercher çà et là l'arbre qui convenait : c'était une sorte de furetage, sans inconvénient au début » (PLAISANCE, 1979).

Ce jardinage pied par pied, ou par petits bouquets, favorisait aussi le hêtre aux dépens du chêne.

Forêts inexplorées et inutilisées, forêts soumises à cueillette, voisinaient ou s'interpénétraient à l'époque de la conquête romaine. Mais le territoire dit « agricole » fut alors divisé en « domaines » *(fundi)*, chaque domaine intégrant une forêt dont une partie était exploitée en taillis à très courte révolution (10 ans ou moins encore) pour fournir le bois de chauffage *(sylvae caeduae,* ou *sylvae minutae)* et d'où le hêtre disparut peu à peu (HUFFEL, 1927) (1).

Les Romains aimaient et connaissaient bien le hêtre. VIRGILE l'évoque en des vers toujours célèbres :

> *Tityre, tu patulae recubans sub tegmine fagi,*
> *Sylvestrem tenui musam meditaris avena* (2)

---

(1) MATHEY (1929), cet excellent connaisseur des taillis et taillis-sous-futaie de l'est de la France remarque fort justement : « le hêtre est absent des taillis exploités à 20 ans et moins ; il est sporadique dans les taillis exploités à 30 ans, et abondant seulement dans les taillis exploités à 40 ans et plus ».

(2) Tityre, toi qui reposes sous la majestueuse frondaison d'un hêtre,
    Tu égrènes un air pastoral sur ton frêle pipeau.

(BUCOLIQUES I)

Et PLINE le désigne d'une façon qui ne laisse aucun doute à ce sujet :

« Son gland, qui ressemble à un noyau, est recouvert d'une peau triangulaire *(Fagi glans nucleis similis, triangula cute includitur)*. Sa feuille est mince et légère, elle ressemble à celle du peuplier, et jaunit très vite... les mulots, les loirs, les grives en mangent la graine avec avidité. Il ne porte de fruits en abondance que deux ans en deux ans, etc. »

(Pline, lib. XVI)

On retrouve, de plus en plus nombreuses, au Moyen-Age, ces exploitations en taillis à très courte révolution (3), très défavorable au hêtre. On développe aussi ce système des coupes « par *tire et aire* » dans les forêts feuillues, coupes très fortes ne laissant que 20 à 40 réserves à l'hectare, inondant la coupe de lumière, favorisant donc des arbres tels que le chêne, le frêne et le merisier, au détriment du hêtre. (PLAISANCE, 1979).

Excellent bois de feu, disait-on, mais piètre bois de construction... Il y avait autre chose aussi.

Pour mieux comprendre ce qu'il advint de l'arbre au fil des siècles, il ne faut pas oublier son rôle dans cette utilisation constante et capitale des forêts aux temps anciens, le panage : « c'est le droit de faire manger par des porcs les fruits des arbres des forêts, comme le gland, la faîne, etc. (BAUDRILLART, 1825) (4).

Egaux en mérite dans les premiers siècles de notre ère, il apparut peu à peu que le gland de chêne était plus apprécié que celui du hêtre par les suidés. L'homme, sur un plan différent, préférant le bois de chêne au bois de hêtre pour ses charpentes, ses meubles et ses navires, le discrédit relatif du hêtre vint, et sa décadence.

On en arriva au chêne, essence noble, scrupuleusement réservée, et au hêtre, essence méprisée, objet souvent d'une véritable chasse, qui dura plusieurs siècles (PLAISANCE, 1950).

Il n'en fut pas toujours de même en montagne où au même moment, le hêtre était préféré au sapin qu'on éliminait pour lui faire place. Les vastes hêtraies des Pyrénées ont souvent cette origine.

Un forestier lutta contre cette tendance, dans un « traité du hêtre » qui mérite encore considération : DRALET (1824), qui fut longtemps sous la

---

(3) Ce n'est qu'en 1563 que l'âge de 10 ans fut imposé comme un minimum (HUFFEL, 1927).

(4) *Fagus* vient du grec *fagô*, je mange : les fruits sont comestibles ; le mot « gland » ne désignait pas spécialement le fruit du chêne, mais celui de tout arbre feuillu. On disait *glans quercus, glans fagi* (voir plus haut notre citation de Pline), etc. Les gaulois nommaient indistinctement gland — de chêne, de hêtre, de châtaignier — le fruit de ces arbres. BAUDRILLART (1825) pour démontrer sur un exemple comment calculer la quantité de porcs « à mettre à la glandée » dans une forêt, prend du reste l'exemple d'une futaie de hêtre.

révolution, puis le premier empire, à la tête de la conservation de Toulouse (5). Il écrit ce qui suit, s'agissant des forêts pyrénéennes :

« Comme la valeur vénale du hêtre ne s'élève guère qu'à la moitié de celle du sapin, il faut, soit que l'on éclaircisse, soit que l'on jardine les forêts composées de ces deux essences, et favoriser la naissance et la croissance de la seconde aux dépens de la première. Il faut surtout enlever aux forêts clairsemées les hêtres séculaires, dont les longues branches latérales couvrent un grand espace qu'elles condament à la stérilité ».

DRALET demandait aux adjudicataires de coupes non seulement d'abattre les gros hêtres, mais aussi de procéder à l'extraction des souches, « puisque ces souches, indestructibles sous la terre, occupent inutilement une place sur laquelle ne peut naître aucune essence forestière ». On doit ensuite combler les trous, et semer des graines résineuses.

Mais les montagnards, longtemps, préférèrent le hêtre au sapin; ils ne lisaient pas DRALET ! ...

Vint le milieu du XIXe siècle, l'apparition et bientôt la toute puissance du charbon, tant à la maison qu'à l'usine, les transports par chemin de fer...

Le « bois d'œuvre » assura peu à peu sa suprématie sur tout autre, et il ne s'agissait pas cette fois que du chêne seul. Les forestiers engagèrent la bataille des conversions en futaie, avec les difficultés et les succès que l'on sait (BLAIS, 1936). Parallèlement, les révolutions des taillis s'allongeaient, les réserves des taillis-sous-futaie s'enrichissaient.

Là encore, l'évolution des techniques forestières fut différente en plaine et en montagne : en plaine et collines, conversions en futaie, allongements des révolutions de taillis permirent au hêtre de reconquérir une partie du terrain qu'il avait perdu, et même de devenir souvent adversaire dangereux pour le chêne, occupateur abusif de stations usurpées.

Mais, disparue en plaine, la chasse au hêtre se transporta en montagne, où les forestiers s'accordèrent pour redonner au sapin et à l'épicéa la place que l'écologie, comme l'économie, justifiaient conjointement.

Bonne cause au départ, où des excès furent commis sans aucun doute, et pèsent encore aujourd'hui sur les paysages forestiers.

De meilleures connaissances scientifiques, notamment aux plans écologique et écophysiologique, une meilleure prise de conscience des réalités économiques, semblent avoir ramené le balancier sylvicole à une moyenne raisonnable : le hêtre a repris place normale dans de nombreuses forêts où il ne semblait plus avoir droit de cité. Les traitements en futaie lui

---

(5) Excellent forestier, né en 1760, qui sut assurer une certaine continuité forestière depuis l'ancien régime jusqu'à la restauration (sur DRALET, voir HUFFEL (1927), pages 174-178.

conviennent bien, et leurs techniques s'affinent. Régénérations naturelle et artificielle, conduite des peuplements, ont fait des progrès importants que nous allons maintenant examiner.

5.2. **REPRODUCTION**

5.21. **BIOLOGIE DE LA REPRODUCTION SEXUÉE**

par

Bernard THIEBAUT et Philippe VERNET

5.211. **Age et floraison**

Le hêtre est monoïque : les inflorescences ♂ et ♀ occupent des positions distinctes sur le même arbre. Elles sont en général unisexuées.

La maturité sexuelle du hêtre n'est atteinte qu'entre 60 à 80 ans pour un sujet en peuplement dense, alors qu'elle peut se produire entre 40 et 50 ans, pour des sujets isolés (MATHIEU, 1897). Donc, au plus tôt, l'arbre peut commencer à porter des fleurs vers 40 ans. Lorsque cet âge est atteint, l'arbre ne fleurit cependant pas tous les ans ; des facteurs *exogènes,* le climat ainsi que la richesse du sol (LE TACON et OSWALD, 1977), interviennent sur le rythme et sur l'abondance des floraisons. Seuls les arbres âgés fleurissent fréquemment, tous les 2 ans voire même tous les ans (SCHAFFALITZKY de MUCKADELL, 1955) ; les facteurs externes semblent avoir moins d'influence à partir d'un certain âge.

L'état physiologique d'un arbre âgé paraît donc beaucoup plus orienté vers la floraison que celui d'un arbre plus jeune qui est davantage orienté par la croissance végétative et dont la floraison dépend davantage des facteurs externes.

5.212. **Croissance et floraison**

La position des inflorescences sera examinée à trois niveaux distincts en considérant successivement les *rameaux,* les *branches* puis la *couronne.* Le lecteur pourra se reporter au § 4.3 p. 170 pour la terminologie de l'architecture du hêtre.

a) *Rameau*

Les axes portant les inflorescences apparaissent uniquement sur des *rameaux* de l'année où ils occupent une position latérale à l'aisselle des écailles du bourgeon ou des feuilles. Leur développement est *simultané* avec celui de l'axe porteur; le fonctionnement des axes reproducteurs s'affirme donc d'emblée comme très différent de celui des axes végétatifs latéraux au *développement différé* (6).

Les inflorescences ♂ et ♀ se trouvent souvent réunies sur les mêmes rameaux, mais elles occupent des positions distinctes. Les inflorescences ♂, au nombre de 1 à 10, naissent à la base du rameau à l'aisselle des écailles du bourgeon ou des premières feuilles, tandis que les inflorescences ♀, au nombre de 1 à 4, poussent au contraire dans la partie supérieure du rameau à l'aisselle de grandes feuilles.

Les inflorescences sont en général portées par des rameaux d'exploitation. Plus rarement (2 à 3 % des inflorescences ♀), elles apparaissent sur des rameaux d'exploration. Dans ce cas, elles apparaissent toujours à la base de ceux-ci, au niveau des écailles du bourgeon pour les ♂ et de la première et deuxième feuille uniquement pour les ♀, les feuilles supérieures n'axillant que des bourgeons végétatifs. La localisation des inflorescences ♂ semble moins stricte et plus diffuse que celle des ♀. Ceci laisse supposer qu'elles ne sont pas produites à partir des mêmes ressources des arbres.

On s'accorde généralement à penser que la sexualité ♂ demande moins d'énergie que la sexualité ♀ : il paraît donc normal que les fleurs ♂ soient moins exclusivement liées à des zones spécialisées dans les transferts d'énergie (zones d'exploitation).

b) *Branches*

Par la suite, nous envisagerons uniquement la position des fleurs ♀ sur les branches et dans l'arbre.

La floraison ♀ se produit à l'extrémité des *branches* et elle est particulièrement intense sur les rameaux d'exploitation situés dans les zones en élongation (partie « en écouvillon »); elle est plus rare sur les rameaux d'exploitation situés dans les zones en ramification (partie « ramifiée »); enfin elle est faible à nulle dans les zones à croissance ralentie (partie « linéaire »).

La floraison ♀ est donc liée à une certaine maturité des branches qui se manifeste morphologiquement par un fonctionnement en élongation et une forme en écouvillon. Les expériences de SCHAFFALITZKY-de-MUCKA-DELL (1955) confirment l'existence de cet état optimal. En procédant à des

---

(6) Sauf dans le cas rare d'un axe « anticipé » (CHAMPAGNAT, 1954).

greffes sur un arbre florifère, l'auteur constate que seuls les greffons prélevés sur d'autres arbres *dans une zone également florifère* sont aptes à fleurir, les autres non.

c) *Arbre*

A ce niveau, la floraison se produit dans une zone privilégiée à la périphérie de la couronne : dans la zone en élongation. Les fleurs ♀ sont nettement moins nombreuses dans la zone supérieure, c'est-à-dire dans la partie en ramification. Elles sont absentes dans la zone inférieure, dans la partie stabilisée ou soumise à un élagage (fig. 41 au § 43).

5.213. **Facteurs exogènes et floraison**

Précipitations et température de l'été précédent influencent l'abondance de la floraison et par conséquent celle de la faînée consécutive : des températures élevées et de faibles précipitations en juin et juillet entrainent habituellement une floraison abondante au mois de mai de l'année suivante, puis une faînée également abondante à l'automne. La différenciation des bourgeons floraux semble s'effectuer principalement durant le mois de juin et juillet de l'année précédant la floraison, c'est-à-dire 10 à 11 mois avant celle-ci. Les ébauches sont visibles dès fin juillet. Des observations réalisées sur 110 ans montrent que la variation des précipitations a un effet plus important que celle des températures. Cet effet est confirmé expérimentalement. Des traitements au sec en été, appliqués à des greffes réalisées avec du matériel prélevé dans des arbres âgés ont donné des floraisons ♂ et ♀, alors que les greffes arrosées copieusement ont donné une croissance végétative vigoureuse. En outre, plus la période sèche est longue, plus le rapport nombre d'inflorescences ♂ / nombre d'inflorescences ♀ est élevé... Le fait que les inflorescences ♂ ont besoin d'une période de sécheresse plus longue que les ♀ pour être induites est un deuxième argument montrant que les deux types d'infloresences ne sont pas produits à partir des mêmes ressources de l'arbre (HOLMSGAARD et OLSEN, 1961 et 1966).

5.214. **Description des inflorescences ♂ et ♀**
(figure 1, page 36)

Les fleurs ♂ sont réunies par 6-16 en un châton globuleux qui pend à l'extrémité d'un long pédoncule grêle pourvu vers son milieu d'écailles linéaires, allongées. L'inflorescence ♂ est assimilée à une cyme à développement monopodique selon EICHLER (1878), ENGLER et PRANTL (1889).

Chaque fleur est formée d'un calice gamosépale à 5-8 lobes et de 10-

20 étamines aux filets allongés, les anthères oblongues à 2 loges extrorses sont déhiscentes par 2 fentes longitudinales. Les fleurs ♂ peuvent présenter un rudiment d'ovaire.

Les fleurs ♀ sont réunies par 2 (plus rarement 3) dans un involucre 4-lobé, hérissé extérieurement de pointes molles, à l'extrémité d'un pédoncule épais et dressé qui présente des écailles identiques à celles du pédoncule des inflorescences ♂. L'inflorescence ♀ est assimilée à une cyme à développement sympodique (EICHLER, 1878; ENGLER et PRANTL, 1889; BRETT, 1963).

Chaque fleur est formée d'un périanthe dont le limbe libre est divisé en 4-9 filets sous forme de pinceaux plumeux, d'un ovaire trigone, 3-loculaire, 6-ovulé, surmonté de 3 stigmates allongés. Parfois les fleurs ♀ présentent des rudiments d'étamines.

5.215. **Epoque et durée de la floraison**

Dans des conditions moyennes, l'époque de floraison se situe aux alentours de début mai (les hêtraies les plus méridionales commencent fin mars alors que, à l'opposé, en altitude et sous climat froid, elles ne débourrent qu'au début juin). Il existe un *décalage entre la floraison des fleurs mâles et celle des fleurs femelles.* NIELSEN et SCHAFFALITZKY-de-MUCKADELL (1954) ont remarqué qu'*en moyenne* les stigmates des fleurs femelles d'un arbre donné sont réceptifs environ 4 à 5 jours avant que les anthères ne commencent à s'ouvrir et à libérer du pollen dans les fleurs mâles de ce même arbre (situation appelée *protogynie*). Cette protogynie varie d'un arbre à l'autre; pour certains il n'y a pas protogynie mais simultanéité pour la floraison des 2 types de fleurs et même sur certains arbres les fleurs mâles s'ouvrent avant les fleurs femelles *(protandrie).* Néanmoins c'est la protogynie qui est la plus fréquente; elle est étroitement liée aux conditions climatiques précédant et suivant immédiatement la période de floraison. Le degré de protogynie varie pour un arbre donné suivant les années; il est fonction des conditions atmosphériques et serait dû à des exigences différentes pour la floraison des fleurs ♂ et des fleurs ♀ : un temps froid et pluvieux stimulerait le développement des fleurs ♀, tandis que les fleurs ♂ commenceraient à libérer leur pollen seulement après quelques jours d'un temps doux et sec (NIELSEN et SCHAFFALITZKY-de-MUCKADELL, 1954).

La floraison dure environ 9 jours. On peut considérer que pour une population donnée de hêtre, en moyenne, c'est en 7 jours que l'ensemble des styles deviennent réceptifs (on considère que ce stade de réceptivité est atteint lorsque les styles commencent à se recourber), et c'est en 4 jours que l'ensemble des anthères sont déhiscentes et laissent échapper le pollen; un décalage moyen de 4 à 5 jours existe donc entre le début de ces

2 périodes. Les fleurs ♀ d'un arbre, ouvertes avant la déhiscence des étamines de la plupart des autres arbres de la même population, peuvent soit être pollinisées par le pollen d'un arbre plus précoce de la population — ou d'une autre population (allogame) — soit après 4 ou 5 jours (au plus) recevoir immédiatement son propre pollen (autogame) ou un autre d'origine variée (allogame). En effet, des expériences de pollinisation ont permis de déterminer que les fleurs ♀ qui n'ont pas été pollinisées restent réceptives pendant une période de 10 à 14 jours. Le tableau 30 résume la situation la plus fréquemment rencontrée.

TABLEAU 30

Floraison des fleurs ♂ et ♀ d'un individu de Fagus sylvatica *L.*
Situation la plus fréquemment rencontrée en Europe moyenne

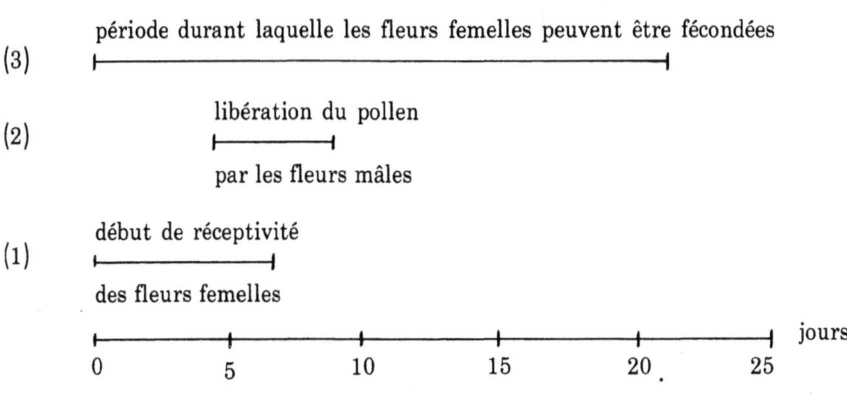

(1)   Le jour 0 correspond à la réceptivité de la 1re fleur ♀ épanouie sur l'arbre; c'est, en moyenne, le 7e jour après la réceptivité de la 1re fleur ♀ que l'ensemble des fleurs ♀ d'un arbre sont réceptives.

(2)   C'est le 4e ou 5e jour après la réceptivité de la 1re fleur ♀ que les 1re fleurs ♂ commencent à libérer leur pollen; la libération du pollen dure environ 4 jours; elle est donc terminée vers le 10e jour.

(3)   Une fleur femelle reste réceptive pendant 14 jours; la période maximale pendant laquelle les fleurs d'un arbre peuvent être fécondées est d'environ 21 jours.

5.216. **Pollinisation**

La pollinisation est dite anémophile. Le vent peut réaliser des transferts sur de très longues distances. Cette efficacité est attestée par des captures de grains de pollen. Les courbes obtenues (figures 47 et 48) font apparaître :
  − des transports de pollen européen au delà de la Méditerranée (Oran);

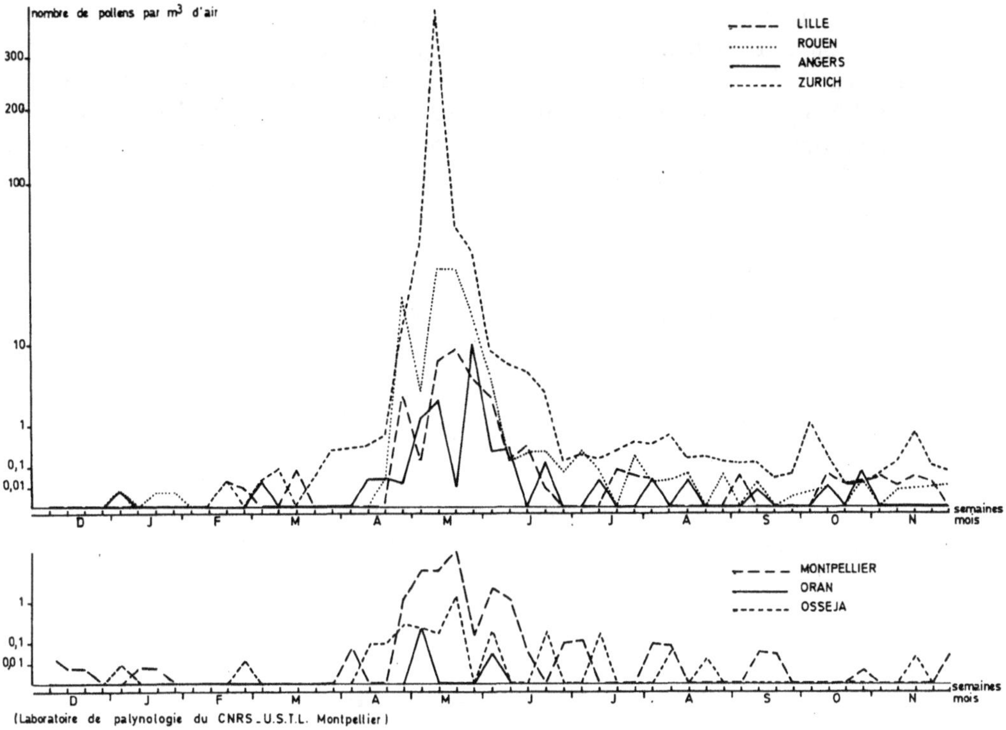

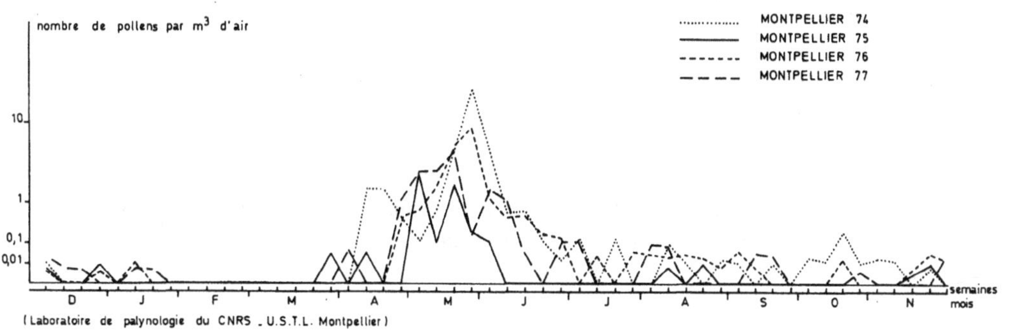

FIG. 47. – *Captures de grains de pollen* de Fagus sylvatica *L. dans l'atmosphère – en 1977 dans plusieurs stations.*

FIG. 48. – *Captures de grains de pollen* de Fagus sylvatica *L. dans l'atmosphère – pendant 4 années consécutives à Montpellier.*

- une plurimodalité des courbes dans chaque station (à Montpellier, Zurich, Lille, Rouen, Angers, Oran et Osséja) et chaque année (à Montpellier);
- une variabilité assez importante d'une année sur l'autre (à Montpellier).

Le premier point confirme donc bien que le hêtre est une espèce
anémophile. Le nombre de pollens capturés augmente et devient supérieur
à 1 par m³ d'air au moment de la floraison. Lors de cet optimum les
courbes présentent des accidents, irréguliers d'une année à l'autre; les
diminutions de la fréquence des grains sont à mettre en rapport avec des
épisodes pluvieux néfastes au transport des pollens par le vent. En dehors
de la période de floraison le nombre de grains est toujours faible, inférieur à
1 et même à 0,1 par m³ d'air, ces captures sont essentiellement dues à des
reprises par le vent de pollens déposés.

Bien que la production de pollen n'ait pas lieu tous les ans, la
floraison ♂ est beaucoup plus régulière que la floraison ♀. Ceci pourrait
s'expliquer, soit par le fait que la formation des fleurs ♂ est moins
sensible que celle des fleurs ♀ à la durée de la sécheresse estivale, soit au
fait que toutes les populations de hêtre d'une vaste région ne se comportent
pas de la même manière chaque année pour fleurir, soit encore aux deux à
la fois. Mais la quantité de pollen varie d'une année à l'autre dans une
même station. Les conditions climatiques interviennent donc non seulement sur le transport mais vraisemblablement aussi sur l'abondance de la
floraison ♂.

5.217. Mode de fécondation

Le mode de reproduction le plus naturel chez le hêtre est la fécondation croisée ou allogamie. D'après NIELSEN et SCHAFFALITZKY de MUCKA-
DELL (1954), sur 23 arbres fécondés artificiellement, le nombre de graines
issues d'autofécondation est faible (8 % : 444 graines fertiles sur
5 546 fleurs autofécondées) par rapport aux mêmes arbres fécondés libre-
ment (60 % : 5 770 graines fertiles pour 9 535 fleurs). Le degré d'autostéri-
lité est variable. Cinq arbres, parmi les 23 précédents ont produit plus de
10 % de graines fertiles. Le maximum observé, pour un arbre est 40 %. En
conditions naturelles, il est probable que la concurrence entre allo-pollen et
auto-pollen diminue ce taux d'autofécondation. Par ailleurs, les semis issus
d'autofécondation sont moins vigoureux que ceux issus de fécondation libre.

5.218. Développement de la fleur en fruit

Le grain de pollen germe sur le stigmate mais doit attendre 3 semaines environ avant que l'ovule soit prêt à être fécondé. Il faut trois nouvelles
semaines pour que l'ovule fécondé double de taille (2 mm); les 5 autres, non
fécondés, se décomposent. L'accroissement de l'ovaire n'est visible que
8 semaines après la germination du pollen sur le style.

L'involucre de l'inflorescence s'accroît formant une cupule hérissée de pointes et chacune des 2 fleurs donne un fruit trigone : la faîne. Exceptionnellement une fleur femelle non fécondée peut donner un fruit (parthenocarpie). La faîne produite est stérile, elle est dépourvue d'embryon (BÜSGEN *in* NIELSEN et SCHAFFALITZKY de MUCKADELL, 1954).

5.22. **PHYSIOLOGIE DE LA REPRODUCTION VÉGÉTATIVE**

par

Daniel CORNU

Le hêtre ne fait qu'assez peu l'objet d'une multiplication végétative. Ce n'est que dans le cadre de la constitution de parcs à clones, de vergers à graines ou pour certaines études génétiques (études de structure de peuplement par exemple) qu'il est fait appel à cette technique de reproduction.

On ne connaît pratiquement pas d'exemple de multiplication végétative naturelle des *Fagus*. Néanmoins BEDNARZ (1971) cite trois cas d'enracinement spontané de rameaux au sol (marcottage). Dans tous les cas, les branches ne se sont pas affranchies et n'ont pas reconstitué de pousse orthotrope. La multiplication par marcottage paraît cependant plus fréquente pour la forme « tortillard » (Faux de Verzy).

1) *Le greffage.* C'est l'unique technique utilisée pour la constitution des vergers à graines et des parcs à clones. Il ne pose pas de problème essentiel ; il est en général effectué au printemps, soit en serre, soit directement à l'extérieur. Le porte-greffe (semis de 2 à 3 ans) en pot est greffé en fente, en placage simple ou en placage sous lanières. Néanmoins, plusieurs variantes peuvent être adoptées. Un porte-greffe en activité (mais non débourré), une bonne ligature et un bon enrobage sont garants d'une bonne réussite. Celle-ci est variable suivant l'origine des greffons mais peut atteindre aisément 100 %.

2) *Le bouturage.* Méthode excellente de reproduction, cette technique est très peu utilisée chez le hêtre. En effet celui-ci a, à l'image d'autres feuillus, la réputation d'être réfractaire au bouturage.

Pourtant dès 1946 MUHLE-LARSEN démontre la possibilité de la bouturer avec un certain succès, à l'aide de matériel non lignifié. Par prélèvements très tôt en saison (mai) de rameaux herbacés, il obtient des taux d'enracinement avoisinant 60 % avec des sujets de 30 à 60 ans. Ces taux sont très nettement améliorés à l'aide de matériel jeune (semis = 78 %) ou de matériel préparé (plants taillés sous forme de haie = 86 %). Néanmoins, il enregistre une forte mortalité de ses boutures enracinées. L'état physiologique du matériel bouturé joue donc un très grand rôle à l'instar de la variabilité génétique dans la réussite de l'enracinement.

Le développement du matériel enraciné est aussi très largement conditionné par les modalités de bouturage. MUHLE-LARSEN fait remarquer que les boutures doivent être installées très tôt en saison pour qu'elles aient le temps, après la formation des racines, de développer leurs bourgeons et de s'installer avant l'hiver.

Après ces travaux importants, mais limités, le bouturage est retombé dans l'oubli. Un regain d'intérêt en 1974 fit redémarrer certaines études à l'I.N.R.A. (CORNU, *et al.,* 1977). Confirmant les conclusions de MUHLE-LARSEN, ils révèlent aussi :
- la possibilité de multiplier des arbres très âgés (supérieurs à 90 ans) avec une réussite voisine de 90 % à l'aide de rejets herbacés de souche.
- le rôle important joué par l'état physiologique en particulier nutritionnel du pied-mère dans le cas de jeunes plants;
- l'action positive de certains régulateurs de croissance (Acide indol butyrique à 0,5 % par exemple);
- la possibilité d'utiliser un substrat tourbeux fertilisé, favorable à la croissance ultérieure, comme milieu d'enracinement.

Le hêtre fait donc partie des espèces que l'on peut multiplier par bouturage assez aisément sous condition de certaines manipulations physiologiques.

3) *Les cultures in vitro.* Seuls quelques travaux font référence à la mise en culture *in vitro* de tissus de hêtre (JACQUIOT, 1959). Si jusqu'à présent certaines proliférations cellulaires ont pu être obtenues, aucune régénération d'organes n'est intervenue.

5.3. **RÉGÉNÉRATION NATURELLE**

5.31. **IMPORTANCE ET PÉRIODICITÉ DES FAÎNÉES.**
INFLUENCE DES FACTEURS CLIMATIQUES ET SYLVICOLES

par

Helfried OSWALD

Les forestiers s'intéressent depuis très longtemps à l'observation de l'importance et de la périodicité des fructifications du hêtre.

Les difficultés de quantification conduisent généralement à ne retenir que les années de fructifications très importantes (= faînée totale) ou les années d'absence quasi-totale. Les fructifications intermédiaires ou faînées partielles échappent souvent à l'observation.

5.311. **Importance des faînées**

Estimation au niveau d'un peuplement

L'estimation quantitative et qualitative d'une fructification et de ses composantes à l'échelle d'un peuplement ou d'une parcelle nécessite l'installation d'un réseau de pièges. Ces derniers doivent être protégés contre les prédateurs des faînes, essentiellement rongeurs et oiseaux. Nous donnerons la préférence à une disposition systématique des pièges. Quant à leur nombre, il dépend de l'homogénéité de la structure et du couvert du peuplement, de l'importance de la fructification et de la précision souhaitée. Une trentaine de pièges de 0,25 à 1 m^2 de surface réceptive semblent cependant nécessaires. Les écarts-types dans les tableaux 34 et 35, et la figure 50, donnent une indication de la dispersion.

Un échantillonnage au sol après la chute des faînes conduit généralement à une sous-estimation des faînes pleines (7), du fait de la prédation. C'est cependant la méthode la plus facile à mettre en œuvre pour estimer les possibilités de récolte et la qualité des faînées au niveau d'un peuplement.

(7) Nous entendons par faînes pleines, des faînes qui, par opposition aux faînes vides ou avortées, semblent contenir des cotylédons. Cette appréciation se fait au toucher.

Un échantillonnage des cupules tombées au sol fournit une estimation par défaut des inflorescences femelles, la proportion de jeunes inflorescences femelles avortées pendant les huit premières semaines étant assez faible et souvent inférieure à 10 %. A cause de la parthénocarpie, on n'obtient cependant pas une très bonne appréciation qualitative et quantitative de la faînée. Le nombre de cupules par unité de surface est également un bon indice du potentiel de fructification. Il peut être utilisé au niveau arbre ou peuplement. Les cupules n'étant pas soumises à prédation, l'échantillonnage peut encore se faire l'été après la fructification.

Maturation et dissémination

L'involucre de l'inflorescence femelle se développe assez rapidement et peut, 8 à 10 semaines après la floraison, arriver à sa taille finale. Ce n'est qu'à ce moment que les embryons commencent leur croissance et la maturité des faînes est atteinte 6 à 8 semaines plus tard, généralement dans la deuxième quinzaine de septembre.

Durant la maturation de la faîne, on observe une augmentation du poids sec et de la teneur en lipides, une diminution de la teneur en eau et la disparition complète de l'amidon (RÖHRIG *et al.*, 1978).

La chute des fleurs ♂, des faînes et des cupules dépend des conditions climatiques et l'on observe souvent des variations assez importantes entre stations et années. Il existe cependant quelques traits généraux.

La figure 49 représente la chute, en fonction du temps, des différentes composantes de la faînée 1974 dans un dispositif expérimental en forêt

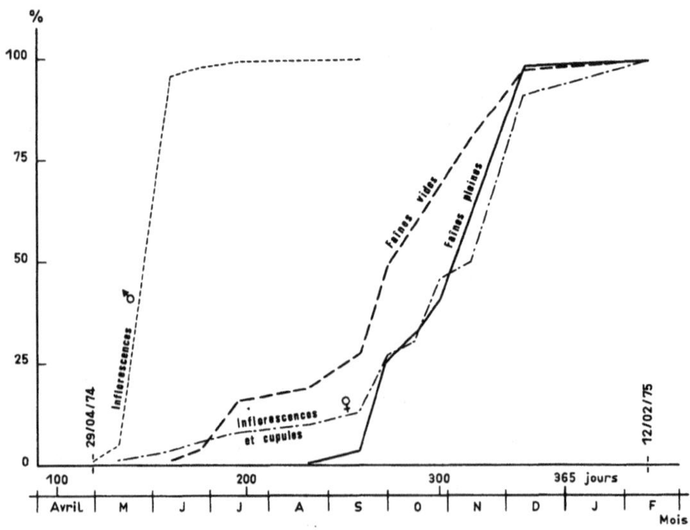

FIG. 49. – *Chute des différentes composantes de la fructification, 1974, en fonction du temps* F.D. de HAYE (54); *fréquences relatives cumulées.*

domaniale de Haye (Meurthe-et-Moselle). Il s'agit d'une très belle futaie pure et équienne de hêtres, supérieure à la première classe de fertilité de la table de production de SCHOBER (âge 119 ans, 216 tiges à l'hectare, 31,5 m^2 de surface terrière).

La chute des inflorescences mâles est généralement très rapide et environ 90 % sont tombées 4 à 6 semaines après la floraison. Le nombre d'inflorescences femelles avortées pendant les 8 à 10 semaines après le débourrement est assez faible (5 à 10 %).

La chute des cupules s'étend sur une période assez longue et une bonne proportion de cupules contenant des faînes vides (parthénocarpie) peut, certaines années, rester sur l'arbre pendant tout l'hiver et parfois même jusqu'à l'été suivant. Il semble que certains arbres retiennent leurs cupules parthénocarpiques plus longtemps que d'autres.

La chute des faînes vides commence environ 4 semaines avant celle des faînes pleines − il s'agit surtout de faînes parasitées − et l'on observe souvent un deuxième maximum constitué de faînes avortées (parthénocarpie) vers la fin de la chute des faînes pleines (MATYAS, 1960).

La chute des faînes pleines s'étend sur 6 à 12 semaines. En 1974, dans l'exemple cité, la période de dissémination a été particulièrement longue et les faînes pleines sont tombées d'une manière assez régulière entre le 15 septembre (5 %) et le 30 novembre (95 %). En 1976, année de sécheresse estivale prononcée, la chute a été à la fois plus précoce et plus courte.

Répartition spatiale des faînes

La floraison et la fructification sont généralement plus élevées en bordure de peuplement (chemin, route, etc.) et sur les arbres isolés (cf. tableau 31). A l'intérieur d'un peuplement homogène, la répartition au sol des faînes pleines et des cupules est assez régulière pour une faînée partielle d'une certaine importance, comme le montre la figure 50. La densité de faînes pleines varie de 13/m^2 jusqu'à 267/m^2 et sur les 100 pièges, il n'y en a aucun sans faînes ou cupules.

L'importance de la floraison et de la fructification varie également entre les arbres d'un même peuplement. Ceci s'explique partiellement par la grande variabilité du débourrement et l'effet des conditions microclimatiques (gelées tardives), ainsi que l'importance de la faînée de l'année précédente (MATYAS, 1965).

La répartition au sol des faînes ou cupules sous la projection de la cime d'un arbre est assez homogène; toutefois, on observe une densité légèrement plus élevée (environ 10 %) dans le tiers intérieur et dans la partie sud de la projection (MÄRKUS, 1959).

TABLEAU 31

*Variation du nombre total de faînes, de la proportion de faînes vides et du poids frais moyen
d'une faîne, en fonction de la distance à partir de la bordure du peuplement.*
(d'après MÄRKUS, 1959)

Distance à partir de la bordure (m)	Nombre total de faînes/m²	Pourcentage de faînes vides	Poids frais moyen d'une faîne (mg)
0,5	234	21	276
5,5	236	21	283
10,5	188	25	268
15,5	209	35	274
20,5	206	30	280
25,5	155	32	276
30,5	123	24	260
35,5	122	43	264
40,5	73	37	264
45,5	84	38	266

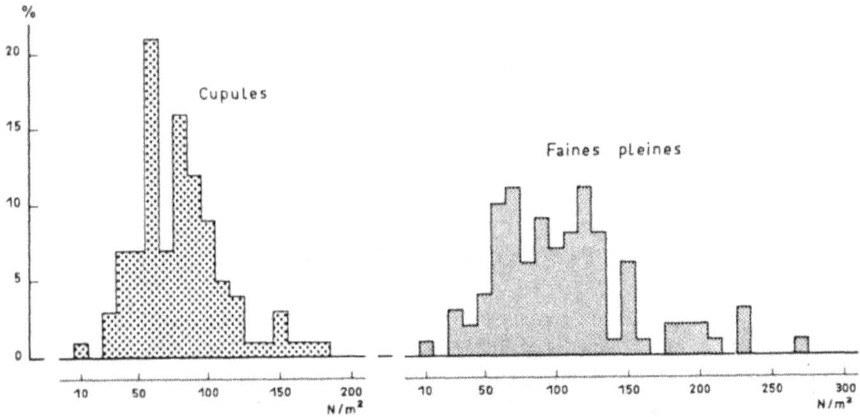

FIG. 50. — *Répartition des faînes pleines et des cupules en 1974*
F.D. de HAYE (54); *fréquences relatives par classes de 10.*
(N = effectifs par classe)

A surface de projection de cime égale, les arbres dominants des
peuplements fortement éclaircis et les arbres de taillis-sous-futaie ont une
fructification plus élevée que les arbres de futaie très dense. Ceci peut
s'expliquer par une plus grande surface feuillée du manteau de la cime, par
un niveau de compétition plus faible et surtout par un meilleur écoulement
de l'air froid, c'est-à-dire un moindre risque de gelées tardives.

Biomasse des composantes de la fructification

Une bonne faînée consomme une grande partie de produits de la
photosynthèse et des éléments minéraux de l'arbre.

Les poids et les tailles des composantes de la fructification sont variables selon l'année, la station et l'arbre, ainsi qu'à l'intérieur d'un même arbre. Les tableaux 32 et 33 présentent quelques données de taille et de poids; à titre indicatif, nous donnons également le coefficient de variation.

TABLEAU 32

Taille moyenne des faînes pleines (d'après BURSCHEL.*et al.*, 1964)

	Moyenne	Coefficient de variation
Longueur (L)	16,6 mm	11 %
Largeur (l)	9,2 mm	14 %
Rapport L/l	1,82	14 %

TABLEAU 33

Poids sec des composantes de la fructification.
Les poids indiqués sont des moyennes de lots d'importance variable.

	Poids sec en g			
	Moyenne	Min.	Max.	Coefficient de variation
Inflorescences mâles (0 à 8 semaines après la floraison)	0,008	0,004	0,013	25 %
Inflorescences femelles (0 à 8 semaines après la floraison)	0,045	0,010	0,130	40 %
Cupules	0,500	0,100	1,200	30 %
Faînes vides	0,070	0,030	0,150	20 %
Faînes pleines	0,200	0,100	0,300	15 %

Le teneur en eau des faînes pleines au moment du ramassage au sol est de 20 à 30 % par rapport au poids sec. Il y a en moyenne 1 800 à 2 400 faînes pleines par dm^3.

La biomasse totale d'une fructification est très variable et peut atteindre des valeurs assez élevées. Dans les tableaux 34 et 35, nous présentons, à titre d'exemple, le nombre et la biomasse de chacune des composantes.

En 1974, en F.D. de Haye (54), il s'agissait d'une faînée partielle relativement faible, tandis qu'en 1976, dans un peuplement comparable en F.D. de Villers-Cotterêts (Aisne), on peut parler d'une faînée totale. Ce qui frappe tout d'abord, c'est la proportion élevée du poids des inflorescences mâles, par rapport à la biomasse totale (9 % et 13 %), d'autant plus qu'une grande partie du pollen produit (environ 25 % du poids sec de l'inflorescence mâle) n'est pas comprise dans cette estimation.

TABLEAU 34

Nombres et biomasses des composantes d'une fructification
(F.D. de Haye (54), année 1974)

Forêt domaniale de Haye (54) 1974 (100 pièges sur 4 ha)	Nombre au m^2			Poids sec (g/m^2)			
	Moy.	Ecart-type de		Moy.	Ecart-type de		Proportion du total
	$\bar{X}_i$	X_i %	$\bar{X}_i$ %	$\bar{X}_i$	X_i %	$\bar{X}_i$ %	%
Inflorescences mâles ..	1 192	23	2	9,71	28	3	13
Faînes pleines	106	46	5	19,41	45	5	26
Faînes vides	41	100	10	2,92	95	10	4
Cupules et inflorescences femelles ..	82	39	4	42,33	42	4	57
Biomasse totale	–	–	–	74,37	33	3	100

TABLEAU 35

Nombres et biomasses des composantes d'une fructification
(F.D. de Villers-Cotterêts (02), année 1976)

Forêt domaniale de Villers-Cotterêts (02) 1976 (40 pièges sur 0,4 ha)	Nombre au m^2			Poids sec (g/m^2)			
	Moy.	Ecart-type de		Moy.	Ecart-type de		Proportion du total
	$\bar{X}_i$	X_i %	$\bar{X}_i$ %	$\bar{X}_i$	X_i %	$\bar{X}_i$ %	%
Inflorescences mâles ..	2 634	13	2	24,01	16	3	9
Faînes pleines	306	32	5	69,11	33	5	25
Faînes vides	175	40	6	14,99	42	7	5
Cupules et inflorescences femelles ..	267	36	6	172,97	39	6	61
Biomasse totale	–	–	–	281,08	31	5	100

D'autre part, on constate une très bonne stabilité entre les proportions des composantes de la fructification par rapport à la biomasse totale. Des résultats très voisins ont été obtenus par NIELSEN (1977) dans un peuplement comparable de hêtre au Danemark en 1974 (Tableau 36).

TABLEAU 36

Biomasses des composantes d'une fructification. (Danemark, année 1974)
(d'après NIELSEN, 1977)

	Poids sec moyen (g/m^2)	Coefficient de variation $(\%)$	Proportion du total $(\%)$
Inflorescences mâles	21,0	30	9,7
Faînes pleines et vides . . .	53,5	30	24,7
Cupules	142,5	39	65,6
Total	217,0	–	100,0

En retenant des proportions moyennes, c'est-à-dire de 10 % pour les inflorescences mâles, de 30 % pour les faînes, de 60 % pour les cupules et en admettant qu'une faînée totale produit 500 faînes pleines et 250 faînes vides par mètre carré, avec un poids sec unitaire moyen (cf. tableau 33) de 0,200 g et de 0,070 g respectivement, nous obtenons une biomasse totale de 3,91 t/ha de matière sèche. Ce chiffre correspond à 1,3 fois la masse foliaire (environ 3 t/ha) et à 70 % de l'accroissement courant en bois $(10 \text{ m}^3/\text{ha}/\text{an} \simeq 5,5 \text{ t/ha})$ d'un peuplement de 100 à 120 ans en 1re classe de fertilité.

Il n'est donc pas étonnant que l'on observe fréquemment une diminution de l'ordre de 50 % de la largeur des cernes annuels les années de fortes fructifications ; cet effet se fait encore sentir les deux années suivantes (HOLMSGAARD, 1955).

Chaque fructification prélève également une quantité non négligeable en éléments minéraux − une faîne pleine contient environ 3,3 % d'azote − et influence le niveau des réserves dans l'arbre (GÄUMANN, 1935, NEMEC, 1956, WEISSEN, 1978).

Le tableau 37 donne, à titre indicatif, la valeur calorifique de quelques composantes de la fructification, d'après NIELSEN (*op. cit.*).

TABLEAU 37

Valeur calorifique des composantes de la fructification
(d'après NIELSEN, 1977)

	Valeur calorifique Joutes/g mat. sèche	Ecart-type de la moyenne
Inflorescences mâles	20 167	251,2
Faînes pleines et vides	22 635	251,2
Cupules	19 163	293,1

La biomasse totale d'une faînée totale de 3,91 t/ha correspond donc à $7,9 \times 10^{10}$ Joules $(= 1,975$ TEP$)$.

5.312. **Influence des facteurs climatiques**

Périodicité des fructifications

Il existe une importante bibliographie sur la fréquence de fructification des arbres forestiers et notamment du hêtre (WACHTER, 1964).

Toutes ces études, parfois déjà anciennes, font apparaître l'influence prépondérante des facteurs macro et microclimatiques et l'importance de la nutrition minérale sur la fructification (MATTHEWS, 1963).

Concernant le macroclimat, on constate :
- les années de fructifications importantes sont souvent communes à presque tous les arbres forestiers (SEEGER, 1913);
- une bonne faînée se produit la même année, généralement dans une très vaste région. Ainsi, en 1974, une bonne fructification du hêtre a été observée dans toute la moitié nord de la France, en Allemagne Fédérale et au Danemark;
- les conditions climatiques de l'été précédent la faînée ont une grande influence sur l'abondance de la fructification.

Il a en effet été démontré par l'observation et par l'expérimentation que la formation des bourgeons florifères du hêtre est très favorisée par un mois de juin et de juillet assez chaud, ensoleillé et relativement sec, éventuellement donc par un certain déficit hydrique (HOLMSGAARD et OLSEN, 1966). (Voir § 5.213).

En ce qui concerne l'influence du microclimat l'année même de la fructification, tous les auteurs s'accordent sur l'effet néfaste des gelées tardives au moment de la floraison. Selon OPPERMANN et BORNEBUSH (1926), les fleurs femelles sont détruites par des gelées de $-1,4\,^{\circ}\text{C}$ à $-3,0\,^{\circ}\text{C}$ et les inflorescences mâles sont endommagées à partir de $-1,0\,^{\circ}\text{C}$.

D'autre part, pluies et orages, au moment de la floraison, nuisent à la libération du pollen et entravent la pollinisation. MATYAS (1965) estime que les conditions optimales de pollinisation sont caractérisées par des températures comprises entre 15,0 °C et 25 °C, une humidité relative entre 41 % et 47 %, l'absence de pluies et une insolation journalière de plus de 10 heures.

De plus, le développement des fruits nécessite une grande quantité de glucides et il faut donc que les conditions microclimatiques pendant l'été soient optimales pour la photosynthèse, pour assurer la transformation d'une floraison abondante en une « bonne » faînée.

Les observations sur la fréquence des fructifications ont également permis de constater que deux années de bonnes faînées ne se font jamais suite. On observe d'ailleurs très fréquemment, dans un peuplement donné, après une faînée très abondante, une année sans la moindre fleur, et ceci malgré des conditions climatiques éventuellement favorables.

Ce fait est souvent expliqué par un épuisement important des réserves de l'arbre (GÄUMANN, 1935, HARTIG, 1889).

La périodicité de la fructification du hêtre dépend donc des facteurs internes de l'arbre – niveau des réserves en glucides et éléments minéraux – et des facteurs externes, c'est-à-dire des conditions macro et microclimatiques favorables ou non. On ne peut donc pas parler d'une véritable périodicité des fructifications, d'autant plus qu'une floraison abondante ne se traduit pas toujours par une bonne faînée.

Selon WACHTER (1964), une floraison sur quatre seulement fournit une bonne faînée, et une sur trois une faînée très faible ou nulle.

Pour une période de 25 ans, on peut compter sur 5 à 7 faînées utilisables, dont deux très bonnes.

Selon les différentes statistiques, on peut compter en moyenne sur une très bonne faînée tous les 10 ans et une faînée partielle utilisable tous les 3 à 5 ans.

Possibilités de prévision des fructifications

La prévision d'une faînée se heurte à de nombreux obstacles qui découlent en partie du cycle de reproduction lui-même – le taux de fécondation ne peut être apprécié qu'à partir du mois d'août – et d'autre part des difficultés de quantification des faînées et d'évaluation du microclimat au niveau d'un peuplement (gelées tardives).

HOLMSGAARD et OLSEN (1961) ont élaboré un modèle de prédiction des faînées pour les hêtraies du Danemark. Il s'agit d'une régression multiple établie d'après les données sur la fructification (4 classes) et les données météorologiques de Copenhague pour la période de 1846 à 1955. La relation entre l'importance de la faînée et les conditions climatiques tient compte de la température et des précipitations de juin et juillet de l'année précédant la fructification, de l'importance de la faînée de cette même année et des précipitations du mois d'avril de l'année de fructification.

MATYAS (1960) propose une estimation de la fructification de l'année en comptant le nombre de cupules sur des portions terminales de branches d'un mètre de longueur, prélevées dans la partie supérieure de la cime, en établissant une relation avec la quantité de faînes récoltées. L'estimation oculaire simultanée par les gestionnaires conduisait à une surestimation dans 75 % des cas. Une analyse des bourgeons et des inflorescences mâles et femelles a également été tentée, en vue d'une prédiction (MÄRKUS et MATYAS, 1966).

Les difficultés du prélèvement des branches constituent un obstacle sérieux à l'application à grande échelle.

Une prédiction fiable et facile à mettre en œuvre suffisamment tôt avant la chute des faînes reste encore à trouver.

5.313. **Influence des facteurs sylvicoles**

Par les éclaircies (coupes périodiques de certains arbres d'un peuplement), la coupe d'ensemencement et les coupes secondaires, le sylviculteur peut modifier la structure des arbres et leur répartition spatiale. Il agit ainsi sur les conditions microclimatiques du peuplement (éclairement des cimes, bilan hydrique, abri contre les gelées, etc.). On sait depuis longtemps que les arbres de bordure de forêt, ou d'une manière générale, les peuplements constitués d'arbres à houppier très développé et bien éclairé produisent davantage des faînes que les peuplements denses à arbres à cime étroite.

BECKER *et al.* (1977) ont montré par exemple que dans des conditions édaphiques identiques un peuplement fermé de taillis-sous-futaie produisait trois fois plus de fruits qu'un peuplement fermé de futaie.

En pratiquant les coupes nécessaires le sylviculteur peut donc intervenir efficacement pour créer des conditions favorables à la fructification. Il peut également améliorer les peuplements en ne laissant, comme porte-graines, que des arbres ne présentant qu'un minimum de défauts.

5.32. **INFLUENCE DES FACTEURS ÉDAPHIQUES SUR L'ABONDANCE DES FRUCTIFICATIONS**

par

François LE TACON et Helfried OSWALD

Une étude effectuée dans l'est de la France en forêt de Haye (BECKER *et al.,* 1977) montre que la fructification du hêtre est très influencée par le type de station et semble directement liée aux réserves en eau utile des sols (figure 51). L'effet de l'exposition joue dans le même sens en induisant des microclimats plus ou moins secs. Entre deux stations extrêmes, les différences sont très importantes puisque sur un sol lessivé de plateau sur limon et argile de décarbonation, la fructification peut être trois fois plus importante que sur rendzine en exposition Sud.

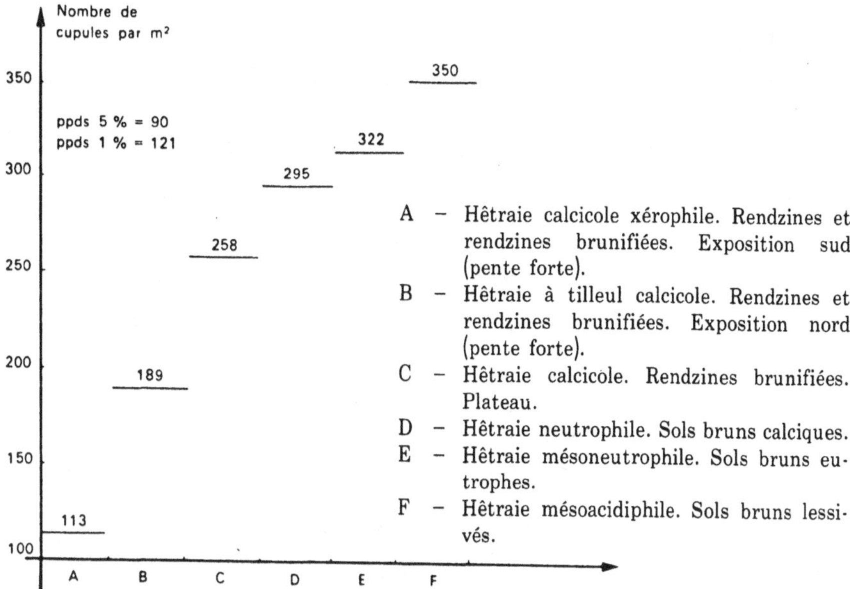

FIG. 51. – *Influence du type de station sur la fructification du hêtre*
(d'après BECKER *et al.*, 1977)

Si les possibilités d'alimentation en eau jouent un rôle important sur la fructification du hêtre, les possibilités d'alimentation minérale ont une influence tout aussi grande.

BORCHERS, GUSSONE et KRAMER en République Fédérale d'Allemagne, ont montré en 1964, qu'une fertilisation, et en particulier une fertilisation azotée pouvait accroître la faînée. Toujours en Allemagne, HAUSSER en 1971, a obtenu une multiplication du nombre de faînes par 4 environ et une augmentation du poids moyen des faînes de l'ordre de 20 % avec une fertilisation complète (NPK). De même WEISSEN (1970)[*], en Belgique, a obtenu une augmentation de 50 % de la faînée dans un dispositif installé à Bertrix en 1967 par un apport d'azote (150 kg de N/hectare sous forme d'urée).

Cet effet de la fertilisation avait toujours été observé uniquement en année de faînée.

LE TACON et OSWALD (1977) ont obtenu des résultats semblables, d'une part à Fougères dans l'ouest de la France, et d'autre part, à Darney dans les Basses Vosges gréseuses.

L'essai de Fougères (figures 52, 53, 54) montre que sur un sol à mor-moder développé sur limons, fréquemment représenté dans les hêtraies de

[*] Communication personnelle.

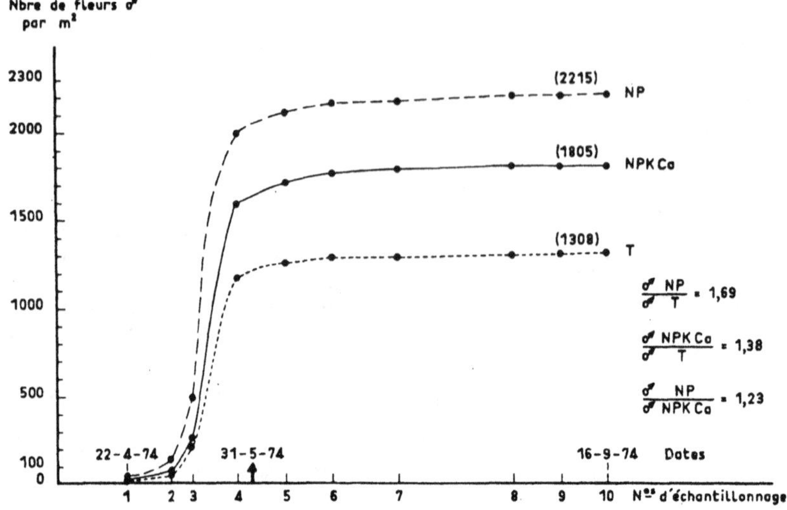

FIG. 52. – *Influence de la fertilisation sur la floraison mâle (récolte de pièges) à Fougères;
courbes cumulées en fonction du temps.*
(d'après LE TACON, OSWALD, 1976)

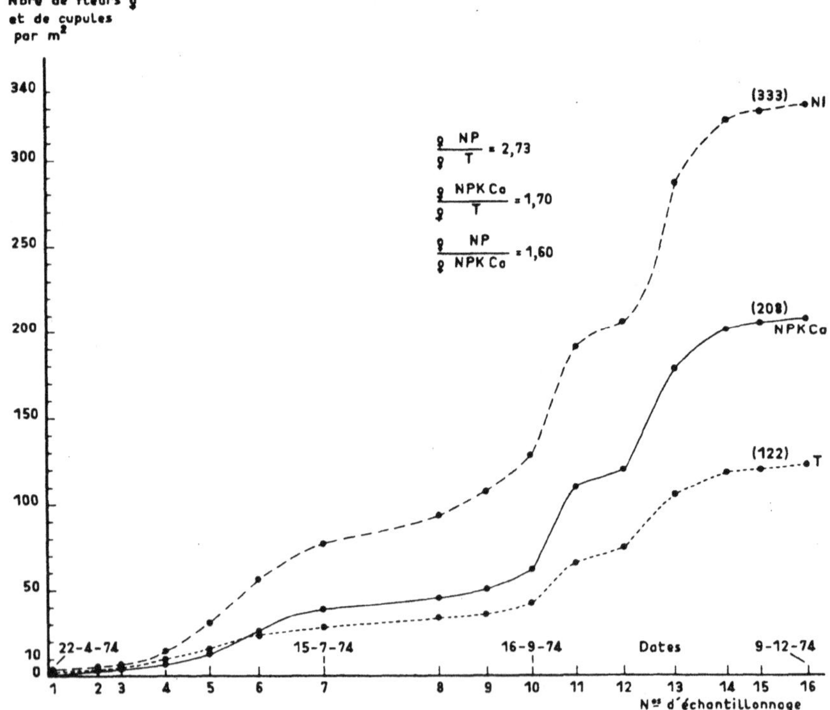

FIG. 53. – *Influence de la fertilisation sur la floraison femelle (fleurs femelles et cupules
à partir de pièges); courbes cumulées en fonction du temps à Fougères.*
(d'après LE TACON, OSWALD, 1976)

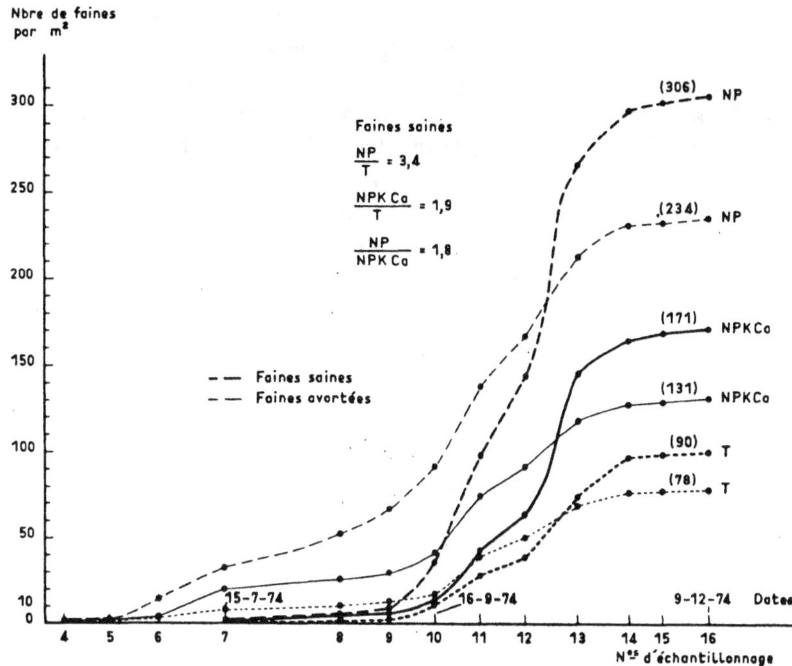

FIG. 54. – *Influence de la fertilisation sur la fructification (récolte de pièges) à Fougères;
courbes cumulées en fonction du temps*
(d'après LE TACON, OSWALD, 1977)

l'ouest de la France, l'apport de 200 kg d'azote et de 150 kg de phosphore à un peuplement de hêtre âgé de 120 à 140 ans a un effet sur la fructification, l'année suivant l'épandage.

La fertilisation agit tout d'abord sur la mise à fleur en augmentant le nombre de fleurs mâles de 69 % et surtout en multipliant le nombre de fleurs femelles par 2,7. La fertilisation agit enfin en augmentant le nombre de faînes viables par rapport au nombre de faînes avortées. Ces différents effets se conjuguent et permettent de multiplier le nombre de faînes viables par 3,4. Une fertilisation azotée et phosphatée permet de passer de 90 faî-nes viables à 306 faînes viables au m² (récolte dans les pièges), ou de 35 faînes viables à 118 faînes viables par m² (récolte au sol).

Les résultats obtenus en forêt domaniale de Darney (figure 55) confir-ment parfaitement ceux obtenus dans l'ouest de la France. Le facteur multiplicateur de la faînée par fertilisation trois ans après l'épandage est du même ordre de grandeur : 3,3 environ. Les apports de scories (240 kg de P_2O_5 + 675 kg de CaO/ha) ont un effet positif sur le nombre de cupules, le nombre total de faînes et le nombre de faînes viables. Les apports de phosphore seul n'ont aucun effet significatif. L'apport de calcium seul à raison de 1 500 kg/ha de CaO, a un effet significatif à 5 % sur le nombre de cupules, c'est-à-dire sur les potentialités de fructification ainsi que sur le nombre total de faînes. Il n'a par contre pas d'effet sur le nombre de faînes viables. Une fertilisation complète a un effet sur tous les paramètres de la fructification. Cet effet semble surtout attribuable à l'apport d'azote; le potassium ne semble jouer aucun rôle. On remarquera dans les traitements complets qu'un apport de calcium supplémentaire (1 500 kg de CaO au lieu de 675 kg de CaO à l'hectare) a un effet dépressif significatif sur les potentialités de fructifiation (nombre de cupules). Ces résultats sont à rapprocher de ceux de Fougères qui mettent en évidence un effet dépressif de la fertilisation NPKCa par rapport à une fertilisation NP. Une fertilisation de type NP semble donc bien la meilleure. L'apport de phosphore sous forme de scories semble souhaitable.

Le résultat le plus intéressant de l'essai de Darney est peut-être de montrer que la fertilisation a un effet sur la fructification même sur des peuplements de productivité élevée et cela 2 à 3 ans après l'apport des engrais. Cet effet semble assez indépendant du type de station, puisqu'il est aussi important sur mor (Fougères) que sur moder et mull acide (Darney).

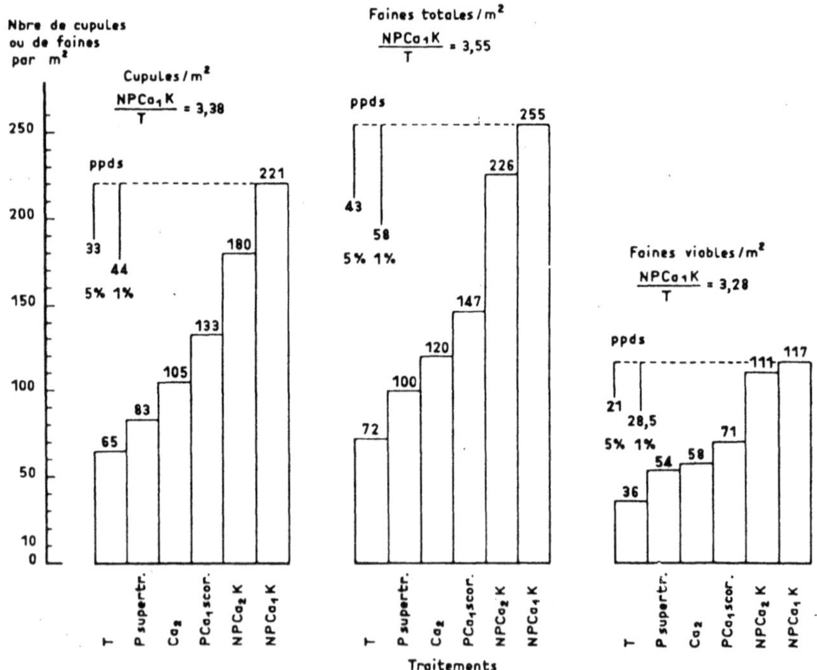

FIG. 55. – *Influence de la fertilisation sur la fructification du hêtre (nombre de cupules, nombre de faînes totales et nombre de faînes viables) à Darney (ramassage au sol en janvier 1975)* (d'après LE TACON, OSWALD, 1977)

Une question importante est celle de la durée de l'effet de fertilisation. Les résultats obtenus à Darney l'ont été trois ans après l'épandage des engrais (deux ans après le dernier épandage d'azote). A l'automne 1977, soit six ans après l'épandage et cinq ans après le dernier apport d'azote, l'effet de la fertilisation était devenu pratiquement nul sur la faînée.

Cette efficacité de courte durée est due probablement au fait que c'est l'azote qui a le rôle essentiel dans l'amélioration de la faînée. Or, l'azote est un élément facilement lessivable qui disparaît rapidement.

5.33. CONDITIONS DE GERMINATION DES FAÎNES, DE SURVIE ET DE CROISSANCE DES SEMIS

5.331. Influence des facteurs climatiques et de la lumière

par

Helfried OSWALD

Influence du macroclimat. Les chances de réussite d'une régénération naturelle sont d'autant plus faibles que les hivers sont moins rigoureux. Une longue période de neige assura une bonne protection des faînes. De longues périodes de froid limitent les populations de rongeurs et le développement des champignons du sol responsables de la pourriture des faînes (voir § 5.334. et 5.335.).

On peut constater par exemple qu'en Europe centrale, sous climat continental (Roumanie), la régénération naturelle ne pose aucun problème et est, la plupart du temps, explosive. Elle est le plus souvent acquise sans la moindre intervention sous peuplement fermé.

Plus généralement en climat montagnard, il en est de même. Par exemple, dans les Hautes Vosges et dans les Pyrénées, la régénération naturelle du hêtre a le même caractère explosif et spontané qu'en Europe centrale. En plaine, dans le nord-est de la France, la régénération naturelle est déjà beaucoup plus aléatoire. Elle est plus facile dans les Basses Vosges que sur les plateaux calcaires. Elle peut être obtenue néanmoins relativement souvent en raison de la fréquence des hivers rigoureux. Dans le Bassin parisien où les hivers rigoureux sont rares elle devient très aléatoire. Enfin, en climat franchement atlantique, elle devient presque impossible.

C'est donc surtout en plaine que les interventions humaines doivent être pratiquées. Sans ces interventions, les chances de réussite sont très faibles.

Influence de la lumière. L'influence de la lumière sur le développement des semis de hêtre a fait l'objet de nombreuses expérimentations, tant en forêt qu'en milieu contrôlé.

Les différents résultats obtenus montrent la complexité des relations entre les facteurs écologiques impliqués et la réaction des semis selon leur âge. On peut néanmoins dégager quelques traits généraux.

Contrairement à l'opinion très répandue, le hêtre n'est pas une essence d'ombre caractérisée et réagit très favorablement à une augmentation de l'éclairement. Cette réaction paraît particulièrement nette pour des éclairements relatifs compris entre 0 et 50 %.

Cependant, le hêtre peut, contrairement aux chênes, survivre assez longtemps sous un couvert dense (éclairement relatif inférieur à 10 %), mais la mortalité est alors très élevée et la croissance est extrêmement ralentie.

La production en biomasse totale dépend fortement de l'éclairement et c'est surtout le développement racinaire qui est sérieusement freiné par un manque de lumière. La croissance en hauteur ne diminue notablement qu'en dessous de 20 % d'éclairement (BURSCHEL et SCHMALTZ, 1965). Dans une expérience en forêt, HUSS et STEPHAN (1978) ont observé une biomasse deux fois plus élevée pour des semis de 3 ans sous un éclairement relatif de 35 % par rapport à un éclairement de 19 %. SUNER et RÖHRIG (1980) ont suivi pendant 3 années l'évolution en forêt des semis issus de la faînée totale de 1976 en fonction de l'éclairement relatif (4,6 % à 49 %). Ils observent des relations linéaires entre l'éclairement relatif et la mortalité, la longueur et le poids sec des tiges, ainsi que le poids sec des feuilles (tableau 38).

D'autre part, on constate souvent une interaction avec l'âge des semis.

HUSS et BURSCHEL (1972) ont suivi la croissance en hauteur de la faînée 1960 sous différentes densités du couvert pendant 9 années; l'effet croissant de l'éclairement avec l'âge apparaît clairement (tableau 39).

AUSSENAC et DUCREY (1978) proposent un schéma d'interprétation globale de la croissance en fonction des facteurs eau, lumière et âge des semis qui peuvent s'appliquer au hêtre (fig. 56). Il semble que dans le très jeune âge, les arbres peuvent éprouver des difficultés d'alimentation en eau, à cause d'un développement insuffisant du système racinaire et de la concurrence inter et intra spécifique; l'optimum de croissance est donc inférieur à 100 % d'éclairement relatif. Avec l'âge, les arbres améliorent leur équilibre hydrique et le facteur lumière devient limitant.

TABLEAU 38

Influence de l'éclairement sur la survie, la croissance et la biomasse
des feuilles de semis de hêtre en forêt
(d'après SUNER et RÖHRIG, 1980)

Eclairement relatif (%)	Nombre de semis/m²		Longueur de la tige (mm)		Poids sec des feuilles (mg)
	début été	automne			
	1977	1979	fin 1977	fin 1979	fin 1979
49.0	304	120	72	264	194
31.1	364	296	65	229	155
30.4	376	268	37	168	173
24.6	392	224	41	179	148
21.8	280	140	52	187	170
18.3	258	160	43	165	138
16.9	348	204	51	162	164
15.5	366	108	33	124	90
12.1	388	140	34	108	54
11.5	541	211	31	109	53
8.0	416	192	28	95	59
7.6	357	131	28	94	68
6.5	472	84	25	83	24
5.5	313	60	26	85	30
4.6	322	21	26	87	44

TABLEAU 39

Hauteur moyenne en fonction de la densité du couvert
et de l'âge des semis de hêtre
(d'après HUSS et BURSCHEL, 1972)

Densité relative du couvert	Hauteur (cm) en fonction de l'âge							
	1 an	2 ans	3 ans	4 ans	5 ans	6 ans	8 ans	9 ans
61 %	10	14	15	18	22	26	36	55
53 %	11	15	15	19	22	27	41	57
52 %	11	15	16	21	25	31	52	67
44 %	11	14	16	20	25	32	53	70
Moyennes..........	11	14	15	20	23	29	46	61

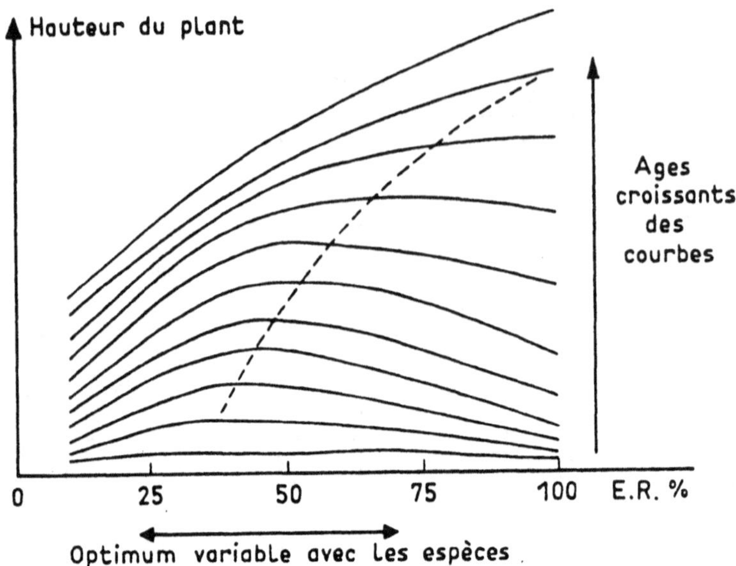

FIG. 56. – *Schéma de l'évolution de la hauteur des plants,*
en fonction de leur adaptation à la lumière et à l'eau,
(d'après AUSSENAC et DUCREY, 1978).
ER = éclairement relatif

5.332. Concurrence de la végétation

par

Michel BECKER

Considération générale. Si le caractère néfaste d'une végétation spontanée trop exubérante sur la réussite de la régénération est souvent évoqué, on doit cependant constater le manque de connaissances scientifiques dans ce domaine. Les études quantitatives spécifiques y sont extrêmement rares, et le hêtre n'échappe pas à cette règle.

Or les choses ne sont pas toujours aussi simples que l'on ne pourrait l'imaginer. En particulier, face à une situation à un instant donné (milieu fortement enherbé ou embroussaillé, absence de régénération), il faut se garder de conclure hâtivement à la responsabilité première de la végétation indésirable. Il arrive en effet très souvent que les causes de l'échec observé préexistent à l'envahissement de cette végétation, et que celle-ci, « la nature ayant horreur du vide », ne se soit installée que pour combler un espace favorable libre (à la suite d'une éclaircie par exemple). Naturellement, une fois la colonisation faite, la végétation ajoute en général un élément défavorable, qui tend à rendre la situation difficilement réversible, même si les causes premières des difficultés viennent à disparaître.

Il est cependant intéressant et important, d'étudier, en fonction de sa nature et de sa structure, la part de la végétation dans les obstacles à l'installation et au développement des semis de hêtre.

Toute intervention dans un peuplement modifie plus ou moins profondément l'équilibre qui s'était précédemment établi entre conditions stationnelles et végétation. Le cas le plus fréquent − mais il peut aussi s'agir d'une fertilisation, d'un drainage, d'un travail du sol... − est celui d'une éclaircie. La mise en lumière du sous-bois qui en découle provoque une modification quantitative et qualitative de la végétation subordonnée. Quantitative : les espèces déjà installées profitent de cet apport énergétique supplémentaire et se développent en conséquence, parfois de façon explosive (ronce en particulier); qualitative : de nouvelles espèces peuvent aussi s'installer, qui seront des héliophiles ou, très souvent, des hélionitrophiles, profitant de la minéralisation rapide de l'azote consécutive également à la mise en lumière. Dans ce deuxième cas, le phénomène et son ampleur sont plus difficiles à prévoir, et dépendent, d'une part des possibilités d'infestation par des graines provenant de localités proches, d'autre part des stocks de graines préexistants dans le sol et de leur viabilité.

De façon générale, les principales espèces susceptibles de prendre un développement tel, en hêtraie, qu'elles peuvent devenir un obstacle sérieux à la régénération naturelle, sont les suivantes :
- en milieu acide et filtrant : canche flexueuse (*Deschampsia flexuosa*), fougère aigle (*Pteridium aquilinum*), houx (*Ilex aquifolium*), grande luzule (*Luzula maxima*).
- en milieu mésophile : ronce (*Rubus* sp.), canche cespiteuse (*Deschampsia coespitosa*), millet diffus (*Milium effusum*), calamagrostis (*Calamagrostis epigeios*) plus rarement mélique (*Melica uniflora*), crin végétal (*Carex brizoïdes*), grande fétuque (*Festuca silvatica*).
- en milieu calcaire : morts-bois calcaricoles divers : aubépine (*Crataegus* sp.), cornouiller mâle (*Cornus mas*), c. sanguin (*C. sanguinea*), troène (*Ligustrum vulgare*), etc.; seslérie (*Sesleria coerulea*), *Carex glauca*.

Données quantitatives sur la concurrence subie par les jeunes semis de hêtre. Les études approfondies et quantitatives concernant la concurrence subie par les hêtres dans leur jeune âge sont peu nombreuses (RÖHRIG, 1964). Les phénomènes observés concernent d'ailleurs plus souvent la concurrence exercée par les arbres adultes avoisinants que celle due à la végétation du sous-bois.

En ce qui concerne le premier aspect, les divers auteurs sont encore partagés sur la responsabilité relative de la réduction de l'éclairement due aux arbres et de la concurrence au niveau des racines. Ainsi FRICKE (1904), FABRICIUS (1927, 1929) et DOWELL (1954) concluent-ils à l'influence déterminante de la concurrence racinaire sur la survie et la croissance des semis de hêtre. FABRICIUS reconnaît également l'importance de la concurrence

des végétaux subordonnés. D'autres études au contraire (BUHLER, 1918;
BROWN, 1960, DOWELL, 1954; BURSCHEL, HUSS, 1964; BURSCHEL,
SCHMALTZ, 1965-1) démontrent l'incidence de l'ombrage. On observe une
réduction de la croissance en hauteur à partir de 80 % d'éclairement relatif,
et, à cette valeur, les plants ne produiraient déjà plus que 50 % de la
matière sèche par rapport au plein découvert (la réduction se faisant
davantage sur le système racinaire que sur les parties aériennes).

Dans leurs travaux, BURSCHEL et SCHMALTZ (1965-2) ont également
tenté de séparer l'effet de la concurrence racinaire des arbres adultes et
celui de la végétation herbacée du sous-bois. Dans une expérience très
complète, des semis d'un an provenant de pépinière ont été repiqués sous
une futaie de hêtres en cours de régénération et envahie par une végétation
dominée par *Calamagrostis epigeios, Deschampsia coespitosa, Epilobium an-
gustifilium, Rubus idaeus* et *Agrostis alba.* Quatre traitements ont été
testés :

- concurrence de la végétation herbacée + concurrence racinaire des
  arbres (témoin),
- concurrence de la végétation seule (en creusant des tranchées autour
  des surfaces observées),
- concurrence racinaire seule (par désherbage manuel et chimique),
- absence de toute concurrence (par association des deux interventions ci-
  dessus).

Après deux années consécutives de végétation, les auteurs n'ont pas
mis en évidence de compétition décelable de la part des racines des arbres
adultes. Par contre, la végétation herbacée a une incidence nette, en
diminuant de 20 à 35 % l'élaboration de matière sèche des jeunes plants.
Les auteurs imputent essentiellement cette diminution à l'ombrage occasionné par la végétation.

D'autres études semblent encore souhaitables pour trancher quant à
l'influence ou non de la compétition racinaire des arbres adultes avoisinants.

Sur sols calcaires, il convient également de citer les travaux de
BECKER, DUBOIS et LE TACON (1977), dans lesquels a été étudiée, entre
autres, l'influence de la végétation concurrente sur l'installation et la
survie de semis artificiels de hêtres, dans des stations à sols de la série
calcaire. Malgré la sécheresse extrême ayant sévi au cours de l'expérience
1976 qui a fait que, même dans les meilleures conditions, le taux de
germination et de survie a été extrêmement faible, l'incidence de la végétation concurrente a été nettement mise en évidence (voir fig. 57). Dans la
station à hêtraie calcicole de plateau sur rendzine à mull calcaire, l'enlèvement des morts-bois (cornouillers, aubépines, groseilliers des Alpes...) a
permis l'installation (bien qu'éphémère) de quelques semis, alors que la
levée a été nulle dans le témoin. Dans la station F, hêtraie mésoacidiphile

sur sol brun lessivé à mull mésotrophe, la suppression du tapis de ronce a multiplié par près de 20 le nombre de semis; ceux-ci ont pu se maintenir jusqu'à la fin de l'été, alors que les quelques semis installés dans le témoin ont disparu dès la fin du printemps.

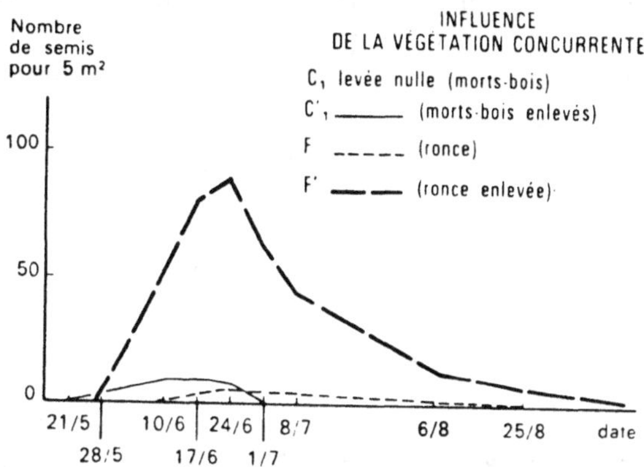

FIG. 57. – *Influence de la station et des traitements sur l'installation des semis* (d'après BECKER, DUBOIS et LE TACON, 1977)

Dynamisme de la végétation après interventions sylvicoles. Nos avons dit que toute intervention sylvicole avait pour conséquence de rompre l'équilibre précédemment établi entre végétation et conditions de milieu. L'évolution qui se produit alors peut être plus ou moins importante, plus ou moins rapide et plus ou moins fugace, mais il convient toujours de s'en préoccuper sous peine de risquer de perdre le bénéfice escompté de l'intervention, voire d'obtenir des résultats contraires à ceux recherchés.

En général, un labour avant faînée permet d'éliminer la plupart des espèces pendant un temps suffisamment long pour permettre l'installation des semis. Mais on observe aussi des exceptions à cette règle, telle la possibilité d'un développement explosif, sur mull mésothrophe, d'une espèce annuelle, le chanvre sauvage (*Galeopsis tetrahit*) (LE TACON *et al.*, 1976); la colonisation peut être intégrale quelques mois après un labour d'automne et anéantir toute chance d'installation des semis de hêtre.

Par ailleurs, le seul travail du sol peut s'avérer insuffisant. Ainsi, dans des hêtraies mésophiles à ronce, en plaine, après élimination de cette espèce par girobroyage et travail du sol, elle peut retrouver un recouvrement de 75 % après un an seulement de végétation, ce qui laisse un délai tout à fait insuffisant (DELABRAZE, LE TACON, PICARD, 1978). Si l'on associe un traitement phytocide préalable (2-4-5-T), la ronce ne redevient gênante qu'après 2 à 3 saisons de végétation. L'installation des semis est alors possible, mais leur croissance est cependant rapidement contrariée. Dans la pratique, il est souhaitable d'arracher à nouveau la ronce après 2 ou 3 ans, à l'aide d'appareils à dents qui ne lèsent pas trop les semis de hêtres.

Dans les hêtraies acidophiles de basse montagne, la canche flexueuse (*Deschampsia flexuosa*) peut être aussi un obstacle important à la régénération. L'effet bénéfique d'un travail du sol (labour avant faînée) apparaît nettement plus durable ; trois ans après, le tapis de canche n'est pas encore complètement reconstitué. Cet effet se marque non seulement sur l'installation des semis, mais aussi sur leur croissance.

La fertilisation sur peuplement adulte peut également ménager des surprises. Les espèces sciaphiles du sous-bois peuvent aussi profiter des apports fertilisants et connaître un développement rapide et important. Le cas du lierre a été observé dans une forêt acidophile de plaine.

D'autres études sont encore nécessaires pour quantifier ces phénomènes dans d'autres types de milieux.

Phénomènes d'allélopathie en hêtraie. Dans les phénomènes de concurrence au sens large pouvant affecter de jeunes hêtres, la seule compétition (pour l'eau, les éléments minéraux, la lumière) peut jouer un rôle important, prépondérant ou exclusif. Mais on pourrait également suspecter des phénomènes d'ordre allélopathique, c'est-à-dire que certaines plantes aient la possibilité de libérer dans le sol des substances organiques ayant un effet dépressif plus ou moins marqué sur la germination et la croissance des semis de hêtre.

Les plantes responsables peuvent être des espèces subordonnées du sous-bois ou les hêtres adultes eux-mêmes. Ainsi, illustrant la première possibilité, a-t-il été démontré (BENNET, 1979) que la grande fétuque (*Festuca silvatica*) était dotée de telles propriétés phytotoxiques. Bien que le modèle étudié ait été la sapinière à fétuque, il existe également des surfaces importantes de hêtraie à fétuque, où le phénomène a toutes chances de se manifester également. Cette hypothèse mériterait d'être étudiée, ainsi que les autres situations où une espèce herbacée peut prendre une extension importante.

Pour le deuxième point, à savoir la phytotoxicité du hêtre lui-même vis-à-vis de ses propres semis, les travaux de MITIN (1970, 1971) montre que cette possibilité n'est pas non plus à exclure. Les feuilles de hêtre contiendraient de l'acide abscisique, qui est un inhibiteur de germination. Par ailleurs, les feuilles mortes, qui auraient un effet dépressif sur la croissance des semis, contiennent des tannins « condensés », reconnus par ailleurs (RICE, 1974) comme inhibiteurs des bactéries nitrifiantes.

Tous ces phénomènes mériteraient d'être étudiés et quantifiés, et ceci dans le cadre des principaux types de stations, dont l'interaction apparaît de plus en plus importante à prendre en compte.

5.333. **Influence des conditions du sol et de sa préparation**

par

François LE TACON

Influence des conditions du sol. Les facteurs édaphiques ont un rôle important dans la germination et la survie des semis du hêtre, soit directement, en raison des propriétés défavorables du sol, soit indirectement par l'intermédiaire de la végétation concurrente (cf. § 5332).

BECKER (1969) a montré l'effet global du type de station sur les possibilités de régénération naturelle du hêtre à Villers-Cotterêts où la régénération s'obtient plus facilement sur limons que sur substrat sableux.

Plusieurs essais de semis artificiels effectués sur les différents types de sol de la forêt de Villers-Cotterêts (LE TACON, MALPHETTES, 1976), ont montré que la germination et la survie des semis étaient d'autant plus difficiles que le type d'humus se rapprochait du type mor. La mauvaise germination et la faible survie des semis sur mor, et à un degré moindre sur un mor-moder ou moder sont dues, d'une part aux faibles réserves en eaux des substrats sableux sur lesquels se développent ces types d'humus, et d'autre part à la pauvreté chimique de ce type de matériau. De plus l'humus brut constitue un obstacle à la pénétration des jeunes racines du hêtre. Sur substrat calcaire (BECKER *et al.*, 1977), des expériences identiques, effectuées en Forêt de Haye (nord-est de la France) montrent que la germination et la survie des semis dépendent étroitement des réserves en eau du sol (cf. § 5.332, p. 226).

Influence du travail du sol. Le travail du sol, encore appelé crochetage, est une pratique connue depuis longtemps pour son efficacité. C'est une opération indispensable en plaine. Les nombreux essais conduits par LE TACON depuis 1974 ont toujours montré qu'en l'absence de travail du sol aucune régénération naturelle satisfaisante n'était possible.

Les effets du travail du sol sont multiples.

Le premier effet est l'élimination de la végétation concurrente (voir § 5.332). Cet effet est décisif et permet d'éliminer la concurrence pour l'eau, les éléments minéraux et la lumière. Il est parfois nécessaire au préalable d'éliminer une partie de la végétation concurrente comme les « morts bois calcicoles », ou la ronce lorsqu'elle est trop abondante. La ronce peut être facilement éliminée chimiquement par le 2-4-5 T, d'ailleurs maintenant interdit en forêt, mais un girobroyage a les mêmes effets. Le travail du sol élimine ensuite, par enfouissement, la végétation qui a un moins grand développement aérien. La durée de l'effet du travail du sol est variable suivant les espèces et les stations mais est efficace le plus souvent pendant deux ans vis-à-vis de la végétation (cf. § 5332).

Le deuxième effet du travail du sol est mécanique. Il permet la fragmentation des horizons organiques qui font obstacle à la pénétration des racines (A_0 des mor, mor-moder et moder) et assure un bon contact entre le sol et la faîne. Le travail du sol améliore également le régime hydrique du sol (BECKER *et al.*, 1977), d'une part, directement par effet de mulch, et d'autre part, indirectement par élimination de la végétation.

Lorsque les faînes sont enfouies, une sécheresse de printemps n'a guère de conséquence, mais peut être catastrophique dans le cas contraire, si elle intervient au moment de la sortie des radicules. Mais, l'amélioration du régime hydrique se fait sentir pendant toute la saison de végétation et permet ainsi aux plantules de résister également à une sécheresse estivale. L'enfouissement des faînes permet également de lutter contre les gelées tardives de printemps lorsqu'elles se produisent au moment de la sortie des radicules.

Enfin, le dernier rôle du travail du sol, et qui n'est pas le moins important, est celui de la lutte contre l'agent de la pourriture des faînes pendant l'hiver. Un labour avant faînée permet d'enfouir la litière et les horizons organiques où se développe de préférence *Rhizoctonia solani*. PERRIN a pu montrer qu'un labour profond avant faînée permettait de réduire les attaques de ce champignon par 10. (Voir § 5.334 et 9.11).

Un simple crochetage ou un passage au rotavator sont beaucoup moins efficaces, car ils n'assurent pas l'enfouissement des horizons organiques et donc de l'inoculum.

La meilleure intervention est donc un labour profond avant faînée enfouissant bien les horizons superficiels. L'efficacité de cette intervention est améliorée par un deuxième passage superficiel permettant l'enfouissement léger des faînes (herse, appareil à griffes, etc.).

5.334. **Influence des champignons du sol**

par

Robert PERRIN

Dès la mi-novembre, apparaissent les premiers signes d'une pourriture des cotylédons, provoquée par un champignon du sol, *Rhizoctonia solani* Khun. Un nombre croissant de faînes sont atteintes au cours de l'hiver allant jusqu'à détruire, dans certaines situations, la presque totalité de la faînée. Outre les influences climatiques, l'ampleur des dégâts est liée aux conditions édaphiques. En 1974, en France, la proportion de faînes détruites variait de 6 à 68 %. Cette maladie, à elle seule parfois ou associée aux autres causes de disparition de faînes, constitue une des raisons principales de l'échec de la régénération naturelle.

Symptômes. Au tout début de l'attaque, on ne relève aucun signe sur le tégument externe. Les cotylédons présentent de petites taches légèrement plus sombres et de consistance plus molle, le plus souvent à proximité du pôle radiculaire. La pourriture gagne ensuite l'ensemble des cotylédons qui prennent une teinte brun pâle; elle finit par tuer l'embryon. Au stade ultime, le tégument interne noircit et le tégument externe éclate au niveau des arêtes où apparaît le mycélium aérien cotonneux blanchâtre de *R. solani.*

La faîne possède alors un aspect caractéristique. Elle se deshydrate, se décompose, et il ne persiste à terme que les téguments noirâtres. Dans le cas d'une infection plus tardive, certaines faînes ne souffrent que d'une altération partielle des cotylédons, l'embryon restant sain. Au printemps, la germination a lieu, quoique légèrement retardée, la radicule se développe normalement, mais l'épanouissement des cotylédons est perturbé par les plages de tissus morts. L'éjection des téguments, rendue difficile, tarde ou ne se réalise pas. La plantule demeure ainsi coiffée du tégument externe et son développement est ralenti ou stoppé. Les cotylédons verdissent, mais se développent anormalement, restant souvent rabougris. Les taches de pourriture peuvent encore s'étendre à ce stade, et parfois gagner la jeune tige qui se dessèche et noircit, entraînant la mort de la plantule alors que les deux premières feuilles sont parfois déjà développées.

Un travail du sol avant faînée, enfouissant la litière, permet de lutter efficacement contre cet agent de la pourriture des faînes (cf. § 5333).

5.335. **Influence des grands animaux**

par

Jean-François PICARD

En dépit de l'absence d'études chiffrées, il semble que les grands animaux gibier ont, sur la régénération naturelle du hêtre, un impact moins important que les rongeurs et les oiseaux. Les pertes sont essentiellement dues à la consommation des faînes et à celle des jeunes plantules.

Le prélèvement des faînes est surtout le fait du sanglier. Cerf et chevreuil en consomment également, mais en moindre quantité. Ils demeurent des herbivores, amateurs de fruits forestiers. A titre plus anecdotique, l'ours des Pyrénées est très friand de faînes : ne dit-on pas en pays d'Ossau : « année de faînes, année de l'ours ? ».

Les dégâts occasionés aux jeunes plantules, particulièrement au stade cotylédonaire, semblent plus sérieux ; ils sont illustrés par le devenir de semis effectués au printemps suivant une année sans faînée, pour des besoins expérimentaux, sur de petites surfaces dispersées dans une parcelle de plusieurs hectares. Peu après la levée, les traces relevées sur le sol indiquaient qu'une visite de cervidés était à l'origine d'une disparition presque totale des plantules sur une forte proportion des surfaces ensemencées.

Nous n'insisterons pas plus sur cet aspect qui, en définitive, n'est qu'un cas particulier des relations hêtre – grands animaux, traité plus en détail au §9.7.

5.336. **Influence des oiseaux et des rongeurs**

par

Henri LE LOUARN

Les rongeurs

La forêt, par sa diversité verticale (grand nombre de strates) et horizontale (traitement par rotation de parcelles voisines) accueille un certain nombre d'espèces de rongeurs qui tous peuvent être des ennemis potentiels de l'arbre. Dans l'aire de répartition du hêtre en France, ce nombre est cependant réduit, et les déprédateurs de régime alimentaire essentiellement granivore ne sont qu'au nombre de trois : Ecureuil, Mulot et Campagnol roussâtre ;

- l'écureuil est souvent considéré comme responsable de dégâts importants car tout le monde connaît son comportement d'amassage consistant à enterrer à la fin de l'été et en automne un certain nombre de semences. Son action est pourtant sans grande conséquence, compte tenu de son domaine vital très étendu, lui apportant des ressources alimentaires variées, et de sa faible densité de population. De plus les forêts de hêtres lui sont assez peu favorables, car il préfère des milieux variés comme les futaies jardinées et les boisements mixtes feuillus - conifères ;
- les deux autres espèces, par contre, sont des destructeurs de semences typiques dont l'action commence à pouvoir être chiffrée.

Les dégâts causés par le mulot (Apodemus sylvaticus) *et le campagnol roussâtre* (Clethrionomys glareolus).

Ces deux espèces seront considérées ensemble car il est impossible de différencier leurs dégâts. De même taille, possédant des biotopes préférentiels voisins, et de régime strictement granivore à l'automne, l'importance des dégâts est uniquement fonction de leur densité au niveau de la parcelle forestière en régénération. En France c'est le mulot, beaucoup plus abondant, qui en est le principal responsable, comme apparemment en Europe centrale (TURCEK, 1958; SVIRIDENKO, 1961; OBRTEL et HOLISOVA, 1974). Une première expérience durant les faînées de 1968 et 1970 en forêt de Fontainebleau a permis de chiffrer les disparitions de semences et de suivre les modalités du phénomène (LE LOUARN et SCHMITT, 1972).

Tandis qu'habituellement les populations de rongeurs oscillent entre quelques individus et 80 par 10 hectares, lors des faînées, les densités atteignent des valeurs de 150 à 200. De plus, l'augmentation se produit à partir du mois de septembre, en coïncidence dans le temps avec la chute des semences dont la quasi-totalité est au sol début novembre (81 % en 1968, 88 % en 1970). Ceci est dû à une prolongation de la saison de reproduction des rongeurs en liaison certaine avec un apport supplémentaire de nourriture, comme le notent WATTS (1970) et FORDHAM (1971). Aussi, la disparition des faînes est immédiate, atteignant 70 % début novembre 1970. L'action des rongeurs est ensuite fort réduite, car les densités de population chutent durant l'hiver. Il restait, au printemps, 40 % en 1968 et 26 % en 1970, du stock de semences tombées. Compte tenu du pourcentage de graines parasitées, qui de toutes façons n'auraient pas germé, et en admettant que les rongeurs les consomment dans les mêmes proportions — ce qui est probable puisque l'action se produit au fur et à mesure de leur chute — on peut chiffrer l'impact pour ces deux années à 30 et 35 % des faînes viables.

Les oiseaux

Parmi le cortège d'oiseaux fréquentant une hêtraie, il faut bien sûr s'intéresser aux espèces qui s'y trouvent en grand nombre à partir de septembre et jusqu'au début du printemps. Deux espèces migratrices, le pigeon ramier (*Columba palombus*) et le pinson du Nord (*Fringilla montifringilla*) sont à prendre en considération. Les populations indigènes de la première reçoivent l'apport en automne des populations plus septentrionales, dont une partie d'ailleurs hivernera plus au sud. C'est donc en partie des oiseaux de passage qui séjourneront plus ou moins longtemps dans une région donnée. Des réchauffements périodiques peuvent d'ailleurs provoquer en automne des « remontées » partielles. Les consommations de graines sont importantes, l'impact sur les semences forestières dépendant aussi des conditions locales : ouverture du boisement, modes de cultures alentour.

Le pinson du Nord arrive en France en novembre, et les modalités de sa migration semblent liées aux conditions d'alimentation hivernales (LE TACON *et al.*, 1976). Les fortes concentrations coïncident souvent avec des années de faînées abondantes, comme durant les hivers 1946-1947 et 1965-

1966. Si cette espèce n'est pas liée uniquement aux possibilités d'alimentation en faînes, puisqu'actuellement des stationnements durables se produisent dans le Sud-Ouest, en liaison avec l'extension de la culture du maïs, elle est responsable de dégâts importants sur la régénération du hêtre (HUSS *et al.*, 1972). Les concentrations sont souvent considérables, et certains dortoirs comptent couramment 5 millions d'individus, voire plus (HEMERY et LE TOQUIN, 1975). Les oiseaux se dispersent durant la journée sur des distances importantes, ce qui entraîne de fortes dépenses énergétiques et en contrepartie une alimentation renforcée.

Si les dégâts sont connus, l'estimation de leur importance est difficile. En fait, pour la régénération du hêtre, aucun chiffre n'était disponible avant que nous puissions mettre en place, à l'automne 1976, un dispositif expérimental de protection en forêt de Hez-Froidmont (ENGLER, LE LOUARN, LE TACON, 1979). Parmi un certain nombre de traitements effectués − élimination des ronces, travail du sol, piégeage partiel des rongeurs − ont été aménagées deux zones de protection, l'une contre les rongeurs par empoisonnement au chlorophacinone, l'autre de protection contre les oiseaux par la pose d'un filet à maille de 1 cm^2; l'influence des traitements sur les semis a été appréciée par des comptages de semis à la fin mai 1977 (tableau 40).

TABLEAU 40

Influence des traitements sur les semis en forêt de HEZ-FROIDMONT, 20 mai 1977
(d'après ENGLER, LE LOUARN et LE TACON, 1979)

Traitement		Nombre de semis par m^2
A	Témoin	1,42
B	Travail du sol	6,43
C	Travail du sol[*] protection partielle contre les rongeurs	9,37
D	Travail du sol[*] élimination des rongeurs	17,16
E	Travail du sol[*] élimination des rongeurs et oiseaux	127,20

− Nombre de faînes le 10 décembre 1976 : 192,2 par m^2.
− Nombre de faînes viables : 107,1.
[*] Il y a une sous-estimation certaine, car lors du comptage la consommation par les rongeurs avait déjà débuté.

L'influence des oiseaux est démontrée par la différence E - D, soit un impact de 110 faînes par m^2, qui peut amener à lui seul, l'échec de la régénération. Les rongeurs, dans ce cas précis, semblent avoir une action nettement plus faible, mais il faut signaler que le dispositif, pour mesurer cette action, aurait dû comporter un traitement « protection contre oiseaux seule ». De plus, la forêt de Hez-Froidmont se trouve située sur des voies de migration importantes, et l'Oise reçoit assez tôt les populations hivernantes de pinson du Nord.

Conclusion

L'absence de protection contre les oiseaux semble être une des principales causes de l'échec de la régénération du hêtre en France, mais il est probable qu'il faille considérer l'ensemble rongeurs et oiseaux dans l'impact sur les semences. Les 30 et 35 % de disparition de faînes viables observées en forêt de Fontainebleau — dans une parcelle où aucun passage d'oiseaux migrateurs n'a été noté — suffisent déjà à hypothéquer la réussite d'une faînée.

5.337. **Influence des insectes**

par

Claude-Bernard MALPHETTES

Les semis, acquis au printemps, disparaissent souvent très rapidement à partir du mois de mai ou du mois de juin.

On observe tout d'abord de fin mai à fin juin des chenilles qui peuvent s'attaquer à 10-20 % des semis. Ces chenilles s'attaquent aux cotylédons et aux premières feuilles, mais ne sont responsables de la mort que d'un nombre limité de semis.

La cause essentielle de la disparition des semis à partir du mois de juin est l'apparition de deux insectes : une cicadelle *(Thyphlocyba cruenta)* qui vide le contenu des cellules des feuilles de hêtre et surtout un puceron *(Phyllaphis fagi)* qui se localise à la face inférieure des feuilles.

Quand les feuilles sont couvertes d'insectes, elles se flétrissent et les semis meurent rapidement (voir fig. 58).

Le puceron laineux du hêtre (Phyllaphis fagi L.)

C'est un puceron dont le cycle biologique s'étale sur une année. Sa reproduction est sexuée, avec des périodes parthénogénétiques comme chez de nombreux pucerons. La fondatrice, issue de l'œuf apparaît fin avril, début mai. Elle donne naissance, fin mai - début juin, à des larves (parthénogénétiques). Ce sont ces larves qui s'installent sous les feuilles des plants de hêtres sous forme de colonies. Leurs piqûres, pratiquées pour se nourrir au dépens du parenchyme foliaire, provoquent un enroulement ou des boursouflures caractéristiques des feuilles.

Ces larves donnent des adultes aptères ou ailés. Les formes aptères donnent naissance à d'autres larves (toujours par voie parthénogénétique) très nombreuses. Les formes ailées donnent des larves beaucoup moins nombreuses. Celles-ci donnent ensuite exclusivement des adultes ailés. Ces adultes gagnent la couronne des arbres où ils donnent naissance parthénogénétiquement à des larves peu nombreuses, bien plus petites. Ces larves donnent, à leur tour, des adultes aptères. Cela se passe en juillet et août.

En septembre et octobre apparaît la génération avec séparation des sexes. Les mâles sont ailés, les femelles sont aptères. L'accouplement de ces individus est suivi de la ponte des œufs, fin octobre. Les œufs, déposés sur les écailles de bourgeons et dans les anfractuosités des branches, assurent l'hivernation de l'espèce.

Le puceron du hêtre alterne entre le sommet des hêtres adultes et les jeunes plants, quand ils existent. On peut constater que cette vie alternante provoque la migration des pucerons vers les jeunes plants, au moment où ces derniers sont les plus vulnérables (au début de leur croissance, quand les premières feuilles apparaissent). Il existe de nombreux parasites naturels et de nombreux prédateurs de ces pucerons. Malheureusement, dans le cas de semis de quelques mois, leur action est trop tardive.

Les arbres adultes peuvent très bien résister, par contre, à ces attaques.

La cicadelle du hêtre (Typhlocyba cruenta *H.S.*)

Cet insecte, voisin systématiquement des pucerons et des punaises, donc de type piqueur-suceur, provoque des dégâts caractéristiques sur les feuilles de hêtre. En effet, la cicadelle introduit son rostre dans les cellules du parenchyme foliaire et en vide le contenu en procédant cellule par cellule. Cela entraîne le remplacement du suc foliaire par de l'air, si bien que la feuille apparaît constellée de petits points blancs. De loin, les feuilles attaquées ont un aspect gris-plombé.

Cet insecte, à biologie encore mal connue, est très fréquent en juillet-août sur les feuilles du hêtre. Il mesure quelques millimètres de long et est doué d'un grand pouvoir saltatoire. Dans l'expérience de Villers-Cotterêts (§ 5.336), on a pu constater que les plants de hêtre étaient aussi très attaqués par cette cicadelle.

Son action, s'ajoutant à celle des pucerons, a conduit, elle aussi, à la destruction des plants. Elle n'a, par contre, aucune action notable sur les hêtres adultes, où on la trouvait aussi en abondance.

Lutte contre le puceron laineux

Il est possible de lutter contre le puceron laineux du hêtre et de sauver les jeunes semis par un traitement à l'aide d'insecticide systémique.

Un seul traitement effectué au phosphamidon début juin assure une protection quasi totale (fig. 58).

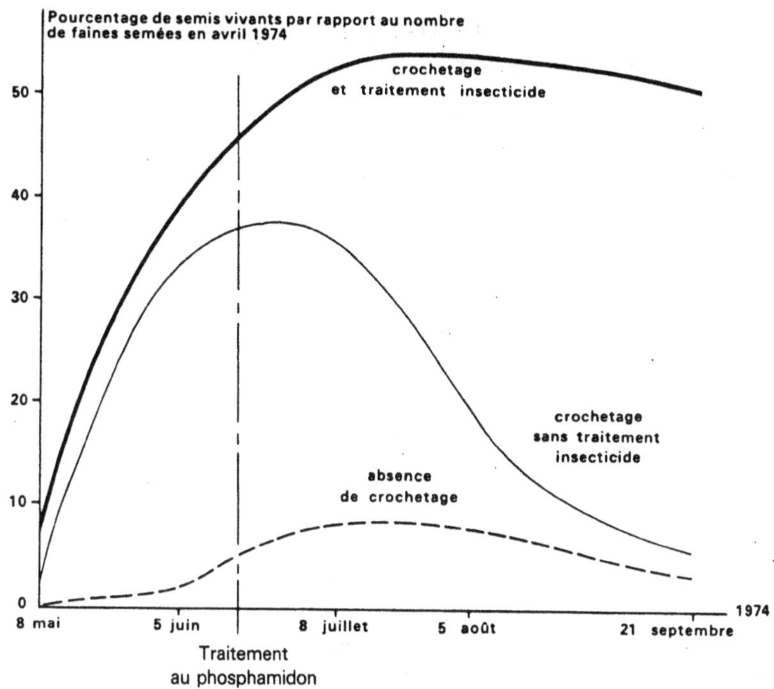

FIG. 58. – *Influence d'un traitement insecticide sur la survie des semis de hêtre
en forêt domaniale de Villers-Cotterêts
(d'après LE TACON, MALPHETTES, 1976)*

Traitement contre le puceron laineux (Phyllaphis fagi)

1) *Caractéristique du produit utilisé.* 2 chloro 2 diéthyl-carbomoyl
1 methylvinyle-diméthylphosphate commercialisé sous le nom de Dimecron
10 (phosphamidon) par CIBA-GEIGY et par SEPPIC.

Insecticide systémique inscrit au tableau A des toxiques.

2) *Conditions d'emploi.*

– 30 à 40 g de produit actif par hectolitre ;
– épandage de 1 000 litres par hectare par pulvérisation classique,
soit 300 à 400 g de produit actif à l'hectare ;

- porter des vêtements de travail, des gants imperméables et un masque pour éviter l'inhalation et le contact avec la peau.

- ne pas traiter sous le vent. Ne pas travailler plus d'une demi-journée avec le même opérateur.

- après traitement, nettoyer les vêtements et se laver avant de prendre toute nourriture.

3) *Date d'utilisation.* Traiter dès l'apparition des pucerons laineux à la face inférieure des feuilles, c'est-à-dire fin mai - début juin. Une seule application dans l'année suffit.

5.338. **Densité de semis nécessaire à la réussite d'une régénération naturelle**

par

Helfried OSWALD

Il faut ici aborder brièvement la question de la densité de semis nécessaires à la réussite d'une régénération naturelle. Les résultats obtenus dans de nombreuses expériences témoignent de la complexité des facteurs qui entrent en jeu.

On peut néanmoins dégager quelques concordances, mais les chiffres avancés sont purement indicatifs.

Dans des bonnes conditions écologiques et techniques — absence de fortes gelées et de sécheresse prononcée, prédation faible, travail du sol adéquat, concurrence herbacée faible — on peut admettre des taux moyens de survie en fonction de l'âge tels qu'indiqués dans le tableau suivant :

Année après la faînée	1	2	3	4	5	6	7	8	9	10
Taux de survie (%)	74	59	48	38	31	25	20	16	13	10

Plus de la moitié des semis disparaissent pendant les trois premières années, et seulement 10 % sont encore vivants au bout de 10 années.

Il s'est également avéré que de très faibles faînées partielles sont souvent inutilisables, même quand elles se succèdent à deux ou trois années d'intervalle. Ceci confirme la vieille règle selon laquelle une régénération de hêtre doit être obtenue à partir d'une seule et bonne faînée (HUSS, 1972).

On peut finalement penser que dans des conditions moyennes, il faut environ 20 semis d'un an par mètre carré, répartis assez régulièrement dans tout le peuplement, pour réussir une régénération naturelle. Ces chiffres ont été avancés par BORCHERS (1954) et confirmés depuis par de nombreuses études.

Compte tenu des pertes pendant l'hiver et de la baisse du pouvoir germinatif, il faudrait donc trouver au sol, en novembre, après la chute des faînes, au moins 70 à 100 faînes pleines par m^2 pour obtenir les 20 semis vivants à l'automne de l'année suivante.

5.34. COUPES DE MISE EN LUMIÈRE

par

Louis LANIER

On connaît les aléas de la naissance d'une nouvelle génération de hêtres, quand elle provient du développement de semis naturels. Raison de plus pour mettre le maximum d'atouts dans son jeu, en réglant la croissance de ces jeunes hêtres.

Aussi, une phase particulièrement importante et délicate de l'action du sylviculteur dans le cycle de la hêtraie, se situera dans les quelques années qui séparent l'ouverture du peuplement initial, du découvert complet des jeunes hêtres qui seront alors âgés, selon les cas, de 6 à 25 ans (8). Les coupes correspondant à cette période sont dites de *mise en lumière*.

a) Nécessité de doser la lumière dans les régénérations. Nous avons vu l'influence de la lumière sur la survie et le développement des jeunes semis de hêtre (§ 5.331), ainsi que le rôle de la végétation concurrente (§ 5.332.).

Aussi, le dosage de la lumière filtrant à travers l'écran de l'étage dominant, est un critère de la maîtrise du sylviculteur, qu'il combine avec des dégagements précoces, actifs et sélectifs.

Si le découvert est trop rapide sur des semis trop jeunes, le risque des gelées et du recouvrement par les concurrents herbacés ou semi-ligneux est grand. S'il ne l'est pas assez, c'est l'étiolement et le port plagiotrope qui guettent le jeune plant. L'optimum de la coupe d'ensemencement (10 à 30 % du peuplement initial supposé complet), des coupes secondaires (15 à 30 % du peuplement restant à chaque passage) et de la définitive, qui ne devrait pas intervenir plus de 15 à 20 ans après la première coupe de régénération dans les cas les plus défavorables (faînées rares et clairse-

---

(8) On trouve dans la pratique, au moment de la coupe définitive, des arbres d'âge bien supérieur à 25 ans. Mais il ne nous paraît pas souhaitable de perpétuer cet état de fait.

mées), s'attache à respecter la règle des 30 % de l'éclairement total devant arriver sur les arbres pour obtenir l'élongation maximale (BROWN, 1952).

De même, lors de plantations de hêtres en coupe d'abri, l'abri, latéral s'il s'agit de bande, régulièrement réparti dans les plantations en plein ou en placeaux, doit également disparaître dix à quinze ans après la mise en place des plants.

b) *Réalisation pratique des coupes de mise en lumière.* Cas d'une futaie de hêtre dominant ou d'un taillis-sous-futaie vieilli et enrichi, à base de hêtres.

Année 0 : Coupe préparatoire

Elimination de la plus grande part du sous-étage, des préexistants, hêtres ou sycomores le plus souvent, très utilement accompagnée d'une préparation du sol (crochetage) qui la plupart du temps est indispensable.

Année 1 : Coupe d'ensemencement

10-30 % des tiges. Coupe « par le haut » avec effort à faire porter sur les mal conformés, à tares probablement héréditaires (fibre torse, fourches à répétition, mauvais élagage, branches obliques, *Cryptococcus,* chancres en cimes) et les essences non souhaitées, en général peu nombreuses dans l'étage dominant avec le hêtre.

Attendre la faînée, au besoin en renouvelant le travail du sol, dont la date peut être précisée par observation de l'état de maturation des faînes.

Les premiers dégagements de semis effectués au détriment des ronces, morts-bois... sont à effectuer dès ce stade.

Année n + 1 : Coupe secondaire 1

20 % du peuplement restant, préférentiellement au-dessus des taches de semis déjà installées.

A ce stade, il sera utile de délimiter sur le terrain des chemins de vidange matérialisés, obligatoirement empruntés par les tracteurs pour les débardages. Le débusquage se fera au treuil, avec mouflages pour contourner les taches de semis.

Un cloisonnement cultural (lignes de sylviculture) pourra être aisément piqueté. Etroit, espacé de 9 à 10 mètres d'axe en axe, traversant les taches de semis, il sera aisé à entretenir au débroussailleur et facilitera les dégagements, à *poursuivre activement à ce stade* (voir § 5.551.).

Année n + 5 : Coupe secondaire 2

Selon les cas, 20 à 50 % du peuplement restant, en fonction de l'état de développement des semis, des espoirs raisonnables d'une faînée complémentaire.

Dès ce stade, des compléments de plantation dans les vides, le long des cloisonnements, à l'aide de hêtres « haute tige » ou de plants d'essences associables au hêtre (érables, frênes, mélèzes, selon les stations).

Année n + 10 : Coupe définitive

Utilement accompagnée de dégagements intensifs, appuyés sur les cloisonnements, de préférence bilatéraux sur au moins cinq mètres au total et surveillés soigneusement quant aux conséquences des derniers débardages, des rassemblements de houppiers à façonner (en brûlant le moins possible).

En pratique, dans les conditions stationnelles où la régénération naturelle du hêtre est réputée difficile (sols sableux des hêtraies du Bassin parisien, argile à silex de l'Ouest, sols calcaires superficiels du Nord-Est), on n'a pas intérêt à attendre une régénération naturelle trop aléatoire. Si les premières coupes de mise en lumière ne conduisent pas rapidement à une régénération acceptable, le repeuplement artificiel est à préférer.

Ailleurs, sur les sols profonds à roche-mère calcaire, sur les sols de pente régulièrement rajeunis, sur les sols siliceux, où la régénération naturelle est généralement abondante, la durée totale des coupes de mise en lumière, en adoptant les règles d'intensité ci-dessus, ne devrait pas excéder 10 à 15 ans.

5.4. **RÉGÉNÉRATION ARTIFICIELLE ET PLANTATION**

5.41. **TECHNIQUES DE RÉCOLTE DES FAÎNES**

par

Michel BUFFET

Nécessité de la récolte

En forêt soumise, on utilise chaque année environ 6 millions de plants de hêtre. La grande majorité de ces plants sont utilisés dans le tiers nord de la France (Normandie, Picardie, Champagne-Ardennes, Lorraine). Pourquoi ce feuillu indigène est-il si abondamment planté ? Cela tient essentiellement à la difficulté d'obtenir sa régénération par voie naturelle :

— Dans les grandes futaies de l'Ouest (Normandie, Picardie) et particulièrement sur les plateaux acides, les semis naturels sont soit difficiles à obtenir, soit disparaissent rapidement pour les diverses raisons exposées précédemment.

— Dans l'Est, c'est surtout la rareté des semenciers (taillis-sous-futaie) ou leur absence (il s'agit alors d'une introduction ou d'une réintroduction) qui justifie le recours à la plantation.

Précisons que la quasi-totalité des tentatives de semis direct ont abouti à un échec; c'est donc en vue de la production de plants qu'on est amené à récolter des faînes.

Les faînes peuvent être semées en pépinière dès le printemps qui suit la récolte; elles sont alors conservées par simple stratification selon une technique déjà ancienne. Mais la récente mise au point d'un procédé de conservation à long terme a ouvert de nouveaux horizons : il est désormais possible d'obtenir en pépinière une production de plants constante d'une année sur l'autre, sans recourir à l'importation de graines étrangères.

Admettant qu'en conditions moyennes, on observe en France une bonne fructification tous les 3 ou 4 ans, on s'efforce de récolter à chaque fois la quantité de graines nécessaire à 4 années de plantation; le quart de la récolte est conservé sur place pour être semé dès le printemps suivant et le reste est mis en conservation de longue durée.

Les observations qui suivent ont été largement inspirées par l'expérience acquise par l'Office National des Forêts à l'occasion des récoltes de 1974 et 1976.

Préparation

Comme on le verra plus loin, la récolte ne peut s'effectuer que pendant une période précise et relativement courte. Il est donc très important de la préparer suffisamment à l'avance. Mais cette préparation comporte un certain nombre d'investissements, que l'on n'acceptera de faire que dans la mesure où la fructification présente une probabilité assez grande.

Prévision

On consultera à ce sujet les § 531. et 532. Retenons surtout qu'une bonne fructification est l'aboutissement d'une chaîne d'événements dont chacun ne peut se produire que si tous les précédents se sont réalisés. La prévision sera donc d'autant plus précise qu'on approchera de l'échéance.

Le praticien pourra observer :

— *dès l'hiver* (janvier) s'il existe des fleurs mâles : pour ce faire, on profite des coupes en exploitation et on recherche sur les rameaux du sommet de l'arbre, les bourgeons floraux, où il est facile d'observer les fleurs mâles dès cette époque;

    — *au printemps,* l'abondance des fleurs mâles lors de leur chute;

    — *vers le mois de juin,* les fruits qui, au contraire des glands, se développent très rapidement.

Choix des emplacements de récolte

Ce choix est guidé en priorité par la qualité des semenciers et seulement ensuite par la commodité de la récolte. Il peut s'effectuer fin août ou début septembre, époque où les espoirs de fructification sont suffisamment fondés.

La recherche est limitée aux peuplements classés. Toutefois, lorsque ceux-ci s'avèrent insuffisants, et si la récolte n'est pas destinée à être commercialisée, il vaut mieux récolter dans un beau peuplement local non classé que d'introduire une provenance classée, étrangère à la région.

Quels sont les critères de choix ?

— *pour les emplacements :*

    — une bonne accessibilité,

    — un sol propre,

    — un terrain de préférence plat et horizontal, lorsqu'on cherche à mécaniser la récolte.

Les chaussées de certaines routes, temporairement fermées pour la circonstance, peuvent fournir de bons terrains de récolte.

— *pour les arbres :*

    — l'aspect de la tige (phénotype),

    — l'importance du houppier,

    — l'abondance de la fructification.

Peuplements porte-graines (voir aussi le § 8-3)

On peut envisager de spécialiser certains peuplements dans la production de graines, au moins pendant une partie de leur vie. Les critères de choix seraient :

    — la qualité du matériel,

    — l'abondance de la fructification,

    — la commodité de la récolte.

Des interventions sylvicoles devraient permettre d'agir sur l'abondance de la fructification (espacement des houppiers, épandage d'engrais).

— préparation du terrain

Les techniques de préparation du terrain varient selon la nature du peuplement et selon la méthode de ramassage envisagée. En général, le travail est limité à des surfaces dépassant légèrement l'aplomb des houppiers des arbres repérés.

La première opération consiste à supprimer la végétation basse existante en la rabattant aussi court que possible à l'aide de matériels classiques tels que débroussailleuses, broyeurs à axe vertical ou horizontal, etc.

Dans un deuxième temps et, de préférence, juste avant la récolte on peut enlever la litière (feuilles et brindilles) par raclage avec une lame (du genre lame de niveleuse) ou par balayage avec un balai mécanique (notamment sur les chaussées). Notons toutefois que, sur un sol meuble (sable) ainsi mis à nu, les faines peuvent s'enfoncer à la première pluie et ne pas être récupérables.

On a également essayé de poser des bâches sous les semenciers, juste avant la chute des faines : ce procédé ne donne pas entière satisfaction. En cas de pluie notamment, on est contraint de crever les bâches pour éliminer l'eau. Peut-être faudrait-il utiliser des toiles suffisamment perméables. Par contre cette technique présenterait un grand intérêt si on arrivait à provoquer la chute des faines par secouage.

Récolte

Epoque de la récolte

La contrainte principale est d'ordre météorologique. En effet, les pluies sont fréquentes à cette saison et peuvent rendre la récolte difficile, voire impossible. En cas de mécanisation lourde de la récolte notamment, on ne peut plus accéder aux parcelles avec des engins et le tri du mélange récolté (feuilles, terre et graines mouillées) est irréalisable.

On a donc tout intérêt à commencer la récolte le plus tôt possible et à mobiliser immédiatement le maximum de moyens. Toutefois, il convient d'éviter de ramasser les premières faines qui sont généralement vides.

Concrètement, les récoltes effectuées en 1976 ont commencé dans la première quinzaine d'octobre et ont duré de 15 jours à 2 mois.

Technique de récolte

On peut distinguer deux catégories de techniques fondamentalement différentes : ou bien on ramasse les faines une à une à la main, ou bien on ramasse un mélange plus ou moins riche en faines que l'on s'efforce ensuite de purifier par divers procédés.

Ramassage graine à graine. Le ramassage graine à graine se fait à la main et donne en général un produit très pur. Mais il est très lent et, par conséquent, très coûteux. De plus, il suppose un renfort important en main-d'œuvre occasionnelle.

Ramassage d'un mélange. Si l'on souhaite ramasser de grosses quantités de faines, on est pratiquement contraint d'adopter une autre tactique : on ramasse, à l'aide d'un outil à haut rendement, un mélange assez pauvre en faines que l'on trie ensuite. Le ramassage proprement dit peut alors se faire par balayage ou par aspiration.

Balayage

Le balayage nécessite un terrain particulièrement bien préparé (sol nivelé et suffisamment dur). Dans la pratique, cette technique est bien adaptée à la récolte sur route. Les outils sont le balai ordinaire, le râteau ou la balayeuse mécanique utilisée pour l'entretien des chaussées. C'est de cette façon qu'a été effectuée la plus grosse partie de la récolte de 1976 à l'Office National des Forêts.

Aspiration

Il existe différents types d'aspirateurs. Le plus couramment utilisé actuellement (photo 4), est constitué d'un caisson métallique parallélépipédique (longueur : 3 m ; largeur : 1 m ; hauteur : 2,80 m en position de travail) muni :
- à l'avant, d'une turbine d'aspiration entraînée par la prise de force du tracteur,
- à l'arrière et en haut, de deux tubes d'aspiration,
- en dessous, de deux sacs de vidange,
- sur le côté, d'une porte de visite.

L'équipage « tracteur-aspirateur » est servi par trois hommes.

Cet appareil rend de grands services car, lorsqu'il est correctement utilisé, il permet de récolter à l'intérieur des parcelles avec peu de main-d'œuvre et à coût comparable et parfois inférieur à celui des autres techniques.

Dans le même ordre d'idée, il est également possible d'utiliser les aspirateurs urbains utilisés pour le nettoyage des rues et des places de marchés.

Enfin, un prototype d'aspirateur portable à dos d'homme est en cours d'expérimentation et de mise au point au CEMAGREF (*) (photo 5). Com-

* CEMAGREF : Centre d'Etude du Machinisme Agricole, du Génie Rural, des Eaux et des Forêts.

PHOTO 4. – *Aspirateur à graines porté derrière un tracteur*

posé d'une turbine à axe vertical montée sur un caisson d'un volume de 20 litres, il est prévu pour être mu par un moteur de tronçonneuse interchangeable. L'air chassé par la turbine est soufflé au-dessus du tuyau d'aspiration. Il permet d'écarter les feuilles et augmente sensiblement le rendement. Celui-ci serait de l'ordre d'1/3 de faînes dans le matériau récolté. Le mélange semble donc plus riche qu'avec l'aspirateur porté sur tracteur. Les avantages de cet engin sont sa souplesse d'utilisation et sa commodité en terrain accidenté.

Secouage des arbres

Cette technique inspirée de la récolte des fruits dans les vergers, consiste à soumettre le tronc à de courtes périodes de vibrations obtenues par la rotation de masses excentrées contenues dans une pince avec laquelle on enserre le fût. Le dispositif, disposé sur des bras à verin, est en général monté sur tracteur agricole ou forestier (photo 6). Pour être efficace, cette méthode doit être accompagnée de la couverture du sol sous l'arbre secoué. Cette couverture, qui ressemble à un gigantesque éventail enserrant complètement le tronc, peut être mécanisée. La récolte par secouage est utilisée fréquemment au Danemark. Elle ne semble pas nuire à l'enracinement. En France elle n'a été utilisée qu'occasionnellement. Elle serait particulièrement bien adaptée aux peuplements classés soumis à une sylviculture intensive.

PHOTO 5. – *Aspirateur à graines portatif*

PHOTO 6. – *Machine à secouer les arbres, utilisée ici sur un épicéa*

Tri du mélange récolté

Une fois le mélange récolté, il est pratiquement indispensable de le purifier sur place, au moins grossièrement, et ce pour deux raisons : il est irrationnel de transporter un mélange très pauvre en faînes, et, de plus, ce mélange risquerait de favoriser l'échauffement des graines.

En général, on utilise au moins deux cribles : l'un dont la maille est un peu plus grosse que la faîne, retient les grosses impuretés et l'autre, de maille plus fine, retient les faînes et laisse passer les particules plus petites. Ces cribles peuvent être de simples tamis de jardinier mais ils peuvent aussi être associés ensemble et combinés avec une ventilation qui élimine les feuilles et autres débris légers : on a alors le schéma classique du tarare. Dans tous les cas, il semble que le rendement dépende beaucoup de la taille et de la forme de la maille.

Une autre possibilité est le tri par densité dans des bacs remplis d'eau. Il est alors nécessaire de ressuyer les faînes convenablement après traitement.

5.42. TECHNOLOGIE DE LA CONSERVATION DES FAÎNES

par

Claudine MULLER et Marc BONNET-MASIMBERT

Le problème de la récolte a été évoqué dans le paragraphe précédent ; nous nous intéresserons donc ici aux seuls aspects conservation et préparation au semis, qui ont longtemps présenté de graves difficultés, et dont la solution n'a été trouvée que récemment. En effet, deux particularités lourdes d'incidences sur la technologie de ces semences affectent le hêtre : les fructifications en sont très irrégulières (aspect déjà évoqué), ce qui nécessite de mettre à profit au maximum les bonnes faînées pour arriver, par une conservation adéquate des excédents, à un approvisionnement régulier des pépinières pendant les mauvaises années. D'autre part, lors de sa chute, la faîne est une graine dormante, c'est-à-dire qu'elle n'est pas apte à germer immédiatement. De plus, son degré de dormance est extrêmement variable d'un lot à l'autre. Il faut donc par certains procédés, que nous évoquerons, éliminer cette dormance pour rendre possible la germination. Un dernier point, qui est développé par ailleurs (§ 5334), concerne l'incidence de la proportion variable de faînes atteinte par un champignon, *Rhizoctonia solani*, qui altère la qualité des lots destinés à la conservation, et cela d'autant plus que la récolte est plus tardive. Des infections secondaires se réalisent à partir des faînes atteintes à la récolte, favorisées par l'ambiance humide et le rassemblement des faînes en vrac. Bien que n'autorisant pas sa croissance, les conditions de conservation ne sont pas léthales pour le parasite, qui se maintient à l'état mycélien dans les faînes infectées au moment de la récolte. Les conditions réunies lors des opérations de préparation à la germination (levée de dormance), favorisent la réalisation d'infections secondaires. En pépinière, outre le manque à la levée, on assiste à une mortalité de post émergence qui se différencie des attaques de *Phytophtora omnivora* de Barry, par l'absence de symptôme sur les premières feuilles, et de taches de mortalité circulaires dans les planches de semis.

En fait, une bonne technologie de conservation de ces faînes doit donc prendre en compte simultanément tous ces aspects, y compris éventuellement les traitements de lutte anticryptogamique (9). Aussi après avoir donné les éléments propres à la conservation et à la dormance des faînes, nous préciserons les orientations actuelles pour la mise au point d'une méthode intégrée de traitement des faînes. Enfin nous donnerons quelques indications sur les tests possibles de germination ou de viabilité.

De manière à rendre plus explicites les différentes étapes possibles de traitement des faînes, un schéma (fig. 59) en présente la diversité.

5.421. **Conservation à long terme**

Pendant longtemps la plupart des essais de conservation ont été réalisés sur faînes récoltées après avoir séjourné au sol un certain temps dans les conditions froides et humides, favorables à la levée au moins partielle de dormance mais aussi au développement des attaques fongiques. SUSZKA (1966) reprend en détail ces premières tentatives que l'on doit notamment à NYHOLM (1960), BUSZEWICZ (1964), SCHÖNBORN (1964) et qui avaient dans certains cas permis d'atteindre 2 à 3 ans de conservation en maintenant un taux de germination suffisant pour assurer des semis.

Par la suite, à partir de 1967-1968, c'est principalement en Pologne (SUSZKA) et en France (BONNET-MASIMBERT et MULLER) que se sont développées les études, prenant généralement pour base de départ des faînes récoltées immédiatement après leur chute. Simultanément dans ces deux pays (BONNET-MASIMBERT et MULLER, 1973; 1975) (SUSZKA, 1974) des solutions ont été affinées qui ont permis notamment en France un passage à la pratique avec la conservation par l'Office National des Forêts de 14

---

(9) Ces traitements sont évoqués par ailleurs. Deux traitements sont envisageables : 1. Enrobage des faînes à l'aide d'un fongicide (P C N B) qui protège les faînes indemnes à la récolte. − 2. Thermothérapie (24 h à 37 °C) qui constitue un traitement curatif des lots mais s'intègre mal dans le procédé de conservation des faînes.

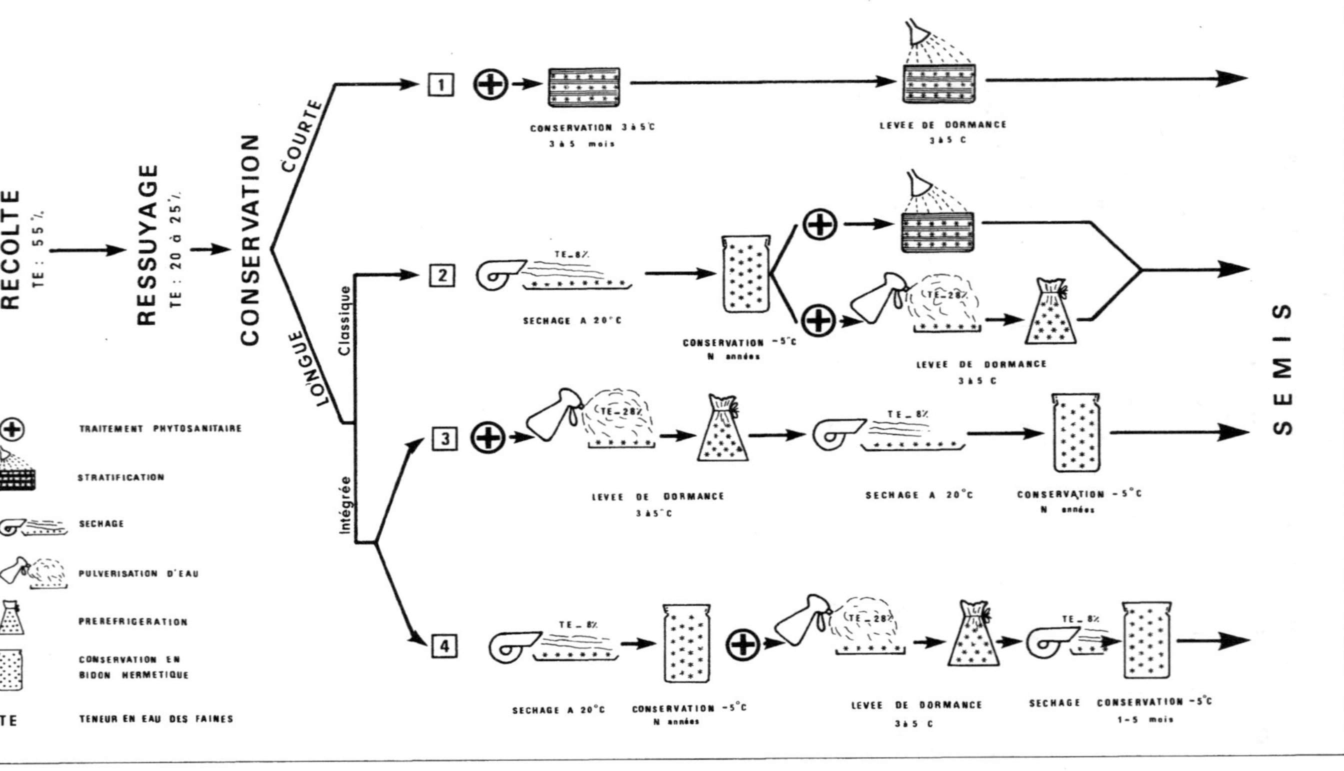

Fig. 59. — *Schéma d'ensemble des différentes techniques de traitement des faînes.* La voie 1 correspond au simple passage d'un hiver et se termine par un traitement de levée de dormance. Toutes ces opérations peuvent être réalisées en pépinière. La voie 2 correspond à la méthode actuellement utilisée pour la conservation pendant plusieurs années. La phase de conservation est réalisée dans une « sécherie » spécialisée. La phase de levée de dormance doit être réalisée par le pépiniériste. Les voies 3 et 4 associent, dans des ordres différents, conservation et levée de dormance. Ces deux phases sont réalisées dans une « sécherie ». Le pépiniériste reçoit donc des faînes sèches, prêtes à germer sans traitement préalable.

tonnes de faînes récoltées en 1974 et 1976 (PERRIN, MULLER et BONNET-MASIMBERT, 1978) sans que la moindre baisse de faculté germinative ne soit observée après respectivement 5 et 3 ans de conservation. Sur des lots expérimentaux de quelques dizaines de kilos conservés à Nancy, la faculté germinative après 7 ans était toujours de 87 % !

Pour une conservation à long terme la méthode est la suivante :
- séchage des faînes jusqu'à une teneur en eau voisine de 8 à 9 % (par rapport au poids frais) par passage d'air à température ambiante (18-20 °C), sans chauffage ;
- mise en récipients étanches en chambre froide ;
- température de la chambre froide comprise entre − 5 °C et − 10 °C.

L'avantage de ces conditions par rapport à d'autres températures ou teneurs en eau apparaît sur la fig. 60 qui correspond à un essai préliminaire mis en place à l'automne 1967.

Avant utilisation, lors de la sortie des lots de chambre froide, il est préférable de les ramener progressivement à température ambiante. Associée aux éventuels traitements anticryptogamiques, cette méthode assure une parfaite conservation.

Bien que cela puisse paraître peu logique, la conservation à court terme ne sera évoquée qu'après avoir parlé de la dormance car c'est un cas typique pour lequel il convient d'associer levée de dormance et conservation.

5.422. Dormance des faînes et moyens de l'éliminer

Il s'agit d'une dormance sensible au froid, particulièrement profonde puisqu'elle peut nécessiter jusqu'à trois mois de traitement au froid humide pour être éliminée. Elle a d'ailleurs fait l'objet d'assez nombreuses études fondamentales, notamment en ce qui concerne l'évolution des régulateurs de croissance endogènes au cours de la levée de dormance (FRANKLAND et WAREING, 1962 et 1966 ; EL ANTABLY, 1976) ou les possibilités d'application de certains de ces régulateurs pour en modifier l'intensité (FRANKLAND, 1961, BONNET-MASIMBERT et MULLER, 1976, MULLER, 1977). Son origine semble à la fois embryonnaire et tégumentaire comme en témoignent les chiffres du tableau 41 tirés d'essais de mise en culture d'embryons avec ou sans leurs téguments, sur eaux ou sur milieu contenant de l'acide gibbérellique (MULLER, 1977).

Il s'agit bien d'une dormance réelle et non pas simplement de difficultés d'imbibition, comme en témoigne la fig. 61, retraçant l'évolution de la teneur en eau des faînes au cours de la phase de stratification (MULLER, 1977). Qu'elles aient ou non subi un trempage préalable, la teneur en eau

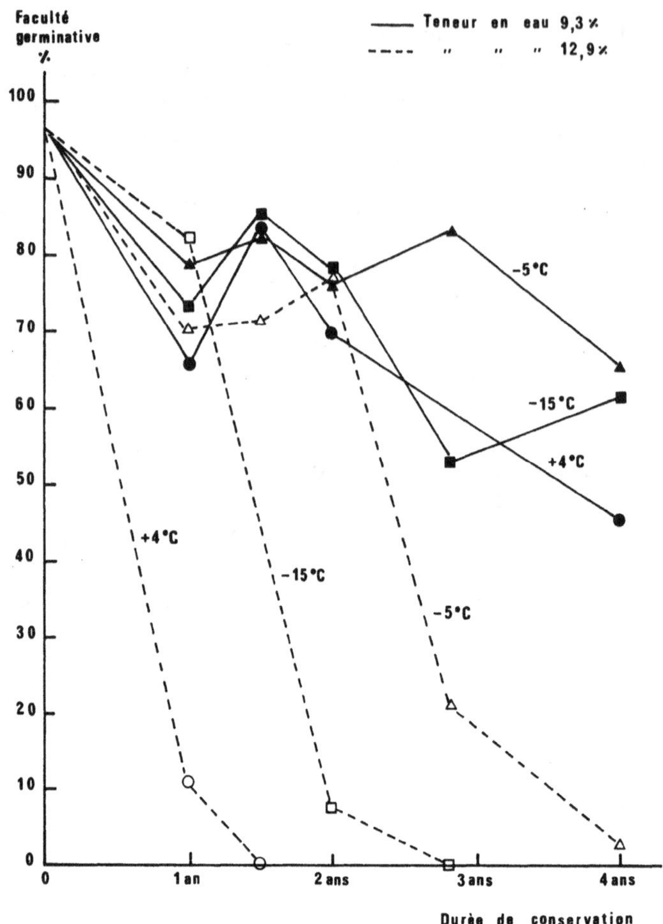

FIG. 60. – *Essai préliminaire de conservation de faînes. Rôle de la teneur en eau et de la température (Lot 67.267 – Provenance Villers-Cotterêts).*

définitive de faînes est sensiblement atteinte dans les 5 premiers jours qui suivent la mise en stratification.

D'un point de vue pratique, la méthode classique permettant de lever cette dormance consiste à placer les graines sur un milieu humide (ou en mélange dans ce milieu) qui pourra être de la tourbe, du sable ou de la vermiculite, dans une chambre froide dont la température sera de + 1 °C à + 3 °C (SUSZKA, 1966). C'est la « stratification » ou « prégermination avec milieu ». La durée de ce traitement, dont le terme est fixé par l'apparition des premières radicules, dépend du degré de la dormance. Cependant, les faînes présentent la particularité génante de germer aux températures basses et dans les conditions d'humidité qui sont celles de la stratification alors qu'elles germent mal à 20 °C. C'est la raison pour laquelle SUSZKA

TABLEAU 41

Comparaison de la germination sur eau ou sur acide gibbérellique (A.G.) (pendant les 8 premiers jours, puis remis sur eau) d'embryons de hêtre munis ou non de leurs téguments. Ces résultats sont donnés 12 et 28 jours après la mise en culture sur coton, en boîtes de Pétri placées à 20 °C

| | Pourcentage de germination | | | |
| | au 12ᵉ jour | | au 28ᵉ jour | |
	sur A.G.	sur eau	sur A.G.	sur eau
Embryon seul	76	28	80	32
Embryon + tégument interne...	46	8	50	20
Faîne complète	2	2	26	2
Faîne à tégument externe coupé au niveau de la radicule	26	0	62	4

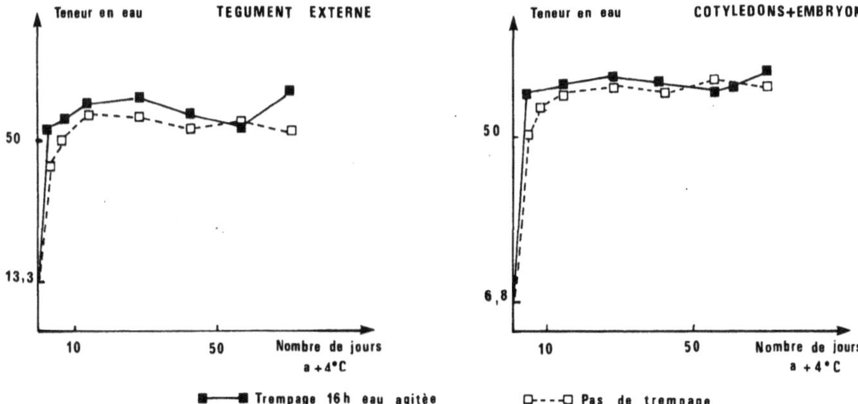

FIG. 61. — *Evolution respective de l'imbibition du tégument externe et de l'embryon en condition de stratification à +4 °C. Influence d'un trempage préalable.*

(1975) a suggéré une « préréfrigération » ou « prégermination sans milieu » pour laquelle on réhumidifie les faînes jusqu'à une teneur en eau voisine de 28 à 30 %, teneur dont il faudra surveiller la stabilité ultérieure (SUSZKA et ZIETA, 1976) avant de les placer en sachets de polyéthylène mince, à ces mêmes températures de +1 °C à +3 °C. Le taux d'humidité, de 28 %, suffisant pour assurer la levée de dormance, ne l'est pas pour permettre la germination, alors qu'en condition de stratification (teneur en eau voisine de 55 %) celle-ci se produit. La durée de préréfrigération est légèrement supérieure à celle de la stratification. Un moyen de la déterminer consiste à placer un échantillon du lot à traiter en condition de stratification avec milieu à +3 °C et à surveiller la germination. SUSZKA et ZIETA (1976) conseillent d'arrêter la « préréfrigération » lorsque 10 % des faînes ont germé (critère : sortie de la radicule). Nous pensons que 20 à 30 % de germination sont préférables dans bien des cas. La prégermination est un système très pratique qui concilie à la fois une bonne levée de dormance, la possibilité de surveiller l'état sanitaire des graines, et l'absence de risque de germination avant semis. Il permet une germination particulièrement groupée et rapide puisque SUSZKA (1978) indique que 85 % des graines peuvent germer en moins de deux semaines.

Un autre système (MULLER, 1977) dont l'étude se poursuit, consiste à associer un traitement de stratification et une pulvérisation d'acide gibbérellique pendant la première semaine de stratification. Les essais en laboratoire, ainsi que deux essais de semis en pépinière, montrent que, de cette manière, on peut réduire de près de moitié la durée du traitement par le froid, tout en augmentant à la fois le taux et la vitesse de germination, exprimée par le temps moyen de germination (10). Ce traitement modifie légèrement la forme des 3 ou 4 premières feuilles mais n'a aucune incidence ultérieure sur le développement des jeunes plants. A titre indicatif le tableau 42 donne quelques résultats de l'essai semé en pépinière au printemps 1977.

TABLEAU 42

Germination de Fagus sylvatica *en pépinière. Comparaison de l'efficacité d'un traitement de stratification simple (T) et d'un traitement combiné par stratification et pulvérisation d'acide gibberellique (A.G.) (200 mg/l).*

Semis réalisé en 1977 avec 2 lots de faînes préalablement conservées à − 5 °C.
Le lot 72 était particulièrement dormant tandis que le lot 74 l'était peu.

	Lot	4 semaines stratification			8 semaines stratification		
		T	A.G.	Différence A.G. - T	T	A.G.	Différence A.G. - T
% de levée	72	36,6	50,8	+ 14,2 % **	58,8	75,5	+ 16,7 % **
	74	63,9	64,4	+ 5,2 %	80,6	83,9	+ 3,3 %
Temps (10) moyen de germination (j)	72	79,3	51,2	− 28,1 % **	48,6	32,9	− 15,7 j **
	74	48,7	37,7	− 10,1 j **	35,8	30,0	− 5,8 j **
Hauteur totale à 2 ans (cm)	72	15,5	18,4	+ 3 cm	19,3	18,4	− 0,9 cm
	74	20,3	20,8	+ 0,5 cm	22,3	22,0	− 0,3 cm
** Différences significatives à 1 %.							

---

(10) Temps moyen de germination : $\text{TMG} = \dfrac{\Sigma(\text{ni} \times \text{ti})}{\text{N}}$

où **ni** correspond au nombre de graines germées le **ti**[ème] jour après semis et N le nombre total de graines germées.

5.423. **Méthodes intégrées :**
conservation – levée de dormance

Le fait que le degré de la dormance varie beaucoup d'un lot à l'autre, et que d'une manière générale sa levée nécessite une longue durée de traitement, conduit à tenter d'associer dans une même série d'opérations la conservation et la levée de dormance. Ceci pourrait, en particulier dans le cas de la conservation à long terme, permettre de réaliser ces deux opérations en un même lieu spécialisé, la « sécherie », garantissant ainsi le maximum de chances de succès pour la germination ultérieure.

a. *Cas de la conservation à court terme* (6 à 8 mois) (Voie 1 de la figure 59). Il s'agit simplement d'assurer au mieux le passage de la récolte de l'automne jusqu'au semis du printemps suivant. C'est le cas pour lequel il y a, de manière la plus évidente, intérêt à associer levée de dormance et conservation puisque, sur les 6 mois disponibles, il va falloir réserver 1 à 3 mois pour le seul traitement de levée de dormance. Ceci ne doit pas faire appel à un lieu spécialisé, type sécherie.

Tout d'abord, il est inutile de deshydrater fortement les faînes. Il suffit de les laisser ressuyer pour qu'elles atteignent une teneur en eau de 20 % environ, ce qui ne demande guère plus de 4 à 5 jours dans un lieu sec, les faînes étant étalées en fine couche (1 à 2 cm). On peut alors les stocker, soit dans un hangar absolument non chauffé, soit, encore mieux, dans une chambre froide à température légèrement supérieure à zéro. La meilleure solution consiste à faire alterner dans des bacs, des couches de sable sec ou de vermiculite (4 à 5 cm d'épaisseur) avec des couches de faînes de 2 à 3 cm d'épaisseur, en ne superposant pas plus de 3 couches de faînes. Les bacs sont ainsi prêts pour le traitement de levée de dormance, auquel on procède tout simplement en réhumidifiant le milieu 1 à 2 mois avant la date prévue pour le semis, tout en les maintenant en chambre froide, ce qui assure les besoins de stratification. Un moyen pratique pour préciser la durée de cette stratification consiste, lors de la mise en conservation, à prélever un échantillon de 100 à 200 faînes que l'on place sur tourbe humide ou sable humide dans un réfrigérateur (température habituellement voisine de + 4 °C). On observe régulièrement toutes les semaines si la germination commence. La durée séparant la date de mise en place de celle de l'apparition des premières radicules, correspond sensiblement au nombre de semaines à partir desquelles il faut réhumidifier les faînes avant semis. Enfin, il convient de se rappeler que les faînes germent en condition de stratification, et que une fois la réimbibition effectuée on ne pourra plus guère modifier la date du semis, sous peine de devoir planter des semis et non plus semer des graines !

b. *Cas de la conservation à long terme*. Du fait de la deshydratation et de la basse température utilisée, les conditions de conservation à long terme ne modifient en rien l'état de dormance des faînes. Pas plus qu'avec des faînes fraîches il n'est possible de les semer sans traitement préalable. C'est la raison pour laquelle on souhaiterait pouvoir conserver des faînes dont la dormance a préalablement été levée. C'est SUSZKA (1975) qui, le premier, a suggéré d'atteindre cet objectif en procédant à une « stratification » ou une « préréfrigération » avant deshydratation et mise en conservation (voie 3 de la fig. 59) ou éventuellement en cours de conservation, après une réhumidification (voie 4 de la fig. 59). Dans la deuxième hypothèse on procèderait à un nouveau séchage pour remise en conservation de quelques semaines. Ceci permettrait dans tous les cas de livrer aux utilisateurs des faînes sèches, donc faciles à transporter, et prêtes à germer immédiatement. SUSZKA et ZIETA (1976, 1977) ont travaillé sur des lots de faînes ayant déjà subi 1 an de conservation à − 10 °C avant que ne leur soit appliqué un traitement de préréfrigération (correspond à la voie 4 de la figure 59). Semées 12 à 14 semaines après retour en conservation, la levée s'effectue dans de bonnes conditions. Par contre, la viabilité disparaît si la conservation se prolonge pendant 1 an.

Nous avons tenté des essais similaires sur lots récoltés à l'automne 1976 et 1977. Dans l'essai de 1976 portant sur deux lots d'origine différentes, une partie des faînes était immédiatement mise en conservation à − 5 °C après séchage, tandis que d'autres modalités étaient placées en préréfrigération à + 4 °C pendant des durées allant de 40 à 120 jours, suivie d'une deshydratation et mise en conservation à − 5 °C. Des échantil-

TABLEAU 43

*Essai 1976 − Comparaison de la germination de deux lots de faînes
conservées après différentes durées de prégermination.*
La germination est réalisée à + 4 °C

	Durée de préréfrigération avant conservation	Etat initial		Après conservation			
				18 mois		24 mois	
		T M G (1)	Taux germination	T M G (1)	Taux germination	T M G (1)	Taux germination
Lot	0 = Témoin	110	78	88,1	77,5	98,5	74
A	63 jours	36	83	28,4	71	37,4	69
Lot	0 = Témoin	97,4	88	87,7	80,5	76	88,5
B	42 jours	48	86	33,2	80	40,3	87
	124 jours	10	80	26,4	46,5	39,2	35,3

(1) Cf. note (10), p. 254.

TABLEAU 44

Essai 1977 – Comparaison de la germination de faînes conservées puis stratifiées (méthode classique) avec des faînes préréfrigérées avant conservation (méthode intégrée). Le semis a été réalisé au laboratoire et en pépinière, 15 mois après la récolte

	Taux de germination			
	Laboratoire		Pépinière	
N° du lot	Conservation puis stratification	Préréfrigération puis stratification	Conservation puis stratification	Préréfrigération puis stratification
77 050	70,2	65,6	49,7	41,3
77 097	85	78,8	76,9	70,7
77 098	79,5	80,2	67,3	67,7
77 099	55,9	68,9	–	–
77 100	67,5	70,5	–	–
Moyenne	71,6	72,8	64,6	59,9

lons prélevés tous les 6 mois, jusqu'à 24 mois étaient mis en condition de germination à + 4 °C. Les résultats apparaissent sur le tableau 43. Ils montrent que l'effet bénéfique de la préréfrigération sur la germination, en particulier sur sa vitesse (exprimée en temps moyens de germination), s'est maintenu après deux années de conservation. Une très longue préréfrigération (exemple du lot B, traitement 124 j.), qui assure avant conservation une levée très rapide, semble par contre incompatible avec un stockage prolongé. L'essai 1977, se traduisant par un semis simultané en pépinière et au laboratoire, confirme après 15 mois de conservation ces résultats très encourageants (tableau 44). C'est dire que cette technique risque d'être très rapidement transposable à la pratique. Il reste cependant encore à mieux préciser les modalités de la préréfrigération initiale, et notamment la possibilité d'y adjoindre d'autres types de traitements (acide gibbérellique, par exemple) pour en raccourcir la durée totale.

Reste le problème des traitements antifongiques, notamment contre *Rhizoctonia solani*. On peut toujours procéder au traitement chimique (P C N B par exemple) avant mise en conservation, et en particulier avant la préréfrigération initiale. Ceci permet déjà d'éviter la contamination des faînes saines par les faînes infectées. Pour éliminer le parasite, nous avons aussi tenté (PERRIN, MULLER, BONNET-MASIMBERT, 1978) d'associer à la préréfrigération et à la conservation un traitement par thermothérapie (24 h à 37 °C). Dans la plupart des cas ce traitement s'est avéré peu compatible avec la conservation.

5.424. **Tests de germination ou de viabilité**

Officiellement, d'après l'Association Internationale d'Essais de Semences (ISTA, 1976) le test de germination des faînes doit être réalisé sur papier filtre humide à une température de 4 à 5 °C, selon la méthode définie par SUSZKA (1975). La durée du test dépend du degré de dormance mais ne doit pas excéder 24 semaines. On procède aussi souvent à une stratification sur vermiculite, tourbe ou sable ou le mélange des deux derniers en plaçant les faînes en terrines à + 4 °C.

Mais la durée du test reste extrêmement longue et notamment beaucoup trop pour le commerce des semences. C'est la raison pour laquelle BONNET-MASIMBERT et MULLER (1976) proposent un test utilisant l'effet stimulateur de l'acide gibbérellique sur la germination : après élimination de tégument externe, puis désinfection suivie de l'élimination du tégument interne, les embryons sont placés en boîtes de Pétri à 20 °C à l'obscurité, sur coton imbibé d'une solution d'acide gibbérellique (200 mg/l). On obtient ainsi, après seulement 3 à 4 semaines, des résultats très bien corrélés avec ceux obtenus par le test classique en 3 ou 4 mois.

Enfin, on peut aussi utiliser des tests de viabilité qui présentent l'avantage d'être le plus souvent très rapides. Le plus classique est le test tétrazolium : après élimination des deux téguments, on fait tremper les embryons 24 h à l'obscurité, à 25° – 30 °C, dans une solution de 2, 3, 5, chlorure de triphenyl-tétrazolium à 1 % dans l'eau ou dans un tampon phosphate. Après rinçage de l'eau, les faînes vivantes, ou les parties vivantes d'une faîne, se colorent très bien en rouge. Si l'on ne considère que la proportion des faînes intégralement rouges (cotylédons et radicules), on a une bonne corrélation entre ce test et la faculté germinative du lot. Une méthode du même type peut être réalisée par coloration au carmin d'indigo. On peut ainsi connaître la valeur du lot dans les 48 heures qui suivent sa réception. Mais il ne s'agit que de viabilité, et non d'aptitude à germer. A l'inverse des tests classiques, ces tests ne donnent en particulier aucune information sur le degré de dormance des lots.

5.43. **PRODUCTION DE PLANTS EN PÉPINIÈRE**

par

François LE TACON

Traditionnellement, les plantations sont essentiellement réservées aux résineux, alors que la pérennité des forêts feuillues est souvent assurée par la régénération naturelle, le cas échéant, assistée par quelques compléments de régénération artificielle.

Depuis 1970, surtout, on assiste à une augmentation des plantations de hêtre, en raison de la difficulté de la régénération naturelle, particulièrement en climat atlantique.

Les plants de hêtre peuvent être produits soit en pépinière classique, soit sur tourbe fertilisée, soit en solutions nutritives. Seules les deux premières techniques sont utilisables commercialement.

Production en pépinière classique

En pépinière classique, avec repiquage au bout d'un an, on obtient un plant utilisable en forêt, ayant une hauteur comprise entre 40 et 80 cm, en général, au bout de 3 à 5 ans suivant les cas.

Quelles doivent être les caractéristiques d'une bonne pépinière feuillue, en particulier pour le hêtre ?

Les conditions climatiques sont particulièrement importantes. On doit rechercher une période de végétation aussi longue que possible et une forte humidité atmosphérique. Les jeunes semis sont particulièrement sensibles aux gelées printanières et on évitera les régions où ces gelées sont tardives.

Les pépinières de la Flandre belge, situées à très basse altitude et à quelques dizaines de kilomètres de la mer, sont très bien situées. Près de la mer on doit cependant constituer des brise-vent très efficaces.

Les conditions de sol sont tout aussi importantes. On recherchera des sols à texture sableuse ou sablo-limoneuse qui se travaillent bien en toute saison. Ces sols permettent un très bon développment du système racinaire et un arrachage facile.

Les sols issus d'arène granitique, à condition qu'ils ne soient pas pollués de limons, constituent les meilleurs sols de pépinière. Les sols issus de sables tertiaires ou quaternaires sont également très favorables à condition que l'on maintienne un taux de matière organique élevé. Celui-ci est toujours favorable en raison de l'amélioration de la structure du sol et de la capacité à retenir les éléments minéraux. Il peut être obtenu soit par apport d'humus brut, soit par apport de tourbe, soit par apport de fumier. L'apport d'horizon humifère forestier a l'avantage de favoriser le développement de la mycorhization. Le pH optimum doit se situer autour de 5,5. La fertilisation minérale doit d'abord permettre d'obtenir un niveau de fertilité élevée (fumure de fond), puis ensuite de compenser les pertes par drainage et les exportations (fumure d'entretien). La fumure de fond dépend des caractéristiques initiales du sol et on ne peut guère donner de règles générales.

Pour la fumure d'entretien, on peut conseiller les apports suivants :

Dose annuelle en g/m^2 (11)	N	P$_2$O$_5$	K$_2$O
pour un semis ou un repiquage	30	15	20

Dans certaines pépinières, en Flandre belge par exemple, on arrive à obtenir des plants commercialisables en un an (40 cm en 1-0) ou en deux ans sans repiquage (2-0). Dans ce dernier cas, on soulève les plants avant le début de la seconde année pour éviter le développement d'un système racinaire trop profond. Le « soulevage » se fait par passage à 20 cm de profondeur d'une lame horizontale, portée sur tracteur.

Le contrôle de la végétation adventice est important. On peut le pratiquer chimiquement avant le semis, ou avant le repiquage, ou avant le démarrage de la végétation, lorsque les plants ne sont pas transplantés. L'ombrage n'est pas nécessaire en climat atlantique.

Production de plants de hêtre sur tourbe fertilisée

La production de plants de hêtre de 40 ou 50 cm en 1-0 ou 2-0 demeure exceptionnelle en pépinière classique. En règle générale les plants sortent de la pépinière au bout de 3 à 5 ans.

On peut obtenir beaucoup plus rapidement des plants de grande taille en utilisant la technique de la culture sur tourbe fertilisée.

Généralités sur la culture sur tourbe. La tourbe blonde broyée (tourbe à sphaignes), associée à une fumure convenable, est un substrat idéal de culture. Cette technique est beaucoup plus proche de l'hydroculture (ou hydroponique) que de la culture sur sol. En effet, la tourbe blonde permet d'emmagasiner des quantités importantes d'eau utilisable, tout en assurant une aération parfaite du système racinaire.

D'autre part, la tourbe blonde peut fixer des quantités importantes d'éléments minéraux grâce à sa forte capacité d'échange. Comme elle ne

(11) On apportera le phosphore et le potassium par enfouissement dans le sol, 5 à 6 semaines avant le semis ou le repiquage, sous forme de superphosphate et de sulfate de potassium. L'azote sera apporté en couverture, en deux fois, pendant la période, de végétation sous forme d'ammonitrate. On évitera de brûler les feuilles en arrosant après l'apport d'ammonitrate. Dans le cas de plants en place on apportera le phosphore et le potassium plusieurs semaines avant la reprise de la végétation.

contient pratiquement aucune substance nutritive, il est facile de lui apporter les éléments minéraux adaptés à chaque espèce.

Fertilisation optimale pour le hêtre. Les éléments minéraux sont mélangés à la tourbe humide 15 jours avant le semis soit de manière artisanale, par exemple à l'aide d'une bétonnière, soit industriellement. Dans ce cas, la tourbe fertilisée, contenant les éléments minéraux les mieux adaptés au hêtre, est livrée prête à l'emploi directement à la pépinière.

La fertilisation optimale pour le hêtre est la suivante (DELRAN, GARBAYE, LE TACON, 1975) :

Eléments majeurs :

	Equilibre en %	g/m³ tourbe	Engrais du commerce en g/m³ de tourbe
N	40	360	1 100 g d'ammonitrate à 33 %
P_2O_5	42	378	840 g de supertriple à 45 %
K_2O	18	162	320 g de sulfate de potasse à 50 %

Microéléments :

pour 1 m³ de tourbe on apporte 40 g du mélange suivant :

<pre>
20   g de sulfate ferrique
10   g de sulfate de cuivre
 5   g de molybdate d'ammonium
0,5 g de sulfate de zinc
 1   g de borax
3,5 g de sulfate de manganèse.
</pre>

Le calcium et le magnésium sont apportés sous forme de calcaire magnésien dosant 18 à 22 % de MgO à raison de 1 kg par m³ de tourbe. Cet apport de calcaire magnésien permet d'obtenir un pH de 4.5, ce qui est l'optimum sur tourbe.

Caractéristiques des plants produits en un an (1-0). D'après DELRAN *et al.*, 1975, dans les conditions climatiques de Nancy (année 1974) on obtient le classement suivant :

Catégories officielles			% de plants obtenus sur tourbe en 1 an
Hauteur en cm	Diamètre au collet minimum en cm	Age maximum	
25-40	5	3	11,6
40-55	6	4	27,4
55-70	7	4	44,2) 58,1
70 et +	9	5	13,9)
Total plants commercialisables en un an sur tourbe 97 %			

Le système racinaire de ces plants produits sur tourbe, présente un chevelu très abondant. La mycorhization est nulle ou très faible avec la technique actuellement utilisée. La partie aérienne est droite et bien équilibrée avec une forte dominance apicale.

Reprise des plants en forêt. La reprise des plants en forêt est excellente même à racine nue. La plantation en motte est meilleure et assure immédiatement une pousse importante. Le procédé de la motte n'est cependant pas actuellement utilisable commercialement en raison de son coût trop élevé, sauf si la densité de plantation est très faible. La mycorhization des plants se fait très rapidement lorsque la plantation a lieu sur un sol forestier contenant un inoculum naturel.

Par contre la mycorhization ne peut se faire que très difficilement si la plantation a lieu sur un sol non forestier. L'utilisation de ces plants non mycorhizés produit sur tourbe est donc à proscrire dans les reboisements d'anciens sols cultivés, ce qui est rarement le cas pour le hêtre.

Réutilisation de la tourbe. Si on utilise la tourbe pendant plusieurs années consécutives, le prix de revient des plants diminue considérablement. La réutilisation de la tourbe pose cependant un certain nombre de problèmes.

— Physiquement et chimiquement la tourbe n'évolue que très peu. Sa minéralisation est très lente et on peut, de ce point de vue, l'utiliser pendant trois à quatre années consécutives.

— Les éléments minéraux sont presque totalement lessivés au bout d'un an. Il faut donc renouveler la fertilisation. On apporte alors les éléments minéraux en surface et on les mélange mécaniquement avec la tourbe sousjacente. Il est conseillé d'apporter en couverture 5 cm de tourbe neuve fertilisée, ce qui compense d'ailleurs la tourbe qui est exportée avec le système racinaire des plants.

– Le principal problème réside dans l'augmentation du potentiel infectieux de la tourbe après deux ou trois années d'utilisation. On observe parfois une augmentation d'espèces du genre *Pythium* qui provoquent des fontes de semis et ultérieurement attaquent le système racinaire, empêchant ainsi un développement normal des plants.

Il est possible d'éviter ces attaques en installant la tourbe sur un sol forestier possédant une microflore antagoniste des *Pythium* ou en l'inoculant avec une faible proportion d'un tel sol (5 à 10 % en volume).

Il est également possible de désinfecter chimiquement la tourbe ancienne. Les meilleurs résultats sont obtenus avec le bromure de méthyle.

Utilisation de tunnels

Les conditions climatiques sont souvent limitantes (gelées tardives, insuffisance de la température au printemps). Les petits tunnels (150 cm de haut) permettent de s'affranchir de conditions climatiques et assurent un important gain de croissance (RIEDACKER, 1978). Les petits tunnels sont préférables aux tunnels de grande dimension. Ils sont même moins coûteux et surtout permettent d'entretenir une humidité relative de l'air toujours voisine de 90 %, ce qui est particulièrement important pour le hêtre. Il est de plus facile de les enlever pendant les mois d'été ou en fin de saison de végétation. Ces tunnels doivent être équipés d'un système d'arrosage simple, qu'il est facile d'automatiser.

Production de plants 2-0 sur tourbe fertilisée

Les forestiers souhaitent parfois disposer de plants de grande taille (1 m de hauteur ou plus).

. Ces plants peuvent être obtenus en pépinière classique en 5 ans ou plus. Ils sont alors difficiles à arracher et le système racinaire est fortement lésé lors de cette opération, ce qui peut compromettre la reprise.

On peut obtenir des plants de grande taille sur tourbe fertilisée en 2-0. Il est alors nécessaire de renouveler la fertilisation par apport de surface avant la reprise de la végétation lors de la deuxième année. Ces plants ont un système racinaire très bien conformé, avec un chevelu abondant. Ils restent faciles à arracher et ont une excellente reprise en forêt.

5.44. COMPORTEMENT DES PLANTATIONS

par

Michel BUFFET, François LE TACON et Eric TEISSIER du CROS

Le *comportement* des plantations est traité dans cet ouvrage avant les *techniques* de plantation (§ 5.45.). Chronologiquement, cela paraît anormal. La raison de cette inversion tient au fait que nous n'avons pas voulu rappeler des « recettes » ou suggérer des modifications aux règles admises, avant d'avoir décrit rapidement certaines conséquences des techniques de plantation sur la forme.

Le hêtre est planté depuis longtemps en France ainsi que dans d'autres pays d'Europe (Belgique, Danemark, République Fédérale d'Allemagne...) mais c'est seulement depuis 10 à 15 ans que cela concerne des surfaces importantes, qu'il s'agisse de véritables reboisements ou de compléments de régénération. Certains gestionnaires, devant de jeunes plantations à forme souvent déplorable, mettent en doute la possibilité d'obtenir un peuplement convenable à partir de plants plantés. Mais il est difficile de se faire une opinion générale car, outre l'âge des peuplements, interviennent probablement de nombreux autres facteurs qui influencent la forme.

Jeunes plantations

De nombreuses plantations de 10 à 30 ans semblent évoluer mal du point de vue de la forme. Il est souvent difficile d'y trouver des tiges d'avenir du fait d'un mauvais élagage, d'une dominance apicale peu marquée, d'une fourchaison fréquente, de la présence de chancre ou de lianes qui déforment tiges et rameaux. Pourtant des cas favorables existent. Mais en l'absence d'expérimentations suivies il est délicat de mettre en évidence les différents facteurs entrant en jeu. Néanmoins, quelques éléments peuvent être avancés.

Préparation de la plantation : le hêtre, pendant la période où il installe son système racinaire dans le sol, reste en « boule ». Cette période peut durer plusieurs années, elle est évidemment néfaste à la croissance en hauteur, mais, et ceci semble lié, elle peut provoquer le démarrage simultané de plusieurs pousses, d'où le risque de fourchaison. Plusieurs raisons peuvent être à l'origine de cette attente :
- plants ayant souffert à l'élevage ;
- appareil racinaire lésé à l'arrachage ;
- stations en jauge trop longues ;
- manipulations trop nombreuses entre arrachage et plantation ;

- mauvaise adaptation aux conditions de milieu ;
- état du terrain impropre à un enracinement rapide ;
- période de sécheresse après plantation.

Densité de plantation : ce facteur joue deux rôles. Le premier est tout simplement qu'un nombre élevé de plants à l'hectare laisse au cours des premières éclaircies un choix plus grand qu'un nombre faible. Le deuxième, est l'influence directe de la densité de plantation sur la forme. Lorsque la densité de plantation diminue de 15 300 à 6 900 plants/ha, le taux de plants fourchus à 15 ans augmente de 6,8 % à 19,5 % (MUHLE et KAPPICH, 1979). Il semble donc qu'en dessous de 10 000 plants/ha on coure le risque d'obtenir un taux trop élevé de plants à forme inacceptable.

Abri : il s'agit d'un abri supérieur partiel ou d'un abri latéral (plantations en bandes). Ce facteur peut avoir un effet favorable à la forme des plants en les protégeant, soit des gelées de printemps, soit d'une dessication estivale. Pourtant, on ne devra pas sous-estimer, dans le cas d'un abri supérieur, les difficultés d'abattage des arbres formant l'abri, ni les dégâts qu'ils causeront au moment de leur chute et de leur débardage.

Bourrage : la présence d'essences d'accompagnement semble aussi favoriser la forme du hêtre par l'augmentation de la densité locale du peuplement. Ce bourrage peut être spontané ou avoir été introduit. Son contrôle est délicat car, fréquemment, les essences d'accompagnement — saules, bouleaux, tilleuls, érables, frênes — ont une croissance initiale plus rapide que celle du hêtre. Si plus tard ce dernier finit par dominer les premiers parce qu'il a supporté de se développer sous ombrage partiel, cette période d'attente peut avoir été néfaste à sa forme.

Accidents après plantation : à ce stade, même si l'on suppose la plantation réussie, la forme peut être affectée par des facteurs externes : chèvrefeuille qui provoque des déformations hélicoïdales des jeunes fûts, grêle ou vent qui peuvent briser des cimes, ou par des facteurs internes : tendance individuelle à la fourchaison. La taille de formation (enlèvement des gros rameaux, défourchage) améliore la forme au niveau des interventions, mais elle semble favoriser aussi la dominance apicale d'une façon durable bien au-dessus de ce niveau.

Influence de l'hérédité : cet aspect est développé au chapitre 8 de cet ouvrage. Retenons qu'il existe une grande variabilité entre provenances pour la forme. Si, en général, les provenances de moyenne à haute altitude présentent un pourcentage élevé d'arbres rectilignes et sans fourche, il est possible d'en trouver aussi à basse altitude. Ce caractère reste pourtant très lié à une bonne adaptation du matériel végétal au milieu (GØHRN, 1972 ; KLEINSCHMIT, 1977 ; KRAHL-URBAN, 1962 ; TEISSIER du CROS, 1980).

Plantations anciennes

L'examen de plantations de 80 ans et plus, donne une impression relativement plus favorable. Des affirmations comme quoi certaines sinuosités sont « gommées » avec la croissance en diamètre méritent encore vérification. Par contre, l'élagage finit par se faire même pour une densité initiale de plantation faible.

Malgré les exceptions (par exemple Forêt de Cerisy dans le Calvados où un peuplement datant des environs de 1850 aurait été réalisé à une densité de plantation de 2 500 plants/ha), on pense que les plantations anciennes ont été réalisées à de relativement fortes densités, souvent voisines de 10 000 plants/ha. A titre d'exemple, la Forêt de Soignes près de Bruxelles est entièrement artificielle. Sa régénération est obtenue par des plantations en trouées, étendues progressivement, à raison de 10 000 plants/ha. La forme générale de cette hêtraie est excellente.

Les informations qui viennent d'être données, souvent basées sur la simple observation, parfois sur des résultats expérimentaux, nécessitent confirmation. De nombreux essais en cours d'installation en 1980 permettront d'analyser l'influence des différents facteurs entrant en jeu. Un nouveau bilan sera donc utile ultérieurement.

5.45. TECHNIQUES DE PLANTATION

par

Bernard MARTIN et Eric TEISSIER du CROS

Une jeune plantation de hêtre est un ensemble délicat qui doit permettre à des individus d'abord isolés de former le plus rapidement possible un peuplement dont l'objectif principal est la production de bois de qualité. Divers éléments de cette qualité sont évidents : rectitude, absence de fourches, bonne aptitude à l'élagage. D'autres ont été définis plus récemment : homogénéité du bois, croissance rapide.

Dès l'installation des plants, il semble utile de leur donner les atouts qui en feront un peuplement de qualité.

Divers facteurs, déjà mentionnés au paragraphe précédent, influencent la forme. Voyons ici, comment ils doivent être orientés pour qu'elle soit d'emblée la meilleure possible.

Choix du matériel végétal : faute d'informations encore précises et régionalisées sur le matériel le mieux adapté et le plus vigoureux, des règles récentes ont été édictées pour inciter les utilisateurs à rechercher toujours les sources locales de graines quand il y en a et les peuplements classés lorsqu'il en existe. En l'absence de faînée ou de peuplements classés des indications sont données sur les transferts possibles (voir § 8.3).

Production des plants : le but est d'obtenir un matériel jeune, vigoureux et pourvu d'un appareil racinaire fourni et très ramifié. Les techniques de production ont été abordées en détail au § 543.

Préparation de la plantation : elle doit permettre aux plants une reprise rapide, une croissance juvénile puissante au profit de la pousse terminale. Elle consistera en un ameublement localisé du sol, en bandes ou en plein, à une profondeur au moins aussi importante que celle des racines des plants. La préparation des plants permettra la conservation intacte d'une grande quantité de chevelu racinaire (conservation de la mycorhization). Elle pourra se traduire éventuellement par un habillage partiel de la partie aérienne au profit de la pousse terminale. Cet habillage encore peu utilisé, évite le déséquilibre se produisant fréquemment lorsque les plants se couvrent de feuilles aux dépens de leurs réserves, alors que l'appareil racinaire n'est pas encore fonctionnel (plantations de printemps).

Densité de plantation : en France, les densités de plantation de hêtre, lorsqu'elles font l'objet de demandes de subventions au Fonds Forestier National (FFN) doivent répondre à des normes (12). Ces normes tiennent compte des techniques de plantation et de certaines contraintes régionales. Pour fixer les idées voici quelques exemples parmi les plus fréquemment utilisés :
- en plein, terrain nu : 5200 à 6500 plants/ha.
- en plein, dans un peuplement d'accompagnement : 3260 plants/ha.
- par bandes, terrain nu : 5000 à 7000 plants/ha.
- par placeaux de 25 plants, densité locale :   10 000 plants/ha, densité globale :   625 plants/ha.
- sous abri de 600 brins de moins de 25 cm de diamètre à 1,30 m, 1500 à 2500 plants/ha.

Les plantations non soumises à subventions s'écartent parfois de ces normes, vers des densités moins élevées, notamment lorsqu'un entretien mécanique est envisagé.

En Allemagne et au Danemark, les densités de plantation avoisinent en général 20 000 plants/ha, voire même 40 000 dans certains cas.

L'étude du comportement des plantations de hêtres (§ 5.44) suggère qu'une densité locale équivalant à 10 000 plants/hectare serait un mini-

(12) Service des Forêts, Sous-direction de l'équipement forestier-Circulaire du 17 juillet 1979.

mum. Cette suggestion n'est pas une remise en question des normes du FFN qui se sont basées sur les densités et modes de plantations les plus couramment employés. Elle provient d'un certain constat d'échec et elle propose des solutions transitoires jusqu'à ce que des observations plus complètes sur les facteurs influençant la forme parviennent aux utilisateurs :

- connaissance des sources de graines adaptées à chaque région et donnant des plants de forme satisfaisante ;
- techniques de production des plants qui assurent une bonne conformation de leur partie aérienne comme de leurs racines ;
- effet et nécessité de l'habillage des plants avant plantation.
- techniques de plantations qui provoquent une croissance initiale rapide.

Nous proposons au tableau 45 des solutions qui permettent de se rapprocher d'une densité locale de 10 000 plants/ha. Il est évident que les densités sont liées aux modes de plantation, modes qui sont pour beaucoup des techniques régionales adaptées aux conditions de milieu.

Modes de plantation : nous en analyserons successivement cinq :

a) *en plein en terrain nu :* cette technique est couramment employée dans le Nord-Ouest, la Bassin Parisien et le sud du Massif Central. Elle présente de nombreux avantages pour la préparation du sol, la plantation et la mécanisation éventuelle des entretiens. Par ailleurs c'est la méthode qui permet le taux de sélection le plus élevé par rapport au nombre de plants plantés et qui ne fixe pas *a priori* un maillage trop strict pour la détermination des arbres d'avenir. La mécanisation des entretiens sera rendue possible par l'emploi de distances très différentes entre lignes et sur les lignes (par exemple : $2 \times 0,5$ m ou encore $2,5 \times 0,40$ m). Le cloisonnement de sylviculture peut être prévu dès la plantation. Parmi les désavantages, citons la très grande vulnérabilité au vent, aux gels de printemps, à la sécheresse.

b) *en plein, par bandes :* cette technique est souvent employée dans l'est de la France. Elle convient à des peuplements extrêmement dégradés souvent dévastés par les guerres. Elle présente l'avantage d'offrir une certaine protection aux jeunes plants vis-à-vis des gelées de printemps et des sécheresses d'été. L'orientation des bandes doit tenir compte des futurs cloisonnements de sylviculture et d'exploitation. Les lignes de prospection des arbres d'avenir sont définies d'avance. Parmi les inconvénients, citons l'efficacité parfois illusoire des bandes de protection réalisées dans des peuplements trop dégradés, ou, au contraire, une concurrence pour la lumière et l'espace vital, si ces bandes sont trop hautes. Enfin si la densité locale n'est pas supérieure à 10 000 plants à l'hectare, les possibilités de sélections sont réduites par rapport au cas précédent (jusqu'à 45 % en moins, d'arbres plantés à l'hectare pour les cas proposés au tableau 45).

TABLEAU 45

Techniques et densités de plantations orientées vers une augmentation de la densité locale minimum par rapport aux normes du Fonds Forestier National

	Caractéristiques	Entretien	Espacements		Densités	
			entre lignes	sur les lignes	locale à l'hectare	générale à l'hectare (effet du cloisonnement)
Plantation en plein	en terrain nu	manuel mécanique	1 m 2,5 m	1 m 0,4 m	10 000 10 000	9 000 7 500
	dans un peuplement d'accompagnement	manuel	1,4 m	1,4 m	5 000	4 400
Plantation bandes	bandes de trois à sept lignes espacées de dix mètres d'axe en axe	manuel mécanique	1 m 2,5 m	1 m 0,4 m	10 000 10 000	5 000 à 7 000 7 500

c) *en plein sous abri* : cette technique a été rajoutée en mars 1981 aux normes du Fonds Forestier National car elle présente différents avantages sur le plan microclimatique :
- effet tampon pour les variations de lumière, de température, d'humidité ;
- limitation du rayonnement nocturne, d'où protection contre les gelées tardives.

A cela peut s'ajouter une limitation partielle de la végétation concurrente, cette méthode semble se justifier dans les régions à grands gradients climatiques. La densité locale à l'hectare devrait être aussi élevée qu'en plein découvert car rien ne prouve qu'un couvert partiel améliore directement la forme. La densité globale à l'hectare est d'autant réduite que la densité du peuplement abri est élevée. La norme FFN limite doublement cet abri : moins de 600 arbres à l'hectare, diamètre à 1,30 m inférieur à 25 cm.

L'inconvénient principal de cette technique tient à l'enlèvement de l'abri qui détruit une partie des plants en place.

d) *par placeaux* : cette méthode a été parfois utilisée pour enrichir des taillis difficiles à convertir en futaie. Elle consiste à installer à relativement forte densité des plants autour de 80 à 100 points d'appuis/ha répartis régulièrement. Elle présente un avantage financier évident pour la mise en place. Mais elle est trop orientée vers la notion d'« arbre de place ». En effet chaque placeau de 25 plants environ devrait permettre de fournir un arbre du peuplement définitif en fin de révolution. Les désavantages de cette technique sont nombreux :
- entretien difficile, avenir incertain des placeaux soumis à la concurrence du peuplement en place ;
- nombreux arbres soumis à des effets de bordure ;
- possibilité de sélections beaucoup trop faible : un arbre parmi neuf seulement si on élimine les 16 arbres de bordures de placeaux carrés de 5 × 5 arbres.

e) *grands plants* : c'est une technique d'enrichissement dans des taillis sous futaies vieillis, ou très hétérogènes, que l'on veut conserver sous ce régime. Peu utilisée, elle n'est citée ici que pour mémoire. En effet elle demande des soins extrêmement fréquents, notamment pour forcer les arbres ainsi installés à former un fût et une cime. De plus, elle ne laisse que peu de latitude au forestier pour les sélections futures.

f) *bourrage* : le régime de futaie régulière appliqué à la hêtraie a fréquemment conduit à des peuplements monospécifiques, probablement très fragiles devant les adversités, et souvent peu aptes à se reproduire naturellement. Lors de plantations, il n'est que très rarement envisagé d'introduire artificiellement, ou de maintenir en place, des essences d'accompagnement, ou de bourrage, car, tôt ou tard, le hêtre occupe toute la place. Pourtant ce mélange, se rapprochant peut-être de la forêt « naturelle » en zone tempérée (voir la hêtraie à *Fagus grandifolia* en Amérique du Nord qui est très mélangée), est une voie qui attire certains forestiers. Sa gestion est délicate, mais ses conséquences sur l'équilibre du milieu et la forme des arbres seraient très favorables.

Entretien après plantation : ne sera pas abordée ici la culture normale d'un peuplement : nettoiement, dépressage, qui est largement décrite au § 551 et dont l'incidence sur la forme des arbres est majeure. Nous nous plaçons dans les cas d'une jeune plantation (3 à 5 m de haut) à relativement faible densité ou d'une plantation plus ancienne (10 à 15 m de haut). Il se peut que les gestionnaires, constatant une mauvaise forme, cherchent à la rattraper par des tailles de formation et un élagage. Devant cette situation, ils devront choisir les arbres sur lesquels intervenir, et le faire avec précaution. En effet, il est inutile de traiter l'ensemble des plants. Seuls devront être taillés et élagués les meilleurs individus situés autour d'une centaine de points d'appuis à l'hectare répartis au mieux (13). Ultérieurement, l'élagage pourrait ne se poursuivre que sur les arbres d'avenir. Des précautions doivent être prises au cours de cet élagage, notamment pour éviter que les plaies ne se transforment en portes d'entrée pour le chancre des rameaux (*Nectria ditissima*). C'est pourquoi il est recommandé de laisser un « chicot » de quelques centimètres qui, se desséchant rapidement, arrêtera la pénétration du chancre.

Enfin, au cours de la vie du jeune peuplement, il faut veiller à l'enlèvement des lianes telles que le chèvrefeuille et la clématite. Leur présence se traduit par une concurrence directe pour l'eau et les éléments minéraux, la croissance du chèvrefeuille autour du tronc provoque des déformations hélicoïdales par constriction.

(13) Une taille seule a un effet immédiat, mais ne stimule pas assez la pousse terminale pour empêcher le renouvellement de fourches. Elle doit donc être accompagnée d'un élagage vigoureux. Pour fixer les idées, il faut enlever les rameaux latéraux sur la moitié ou les deux tiers de la hauteur totale.

5.5. CONDUITE DES PEUPLEMENTS

5.51. TRAITEMENT EN FUTAIE RÉGULIÈRE

Généralités

Une régénération naturelle de hêtre se produit le plus souvent :
- sur un *sol déjà occupé* par des « pré-existants » épars, d'espèces diverses, par des « morts-bois » caractéristiques de la station, ou d'un certain éclairement, par des nappes de ronce ou d'espèces herbacées sociales,
- à la faveur de *plusieurs fructifications successives*, de qualités diffé· rentes (totale ou partielles).

Elle se présente alors sous forme de plages, de surfaces très diverses, entre lesquelles s'installent des espèces à fructification annuelle comme le charme, par exemple, qui vont livrer au hêtre une *concurrence sévère*.

La règle générale est qu'une telle régénération doit être :
- patiemment *attendue*, en maintenant sur le sol un couvert élevé, qui empêche le développement d'une végétation pré-existante concurrente mais n'empêche pas l'installation des semis de hêtre,
- *prise en compte*, lorsqu'une faînée sur l'arbre se transforme, au cours du printemps et de l'été suivant, en nappes de semis (cf. § 5.33),
- *mise en lumière* rapidement, pour que les semis conservent une vigueur de croissance apicale élevée et « poussent » en hauteur (cf. § 5.34),
- *protégée* vigoureusement contre la végétation concurrente, par des sarclages et des dégagements de semis et de fourrés.

Nous présenterons, dans ce qui suit :
5.511. – Les travaux dans les semis et fourrés (dits « *dégagements* »).
5.512. – Les travaux dans les gaulis (dits « *nettoiements* »).
5.513. – Les éclaircies dans les peuplements plus âgés (à partir du stade « bas-perchis »).

Il s'agit, dans les trois cas, d'opérations sélectives, absolument essen· tielles pour l'avenir des peuplements et ayant toutes *le même but* :

Favoriser, au sein d'un peuplement *mélangé*, et souvent *non équienne*, les sujets de *hêtre* (et d'essences qui peuvent lui être associées) (14) dont les qualités potentielles répondent le mieux aux objectifs fixes par l'aménagement.

Mais le mot *favoriser* ne signifie pas que le reste de la population doit être *détruit* : la densité initiale élevée des peuplements est indispensable pour que les jeunes tiges s'élaguent naturellement et acquièrent une forme forestière, avec un fût dépourvu de branches.

Le sylviculteur s'*efforce* donc, dans ce but, de constituer un *peuplement à deux étages :*

- un « *peuplement principal* », constitué par les sujets parmi lesquels seront sélectionnées les tiges qui constitueront le « peuplement final »,

- et un « *peuplement subordonné* », accompagnant le peuplement principal pendant une partie de sa vie et concourrant à la formation des fûts du peuplement final.

5.511. Dégagements des semis, fourrés et plantations

5.5111. *Comment se présentent les régénérations naturelles ?*

Les régénérations sont presque toujours constituées de « plages » plus ou moins étendues (parfois de moins de 5 à 10 ares), présentant divers critères de variabilité :

- *âges différents*, représentant les faînées successives, qui se sont échelonnées pendant une quinzaine, parfois même une trentaine d'années, sans compter la présence éventuelle de pré-existants.

- *composition en essences très variable*, reflétant la localisation des porte-graines fertiles et, surtout, entre les faînées, les fructifications plus fréquentes et plus robustes d'autres essences comme le charme, les érables, le frêne (15), etc.

- *densités à l'unité de surface très diverses*, caractérisant l'abondance et la qualité des faînées, la réceptivité plus ou moins grande du sol, les conditions momentanées influant sur la germination ou le développement des semis, etc. Dans les figures 62 et 63, par exemple, on note dans une belle nappe de semis de *même âge* (6 ans) des densités au m^2, variant de 60 à 150 sujets.

---

(14) La nature des essences associables au hêtre, en futaie régulière, varie évidemment suivant les stations. Sur plateaux calcaires, dans l'est de la France, on note par exemple : les grands érables, les fruitiers durs (sorbiers, alisiers) et même le charme et, sur sols siliceux, le chêne rouvre.

(15) Une mise en lumière prématurée du sol, *avant l'installation d'un ensemencement hêtre caractérisé*, conduit souvent à des régénérations à base de frêne et d'héliophytes.

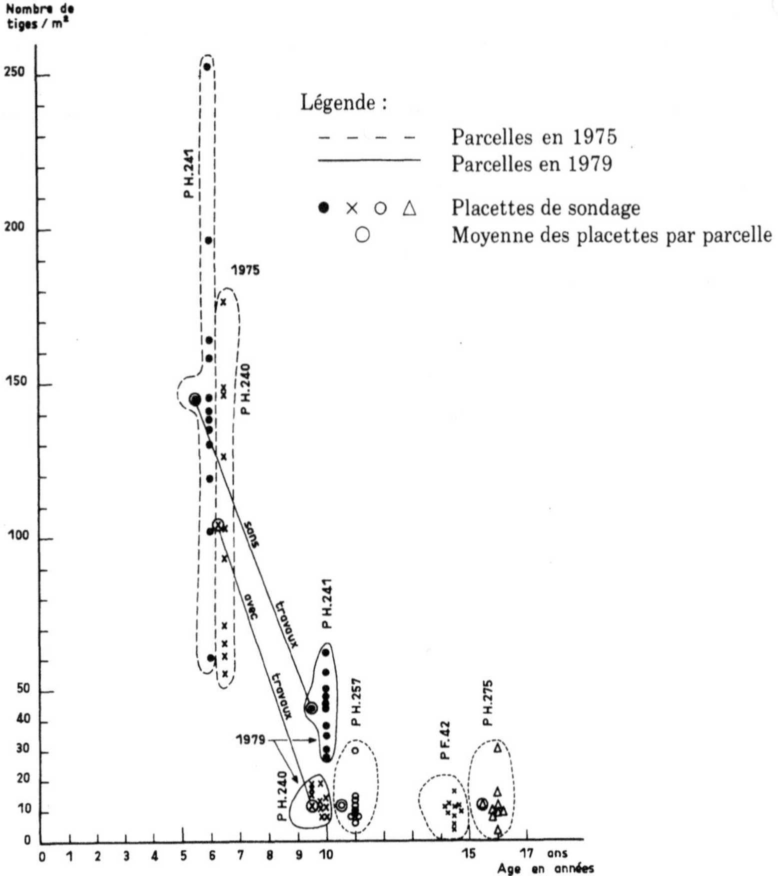

FIG. 62. – *Evolution du nombre de tiges / m² avec l'âge des régénérations.*

- *qualités potentielles très différentes*, avec un nombre plus ou moins important de sujets présentant des tares graves, probablement héréditaires : fourches en V avec entrécorce, élagage déficient, etc., reflet de la localisation des porte-graines possédant ou transmettant ces tares.
- *état sanitaire variable*, parfois mauvais, par suite du développement précoce de certaines maladies comme le chancre à *Nectria ditissima*.

Entre ces plages, existe un pourcentage plus ou moins important de *clairières*, enherbées, envahies par la ronce et les « morts-bois », suivant les sols, *où une régénération naturelle n'est plus possible* désormais. Elle implique un complément, par plantations.

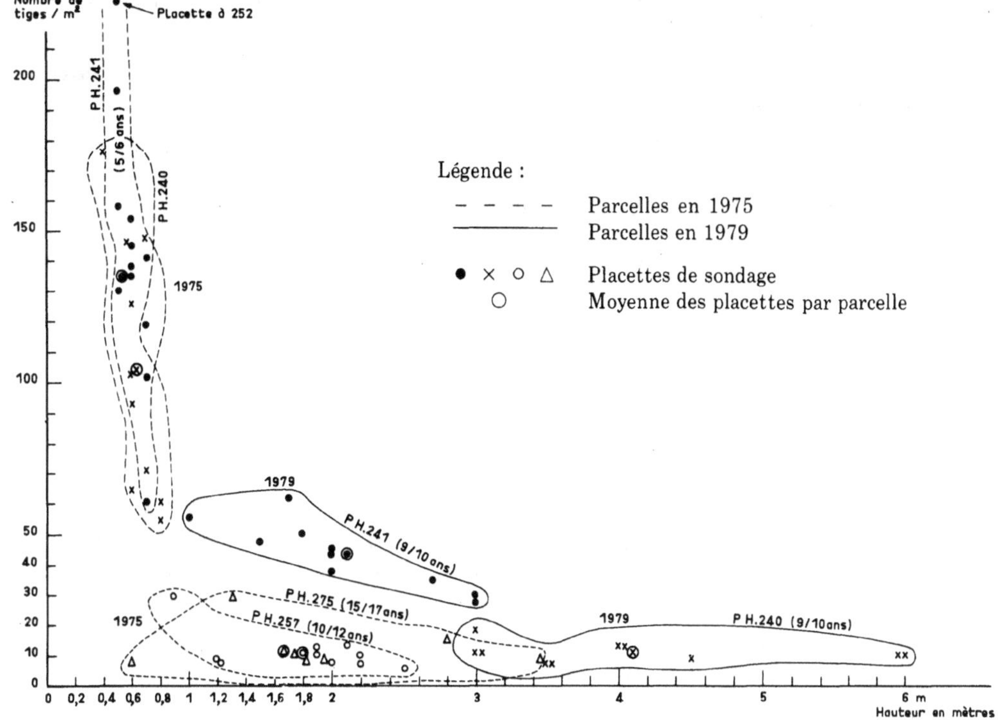

FIG. 63. – *Evolution du nombre de tiges/m² avec la hauteur des régénérations.*

5.5112. *Interventions nécessaires*

Deux types d'intervention sont indispensables dès les premières années du développement de la jeune régénération :
- *subordination* au hêtre (et aux essences associables au hêtre) *des autres essences ligneuses*, arborescentes ou arbustives dont le rôle est indispensable lors de la croissance des peuplements ;
- *subordination ou élimination*, au sein de la population hêtre (et des populations d'essences associables), *des sujets dits* « oppresseurs » : pré-existants, fourchus, branchus, contrastant nettement avec les individus à branches fines dont ils gênent la croissance ;
- *élimination* des sujets contagieux dangereux (chancreux), etc.

C'est la classique sélection inter- et intra-spécifique appelée communément « dégagements » de *semis* ou de *fourrés*, suivant la taille des régénérations.

Ces opérations, *purement manuelles dans l'état actuel de la mécanisation* ou de la lutte chimique, sont difficiles et coûteuses à réaliser. Elles

attirent peu la main-d'œuvre, et le contrôle du travail réalisé, « en plein »,
n'est guère efficace.

Il n'est plus possible de les concevoir autrement qu'appuyées sur un
« *cloisonnement cultural* ».

a) Cloisonnement cultural (photo 7)

On l'appelle aussi cloisonnement d'*organisation*, parce qu'il sert à
organiser les travaux de dégagements.

C'est un ensemble de « *lignes, dites de sylviculture* » (on les appelle
aussi lignes « *d'accès* », parce qu'elles facilitent l'accès de la parcelle aux
ouvriers) qui, en terrain plat ou peu accidenté, sont *rectilignes, parallèles* et
équidistantes.

Leur *largeur* dépend de la méthode d'ouverture :
- si on les ouvre à la main, une largeur d'un mètre est la règle : elle
  suffit pour livrer passage aux ouvriers munis d'outils manuels ;
- si on les ouvre avec une machine à débroussailler, à axe vertical ou
  horizontal, montée sur motoculteur ou sur tracteur étroit, on est
  amené à dépasser 1,2 m ; cependant une largeur de 1,5 m devrait
  être un maximum afin de réduire les « phénomènes de lisière » ;

L'espacement d'axe en axe des lignes de sylviculture est en relation
avec la densité du peuplement final. Dans le cas du hêtre par exemple, un
peuplement « exploitable » comporte souvent, à l'hectare, une *centaine de
belles tiges*, de 60 cm et plus de diamètre. Dans ce cas, *l'espacement à
choisir entre lignes de sylviculture est de l'ordre de dix mètres*.

Le peuplement ainsi cloisonné comporte donc, à l'hectare, un *kilomè-
tre de lignes*, d'environ un mètre de largeur, limitant des bandes (ou
« interlignes ») d'environ neuf mètres (voir figures 64 et 65). Dans ces
bandes sont réalisées les opérations de *dégagements* des semis et fourrés
puis les *nettoiements* dans les gaulis. Les lignes correspondront ensuite,
dans le cas de la figure 64 aux « virées » dans lesquelles on s'efforcera, au
stade des *éclaircies* (à 40 ou 45 ans), de repérer les « *tiges d'avenir* »
susceptibles de participer au peuplement final (voir 5.513).

Ceci montre la nécessité d'ouvrir soigneusement *et d'entretenir ce
cloisonnement cultural*. Combiné avec le « cloisonnement d'exploitation »
(voir en particulier le cas de la figure 65), il permet d'amener dans la
parcelle des outils mécaniques, afin de· couper sans peine les brins à
éliminer, et même de sortir, en partie à dos d'homme, les produits utilisables òu encombrants. Pour en savoir plus à ce sujet, on consultera la note
technique n° 14 du C.T.G.R.E.F., et Delabraze, Venet, Viart (1972).

PHOTO. 7. – *Cloisonnement cultural (ouvert tous les 10 mètres) dans une jeune régénération. Forêt de Haye.* (photo MOSNIER)

b) EXÉCUTION DES DÉGAGEMENTS ET ÉVACUATION DES PRODUITS COUPÉS

Il y a lieu tout d'abord de régler le problème suivant : *faut-il procéder aux dégagements sur toute la largeur des interlignes* (par exemple 9 m dans le cas ci-dessus) *ou bien peut-on se contenter de le faire* sur des bandes de deux à trois mètres, de part et d'autre des lignes ?

Ceci aurait l'avantage de ne travailler que sur 4 à 6 mètres au lieu de 9 (soit une économie de 56 à 33 %). La réponse dépend tout d'abord des moyens, financiers ou en personnel, dont on dispose.

Il n'est pas sans inconvénient évidemment de laisser des parties non travaillées au voisinage des parties travaillées : les essences encombrantes subsistant dans les premières, surtout les héliophytes, ont tendance par

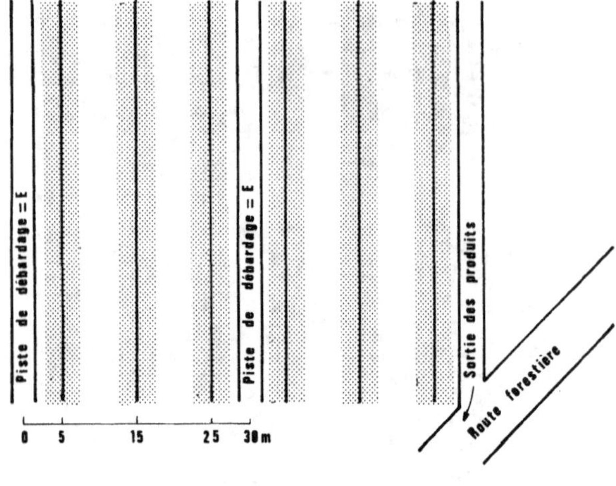

Légende :

Lignes de sylviculture
et futures lignes de
prospection des arbres
d'avenir

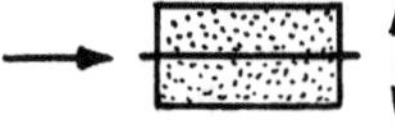

Bandes où sont effectués les
différents travaux sylvicoles

E = cloisonnement d'exploitation

FIG. 64. – *Type de double cloisonnement – Cloisonnement cultural parallèle au cloisonne-ment d'exploitation.*

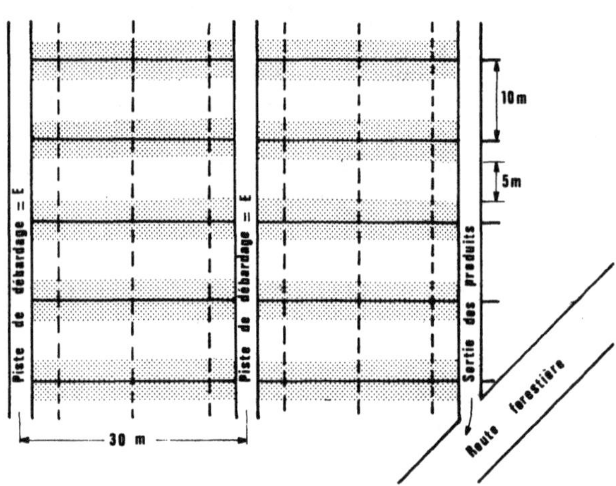

Légende :

Lignes de sylviculture

Futures lignes de
prospection des arbres
d'avenir

Bandes où sont effectués les
différents travaux sylvicoles

E = cloisonnement d'exploitation

FIG. 65. – *Type de double cloisonnement – Cloisonnement cultural perpendiculaire au cloisonnement d'exploitation.*

exemple à envahir les secondes. Mais il peut être utile aussi le cas échéant de réaliser des mélanges d'essences par bandes : en favorisant ici le hêtre, là le charme, etc.

Le second dilemme est le suivant : *faut-il commencer les travaux, dès l'année de la germination des faînes, ou bien doit-on attendre une ou plusieurs années ?*

C'est évidemment une question de station et de nature de la concurrence :

- s'il s'agit d'une végétation herbacée ou d'un développement de jeunes ronces (ou même d'une nappe de grande fougère) qui peuvent *compromettre la survie des semis,* on est alors obligé d'intervenir, dès la première année, au sarcloir ou au coupe-ronces manuel (mais, en général, il ne s'agit que de surfaces limitées);
- sinon, si la concurrence n'est pas trop sévère, on a intérêt à ne commencer les travaux que *lorsque la première coupe de mise en lumière a été exploitée,* car le débardage a toujours pour effet de bouleverser quelque peu le cloisonnement. Et surtout, on peut alors, avant d'ouvrir les lignes, enlever ou broyer les rémanents de cette coupe, ce qui améliore considérablement l'efficicacité et le rendement des débroussailleuses et diminue les risques de détérioration de ces machines.

Comment réaliser les opérations de dégagements ? (y compris l'élimination ou l'extraction des produits coupés).

Le problème le plus difficile, sur certains sols, est l'élimination de la ronce.

La suppression chimique de la ronce (*Rubus* sp.) en forêt de hêtre peut être réalisée grâce à un certain nombre d'herbicides à pénétration foliaire. La plupart de ces herbicides ont une efficacité maxima s'ils sont appliqués en fin de saison de végétation : dans ce cas, le Glyphosate (1 440 à 2 160 g/ha) peut permettre une maîtrise totale de la ronce pendant au moins trois ans. Le Fosamine ammonium (3 360 g/ha), un peu moins efficace, reste cependant bien supérieur au classique 2, 4, 5-T.

On préparera utilement une régénération en effectuant une pulvérisation généralisée en été ou en automne sur les ronciers. Toutefois, s'il est prévu un crochetage ou un travail du sol, on réalisera la pulvérisation au mois d'août, et on interviendra mécaniquement juste avant la faînée ou la plantation.

Dans le cas d'un traitement après régénération, en présence de semis, la pulvérisation généralisée aura lieu seulement après la chute des feuilles des jeunes semis, sur les ronciers encore verts (c'est-à-dire juste avant les grands froids).

Si le roncier recouvre totalement les semis sans feuilles, le traitement ne présente aucun risque de phytotoxicité.

Si la ronce est plus éparse, ou si les semis un peu plus âgés émergent du roncier, l'herbibide peut pénétrer par les écorces mal lignifiées et par les cicatrices foliaires, mais sans provoquer de dégâts sérieux (du moins avec le Glyphosate, ou le Fosamine ammonium).

Un autre cas est celui de la grande fougère, dans les hêtraies en sol acide.

La maîtrise de la fougère aigle *(Pteridium aquilinum)* par traitements chimiques peut elle aussi être réalisée à l'aide d'herbicides systémiques à pénétration foliaire. L'un d'eux (Asulame 4 000 à 5 000 g/ha) donne d'excellents résultats : pulvérisé sur les frondes bien étalées et encore vertes (juillet à septembre), il est efficace pendant au moins 3-4 années.

Il peut être utilisé en préparation d'une régénération, en présence ou non de semenciers. Si un travail du sol est prévu, on devra réaliser le traitement le plus tôt possible (juillet), de façon à permettre à l'herbicide de migrer à temps dans les rhizomes.

On peut également l'utiliser sur régénération acquise. Dans ce cas, il est conseillé d'utiliser l'écran que forment les fougères lors de la pulvérisation pour éviter des projections massives de bouillie sur les plants.

Des herbicides agissant par l'intermédiaire du sol (épandage de granulés de Dichlobenil à 4 500 g/ha, ou de Chlorthiamide à 4 500 g/ha) peuvent également être utilisés au début du printemps ; ils assurent une assez bonne maîtrise de la fougère, ainsi qu'un désherbage efficace, pendant une ou deux années.

Surtout intéressant après plantation, ce traitement ne peut être réalisé que sur des semis de plus de deux ans, ou sur des plants mis en place depuis plus d'un an.

Le traitement du recrû ligneux : héliophytes ou morts-bois caractéristiques des sols (particulièrement abondant en sols calcaires) est à peu près le même pour toutes les essences :

— les *héliophytes* du type saules, trembles, bouleaux, etc. jouent tout d'abord un rôle d'abri et d'ombrage vis-à-vis des régénérations, et sont utiles tant qu'ils ne deviennent pas trop encombrants ; *on doit cependant les « contrôler »* en se bornant éventuellement, jusqu'à ce que les fourrés de hêtre soient assez vigoureux, à les étêter ou même à les ébrancher partiellement.

— les *« associables »* à court terme, qui n'accompagnent le hêtre qu'au début de sa vie (par exemple arbustes faisant partie de l'association des sols calcaires ou autres, érable champêtre et même charme) devront être maintenus en subordination étroite par rapport aux hêtres et essences associables. Il faut parfois les étêter plusieurs fois.

— les *« oppresseurs »* (pré-existants, fourchus, etc.) dont les caractéristiques négatives s'affirment généralement de bonne heure, devront être résulument *subordonnés aux tiges de qualités potentielles apparemment les meilleures*, ou éliminés s'ils prennent trop de place.

Reste un problème à résoudre :

Faut-il, à ce moment là, *ouvrir le cloisonnement d'exploitation*, dont on aura surtout besoin au stade du bas-perchis et même du gaulis ?

Il s'agit d'un ensemble de *pistes de débardage*, généralement rectilignes (si le terrain est plat ou peu accidenté), parallèles et équidistantes. Elles doivent avoir environ 2,5 mètres de largeur et être espacées d'axe en axe d'une trentaine de mètres (voir figures 64 et 65 et photo 8).

PHOTO. 8. – *Cloisonnement d'exploitation (ouvert tous les 45 mètres) dans un haut perchis de 60 ans.* (photo MOSNIER)

Leur but principal est *la sortie des produits d'éclaircie*. Leur présence, incitative, permet de travailler tôt et énergiquement dans les bas-perchis.

Les inconvénients d'une ouverture précoce existent :
- nécessité d'*entretenir* ces pistes, quasi-annuellement, multiplication d'effets de lisière, etc.

Mais *les avantages sont beaucoup plus nombreux* :
- l'ouverture précoce *est très facile* ; elle facilite l'établissement du cloisonnement culturel ;
- elle crée des *lieux de dépôt* possible, qui facilitent une sylviculture dynamique.

5.5113. *Résultats des dégagements*

L'examen des figures 62 et 63 donne déjà une idée de l'évolution comparée de jeunes régénérations naturelles de hêtre entre 6 et 11 ans, dégagées ou non dégagées.

Sans dégagement, le nombre de tiges à l'unité de surface diminue, *du fait de la concurrence vitale*, passant d'environ 250/60 par m² (suivant placettes) à 65/25 par m². Dans la parcelle dégagée, on note un passage de 180/55 à 20/8. Mais, surtout, la distribution des hauteurs change considérablement : sans dégagement, elle passe de 0,4/0,8 m à 1/3 m. Avec dégagements (et coupe de mise en lumière) la distribution s'étale : passant de 0,4/0,8 m à 2,8/6 m, et le peuplement se structure par étages (dominants et dominés).

L'action améliorante de l'homme se matérialise donc comme suit :
- grâce aux coupes de mise en lumière, il y a accélération de la croissance en hauteur, surtout celle des dominants, et le peuplement se structure « en étages » ;
- grâce aux dégagements, disparaissent les non-valeurs et les « oppresseurs », et certaines tiges confinées parmi les dominées gagnent l'étage dominant, où on les retrouvera avec plaisir lors des nettoiements.

5.512. **Nettoiements au sein des gaulis**

5.5121. *Généralités*

Au stade du gaulis (moyenne des hauteurs de l'étage dominant : 4 à 6 m), commencent à se dessiner des sujets « prometteurs », qui semblent posséder des qualités potentielles intéressantes :
- *absence* de fourches en V, avec entrécorce, de tares contagieuses, de signes de mauvaise aptitude à l'élagage naturel ;
- *présence* de tiges de forme satisfaisante : tiges relativement rectilignes, branches fines et horizontales s'élaguant bien, etc.

La mauvaise aptitude à l'élagage naturel se caractérise par :
- la présence de grosses branches raides, vivantes ou mortes, formant avec le fût *un angle d'insertion aigu* ;
- des *trous* laissés par la chute tardive (et difficile) de ces branches ;
- ou même par des cicatrisations entourées des deux brins, pendants (« *moustaches de chinois* »), qui se forment à l'aisselle des branches.

La mauvaise aptitude à l'élagage naturel est un défaut très grave (inclusions de tares) et très répandu, probablement héréditaire.

Le *nettoiement* va pouvoir commencer à se faire *en faveur* des tiges présentant des qualités potentielles prometteuses, surtout si des dégagements ont été effectués au sein des semis et fourrés.

Par exemple, dans divers gaulis de hêtre sur sols calcaires, dans le nord-est de la France, âgés d'une vingtaine d'années, nous avons relevé parmi les 80/90 tiges à l'are de peuplements *vierges,* environ :

50 tiges déjà dominantes dont
- 10 à 20 tiges correctes, prometteuses,
- 20 à 30 tiges vigoureuses, mais de mauvaise forme, tarées, gênantes,

50 tiges dominées, encore capables parfois de réagir au nettoiement.

Au sein de régénérations denses, mais de bonne qualité génétique, le nettoiement consistera en *un espacement très progressif des tiges,* favorisant leur *croissance en diamètre.*

Mais, trop souvent, lorsqu'il n'y a pas eu auparavant dégagements de semis, le premier nettoiement n'est toujours qu'une simple opération d'*élimination* des sujets dangereux ou tarés, et *pas encore une opération de sélection qualitative.*

5.5122. *Composition et structure des gaulis*

Des investigations, des comptages faits dans de nombreuses futaies de hêtre − notamment dans l'est de la France − font apparaître la diversité des situations au début du stade gaulis (à 8/15 ans), non seulement entre forêts, mais aussi à l'intérieur d'une même parcelle. Nous tenons à insister sur cette grande variabilité.

Les 80/90 tiges à l'are dont nous venons de parler sont parfois issues de régénérations étonnamment denses (par exemple, un millier de tiges à l'are, dont 600 hêtres et 400 divers !).

On peut alors affirmer deux choses :

a) l'action du sylviculteur, au stade des premiers nettoiements, est fortement conditionnée par les situations initiales;

b) elle est très efficace : il est encore temps à la fois de favoriser les meilleurs parmi les dominants et, parmi les dominés, de donner aux plus méritants l'impulsion pouvant les faire passer dans l'étage dominant.

Mais il faut savoir la rapidité avec laquelle, faute d'intervention, décroissent les possibilités de sélection. Très vite, la victoire des dominants est définitive, et le caractère dominé devient irréversible.

Il n'est que temps d'intervenir contre les « dominants mauvais » (il s'agit, très généralement, de plus de la moitié du total des dominants), qui oppriment trop tôt irrémédiablement les meilleurs des dominés, et empêchent les « dominants corrects » d'acquérir une cime développée et équilibrée, donc de devenir des tiges d'avenir.

D'une façon générale, partant par exemple de 8 à 10 000 tiges à l'hectare à 10/15 ans, il est possible, il est souhaitable aussi, de réduire la population totale à quelque 3 500/4 000 tiges seulement à 30/40 ans (hauteur moyenne du peuplement : 6 à 8 m : hauteur « dominante » : 8 à 10 m).

Sur 3 600 tiges par exemple, on dénombrera alors :

étage	9 %	(320)	tiges d'avenir potentielles,
dominant	21 %	(760)	tiges correctes, gênées dans leur croissance,
	28 %	(1 000)	tiges vigoureuses mais mal conformées, concurrençant dangereusement les deux catégories précédentes ;
étage	28 %	(1 000)	tiges dominées « hêtre » en voie de disparition,
dominé	14 %	(520)	tiges d'essence diverses.

Il faut insister sur la rapidité de détérioration globale de la population, entre 15 et 40 ans, si l'on n'intervient pas en nettoiements.

Un vieil adage disait, en parlant des régénérations de hêtre : « laissez-les se battre, les meilleurs gagneront ».

Illusoire et dangereuse paresse ! : les mieux armés pour la lutte auront gagné, mais il s'agira trop souvent de ceux dont les qualités intrinsèques sont les plus médiocres.

Reprenons plutôt une phrase de SCHÄDELIN (1938) : « Dans le bas-perchis non nettoyé, la bataille qui décide, en grande partie, de la valeur du peuplement est déjà terminée ». Autrement dit : « c'est au stade du gaulis, avant même le stade du bas-perchis, que cette bataille pour la sélection doit avoir été livrée, et gagnée ».

5.5123. *Comment effectuer les nettoiements ?*

Pendant les dégagements de semis et de fourrés, l'homme dominait les régénérations ou se trouvait à peu près au niveau des cimes des jeunes tiges. Le travail était, pour ainsi dire, fait « de l'extérieur ».

Quant les fourrés passent aux *gaulis,* la hauteur des arbres passe de 2 à 6 m (parfois un peu plus). L'homme se trouve au-dessous des cimes et le travail est fait « de l'intérieur ».

Dans le peuplement s'individualisent rapidement *deux étages :*

– un étage *dominant,* où règne une concurrence active entre :
● des tiges présentant déjà de *mauvais* critères de forme et de qualité et qui, souvent, sont les plus vigoureuses ; elles sont donc *dangereuses ;*
● et des tiges de forme *correcte* ayant « peut-être » les qualités potentielles de *tiges d'avenir,* c'est-à-dire aptes à figurer parmi les arbres du *peuplement final ;*

— un étage *dominé,* opprimé par le couvert épais de l'étage dominant, où les tiges perdent peu à peu leur capacité de réaction à l'éclaircie, de croissance, et même de survie : il est déjà impossible de dire quelles sont, parmi ces tiges, celles qui *auraient pu* être belles.

Le nettoiement sera essentiellement une intervention *dans l'étage dominant,* faite au détriment des tiges de forme et qualité mauvaises, opération dont bénéficieront :

— *les tiges correctes* de l'étage dominant, dont certaines deviendront des tiges d'avenir,

— et *le sous-étage* dont la survie sera prolongée et même, peut-être, dont certains éléments pourront encore gagner l'étage dominant.

Les brins à couper (dominants vigoureux) ont, en gros, 6 à 14 cm de diamètre et sont distants, en moyenne, de 1 à 1,5 m. On peut commencer à circuler dans le peuplement avec une scie à moteur.

L'enlèvement des tiges indésirables ne peut se faire en une fois : cela représenterait du quart à la moitié de la population *totale* en nombre de tiges, et près de 60 % de la seule population *dominante.*

L'extraction est à faire en deux ou trois opérations. Les brins à couper sont à marquer à la griffe. Si le sous-étage est suffisant, on pourra couper les perches à abattre au ras du sol et façonner des rondins qui seront sortis comme bois de feu vers les pistes du cloisonnement d'exploitation en passant, si possible, par les lignes du cloisonnement cultural.

La présence de ces voies d'accès (avec les scies à moteur, il faut emporter carburant et outillage) *et de voies de sortie des produits* incitent le sylviculteur à commencer tôt cette opération sélective au détriment d'individus vigoureux compromettant l'avenir. C'est essentiel.

Sans ces nettoiements, il est très difficile (sinon impossible) de procéder aux opérations sélectives POSITIVES au *profit* des tiges de qualité spécialement choisies lors des premières éclaircies.

5.513. **Eclaircies dans les peuplements ayant atteint le stade du bas-perchis**

5.5131. *Généralités*

Ainsi, les dégagements de semis ont permis de passer des fourrés initiaux — qui peuvent compter jusqu'à plusieurs dizaines de milliers de semis à l'hectare — à des gaulis déjà plus ordonnés, n'ayant plus guère qu'une dizaine de milliers de tiges à l'hectare.

Les nettoiements ont encore réduit ce chiffre de moitié à l'entrée dans le stade « bas-perchis ».

Dans ces bas-perchis se distingue déjà un étage dominant, d'une hauteur moyenne de 8 à 12 mètres. Suivant les conditions stationnelles, les âges sont de l'ordre de 25 à 40 ans. On circule alors facilement sous le peuplement. C'est à ce moment que débute, un peu conventionnellement du reste, la période consacrée aux éclaircies, qui se poursuivront jusqu'à la veille de la mise en régénération du peuplement mûr (16). Ces éclaircies — tout au moins les premières d'entre elles — achèvent de structurer les peuplements, terminent la sélection intra-spécifique, et procèdent à l'espacement convenable progressif des tiges. Elles font passer leur nombre, au fil des interventions, de 4 à 5 000 ha à 30 ans pour 10 mètres de hauteur dominante — par exemple — à une centaine à 120/140 ans, pour 35 mètres de hauteur dominante.

On trouvera à ce sujet une intéressante documentation chiffrée dans les paragraphes 62 et 63 ci-après, y compris des tables de production pouvant servir de guide à une sylviculture raisonnable et efficace, compte tenu des différences de potentialités locales.

En fait, le problème des éclaircies (et des arbres d'avenir) en général — et plus particulièrement aussi dans le cas du hêtre — a donné lieu à de très nombreux travaux de recherche depuis quelque cent ans, et à bien des controverses, qui commencent tout juste à pouvoir se conclure. Il est indispensable de l'aborder ici plus à fond.

5.5132. *Les recherches sur les éclaircies du hêtre, et leurs résultats*

Dès sa création, en 1882, la station de recherches forestières de Nancy installa en forêt domaniale de Haye — à quelques kilomètres à l'ouest de Nancy, un réseau de places d'expériences destiné à étudier, pour l'essentiel, la sylviculture et la production du hêtre élevé en futaie (âge au départ des expériences : 25 à 35 ans suivant les cas).

Ce réseau remarquable, soigneusement suivi au fil des années, existe toujours. Il donna lieu dès la fin du siècle dernier à d'intéressantes publications sur l'influence des éclaircies de divers types (BARTET, 1888, 1889 ; CLAUDOT, 1894, 1896). Il servit ensuite de base à la construction d'une table de production, et donna lieu récemment à un premier rapport conclusif (PARDÉ, 1980).

Or, au même moment, chez nos voisins suisses, allemands ou belges, des places d'expériences du même type étaient aussi mises en place, qui existent encore elles aussi, et furent à l'origine de publications d'un grand

(16) Pour plus d'informations théoriques sur les éclaircies, il faut se reporter à PERRIN (1952, 1954).

intérêt, parfois fondamental, qu'il ne peut être question d'ignorer lorsqu'on veut parler des éclaircies du hêtre.

Citons — en Belgique : 7 places d'expériences en forêt de Soignes, près de Bruxelles, installées en 1897 dans un peuplement alors âgé de 31 ans (DELEVOY, 1949 ; DELVAUX, 1964);

— en Allemagne centrale : de nombreuses places d'expériences mises en place dans les années 1880/90 en Basse-Saxe, Rhénanie-Palatinat, Hesse et Prusse (SCHOBER, 1972, en cite 139 !) longuement suivies et analysées avec minutie par des auteurs de qualité (SCHOBER, 1972 ; BONNE-MANN, 1956);

— en Allemagne du Sud, notamment en Bavière : plusieurs places d'expériences installées de 1870 à 1883 dans des hêtraies âgées de 39 à 66 ans, qui étaient encore « en service » en 1970 (KENNEL, 1972);

— en Suisse, 17 places d'expériences mises en place de 1889 à 1905 dans des hêtraies dont les plus jeunes étaient âgées de 25 à 36 ans, remarquablement analysées par BADOUX (1939).

D'autres recherches sur les éclaircies du hêtre s'ajoutent aux études précédentes, qu'on peut retrouver en se rapportant aux bibliographies des auteurs que nous venons de citer.

Il faut aussi consulter les écrits d'éminents professeurs de sylviculture d'Europe continentale : KÖSTLER, 1953 ; PERRIN, 1954 ; ASSMANN, 1961 ; LEIBUNDGUT, 1966 ; BAUER, 1968 ; VENET, 1975, etc.; et tenir compte de l'expérience des forestiers britanniques (PENISTAN, 1974).

Il vaut la peine également de se rapporter à telle monographie étrangère sur le hêtre (MILESCU et trois autres auteurs, 1967), aussi bien qu'à des travaux plus ponctuels qui éclairent d'un jour nouveau la théorie des éclaircies (DELVAUX, 1966, 1977 ; MERKEL, 1978).

Enfin, il faut connaître les récents travaux de POLGE (1973, 1980, 1981). Cet auteur a montré nettement que la qualité du bois de hêtre augmentait avec l'ampleur des houppiers : ce qui conduit à admettre l'intérêt majeur des éclaircies fortes, d'autant plus qu'elles accélèrent aussi l'accroissement en diamètre des arbres qu'elles veulent favoriser.

De toute cette importante et nécessaire documentation, on peut se faire du problème qui nous préoccupe ici l'image suivante :

L'éclaircie sélectionne, récolte les arbres dont est décidée l'élimination, met à distance, et fait grossir ceux dont on espère qu'ils formeront un excellent peuplement final.

L'éclaircie, avant toute chose, espère-t-on, sélectionne : c'est-à-dire qu'elle veut promouvoir les meilleurs, qui sont en fait, pour l'opérateur, les arbres phénotypiquement nettement supérieurs à la moyenne. Mais cette promotion n'est possible qu'à deux conditions :

a) il faut que ces arbres que favorise l'éclaircie en les dégageant de leurs voisins, puissent se refaire très vite un houppier plus important. Ceci n'est possible que tant qu'existent de fortes potentialités d'accroissement en hauteur des tiges : passées les années des plus fortes valeurs annuelles de cet accroissement, les masses foliaires n'ont plus de support suffisant nouveau pour se recréer vigoureusement, et l'arbre réagit de moins en moins à l'éclaircie. Cette dangereuse frontière se place beaucoup plus tôt dans une vie d'arbre que ne l'imaginait encore récemment le forestier.

b) il faut aussi que « l'ordre hiérarchique » des jeunes arbres, tel qu'il est avant éclaircie (dominants, co-dominants à houppier plus ou moins développés, dominés) puisse être modifié par l'action du sylviculteur.

En fait, dans les premières années d'un peuplement, cet ordre hiérarchique, souvent résultat du reste du hasard ou de l'accident, n'est pas immuable. Mais, très vite, la compétition interindividuelle « impose » une stabilité sociale contre laquelle le forestier est désarmé. Cette compétition risque fort d'empêcher les meilleurs génotypes de se retrouver parmi les meilleurs phénotypes. Autrement dit : les arbres qui « ont de l'avenir » localement apparaissent très tôt et s'imposent vite : ce ne sont pas toujours les plus méritants.

Effectivement, dans les places d'expérience de la forêt de Haye, nous avons pu noter une immobilisation des positions sociales acquises dès l'âge de 50 ans, quelles que soient les interventions sylvicoles qui suivront (17). D'où la nécessité d'éclaircies à la fois précoces et fortes (pour rompre la compétition et profiter des possibilités encore réelles d'allongement des tiges) opérant aussi bien dans l'étage dominant que dans l'étage dominé.

Ainsi, les premières éclaircies jouent-elles un rôle capital. Elles doivent prendre, sans période d'attente, la suite des dégagements et nettoiements, dès 25/30 ans : elles clôturent très tôt la bataille pour la sélection, opérant des choix qu'on peut appeler « dendrologiques », en ce sens qu'ils sont basés avant tout sur des caractères du type : rectitude du fût, finesse des branches, etc. Il s'agit des arbres d'avenir, dont nous allons bientôt parler davantage.

(17) Et il nous faut citer ici deux auteurs de premier rang, parlant des places d'expérience de hêtre semblables dans leur pays : BADOUX (1939) en Suisse, DELVAUX (1964) en Belgique.

BADOUX (1939) : « Les plus gros sujets, ont de bonne heure imposé leur présence avant que l'homme intervienne. Les desserrements ultérieurs ne modifient guère l'allure de leur développement » (page 131).

DELVAUX (1964) : « Le critère « tendance sociale » s'est révélé être un élément dépourvu de contenu dynamique dans les peuplements considérés. L'éclaircie consiste dans l'extraction de nombres variables d'individus de tendance régressive ; elle se montre inefficace à stimuler une dynamique progressive chez les arbres non dominants.

La valeur sylvicole est faiblement influencée dans le sens favorable par les éclaircies ; celles-ci prélèvent les tiges nuisibles, mais également une proportion appréciable parmi les meilleures ; elle ne favorisent que la classe moyenne des valeurs » (page 60).

A ces premières éclaircies succèderont, à partir de quelque 50 ans, des éclaircies d'espacement et mise en lumière plus modérées, visant surtout la bonne conformation des cimes, et le réglage, si encore possible, des phénomènes de concurrence.

On s'attache davantage à ce stade aux propriétés technologiques des tiges plus héritables, et à la régularité de la croissance (SCHÜTZ, 1979).

Les éclaircies fortes auront toujours la préférence, et permettront effectivement d'obtenir les « meilleurs » bois de hêtre possibles.

Les premières éclaircies sont véritablement directives et efficaces. Mais, les temps arrivent beaucoup plus vite qu'on ne le croit communément − bien avant 100 ans en tout cas − où l'éclaircie, en peuplement déjà adulte, se borne à procéder à des récoltes intermédiaires certes intéressantes, mais qui n'influencent plus le devenir du peuplement laissé sur pied.

5.5133. *Premières éclaircies, arbres d'avenir, arbres de place*

Entre 20 et 90 ans, le nombre des tiges d'une régénération naturelle de hêtre passe par exemple (par élimination naturelle et prélèvement sous forme de coupes) de 5/6 000 tiges à 300/500 tiges par hectare (18).

En même temps, le nombre de « tiges d'avenir » potentielles tombe d'environ 2 à 3 000 à guère plus d'une centaine (qui est le nombre total de tiges qu'aura le peuplement adulte à 120/140 ans).

C'est entre 30 et 40 ans que cette décroissance est la plus marquée. C'est à ce stade − celui des premières éclaircies encore sélectives − qu'il convient de penser à la désignation des tiges d'avenir. Ensuite, il sera trop tard : nous nous répétons intentionnellement !

On procède au mieux, lorsqu'une gestion suffisamment intensive le permet, à un premier repérage préalable des tiges d'avenir « potentielles » (appelées par certains auteurs les « candidats »). Cette opération se fait avant la marque de l'éclaircie choisie à cet effet : on repère les tiges « élues » par une ficelle de couleur, ou un ruban plastique.

Ces tiges sont *toutes* les tiges dominantes convenables (et aussi à la rigueur, quelques sous-dominantes exceptionnelles), quelle que soit leur distribution dans la parcelle : on leur demande seulement d'avoir d'acceptables caractères de vigueur et qualité apparente, et de paraître avoir encore des capacités suffisantes de réaction à l'éclaircie.

---

(18) Voir § 62 : tables de production, et
      § 63 : modèles de sylviculture et normes de densité, pour la succession des
      opérations d'éclaircies en futaie de hêtre.

Une première éclaircie est marquée en faveur de toutes ces tiges ainsi présélectionnées.

Au cours de l'éclaircie qui suivra, à courte rotation, les qualités potentielles de chacun s'étant alors confirmées ou infirmées, on procède à la désignation définitive des tiges d'avenir (19) dont le nombre dépend de l'âge d'exploitation du peuplement adulte, de la station, et des qualités technologiques recherchées : de 80 à 120 le plus souvent, pour des peuplements de hêtre dont on pense qu'ils doivent terminer leur existence à 120/ 140 ans avec encore quelque cent tiges sur pied.

Il s'agit de rechercher, au sein des « candidats » (ou tout simplement du peuplement si aucun repérage préparatoire n'a pu être effectué), 80 à 120 tiges ayant les caractéristiques suivantes, *par ordre d'importance :*

a) *vigueur* satisfaisante, permettant apparemment à la tige choisie de bénéficier de l'éclaircie faite en sa faveur... et bien sûr aussi *absence de tares* incompatibles avec l'utilisation en déroulage (fourche en V avec entrécorce, chancre, blessure ouverte, mauvais élagage, grosses branches à angle d'insertion aigu, pourriture, fibre torse, mitraille, etc.).

b) *présence de critères qualitatifs convenables :* rectitude du fût, faible conicité, section bien circulaire, branches fines à insertion horizontale, bon élégage naturel, etc.

c) *espacement aussi régulier que possible,* par rapport aux tiges d'avenir voisines : par exemple, pour une distance moyenne de 9 à 10 mètres, une fourchette d'espacement de 8 à 12 mètres.

En aucun cas la considération « c » ne doit l'emporter sur les deux points présentés à « a ».

Arbres d'avenir, ou arbres de place : il a beaucoup été écrit sur le sujet récemment encore, et la manière de les désigner d'abord, d'en assurer le bon maintien ensuite, a donné lieu à d'intéressants développements qui doivent retenir l'attention des praticiens avertis. Ils se reporteront à VENET (1968), MARTINOT-LAGARDE, (1973), MARTINOT-LAGARDE et PERROTTE (1973), DELVAUX (1977), BUFFET (1980).

Quoi qu'il en soit des techniques variables de recherche et sélection, ces arbres d'avenir sont repérés par une ceinture de peinture bien visible : couleur orange par exemple.

L'éclaircie liée à leur désignation est marquée en leur faveur (éclaircie « principale ») mais, au sein du peuplement d'accompagnement, on effectue aussi une opération sélective améliorant sa qualité moyenne (éclaircie

---

(19) Tiges d'avenir, arbres d'avenir : c'est la traduction littérale de l'expression de SCHÄDELIN « Z. Bäume ». On utilise parfois d'autres expressions intéressantes, car pas rigoureusement synonymes : « arbres de place » parfois en France, « crop trees » (arbres à récolter) en Grande-Bretagne.

« intermédiaire », permettant, en cas d'accident, de trouver des remplaçants aux tiges d'avenir).

On peut doser l'éclaircie principale en indiquant le nombre moyen de tiges à enlever au profit de chacune des tiges d'avenir : cela dépend de la densité initiale du peuplement, de sa structure et de sa qualité, de la situation de la parcelle (danger du vent), etc.

Le cloisonnement cultural et le cloisonnement d'exploitation, dont il est souhaitable, nous l'avons dit, qu'il soit créé très tôt, permettront à la fois :
- d'effectuer au mieux la marque des éclaircies ;
- d'exploiter ensuite, de commercialiser enfin, les produits correspondants.

Ainsi, grâce à une sélection précoce, vers trente/quarante ans, les peuplements acquièrent, très tôt, une bonne composition en essences et en tiges de qualité, et une structure à deux étages... L'étage dominant pourra ensuite vieillir et mûrir, sans les à-coups et les dangers que lui apporteraient des interventions vigoureuses trop tardives. La « bataille pour la sélection » doit être terminée, et gagnée, avant 40 ans.

Les avantages d'une telle sylviculture sont évidents, mais il existe des inconvénients, faciles à éviter, et que voici :
- *erreurs de choix* en ce qui concerne les candidats, puis les tiges d'avenir, *en particulier une surestimation de leur capacité de réaction aux éclaircies* à venir.

- *manie de l'équidistance :* on fait passer la régularité de la répartition avant les critères qualitatifs des tiges. C'est une négation des principes de l'éclaircie sélective. *L'éclaircie est une sélection et non une opération géométrique.*

- *vigueur excessive dans les interventions :* l'éclaircie avec repérage des tiges d'avenir n'est pas un balivage de taillis-sous-futaie ; entraînés par leur ardeur, les opérateurs ont parfois tendance à « isoler » les candidats ou les tiges d'avenir, au lieu de « donner progressivement de la place à leurs cimes ». Ceci peut être fatal à ces tiges qui se couvrent de gourmands ou dont l'écorce se fissure et même se décolle. *Le repérage matériel des tiges à favoriser ne doit changer ni la nature, ni l'intensité de l'éclaircie.*

- *prise en considération insuffisante des tiges d'accompagnement :* on consacre parfois tous ses efforts aux candidats et aux tiges d'avenir et on néglige de maintenir la vigueur des tiges d'accompagnement, *auxiliaires indispensables des tiges d'avenir dont elles protègent le fût,* en protégeant aussi le sol.

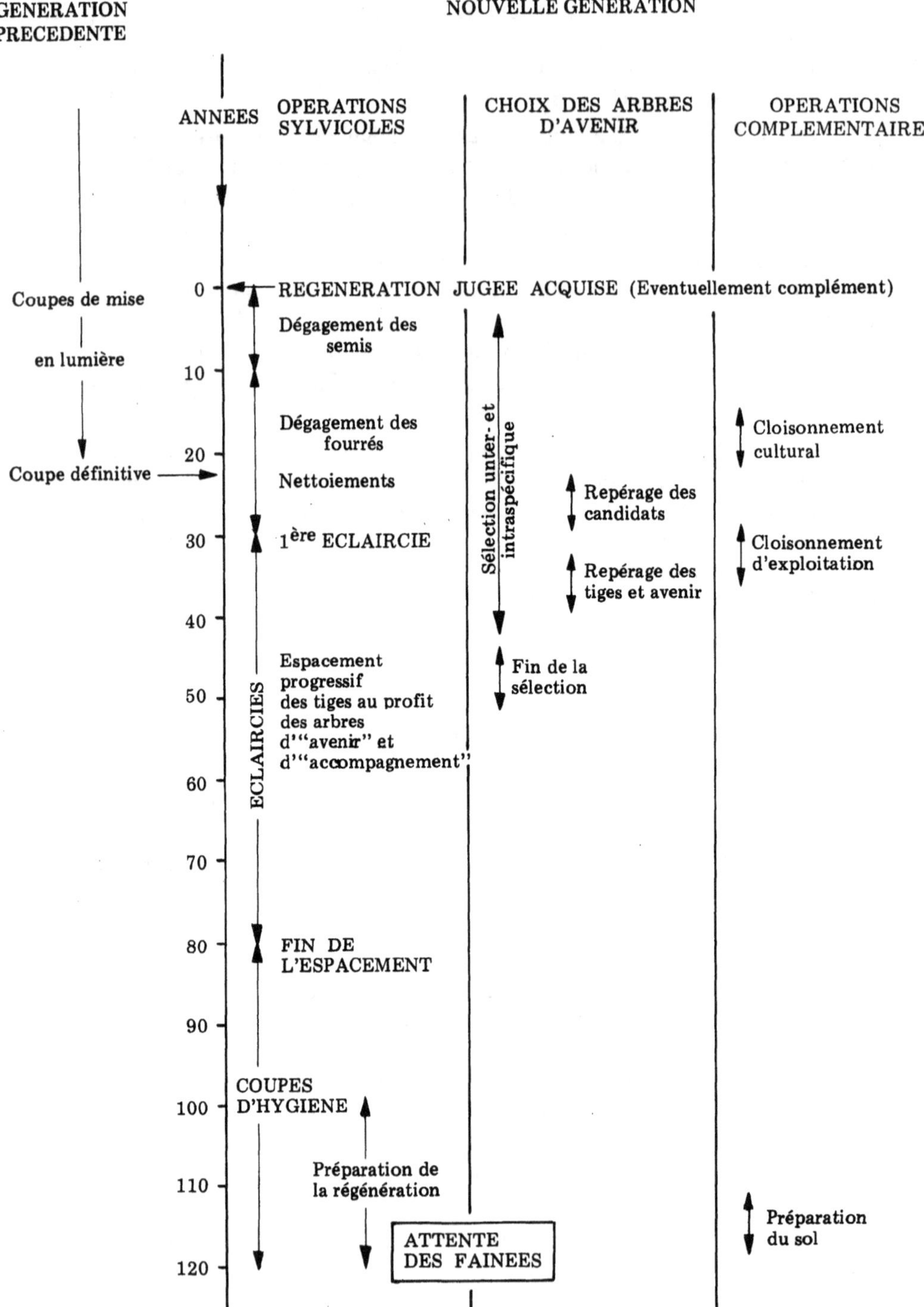

Fig. 66. — *Exemple de traitement schématique « idéal » d'une futaie régulière de hêtraie conduite à une révolution de 120 ans.*

5.5134. *La conduite des peuplements adultes*

Passé le moment de la désignation des arbres d'avenir, et de la marque des premières éclaircies les avantageant en toute priorité, les éclaircies suivantes pourront tout d'abord rectifier, si nécessaire et possible, les désignations antérieurement faites, et tenter de perfectionner l'espacement des tiges devant constituer le peuplement principal.

Cette « opération-espacement » doit être terminée à 80 ans : il devient ensuite totalement impossible de modifier les conditions de croissance individuelles, même dans les cas les plus favorables.

Très vite, les éclaircies ne sont plus que des « opérations d'hygiène et de récolte », qui peuvent se caractériser comme suit :
- enlèvement des arbres dépérissants ou gravement tarés,
- enlèvement de quelques arbres mal conformés gênant gravement des tiges de bonne qualité,
- récolte de quelques arbres à cime étriquée,
- respect de l'étage dominé.

Pour ce qui est de la rotation des éclaircies, une périodicité voisine du dixième de l'âge des arbres est une règle empirique simple qui semble le plus souvent valable (PERRIN, 1954); par exemple six ans dans les perchis, huit/neuf ans dans les jeunes futaies, dix/douze ans dans les vieilles futaies.

En conclusion de tout le paragraphe 551, la figure 66 suivante synthétise sommairement ce que peut être le traitement idéal d'une futaie régulière de hêtre soumise à une révolution de 120 ans.

5.52. **AUTRES TRAITEMENTS**
par

André MORMICHE

Si le régime de la futaie est appliqué le plus généralement à la hêtraie, cela tient aux difficultés que présente la reproduction végétative de cette essence, difficultés qui s'opposent, dans la majorité des stations, au régime du taillis.

Dans le cadre de la futaie, deux causes peuvent être évoquées pour justifier la primauté accordée en France, à la futaie régulière; la première réside dans la généralisation voulue de ce mode de traitement qui a été et reste recommandée par les directives techniques d'ordre national. La seconde, d'ordre écologique, résulte de l'extrême tendance des peuplements de hêtre à se régulariser : cette essence présente, en effet, une aptitude toute particulière à « filer » vers la lumière et, par conséquent, à ne constituer qu'un étage de végétation.

Malgré le champ d'application restreint de ces « autres traitements », il appartient de les citer et de les situer dans le cadre de la sylviculture française. Nous examinerons successivement une variante de la futaie régulière, la futaie par parquets, puis la futaie jardinée, les taillis et le taillis-sous-futaie, et la conversion.

5.521. **La futaie par parquets**

Classée actuellement comme une variante de la futaie régulière, la futaie par parquets doit se concevoir comme un mode de traitement intermédiaire entre la futaie régulière et la futaie jardinée; la parcelle est constituée d'une mosaïque de parquets, « unités de peuplement », à l'intérieur desquels l'objectif recherché est un peuplement régulier. En faisant jouer la grandeur des parquets et le nombre des classes d'âge présentes dans chaque parcelle, le traitement s'oriente donc, tantôt vers la futaie régulière, lorsque la surface des parquets se rapproche de celle des parcelles

PHOTO. 9. – *Conversion de futaie en futaie jardinée par parquets.*
(Canton de Néra en Roumanie)

et que le nombre des classes d'âge est limité à l'intérieur de chaque parcelle, tantôt vers la futaie jardinée dans le cas contraire.

Ce mode de traitement s'adapte assez bien au « hêtre » dont la régénération craint les effets des grandes surfaces : vent, concurrence sociale des strates herbacées et arbustives, insolation, etc., et, par contre, donne de meilleurs résultats à l'intérieur de micro-stations : trouées de chablis, par exemple. De plus, grâce à sa faculté de « filer » vers la lumière, la multiplication des lisières engendrée par la juxtaposition des parquets ne réduit pas sensiblement sa production.

Bien qu'encore peu usité, ce mode de traitement est parfaitement adapté pour les hêtraies, aux petites forêts, dans lesquelles le nombre de parcelles doit être limité. Il peut également être retenu, lorsque la forêt présente des stations tellement hétérogènes qu'un parcellaire typologique ne peut être assis sur le terrain. Dans ce cas, l'objectif à atteindre est une futaie mosaïque par parquets.

Dans les forêts périurbaines, traitées actuellement en futaie régulière le passage à la futaie par parquets évite les troubles de paysage inhérent à la régénération par parcelle entière, et, dans le cas de la hêtraie, permet éventuellement une certaine diversification par l'introduction de quelques parquets d'essences secondaires.

La sylviculture, à appliquer dans le cadre de ce traitement, présente les particularités suivantes :

SUPERFICIE DES PARQUETS : le « seuil » pour le hêtre est de 0,50 ha approximativement, surface suffisante pour éduquer un mini-peuplement régulier. Toutefois, ce « seuil » peut et doit être modulé suivant la superficie de la forêt et des parcelles; celui-ci ne devrait pas se situer en dessous de 1 ha lorsque la superficie de la parcelle est comprise entre 10 et 20 ha et de 2 ha au-dessus de 20 ha. La « surface maximale » peut être celle de la parcelle, pour une forêt de production; par contre lorsqu'un objectif paysager est recherché il est recommandé de limiter celle-ci,et l'on admet actuellement que 5 ha constituent un « plafond » à ne pas dépasser.

ÉTAT NORMAL : comme dans le traitement en futaie régulière, le contrôle de l'état normal de la forêt ou de la série, c'est-à-dire de l'équilibre des différentes classes d'âges, peut s'obtenir par celui des surfaces affectées à celles-ci. Toutefois, l'estimation des surfaces peut s'avérer difficile en raison des contours plus ou moins réguliers des parquets, de leur nombre et de leur dispersion. Dans ce cas, un Inventaire Général exécuté périodiquement — tous les 10 à 20 ans — permet un contrôle rapide, même en l'absence d'une « norme » préétablie en nombre de tiges par catégories de diamètre; il suffit de vérifier la répartition de la surface terrière par classes de diamètre, suivant les données approximatives du tableau 46.

TABLEAU 46

Répartition de la surface terrière par classe de diamètre

Classes de diamètres (cm)	Surface terrière/ha		Surface du couvert par ha (are)
	%	m²	
Renouvellement ...... < 15 cm	–	–	12
Petits bois .... 20 à 30 cm	30/33	6,6/7,3	26/29
Bois moyen.......... 35 à 45 cm	35/38	7,7/8,4	31/33
Gros bois .... 50 cm et +	35/29	7,7/6,3	31/26
Totaux....................	100 %	22 m²	100 ares

La surface terrière moyenne de 22 m² estimée par COLETTE (1960) et par SUSMEL (1959) correspond à un rapport de 20 entre le diamètre de la cime et celui du diamètre à 1 m 30 (D = 20 d).

Avec une hauteur dominante plus élevée et des peuplements éduqués plus denses, ce rapport diminue et peut descendre à 17 voire 16 ou 15 : cas des futaies régulières normandes; au cas où le sylviculteur choisit comme objectif de production ce profil d'arbre, il lui appartient d'augmenter la surface terrière à l'ha; pour un rapport de 17, celle-ci s'établit à *30 m²* *approximativement.*

5.522. **La futaie jardinée**

Comme déjà indiqué, les peuplements de hêtres ont tendance à se régulariser en raison d'une part, de l'aptitude des tiges à « filer » vers la lumière, d'autre part de l'absence de croissance des semis soumis à un couvert prolongé, lesquels forment ce qu'on appelle des « préexistants ».

Il faut cependant observer que les forestiers belges et suisses soumettent parfois leurs hêtraies au traitement de la futaie jardinée et réussissent parfaitement; la forêt de Haut-Fays, située en Ardenne, traitée en futaie jardinée depuis cinquante ans témoigne des possibilités de ce traitement appliqué au hêtre et les résultats obtenus (tableau 47) indiquent la maîtrise des forestiers qui l'ont gérée :

TABLEAU 47

Résultats d'inventaires dans une hêtraie en futaie jardinée
(Haut-Fays, Ardenne Belge)

Année	Volume/ha (m^3)	Surface terrière /ha m^2	Volume de l'arbre moyen m^3
1930	238	24;25	1,09
1948	260	26,35	1,27
1957	242	24,53	1,28
1968	242	24,33	1,36

En France, le hêtre est jardiné dans les forêts de protection lorsqu'il est soumis à une exploitabilité physique comme dans la hêtraie de protection des Vosges; la rotation des coupes varie entre 12 et 20 ans et celles-ci se bornent à une opération sanitaire complétée par le dégagement des rares taches de semis naturels.

Le jardinage s'est aussi appliqué aux hêtraies de montagne — Pyrénées notamment — dans lesquelles l'équipement routier était inexistant; il s'agissait alors d'un jardinage très extensif, avec des rotations pouvant aller jusqu'à 30 ans. Les coupes, brutales, étendues à de larges surfaces — plusieurs centaines d'hectares — prélevaient 50 à 80 m^3 par hectare et opéraient de larges trouées dans le peuplement, qui se régénéraient progressivement, en passant par une phase initiale de morts-bois.

Aujourd'hui, le traitement en futaie jardinée est réservé aux stations fragiles : hêtraie de protection d'altitude, voire aux peuplements déjà irréguliers, sur pente forte.

Il reste également à signaler le jardinage appliqué à la sapinière à hêtre, dans laquelle, jusqu'à une date relativement récente, le hêtre était recépé régulièrement, c'est-à-dire traité en taillis. Aujourd'hui, il est souvent maintenu dans la futaie, au titre d'essence secondaire, dans une proportion de 1 à 2 dixièmes généralement.

*
* *

Si l'extension du jardinage concernant le hêtre est actuellement limitée, il semble probable que celle-ci se développera dans les prochaines décennies, notamment dans les conversions des taillis-sous-futaie particuliers et communaux et dans le traitement des forêts périurbaines. C'est pourquoi, seront données, au chapitre 10, les caractéristiques retenues par COLETTE pour la futaie jardinée du Haut Fays.

Pour un contrôle rapide de l'état normal, les surfaces terrières par catégories de grosseur des bois (tableau donné pour la futaie par parquets) peuvent être utilisées. Elles atténuent les effets dûs à la fertilité et peuvent donc servir de référence lorsque l'on ne dispose pas d'une norme adaptée à la station de la forêt étudiée.

5.523. **Le taillis**

La reproduction végétative est limitée chez le hêtre, et la formation de rejets — essentiellement proventifs — n'est assurée que si l'arbre est coupé jeune, avant 20 ans si possible et si la station est fortement ensoleillée, c'est-à-dire dans la zone méridionale de son aire ou en montagne.

Il semble également que le hêtre rejette mieux lorsqu'il est coupé en période de sève montante (fin de l'hiver et début du printemps) et qu'enfin la coupe doive intervenir au niveau du bois juvénile ; cette dernière observation entraîne une remontée progressive de la hauteur des souches, accélère leur épuisement et s'oppose à leur renouvellement par « affranchissement ».

Ainsi, le régime du taillis est-il généralement inadapté au hêtre ; dans l'évolution de la forêt française, il a été responsable du recul de cette essence dans de nombreuses régions, voire de son exclusion de certaines stations où son endémisme est certain.

Il reste toutefois quelques régions où le régime du taillis s'applique encore à la hêtraie parce que les conditions écologiques le permettent ; intensité des radiations lumineuses, en particulier, ou l'exigent : forêt de protection. Il s'agit des hêtraies montagnardes dans les Préalpes du Nord, le sud du Massif Central et les Pyrénées, en particulier. Leur surface n'excède vraisemblablement pas 50 000 ha.

Dans le cadre du taillis, le hêtre peut être traité en taillis simple ou en taillis fureté.

Devant être recépé avant 20 ans si possible, le taillis simple de hêtre ne fournit que des « très petits bois » dont le coût de mobilisation depuis quelques décennies excède la valeur des produits et, par conséquent, ce traitement est pratiquement abandonné.

Par contre, le « furetage », qui s'apparente au « jardinage » puisqu'il consiste à ne récolter sur chaque cépée à une rotation sous multiple de la révolution, que des brins d'un certain diamètre ou calibre : 11 à 15 cm à 1 m 30 du sol, permet une production de rondins, voire de très petites grumes et surtout assure une excellente protection des sols — objectif souvent prioritaire en montagne — . La révolution est généralement arrêtée entre 30 et 36 ans et la rotation des coupes à 10/12 ans, c'est-à-dire trois passages pendant la révolution. Ainsi traité, le taillis fureté se renouvelle également par rejets et par semences et cela est d'autant plus nécessaire que les souches du taillis se relèvent progressivement et dépérissent précocement. Lorsque, dans le taillis fureté de hêtre, végètent quelques essences secondaires − charme − chêne − érable, etc., il est recommandé de les traiter en taillis simple car elles ne tolèrent généralement pas le furetage.

*
* *

Ce régime du taillis appliqué au hêtre tombe progressivement en désuétude et, ce, d'autant plus que des études récentes concernant les qualitées technologiques de l'écotype pyrénéen ont fait apparaître, pour celui-ci, une qualité de bois très comparable à celle d'autres provenances ; par conséquent, une conversion en futaie permettra une production intéressante de bois d'œuvre.

5.524. **Le taillis-sous-futaie**

A l'ombre de la futaie, le hêtre traité en taillis végète difficilement et tend à régresser progressivement voire à disparaître au terme de quelques révolutions ; cette essence ne se rencontre donc qu'exceptionnellement ou à l'état de relique dans les taillis des taillis-sous-futaie.

Mais ce traitement ayant été étendu à de vastes régions forestières où la hêtraie constitue le « climax » des stations (hêtraie calcicole des plateaux calcaires du Nord-Est, par exemple), le forestier s'est interrogé à chaque époque sur l'opportunité de maintenir le hêtre dans la réserve. En effet, le chêne, arbre fruitier, fournissant le bois d'œuvre le plus apprécié et possédant un couvert léger sous lequel le taillis peut végéter, a toujours été considéré, depuis l'origine de ce traitement, comme l'essence la plus précieuse à réserver. Dans l'évolution des taillis-sous-futaie, la sélection résultant des balivages alliée aux révolutions souvent courtes, voire très courtes pour le taillis − moins de 10 ans à certaines époques − ont conduit à une régression certaine du hêtre, y compris dans les stations où cette essence appartenait à l'association naturelle. Ce n'est qu'au XIXe siècle, avec l'allongement des révolutions du taillis − 25 à 40 ans − et l'enrichissement de la réserve que le hêtre va à nouveau progresser, dans la composition des réserves ; l'objectif prioritaire poursuivi par les forestiers de ce siècle et notamment par les premiers officiers sortant de l'Ecole Forestière de Nancy, fût de préparer la conversion, si bien qu'en un ou deux balivages, ils constituèrent une réserve assez complète − véritable futaie claire domi-

PHOTO. 10. – *Taillis-sous-futaie.*
(photo MOSNIER)

nant un taillis qui ne put que régresser à l'ombre de cette réserve et se
transformer par disparition des espèces nobles du taillis – le charme et le
chêne – au profit des morts-bois.

Avec le temps, et suivant les stations, les baliveaux devenus anciens
arrivèrent à leur terme d'exploitabilité, avant que les propriétaires n'eus-
sent décidé et entrepris la conversion ; le hêtre, dont la dimension d'exploitabilité est atteinte entre 100 et 120 ans, c'est-à-dire plus précocement que
pour le chêne, a donc fait, et fait encore l'objet de récolte imposée par son
état de végétation dans des taillis-sous-futaie où le recrutement des baliveaux s'avère impossible après cette période d'enrichissement. C'est ainsi
que s'observent aujourd'hui les faciès régressifs bien connus de réserves
clairplantées, constituées de chênes de « médiocre venue » et d'assez mauvaise qualité, lorsque la forêt est située dans le domaine de la hêtraie
calcicole.

Parfois, au contraire, se constate une régénération naturelle du hêtre, qui amorce la conversion et substitue progressivement au taillis-sous-futaie, une futaie irrégulière, cas assez fréquent dans le domaine de la hêtraie acidiphile.

Cette évocation, volontairement succincte et, par conséquent, simplifiée, de la place du hêtre dans l'évolution des taillis-sous-futaie fait apparaître nettement les deux forces qui s'opposent constamment en foresterie : celle de l'Homme qui peut, pour des raisons économiques, s'opposer à la présence d'une essence climacique — ce fut le cas pour le hêtre pendant plusieurs siècles — et celle de la Nature, qui impose son retour dès que les conditions redeviennent favorables et ce fut le cas avec l'allongement des révolutions et l'enrichissement des réserves.

Ajoutons que si le taillis-sous-futaie doit être conservé comme traitement de la forêt, il n'a guère sa place là où le hêtre constitue l'objectif prioritaire de production; dans le domaine de la hêtraie calcicole, son absence du taillis et sa régénération naturelle souvent difficile ne favorisent pas son maintien, et dans la hêtraie acidiphile, sa régénération naturelle, souvent abondante, oriente les peuplements vers la futaie irrégulière. Dans tous les cas, sous son couvert, les taillis régressent et se transforment en souille.

5.525. **La conversion**

Dans le domaine de la hêtraie, comme nous venons de le constater avec l'évolution du taillis-sous-futaie, la conversion avec le hêtre comme essence principale, s'avère toujours possible; elle peut même se révéler relativement facile et peu onéreuse lorsque l'enrichissement de la réserve a atteint son optimum d'enrichissement — 200 m^3/aménagement à l'ha — ou 18/20 m^2 de surface terrière — et davantage suivant les stations — et surtout avant que n'interviennent les « coupes de dimension » qui suivent inexorablement cet optimum.

Les questions essentielles qui se posent alors, auxquelles nous allons tenter de répondre, sont les suivantes :

LA CONVERSION AU PROFIT DE QUEL TRAITEMENT ?

Futaie régulière, futaie parquets, futaie irrégulière ou futaie jardinée. Comme déjà indiqué, chacun de ces traitements peut s'appliquer au hêtre et trouve sa justification suivant la surface de la forêt et sa fonction dominante : production ou accueil du public par exemple.

On doit toutefois s'interroger sur l'intérêt que présenterait une phase de futaie irrégulière dans les forêts de production, où la réserve du taillis-sous-futaie comprend des vieilles réserves hêtre disséminées sur l'ensemble des parcelles, dont la récolte ne peut absolument pas être échelonnée sur la durée de la conversion... Que de perte de temps, de surfaces improductives et de frais élevés de renouvellement artificiel impose alors une conversion directe en futaie régulière ! Un des critères concernant le choix du traitement, en dehors de ceux déjà étudiés, est donc la structure de la réserve et sa capacité de régénération naturelle en hêtre au cours de la durée de conversion. Un passage transitoire par le stade d'une futaie irrégulière semble admissible s'il permet une exploitation rationnelle des réserves et surtout une régénération naturelle s'étendant sur une surface optimale.

OBJECTIF DE PRODUCTION : LA HÊTRAIE PURE OU UN PEUPLEMENT MÉLANGÉ ?

Comme tous les peuplements monospécifiques, la hêtraie pure comporte de nombreux inconvénients : humus évoluant régressivement − régénération naturelle souvent difficile, voire impossible − état sanitaire peu favorable, voire inquiétant avec les chancres et, plus récemment, le cryptococcus.

Il apparaît donc sage de fixer comme objectif de production des peuplements mélangés, savoir :
- dans les hêtraies acidiphiles : hêtre et chêne, avec, si ses qualités technologiques le justifient, dominance du chêne ;
- dans les hêtraies calcicoles : hêtre et érables avec une dominance du hêtre.

Ces essences principales ne doivent d'ailleurs pas éliminer les essences secondaires telles que le frêne et les fruitiers dont les microstations dûment repérées doivent être maintenues.

A PARTIR DE QUEL SEUIL DOIT-ON ABANDONNER LA RÉGÉNÉRATION NATURELLE ET ENTREPRENDRE LE RENOUVELLEMENT ARTIFICIEL ?

Il faut d'abord rappeler que, parmi les nombreuses essences de boisement utilisées depuis plus d'un siècle, la plantation monospécifique de hêtre apparaît comme celle ayant donné les résultats les plus défavorables malgré quelques réussites aussi exemplaires qu'inexpliquées.

Après cette constatation, le forestier ne peut que souhaiter étendre la régénération naturelle du hêtre d'une manière aussi large que possible et, par conséquent, accepter un seuil aussi bas que possible. Si l'on tient compte de la nécessité d'obtenir un peuplement mélangé et si l'on considère que la surface minimale à être ensemencée en hêtre est comprise entre 50 à 75 % de la surface totale, l'observation montre qu'avec une réserve bien répartie à hêtre dominant, dont la surface terrière s'établit entre 8 et 10 m^2 à l'hectare, la régénération naturelle peut être obtenue.

Dans le domaine de la hêtraie, la conversion des taillis-sous-futaie avec le hêtre comme essence principale apparaît donc non seulement possible, mais souhaitable, puisque le régime de la futaie convient mieux au tempérament de cette essence et, qu'ainsi, la production *en bois d'œuvre* à l'unité de surface peut être considérablement augmentée − de 0,5 à 1,25 m^3/ha/an dans le cadre du taillis-sous-futaie jusqu'à 2 à 3,5 m^3/ha/an en futaie. De plus, l'état de futaie préserve mieux les sols de l'érosion, favorise le processus de remontées biologiques et, finalement, améliore assez nettement la productivité.

5.53. CHOIX DU TRAITEMENT EN FONCTION DU MILIEU
par

Michel BECKER

Le choix de tel ou tel type de traitement pour le hêtre (futaie régulière, futaie jardinée, taillis-sous-futaie...) n'est pas indifférent aux conditions locales de stations.

Le traitement en *taillis* ne sera mentionné que pour mémoire. Quel que soit le regain d'intérêt possible pour ce traitement dans l'avenir, le hêtre, qui rejette assez mal de souche, y est peu adapté. Une exception doit cependant être faite pour les régions montagnardes (pyrénéennes en particulier), où, curieusement, le hêtre a été souvent traité avec réussite en taillis. On ignore si cette adaptation est d'ordre génétique ou climatique.

Quatre grands types de situations seront envisagées pour les autres options envisageables :

a) STATIONS SUR SOLS SENSIBLES A L'HYDROMORPHIE.

Il est aujourd'hui acquis que la culture du hêtre est totalement incompatible avec une hydromorphie importante (pseudogleys ou pélosols-pseudogleys superficiels). Les semis qui viennent à s'installer dans de telles conditions dépérissent d'ailleurs très rapidement (GARREAU, 1977 et § 3.2).

Dans les cas où l'hydromorphie est moins marquée (sols bruns lessivés marmorisés, ou à pseudogley, par exemple), le hêtre peut être envisagé, à condition d'être traité en *futaie régulière*. Le taillis-sous-futaie, en raison de la structure des peuplements et des coupes périodiques du taillis (toutes choses qui contribuent fortement à accentuer l'hydromorphie), est tout à fait déconseillé dans ces situations (BECKER, 1971) : les semis ne parviennent pas à s'installer, et, avec le temps, la hêtraie-chênaie climacique se transforme classiquement en chênaie-charmaie.

En cas de traitement en futaie, la régénération demeure une phase particulièrement délicate. Il est important d'obtenir rapidement le maximum de semis avec une coupe d'ensemencement légère, puis de faire des coupes secondaires prudentes, afin de ne pas provoquer de remontées de nappes trop importantes. Parallèlement, le curage du réseau de fossés, qui existe déjà souvent dans ces forêts, est indispensable.

b) Stations fertiles, où la régénération est facile.

Il n'y a pas de contrainte d'ordre écologique, mais le traitement en *futaie régulière* s'impose sur le plan économique.

En ce qui concerne la qualité technologique des produits obtenus (densité en particulier), on aura d'autant plus d'intérêt à pratiquer une sylviculture « vigoureuse » que la station est plus fertile : rappelons en effet que, schématiquement, la densité du bois augmente (et donc la qualité baisse) lorsque la fertilité est plus importante; par contre, des éclaircies fortes, donc des houppiers larges, entraînent une diminution de la densité.

c) Stations moyennement fertiles, où la régénération est aléatoire.

On peut en donner comme exemple les hêtraies sur sols lessivés, ocre-podzoliques ou podzoliques sur roche-mère siliceuse du Bassin parisien. La régénération y est en général très problématique; mais il est intéressant d'y consacrer des efforts importants, car, une fois bien installé, le hêtre peut y donner des peuplements remarquables.

Dans ce cas encore, le traitement en *futaie* est de rigueur. Mais, le moment venu, il sera en général nécessaire d'intervenir pour « assister » la régénération, de façon à ce que celle-ci ne traîne pas trop en longueur. Selon les cas, les interventions pourront être plus ou moins importantes : fertilisation des semenciers, travail superficiel du sol, traitement phyto-cide... Ces diverses techniques sont exposées par ailleurs.

Souvent, la régénération naturelle obtenue sera insuffisante et devra être complétée par des plantations. Dans certains cas particulièrement difficiles ou aléatoires, on pourra même opter directement pour une régéné-ration totalement artificielle.

Dans tous les cas, la régénération de ce type de milieu coûte nette-ment plus cher que pour la situation précédente. Mais cette dépense supplémentaire devrait être compensée, à terme, par la quantité et la qualité des produits obtenus.

d) Stations pauvres, où la régénération est difficile.

Ce seront, par exemple, les hêtraies acidophiles sèches sur sols forte-ment podzolisés voire sur podzols véritables, ou, au contraire, les hêtraies calcicoles xéro-thermophiles sur rendzines ou rendzines brunifiées (sur plateau ou en haut de pente), assez fréquentes dans l'est de la France.

Dans ces cas, la première alternative concerne l'essence même à utiliser, selon le choix économique fait.

Si, pour diverses raisons, on est amené à opter pour l'aspect quantita-tif de la production de bois, une substitution d'essence devra le plus souvent être envisagée. Elle pourra consister en la plantation, par exemple de Pin laricio de Corse, ou de Pin noir d'Autriche de bonne provenance. Ainsi, dans les stations sur calcaires les plus difficiles de Lorraine, le Pin noir d'Autriche donne une production tout à fait honorable de 4 à 6 m^3/ha/ an (bois fort) à 50 ans (production moyenne depuis l'origine) (BECKER, LE TACON, TIMBAL, 1980). Le Pin laricio de Corse a une productivité encore un peu supérieure, une forme du tronc en moyenne meilleure, mais sa plantation est plus délicate.

Si l'on souhaite conserver une forêt feuillue en général, et le hêtre en particulier, une sylviculture tout à fait particulière et précautionneuse doit être adoptée, sous peine de voir les peuplements se dégrader et évoluer vers une « souille » arbustive (de « morts-bois » calcicoles en particulier), voire une lande (à Fougère aigle sur sols siliceux) ou une pelouse (à Brachypode penné par exemple, sur sols calcaires).

Les raisons incitant à garder la hêtraie peuvent être de divers ordres :
- la sauvegarde d'un milieu d'intérêt biologique particulier ; c'est en particulier le cas de certaines hêtraies calcicoles, dont la richesse floristique et entomologique est tout à fait originale dans certaines régions ;
- des milieux, de potentialités faibles, peuvent être dans certaines forêts (périurbaines en particulier), consacrées plus spécialement à une mission touristique et de détente du public ;
- enfin, malgré la productivité faible, une certaine compensation non négligeable par la qualité des produits peut être attendue. Sur sols calcaires en particulier, les billes obtenues sont courtes, mais très appréciées des dérouleurs (bois tendre).

Dans tous les cas, à moins de recourir à la plantation, dont la réussite est elle-même aléatoire, le traitement en futaie régulière est à proscrire. On préférera, soit y maintenir le *taillis-sous-futaie* qui était déjà souvent le traitement en vigueur (sur sols calcaires en particulier), soit passer à la *futaie jardinée*. Ces méthodes ont en effet l'avantage de permettre de tirer parti des semis de hêtre qui parviennent toujours à s'installer, et ceci au fur et à mesure de leur apparition.

5.54. TRAITEMENTS ET FORÊT LOISIR

par

Pierre LE PONT

Le problème de l'accueil du public en forêt a pris une extension très importante depuis une époque relativement récente.

Aux lendemains de la seconde guerre mondiale, caractérisés par une forte croissance démographique, le développement industriel et l'extension du phénomène de l'urbanisation, les citadins ont éprouvé le besoin de s'évader vers des espaces naturels où ils pouvaient trouver calme, détente, air pur.

C'est tout naturellement vers la forêt que ce désir d'évasion les a conduits.

Suivant la situation du milieu forestier par rapport aux agglomérations urbaines, la fréquentation touristique de la forêt a été plus ou moins pesante et l'équipement conçu en conséquence.

FORÊT NORMALE.

C'est ainsi que lorsque la forêt n'est soumise qu'à une pression touristique diffuse, elle peut être traitée de façon classique et garder son aspect de forêt traditionnelle. Dans une telle forêt, le parti a été pris de rechercher des solutions propres à concilier les diverses fonctions de la forêt pour l'organisation dans le temps et dans l'espace des diverses utilisations qui doivent conserver à la forêt son caractère d'espace perçu comme naturel.

Les équipements touristiques doivent demeurer des équipements légers, et s'intégrer sans l'altérer au milieu forestier. C'est ce qu'il a été convenu d'appeler la forêt normale par opposition à la forêt promenade et au Parc forestier.

FORÊT PROMENADE.

La forêt promenade subit, elle, une pression de fréquentation beaucoup plus forte. Elle est bien desservie par des routes pourvue d'équipements d'accueil plus élaborés et de nombreux parcs de stationnement. Destinée à être beaucoup plus parcourus, les peuplements sont entrecoupés de pelouses, et les lisières y sont développées.

PARC FORESTIER.

Quant au parc forestier, généralement situé très près des zones habitées, les équipements d'accueil sont très importants : aires de jeux, allées, pelouses, petites installations sportives, abris, sanitaires, etc. La fréquentation est telle et ce, tout au long de l'année, que le parc forestier s'apparente plus au jardin public qu'à la forêt proprement dite.

LE HÊTRE ADAPTÉ À LA FORÊT NORMALE.

Le tempérament du hêtre, essence sociale et essence d'ombre peut-il s'accomoder de ces différents aspects de la forêt loisir ?

Essence au tempérament délicat, le hêtre est particulièrement sensible à l'isolement, soit par excès d'évapotranspiration, soit par excès d'éclairement. L'effet des coups de soleil sur les lisières, dû à son écorce fine à une seule assise génératrice externe pour toute la vie de l'arbre, qui le rend particulièrement fragile aux blessures de toutes sortes, est bien connu des forestiers.

Il souffre également du piétinement qui, par suite de tassement du sol, nuit à l'alimentation en eau ou affaiblit le système racinaire et l'expose aux attaques de champignons. Les effets sont d'autant plus à craindre que le hêtre a un enracinement superficiel.

Enfin la phase de régénération, qu'il s'agisse de la régénération naturelle ou de la régénération artificielle, qui s'étend sur une période assez longue, est toujours une phase critique, peu compatible avec une fréquentation humaine concentrée.

On peut donc conclure que si le hêtre peut s'accomoder du traitement de la forêt loisir de type forêt normale puisque celle-ci conserve son aspect de forêt naturelle et qu'elle n'est soumise qu'à une fréquentation limitée et diffuse, il est beaucoup moins bien adapté à la forêt promenade et encore moins au parc forestier, bien que, s'il est maintenu à l'écart des lisières et des zones les plus fréquentées, il puisse s'adapter à ces types de forêt s'il est éduqué en bouquets non isolés et d'étendue suffisante.

LA HÊTRAIE, FORÊT APPRÉCIÉE PAR LES PROMENEURS.

Dans une intéressante étude, présentée par R. DURST, au colloque sur l'Environnement forestier des grandes agglomérations, qui s'est tenu à Versailles en 1974, l'auteur avait défini un certain nombre de critères à rechercher dans une forêt récréative.

Il avait défini cinq critères morphologiques :
- Beauté du fût — beauté de la cime — taille de l'arbre — beauté de la litière — existence d'un détail ornemental ou présentant un intérêt touristique comme la couleur des feuilles suivant la saison par exemple.

Au regard de ces différents critères, il est évident que le hêtre répond de façon très positive.

Le public apprécie la majesté des hautes futaies au travers desquelles la vue se perd dans des lointains non masqués par un sous-étage. Il goûte la fraîcheur de la feuillaison printanière précédée par l'éclosion de la flore vernale des anémones et des jacinthes des bois, il admire la splendeur des automnes.

Outre ces critères morphologiques, l'auteur avait défini des critères biologiques : le caractère social de l'essence, sa longévité, sa rapidité de croissance.

Là également, le hêtre répond positivement. Si l'on ne peut dire qu'il ait une croissance rapide, une conduite énergique des peuplements pendant la période de croissance permet d'obtenir, si les conditions de station sont favorables, des accroissements spectaculaires.

Pour toutes ces raisons, le hêtre est donc une essence de choix en forêt récréative.

MODES DE TRAITEMENT DU HÊTRE DANS LA FORÊT LOISIR.

Si l'on se réfère aux critères morphologiques retenus comme étant ceux qui caractérisent le mieux la forêt esthétique, à savoir la beauté du fût et de la cime, la taille de l'arbre, la beauté de la litière, c'est incontestablement le traitement de la forêt en futaie régulière qui répond le mieux à l'attente du public.

L'élancement des hautes futaies de hêtre dégageant des vues lointaines dans un sous-bois que n'encombre pas de sous-étage est toujours, pour le public, objet d'admiration.

Mais le traitement en futaie régulière, qui, de toutes façons ne peut être envisagé que pour des massifs forestiers suffisamment étendus, a, par contre, l'inconvénient d'offrir, pour un public non initié, une zone de moindre intérêt, de surcroit particulièrement fragile : c'est la zone de la forêt en cours de renouvellement.

Les coupes de régénération, qu'il s'agisse des coupes progressives de régénération naturelle ou des coupes préparatoires à la régénération artificielle sont mal perçues par le public.

La durée relativement longue de cette période de mutation fragile pendant laquelle s'effectue le renouvellement de la forêt avant qu'elle n'ait acquis une auto-défense suffisante s'accomode mal de la fréquentation humaine.

Il est possible toutefois de pallier cet inconvénient. Pour limiter la pression touristique dans les cantons de régénération, on peut être amené à interdire la circulation automobile sur certaines routes forestières, ce qui aura pour effet, automatiquement, de tarir ou, au moins de diminuer, le flot des promeneurs. On peut aussi aller jusqu'à enclore les parcelles en cours de renouvellement.

Quant à l'aspect peu attrayant, pour les non initiés, des coupes de régénération, des fourrés ou des plantations, il peut y être remédié par une assiette plus dispersée du groupe de régénération, et, dans le cas de régénération artificielle, par la limitation en étendues d'un seul tenant, des surfaces à reconstituer artificiellement.

Le traitement en futaie jardinée, s'il a l'avantage de ne pas provoquer de rupture brutale dans l'état boisé, rupture toujours mal ressentie par le public, a, par contre certains inconvénients : la futaie jardinée de hêtre a tendance à évoluer naturellement vers la futaie régulière, et la stabilisation n'est pas toujours facile. La régénération étant dispersée sur toute l'étendue de la forêt, il n'est pratiquement pas possible de la protéger efficacement. Enfin l'attrait principal que constitue, pour le public, la haute futaie n'est que très atténué dans la futaie de type jardinée.

Il n'en demeure pas moins que c'est un traitement bien adapté à la forêt récréative dans les massifs forestiers de faible ou moyenne étendue, lorsque la pression touristique demeure légère.

BIBLIOGRAPHIE

AMELUNG G., 1974. Massnahmen zur Förderung der natürlichen Verjüngung der Buche am Beispiel des Rome-Bodenbearbeitungsverfahrens. *Allg. Forstz,* **29** (36), 782-783.

ASSMANN E., 1961. Waldertragskunde. München : BLV. − 490 p.

AUSSENAC G., DUCREY M., 1978. Etude de la croissance de quelques espèces forestières cultivées à différents niveaux d'éclairement et d'alimentation en eau. *In :* Congrès national des sociétés savantes. 103ᵉ, 1978. Nancy, Fasc. 1, 105-117.

BADEA M., 1966. Contributii la studiul regenerarü naturale a fagetelor din Republica socialista Romania /...in colaborare cu I. Vlase, V. Mihalache. − Bucuresti : Centrue de documentare tehnica pentru economia forestiera, 128 p.

BADOUX E., 1939. De l'influence de divers modes et degrés d'éclaircies dans les hêtraies pures. *Mitt. schweiz. Anst. forstl. Versuchswes.,* **21**, 59-145.

BAILLON H., 1891. Dictionnaire de botanique : vol. III. Paris : Hachette. − 756 p.

BARTET E., 1887. Note sur les travaux exécutés par la Station de recherches et d'expériences instituée à l'Ecole forestière de Nancy relativement à l'influence des éclaircies. *Bull. Minist. Agric.* (4), 372 et suivantes. / et *Ann. Sci. agron. fr. étrang.* **5** (2), 1888, 400-415.

BARTET E., 1888. Deuxième mémoire sur l'influence des éclaircies. *Bull. Minist. Agric.,* [20 p.].

BARTET E., 1889. Etude sur la place de production n° 2 installée dans la forêt domaniale de Haye.*Ann. Sci. agron. fr. étrang.,* **6** (1), 69-84.

BAUDRILLART M., 1825. Dictionnaire général raisonné et historique des eaux et forêts. Paris : A. Bertrand. Tome 2. − 1006 p. − (Voir article hêtre p. 253-260).

BAUER F.W., 1968. Waldbau als Wissenschaft. München : BLV. tome 2. − 305 p.

BECKER M., 1969. Le hêtre *Fagus silvatica* et ses problèmes en forêt de Villers Cotterêts (Aisne). Contribution à la mise au point d'une méthode dynamique d'étude écologique du milieu forestier. *Ann. Sci. for.* **26** (2), 141-182.

BECKER M., 1971. Étude des relations sol-végétation, en conditions d'hydromorphie, dans une forêt de la plaine lorraine. Thèse d'État : Nancy, Université de Nancy I. − 225 p.

BECKER M., DUBOIS F.X., LE TACON F., 1977. Type de station, fructification et installation des semis de hêtre sur les plateaux calcaires du Nord-Est (Forêt de Haye, Meurthe et Moselle). Interaction avec le travail du sol et l'élimination de la végétation concurrente. *Rev. for. fr.* **29** (5), 363-374.

BECKER M., LE TACON F., PICARD J.F., 1978. Régénération naturelle du hêtre et travail du sol. Symposium IUFRO, sur la régénération et le traitement des forêts feuillues de qualité en zone tempérée, Champenoux : I.N.R.A., 11-15 sept. 1978, .60-70.

BECKER M., LE TACON F., TIMBAL J., 1980. Les plateaux calcaires de Lorraine : types de stations et potentialités forestières. Nancy : ENGREF. – 268 p.

BENNET P., 1979. Les diverses manifestations de l'allélopathie en écologie végétale et forestière. Etude expérimentale d'un cas particulier : Grande Fétuque (*Festuca silvatica* Vill.) et Sapin (*Abies alba* Mill.). Mémoire DEA : Biol. vég. : Nancy, Université de Nancy I. – 43 p.

BEDNARZ Z., 1971. [Rooting of branches of Fagus silvatica]. *Roez. Dendrol. Pol. Tow. Bot.*, **25**, 161-164.

BENZIAN B., 1965. Expériments on nutrition problems in forest nurseries. *For. Commission Bull.*, 37 (1,2), 335 + 265 p.

BLAIS R., 1936. Une grande querelle forestière : la conversion. Paris : P.U.F. – 86 p.

BONNEAU M., 1969. La fertilisation en sylviculture. *Rev. for. fr.*, **21** (n° spécial « sylviculture »), 429-440.

BONNEAU M., 1974. Les résultats obtenus en France en matière de fertilisation forestière. *La Forêt Privée Française*, 99, 67-81.

BONNEMANN A., 1956. Eichen – Buchen Mischbestände. *Allg. Forst J. Ztg.* **127** (2/3), 33-42; **127** (5/6), 118-126.

BONNET-MASIMBERT M., MULLER C., 1973. La conservation des faînes et des glands. Recherches et perspectives. *Bull. tech. Off. Natl. For.*, **5** 13-19.

BONNET-MASIMBERT M., MULLER C., 1975. La conservation des faînes est possible. *Rev. for. fr.* **27** (2), 129-138.

BONNET-MASIMBERT M., MULLER C., 1976. Mise au point d'un test rapide de germination des faînes (*Fagus silvatica*). *Can. J. For. Res.*, **6** (3), 281-286.

BORCHERS K., 1954. Zur Technik der Buchennaturverjüngung in Niedersachsen. *Forst und Holzwirt*, **9**, 416-421.

BORCHERS K., GUSSONE H.J., KRAMER H., 1964. Ergebnisse von Stickstoff Düngungsversuchen in den niedersächsischen Forstämtern Boffzen, Neuhaus und Schöningen. *Aus dem Walde. Mitt. niedersächs. Landesforstverwalt.*, (8), 73-108.

BRETT D.W., 1963. The inflorescence of *Fagus* and *Castanea*, and the evolution of the cupules of the Fagaceae. *New Phytol.*, **63** (1), 96-118.

BRINKENBERG C., BRIX H., SCHAFFALITZKY de MUCKADELL M., VEDEL H., 1958. Controlled pollination in Fagus. *Silvae Genet.*, **7** (4), 116-122.

BROWN J.M.B., 1952. Influence of shade on the height growth and habit of beech. *Forestry Commission. Report. on Forest Research for the year ending march 1951*, 62-67.

BROWN J.M.B., 1960. Ecological aspects of regeneration in British beechwoods. *Bull. Inst. Agron. Stn. Rech. Gembloux*, (n° hors-série, vol. I), 75-92.

BUFFET M., 1980. A propos de la désignation des arbres de place. *Bull. Tech. Off. natl. For.*, 12, 41-42.

BUHLER A., 1918. Der Waldbau nach wissenschaftlicher Forschung und praktischer Erfahrung. Ein Hand- und Lehrbuch. Stuttgart : E. Ulmer. − 662 p.

BURSCHEL P., HUSS J., KALBHENN R., 1964. Die natürliche Verjüngung der Buche. *Schriftenr. Forstl. Fak. Univ. Göttingen*, **34**, 186 p.

BURSCHEL P., HUSS J., 1964. Die Reaktion von Buchensämlingen auf Beschattung. *Forstarchiv*, **35** (1), 225-233.

BURSCHEL P., SCHMALTZ J., 1965-1. Die Bedeutung des Lichtes für die Entwicklung junger Buchen. *Allg. Forst. Jagdztg.*, 136-139 ; 193-210.

BURSCHEL P., SCHMALTZ J., 1965-2. Untersuchungen über die Bedeutung von Unkraut und Altholzkonkurrenz für junge Buchen. *Forstwiss. Centralbl.*, **84**, 230-243.

BUSZEWICZ, G.M., 1964. Forest tree seed. *Forestry Commission. Report on Forest Research for the year ended march 1965*, 13-16.

CAIL A., 1976. Le Hêtre et sa régénération en forêt domaniale de la Montagne noire. pp. 51-58. *Bull. tech. Off. natl. For.*, (8), 51-58.

CENTRE TECHNIQUE DU GÉNIE RURAL DES EAUX ET FORÊTS, 1974. Une solution nouvelle pour les dégagements de jeunes plantations à faible écartement : le broyeur déportable. *Inf. techn. CTGREF*, (14), 4 p.

CENTRE TECHNIQUE DU GÉNIE RURAL DES EAUX ET FORÊTS, 1976. Matériels vignerons utilisables pour l'entretien des jeunes boisements forestiers installés à forte densité. *Inf. techn. CTGREF*, (23), 3 p.

CHAMPAGNAT P., 1954. Recherches sur les « rameaux anticipés » des végétaux ligneux. *Rev. Cytol. Biol. vég.*, **15**, 1-51.

CLAUDOT C., 1894. Troisième mémoire sur l'influence des éclaircies. *Bull. Minist. Agric.* [24 p.].

CLAUDOT C., 1896. Etude sur la place de production n° 2 − troisième inventaire. 15 p. *Bull. Minist. Agric.* [16 p.].

COLETTE L., 1960. Trente années de contrôle en hêtraie jardinée. Groenendaal-Hoeilaart : Stn. Rech. Eaux For., Travaux série B, n° 25, 44 p.

CORNU D., DELRAN S., GARBAYE J., LE TACON F., 1977. Recherche des meilleures conditions d'enracinement de boutures herbacées de chêne rouge (*Quercus petraea* (L.) Liebl.) et de hêtre (*Fagus silvatica* L.). *Ann. Sci. For.*, **34** (1), 1-16.

DECOURT N., 1973. Tables de production pour les forêts françaises. Nancy : ENGREF, 49 p.

DELABRAZE P., VENET J., VIART M., 1972. A propos du cloisonnement. *Rev. for. fr.* **24** (4), 289-292.

DELEVOY G., 1949. Notes sur l'éclaircie des hêtraies en forêt de Soignes. Groenendaal-Hoeilaart : Stn. Rech. Eaux For, Travaux série B, n° 4, 94 p.

DELRAN S., GARBAYE J., LE TACON F., 1975. Production rapide de plants feuillus sur tourbe fertilisée. Nouveaux résultats. *Rev. for. fr.,* **27** (6), 437-447.

DELVAUX J., 1964. A propose de l'éclaircie des hêtraies en forêt de Soignes : les aspects qualitatifs. Groenendaal-Hoeilaart : Stn. Rech. Eaux For., Travaux série B, n° 30, 70 p.

DELVAUX J., 1966. La compétition au niveau des classes sociales. Groenendaal-Hoeilaart : Stn. Rech. Eaux For., Travaux série B, n° 32, 48 p.

DELVAUX J., 1977. Les arbres de place. *Ann. Gembloux,* **83** (4), 235-251.

DOWELL H.D., 1954. A note on the regeneration of beech at Burnham beeches. *J. Oxf. Univ. For. Soc.,* **3**, 26-28.

DRALET M., 1824. Traité du hêtre et de son aménagement, comparé à celui du chêne et des arbres résineux. Toulouse : Douladoure. – 156 p.

DUBOIS M., 1975. Le problème de la régénération de la hêtraie pyrénéenne. *Bull. Com. For.,* (108), 47-50.

EDELIN C., 1977. Images de l'architecture des conifères. Thèse doct. : sci. biol. : Montpellier : Univ. des Sciences et Techniques du Languedoc. – 254 p.

EICHLER A., 1878. Blüthendiagramme. Leipzig : vol. 2.

EL ANTABLY H.M.M., 1976. Changes in auxin, germination inhibitors, gibberellins and cytokinins during the breaking of seed dormancy in *Fagus silvatica. Biochem. Physiol. Pflanz.,* **170** (1), 51-58.

ENGLER A., PRANTL R., 1889. Pflanzenfamilien. Leipzig : Wilhelm Engelmann. II. Teil 1 Abteilung. – 224 p. III. Teil 1 Hälfte. – 396 p.

ENGLER J.M., LE LOUARN H., LE TACON F., 1979. Influence des oiseaux et des rongeurs sur la régénération naturelle du hêtre. *Rev. for. fr.,* **31** (1), 41-49.

FABRICIUS L., 1927. Der Einfluss des Wurzelwettbewerbs des Schirmstandes auf die Entwicklung des Jungwuchses. *Forstwiss. Cent.,* **71**, 329-345.

FABRICIUS L., 1929. Forstliche Versuche. VII. Neue Versuche zur Feststellung des Einflusses von Wurzelwettbewerb und Lichtentzung des Schirmstandes auf den Jungwuchs. *Forstwiss. Centralbl.,* **73**, 477-506.

FORDHAM R.A., 1971. Field populations of deermice with supplementary. *Food Ecol.,* **52** (1), 138-146.

FRANKLAND B., 1961. Effect of gibberellic acid, kinetin and other substances on seed dormancy – *Nature,* London, **192**, 678-679.

FRANKLAND B., WAREING P.F., 1962. Changes in endogenous gibberellins in relation to chilling of dormant seeds. *Nature,* London, **194**, 313-314.

FRANKLAND B., WAREING P.F., 1966. Hormonal regulation of seed dormancy in hazel (*Corylus avellana L.*) and beech (*Fagus sylvatica L.*). *J. exp. Bot.,* **17** (52), 596-611.

FRICKE K., 1904. Licht und Schattenholzarten, ein wissenschaftlich nicht begründetes Dogma. *Centralbl. Gesamt. Forstwes*, **8**, 315-325.

GARBAYE J., LEROY Ph., 1974. Influence de la fertilisation sur la production de glands en forêt de Bercé et de Boulogne. *Rev. for. fr.*, **26** (3), 223-228.

GARBAYE J., LE TACON F., 1978. Production de plants de chêne et de hêtre 2-0 sur tourbe fertilisée. *Rev. for. fr.*, **30** (6), 445-452.

GARREAU B., 1977. Influence de certaines interventions expérimentales (coupes et drainage) sur diverses composantes d'un milieu forestier hydromorphe : microclimat, eau du sol, végétation herbacée et peuplement. Champenoux : INRA. – 104 p. (Mémoire ENITEF 3ᵉ année).

GÄUMANN, E., 1935. Der Stoffhaushalt der Buche (*Fagus silvatica L.*) im Laufe eines Jahres. *Ber. schweiz. Bot. Ges.*, **44.**, 157-334.

GØHRN V., 1972. Proveniens-og afkoms forsøg med bog (*Fagus sylvatica L.*). *Forstl. Forsoegsvaes. Dan.*, **33** (2), 84-213. Résumé anglais.

HARTIG R.- 1889. Über den Einfluss der Samenproduktion auf Zuwachsgrösse und Reservestoffvorräte der Bäume. *Allg. Forst. Jagdztg*, **65**, 13-17.

HAUSSER K., 1971. Düngungversuche zu 70-90 jährigen Buchenbeständen auf der Schwäbischen Alb. *Allg. Forst-Jagdztg*, **142** (8/9), 225-233.

HOLMSGAARD E., 1955. Arringsanalyser af danske skovtraeer. *Forstl. Forsoegsvaes. Dan.*, **22** (1), 1-246.

HOLMSGAARD E., OLSEN H.C., 1961. On the influence of the weather on beech mast and the employment of artificial drought as a means to produce beech mast. IUFRO congress. 13th. 1961. Wien. Vol. 1, communication 22-19, 4 p.

HOLMSGAARD E., OLSEN H.C., 1966. Experimental induction of flowering in beech. *Forstl. Forsoegsvaes. Dan.*, **30** (1), 1-17.

HUFFEL G., 1927. Les méthodes de l'aménagement forestier en France. *Ann. Ec. natl. Eaux Forêts Stn. Rech. Exp.*, **1** (2) 229 p.

HUSS J., 1972. Die Entwicklung von Buchenjungwüchsen auf einer Naturverjüngungsfläche. *Forst-und Holzwirt*, **27** (3), 56-58.

HUSS J., BURSCHEL P., 1972. Förderung der Buchennaturverjüngung mit verschiedenartigen Bodenbearbeitungsverfahren; Ergebnisse längerfristiger Beobachtungen. *Forstarchiv*, **43** (11), 233-239.

HUSS J., KRATSCH H.D., RÖHRIG E., 1972. Ein Erfahrungsbericht über Massnahmen zur Förderung der Buchennaturverjüngung bei der Mast 1970 in 8 Forstämtern Südniedersachsens. *Forst- und Holzwirt*, **27** (17), 365-370.

HUSS J., STEPHANI A., 1978. Lassen sich angekommene Buchennaturverjüngungen durch frühzeitige Auflichtung, durch Düngung oder Unkrautbekämpfung schneller aus der Gefahrenzone bringen ? *Allg. Forst Jagdztg.*, **149** (8), 133-145.

INSTITUT POUR LE DÉVELOPPEMENT FORESTIER, 1969. Le hêtre. *Bull. Vulg. for.* (1), 1-11 ; (2), 1-11.

INTERNATIONAL SEED TESTING ASSOCIATION, 1976. International rules for seed testing 1976. *Seed Sci. Technol.*, **4** (1), 1-180.

JACQUIOT C., 1959. Contribution à l'étude de l'organogénèse chez les tissus des végétaux ligneux cultivés in vitro. C.R. Congrès soc. savantes. 84ᵉ, 1959, 441-449.

KENNEL R., 1972. Die Buchendurchforstungsversuche in Bayern von 1870 bis 1970. Forschungsber. forstl. Forschungsanst., (7), 265 p.

KLEINSCHMIT J., 1977. Forstpflanzenzüchtung und Saatgutbereitstellung beim Laubholz. *Forst — und Holzwirt*, **32** (21), 427-433.

KÖSTLER J.N., 1953. Waldpflege. Hamburg : Berlin : Paul Parey. — 200 p.

KRAHL-URBAN J., 1962. Buchen- Nachkommenschaften. *Allg. Forst. Jagdztg.*, **133**, (2), 29-38.

LEIBUNDGUT H., 1966. Die Waldpflege. Bern : P. Haupt. — 192 p.

LE LOUARN H., SCHMITT A., 1972. Relations observées entre la production de faînes et la dynamique de population du Mulot *Apodemus sylvaticus* en forêt de Fontainebleau. *Ann. Sci. for.*, **30** (2), 205-214.

LE PONT P., 1949. Un ancien appareil de crochetage. *Rev. for. fr.*, **1** (9/10), 421-425.

LE TACON F., 1974. Recherche des meilleures conditions de production de plants de hêtre. *Rev. for. fr.*, **26** (4), 299-305.

LE TACON F., MALPHETTES C.B., 1976. Nouveaux résultats concernant la germination et le comportement de semis de hêtre en forêt domaniale de Villers-Cotterêts (Aisne). *Rev. for. fr.*, **28** (2), 427-446.

LE TACON F., OSWALD H., PERRIN R., PICARD J.F., VINCENT J.P., 1976. Les causes de l'échec de la régénération naturelle du hêtre à la suite de la faînée de 1974. *Rev. for. fr.*, **28** (6), 427-446.

LE TACON F., GARBAYE J., DELRAN S., 1977. Recherches des meilleures conditions d'enracinement des boutures herbacées de Chêne rouvre (*Quercus petraea* (M) Liebl.) et de hêtre (*Fagus silvatica* L.). *Ann. Sci. for.*, **34** (1), 1-16.

LE TACON F., OSWALD H., 1977. Influence de la fertilisation minérale sur la fructification du hêtre (*Fagus silvatica*). *Ann. Sci. for.*, **34** (2), 89-109.

MÄRKUS L., 1959. Bükkmakk teritettségi megfigyelések a Magasbakonyban. [Observations sur la densité et la répartition au sol des faînes dans le massif de Magasbakony]. *Erdeszeti Kut.*, (3), 93-101.

MÄRKUS L., MATYAS V., 1966. Adatok a bükkmakk termésbiológiájaňak ismeretéhez [Contributions à la biologie de la fructification du hêtre]. *Erdeszeti Kut.*, (1-3), 177-192.

MARTINOT-LAGARDE P., 1973. Les arbres de place. *Bull. tech. Off. natl. For.*, (4), 23-33.

MARTINOT-LAGARDE P., PERROTTE G., 1973. La technique de désignation des arbres de place par carrés. *Bull. tech. Off. natl. For.*, (4), 34-61.

MATHEY A., 1929. Traité pratique et théorique des taillis. Le Mans : Imprimerie M. Vilaire, 353 p.

MATTHEWS, J.D., 1963. Factors affecting the production of seed by forest trees. *For. Abstr.*, **24** (1), 1-13.

MATHIEU A., 1897. Flore forestière. 4ᵉ éd. Paris : Baillères. − 705 p.

MATYAS V., 1960. A bükk makktermésének becslése = [Estimation d'une faînée]. *Erdészeti Kut.* (1-3), 211-231 (Résumés allemand, anglais).

MATYAS V., 1965. Okologiai megjegyzések a tölgy ès a bükk termésénck idöszakos-sàgàhoz = [Ecologie et fréquence des fructifications chez les chênes et le hêtre]. *Erdészeti Kut.* (1-3), 99-121 (Résumé allemand).

MATYAS V., 1969. A tölgy-és bükkviràgzàs fokozàsa mütragyàzàssal ès ennek összefüggése az idöjàrassal = [Amélioration de la fructification des chênes et du hêtre par fertilisation et relations avec le climat]. *Erdészeti Kut.* (2-3), 161-181 (Résumé allemand).

MAURER E., 1964. Buchen- und Eichensamenjahre in Unterfranken während der letzten 100 Jahre. *Allg. Forstz.,* **19** (31), 469-470.

MERKEL O., 1978. Zur Frage des Umsetzens früh ausgewählter Z. Bäume in Buchenbeständen. In : Referate der Jahrestagung 1978 « Deutscher Verband forstlicher Forschungsanstalten », 107-136.

MILESCU I., ALEXE A., NICOVESCU H., SUCIU P., 1967. Fagul [Le hêtre]. Bucarest : Ed. Agro-Silvica. − 581 p.

MITIN V.V., 1970. [On study of chemical nature of growth inhibitors in the dead leaves of hornbeam and beech]. In [Physiological-biochemical basis of plant interactions in phytocenoses]. A.M. GRODZINSKY Ed., nᵒ 1, 177-181. Nau-kowa Dumka. Kiev.

MITIN V.V., 1971. [The water soluble inhibitors of seed germination from beech (*Fagus silvatica* L.) autumn leaves]. In [Physiological-biochemical basis of plant interactions in phytocenoses]. A.M. GRODZINSKY Ed., nᵒ 2, 22-25. Naukowa Dumka. Kiev.

MONTARIOL M., 1932. Les futaies de hêtre de Normandie, considérations générales. *Bull. Soc. Amis anc. Elèves Ec. nat. Eaux For.,* **16**, 1-32.

MUHLE-LARSEN C., 1946. Experiments with wood cuttings of forest trees. *Forstl. Fersoegsvaes. Dan.,* **17** (2), 289-443.

MUHLE O., KAPPICH I., 1979. Erste Ergebnisse eines Buchen-Provenienz und Verbandsversuchs im Forstamt Bramwald. *Forstarchiv,* **50** (4), 65-69.

MULLER C., 1977. Dormance et germination des faînes. Bilan des recherches menées en 1976. Ardon : INRA - Stn. Amelior. arbres for. (Doc. int. nᵒ 77/ 1). − 32 p.

NEMEC A., 1956. [Improving the seeding of *Fagus silvatica* by soil improvement]. *Prace vysk. Ustavu Lesn.* CSR, 11, 5-25.

NIELSEN P. Chr., SCHAFFALITZKY-de-MUCKADELL M., 1954. Flower observations and controlled pollination in Fagus. *Z. Forstgenet.,* **3** (1), 6-17.

NIELSEN O., 1977. Seasonal and annual variation in litter fall in a beech stand 1967-75. *Forstl. Forsoegsvaes. Dan.,* **35** (1), 16-38.

NYHOLM I., 1960. Flearig opbevaring of bøgeolden. *Dansk skovforen. Tidsskr.,* **45** (10), 377-415.

OBRTEL R., HOLISOVA V., 1974. Comparison of animal food eaten by *Apodemus flavicollis* and *Clethrionomys glaneolus* in a lowland forest. *Zool. list.,* 23, 35-46.

OFFICE NATIONAL DES FORÊTS. Nouvelles techniques de reboisement en Hêtre. *Bull. tech. Off. natl For.,* (1), 7-17.

OLDEMAN R.A.A., 1974. L'architecture de la forêt guyanaise. Paris : O.R.S.T.O.M. − 204 p. (Mémoire n° 73).

OPPERMANN A., BORNEBUSH C.H., 1926. Fra skov og planteskole. *Forstl. Forsoegsvaes Dan.,* **8,** 341-349 ; 350-356.

PARDÉ J., 1980. De 1882 à 1976 : les places d'expérience de sylviculture de la forêt domaniale de Haye (Meurthe-et-Moselle). Champenoux : INRA - Station de sylviculture et de production. − 34 p. (Doc. 80/02).

PEIK K., 1976. Auswirkungen von spätfrostschäden auf das Höhenwachstum junger Buchen verschiedener Herkunft. *Allg. Forst-Jagdztg.,* **147** (6/7), 142-147.

PENISTAN M.J., 1974. The silviculture of Beech woodland. *Forestry,* **37** (suppl. : « The management of broadleaved woodlands »), 71-78.

PENNINGSFELD F., KURZMANN P., 1969. Cultures sans sol (cultures hydroponiques ou hydrocultures) et sur tourbe. Paris : La Maison rustique. − 229 p.

PERRIN H., 1952, 1954. Sylviculture. Nancy : E.N.E.F.
I : bases scientifiques de la sylviculture. − 318 p.
II : le traitement des forêts. − 411 p. (bibliogr.).

PERRIN R., 1979. La pourriture des faines causée par *Rhizoctonia solani* Kuhn. Incidence sur les faînées de 1974 et 1976 et traitement curatif des lots des faînes en vue de la conservation. *Eur. J. For. Path.,* **9** (12), 89-103.

PERRIN R., MULLER C., BONNET-MASIMBERT M., 1978. Essai d'amélioration de la méthode de conservation des faînes. IUFRO. Symposium sur la régénération et le traitement des forêts feuillues de qualité en zone tempérée. INRA. Champenoux. 41-54.

PLAISANCE G. 1950. La chasse au hêtre dans le passé. *Rev. For. Fr.,* **2** (9), 458-461.

PLAISANCE F., 1979. La forêt française. Paris : Denoël. − 373 p.

POLGE H., 1973. Etat actuel des recherches sur la qualité du bois de hêtre. *Bull. tech. Off. natl. For.,* (4), 13-22.

POLGE H., 1980. Un défaut méconnu du hêtre − les contraintes de croissance. *Bull. tech. Off. natl. For.,* (12), 31-40.

POLGE H., 1981. Influence des éclaircies sur les contraintes de croissance du hêtre (à paraître dans le numéro 4 des Annales des Sciences forestières).

RENARD C., 1971. Quelques caractères des auxiblastes chez le Hêtre en Haute-Ardenne. *Lejeunia, Rev. bot.,* **59,** 1-14.

RICE E.L., 1974. Allelopathy. New-York : Academic Press. − 353 p.

RIEDACKER A., 1978. Premiers essais d'élevage de plants de chêne et de hêtre sur tourbe et sous tunnel plastique. *Rev. for. fr.,* **30** (6), 453-458.

RÖHRIG E., 1964. Über die gegenseitige Beeinflussung der höheren Pflanzen... *Forstarchiv,* **35** (2), 25-39.

RÖHRIG E., 1975. Die Förderung des Buchen-Naturverjüngung durch Bodenbearbeitung. Erfahrungen aus der Praxis in Niedersachsen. *Aus dem Walde Mitt. niedersächs. Landesforstverwalt,* **24,** 77-110.

RÖHRIG E., BARTELS M., GUSSONE M.A., ULRICH B., 1978. Untersuchungen zur naturlichen Verjüngung der Buche (*Fagus silvatica* L.) *Forstwiss. Centralbl.,* **97** (3), 121-131.

SCHÄDELIN W., 1938. L'éclaircie, traitement des forêts par la sélection qualitative. Neuchatel : Attinger. − 111 p. (trad. de « Die Durchforstung als Auslese und Veredelungsbetrieb höchster Wertleistung ». Berne : Haupt, 1934).

SCHAFFALITZKY-de-MUCKADELL, 1955. A development stage in *Fagus silvatica* characterized by abundant flowering. *Physiol. Plant.,* **8,** 370-373.

SCHOBER R., 1972. Die Rotbuche. Frankfurt : Sauerländers. − 333 p.

SCHÖNBORN A.V., 1964. Die Aufbewahrung des Forstssatgutes der Waldbäume. München : BLV Verlagsges. − 158 p.

SCHÜTZ J.Ph., 1979. Le chêne est-il devenu l'enfant pauvre de notre sylviculture ? *J. for. suisse,* **130** (12), 1047-1070.

SEEGER, 1913. Ein Beitrag zur Samenproduktion der Waldbäume im Grossherzogtum Baden. *Naturwiss. Z. Forst. Landwirtsch.* (11/12), 529-554.

SILVY-LELIGEOIS P., 1949. Les problèmes de la régénération dans les hêtraies normandes. *Rev. for. fr.,* **1** (9/10), 426-434.

SUNER A., RÖHRIG E., 1980. Die Entwicklung der Buchennaturverjüngung in Abhängigkeit von der Auflichtung des Altbestandes. *Forstarchiv,* **51** (8), 145-149.

SUSZKA B., 1966. Dormancy, storage and germination of *Fagus silvatica* L. seeds. *Arbor. Kórnickie,* **11,** 221-240.

SUSZKA B., 1974. Storage of beech (*Fagus silvatica* L.) seed for up to 5 winters. *Arbor. Kórnickie,* **19,** 105-128.

SUSZKA B., 1975. Cold storage of already after-ripened beech (*Fagus silvatica* L.) seeds. *Arbor. Kórnickie,* **20,** 299-315.

SUSZKA B., 1978. How to achieve simultaneous germination of after-ripened hardwood seed ? Symposium IUFRO sur la régénération et le traitement des forêts feuillues de qualité en zone tempérée. Champenoux : INRA, 11-15 sept. 1978, 30-40.

SUSZKA B., ZIETA L., 1976. Further studies on the germination of beech (*Fagus silvatica* L.) seed stored in an already after-ripened condition. *Arbor. Kórnickie,* **21,** 279-296.

SUSZKA B., ZIETA L., 1977. A new presowing treatment for cold-stored beech (*Fagus silvatica* L.) seed. *Arbor. Kórnickie,* **22,** 237-255.

SUSMEL L. 1959. Riordinamento su basi bio-ecologiche delle fagete di Corleto Monforte. Firenze : Station de sylviculture. − 174 p.

SVIRIDENKO P.A., 1961. Sravitelnaja ocenka prov. ekatelnosti semjan derev jev i bustarnikov dlja mysevidnyck grysunov. *Zool. Zh.,* **40** (5), 763-767.

TEISSIER du CROS E., 1980. Où en est l'amélioration des feuillus. Situation en République Fédérale d'Allemagne et en France. *Rev. for. fr.,* **32** (2), 149-166.

THIEBAUT B. *et al.* Considérations sur la croissance et la floraison du Hêtre commun (*Fagus sylvatica* L.). (A paraître).

TURCEK F.J., 1958. Priebeh prorodzenej obnovy na Polane. *Pr. Vyzk. Ustavu Lesn. CSSSR,* **15,** 213-225.

VENET J., 1968. Pratique de la pré-désignation des arbres de place. *Rev. for. fr.,* **20** (3), 157-169.

VENET J., 1975. Nombreux textes d'enseignement et recherche concernant le hêtre, notamment en 1975 : « réflexions sur la sylviculture du hêtre », et documents annexes présentés au conseil général du G.R.E.F.

VENET J., 1976. Note sur la sylviculture du Hêtre. Nancy : ENGREF. – 30 p. (doc. ronéo).

VINCENT J.P., 1977. Interaction entre les micromammifères et la production de semences forestières. *Ann. Sci. for.,* 34 (1), 77-87.

WACHTER H., 1964. Über die Beziehungen zwischen Witterung und Buchenmast-jahren. *Forstarchiv,* **35** (4), 69-78.

WATTS C.H.S., 1970. Effect of supplementary food on breeding wood land rodents. *J. Mammal,* **51** (1), 169-171.

WEISSEN F., 1978. Dix années d'observations sur la régénération en hêtraie ardennaise. Symposium IUFRO sur la régénération et le traitement des forêts feuillues de qualité en zone tempérée. Champenoux : INRA, 11-15 sept. 1978, 60-70.

Chapitre 6

PRODUCTION

Photo Mosnier

6. – **PRODUCTION**

6.1. **TARIFS DE CUBAGE**

par

Jean BOUCHON

6.11. **PRÉSENTATION**

Les tarifs de cubage du hêtre en France sont présentés en annexe 1 à la fin de cet ouvrage (p. 579). Ils sont composés de cinq tableaux où chaque groupe de quatre valeurs, se trouvant à l'intersection d'une ligne et d'une colonne correspond aux quatre estimations suivantes :
- volume bois fort tige : vt,
- écart type de ces volumes à cet endroit du nuage de points,
- volume bois fort total : vT,
- écart type de ces volumes à cet endroit du nuage de points.

Par exemple à l'intersection de la ligne $D = 25$ (diamètre à 1,30 m en cm) et de la colonne $H = 20$ (hauteur totale en mètres), on lit :
- pour le volume bois fort tige :
    - $vt\,(25, 20) = 0.464\ m^3$,
    - $\sigma_{vt}\,(25, 20) = 0.042\ m^3$

ce qui signifie que 95 pour-cent des arbres de 25 cm de diamètre et de 20 m de hauteur auront leur volume compris entre :
$$0.464 - 1.96 \times 0.042 = 0.382\ m^3$$
$$et\ \ 0.464 + 1.96 \times 0.042 = 0.546\ m^3$$

- pour le volume bois fort total :
    - $vT\,(25, 20) = 0.511\ m^3$,
    - $\sigma_{vt}\,(25, 20) = 0.047\ m^3$

6.12. **CONSTRUCTION**

Ces tarifs ont été construits à partir de 1 066 cubages par billons de 1 m, effectués dans 10 forêts françaises : HASLACH en Alsace, HAYE et DARNEY en Lorraine, RETZ au nord de Paris, EAWY en Haute-Normandie,

BELLEME en Basse-Normandie, Le CRANOU en Bretagne, la MONTAGNE NOIRE dans le sud-ouest du Massif Central, BIZE NISTOS dans les Pyrénées, et VALLERAUGUE dans le sud du Massif Central.

Le tarif de cubage publié en Allemagne par KENNEL (1969) semblant bien adapté aux conditions françaises, on a calculé les corrections à lui apporter.

Les formules de cubage trouvées sont les suivantes :

$$vt\,(d,\,h) = \frac{\pi\,d^2 h}{4.10^6}\left(b_0 + \frac{b_1}{d^3} + b_2 d^2 + \frac{b_3}{h} + b_4 h\right)\left(a_0 + \frac{a_1}{d} + a_2 dh\right)$$

$$vT\,(d,\,h) = \frac{\pi\,d^2 h}{4.10^6}\left(b_0 + \frac{b_1}{d^3} + b_2 d^2 + \frac{b_3}{h} + b_4 h\right)\left(A_0 + A_1 d + A_2 h\right)$$

$$
\begin{aligned}
\text{avec}\quad b_0 &= 0.444907 \\
b_1 &= -0.107345 \times 10^3 \\
b_2 &= 0.610582 \times 10^{-5} \\
b_3 &= 0.467061 \\
b_4 &= 0.126815 \times 10^{-2} \\
a_0 &= 0.934985 \times 10^2 \\
a_1 &= 0.151363 \times 10^3 \\
a_2 &= -0.631236 \times 10^{-2} \\
A_0 &= 0.114460 \times 10^3 \\
A_1 &= 0.314282 \\
A_2 &= -0.808045
\end{aligned}
$$

d en cm

h en m

vt et vT en m^3

6.13. **UTILISATION**

L'utilisation de ces tarifs comme tarifs à 2 entrées ne pose pas de problème particulier : les mesures du diamètre et de la hauteur permettent d'avoir directement les estimations des volumes.

Si l'on veut en déduire des tarifs à une entrée, une démarche possible serait la suivante :

- dans le peuplement, ou la parcelle, ou la forêt qu'on veut cuber, on mesure le diamètre et la hauteur d'un certain nombre d'arbres. On en déduit la courbe des hauteurs en fonction des diamètres :
- on reporte les valeurs h (d) ainsi déterminées dans les formules données ci-dessus ;
- on en déduit les tarifs à une entrée.

L'exemple ci-dessous donne une application :
- dans la parcelle expérimentale de la route de Frouard (Forêt de Haye) mesurée en 1959 on a établi la courbe hauteur/diamètre qu'on peut représenter par le tableau 48.

TABLEAU 48
Relation hauteur-diamètre (Forêt de Haye)

H	12 cm	19	24	27	28	29	30	30	30
D	10 cm	15	20	25	30	35	40	45	50

Ces valeurs reportées dans les tarifs à deux entrées donnent des tarifs à une entrée (tableau 49).

TABLEAU 49
Tarif à une entrée pour le hêtre

d	10	15	20	25	30	35	40	45	50
vt	0.039	0.158	0.357	0.623	0.920	1.282	1.713	2.148	2.630
σ_{vt}	0.003	0.014	0.032	0.057	0.084	0.118	0.157	0.197	0.241
vT	0.039	0.161	0.369	0.657	0.999	1.430	1.963	2.538	3.200
σ_{vT}	0.003	0.015	0.034	0.060	0.091	0.131	0.180	0.233	0.294

6.14. PRÉCISION

Les écarts-types indiqués dans les tableaux permettent de calculer la précision d'un cubage de plusieurs arbres, dans la mesure où les dimensions de ces arbres ne sont pas très différentes.

Les écarts-types sont égaux sur tout le nuage de points à 9,2 % du volume; ainsi par exemple :

$$\sigma_{vt}(25, 20) = 0{,}042 = 0{,}092 + vt(25, 20)$$

Lorsque les N arbres qu'on cube ne sont pas trop différents les uns des autres on peut, pour avoir une estimation de l'écart-type de la moyenne diviser 9,2 par $\sqrt{N}$:

$$\sigma_{\bar{V}} = 9{,}2/\sqrt{N}$$

Alors le volume V des N arbres sera 95 fois sur cent compris entre :

$$V\left[1 - \frac{0.092 \times t\ (0.95,\ N)}{\sqrt{N}}\right]$$

$$\text{et}\quad V\left[1 + \frac{0.092 \times t\ (0.95,\ N)}{\sqrt{N}}\right]$$

t (0.95, N) étant la variable de Student au seuil de 0.95, très proche de 2 quand N est assez grand.

6.15. COMPLÉMENTS POUR L'ÉVALUATION DE LA QUANTITÉ D'ÉCORCE ET DU MENU BOIS

Les valeurs moyennes suivantes peuvent être utilisées (tableau 50). Elle sont extraites de PARDE (1961) et HAMILTON (1975) pour les 4 premières colonnes et d'études en cours pour la dernière.

Pour l'évaluation de la biomasse en matière sèche on peut multiplier les volumes par le coefficient moyen de 0.56.

Exemple : soit un arbre de 25 cm de diamètre et de 20 m de hauteur.

    Volume total bois fort : $0.511\ \text{m}^3$
    Volume des menus bois : $0.090 \times 0.511 = 0.046\ \text{m}^3$
    Volume de l'écorce   : $0.085 \times 0.511 = 0.043\ \text{m}^3$

Soit :

    Volume du bois fort tige sous-écorce :
                $0.464\ (1 - 0.085)$ $= 0.425\ \text{m}^3$
    Volume du bois fort branches sous-écorce :
            $(0.511 - 0.464)\ (1 - 0.085) = 0.043\ \text{m}^3$
    Volume de l'écorce : $= 0.043\ \text{m}^3$
    Volume des menus bois sur écorce : $= 0.046\ \text{m}^3$

               TOTAL . . . . $0.557\ \text{m}^3$

soit une biomasse sèche de $0.557\ \text{m}^3 \times 0.56 = 0.312$ tonne.

TABLEAU 50

Facteurs de transformation permettant de passer du volume « sur écorce » au volume « sous écorce »

Diamètre à 1,30 m (en cm)	Pourcentage d'écorce par rapport au volume sur écorce	Double épaisseur d'écorce (en cm)	Facteurs d'écorce : facteur par lequel il faut multiplier le diamètre		Facteur menu bois : Facteur par lequel il faut multiplier le volume bois fort total pour avoir le volume des menus bois (compris entre 7 cm de diamètre et 0 cm)
			sur écorce (pour avoir le diamètre sous écorce)	sous écorce (pour avoir le diamètre sur écorce)	
10	11	0.6	1.064	0.940	0.316
15	10	0.8	1.056	0.947	0.050
20	9	1.0	1.053	0.950	0.062
25	8.5	1.1	1.046	0.956	0.090
30	8	1.3	1.045	0.957	0.104
35	7.5	1.4	1.042	0.960	0.110
40	7	1.5	1.039	0.963	0.106
45	6.5	1.5	1.034	0.967	0.100
50	6	1.6	1.033	0.968	0.092
55	6	1.7	1.032	0.969	0.087
60	5.5	1.8	1.031	0.970	0.082
65	5.5	1.9	1.030	0.971	0.081
70	5.5	2.0	1.029	0.971	0.080
75	5	2.1	1.029	0.972	0.080
80	5	2.2	1.028	0.973	0.080
85	5	2.3	1.028	0.973	0.080
90	5	2.4	1.027	0.973	0.080
95	5	2.5	1.027	0.974	0.080
100	5	2.7	1.027	0.974	0.080
105	5	2.8	1.027	0.974	0.080
110	5	2.9	1.027	0.974	0.080
115	5	3.1	1.027	0.974	0.080
120	5	3.2	1.027	0.974	0.080
125	5	3.3	1.027	0.974	0.080
130	5	3.4	1.027	0.974	0.080

6.16. **TARIFS ÉTRANGERS**

De nombreux tarifs de cubage existent en Europe pour le hêtre. Les plus connus sont ceux construits par les Allemands, les Bulgares et les Roumains. Mais ces tarifs, établis pour certains à l'aide de 12 000 hêtres abattus, sont assez anciens. A part le tarif allemand de KENNEL, déjà cité, nous n'indiquerons ici que le tarif belge de THILL et GRAYET (1978). Ce travail a le double avantage d'être excellent et de concerner une région proche de la zone française à forte potentialité de hêtre. Pour les autres nous renvoyons à l'analyse bibliographique faite par BOUCHON en 1974.

6.2. **TABLES DE PRODUCTION**

par

Noël LE GOFF

INTRODUCTION

De nombreuses tables de production ont été construites en France pour la plupart des espèces forestières importantes et pour une même espèce, souvent dans plusieurs régions. Par contre, aucune table française n'existe pour le hêtre, sans doute parce que sa production et sa sylviculture étaient mieux connues que celles d'autres essences (en particulier celles introduites : douglas, épicéa, pins), mais aussi parce que l'on s'était aperçu depuis longtemps que les tables allemandes semblaient rendre compte de façon satisfaisante de l'évolution des peuplements de hêtre, du moins pour l'est de la France (PARDE, 1962).

Un travail spécifique basé sur les données provenant des places d'expérience permanentes de hêtre de la Station de Sylviculture et Production du C.N.R.F. a donc été réalisé pour comparer les données dendrométriques fournies par ces placettes avec celles de tables de production étrangères éventuellement utilisables en France (LE GOFF, 1974).

Deux tables de production étrangères peuvent être utilisées pour les hêtraies du nord de la France : la table allemande (SCHOBER, 1972) dans tout le nord-est de la France (depuis le nord-est du Bassin Parisien), la table anglaise (HAMILTON et CHRISTIE, 1971) dans le nord-ouest du Bassin Parisien. Pour les hêtraies du sud de la France, trop peu de données de placettes permanentes étaient disponibles pour faire une comparaison valable; la table suisse de BADOUX (1967) pourrait, cependant, être utilisée avec précaution pour certaines hêtraies de moyenne montagne (Massif Central (1) par exemple).

Les seules tables de production présentées seront donc les tables allemande et anglaise. Leur région d'utilisation en France est cependant vaste et elle concerne, en particulier, les grandes hêtraies productrices de bois d'œuvre du nord de la France.

Un résumé des comparaisons effectuées à partir des données des placettes permanentes d'une part, et de celles des tables de production d'autre part, permettra auparavant de mettre en évidence les différences observées quant à la croissance du hêtre dans le nord de la France et de préciser les régions d'utilisation propres à chacune des deux tables.

Les conditions de la production du hêtre dans le nord de la France seront finalement envisagées.

6.21. RÉGIONS DE CROISSANCE DU HÊTRE DANS LE NORD DE LA FRANCE TABLES DE PRODUCTION ÉTRANGÈRES ADAPTÉES

Régions de croissance du hêtre

La comparaison des données de croissance en hauteur fournies par les placettes permanentes (2) de hêtre avec celles correspondantes des tables de production allemande (SCHOBER, 1972) et anglaise (HAMILTON et CHRISTIE, 1971) a permis de révéler l'existence de *deux régions de croissance* pour cette essence dans le nord de la France (LE GOFF, 1974). L'examen des figures 68 A et 69 A montre la très bonne concordance des allures de la croissance en hauteur dominante de hêtraies du nord-est de la France (forêts de Haye en Meurthe et Moselle, Retz dans l'Aisne) avec l'évolution de la hauteur dominante de la table allemande et celle de hêtraies du nord-ouest du Bassin Parisien (forêt d'Eawy en Seine Maritime) avec l'évolution de la hauteur dominante de la table anglaise. L'allure de la croissance en

---

(1) La table de BADOUX semble ainsi assez bien concorder avec les observations dendrométriques (croissance en hauteur et en volume) faites dans des placettes établies dans la région de la Montagne Noire et au sud du Massif Central, mais pas du tout par contre avec celles de placettes établies non loin dans le Massif de l'Aigoual (production plus forte à hauteur égale).

(2) Les hauteurs dominantes des placettes permanentes (ainsi que les productions totales) sont des moyennes établies à partir d'observations faites dans les placettes d'éclaircie, de productivité comparable, d'un même peuplement.

hauteur dans ces deux régions apparaît ainsi très différente : croissance plus forte au début dans le nord-ouest du Bassin Parisien, mais se ralentissant plus tôt (figure 67).

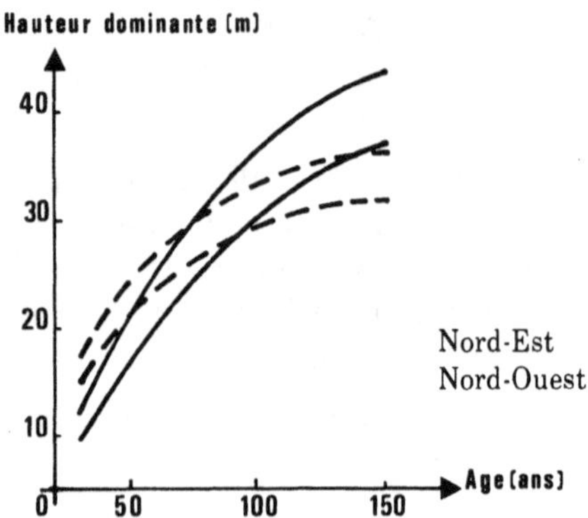

FIG. 67. – *Croisssances en hauteur comparées dans le nord-est et dans le nord-ouest de la France.*

(D'après les tables de SCHOBER et HAMILTON et CHRISTIE et pour les deux classes de productivité supérieures de chaque table).

Cette différenciation de la croissance du hêtre dans le nord de la France a été attribuée aux facteurs climatiques. Les conditions climatiques favorables du nord-ouest du Bassin Parisien (forte pluviosité, forte humidité atmosphérique, température moyenne assez élevée, saison de végétation relativement longue) expliquent la forte croissance du hêtre dans le jeune âge; le vent agit ensuite défavorablement et limite la croissance en hauteur des peuplements. Cette différenciation vaut bien sûr également entre hêtraies de Grande-Bretagne et d'Allemagne (3).

Les hêtraies du nord de la France peuvent ainsi être classées dans deux régions climatiques pour la croissance du hêtre :
> – *le Nord-Ouest* caractérisé par un climat tempéré océanique où l'indice climatique C.V.P. de PATERSON-PARDE (4) prend des valeurs supérieures à 300. Les hêtraies de Haute-Normandie (nord-ouest du Bassin Parisien) ainsi que celles de Basse-Normandie (à l'ouest d'une ligne Rouen-Alençon) se situent dans cette zone;

(3) Des observations semblables ont été faites pour des essences résineuses à partir de tables de production britanniques d'une part, de tables de pays continentaux de l'Europe d'autre part (CHRISTIE et LINES, 1975).

(4) L'indice C.V.P. rend bien compte des facteurs climatiques favorables à la croissance du hêtre. Pour la définition exacte de l'indice C.V.P., on pourra se référer à : PARDE, 1959 – *Revue Forestière Française*, n° 1, pp. 50-53 (« Retour sur l'indice C.V.P. de PATERSON »).

– *le Nord-Est* caractérisé par un climat aux influences continentales. L'indice C.V.P. y est inférieur à 300. Les hêtraies de l'est de la France, du nord-est du Bassin Parisien appartiennent à cette zone.

Tables de production pour le Nord-Est et le Nord-Ouest

La comparaison des données de croissance en volume fournies par les placettes permanentes dans chaque région de croissance avec celles correspondantes des tables de production allemande et anglaise confirme les observations faites précédemment : les peuplements de hêtre du Nord-Est et d'Allemagne d'une part, ceux du Nord-Ouest et de Grande-Bretagne d'autre part, suivent des « lois de croissance moyenne » identiques (figures 68 B et 69 B).

Les tables de production de SCHOBER pour le Nord-Est et de HAMIL-TON et CHRISTIE pour le Nord-Ouest peuvent donc être utilisées sans risque d'erreur grave.

Il faut noter, cependant, une production en volume à hauteur dominante égale, supérieure à celle indiquée par la table (SCHOBER) pour le Nord-Est, légèrement inférieure à celle indiquée par la table (HAMILTON et CHRISTIE) pour le Nord-Ouest. Des ajustements pourront être faits au moment de l'utilisation de ces tables (voir les paragraphes qui décrivent chaque table).

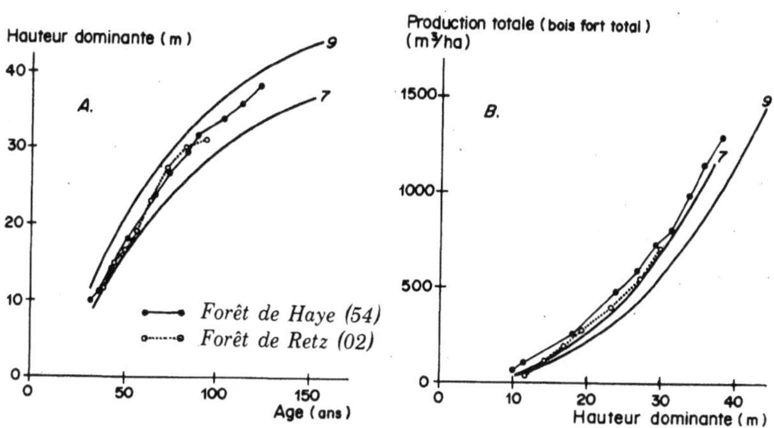

FIG. 68. – *Croissance en hauteur – A – et en volume – B – dans le nord-est de la France.*
D'après la table de SCHOBER (classes de productivité 7 et 9 de la table).

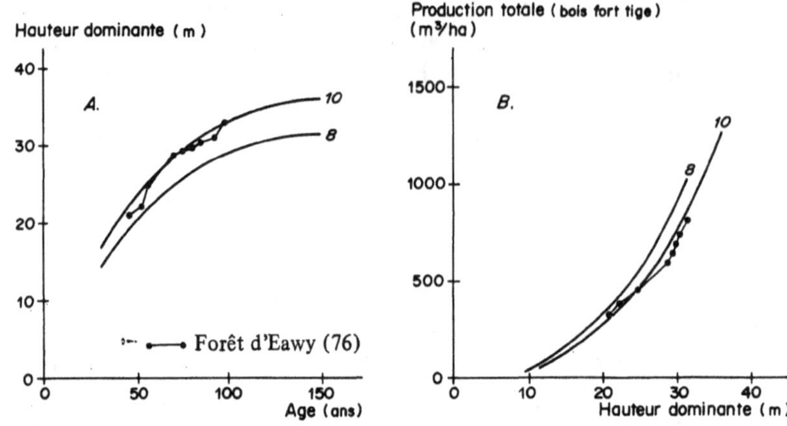

FIG. 69. – *Croissance en hauteur – A – et en volume – B – dans le nord-ouest du Bassin Parisien.*

D'après la table de HAMILTON et CHRISTIE (classes de productivité 10 et 8 de la table).

6.22. PRÉSENTATION GÉNÉRALE DES TABLES DE PRODUCTION ALLEMANDE (SCHOBER) ET ANGLAISE (HAMILTON et CHRISTIE)

Les tables de production allemande et anglaise pour le hêtre ne diffèrent ni dans leur objet, ni dans leur formulation des tables de production produites en France pour d'autres essences (DECOURT, 1973).

Les tables se présentent sous forme de « tableaux de chiffres décrivant le développement des peuplements forestiers équiennes et purs, classés d'après la fertilité des stations » (DECOURT, 1964). Cette description concerne à la fois le « peuplement principal » composé des arbres restant sur pied et les éclaircies et elle repose sur des grandeurs (5) (hauteur, surface terrière, volume, etc.) caractérisant les peuplements forestiers (voir annexes 2, en fin de cet ouvrage). Les valeurs prises par ces grandeurs dans les tables sont des données moyennes.

La méthode de construction des tables allemande et anglaise pour le hêtre diffère sensiblement de la méthode habituellement utilisée (6) : les tables ne dérivent pas d'une table de base unique, mais ont dû être

---

(5) La définition précise des grandeurs utilisées figure à l'annexe 2, p. 587.

(6) Pour une information complète sur la méthode habituelle de construction des tables de production en France, on pourra se référer à DECOURT (1972) et OTTORINI (1975).

calculées indépendamment pour chaque classe de productivité. Dans le cas de la table de SCHOBER, l'évolution de la valeur moyenne des grandeurs pour une classe de la table provient d'un lissage des données issues de la mesure des placettes permanentes. Dans le cas de la table de HAMILTON et CHRISTIE, construite à partir de placettes temporaires, les différentes grandeurs ont pu être reliées à la hauteur dominante pour chaque classe de productivité et les tables alors calculées grâce à la relation hauteur domi-nante/âge propre à chaque classe.

La division de chacune des tables de production en autant de tables que de classes de productivité n'est donc pas quelque chose d'artificiel comme dans la plupart des autres tables : les relations liant les différentes grandeurs d'un peuplement se modifient avec la fertilité des stations, ainsi par exemple celle, importante, liant la production totale à la hauteur dominante. Le choix de la classe de productivité est donc primordial pour les prévisions de production, mais aussi pour la sylviculture à appliquer aux peuplements de hêtre.

Une présentation détaillée des deux tables de production pour le nord de la France est faite aux paragraphes suivants. Elle doit permettre pour chaque région (Nord-Est et Nord-Ouest), de classer les peuplements suivant leur productivité (classes de productivité des tables), d'avoir un guide pour les éclaircies (modèle de sylviculture) et de faire des prévisions de produc-tion à partir de la table correspondant à la classe de productivité du peuplement. Les données sur la dimension des produits récoltés (volume moyen, diamètre moyen) correspondent bien sûr à la sylviculture de la table. Les données d'accroissement et de production, par contre, sont indépendantes de cette sylviculture de même que la hauteur dominante qui sert au classement des peuplements.

6.23. TABLE DE PRODUCTION POUR LES HÊTRAIES DU NORD-EST (SCHOBER, 1972) – Voir ANNEXE 2-2

La table de production allemande (annexe 2-2) est extraite du livre de SCHOBER (1972) « Die Rotbuche », ouvrage qui fait le bilan de plus de 100 années d'observations dans les placettes d'expériences allemandes de hêtre : 1 722 observations provenant de 207 placettes d'éclaircie et de 61 placettes de production ont servi à la construction de cette table. Les placettes sont réparties dans une zone géographique allant de l'embouchure de l'Oder à la Sarre : la table de SCHOBER est donc valable pour tout le nord-ouest de l'Allemagne.

La table de SCHOBER a déjà été publiée en France dans le recueil de « Tables de production pour les forêts françaises » édité par l'E.N.G.R.E.F.

(DECOURT, 1973). Une présentation différente, également extraite du livre de SCHOBER, est publiée ici; la différence, qui tient à la définition des classes de productivité, permet une présentation plus homogène des tables allemande et anglaise ainsi que le classement de peuplements de productivité plus élevée dans le Nord-Est.

Classes de productivité

La table de SCHOBER comprend 4 classes de productivité basées sur la valeur prise par l'accroissement moyen annuel à 100 ans, respectivement : 9, 7, 5 et 3 m³/ha/an (voir figure 71); ce n'est pas le maximum atteint pour chaque classe qui se situe d'ailleurs au-delà de 150 ans. Une relation particulière à chaque classe de productivité lie la production totale à la hauteur dominante (ainsi pour les classes 9 et 7, voir la figure 68-B); l'évolution de la hauteur dominante avec l'âge pour chaque classe a donc pu être calculée (deux premières colonnes des tables). La classe de productivité d'un peuplement, chiffrée par l'accroissement moyen annuel à 100 ans, peut donc être lue directement à partir des courbes hauteur dominante/âge représentées à la figure 70 : un peuplement de hauteur dominante (7) 30 mètres et âgé de 100 ans appartient à la classe 7.

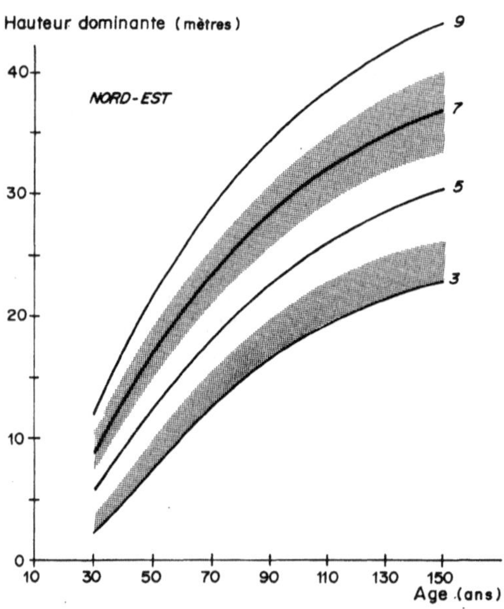

FIG. 70. − *Classes de productivité.*
(D'après la table de SCHOBER).

---

(7) La hauteur dominante de la table de production de SCHOBER est définie comme la hauteur des 20 % plus grosses tiges à l'hectare.

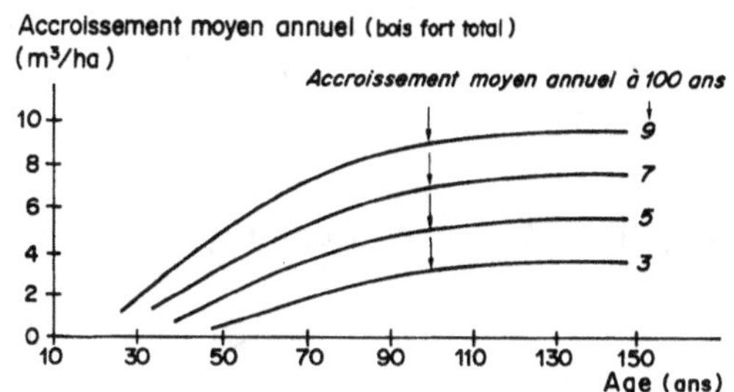

FIG. 71. – *Courbes d'accroissement moyen annuel en volume.*
(Table de SCHOBER).

L'éventail des productivités représenté dans la table allemande est grand (accroissement moyen annuel à 100 ans allant de 3 à 9 m³, ce qui correspond à des hauteurs dominantes variant de 18 à 35 mètres environ à 100 ans). La table doit ainsi permettre de classer la plupart des peuplements de hêtre du nord-est de la France.

Modèle de sylviculture

La table de production présentée ici est la table « *éclaircie forte* »; les traitements sylvicoles correspondant sont plus recommandables que ceux de la table « éclaircie modérée » figurant également dans le livre de SCHO-BER.

INTENSITÉ DES ÉCLAIRCIES. Elle est assez forte : 100 tiges et moins à l'hectare en fin de révolution (150 ans) pour des peuplements de bonne productivité (classe 7 et au-dessus). La décroissance du nombre de tiges avec l'accroissement en hauteur (quelquefois appelée « norme ») n'est pas la même suivant la classe de productivité : pour une hauteur dominante donnée, le nombre de tiges restant sur pied décroît lorsque la productivité du peuplement diminue.

NATURE DES ÉCLAIRCIES. Les éclaircies sont *mixtes*, enlevant prioritaire-ment les arbres dominés, mais aussi des dominants gênant le développe-ment des meilleures tiges. Cela suppose donc une sylviculture d'« arbres de place » où l'on choisira des arbres au profit desquels on conduira l'éclaircie en nombre égal ou inférieur aux indications de la table en fin de révolution (§ 5.51 du présent ouvrage et DECOURT, 1973).

DATE D'INTERVENTION. Les tables sont présentées avec des éclaircies ayant lieu tous les 5 ans (lignes de la table). Ces rotations n'ont pas un caractère obligatoire, mais 5 ans semble un minimum (des tables à rotation de 10 ans peuvent être construites par regroupement de 2 lignes, conduisant à des éclaircies de même intensité).

Production totale et dimension des produits

Toutes les données de volume des tables sont rapportées à l'hectare et exprimées en mètres cubes de *bois fort total* (mesures faites sur écorce à la découpe 7 cm de diamètre, tige principale et branches comprises). Comme vu précédemment, la relation entre la production totale et la hauteur dominante varie avec la classe de productivité : ainsi le niveau de production, pour une hauteur dominante donnée, croît sensiblement lorsque la productivité diminue.

Le niveau de production plus élevé des hêtraies du Nord-Est en France à hauteur dominante égale (voir figure 68-B), conduit à devoir corriger les données de production fournies par la table de SCHOBER. La production totale d'un peuplement de classe de productivité donnée peut être obtenue en lisant, dans la table correspondante, la valeur de la production indiquée pour la hauteur dominante du peuplement (8); cette valeur sera augmentée de 10 % pour tenir compte de la productivité supérieure des hêtraies du Nord-Est.

Exemple : un peuplement de hauteur dominante 38 m à 120 ans (classe 9) aura une production totale d'environ 1 100 m³/ha (933 × 1,1) soit un accroissement moyen de 9,2 m³/ha/an (voir figure 70 et table à l'annexe 2).

6.24. TABLE DE PRODUCTION POUR LES HÊTRAIES DU NORD-OUEST (HAMILTON et CHRISTIE, 1971) – Voir ANNEXE 2-3

La table de production anglaise (annexe 2-3) est extraite du recueil « Forest Management Tables » (1971) qui regroupe toutes les tables de production pour les forêts de Grande-Bretagne; ces tables, en système métrique, proviennent d'une révision des tables produites par BRADLEY, CHRISTIE et JOHNSTON (1966).

Cette table de production pour le hêtre a été construite pour toute la Grande-Bretagne, avec cependant une majorité des placettes situées en Angleterre : au total 122 placettes, dont 15 permanentes, ont servi de base à cette table (WATERS et CHRISTIE, 1958).

(8) On interpolera au besoin entre deux valeurs successives de la table.

Classes de productivité

Les classes de productivité de la table anglaise pour le hêtre (comme celles de toutes les autres tables) sont basées, non pas sur l'accroissement moyen à 100 ans, mais sur l'accroissement moyen maximum (celui-ci caractérise le taux de production moyen maximum en volume atteint par une espèce dans une station donnée, indépendamment du temps). Ainsi, *4 classes de productivité* sont distinguées dans la table anglaise correspondant à un accroissement moyen maximum de 10, 8, 6 et 4 m^3/ha/an (figure 73).

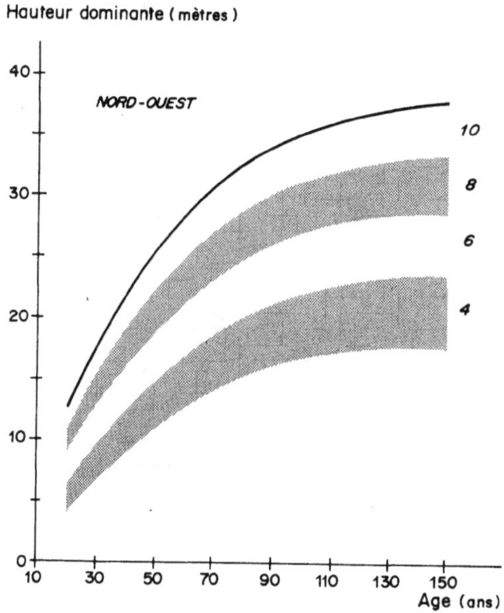

FIG. 72. – *Classes de productivité.*
(D'après la table de HAMILTON et CHRISTIE).

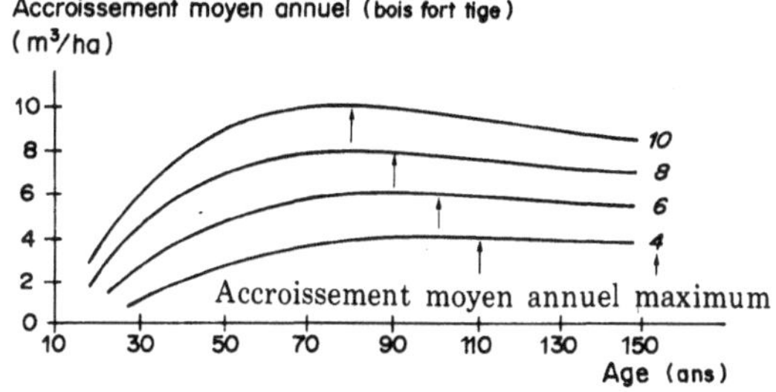

FIG. 73. – *Courbes d'accroissement moyen annuel en volume.*
(Table de HAMILTON et CHRISTIE).

Comme pour la table allemande, une bonne relation existe entre la hauteur dominante et la production totale pour chaque classe. De ce fait, nous avons construit et reproduit à la figure 72 des courbes hauteur dominante/âge à partir desquelles peut être lue directement la classe de productivité, chiffrée par l'accroissement moyen maximum.

L'éventail des productivités représenté dans la table anglaise est grand (accroissement moyen maximum allant de 4 à 10 m^3, ce qui correspond à des hauteurs dominantes variant de 17 à 35 mètres à 100 ans); la meilleure classe doit correspondre aux meilleures stations des hêtraies normandes tandis que la moins bonne ne doit pas se rencontrer.

Modèle de sylviculture

Le modèle de sylviculture adopté est basé sur le principe : éclaircir au maximum les peuplements, mais sans avoir de perte de production.

INTENSITÉ DES ÉCLAIRCIES. Le modèle adopté admet que l'intensité d'éclaircie « marginale » répondant à l'objectif fixé ci-dessus est telle que le volume enlevé en éclaircie annuellement dans un peuplement plein doit être égal à 70 % de l'accroissement moyen annuel maximum à partir de l'âge fixé pour la première éclaircie (9) et tant que l'accroissement moyen maximum en volume n'est pas atteint; ensuite le volume éclairci diminue.

Exemple : classe 10 − Le volume éclairci est de 35 m^3/ha par période de 5 ans, soit 7 m^3/an ($= 10 \times 70/100$) tant que l'accroissement moyen maximum (10 m^3/ha) n'est pas atteint (voir tables à l'annexe 2-3).

La décroissance du nombre de tiges avec l'accroissement en hauteur, comme pour la table allemande, est plus forte pour les classes de productivité les plus faibles.

NATURE DES ÉCLAIRCIES. Le type d'éclaircie retenu est un type intermédiaire comme pour la table de SCHOBER : l'éclaircie est faite au profit des meilleures tiges qui formeront la récolte finale.

AGE DES INTERVENTIONS. La table donne des rotations de 5 ans à titre indicatif. Les auteurs de la table recommandent, en fait, des périodes

---

(9) L'âge fixé pour la première éclaircie est fonction de la classe de productivité : 26, 29, 32 et 37 ans pour les classes 10, 8, 6 et 4 respectivement.

d'intervention allant de 4 ans pour des peuplements de classe 10, à 10 ans pour des peuplements de classe 4.

Production totale et dimension des produits

Les données de volume de la table sont ici exprimées en mètres cubes de *bois fort tige* (mesures faites sur écorce à la découpe 7 cm de diamètre (10), tige principale seule). Le tableau de correspondance suivant peut être donné pour passer du bois fort tige au bois fort total (on pourra interpoler pour des valeurs intermédiaires) :

B.F. tige (m³)	100	200	400	600	800	1 000	1 200
B.F. total (m³)	100	205	420	645	880	1 120	1 380

Le niveau de production, pour une hauteur dominante donnée, croît (comme pour la table allemande) lorsque la productivité diminue (voir figure 69-B). La production d'un peuplement de classe de productivité donnée est obtenue en lisant, dans la table correspondante, la valeur de la production indiquée pour la hauteur dominante du peuplement (11). On réduira cette valeur de 5 % pour tenir compte de la productivité légèrement plus faible des hêtraies du Nord-Ouest (§ 6.21).

Exemple : un peuplement de hauteur dominante 35 m à 120 ans (classe 10) aura une production totale d'environ 1 100 m³/ha (1 154 × 0,95) soit un accroissement moyen de 9,2 m³/ha/an (voir figure 72 et table à l'annexe 2-3).

6.25. PRODUCTION DU HÊTRE DANS LE NORD DE LA FRANCE

La production du hêtre dans le nord de la France intéresse essentiellement de grands massifs domaniaux où le hêtre croît en futaie régulière et où l'objectif est de fournir des bois de haute qualité destinés au déroulage grâce à une sylviculture intensive favorisant la croissance en diamètre des arbres.

(10) La table anglaise originale fournit également les volumes aux découpes 18 et 24 cm de diamètre.

(11) On interpolera au besoin entre deux valeurs successives de la table.

Les tables de production allemande et anglaise fournissent ainsi dans chaque région de croissance (Nord-Est et Nord-Ouest respectivement) des guides adaptés à la fois pour les prévisions de production à long terme (moyennant les corrections à faire mentionnées aux paragraphes précédents) et pour la sylviculture à appliquer aux peuplements (éclaircies fortes, faites au profit des arbres d'élite qui formeront la récolte finale).

La productivité des peuplements de hêtre dans le nord-est et le nord-ouest atteint des niveaux comparables : l'accroissement moyen annuel maximum dépasse 10 m³/ha/an (bois fort total) pour les meilleures stations dans chaque région (figure 74). Les rythmes de production diffèrent cependant sensiblement et cela est lié aux conditions de croissance différentes du hêtre dans les deux régions : l'accroissement moyen annuel en volume atteint ainsi son maximum beaucoup plus tôt dans le nord-ouest (12) (figure 74) traduisant les conditions plus favorables à la croissance du hêtre dans cette région.

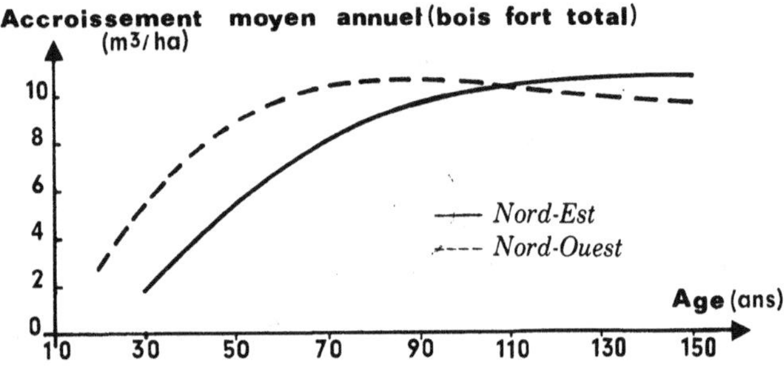

Fig. 74. – *Courbes d'accroissement moyen annuel en volume dans le nord-est et dans le nord-ouest de la France pour des peuplements de la meilleure classe de productivité.*

Les peuplements de hêtre du nord-ouest, à croissance plus rapide, peuvent ainsi être soumis à des éclaircies fortes plus tôt stimulant l'accroissement en diamètre des arbres. L'âge d'exploitation (150 ans dans le nord-est) peut donc se situer plus tôt dans le nord-ouest, l'optimum de production en valeur étant atteint plus vite – la valeur des bois croît en effet avec la dimension (diamètre) des tiges – .

Les hêtraies du nord de la France, de bonne productivité moyenne, et soumises à une sylviculture suivie depuis plusieurs siècles, fournissent un bois d'œuvre important et de bonne qualité. Une sylviculture plus intensive (éclaircies fortes) devrait permettre d'améliorer encore cette production et de réduire éventuellement les révolutions actuellement pratiquées.

(12) L'accroissement moyen maximum des peuplements de hêtre dans le nord-est se situe au-delà de 150 ans (figures 71 et 74).

6.3. MODÈLES DE SYLVICULTURE ET NORMES DE DENSITÉ

par

Helfried OSWALD

Nous avons vu dans le § 6.2 que toutes les tables de production indiquent des nombres de tiges après éclaircie en fonction des âges pour une sylviculture donnée. Ces relations sont alors différentes pour chaque classe de productivité.

Nous les appellerons « normes sylvicoles », « normes de densité » ou « normes » tout court, en reprenant une définition de BOURGENOT (1970) : « Pour obtenir à l'âge de la récolte une centaine de tiges bien conformées à l'hectare en partant d'un million de semis, on est dans l'obligation de suivre une progression plus ou moins rigoureuse, sous peine de perdre l'enjeu de la bataille, c'est-à-dire la qualité finale des produits. Cette progression, nous l'appelons la norme ».

Dans certaines tables de production modernes, notamment pour les résineux, on trouve cependant implicitement ou explicitement une seule et unique relation entre le nombre de tiges après éclaircie et la hauteur dominante. L'utilisation de la hauteur dominante à la place de l'âge a un sens biologique et apporte, notamment dans les peuplements feuillus issus de régénération naturelle, une simplification d'utilisation appréciable.

Ces relations sont donc un moyen objectif et assez simple pour quantifier l'intensité d'une éclaircie et permettent de remplacer les notions souvent subjectives d'éclaircie « forte », « faible » ou « moyenne ». Cette démarche n'est pas nouvelle; BECKING (1953), en reprenant l'idée de HART (1928), propose un facteur d'espacement (S) qui est le rapport exprimé en pour cent de l'espacement moyen (a) des arbres d'un peuplement supposés répartis régulièrement, selon une maille triangulaire équidistante et la hauteur dominante (H_0).

$$S \ (\text{en \%}) = \frac{a \ (\text{en mètres})}{H_0 \ (\text{en mètres})} \cdot 100 \ (13)$$

Des facteurs d'espacement différents selon les espèces et les sylvicultures considérées sont proposés. Ils conduisent dans le cas du hêtre à des éclaircies trop faibles dans les peuplements âgés. D'autres normes de densité toujours en fonction de la hauteur dominante ont été établies et elles sont fréquemment utilisées par les gestionnaires des forêts (ABETZ, 1979; KENK, 1978; PARDÉ, 1978).

(13) Voir définition page 345, § 1.

En ce qui concerne le hêtre, nous avons tenté de préciser, d'abord, pour les besoins de recherches, un certain nombre de normes correspondant à différentes intensités d'éclaircie.

Partant des normes contenues dans plusieurs tables de production et de données provenant de dispositifs expérimentaux d'éclaircies français et étrangers, nous avons établi des « normes expérimentales pour le hêtre », présentées dans la figure 75. Elles correspondent au modèle :

$$N = 10^4 e^{\,\beta_1(H_0 - 2)} \quad (14)$$

Outre les quatre normes d'éclaircie, qui correspondent à quatre modèles sylvicoles différents, nous y faisons figurer la « *densité maxima biologique* » (PARDÉ, 1978) qui tient compte de la seule mortalité naturelle ; elle est établie d'après nos placettes-témoins, dont les plus anciennes sont suivies depuis 1885.

$$N_0 = \alpha_0 \, e^{\,\beta_0 H_0} \quad (15)$$

La norme 1 « Eclaircie faible » : elle a essentiellement comme base une table provisoire de PARDÉ (1962) ; elle correspond également à l'intensité B (= B-Grad) des auteurs allemands, KENNEL (1972), et à une sylviculture suivie dans certaines places d'expérience françaises.

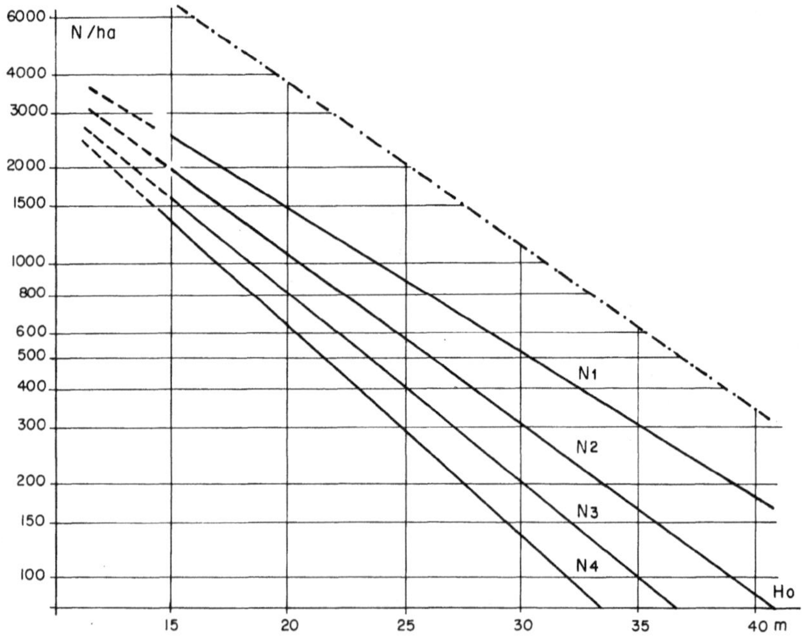

FIG. 75. – *Normes expérimentales provisoires pour les futaies de Hêtre*

(14) Voir page 345, § 2.
(15) Voir page 345, § 3.

La norme 2 « Eclaircie moyenne » : elle a été déduite de la table de production de SCHOBER, 1972 (Eclaircie forte, classe 9 de productivité) (16).

La norme 3 « Eclaircie forte » : elle suit sensiblement la table de production (classe 10) de HAMILTON et CHRISTIE (1971) (16), avec toutefois des densités plus faibles entre 15 et 20 m de hauteur dominante, observées dans certains dispositifs (OSWALD et DIVOUX, 1978).

La norme 4 « Eclaircie très forte » : elle se situe à titre expérimental légèrement *au-delà* des éclaircies assez fortes pratiquées actuellement ; elle implique des éclaircies précoces très fortes entre 15 et 25 m de hauteur dominante. Nos expériences en cours ne nous permettent cependant pas encore de savoir si cette norme ne conduit pas à une diminution de la production totale (PARDÉ, *et al.*, 1979).

Pour pouvoir utiliser ces normes, il est nécessaire de préciser d'abord certaines notions relatives aux modèles de sylviculture.

Le nombre de tiges comprend théoriquement toutes les tiges vivantes d'une hauteur $\geqslant$ 1,30 m. Au moment de la première éclaircie, entre 10 et 15 m de hauteur dominante, les inventaires ne prennent généralement en compte que les tiges d'un diamètre à 1,30 m $\geqslant$ à 6,5 cm (découpe du bois fort). On a pu observer que dans des peuplements issus de régénération naturelle non éclaircis, ou très faiblement éclaircis, et dont la hauteur dominante est voisine de 15 m, le nombre de tiges $\geqslant$ à 6,5 cm de diamètre à 1,30 m est généralement compris entre 2 000 et 3 000 tiges à l'hectare.

Ceci constitue un repère intéressant.

Pour les normes 1 à 4, on ne prendra donc en compte que les arbres dont le diamètre à 1,30 m de hauteur est égal ou supérieur à 6,5 cm, mais en incluant toutes les essences.

D'autre part, il convient de se limiter aux arbres de l'étage dominant et intermédiaire (hauteur totale $\geqslant$ 1/2 de la hauteur dominante, cf. ASS-MANN, 1961), à l'exclusion du sous-étage.

L'étude de l'histogramme de répartition par classes de circonférence ou diamètre permet aisément de distinguer le sous-étage (BARTET et BOL-LIET, 1976) du « peuplement principal ».

Le *type d'éclaircie* définit la manière de choisir les arbres de l'éclaircie. On parle d'éclaircie systématique (un arbre sur n, une ligne sur n, etc.), d'éclaircie sélective, où chaque arbre est choisi individuellement − c'est généralement le cas dans les peuplements feuillus de qualité − , ou d'une combinaison des deux procédés.

La nature de l'éclaircie détermine la ou les classes sociales auxquelles appartiennent les arbres à enlever en éclaircie. On parle généralement

(16) Voir annexe 2 en fin d'ouvrage.

d'éclaircie « par le bas », « par le haut » et « mixte » (= intermédiaire), sans autres précisions.

A intensité égale, la nature de l'éclaircie peut cependant être quantifiée par le rapport K du volume de l'arbre moyen enlevé en éclaircie (v_e) au volume de l'arbre moyen avant éclaircie (v) (DECOURT, 1972).

$$K = \frac{v_e}{v'} = \frac{V_e \times N'}{V' \times N_e} \quad (17)$$

Pour une intensité donnée, une éclaircie est considérée d'autant plus « par le haut » que K est plus grand.

A titre indicatif, on trouve pour la mortalité naturelle des valeurs de K entre 0,2 et 0,3 ; pour des éclaircies « par le bas », la valeur de K ne dépasse que rarement 0,6.

La figure 76 indique l'évolution du rapport K en fonction de la hauteur dominante pour les tables « Nord-Ouest » (classe 10) et « Nord-Est » (classe 9). A titre de comparaison, nous y faisons également figurer une éclaircie très faible et strictement « par le bas ». Cette courbe est extraite d'un modèle de table de production pour les places d'expérience de hêtre de la recherche forestière de Bavière et représente un ajustement de la placette Hain 27/2 (B-Grad) dans le Vorspessart (cf. KENNEL, 1972, Tab. 20, page 167).

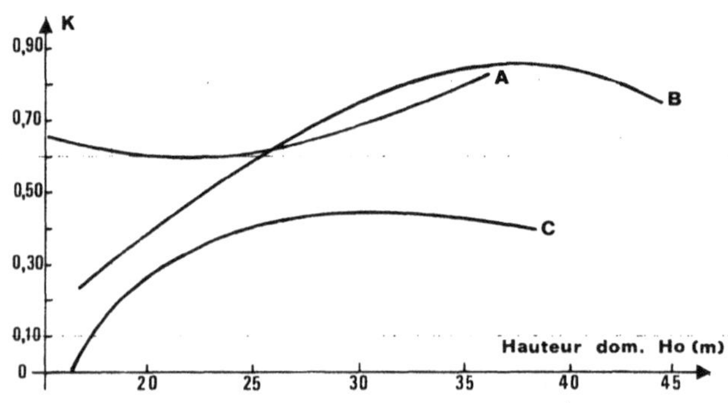

FIG. 76. – *Rapport K (nature de l'éclaircie)*

A :   table « Nord-Ouest », classe 10
B :   table « Nord-Est », classe 9
C :   éclaircie faible par le bas, d'après KENNEL, 1972.

L'éclaircie des deux tables peut être considérée comme « mixte », mais dans la table Nord-Est, on pratique jusqu'à 20 m de hauteur dominante une éclaircie par « le bas », tandis que dans la table Nord-Ouest, on intervient dès la première éclaircie assez fortement dans l'étage dominant.

(17) Voir tableau des définitions à la fin de ce paragraphe, page 345, § 4.

La différence de ces trois modèles de sylviculture apparaît clairement quand on représente la proportion de la production totale enlevée en éclaircie, en fonction de la hauteur dominante (fig. 77). On remarque notamment l'importance des éclaircies dans le premier tiers de la révolution, indiqué par la table Nord-Ouest. Une sylviculture avec choix « d'arbre d'avenir », dont il est question dans le § 5.51, correspondra sensiblement aux modèles de la table Nord-Ouest en ce qui concerne l'intensité et la nature des éclaircies.

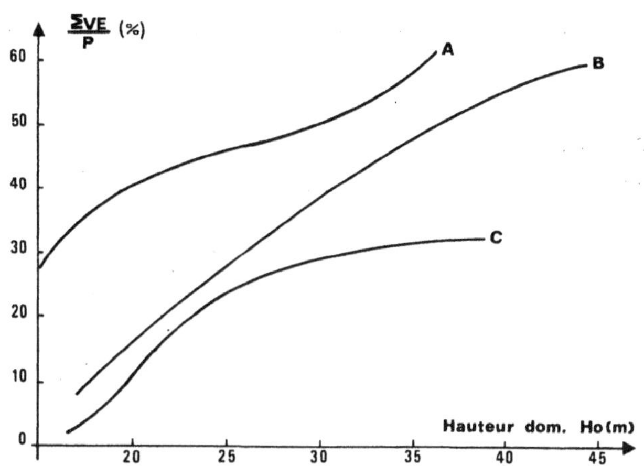

FIG. 77. — *Volumes cumulés enlevés en éclaircie (exprimés en pour cent de la production totale en volume) en fonction de la hauteur dominante*
A :   table « Nord-Ouest », classe 10
B :   table « Nord-Est », classe 9
C :   éclaircie faible par le bas, d'après KENNEL, 1972.

Quelques remarques pour l'utilisation pratique des normes s'imposent : si du point de vue intensité des éclaircies le sylviculteur dispose d'une assez grande « plage de manœuvre » (PARDE, 1979) entre la densité maxima biologique et la norme 4, l'expérience a montré qu'il est extrêmement difficile de changer de cap après la première moitié de la révolution et de passer à une intensité d'éclaircie plus forte sans risque pour la stabilité du peuplement et sans encourir une perte de production, et cela malgré la plasticité assez grande du hêtre.

Il faut également souligner l'importance primordiale des interventions précoces et notamment des nettoiements dont il est question au § 5.512, car la hiérarchie sociale des arbres se fixe très tôt, et le sylviculteur n'est guère en mesure de provoquer un changement positif du rang social des arbres.

Cependant, nous n'avons fait débuter nos normes qu'à partir d'une hauteur dominante de 15 m, car les données sur la structure des jeunes peuplements sont encore insuffisantes.

De même, descendre en dessous d'une densité de 80 tiges à l'hectare en fin de révolution ne peut guère être envisagé. Les Anglais descendent à 73.

D'autre part, ces normes expérimentales présentées ne s'appliquent comme les tables de production, qu'aux peuplements de futaie de hêtre équiennes et assez purs. Malgré leur caractère assez empirique, elles peuvent néanmoins, utilisées à bon escient, rendre service aux sylviculteurs.

Avant de clore ce paragraphe, il convient de mentionner d'autres approches souvent plus explicatives, mais aussi plus complexes (OTTORINI, 1978) de la notion de densité d'un peuplement.

Il faut tout d'abord citer la surface terrière comme critère de densité et notamment les notions de « surface terrière maximale », de « surface terrière moyenne pondérée optimale et critique » d'ASSMANN (1961), qui ont un grand intérêt pratique.

D'autre part, les relations existant entre la surface de la projection horizontale de la cime et le diamètre à 1,30 m d'un arbre ont été depuis fort longtemps étudiées pour en déduire des notions de densité (SEEBACH, 1845 ; EULE, 1959 ; FREIST, 1960 ; BOUCHON, 1970).

Aux Etats-Unis, le « facteur de concurrence des cimes » (C.C.F. = crown competition factor) de KRAJICEK et al. (1961) et, très voisin de lui le « quotient d'espace vital » (T.A.R. = tree area ratio) de CHISMAN et SCHU-MACHER (1940), ont trouvé des applications pratiques très intéressantes, telles les « normes » GINGRICH (1967), qui permettent également une extension aux peuplements mélangés de feuillus.

LE GOFF et OTTORINI (1979) ont récemment utilisé cette même démarche pour établir des normes de densité pour les hêtraies du nord-ouest et nord-est de la France. La connaissance de la surface terrière et du nombre de tiges à l'hectare permet de classer chaque peuplement dans une plage de densités relatives. Des recherches sont poursuivies pour tenter de relier ces densités relatives à la croissance des peuplements de structures et de traitements divers.

TABLEAU DES DÉFINITIONS UTILISÉES
AU PARAGRAPHE 6.3.

1) COEFFICIENT D'ESPACEMENT DE HART-BECKING

$$S\,(\%) = \frac{a}{H_o} \cdot 100 = \frac{10\,746}{H_o\sqrt{N}}$$

a : espacement moyen en mètres $= \dfrac{107,46}{\sqrt{N}}$

H_o : hauteur dominante (H 100) en mètres

N : nombre de tiges à l'hectare.

2) NORMES EXPÉRIMENTALES

$$N = 10^4 e^{\beta_i (H_o - 2)}$$

NORME 1 (N 1) : $\beta_1 = -0,1057303$
        (N 2) : $\beta_2 = -0,1239613$
        (N 3) : $\beta_3 = -0,1395506$
        (N 4) : $\beta_4 = -0,1528722$

N = nombre de tiges à l'hectare après éclaircie dont le diamètre à 1,30 m $\geqslant$ 6,5 cm et la hauteur $\geqslant 1/2$ de H_o.

3) DENSITÉ MAXIMA BIOLOGIQUE

$$N_0 = \alpha_o\, e^{\beta_o H_o};\; H_o \in [15,\,40]$$

N_0 = nombre de tiges vivant à l'hectare dont la hauteur est $\geqslant 1,30$ m

α_o = 42070,0

β_o = $-0,1197288$.

4) RAPPORT K

$$K = \frac{v_e}{v'} = \frac{V_e \times N'}{V' \times N_e}$$

V_e = volume enlevé en éclaircie (m^3)

N_e = nombre de tiges enlevées en éclaircie

v_e = volume moyen de l'éclaircie $= \dfrac{V_e}{N_e}$

N' = nombre de tiges à l'hectare avant éclaircie

V' = volume à l'hectare avant éclaircie

v' = volume moyen avant éclaircie $\dfrac{V'}{N'}$

6.4. LA PRODUCTION DU BOIS DE HÊTRE EN FRANCE

par

Gérard NEPVEU

Nous indiquerons la production du hêtre dans notre pays (tableau 52), sa place par rapport aux autres essences, nous donnerons quelques indications sur les prix de vente du bois brut et de quelques produits intermédiaires. Nous évoquerons en quelques lignes le commerce extérieur du bois de hêtre.

6.41. PLACE DU HÊTRE DANS LA PRODUCTION DE LA BRANCHE EXPLOITATION FORESTIÈRE
(France métropolitaine)

Il est difficile d'obtenir une statistique précise et unique essence par essence de la production forestière; aussi nous signalerons nos différentes sources; des différences importantes peuvent apparaître en fonction des modes d'estimation (voir production totale de bois d'œuvre de hêtre des tableaux 51 et 53).

Rappelons la production française métropolitaine en milliers de m^3 bois ronds pour 1976 (tableau 51) :

TABLEAU 51

Production de bois rond (milliers de m^3) *pour la France métropolitaine en 1976*

	Feuillus	Conifères	Total	%
1) Bois d'œuvre (placages et sciages) .	7 686	9 085	16 771	61
2) Bois d'industrie.	6 099	3 513	9 612	35
— Trituration (pâtes et panneaux)	5 428	2 970		
— Autres bois d'industrie				
bois de mine	121	284		
bois ronds divers	235	51		
poteaux	—	208		
bois pour extraits tannants . . .	315	—		
3) Bois de feu non autoconsommé . . .	?	?	1 079	4
			27 462	100

TABLEAU 52

Répartition de la production de bois de hêtre sur le territoire national
(résultats 1978 portant sur le bois d'œuvre) (18)

	Production (en m³)	% production nationale	Cumul
Lorraine	488 101	24	24
Alsace	211 765	11	35
Haute Normandie	198 179	10	45
Franche-Comté	196 573	10	55
Picardie	150 879	8	63
Champagne-Ardennes	128 511	6	69
Auvergne	94 530	5	74
Rhône-Alpes	89 644	4	78
Midi-Pyrénées	83 602	4	82
Bourgogne	75 710	4	86
Limousin	54 232	3	89
Basse-Normandie	50 048	3	92
Aquitaine	46 118	2	94
Nord - Pas-de-Calais	28 814	1	95
Languedoc-Roussillon	23 468	1	96
Bretagne	22 490	1	97
Pays de la Loire	20 066	1	98
Centre	19 275	1	99
Poitou-Charentes	10 469	1	100
Ile-de-France	7 412	ε	
Provence - Alpes - Côte d'Azur	888	ε	
Corse	200	ε	
Total	2 001 514	100	

6.411. **Place du hêtre dans la production du poste bois d'œuvre**

Nous distinguerons les volumes (en milliers de m³ bois ronds) destinés au placage de ceux qui passent en scierie (19).

Au total, le hêtre fournit 11 % du bois d'œuvre produit en France (24 % du bois d'œuvre « feuillu ») : figure 78 et tableau 53.

(18) *Source :* Résultats statistiques 1978 concernant la production et les stocks en exploitation forestière et scierie. Ministère de l'Agriculture. Service des Forêts, septembre 1979.

(19) *Source :* Résultats statistiques 1976 des branches d'activité exploitation forestière, scierie et carbonisation hors usine fixe. Bureau des Etudes et Statistiques du Service des Forêts.

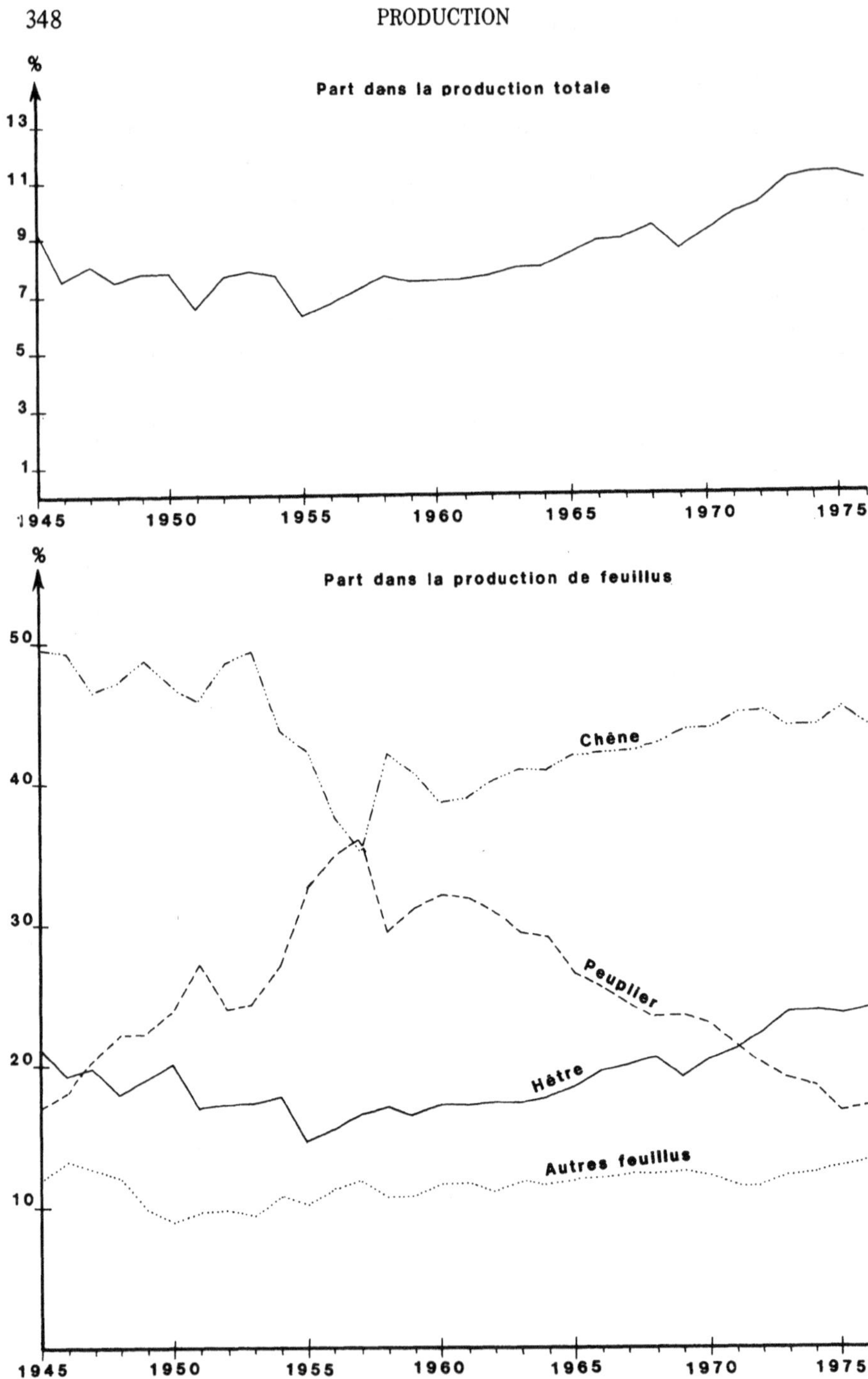

FIG. 78. – *Evolution de la part du hêtre en volume bois rond dans la production de bois d'œuvre.*

Source : Résultats statistiques 1976 des branches d'activité exploitation forestière, scierie et carbonisation hors usine fixe. Bureau des Etudes et Statistiques du Service des Forêts.

TABLEAU 53

Place du hêtre dans la production de bois d'œuvre

volumes en milliers de m^3		dont grumes pour tranchage et déroulage	dont grumes pour sciages
FEUILLUS			
Chêne	3 419	81	3 338
Hêtre	1 873	125	1 748
Noyer (*)	36	(?)	(?)
Frêne, merisier, érable	278	40	238
Peuplier	1 352	421	932
Autres feuillus (*)	728	(?)	(?)
Total feuillus	7 686		
CONIFÈRES	9 085	121	8 964
Total général	16 771		

(*) On ne dispose pas des données ventilées en grumes « sciages » et grumes « placage » pour le noyer et les autres feuillus.

La production de bois d'œuvre de hêtre est destinée pour l'essentiel au sciage (93 % contre 7 % pour le placage). On note que la proportion de « placage » est plus élevée chez le hêtre que chez le chêne (voir tableau 54), plus faible cependant que pour les feuillus précieux, et surtout le peuplier.

On gardera néanmoins à l'esprit les qualités très différentes des placages obtenus pour ces différentes essences.

TABLEAU 54

Proportions du volume bois d'œuvre destiné au sciage et au placage pour différentes essences feuillues

Proportions en %	Sciage	Placage
Hêtre	93	7
Chêne	98	2
Frêne, merisier, érable	86	14
Peuplier	31	69

6.412. **Place du hêtre**
dans la production du poste bois d'industrie

TRITURATION. La trituration accapare 87 % des bois d'industrie (20). En 1977 (21), les usines de pâte à papier ont reçu 10 717 000 stères de bois (69 % du bois de trituration), celles de panneaux 4 785 000 stères (31 %).

Si l'on exclut les délignures et les chutes de bois achetés, le hêtre devait intervenir en 1979 pour 8 % dans le volume de bois destiné à la production de pâte et pour 24 % dans celui dévolu à l'industrie des panneaux (21) (en soulignant dans ce dernier cas que les statistiques ne distinguent pas le hêtre du charme).

Si l'on reprend les mêmes chiffres en ne considérant que les rondins de bois feuillus, qui représentent respectivement 57 et 83 % des besoins pour la pâte à papier et les panneaux, le bois de hêtre intervient pour 14 % dans les pâtes et 29 % dans les panneaux (hêtre + charme dans ce dernier cas).

AUTRES BOIS D'INDUSTRIE. Cette catégorie représente peu de choses en volume par rapport à la trituration. Le hêtre y occupe une place fort réduite d'autant plus que les particularités de son bois conduisent à la proscrire dans certains usages. Ses propriétés mécaniques lui interdisent un usage en bois de soutènement, son taux très faible en tanins le rend inintéressant pour l'extraction.

BOIS DE FEU NON AUTOCONSOMMÉ. Le bois dense du hêtre est apprécié comme bois de feu; cependant, il est impossible, faute de statistique, d'apprécier la part du hêtre dans la masse du bois autoconsommé. Il en va d'ailleurs de même en ce qui concerne le bois de feu commercialisé qui représente 1 079 000 m^3, toutes essences confondues.

(20) *Source :* Résultats statistiques 1976 des branches d'activité exploitation forestière, scierie et carbonisation hors usine fixe. Bureau des Etudes et Statistiques du Service des Forêts.

(21) *Source :* Notes Rapides d'Information Economique, Office National des Forêts, Département Commercial, décembre 1978.

6.42. QUELQUES INDICATIONS SUR LES PRIX

Les figures 79, 80 et 81 montrent l'évolution du prix moyen de vente aux grandes ventes de l'Office National des Forêt en comparant le bois de hêtre à celui de chêne et de l'ensemble des essences (année 1977).

Le prix du bois de hêtre évolue de façon très similaire à celui des autres essences; le prix des gros diamètres (40 et plus) s'avère très voisin du prix pratiqué pour l'ensemble des bois, toutes essences et catégories confondues.

Le prix du bois de chêne distance assez sensiblement celui du bois de hêtre.

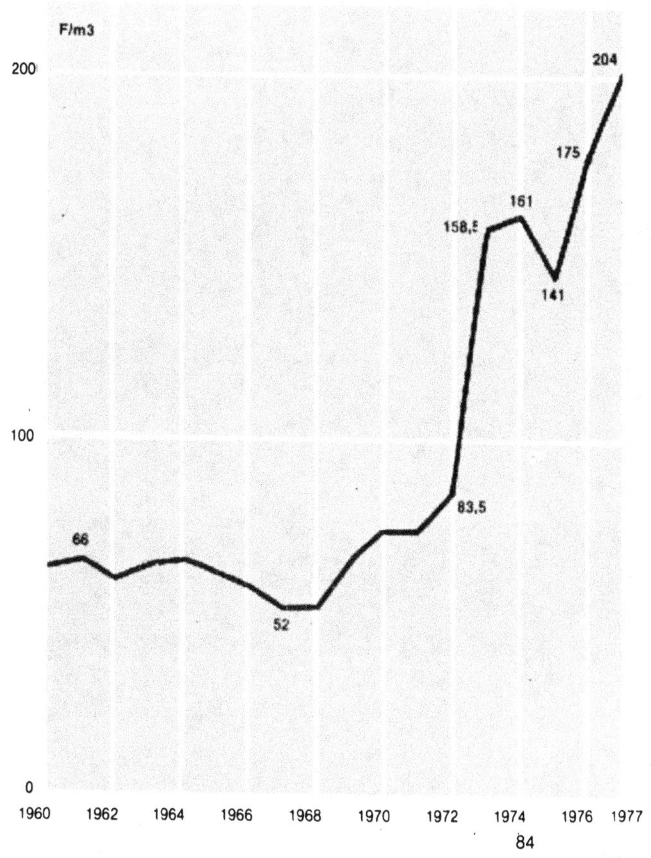

FIG. 79. – *Toutes essences.*

Evolution du prix moyen aux grandes ventes. (Taillis et houppiers exclus. Taxe forfaitaire comprise). (Origine du document : Revue forestière française).

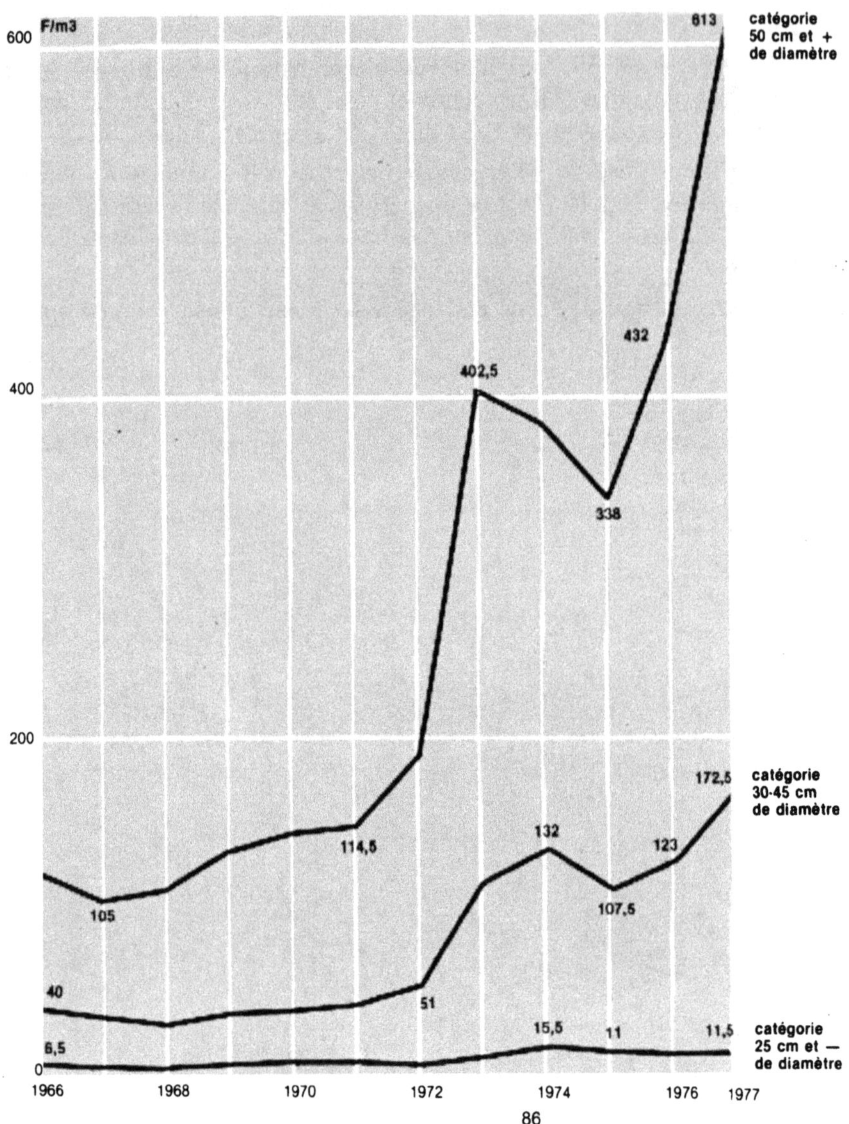

Fig. 80. – *Chêne.*
Evolution du prix moyen aux grandes ventes.
(Taxe forfaitaire comprise). (Origine du document : Revue forestière française).

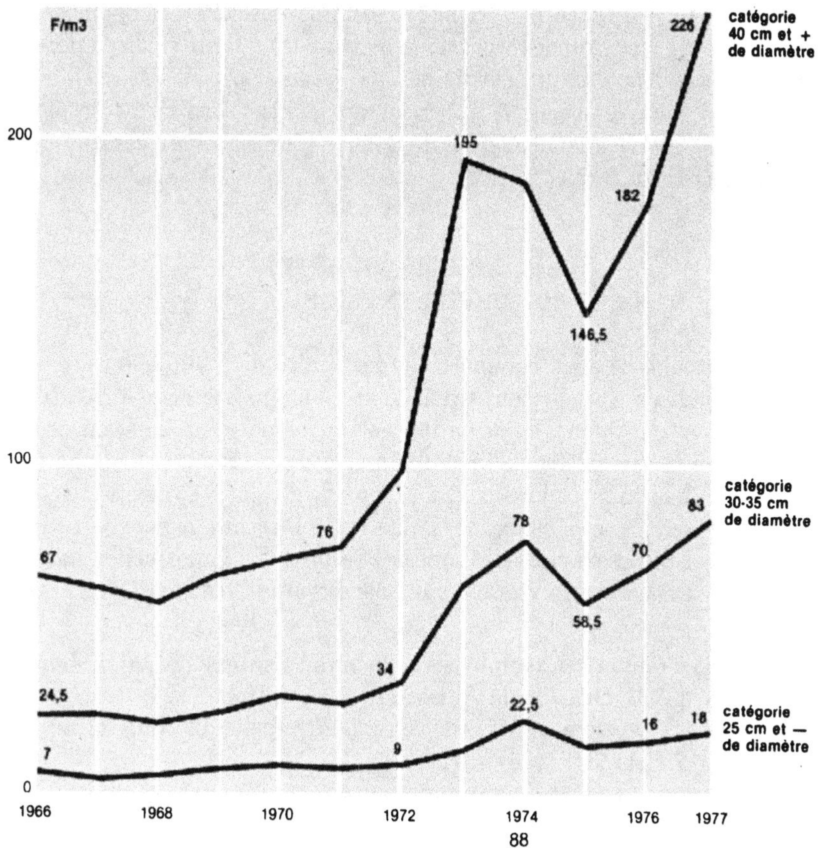

Fig. 81. – *Hêtre.*
Evolution du prix moyen aux grandes ventes.
(Taxe forfaitaire comprise). (Origine du document : Revue forestière française).

En ce qui concerne le bois de trituration, les feuillus bord de route en mélange (dont le hêtre) valaient en moyenne de 71 à 78 F la tonne en 1978 contre 68 à 70 F pour le chêne, 160 à 180 F pour le sapin et l'épicéa, 85 à 105 F pour les pins (22).

Le sciage de hêtre en qualité plots, 27 à 54 mm d'épaisseur, 40 cm de diamètre et plus, en 3 m et plus de longueur atteignait 700 à 960 F le m^3 en janvier 1979 (suivant le choix) contre 2 555 F pour le chêne, 920 F pour le sapin-épicéa (23).

(22) *Source :* Notes Rapides d'Information Economique, Office National des Forêts, Département Commercial, avril 1979.
(23) *Source :* Informations Bois, n° 25, décembre 1978.

Ces prix doivent être considérés comme des indications moyennes susceptibles de très grandes variations suivant les quantités disponibles, la demande locale, la proximité d'usines de déroulage, ... Il est certain par exemple que bien des bois que l'on pourrait utiliser sous forme de placage ne sont pas valorisés comme il se doit faute d'un acheteur capable de les utiliser sous cette forme.

6.43. **LE BOIS DE HÊTRE**
DANS LE COMMERCE EXTÉRIEUR DES BOIS

Devant une balance commerciale déficitaire de 2 300 000 m^3 équivalent bois ronds en sciages (sauf traverse et merrains), le hêtre est excédentaire avec + 276 000 m^3; la situation est la même en ce qui concerne le bois d'œuvre avec un déficit de 898 000 m^3 et un excédent pour le hêtre de 245 000 m^3. Les importations pour ces deux postes (bois d'œuvre et sciages) sont faibles en ce qui concerne le hêtre, en regard des exportations : 315 000 m^3 EBR d'exportation contre 39 000 m^3 d'importation pour les sciages. C'est encore plus vrai pour le bois d'œuvre avec 254 000 m^3 contre 9 000 m^3 (24).

Le bois d'œuvre est surtout exporté vers l'Espagne (23 %), le Bénélux et la R.F.A. (20 % chacun), la Suisse (18 %) et l'Italie (12 %); les sciages partent vers l'Espagne (45 %), la Grande-Bretagne (26 %), le Bénélux (16 %) et la R.F.A. (9 %) (25).

6.5. **FACTEURS DE PRODUCTION**

par

François LE TACON

Le potentiel génétique joue bien entendu un rôle important dans la production du hêtre. En dehors de cela deux autres facteurs jouent un rôle essentiel. Il s'agit des facteurs climatiques et des facteurs édaphiques, qu'il est parfois difficile de séparer, en particulier en altitude.

(24) *Source :* P. GUILLON, S. XIENG : La filière bois française en 1973. Document à distribution limitée du Laboratoire d'Economie Forestière; CNRF Nancy (moyennes des quatre années 1970, 1973, 1974 et 1975).

(25) *Source :* Notes Rapides d'Information Economique, O.N.F., Département commercial, N^{os} mars 1973, mars 1974, avril 1975, mars 1977, avril 1978, avril 1979 (moyennes de 9 années (1970-1978) par les grumes, de 7 années (1970-1971 et 1973-1977) pour les sciages).

6.51. **FACTEURS CLIMATIQUES**

Deux grands types de facteurs climatiques semblent intervenir dans la croissance du hêtre : la continentalité et l'altitude.

Le travail de LE GOFF (1974) (rappelé au § 6.2 ci-dessus) montre que l'allure de la croissance en hauteur du hêtre est très différente suivant les régions. Dans le nord-est de la France (Forêt de Haye), elle est semblable à celle de l'ouest de l'Allemagne. Dans le nord-ouest du Bassin parisien (Eawy, Lyons, Eu.) elle est par contre très différente : initialement la croissance du hêtre est très rapide, puis elle se ralentit beaucoup, semblable en cela à sa croissance dans les îles britanniques.

LE GOFF attribue la rapidité de la croissance initiale du hêtre en climat océanique à la saison de végétation qui est plus longue et à l'humidité atmosphérique qui est plus importante en climat océanique qu'en climat continental. On peut, également attribuer la chute de croissance assez rapide du hêtre en climat océanique à l'effet du vent.

Une autre composante climatique joue un rôle important dans la production du hêtre. Il s'agit de l'altitude. Alors que jusqu'à 800 ou 900 m elle n'a que peu d'influence, à partir de 900 m, dans les Vosges, la hauteur dominante diminue très nettement. Cette diminution s'accélère brutalement vers 1 100 m et à 1 200 m d'altitude. La croissance du hêtre devient alors extrêmement faible, puis le hêtre disparaît totalement et avec lui toute végétation arborescente.

Dans le Massif Central, on observe un phénomène analogue avec disparition du hêtre vers 1 300 m. Dans les Pyrénées, la limite altitudinale du hêtre se situe vers 1 500 m. On notera que dans les Vosges, le Massif Central et les Pyrénées, le hêtre, en altitude, est essentiellement en compétition avec le sapin pectiné. Dans tous les cas il domine le sapin en altitude et constitue seul, en absence de pin à crochet, le dernier étage de la végétation forestière.

Si le climat général joue un rôle primordial dans la délimitation de l'aire naturelle du hêtre, et sur sa productivité à l'intérieur de cette aire, les facteurs microclimatiques ont également un rôle important. L'exemple le plus connu est l'influence favorable de l'exposition nord par rapport aux autres expositions, et particulièrement l'exposition sud. En forêt de Haye, BECKER (1978) a montré qu'à conditions de sol équivalentes il pouvait y avoir près de 8 m d'écart entre la hauteur dominante en versant nord et la hauteur dominante en versant sud (taillis-sous-futaie). Cet effet favorable de l'exposition nord s'explique par l'existence d'un régime hydrique favorable dû à une diminution de rayonnement direct (40 % de l'énergie reçue en position horizontale).

A la limite sud de son aire le hêtre est encore plus sensible à l'exposition. C'est l'exposition qui commande sa survie ou sa disparition. Par exemple, dans le Massif de la Sainte Baume, en Provence, le hêtre n'est présent qu'en exposition nord. Cet aspect est développé au § 3.3.

6.52. FACTEURS ÉDAPHIQUES

Pour l'étude de l'influence du type de station et des caractéristiques du sol sur la croissance du hêtre, nous pouvons nous référer à deux études complémentaires (DAGNELIE, 1956 et BECKER, LE TACON, TIMBAL, 1980). L'étude de DAGNELIE a été effectuée dans les Ardennes belges sur toute la gamme des sols acides, celle de BECKER *et al.* a été effectuée sur les plateaux calcaires du nord-est de la France. Nous avons ainsi le comportement du hêtre sur toute la gamme des sols que l'on peut rencontrer en hêtraie, en plaine et dans des conditions climatiques relativement voisines.

COMPORTEMENT DU HÊTRE EN SOL ACIDE DANS LES ARDENNES BELGES (DAGNELIE, 1956).

Cette étude a été effectuée sur 80 peuplements de futaie situés à une altitude variant de 300 à 545 m. La productivité du hêtre a été étudiée en fonction, d'une part, du type de station, qui synthétise les différentes données du milieu, et, d'autre part, de chaque facteur écologique mesuré (altitude, géologie, caractéristiques du sol). Les résultats obtenus par les types de stations sont les plus intéressants. Il est d'abord nécessaire de donner un tableau des différents types de stations des Ardennes belges, telles qu'elles ont été définies par NOIRFALISE (1956) et qui se rattachent soit au *Luzulo Fagion*, soit, pour les plus acides au *Quercetalia robori petraeae* (cf. § 3.4 et tableau 55).

La correspondance est facile avec les différents, types de hêtraies définis par leurs sols au § 3.2 :

- Hêtraie à Myrtille = hêtraie très acidiphile
  Humus de type mor – Sol podzolique à ocre podzolique

- Hêtraie intermédiaire = hêtraie acidiphile
  Humus de type moder – Sol brun ocreux

- Hêtraie à Luzule blanchâtre
  Humus de type mull acide – Sol brun acide

- Hêtraie à grande Fétuque
  Humus de type mull acide ou mull mésotrophe – Sol brun colluvial ou sols lessivés de plateaux sur limons.

DAGNELIE a synthétisé les résultats obtenus par la figure 81 bis.

Les quatre grands types de hêtraie se distinguent remarquablement par leur productivité estimée par la hauteur dominante à 165 ans.

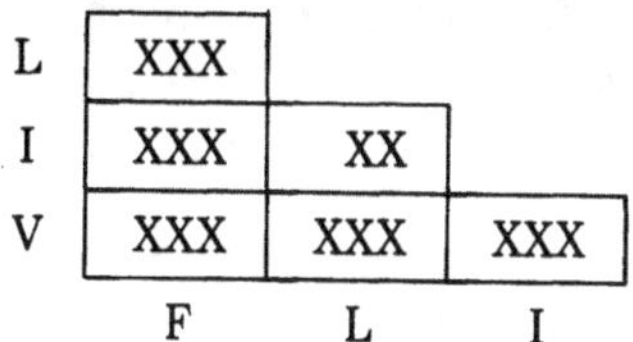

XXX   différences significatives au seuil de 1‰

XX   différences significatives au seuil de 1 %

TABLEAU 55

Différents types de station dans les Ardennes belges
(d'après NOIRFALISE, 1956)

Abréviation des associations	Unités définies par Noirfalise (1956) et utilisées par Dagnelie		Abréviation des variantes
	Associations et sous-associations	Variantes	
F hêtraie à grande Fetuque	*Luzulo-Fagetum festucetosum*	à *Lamium galeobdolon* à *Milium effusum* et *Poa chaixii*	Fr
		à *Milium effusum* et *Poa chaixii*	Ft
		typique	Fs
L hêtraie à Luzule blanchâtre	*Luzulo-Fagetum caricetosum*		Lr
	Luzulo Fagetum Typicum	à *Oxalis acetosella*	Lt
		typique	Ls
I hêtraie intermédiaire	Sans équivalent		Ir
	Luzulo fagetum vaccinietosum	variante hygrophile	It
			Is
V hêtraie à Myrtille	*Quercetum sessiliflorae medioeuropaeum*	typique	Vt
		à *Leucobryum glaucum*	Vg

Les différences sont significatives entre les quatre sous-associations prises deux à deux.

Par contre, les différences entre variantes apparaissent beaucoup moins bien. Dans la hêtraie à grande Fétuque, la variante riche à *Lamium galeobdolon* (Fr) diffère des deux autres (Ft et Fs). Dans la hêtraie à Luzule blanchâtre il n'y a pas de différence entre Lf, Lr et Lt. On peut néanmoins mettre en évidence une variante sèche moins productive. Les variantes de la hêtraie intermédiaire et de la hêtraie à Myrtille ne diffèrent pas entre elles.

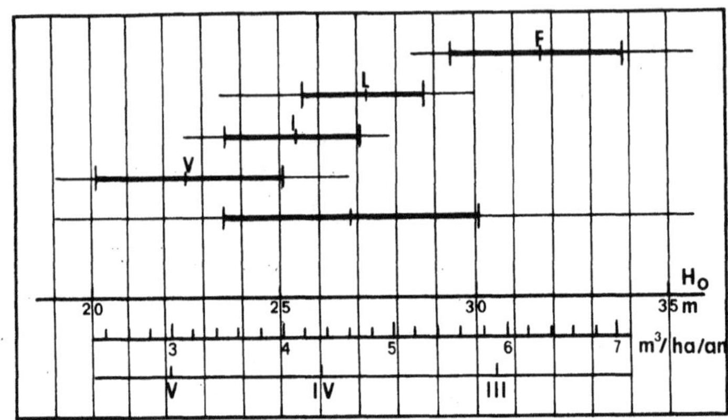

Fig. 81 bis. — *Relation entre le critère de station, l'accroissement annuel moyen et les classes de productivité, pour des hêtraies âgées* (âge moyen : 165 ans) (d'après Dagnelie, 1956)

De cette étude il ressort clairement que deux facteurs écologiques principaux affectent la productivité du hêtre sur substrat acide. Il s'agit d'abord du pH et de la pauvreté chimique qui se traduisent par le type d'humus. La productivité du hêtre est la plus faible sur les sols à mor puis à moder. Elle est maximale sur les sols à mull.

Un autre facteur est tout aussi important, il s'agit du régime hydrique (possibilités d'alimentation en eau et drainage).

Au sein des sols bruns acides Dagnelie a mis en évidence une différence hautement significative entre les peuplements situés sur sols à drainage normal, ceux situés sur sols à dégradation superficielle et ceux situés sur sols à drainage imparfait.

Rappelons que l'hydromorphie affecte considérablement la croissance du hêtre et que l'existence d'une nappe temporaire proche de la surface l'élimine totalement.

LE COMPORTEMENT DU HÊTRE SUR LES PLATEAUX CALCAIRES DU NORD-EST DE LA FRANCE (BECKER, LE TACON, TIMBAL, 1980 — VALDENAIRE, 1979).

Une cinquantaine de placettes temporaires ont été installées en futaie de hêtre, sur toute la gamme des stations existant sur les plateaux calcaires du nord-est de la France.

A 100 ans l'accroissement moyen en m^3 par hectare et par an arrêté à la découpe « bois fort » (7 cm de diamètre) varie entre 3,6 (classe IV de SCHOBER) et 7,6 (classe I de SCHOBER).

Les stations où le hêtre est présent peuvent schématiquement être représentées par 9 types différents.

Hêtraie de plateau (sols décarbonatés)

    7 – hêtraie mésoacidiphile, sol lessivé à fortes réserves hydriques;

    6 – hêtraie mésophile, sol brun lessivé à fortes réserves hydriques;

    5 – hêtraie mésoneutrophile, sol brun eutrophe, réserves en eau utile moyennes;

    4 – hêtraie mésoneutrophile, sol brun calcique, réserves en eau utile moyennes à faibles;

    3 – hêtraie calcicole, sol brun calcique, réserves en eau utile faibles;

Hêtraie de sols carbonatés

    2 – hêtraie calcicole, rendzines brunifiées à faibles réserves en eau utile (rebord de plateau);

    14 – hêtraie calcicole de versant sud;

    10_a-15 – hêtraie calcicole de versant nord-ouest ou est

    9-16-10_b – hêtraie à sols colluviaux, réserves en eau utile très élevées.

La figure 82 donne la hauteur dominante du hêtre à 100 ans, son accroissement moyen à 100 ans en m^3/ha/an, et les 4 classes de productivité de SCHOBER, en fonction de ces types de station. Les stations à sols carbonatés sont représentées à gauche et les stations à sols décarbonatés à droite.

Sur les stations décarbonatées de plateau, la production est directement fonction de la profondeur de décarbonation, et par conséquent des réserves en eau utile du sol. Sur les meilleures stations (6 et 7), les peuplements appartiennent à la classe 1 (7,6 m^3/ha/an à 100 ans).

Sur la station 5, la production se situe entre la classe 1 et la classe 2. Le décrochement est très net lorsque l'on passe à la station 4, puis à la station 3. La productivité se situe alors dans la classe 3 (4,9 m^3/ha/an à 100 ans).

La croissance sur la station 3 est probablement sous-estimée en raison du trop faible échantillonnage.

Les stations carbonatées, qu'elles soient sur pente (exposition N, W et E) ou sur plateau, ne diffèrent pas significativement entre elles. Elles se situent légèrement en dessous de la moyenne de la classe 2. Dans certains cas, pour les sols aux réserves en eau utile les plus faibles, la production descend dans la classe 3.

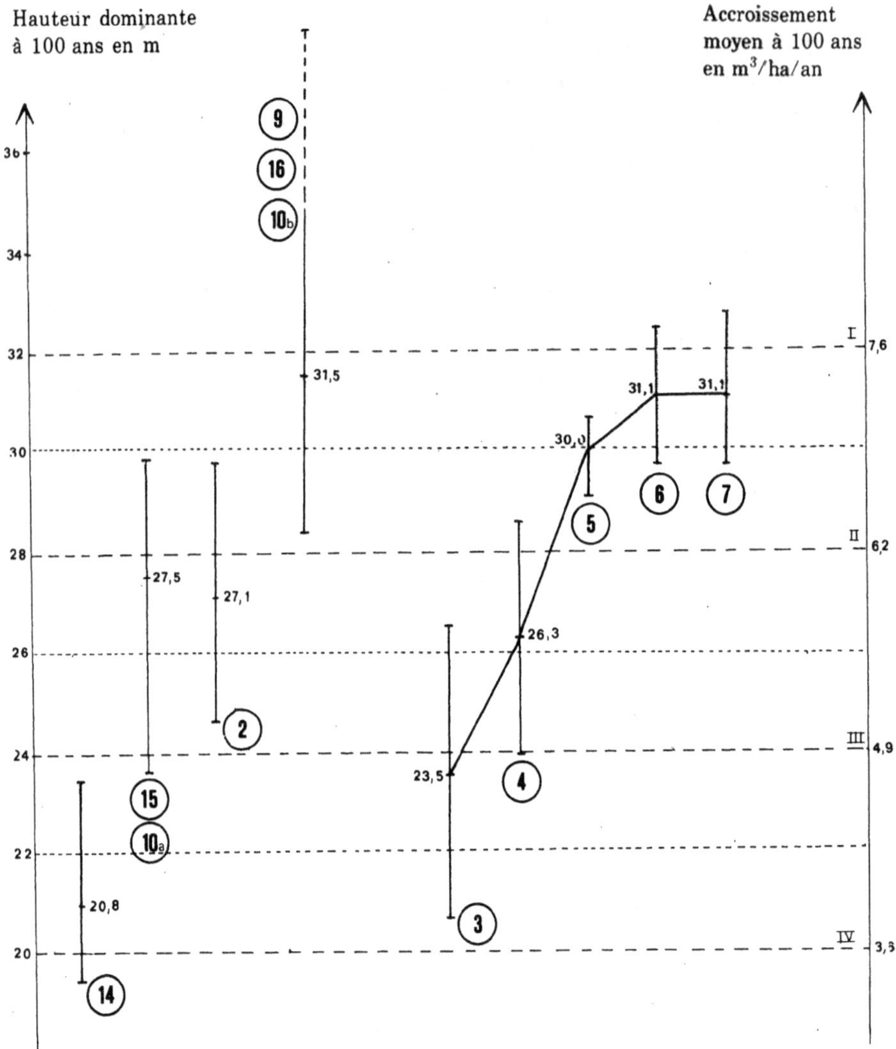

FIG. 82. – *Hauteur dominante et productivité du hêtre dans les différents types stationnels.*

Les numéros cerclés sont ceux des différents types de stations et les chiffres romains
correspondent aux classes de productivité.
(d'après BECKER, LE TACON, TIMBAL, 1980 et VALDENAIRE, 1979)

Par contre, les stations de pente en versant sud diffèrent très nettement des autres expositions (N, W et E). La production s'y situe en
moyenne dans la classe 4 (3,6 m³/ha/an à 100 ans).

Parmi les stations de pente (9 à 16), celles caractérisées par une
bonne alimentation en eau (bas de pente, calcaire marneux) se situent au
niveau et même légèrement au-dessus des meilleures stations de plateau.

Le hêtre est donc indifférent à la présence ou l'absence de calcaire dans le milieu. Par contre, son comportement s'explique essentiellement par les possibilités d'alimentation en eau. Sa production dépend directement du régime hydrique du sol, et elle est la plus élevée sur les stations les plus favorables à ce point de vue (bas de pente, calcaire marneux ou fortement colluvionné, sol lessivé de plateau sur limons et argile de décarbonatation épaisse).

Néanmoins, sur les stations à régime hydrique peu favorable, comme les stations carbonatées de plateau (2) ou les rendzines de pente en exposition autre que sud, il a un comportement tout à fait remarquable avec une production qui oscille entre 5 et 6,5 m³/ha/an à 100 ans.

En versant sud, sa croissance diminue bien sûr fortement (tout en restant voisine de 3,5 m³/ha/an à 100 ans), et sur les sols humo-calcaires que nous n'avons pu échantillonner en l'absence de futaie il est la limite de la survie.

BIBLIOGRAPHIE

ABETZ P., 1979. Brauchen wir « Durchforstungshilfen » ? *J. for. suisse,* **130** (11), 945-963.

ASSMANN E., 1961. Waldertragskunde. München : BLV. – 490 p.

BADOUX E., 1967. Tables de production pour le hêtre en Suisse. Birmensdorf : Inst. féd. Rech. for. – 41 p.

BARTET J.H., MARTINOT-LAGARDE P., 1975. Les tables de production britanniques. Fontainebleau : O.N.F. – Section technique. (Doc. 75-2).

BARTET J.H., BOLLIET R., 1976. Méthode utilisée pour la construction de tables de production à sylviculture variable. – Paris : O.N.F. · Section technique. – 90 p. (Doc. 76-9).

BECKER M., 1969. Le Hêtre (*Fagus silvatica* L.) et ses problèmes en forêt de Villers-Cotterêts (Aisne). Contribution à la mise au point d'une méthode dynamique d'étude écologique du milieu forestier. *Ann. Sci. for.,* **26** (2), 141-182.

BECKER M., 1971. Etude des relations sol-végétation, en conditions d'hydromorphie, dans une forêt de la plaine lorraine. Thèse doct. Etat : Sci. nat. : Nancy, Université de Nancy I. – 225 p.

BECKER M., LE TACON F., TIMBAL J., 1980. Les plateaux calcaires de Lorraine. Types de stations et potentialités forestières. Nancy : ENGREF. – 216-LII p. + annexes.

BECKER M., 1978. Définition des stations en forêt de Haye. Potentialités du Hêtre et du Chêne. *Rev. for. fr.,* **30** (4), 251-269.

BECKING J.H., 1953. Einige Gesichtspunkte für die Durchführung von vergleichenden Durchforstungsversuchen in gleichälterigen Beständen. In : IUFRO Congress. 11. 1953. Rome, 580-582.

BOUCHON J., 1970. Normes provisoires pour le chêne de qualité du secteur ligérien. Champenoux : INRA - Station de sylviculture et de production. − 13 p. (Doc. 70/1).

BOUCHON J., 1974. Les tarifs de cubage. Nancy : INRA ; ENGREF. − 140 p.

BOUDRU M., 1946. Les zones climatiques en Belgique. *Bull. Soc. Cent. For. Belg.,* **44** (1), 67-72.

BOURGENOT L., 1970. Le traitement des futaies feuillues productrices de bois d'œuvre de qualité. *Rev. for. fr.,* **22** (1), 25-33.

BRADLEY R.T., CHRISTIE J.M., JOHNSTON D.R., 1966. Forest management tables. Forestry Commission's Booklet, 16.

BROWN J.M.B., 1953. Studies on British beechwoods. *For. Comm. Bull.,* **20**, 100 p.

CHISMAN H.H., SCHUMACHER F.X., 1940. On the tree-area ratio and certain of its applications. *J. For.,* **38**, 311-317.

CHRISTIE J.M., LINES R., 1975. Comparison of forest productivity in Britain and Europe in relation to climatic factors. Wrecclesham : Forestry Commission of Great Britain. − 34 p.

DAGNELIE P., 1956-1957. Recherches sur la productivité des hêtraies d'Ardenne en relation avec les types phytosociologiques et les facteurs écologiques. *Bull. Inst. agron. Stn. Rech. Gembloux,* **24** (3), 249-284; (4), 369-410; **25** (1), 44-94.

DECOURT N., 1964. Les tables de production, leurs limites et leur utilité. *Rev. for. fr.,* **16** (8-9), 640-657.

DECOURT N., 1972. Méthode utilisée pour la construction de tables de production provisoires en France. *Ann. Sci. for.,* **29** (1), 35-48.

DECOURT N., 1973. Tables de production pour les forêts françaises. Nancy : ENGREF. − 49f.

EULE H.W., 1959. Verfahren zur Baumkronenmessung und Beziehungen zwischen Kronengrösse, Stammstärke und Zuwachs der Rotbuche dargestellt an einer nordwestdeutschen Durchforstungsversuchsreihe. *Allg. Forst. Jagdztg,* **130** (7), 185-201.

FREIST H., 1962. Untersuchungen über den Lichtungszuwachs der Rotbuche und seine Anwendung im Forstbetrieb. [Dissertation Univ. München 1961]. *Forstwiss. Forschungen,* **17**, 78 p.

GALOUX A., 1954. Phytosociologie et applications sylvicoles. *In :* Congrès Int. Bot. 8. Paris. Comm. avant congrès, Section 13, 31-14.

GINGRICH S.F., 1967. Measuring and evaluating stocking and stand density in upland hardwood forests in the central states. *For. Sci.,* **13** (1), 38-53.

HAMILTON G.J., CHRISTIE J.M., 1971. Forest management tables (metric). *For. Comm. Booklet,* 34, 201 p.

HAMILTON G.J., 1975. Forest mensuration handbook. *For. Comm. Booklet,* 39, 275 p.

HART H.M.J., 1928. Stamtal en Dunning. Thèse, Pays-Bas.

KENK G., 1978. Verjüngung und Pflege von Werteichenbeständen in Baden-Württemberg. Symposium IUFRO sur la régénération et le traitement des forêts feuillues de qualité en zone tempérée, Champenoux : INRA, 11-15 sept. 1978, 231-250.

KENNEL R., 1969. Formzahl- und Volumentafeln für Buche und Fichte. München : Forstl. Forschungsanst.-Inst. Ertragskunde. 55 p.

KENNEL R., 1972. Die Buchendurchforstungstungsversuche in Bayern von 1870 bis 1970; mit dem Modell einer Strukturertragstafel. *Forschungsber. Forst. Forschungsanst.,* 7, 264 p.

KRAJICEK J.E., BRINKMAN K.A., GINGRICH S.F., 1961. Crown competition, a measure of density. *For. Sci.,* 7 (1), 35-42.

LE GOFF N., 1974. La croissance du hêtre en France. Utilisation possible de tables de production étrangères pour suivre l'évolution des peuplements. – Champenoux : INRA - Station de sylviculture et de production. – 45 p. (Doc. int. 74/3).

LE GOFF N., OTTORINI J.M., 1979. Normes de densité pour les hêtraies du Nord-Est et du Nord-Ouest de la France. *Ann. Sci. for.,* 36 (4), 281-298.

NOIRFALISE A., 1956. La hêtraie ardennaise. *Bull. Inst. agron. Stn. Rech. Gembloux,* 24 (2), 208-239.

OFFICE NATIONAL DES FORÊTS, 1971. Tables de production étrangères pour le hêtre (tables anglaises, allemandes, danoises, comparaison des trois tables). Fontainebleau : O.N.F. – 4 fasc.

OSWALD H., DIVOUX A., 1978. Dispositif expérimental d'éclaircie du Hêtre « Camp Cusson » en forêt domaniale d'Eawy (Seine-Maritime). Champenoux : INRA - Station de sylviculture et de production. – 9 p.

OTTORINI J.M., 1975. En marge du calcul des tables de production pour le Pin noir dans le Sud-Est de la France. Champenoux : INRA - Station de sylviculture et de production. – 8 p. (Doc. int.).

OTTORINI J.M., 1978. Aspects de la notion de densité et croissance des arbres en peuplement. *Ann. Sci. for.,* 35 (4), 299-320.

PARDE J., 1961. Dendrométrie. Nancy : ENGREF. – 350 p.

PARDE J., 1962. Sylviculture et production du Hêtre en Forêt de Haye (54) et en Forêt de Retz (02). *Notes techniques forestières,* 15, 11 p.

PARDE J., 1978. Normes de sylviculture pour les forêts de chêne rouvre. *Rev. for. fr.,* 30 (1), 11-17.

PARDE J., 1979. Entwicklung, Stand und Zukunft der Forschungen über die Durchforstung in Frankreich. *Forstwiss. Centralbl.,* 98 (2), 110-119.

PARDE J., OSWALD H., TISSERAND A., 1979. Le « Carré latin » de Souilly; dispositif expérimental d'éclaircie du Hêtre. – Champenoux : INRA - Station de sylviculture et de production. – 11 p. (Doc. n° 79/02).

PICARD J.F., 1970. Les forêts sur rhétien dans le département des Vosges. Nouvelle contribution à la mise au point d'une méthode dynamique d'étude phyto-écologique du milieu forestier. Thèse doct. 3ᵉ cycle : Sci. : Nancy. – 74 p.

REGINSTER P., 1955. La productivité stationnelle des hêtraies d'Ardenne. *Bull. Soc. R. for. Belg.*, **62,** 1-8.

SEEBACH C. von, 1845. Der modifizierte Buchen-Hochwalds-Betrieb. *Krit. Bl. Forst-Jagdwiss.* (Leipzig), **21** , 147-185.

SCHOBER R., 1972. Die Rotbuche 1971. Frankfurt : J.P. Sauerländer's Verlag. – 333 p.

THILL A., GRAYET J.P., 1978. Etude dendrométrique du hêtre commun. Gembloux : Centre d'écologie forestière et rurale. – 80 p. (Note technique n° 32).

VALDENAIRE J.M., 1979. Contribution à l'étude des relations sol-végétation dans les hêtraies du Nord-Est de la France. Champenoux : INRA - Station de recherches sur les sols forestiers et la fertilisation; Laboratoire de phytoécologie forestière. – 155 p.

WATERS W.T., CHRISTIE J.M., 1958. Provisional yield tables for oak and beech in Great Britain. *For. Comm. For. Rec.,* **36,** 32 p.

CHAPITRE 7

LE BOIS DE HÊTRE

Déroulage du Hêtre

7. – LE BOIS DE HETRE

La rédaction de ce chapitre a fait l'objet d'une abondante recherche bibliographique. Afin d'alléger la lecture, il a été décidé de numéroter dans le texte les références que l'on trouvera en fin de chapitre.

Le lecteur remarquera que certaines citations sont relatives à Fagus moesiaca *ou* Fagus orientalis; *elles figurent dans ce chapitre, car elles peuvent donner des indications utiles concernant* Fagus silvatica.

7.1. STRUCTURE

par

René KELLER

7.11. DESCRIPTION GÉNÉRALE (figure 83)

Le bois de hêtre est homogène, c'est-à-dire qu'il ne présente pas de zone de bois initial poreuse. Le bois de printemps, plus riches en vaisseaux, est assez semblable au bois d'été, si ce n'est pour ce dernier, en fin de cerne une zone plus foncée (ceci empêche toute mesure de la texture à l'œil). Les rayons ligneux se présentent sous deux formes : les uns, étroits, visibles seulement à la loupe, les autres, larges, identifiables macroscopiquement; ces derniers constituent, en section tangentielle, un élément de reconnaissance précieux de ce bois.

Son plan ligneux est constitué de quatre types de cellules [14, 79, 212].

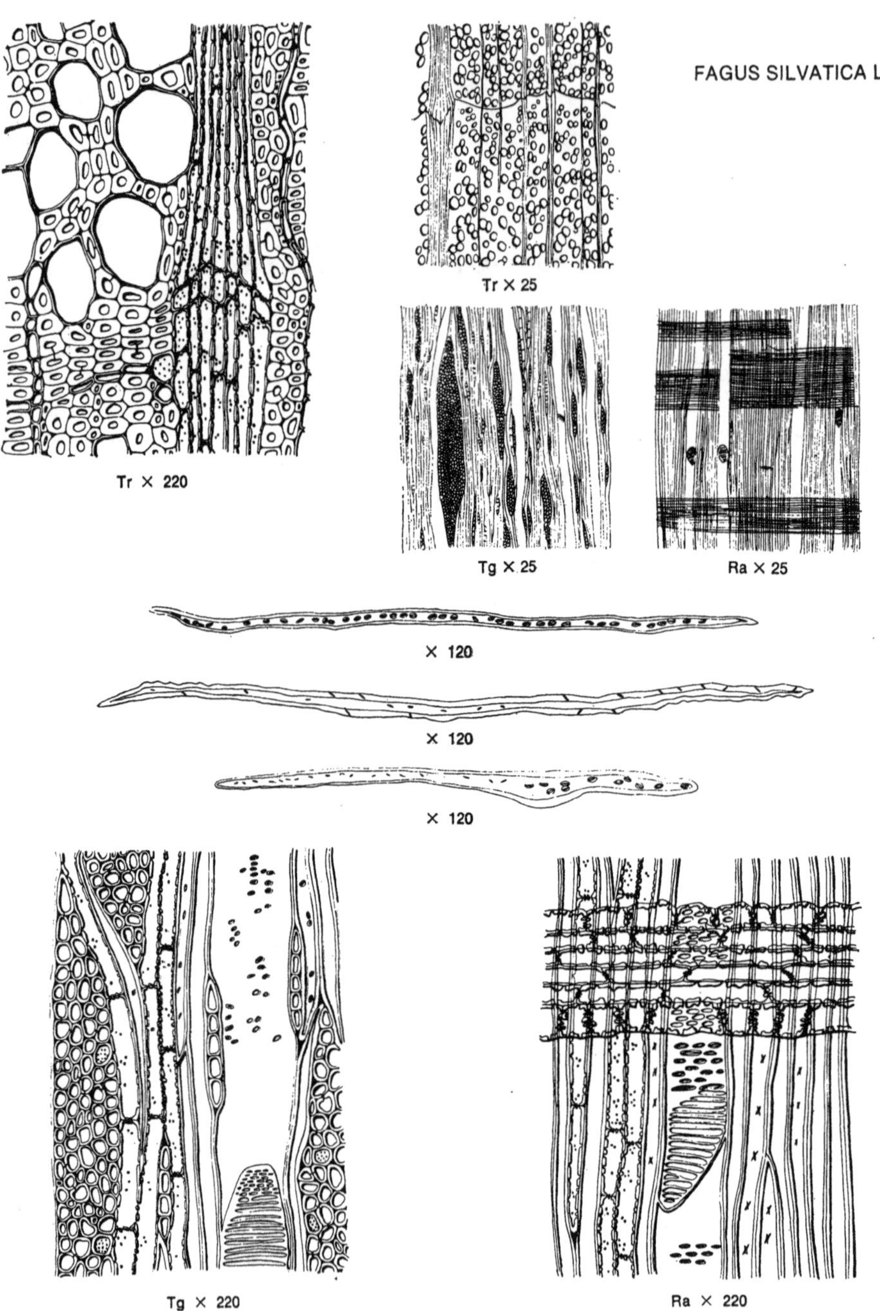

FIG. 83. — *Elément anatomiques du bois de Hêtre.*

Tr : coupe transversale ; Tg : coupe tangentielle ; Ra : coupe radiale

(Extrait de l'Atlas d'Anatomie des Bois des Angiospermes. Tome 1. JACQUIOT ; pages 112 et 113).

7.111. **Eléments longitudinaux**

LES VAISSEAUX : de diamètre assez faible en moyenne (0,05 mm), aux parois minces, répartis de façon diffuse, parfois plus concentrés dans le bois initial que dans le bois final, et nombreux (jusqu'à 200 et plus de vaisseaux, ou pores, au mm^2 en section transversale). Ils ne sont ni alignés, ni groupés de façon bien nette.

LES FIBRES : de deux types : fibres libriformes et fibres-trachéides, avec possibilité de trouver des types intermédiaires. Le type « fibre libriforme » prédomine largement ; ces fibres sont à parois très épaisses, leur longueur moyenne est de l'ordre de 1 mm. Leur abondance varie en raison inverse de celle des vaisseaux. Une zone de fibres aplaties radialement souligne souvent le bord extérieur du bois final. Le type « fibre-trachéide » est constitué de cellules un peu plus courtes et aux parois plus fines [94].

FAGACÉES

HETRE - FAYARD
BEECH
BUCH - ROTBUCHE

FAGUS SILVATICA L.

Plan ligneux :
Bois homogène, à pores diffus, isolés ou accolés par 2 à 6, très nombreux : 50 à 100 par mm^2, leur nombre décroissant régulièrement du bois initial au bois final.
Rayons de largeurs différentes, nombreux, les plus épais élargis à la limite des cernes.
Parenchyme abondant, juxtavasculaire ou apotrachéal dispersé.
Limite des cernes visible, relevée au niveau des rayons.

Vaisseaux :
Section elliptique ou polygonale. Diamètre assez fin : 50 à 75 μ.
Perforations uniques ou scalariformes pouvant atteindre 20 barreaux.
Parois minces.
Ponctuations intervasculaires aréolées en rangées horizontales ou parfois scalariformes.
Ponctuations rayon-vaisseau grandes, elliptiques, à grand axe horizontal, en rangées parallèles, nombreuses.

Rayons :
Largeur de 1 à 25 cellules. Hauteur pouvant atteindre 4 mm.
Homogènes.
Parois très épaisses à ponctuations nombreuses.

Fibres libriformes :
Parois épaisses. Longueur : 1.500 μ environ.
Ponctuations fines.

Fibres trachéides :
Peu nombreuses. Parois épaisses.
Ponctuations assez nombreuses.
On rencontre les formes intermédiaires entre fibres libriformes et fibres trachéides.

Parenchyme :
Parois épaisses.
Ponctuations fines groupées en plages.

LE PARENCHYME LONGITUDINAL est formé de cellules à parois plutôt épaisses, organisées en files disséminées parmi les fibres et les vaisseaux.

7.112. Eléments transversaux et radiaux

LES RAYONS LIGNEUX constitués de files de cellules de parenchyme, aux parois épaisses, associées en faisceaux à peu près rectilignes et radiaux. La largeur de ces faisceaux peut aller de 1 à 25 cellules dans le sens tangentiel, soit de moins de 0,05 mm à 0,40 mm (les rayons de taille égale ou supérieure à 0,1 mm sont visibles à l'œil nu); leur hauteur peut aller de quelques centièmes de millimètres à plusieurs millimètres.

Les gros rayons ligneux s'élargissent sensiblement à chaque limite de cernes, sans que ne change le nombre de cellules les constituant [190].

En section radiale, les rayons ligneux forment des « mailles » bien apparentes; en section tangentielle, ils ont l'aspect de taches lenticulaires bien visibles.

Normalement, le duramen du hêtre n'a pas un aspect différent de l'aubier et la couleur est uniforme, mais varie, selon les provenances, du blanc-crème au blanc-rougeâtre.

Parfois, un duramen anormal (« cœur rouge ») peut se développer, surtout chez les arbres âgés; il est alors coloré en rouge foncé et prend des formes étoilées ou en feston.

7.12. OBSERVATIONS SUR LA VARIABILITÉ DU BOIS DE HÊTRE

Les quelques chiffres qui viennent d'être donnés ne sont que des ordres de grandeur.

Les propriétés du bois de hêtre, comme celles de la plupart des essences forestières, sont en fait extrêmement variables.

Les facteurs capables d'influer sur la qualité du bois en formation, que ce soit sur la nature, la proportion, la constitution chimique, ... des cellules sont fort nombreux et d'origines naturelle (le milieu, l'âge, la concurrence, l'hérédité) et artificielle (les traitements sylvicoles). Aussi n'est-il pas étonnant de trouver dans la littérature une quantité de chiffres très divers selon les auteurs; ces chiffres ont été obtenus à partir de nombreuses observations, dont chacune est souvent bien particulière. Il est donc souvent illusoire d'essayer d'en tirer des renseignements définitifs; il vaut mieux les noter en tenant compte des conditions exactes de leur obtention (nombre d'échantillons examinés, âge des arbres, situation dans le peuplement, place dans l'arbre, bois normal ou de réaction, bois initial, intermédiaire ou final, etc...), ce qui permet parfois de trouver quelques résultats concordants chez les divers auteurs, parmi une foule de renseignements souvent contradictoires ! Voici quelques variations et tendances souvent observées :

7.121. **Vaisseaux**

Le nombre de vaisseaux au mm^2 est plus important chez les jeunes plants de quelques années que chez les arbres adultes, mais le pourcentage de surface transversale occupée par les vaisseaux est plus élevé chez les adultes car le diamètre des vaisseaux y est plus grand. Il peut exister une corrélation positive entre largeur de cerne et diamètre des vaisseaux [44, 96].

Le pourcentage de vaisseaux (tableau 56) est maximum au début du bois initial et minimum à la fin du bois final.

Aucune tendance générale ne semble avoir été prouvée quant à l'évolution des dimensions des éléments de vaisseaux en fonction de leur place dans le tronc (éloignement par rapport à la base de l'arbre par exemple) (tableau 57).

7.122. **Fibres libriformes**

Les renseignements relatifs à la longueur des fibres en fonction de l'orientement sont souvent contradictoires [96, 189] (tableau 58).

La longueur des fibres augmente entre l'état jeune et l'état adulte; l'évolution est surtout sensible durant les 30 premières années [96].

Il en est de même pour leur diamètre et l'épaisseur de leurs parois.

Le pourcentage de fibres (tableau 56) augmente lorsque s'avance la saison de végétation et est maximum à la fin de l'accroissement annuel [117, 201].

7. 123. **Fibres trachéides**

La proportion de ces éléments augmenterait du bois initial au bois final [177]; leur diamètre tangentiel semble augmenter régulièrement avec l'âge [43].

TABLEAU 56

Pourcentage des différents éléments anatomiques, en volume,
dans le bois de hêtre

Vaisseaux	Fibres	Parenchyme	Rayons ligneux	Source
15 31 65	34 54	5	22 27 30	KOLLMANN [94]
22 31 38	35 37 44	4 5 6	23 27 30	HÜBER ET PRÜTZ [73]
35	46	2	17	KNIGGE ET SCHULZ [92]
13,1	48,3 dont 3,0 fibres trachéides	13,2	25,3	KOLTZENBURG [96] Plants de 3 ans
22,9	47,3 dont 1,3 fibres trachéides	8,1	21,9	Plants de 5 à 8 ans
26,6	49,5 dont 1,6 fibres trachéides	4,9	19,1	Arbres de 25 à 28 ans, à 0,30 m du sol
26,1	53,7 dont 0,8 fibres trachéides	4,0	16,2	Arbres de 50 à 70 ans, à 0,80 m du sol

Les grands chiffres, au centre des cases, sont les moyennes; les petits chiffres donnent les limites inférieures et supérieures observées.

7.124. **Parenchyme longitudinal**

Il est plus abondant chez les jeunes plants que chez les adultes [96].

Des variations locales de proportion de parenchyme dans le cerne annuel pourraient être en corrélation négative avec des variations de la proportion de vaisseaux et le pourcentage de parenchyme augmenterait du bois initial au bois final [15, 16, 177] (tableau 56).

7.125. **Rayons ligneux**

Les jeunes hêtres ont une plus forte proportion de rayons ligneux que les adultes; ceci est net surtout pendant les dix premières années.

TABLEAU 57

Dimensions des vaisseaux du bois de hêtre.

Longueur μm	Diamètre μm	Nombre par mm^2	Diamètre du lumen μm	Pourcentage %	Surface moyenne μm^2	Source
490 à 630		286 220 122 à 159 92 à 186				ERAK [43] Plants de 5 ans sur calcaire « sur silice à 15 ans sur calcaire à 15 ans sur silice
300 à 700		80 à 130 90 à 120	28 à 100 5 à 15			KOLLMANN [94] Bois initial Bois final
	34,2 59,6	169 117		13,1 26,1		KOLTZENBURG [96] Plants de 3 ans Arbres de 50 à 70 ans à 0,80 m du sol
		110 à 170		15 à 26	1 300 à 1 400	LAURENT [108]
370 à 450	61 à 80	90 à 190		31 à 73		LECLERCQ [109]
		130 à 220		29 à 35	1 600 à 2 300	TRENARD [199]

TABLEAU 58

Dimensions des fibres du bois de hêtre.

Longueur μm	Diamètre μm	Epaisseur de la paroi μm	Diamètre du lumen μm	Pourcentage %	Source
528 à 1 466	12 à 17 40 à 63	3 à 6 2 à 7			ERAK [43] Fibres libriformes Fibres trachéides
670 1 000	11,4 14,2	3,2 4,2	5,0 5,7	45,3 52,9	KOLTZENBURG [96] Plants de 3 ans Fibres libriformes Arbres de 50 à 70 ans, à 0,80 m du sol, fibres libriformes
870 à 1 240	24 à 28	6,2 à 8,7			LECLERCQ [109]

Le pourcentage de rayons peut varier de cerne à cerne, et celui des gros rayons plus que celui des petits, sans toutefois que ces variations soient importantes [112] (tableau 56).

Les dimensions des gros rayons ligneux, leur forme et leur densité à l'unité de volume de bois peuvent varier notablement d'un arbre à un autre [84].

Dès la fin du XIXe siècle, il a été mis en évidence que la longueur des éléments des vaisseaux, des fibres libriformes et de fibres-trachéides doublait presque entre 0 et 120 ans, l'augmentation de longueur étant d'ailleurs beaucoup plus rapide avant 60 ans [69].

Ces observations ont montré également que les diamètres de ces trois types d'éléments augmentaient jusqu'à cet âge. Elles furent confirmées par la suite [4, 36, 96, 172].

7.126. Bois de branche

Le plan ligneux des branches est analogue à celui du tronc.

La longueur des fibres et l'épaisseur de leurs parois sont très voisines dans les branches et le tronc [176].

Dans les branches, d'autant plus que la zone considérée est loin du tronc, la densité du bois diminuerait ainsi que la proportion des fibres; mais l'épaisseur des parois des fibres aurait tendance à augmenter faiblement [62].

La comparaison du bois de branche et de tronc formé dans les mêmes années, indique que le pourcentage de parois cellulaires ainsi que celui du parenchyme sont légèrement plus grands dans les branches que dans le tronc [167].

7.13. ANOMALIES DU PLAN LIGNEUX

7.131. Cœur rouge

Les vaisseaux, non obstrués dans le bois normal duraminisé, sont bouchés par des thylles lorsque se forme un duramen coloré anormal, le « cœur rouge » [voir ses causes possibles au paragraphe 9.62, p. 506].

7.132. **Bois de réaction**

Les parois des fibres libriformes formées dans des zones de bois de réaction [bois de « tension »] sont anormalement riches en cellulose. Les fibres ainsi affectées sont dites « gélatineuses ».

Les produits de l'hydrolyse acide du bois de tension du hêtre diffèrent de ceux du bois normal par le rapport xylose/glucose, la quantité de mannose, mais surtout par la proportion de galactose; les deux premiers paramètres diminuent alors que le dernier augmente lorsque la proportion de bois de tension dans l'échantillon s'accroît. Ceci permet d'ailleurs de déterminer la quantité de bois de tension chez le hêtre par une méthode analytique chimique [165].

Dans le bois de tension, les vaisseaux sont moins nombreux et, au contraire, le parenchyme plus abondant [217].

On rencontre le bois de tension à la face supérieure des branches et des troncs inclinés. Il joue un rôle important dans l'équilibre mécanique, dans la détermination et le maintien de la forme des essences feuillues. Il est très souvent associé à de fortes « contraintes de croissance » chez le hêtre. Les cernes du bois de réaction sont généralement plus larges que ceux du bois normal.

7.133. **Parenchyme longitudinal**

Il peut se développer préférentiellement dans des zones blessées, lorsqu'il se forme un bois de cicatrisation [60].

7.134. **Rayons ligneux**

Ils présentent parfois un développement tangentiel excessif au point de provoquer des discontinuités dans les éléments cellulaires normalement présents entre ces rayons [60]. Cette observation est à rapprocher de la description de rayons anormaux très larges, nommés « tissu de dilatation », qui apparaissent comme des mouchetures brunes dépréciant la qualité du bois [168].

7.135. **Bois de tumeur**

Le bois de tumeur de hêtre peut atteindre des dimensions considérables. Tous les éléments anatomiques fondamentaux s'y retrouvent, mais avec des dimensions et des proportions très différentes par rapport au bois normal : beaucoup moins de vaisseaux en nombre et en surface [d'où une infradensité plus élevée de 20 %], parenchyme des rayons beaucoup plus abondant, rayons d'un seul type intermédiaire entre les deux types bien distincts constants dans le bois normal [218].

7.2. **PROPRIÉTÉS DU BOIS DE HÊTRE**

par

Gérard NEPVEU

Le lecteur pourra se reporter à la figure 84 qui, pour quelques propriétés, situe le hêtre par rapport aux autres essences, ainsi qu'aux tableaux 59 et 60 qui donnent quelques indications sur les variabilités entre provenances et entre arbres à l'intérieur de quelques peuplements. Ces tableaux devront être lus avec une certaine réserve, étant donné que les résultats ont été obtenus avec des types d'éprouvettes (éprouvettes normalisées, carottes de sondage, ...) et des méthodologies souvent différentes.

7.21. **PROPRIÉTÉS PHYSIQUES**

7.211. **Densité du bois**

Elle est importante en soi si l'on s'intéresse aux questions de biomasse, de transports, de masse de certaines pièces lorsque les bois sont vendus au poids (c'est souvent le cas des bois d'industrie). Mais surtout, la densité, qui est le résultat des caractéristiques et des proportions relatives des différents éléments anatomiques du bois, est étudiée car, étant relativement simple à mesurer, elle fournit des indications précieuses sur un grand nombre de caractéristiques avec lesquelles elle est plus ou moins liée (voir § 7.26).

La densité varie avec l'état de siccité du bois : on se reportera à ce sujet au glossaire qui définit les principales mesures de ce paramètre (densité du bois sec à l'air, densité anhydre, infradensité, densité à l'état frais).

Le hêtre a une densité relativement forte par rapport aux autres bois indigènes (fig. 84). Il est un peu lourd pour la charpente, inconvénient qui, dans ce cas, s'ajoute à son défaut de « raideur » qui le fait peu fléchir sous les charges et se casser brutalement [208].

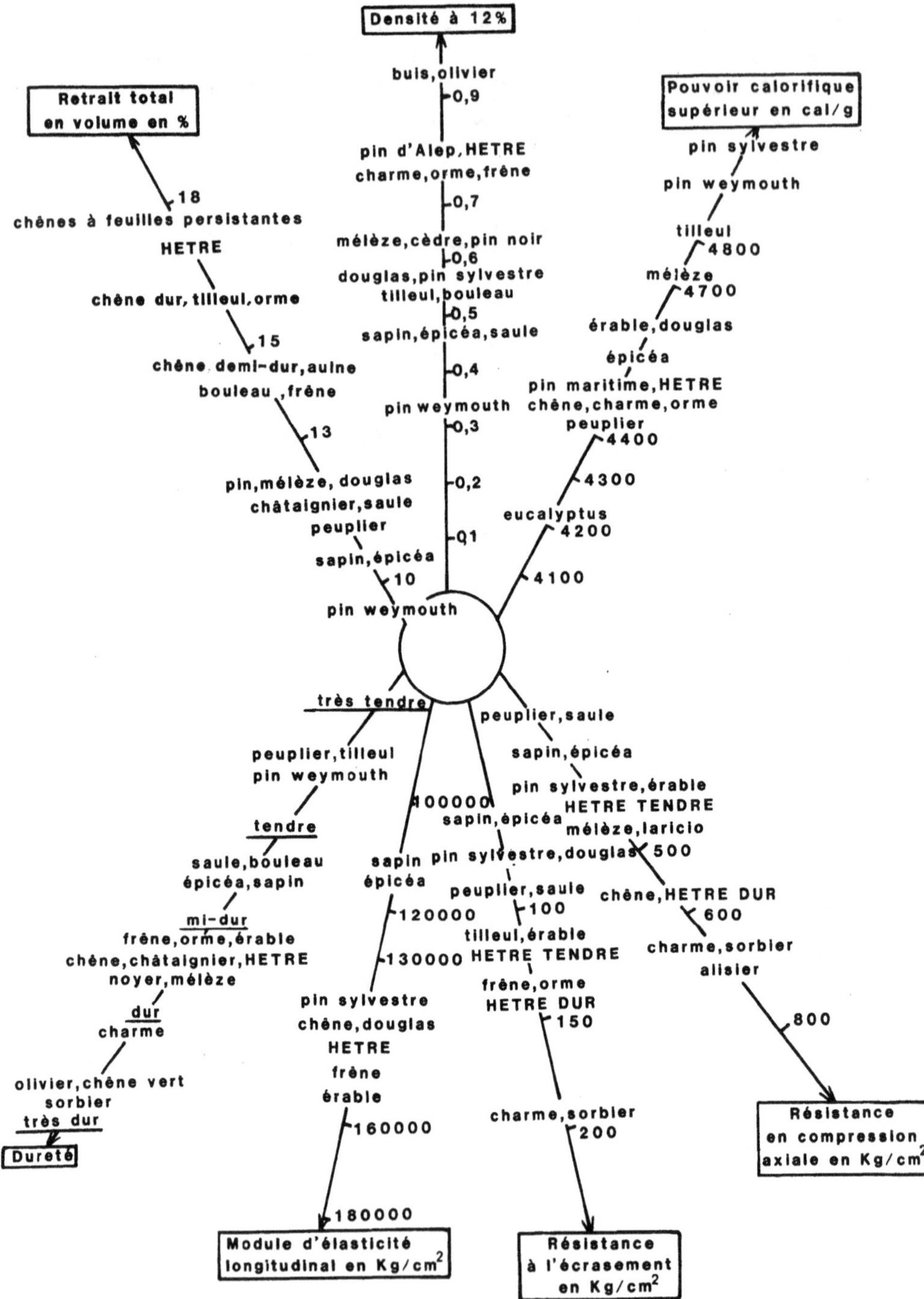

FIG. 84. — *Le bois de hêtre et celui des autres essences croissant en Europe.*

Le poids excessif des panneaux de particules en hêtre est parfois signalé encore que ceci augmente leurs qualités d'isolation [17].

L'origine des bois a un impact assez faible sur la densité (0,65 à 0,78 pour la densité du bois sec à l'air : tableau 60); la variabilité individuelle est sensiblement plus forte (0,60 à 0,85 : tableau 59). La densité du bois à l'état frais est voisine de 1 [21, 93]. La densité du bois varie à l'intérieur de l'arbre (densité anhydre, sec à l'air, infradensité) :

A L'INTÉRIEUR DU CERNE ANNUEL. Les différences entre les densités « sec à l'air » maximum et minimum de cernes varient entre 0,2 et 0,5 (tableaux 59 et 60).

La densité anhydre pour le bois de printemps varie de 0,50 à 0,54 contre 0,75 à 0,88 pour le bois d'été [133]; en ce qui concerne la densité « sec à l'air », on signale une variation de 0,68 à 0,85 [55].

DU CŒUR VERS L'ÉCORCE. Il s'agit là de densité anhydre, sec à l'air ou d'infradensité. La plupart des auteurs notent une diminution de densité du cœur vers l'écorce [21, 29, 50, 63, 144, 187, 201, 203, 207].

Une chute de plus de 10 % quand on passe de 0-30 ans à 180-210 ans est mentionnée [180]. Toutefois, au voisinage immédiat de la moelle, la densité semble plus faible que dans les cernes les plus extérieurs [181, 201]. Une légère augmentation au voisinage immédiat de l'écorce est signalée [63].

Cette influence de l'âge s'expliquerait par le fait que les arbres vieux ont des cernes plus fins, moins de bois tardif, donc un bois plus léger [187].

Plusieurs auteurs ne retrouvent pas une telle variation [36, 108, 138] ou l'observent seulement à la partie inférieure du tronc [57], ou bien encore relèvent des différences significatives cœur-écorce, mais qui jouent suivant les arbres tantôt dans un sens, tantôt dans l'autre [221]. Une référence indique une plus grande densité à la périphérie de l'arbre ou en plein bois [58].

Un accroissement de la densité anhydre de 1 à 40 ans, suivi d'une légère chute est relevé pour les hêtres dominés et codominants, alors que les hêtres dominants semblent peu affectés [97].

Des liaisons jeune-adulte significatives pour la densité sont signalées [13, 96, 138].

A l'état frais, il semble que la densité de l'aubier soit légèrement plus élevée (1,1 contre 0,9 [21]; 1,06 contre 0,97 [93]), ce qui s'explique sans doute par son humidité plus grande [67].

Un m^3 de bois d'aubier frais contient environ 500 kg d'eau contre 410 kg au cœur [201]. C'est d'ailleurs cette plus grande richesse en eau qui

TABLEAU 59

Variabilité individuelle de quelques propriétés du hêtre. Valeurs extrêmes. Essais mécaniques réalisés à l'état sec à l'air, retrait entre le point de saturation des fibres et l'état sec à l'air.

RÉFÉRENCES / CARACTÈRES	France					Belgique	Allemagne	Grèce
	[108]	[142]	[154]	[84]	[138]	[110]	[146]	[203]
	Deux arbres du Nord-Est de formes différentes	Trois arbres d'une futaie normande	Deux arbres à cimes très différentes	Soixante arbres de Lorraine et de l'Aisne	Vingt-cinq arbres de Normandie	Soixante-huit arbres	Douze arbres dans cinq stations	Trois arbres
Largeurs de cernes mm	2,0-2,1	–	–	–	1,1-3,4	0,8-5,8	–	1,7-4,0
Densité — Densité du bois sec à l'air	0,60-0,76	0,65-0,67	0,71-0,76	–	0,64-0,85	0,60-0,79	–	–
Densité anhydre	–	–	–	–	–	–	0,59-0,80	0,70-0,73
Infradensité	0,46-0,56	0,52-0,54	–	0,43-0,54	0,45-0,57	–	–	–
Contraste de densité	0,41-0,44	0,40-0,48	–	–	0,33-0,56	–	–	–
Retrait — Retrait axial : %	–	0,5-0,7	–	– 0,1-0,8	– 3,2-1,4	–	–	–
Retrait radial : %	–	5,6-5.9	–	2 - 4	–	–	–	–
Retrait tangentiel : %	–	12-13	8-12	7-12	8-16	–	–	–
Retrait volumétrique : %	–	–	–	–	–	–	–	18-19
Propriétés mécaniques — Résistance en compression axiale kg/cm²	380-590	540-570	470-670	410-750	–	–	460-700	–
Contrainte maximum en flexion statique kg/cm²	1 000-1 600	–	–	1 000-1 400	–	950-1 450	–	–
Module d'élasticité kg/cm² × 10³	–	–	–	105-180	–	–	–	–
Résistance au choc kgm/cm²	0,40-0,80	–	–	–	–	–	0,3-1,8	–

expliquerait la résistance supérieure de l'aubier de l'arbre vivant aux attaques de champignons [21].

DE BAS EN HAUT. La totalité des auteurs observent une chute de densité de la base du tronc à la partie inférieure de la couronne [3, 29, 57, 61, 63, 81, 97, 108, 134, 180, 201].

A partir de la base de la couronne, en montant dans le houppier, la densité croît [57, 63, 180, 197, 203]. Une référence situe le maximum de densité vers 4 m de hauteur [180], la plupart à la base de l'arbre, avec une chute assez brutale le long des premiers mètres [29, 63, 134, 201].

Certains auteurs notent bien ce gradient, mais seulement pour certains âges : entre 0,40 m et 1,30 m pour les 5 premiers cernes à partir du cœur [138]; entre 0,30 m et 0,80 m jusqu'à 25 ans [97].

ORIENTEMENT. A l'intérieur de certains arbres, il existe des différences locales pouvant s'expliquer par la présence de bois de tension [3].

Des effets systématiques en fonction de l'orientement ne sont pas signalés [108].

BOIS DE TRONC − BOIS DE BRANCHE. La densité du bois (sec ou anhydre) est donnée plus élevée, tantôt dans le tronc [167], tantôt dans les branches [62].

L'impact des différences de densité intra-arbre est jugé cependant assez négligeable pour le transformateur [108]. En particulier, la comparaison du matériau dans le tronc et les branches rend licite l'utilisation de ces deux sources de bois d'industrie (167, 182).

Cependant, cette variabilité est suffisamment importante pour en tenir compte lorsque l'on compare des arbres d'âges, de stations différentes [56, 57]. A ce sujet, il faut signaler une étude en vraie grandeur [23] sur des rondins dont la circonférence évoluait de 4 à 58 cm sur écorce. Il y est indiqué que, tant à l'état humide (70 à 95 % d'humidité) qu'à l'état anhydre, la densité est à peu près constante quel que soit le diamètre, avec dans le dernier cas une légère décroissance vers les très petites dimensions; le poids de matière anhydre de 1 m^3 de rondins est lui-même peu influencé par les diamètres (600 kg).

Signalons que la densité à l'état humide de l'écorce est très voisine de celle du bois (1,017 à 1,092 pour l'écorce contre 1,013 à 1,102 pour le bois) [23]. A l'état anhydre, l'écorce est plus lourde (0,679 à 0,745 pour le bois, 0,727 à 0,823 pour l'écorce). Un autre auteur relève pour l'écorce une infradensité de 0,71 ± 0,05 [37].

TABLEAU 60

Variabilité de quelques propriétés du hêtre suivant l'origine des bois. Valeurs extrêmes
de saturation des fibres et l'état sec à l
(: retrait total)*

CARACTERES \ REFERENCES	Italie	France						Pologne	
								F. silvatica	
	Quatre hêtres des Apennins (29)	Provenances de Corrèze (2)	Cent vingt placettes du Nord Est (85)	Quatre stations en Bresse (163)	Douze stations pyrénéennes (13)	Cinq stations du 1er plateau du Jura (161)	Provenances réparties sur l'ensemble du pays (105)	Sept provenances (169, 170, 171)
Largeurs de cerne mm	—	1,3-4,1	—	—	0,9-1,8	—	—	—
Densité du bois sec à l'air	0,70	0,69-0,78	—	—	0,65-0,76	—	—	—
Densité anhydre	0,67	—	—	—	—	—	0,70-0,64	0,64-0,70
Infradensité	0,55	0,50-0,56	0,52-0,55	0,52-0,55	0,53-0,58	0,50-0,53	—	—
Contraste de densité (densité maximum — densité minimum de cerne)	—	0,30-0,39	—	—	0,30-0,38	—	—	—
Retrait axial %		−0,1-1,1	—	−0,2-0,2	−0,4-0,1	−0,1-0,2	—	—
Retrait radial %	5,3	3,0-4,4	—	4,7-5,3	3,6-4,9	3,3-3,8	—	—
Retrait tangentiel %	13	12-18	—	11-13	13-15	12-13	—	—
Retrait volumétrique %	18	16-22	—	17-18	16-19	15-17	20-21	—
Résistance en compression axiale kg/cm^2	580	—	—	—	—	—	470-550	500-550
Résistance en traction kg/cm^2	—	—	—	—	—	—	1300-1700	1400-1700
Contrainte maximum en flexion statique kg/m^2	1100	—	—	—	—	—	900-1100	900-1100
Module d'élasticité kg/cm^2 x 10^3	—	—	—	—	—	—	120-160	—
Dureté (Janka) kg/cm^2	—	—	—	—	—	—	500-700	480-690
Résistance au choc kg/cm^2	—	—	—	—	—	—	0,9-1,1	1,0-1,1

7.212. Humidité du bois

C'est une caractéristique très importante qui influe d'abord sur les densités du bois, sa durabilité, le temps de séchage et de mise en œuvre, et à un certain stade sur les variations dimensionnelles du matériau (retrait) et les propriétés mécaniques.

L'humidité du bois de hêtre sur pied évolue de façon moyenne entre 80 et 100 % [7, 21, 208]. Elle varie avec la saison : maximum en hiver ·

*Essais mécaniques réalisés à l'état sec à l'air, retrait entre le point air sauf spécification *.*

Roumanie	Roumanie	Bulgarie	Yougoslavie	Yougoslavie	Yougoslavie	Yougoslavie	Bulgarie	Turquie	Iran	Yougoslavie	Yougoslavie
							F. orientalis	F. orientalis	F. orientalis	F. mœsiaca	F. mœsiaca
(54)	Arbres provenant de 20 forêts (52)	Dix arbres provenant de 6 forêts (186)	Provenances (72)	Arbres de Macédoine (151)	Provenances croates (184)	Provenances (75, 103, 131, 132)	Trois arbres (186)	(144)	Arbres provenant (144) 3 stations	(197)	Provenances (32, 113, 114, 115, 116, 145, 150)
—	—	—	1,5-2,3	—	1,6-2,7	1,4-2,0	—	1,4	1,4-2,2	—	1,0-2,1
0,70	—	0,72	0,68-0,74	0,65	0,72-0,74	—	0,76	—	—	0,70	—
—	—	0,67	0,65-0,70	0,64	0,70-0,71	0,66-0,70	0,73	—	—	0,67	0,61-0,70
—	0,52	—	0,54-0,58	—	0,57-0,59	—	—	0,53	0,51-0,55	0,56	—
—	—	—	—	—	—	—	—	—	0,20-0,28	—	—
0,3*	0,1-0,3	—	—	—	—	—	—	—	0,4	—	—
5,5*	4,1-4,2	—	5,5-5,7	5,8	5,3-6,1	5-6	—	—	3,7	5,8*	5-6
12*	10-11	—	11-12	8	12-13	12-14	—	—	10	12*	12
17*	—	—	17	14	17-18	17	—	—	11	17*	15-18
475	—	520	630-690	610	580-800	560-610	560	—	560	560	560-650
1100	—	1300	—	1400	—	—	1350	—	—	—	1400-1800
1050	—	1100	1200-1300	1150	1300-1450	1100-1200	1150	—	—	—	1000-1600
130	—	—	100-140	—	120-140	130-140	—	125	120	—	—
630	—	770	680-920	720	710-920	—	—	—	—	—	580-740
—	—	0,85	0,9-1,0	—	1,0-1,5	1,0	0.9	0,45	0,7	—	0,7-1,1

début de printemps, minimum en été avec une amplitude moyenne de 20 % [80, 129, 141]. Si l'on considère séparément l'aubier et le bois de cœur, on trouve pour l'un et l'autre des comportements différents ; pour le premier, minimum en automne avec 90 % et maximum en hiver avec 98 % ; pour ce qui est du bois de cœur, maximum en été avec 71 %, minimum en hiver avec 64 % [93]. L'humidité de l'écorce évolue entre 73 et 88 % [166].

A l'intérieur de l'arbre, on signale des variations de 40 à 115 % [83, 149]. Si le cœur et l'aubier contiennent en volume le même pourcentage de matière ligneuse, le premier est beaucoup plus riche en air, la différence entre les deux (10 à 15 %) étant comblée par de l'eau libre [21, 67]. Tous les auteurs observent que le cœur est moins humide que l'aubier [21, 29, 80, 83, 93, 95, 102, 105, 127, 128, 149, 166, 201, 223]; les avis divergent cependant largement en ce qui concerne l'ampleur des différences (73 à 89 % [201], jusqu'à 65 à 95 % [127]), la définition de la limite cœur-aubier.

L'humidité semble minimum à la base du tronc [7, 29, 102, 166] le maximum étant situé, soit à mi-hauteur du fût [29, 102, 149], ou sous la couronne [80].

Certains auteurs notent une humidité différente dans le tronc et les branches : 73 contre 58 % [62], avis non partagé par d'autres [7].

Pour ce qui est du bois de chauffage [23], on observe peu de variation de l'humidité en fonction de la circonférence des rondins (4 à 58 cm de circonférence). L'écorce présente une teneur en eau plus élevée que le bois. Après la coupe, la chute d'humidité est plus importante si l'arbre est en feuilles. C'est l'aubier qui sèche le moins lentement. La perte d'eau est peu rapide : en 4 semaines, pour des arbres abattus laissés avec leurs couronnes, l'humidité ne chute que de 6 % (79 à 73 %). Le bois enstéré perd en 3 mois pendant la saison de végétation de 20 à 33 % de son poids [34], de 25 à 32 % en un an [202, 34]. Le bois rond sèche plus lentement tant que l'écorce n'est pas encore sèche; ensuite, les différences s'estompent [198].

Le hêtre débité sèche plus rapidement que les autres bois durs : chêne frêne, ... On a cependant besoin de près d'un an de séchage à l'air pour que des sciages de 50 mm bien empilés arrivent à l'état dit sec à l'air, 4 à 6 mois pour des sciages de 27 mm, suivant la saison d'empilage [25]. On procède fréquemment, afin de gagner du temps, à un séchage artificiel dont les conditions peuvent varier. En partant de bois vert, il faut compter de 11 à 15 jours pour des sciages de 27 mm, de 25 à 30 jours pour des plateaux de 50 mm [25]. Le séchage artificiel ne modifie pas la densité, le retrait, l'élasticité et les propriétés mécaniques du bois [216].

7.213. **Retrait du bois**

Le hêtre se place parmi les bois français qui se déforment le plus en fonction des conditions hygrométriques. Ces déformations, qui commencent à intervenir quand l'humidité du bois passe en-dessous du « point de saturation de fibres » (29 à 35 % suivant les auteurs : [25, 151, 197, 201]), et qu'il ne faut pas confondre avec la libération des contraintes de croissance qui se produisent dès l'abattage, posent un problème sérieux d'autant qu'elles s'accompagnent souvent de fentes du matériau. Il est donc néces-saire de conduire les opérations de séchage avec précaution, mais aussi parfois d'écarter ce bois de certains usages où il serait exposé à des conditions par trop variables de l'état hygrométrique de l'air, ou de l'en protéger par des vernis ou peintures [17].

Un retrait avec collapse pour le hêtre est même signalé [88]. Ce phénomène se caractérise par de très importantes déformations au séchage, intervenant lors du départ de l'eau des lumens des fibres, donc largement au-dessus du point de saturation des fibres, ainsi qu'il en va pour la rétractabilité « classique ». Le collapse, bien connu sur Eucalyptus, pourrait chez certains hêtres expliquer l'augmentation très sensible des déforma-tions usuelles mesurées (7,2 % contre 4,5 % dans le sens radial, 25 % contre 11 % dans le sens tangentiel).

En progressant du cœur vers l'écorce, certains auteurs donnent le retrait axial en augmentation [144, 221]. Pour le retrait tangentiel, les avis sont très partagés : maintien pour le bois situé à hauteur d'homme [138, 221], diminution à la base du tronc [138], ou aggravation [76]; à proximité immédiate de l'écorce (20 cernes), il semblerait décroître à mesure que l'on s'approche de l'assise génératrice [138]. Le retrait radial, quant à lui, resterait stable [221] ou augmenterait [76]. Le retrait volumétrique, qui est une résultante des retraits dans les trois axes d'anisotropie du bois, dimi-nuerait du centre vers la périphérie [29, 50, 197].

A mesure que l'on monte le long du tronc, le retrait en volume décroît légèrement [50] ou reste assez constant, n'augmentant qu'à partir du tiers supérieur du tronc [29]. Le retrait tangentiel n'évolue pas sensiblement entre la base du tronc et 1,30 m [138].

L'intérêt de passer le bois humide à la vapeur d'eau (dessèvage) vers 90-100 °C pendant 1 ou 2 jours est discuté. Certains pensent que, même si les retraits ne varient pas, la pression avec laquelle s'exercent les varia-tions dimensionnelles du matériau serait diminuée [25]. D'autres estiment que le bois passé à la vapeur se rétracte davantage et que certaines de ses qualités mécaniques se dégradent [113].

Beaucoup considèrent que le retrait du bois de hêtre est son défaut numéro 1. Il intervient de façon non négligeable, il faut le noter, dans les usages où la structure massive du bois est modifiée. Ainsi, on peut noter des variations dimensionnelles (entre le point de saturation des fibres et l'état anhydre) de 7 à 10 % en épaisseur, de 0,4 à 0,8 % parallèlement à la surface de contreplaqués de hêtre (8 à 11 % en volume).

7.22. **PROPRIÉTÉS MÉCANIQUES**

Elles ont été très étudiées, surtout au début du siècle, par suite d'emplois du bois de hêtre importants à l'époque en aéronautique, carrosserie, et plus récemment dans les bois améliorés. Nous verrons ici les caractéristiques les plus couramment mesurées sur éprouvettes normalisées. Il faut signaler sur cette essence des essais prometteurs de mesure des propriétés mécaniques sur carottes de sondage grâce à une méthode ultrasonique [20].

7.221. **Dureté**

Le hêtre se place dans les bois assez durs. Cela peut être un avantage (parquets) mais, la plupart du temps, c'est un inconvénient, notamment au déroulage.

Il est intéressant de savoir que la dureté peut s'apprécier sur arbres vivants par la mesure du couple de torsion nécessaire pour enfoncer la tarière de Pressler à une profondeur déterminée [156].

7.222. **Résistance à la compression axiale**

Le bois de hêtre est résistant en compression axiale ; il répondait à la norme aéronautique, qui était assez exigeante.

Le bois de branches résiste beaucoup mieux que le bois de tronc : 1 000 kg/cm² contre 600 kg/cm² à l'état anhydre [62]. Une variabilité à l'intérieur du tronc est signalée [180, 181].

7.223. **Résistance en flexion**

Elle est légèrement supérieure à la moyenne. Une éprouvette de 2×2 cm² de section posée sur deux appuis distants de 28 cm supporte à l'état sec à l'air 40 à 60 kg par cm² [208]. C'est cependant un bois raide, c'est-à-dire qu'il ploie peu sous la charge et se rompt brutalement sans craquements prémonitoires. Ce défaut, joint à sa mauvaise conservation, l'on fait rejeter en France comme bois de mine [208].

La variabilité intra-arbre de la résistance en flexion est discutée : elle serait maximum en plein bois et dans l'aubier [58]. Une référence [167] ne signale pas de différence entre le tronc et les branches, alors que d'autres auteurs observent des valeurs bien supérieures dans le fût [62].

7.224. **Résistance au choc**

Le hêtre a un bois assez résistant au choc, ce qui lui permettait d'être employé en aviation, carrosserie et manchisterie [208].

Plusieurs auteurs s'accordent pour noter que le bois de tronc est sensiblement plus résilient que celui de branche [62, 167].

A l'examen des diverses propriétés mécanique du hêtre, on peut dire qu'il figure en bonne place par rapport aux autres bois. Il faut regretter ses autres défauts (mauvaise conservation, fort retrait) qui, joints à sa raideur et à sa densité assez élevée, le font écarter chez nous d'une utilisation en poutraison [25]. Telle n'est pas la situation dans tous les pays pourvus en hêtre; ainsi, en Roumanie, pays gros producteur de hêtre, on considère qu'avec certaines précautions (adhésifs résistants à l'eau,...) on peut développer sensiblement l'utilisaton du bois de sciage de hêtre dans des éléments de résistance afin d'économiser les sciages résineux [54].

7.23. **AUTRES PROPRIÉTÉS**

7.231. **Contraintes de croissance**

par

Jean-Charles FERRAND

7.2311. *Définition et manifestations*

Comme celui de tous les arbres forestiers, le tronc des hêtres est le siège de forces internes appelées contraintes de croissance. Malheureusement, pour le hêtre en France, l'intensité de ces contraintes est exceptionnellement élevée, au point que 15 % des tiges posent des problèmes de transformation [64].

Ces problèmes sont illustrés sur les photos 11 à 15 et résident principalement en :

— fentes lors de l'abattage. Le tronc peut s'ouvrir en plusieurs « quartiers »;

— déformations de la bille et des produits lors du sciage. Il en résulte des inégalités d'épaisseur et de nouvelles fentes; dans la suite de la transformation, on obtient à la fois plus de déchets (rabotage) et des pièces de dimensions maximales très inférieures;

PHOTO 11. – *Contraintes de croissances libérées lors de l'abattage : grume fortement fendue* (photo POLGE).

PHOTO 12. – *Lors du tronçonnage en scierie, les contraintes continuent de se libérer, entraînant la fente des billons.*

Photo 13 à 15. — Déformations et ruptures lors du sciage en plots.

Photo 13 : *Les pièces de la périphérie (« sur dosse ») s'incurvent.*

Photo 14 : *Les pièces du cœur (« sur maille ») se fendent brutalement.*

Photo 15 : *Résultat du sciage.*

— présence fréquente du bois de tension et de tous ses inconvénients : retrait axial élevé, aspect pelucheux, difficultés d'usinage, forte dureté [74].

Il faut bien distinguer les déformations et fentes dues aux contraintes de croissance de celles qui sont dues à la rétractibilité du bois. On peut dire que les contraintes s'expriment, pendant ou immédiatement après la découpe du bois — donc, le plus souvent, sur du bois frais — alors que le retrait a lieu pendant le séchage.

7.2312. *Connaissances générales sur les contraintes de croissances*

Les auteurs s'accordent sur les points suivants :

— les contraintes apparaîtraient lors de la lignification des parois cellulaires [19]. Un gonflement transversal des cellules s'accompagnerait d'un raccourcissement longitudinal.

— il est acquis que, dans le cas général et chez les feuillus (les résineux étant peu atteints par ce « défaut » du bois) :

- la contrainte longitudinale est de tension en périphérie, et de forte compression au cœur,

- la contrainte tangentielle est de compression en périphérie et de traction au cœur,

- la contrainte radiale est quasi-nulle en périphérie et de traction au cœur.

— l'observation de bois de tension est fréquemment associée à celle de contraintes élevées.

7.2313. *Les contraintes de croissance du hêtre*

Jusqu'à ces dernières années, toutes les publications européennes sur les contraintes de croissance du hêtre venaient de pays étrangers : Allemagne, Suisse, Roumanie, etc. On a proposé en 1959 un modèle mathématique [107] pour les contraintes de croissance avec des observations portant en particulier sur un hêtre, et faisant suite à d'autres recherches [111, 125].

De ces travaux, nous retiendrons que :

— le champ des contraintes chez le hêtre a bien l'allure citée ci-dessus ; son intensité peut être très forte,

— les hêtres fortement contraints contiennent souvent du bois de tension. Les arbres penchés, mais également certains arbres droits, sont dans ce cas,

— les moyens de lutte sont restreints et peu efficaces.

Plus récemment, les chercheurs français se sont intéressés aux contraintes de croissance en général [64], et à celles du hêtre en particulier. Après une étude portant sur 86 hêtres répartis dans 12 départements, on a pu conclure que [65] :

— le niveau de tension dans un arbre augmente quand le nombre d'arbres à l'hectare augmente,

— le traitement en futaie favorise l'apparition de tensions, à l'inverse des traitements en peuplement à plusieurs étages (taillis sous futaie, futaie jardinée),

— la répartition des tensions à l'intérieur de l'arbre est étroitement liée à son inclinaison et à la présence de bois de tension [66].

— la valeur moyenne de la tension longitudinale à la périphérie du tronc est de l'ordre de 100 kg/cm^2 ce qui est très élevé.

On a également comparé dans une même parcelle 25 hêtres droits de fil et 25 à fibre torse ; ces derniers avaient un niveau de contraintes supérieur d'un tiers environ [48].

Dans le même temps, la Station de Recherches sur la Qualité des Bois du Centre National de Recherches Forestières a mis au point une méthode qui permet d'évaluer les contraintes à la périphérie du tronc en mesurant des carottes de sondage prélevées à la tarière de Pressler [49, 158].

L'utilisation de cette méthode permet d'envisager l'étude de l'influence sur les contraintes de croissance du hêtre des trois sources de variation possibles : milieu, sylviculture et génétique. De telles études étaient jusqu'à présent impossibles, faute de pouvoir estimer les contraintes de manière non destructive et rapide.

Un premier résultat a été obtenu dans une expérience d'éclaircie où les contraintes diminuent parallèlement à la densité du peuplement; de plus, quelle que soit l'intensité des éclaircies, la face supérieure des arbres penchés présente le niveau de contraintes le plus fort : plus fort même que les arbres droits du témoin non éclairci [157].

Dans des hêtraies âgées du nord-est de la France, on a comparé deux traitements (futaie, et taillis sous futaie, noté TSF) pour quatre types de station (répétés chacun dans cinq placettes par traitement); dans chaque placette, on retenait huit arbres sur lesquels étaient faites trois mesures (côté tendu, côté opposé au côté tendu, et intermédiaire) [48].

Sur le côté non tendu, on ne trouve pas d'influence de la station, et celle du traitement est minime. Les contraintes sont faibles dans tous les cas. Sur le côté tendu, elles sont toujours plus fortes, et on décèle de grandes variations selon le traitement et le type de sol. On peut les résumer ainsi, dans l'ordre croissant des contraintes : TSF sur sol brun calcique à mull eutrophe (sol de type 2), TSF sur rendzine (éventuellement brunifiée) à mull calcique (sol de type 1), TSF sur sol brun lessivé à mull mésotrophe (sol de type 3), TSF sur sol brun acide à mull acide ou mull-moder (sol de type 4), puis futaie sur sol de types successivement 1, 3, 2 et 4.

On remarquera le mauvais classement du sol 4, acide sur roche mère acide (grès), par rapport aux trois autres types qui sont sur calcaire (1 et 2), ou limons (3). Des études antérieures dans la même région avaient mis en évidence un bon classement des hêtres de sol acide pour les caractères retrait et infradensité, alors même qu'ils ont la réputation d'être « nerveux ». Les résultats ci-dessus expliquent donc cette réputation.

Signalons enfin une étude sur les propriétés du bois de 3 hêtres [142]. L'analyse en composantes principales a révélé dans le plan des deux premières composantes principales deux directions obliques : la première caractérise le niveau de tension longitudinale, et inclut le retrait longitudinal du bois (on reconnaît là l'influence du bois de tension); la seconde représente les variables de solidité du bois (y compris la densité), et ces deux groupes de caractères sont largement indépendants.

7.2314. *Moyens de lutte sylvicoles*

Pour diminuer les pertes de bois dues aux contraintes de croissance, on peut agir à deux niveaux : soit produire des hêtres peu contraints, soit utiliser des débits mieux appropriés.

Les résultats expérimentaux exposés ci-dessus permettent de penser que des éclaircies très fortes en futaie et l'élimination des arbres penchés et des arbres à fibre torse sont des remèdes sylvicoles nécessaires. (On sait que les autres qualités du bois de hêtre ne sont pas dégradées par la pratique d'éclaircies vigoureuses).

L'objectif sera donc une croissance soutenue tout au long de la vie du peuplement. En d'autres termes, les aménagistes soucieux d'élever en futaie des hêtres peu contraints doivent prévoir des régénérations rapides, après enlèvement des arbres à fibre torse. Les mélanges d'essences ne devront pas associer au hêtre les chênes indigènes qui imposeraient une croissance trop lente et une récolte trop tardive. Mais il y a bien d'autres ressources, selon les conditions écologiques : frêne, merisier, les trois érables, noyers, chêne rouge, tilleuls, platane, etc. L'association avec les conifères autres que le mélèze posera un problème de gestion car on devra sans cesse intervenir pour assurer aux hêtres un espace vital suffisant – c'est-à-dire bien supérieur à celui dont disposent la plupart des hêtres en sapinière-hêtraie.

Les dégagements de semis, nettoiements et éclaircies seront énergiques pour obtenir la croissance rapide recherchée. Lors des éclaircies, les arbres penchés et ceux à fibre torse devront être éliminés.

Pour les peuplements d'âge moyen qui ont été menés souvent très serrés, la marge de manœuvre est beaucoup plus faible; on ne pourra guère enlever que les arbres les plus penchés et les plus vissés.

7.2315. *Moyens de lutte après l'abattage*

Mais, lorsqu'il faut abattre et débiter des hêtres très tendus, que faire ? Les forces libérées par l'abattage sont énormes. Il est dérisoire de vouloir s'y opposer en cerclant les arbres par exemple. Il ne faut pas non plus purger le pied d'une bille éclatée : les fentes se rouvriront le plus souvent à partir du nouveau trait de scie. On peut en revanche espérer une légère diminution des pertes en utilisant les renforts naturels de l'arbre : faire le trait d'abattage le plus bas possible (presque « à culée noire »), et surtout placer la découpe supérieure juste au-dessus d'une très grosse branche ou d'une fourche [125].

Ensuite, il n'est pas impossible, mais pas certain non plus, qu'un long stockage, un étuvage ou un long séjour dans l'eau de la grume, et des systèmes d'entailles avant l'abattage aient des effets bénéfiques [47]; mais les références théoriques et pratiques font défaut.

Les tecks sont traditionnellement tués sur pied 6 mois à un an avant leur exploitation (par annélation du tronc) pour réduire le nombre de fentes qui apparaîtront lors de l'abattage. Cette méthode, qui semble procurer également certains résultats sur Eucalyptus ne pourrait guère s'appliquer au hêtre dont le bois est trop sensible à toutes sortes d'attaques.

Tout cela n'est pas encourageant ! Mais on connaît le moyen de réduire considérablement les pertes en scierie. Dès qu'il s'agit de débiter un arbre tendu, il faut *proscrire le sciage en plot,* car celui-ci introduit un maximum de dissymétrie dans le champ des contraintes, et donc le maximum de déformations et de fentes. Il faut au contraire enlever un ou deux plateaux sur dosse, puis retourner d'un quart de tour la grume avant de scier un ou deux autres plateaux, etc. En sciant de cette manière une bille de Fraké *(Terminalia superba)* on a obtenu *un rendement de 71 % (avec trois retournements)* contre *7,7 % (sciage en plot)* pour une autre bille du même arbre; le produit recherché était un avivé de 40 × 120 × 3 000 mm, flèche maximale 10 mm [64].

A ce stade, les produits ont des dimensions plus faibles et les contraintes résiduelles sont beaucoup moins fortes que les contraintes initiales. Pendant le séchage ultérieur, elles vont ajouter leurs effets à ceux de la rétractabilité du bois et méritent donc le même traitement : empilage soigné et pose d'S métalliques destinés à limiter les déformations.

7.232. **Aptitude à l'usinage**

ABRASIVITÉ. Le hêtre use assez peu les outils, quelles que soient les conditions de coupe, ce qui ne rend pas indispensables un outillage spécial [25].

SCIAGES. Le principal problème au sciage réside dans la nervosité du bois qui résulte de la libération des contraintes de croissance. Il faut en tenir compte afin d'éviter des chutes de rendement (voir 7.231). Il est également conseillé de régler le sciage en fonction de la dureté des bois qui peut être assez variable [25].

DÉGAUCHISSAGE · RABOTAGE. Le hêtre ne pose pas de problèmes particuliers.

MORTAISAGE · PERÇAGE. Le hêtre est l'un des bois qui donne les meilleures qualités de fini et de précision [25].

DÉFONÇAGE. Le hêtre tendre se travaille bien à la toupie ou à la défonçeuse (boissellerie, jouets); le hêtre dur risque d'éclater sous l'outil [208].

TOURNAGE. Il se travaille très bien au tour, ce qui a fait son succès dans la fabrication de pieds de meubles, de menus objets.

PONÇAGE. Il admet un ponçage fin; on peut souvent se contenter d'un ponçage manuel [25]. La résistance à l'abrasion du hêtre est assez forte par rapport aux autres essences; il se classe derrière le charme, mais devant l'érable , le chêne, le bouleau et les conifères [164]. La question des états de surface des placages n'est pas négligeable; ainsi, sur un total de pertes de 60 % en volume par rapport à la grume, on relève 5 % dus au ponçage, 6 % au séchage, 29 % dus à des défauts de forme, 10 % de massicotage des placages, 8 % de taille des contreplaqués [101].

FENTE. Le bois de hêtre se fend assez bien [94]. Cette propriété était utilisée pour fabriquer des merrains de fente destinés à la confection de récipients pour matières sèches.

VISSAGE - CLOUAGE. Le hêtre se fend facilement au clouage; les clous pénètrent difficilement et tiennent assez mal en bout [208].

Pour la résistance à l'arrachement des clous, on situe le hêtre derrière le chêne, mais loin devant l'épicéa [10]. Le hêtre est l'un des meilleurs bois pour fabriquer des chevilles [183].

TRANCHAGE. A l'état frais, le hêtre peut se trancher sans problème pour des épaisseurs de 1,5 à 2 mm. Pour des épaisseurs plus importantes, il faut l'étuver. Les placages de hêtre tranché sont peu utilisés en France, à la différence d'autres pays [25].

DÉROULAGE FRAIS. Il peut se dérouler jusqu'à 2 mm d'épaisseur; pour des feuilles de placage de plus de 2 mm, il faut l'étuver; il faut en gros 16 heures pour une grume de 50 cm de diamètre. Cette opération améliore de toute manière l'état de surface [25].

BOIS COURBÉ. Le bois étuvé se courbe très bien [50, 94].

Cette propriété serait influencée par la station, l'âge et la position du bois dans l'arbre avec une préférence pour le bois de la base de l'arbre et de la périphérie [50].

COLLAGE. Il se colle bien, ne présente pas de substances chimiques qui puissent nuire à l'adhérence de la colle [25].

7.233. Couleur, mise en peinture et vernissage

La couleur naturelle du bois normal varie du blanc-crème au jaune, rosâtre ou rougeâtre [210]. Etuvé, il a tendance à prendre une couleur rose acajou [208].

Il est souvent apprécié avec sa teinte naturelle; on le recouvre alors d'une simple couche de vernis. On n'a pas lieu dans ce cas, étant donné la structure fine du bois, d'appliquer avant le vernissage un produit bouche-pores [25].Il est facile à teinter [29, 50], sauf dans le cœur rouge à cause de la tylose [17, 50]. On peut aisément lui faire imiter les bois précieux en évitant toutefois les bois débités sur quartier qui, à cause de la présence des gros rayons ligneux qui absorbent les teintes différemment, conduisent à des contrastes de couleurs accusés [25].

Le bois de hêtre est facile à laquer. Pour les usages extérieurs (meubles de jardin), on doit prévoir avant peinture ou vernissage l'application d'un produit hydrofuge antiseptique [25].

7.234. **Propriétés électriques**

Le bois de hêtres présente une forte résistivité qui le rend, lorsqu'il est bien sec, très isolant : sa tension de rupture vaut alors 17 à 19 KV/cm dans le sens longitudinal, 68 à 88 KV/cm dans les sens radial et tangentiel [26]. C'est un bois de choix pour les appareillages électriques, après densification et résinification, opérations qui accroissent encore les tensions de rupture et, en outre, diminuent son hygroscopicité. Ce dernier aspect est important car il faut remarquer que le pouvoir isolant du bois chute considérablement quand l'humidité augmente; ainsi, note-t-on une tension de 6 KV/cm à 22 % d'humidité contre 68 à 88 KV/cm à l'état anhydre dans les sens radial et tangentiel [26].

7.235. **Fibre torse**

C'est un défaut assez grave. Une fibre torse dépassant 2 grades est déjà défavorable pour l'utilisation des bois d'après certains auteurs [211]. Pour d'autres, le fil tors devient rédhibitoire pour le sciage au-dessus de 10°, pour le déroulage au-dessus de 6° [99].

On a trouvé en comparant 25 hêtres droits de fil à autant d'arbres à fil tors − dans une même parcelle − que ces derniers ont des contraintes de croissance plus élevées (environ 35 % dans la direction longitudinale) [48].

L'examen de 1 800 hêtres suisses (en surface) a indiqué que le défaut serait assez peu répandu [21]. Ainsi, 45 % des tiges présentent un angle inférieur à 1° (à droite ou à gauche), 47 % un angle compris entre 1° et 3° (à droite ou à gauche), 8 % un angle supérieur à 3°, avec en gros autant de sujets virant à droite qu'à gauche.

La quantité d'arbres virant à gauche augmente avec le diamètre dans toutes les stations mais on observe un phénomène inverse pour les sujets dont le fil dévie vers la droite.

Sur un matériel différent, et grâce cette fois à une méthodologie qui permet de mesurer l'angle de la fibre dans le bois, et non plus, comme par le passé, sur écorce, d'autres auteurs [11] relèvent 83 % des arbres ayant un angle inférieur à 5 grades (à droite ou à gauche) avec un seul sujet (sur 40) dépassant 10 grades (maximum de 7 grades à gauche, 13 grades à droite). Une majorité d'arbres dévient vers la droite. L'angle de fibre évolue le long du tronc [11]; pour les arbres à fil tors vers la gauche, le maximum se présente vers le haut (2,7 grades de différence entre 1 et 9 m); pour la fibre à gauche, le maximum se rencontre à 1 m (0,9 grade entre 1 et 9 m), avec dans tous les cas une bonne liaison entre les mesures à différents niveaux.

Les variations du cœur vers l'écorce sont peu connues ; sur un échantillonnage réduit, un angle assez faible au cœur a été observé, angle qui ensuite semble varier irrégulièrement dans l'arbre tantôt à droite, tantôt à gauche [91]. Il y a peu de variation entre bois initial et bois final, avec, au maximum, un angle dans le bois d'été inférieur de 1,5° à celui du bois de printemps. Le défaut intervient également dans le bois des branches et des brindilles [100].

7.24. PROPRIÉTÉS CHIMIQUES DU BOIS DE HÊTRE

par

Gérard JANIN

Sous cette appellation générale des propriétés du hêtre, nous pouvons distinguer celles qui concernent :
- la valeur énergétique brute,
- le potentiel de transformation par thermolyse en produits de haute valeur énergétique ou chimique,
- la valorisation chimique,
- l'utilisation de ses fibres.

7.241. Valeur énergétique brute

Le premier degré d'utilisation et de valorisation du bois, c'est la combustion totale pour la production de calories [38].

Le p.c.s. (pouvoir calorifique supérieur) correspond au maximum de calories produites au cours d'une combustion à volume constant après condensation de la vapeur d'eau dégagée ; ces conditions ne sont jamais celles de combustions à l'air libre ou dans un foyer à bois ; le p.c.s. du bois anhydre varie de 4 200 à 5 200 Kcal/kg suivant les espèces, mais il décroît en fonction de l'humidité du bois ; ainsi, en passant de 0 à 15 % d'humidité, le p.c.s. diminue de 20 à 25 %. A 0 % d'humidité, le hêtre a un p.c.s. de 4 500 Kcal/kg ; à titre de comparaison, nous donnons en figure 84, page 378 les p.c.s. de différentes essences [35].

Nous voyons que le bois de hêtre n'occupe pas une position particulièrement intéressante de ce point de vue.

L'avantage reconnu du hêtre comme bois de chauffage réside essentiellement dans sa densité assez forte qui, à volume égal de bois de même humidité, permet la production d'un plus grand nombre de calories.

7.242. **Potentiel de transformation du bois par thermolyse en produits de haute valeur énergétique ou chimique**

Cette transformation passe par des traitements thermiques qui sont : la carbonisation, la pyrolyse, c'est-à-dire distillation et gazéification à des températures qui peuvent varier de 350 - 500° à 900 - 1 200°, et enfin l'hydrogénation catalytique à haute pression (220 bars et 300 °C).

L'énergie nécessaire à ces traitements peut être fournie par la combustion ménagée du bois dans la carbonisation, par la combustion du bois suivie d'une phase exothermique dans la pyrolyse, par un four à chauffage électrique ou solaire pour la pyrolyse-gazéification presque totale (90 %) à 1 000° et par un four électrique pour l'hydrogénation catalytique à 300°.

Produits obtenus par ces transformations du bois

La transformation thermique des bois est souvent conduite sur des bois en mélange (hêtre, charme, bouleau); aussi, les données précises concernant chaque essence sont difficiles à obtenir !

CARBONISATION.

a) *Charbon de bois.* Les bois français donnent en moyenne 30 % de charbon de bois par rapport au poids de bois sec.

Les meilleurs rendements en charbon sont obtenus avec des bois ayant 2 à 3 mois de coupe [208]. Le charbon de bois de hêtre a une forte densité (22 kg/hl); il ne s'écrase pas et fait peu de poussière. Il était fort estimé pour l'alimentation des gazogènes.

Deux charbonniers expérimentés pourvus de 7 fours pouvaient carboniser une douzaine de stères produisant une tonne de charbon.

b) *Jus pyroligneux.* Le rendement en jus pyroligneux est de 52 % par rapport au poids de bois sec dans un mélange de hêtre, peuplier, chêne, bouleau [152].

Le hêtre ne se distingue pas outre mesure des autres feuillus de ce point de vue.

La composition des jus pyroligneux est la suivante :
- phase aqueuse contenant l'acide acétique : 42 % du poids de bois sec,
- phase organique : 7 % du poids de bois sec,
- phase aqueuse et phase organique : elles contiennent en % du poids de bois sec :

méthanol	éthanol + acide formique	acétone	acétate de méthyle	acide acétique	composés phénoliques
1,4	0,09	0,15	0,76	3,6	1,17

La comparaison des rendements des produits de distillation entre différents mélanges d'essences dont l'un inclut le hêtre est la suivante [38].

Bois	Acide acétique	Méthanol	Acétone	Goudrons
Résineux (pin, sapin, épicéa)	2 à 3,5	0,4 à 0,9	0,18 à 0,20	10 à 20
·Feuillus tempérés (hêtre, bouleau, érable).......	5 à 8	1,6 à 2,5	0,2	6 à 8
Feuillus tropicaux.............	2 à 6	0,7 à 2,5	0,15 à 0,20	4 à 14

Les productions d'acide acétique et de méthanol sont plus fortes dans les mélanges de feuillus tempérés comportant du hêtre en regard des bois résineux (et des bois tropicaux); en revanche, la teneur en goudrons est à l'avantage des résineux.

c) *Gaz.* Le volume de gaz produit à 500 °C rapporté à 100 g de bois sec pour un mélange de feuillus indigènes comportant du hêtre est de 15 l; ce gaz à un p.c.s. de 2 450 cal/l, soit 370 Kcal/kg de bois sec.

La composition des gaz en volume est la suivante :

Gaz carbonique	Oxyde de carbone	Méthane	Hydrogène	Hydrocarbures (éthylène, éthane)
50 %	32 %	12 %	2,6 %	1,5 %

PYROLYSE.

On ne possède pas d'indications précises sur le rendement en gaz obtenu par ce procédé pour les différents bois dont le hêtre; indiquons de façon générale que la production de gaz par pyrolyse du bois à haute température (1 000°) atteint un rendement de 90 % de poids sec; la haute température permet de recueillir un mélange riche en oxyde de carbone, hydrogène, éthylène, méthane, acétylène; on obtient la composition en volume suivante :

Gaz carbonique	Oxyde de carbone	Hydrogène	Ethylène	Méthane	Acétylène	Ethane
4 %	52 %	23 %	5 %	14 %	2 %	Traces

Ainsi, la gazéification du bois peut être un corollaire inévitable de la production du charbon de bois ou bien être le but principal de la transformation pyrolytique du bois.

Les proportions de carbone, hydrogène et oxygène contenues dans le bois étant assez constantes quels que soient les bois, on peut s'attendre pour le hêtre à des rendements comparables.

HYDROGÉNATION CATALYTIQUE.

Elle fournit avec des rendements très élevés des molécules d'un grand intérêt (composés hydrogénés, composés phénoliques); on ne dispose pas dans l'immédiat de données concernant le hêtre.

7.243. **Valorisation chimique du bois**

On peut produire à partir du bois de hêtre, comme de tout autre bois, des produits intéressants comme l'éthanol, le méthanol, le xylose, le furfural, les lignines, la cellulose; les données relevées sur le hêtre n'indiquent pas de variations notables par comparaison avec d'autres essences..

ETHANOL.

Le hêtre, comme tous les bois, peut être la source de production d'éthanol par fermentation des sucres en C_6 : glucose, mannose, galactose, fructose, obtenus par préhydrolyse, puis hydrolyse du bois par l'acide sulfurique.

XYLOSE.

Le hêtre, puis le bouleau fournissent les meilleurs rendements d'hydrolyse en xylose [119]. Le traitement se fait en deux stades : une extraction alcaline suivie d'une hydrolyse acide qui donne des pentoses, en grande partie des xylanes. Le hêtre contient de 19 à 20 % de pentoses, le bouleau de 21 à 24 %. Le xylose a un pouvoir sucrant aussi fort que le saccharose et peut être assimilé par les diabétiques. Son prix de revient est cependant actuellement 10 fois supérieur.

FURFURAL.

La production de furfural est liée à la teneur en pentosanes des végétaux [162]. Le furfural est le produit de base de synthèse de résines ou de plastiques, de produits pharmaceutiques ; il sert dans le raffinage des pétroles pour la purification des huiles de graissage grâce à son pouvoir de solvant.

LES LIGNINES.

Les feuillus contiennent de 18 à 24 % de lignines par rapport au bois ; le hêtre, pour sa part, en renferme de 20 à 22 % ; les lignines sont considérées comme des sous-produits des industries de l'hydrolyse du bois ou des liqueurs résiduaires de papeterie ; les lignines ont des possibilités d'application dans l'industrie chimique, à condition d'être suffisamment dépolymérisées et purifiées pour être « réactives ».

LA CELLULOSE.

Les feuillus contiennent de 52 à 67 % de cellulose dont 35 à 48 % d'alpha-celluloses, c'est-à-dire une cellulose débarrassée de tous les autres polyoses et plus résistante aux alcalis ; c'est cette fraction qui est intéressante dans les pâtes de cellulose à dissoudre pour les textiles artificiels ; le hêtre ou les peupliers se placent parmi les espèces ayant les plus fortes teneurs en alpha-cellulose.

7.244. Utilisation des fibres

Les fibres du bois de hêtre sont souvent utilisées dans l'industrie papetière en mélange avec d'autres essences (par des procédés Kraft ou bisulfite) dans la proportion de 15 à 40 %, rarement plus de 80 %. Les fibres sont courtes, rigides, à parois relativement épaisses ; elles se classent cependant parmi les fibres les plus grandes des bois feuillus, ce qui donne aux papiers produits à partir de ces bois des résistances mécaniques relativement bonnes.

7.25. VARIATIONS DES PROPRIÉTÉS DU BOIS EN FONCTION DE LA VITESSE DE CROISSANCE

Le sens de variation des propriétés du bois en fonction de la vitesse de croissance a beaucoup préoccupé, comme il est normal, les forestiers et les chercheurs ; les avis sur la question sont bien partagés, varient suivant les caractères pris en considération, le niveau de variation de la vitesse de croissance (intraarbre, entre arbres dans un peuplement, entre peuplements). Aussi, écarterons-nous les références n'indiquant pas l'origine de la variation de vigueur. Cette question sera de nouveau abordée au paragraphe 7.6.

7.251. **Densité – Vigueur**

A l'intérieur de l'arbre adulte, presque tous les auteurs relèvent que, lorsque la vigueur augmente notamment à la suite d'une éclaircie, la densité croît [29, 63, 138, 148, 180]; l'un d'entre eux avance une augmentation de densité anhydre de 8 à 20 % après éclaircie [180]. Une référence module ces affirmations en indiquant que certains arbres échappent à cette règle et présentent une liaison négative largeur - densité [138]; une autre signale des corrélations assez lâches variant beaucoup avec les stations et les individus [148]. Un seul auteur note une indépendance largeur de cerne - densité, exception faite des cernes très fins (moins de 1 mm) pour lesquels la densité fléchirait quand la vigueur augmenterait.

Entre arbres, à l'intérieur des stations, les résultats sont beaucoup plus controversés; certains trouvent une indépendance entre les deux caractères [85, 134, 138], d'autres une liaison positive [109, 163, 192], aussi bien côté cœur que côté écorce [13]; d'autres enfin des corrélations négatives [161, 203]. Cette discordance peut s'expliquer par les conditions différentes dans lesquelles ont cru les arbres. Ainsi, sur un sol pauvre, la densité diminue quand la vigueur augmente, alors que sur sol riche, les deux caractères sont indépendants [156]. Ceci aurait pour origine le fait qu'en conditions difficiles, où la concurrence est forte, notamment pour l'eau, les arbres dominés à croissance lente font peu de tissus conducteurs, d'où une densité plus élevée, alors qu'en station plus favorisée, il n'y aurait pas de déséquilibre entre vaisseaux et fibres, d'où une densité plus indépendante des conditions de végétation.

Bien que des recherches soient encore nécessaires à ce sujet, on peut dire que l'antagonisme vigueur - densité relevé pour de nombreuses essences, dont le chêne, n'est pas patent chez le hêtre.

L'âge influence, semble-t-il, tout autant ces relations vigueur - densité du bois puisque sur jeunes plants de trois ans, on a trouvé une indépendance vigueur - densité du bois, alors que sur des arbres de 60 ans ayant la même composition génétique, une liaison négative apparaît [96].

Trois références indiquent que dans les milieux où les arbres ont des accroissements larges, la densité est de façon moyenne plus élevée [25, 144, 159].

En ce qui concerne les densités minimum et maximum de cernes, elles semblent croître quand on évolue vers des stations plus riches [144].

Entre individus, une liaison positive existe entre le contraste de densité et la largeur des accroissements annuels, alors qu'à l'intérieur des arbres, les relations sont la plupart du temps nulles, parfois positives [138].

7.252. Vigueur – Retrait

On ne relève pas, entre arbres, de liens entre vigueur et retrait tangentiel et axial [138]. Cependant, dans le bois de hêtre de taillis sous futaie, les zones correspondant à des accroissements plus larges consécutifs à des coupes du taillis présentent un retrait tangentiel plus élevé (le retrait axial lui ne semblant pas modifié).

7.253. Vigueur – Propriétés mécaniques

Les avis sont assez partagés là aussi. Certains avancent l'idée qu'en augmentant la largeur de cerne par le biais de la station, par le choix d'individus, ou bien à l'intérieur de ceux-ci en effectuant une éclaircie, la résistance mécanique s'élève [110, 144, 180]. D'autres, au contraire, pensent que la largeur de cerne est impropre pour juger un bois du point de vue de ses performances mécaniques [146].

Des valeurs maximum de résistance au choc pour des largeurs de cernes un peu inférieures à 1 mm sont néanmoins notées [53].

7.254. Vigueur – Fibre torse

Les arbres les plus vigoureux ne présentent pas plus que les autres un angle de fibre torse élevé [193].

7.255. Vigueur – Anatomie du bois

Les travaux consacrés à ce sujet ne sont pas d'un moindre intérêt puisqu'en définitive, les caractères anatomiques du hêtre sont l'élément déterminant de sa qualité (voir 7.27), bien plus d'ailleurs que sa densité, paramètre qui s'avère souvent par trop synthétique.

Variation de la vigueur dans l'arbre.

On peut dire que, de façon générale, l'augmentation de la largeur de cerne se traduit par une chute du pourcentage de vaisseaux [6, 15, 16, 40, 92, 109, 172, 177, 191] et une hausse corrélative du pourcentage de fibres. Certains avancent des chiffres de 33 % de la surface pour des cernes de 1 à

2 mm, 27 % pour des cernes de plus de 4 mm [15]. Le diamètre des vaisseaux, quant à lui, est donné tantôt en augmentation [6, 36, 92, 191], tantôt inchangé [139]. C'est dire que leur nombre par unité de surface diminue.

Une liaison positive longueur de fibres - largeur de cernes semble apparaître [36, 189]; toutefois, si l'on reste à l'intérieur d'un même cerne dont la largeur peut varier considérablement suivant le rayon considéré, la longueur de fibres reste inchangée [189]. Les fibres de plus faible diamètre et aux lumens les plus étroits sont présentes en plus grande proportion dans les accroissements annuels les plus minces [177].

Plusieurs auteurs observent des relations plus confuses entre les dimensions et la surface occupée par les autres cellules : la proportion de rayons médullaires ne semble pas varier avec la vigueur [112, 191], alors que leur largeur y semble sensible [112].

Le pourcentage de parenchyme croîtrait avec la largeur de cerne [191], du moins tant que l'on reste dans des valeurs d'accroissement modérées [177]. La proportion de trachéides serait maximum pour les individus de vigueur moyenne [177].

VARIATION DE VIGUEUR ENTRE ARBRES.

Les variations anatomiques entre le bois d'arbres différents peuvent être considérables; ainsi, deux arbres ayant des cernes de même largeur peuvent avoir des pourcentages de vaisseaux variant de 39 à 55 % [149], alors même qu'à l'intérieur d'un arbre l'on avance une chute de 33 à 27 % dans ce pourcentage pour des accroissements multipliés par plus de 2 [15].

Lorsque la vigueur est élevée, le nombre de vaisseaux par unité de surface et la porosité chutent [109]. Pour le premier caractère, ceci est noté à la fois sur jeunes plants et arbres adultes, avec, parallèlement, un accroissement du diamètre des vaisseaux [96].

Pour de jeunes plants provenant de sols calcaires et siliceux cultivés sur ces deux types de milieux, on a observé que les traitements conduisant à la vigueur la plus grande donnent le bois ayant le plus grand pourcentage de vaisseaux, ainsi d'ailleurs que le nombre de rayons ligneux le plus élevé [159].

Pour ce qui est de la proportion de bois occupée par les rayons médullaires, d'autres travaux confirment cela [96, 177].

Les arbres à cernes larges semblent avoir des fibres plus longues; on explique cela par le fait que la rapidité de croissance renforce le bois final à fibres plus longues [109]. Sur jeunes plants de 3 ans, la même observation est faite, avec un palier vers 0,7 mm pour des accroissements très larges [96]. La même liaison se retrouve sur ce matériel avec la vigueur mesurée grâce à la hauteur de pousse.

Sur de jeunes plants, on a observé une corrélation positive entre largeur de cerne d'une part, diamètre et épaisseur des parois des fibres d'autre part, mais pas avec le diamètre des lumens [96]. Sur arbres adultes, ces relations varieraient suivant la position des sujets dans le peuplement (dominant, dominé, codominé). Sur ces deux types de matériel, le pourcentage de fibres chuterait légèrement pour les arbres les plus vigoureux. Il en serait de même pour la proportion de parenchyme longitudinal (sur jeunes plants).

De cette question des liens entre propriétés du bois et largeur de cerne, on retiendra qu'il faut éviter les formules à l'emporte-pièce du genre « quand la vigueur croît, la densité ou la porosité du bois croissent ou décroissent... ». Il est au contraire nécessaire de préciser si la vigueur varie dans l'arbre, entre arbres, entre traitements, la position sociologique des tiges dans le peuplement, la nature des traitements, ... avant d'énoncer une loi qui restera dépendante de la source de variation étudiée.

7.26. LIENS ENTRE LES DIFFÉRENTES PROPRIÉTÉS DU BOIS

La plupart des auteurs s'accordent à noter que densité élevée et forts retraits du bois vont de pair [13, 21, 63, 163, 201, 210].

Quelques-uns sont moins affirmatifs [138, 142, 161, 200].

A l'intérieur d'un arbre, les cernes les plus denses ont un bois plus homogène ; entre arbres, la liaison est moins nette [138]. Retrait tangentiel et retrait axial sont liés positivement [13, 161] ; les mêmes caractères mesurés dans les sens radial et tangentiel le sont, semble-t-il, négativement [13].

La densité du bois semble tantôt liée positivement [13], tantôt indépendante des contraintes de croissance [163].

Entre retrait et contrainte de croissance, il existe une liaison positive ce qui peut s'expliquer par la présence de bois de tension [13, 142, 161, 163].

L'impact d'une densité élevée sur l'augmentation des performances mécaniques des bois : dureté [55, 161, 210], résistance en compression axiale [62, 144, 180, 181, 210, 270], résistance en traction axiale [5], résistance au choc [53, 55, 62], résistance en flexion statique [62, 110, 210] s'avère statistiquement important. Cependant, quelques auteurs font remarquer que des bois de même densité peuvent avoir des résistances mécaniques assez dispersées [30, 109, 180] qui s'expliqueraient par des plans ligneux différents, la présence de bois de tension [30], ou même la proximité de la moelle de l'arbre [5].

Les retraits seraient plus ou moins liés à la dureté du bois [161, 210], de même qu'à la présence de fibre torse [193]. Il resterait un certain nombre d'études à entreprendre pour préciser l'impact d'un gain ou d'une perte sur ces divers caractères en regard de la fabrication d'un produit donné.

7.27. LIENS ENTRE LE PLAN LIGNEUX ET LES PROPRIÉTÉS DU BOIS

Un des objectifs des sylviculteurs et des généticiens forestiers est de saisir le lien entre le milieu, la sylviculture, la génétique et la qualité du bois, laquelle peut répondre à différents critères suivant l'utilisation du matériau.

L'impact des sources de variation décrites se fait sentir sur l'activité de l'assise génératrice qui produit certains types de cellules de caractéristiques et de proportions variables, lesquelles déterminent certaines qualités. Les moyens modernes permettant l'étude en série des plans ligneux, on s'attache de plus en plus à comprendre les lois qui régissent la formation de tel ou tel élément anatomique, au lieu d'établir, comme par le passé, des relations statistiques très approximatives entre par exemple la croissance et la densité du bois, caractéristique elle-même par trop synthétique.

L'autre volet indispensable de ce genre de recherche est naturellement l'établissement de relations entre plan ligneux et diverses caractéristiques du bois. Ces liens sont en général complexes car une grande quantité d'éléments varient : taille des cellules, épaisseur des parois, diamètre des lumens, proportion entre vaisseaux, fibres, rayons ligneux, parenchyme longitudinal, trachéides.

De façon très générale, plus le bois est poreux, moins sa densité, son retrait et ses propriétés mécaniques sont grands. En revanche, plus le pourcentage en volume des fibres est élevé, plus le bois est dense, plus il se déforme à l'humidité et meilleures sont ses qualités mécaniques [210]. Ce dernier point peut d'ailleurs s'avérer être un désavantage, notamment une dureté trop élevée qui rend le déroulage, les travaux au tour, ... difficiles. Ces lois sont reconnues par de nombreux autres auteurs [57, 69, 108, 109, 159, 200]; on signale même une augmentation de la densité de 0,07 quand le pourcentage de fibres s'accroît de 5 à 8 % [177].

Cependant, ces relations sont approximatives; ainsi certains auteurs ne relèvent-ils pas de liaison densité - pourcentage de vaisseaux ou de fibres dans le bois juvénile [36]; de même, peut-on mettre en évidence des provenances à bois très poreux, mais à densité forte, à cause de leur proportion élevée en rayons ligneux qui ont une densité beaucoup plus forte que la densité moyenne de l'ensemble des tissus [159, 192]. L'influence des gros rayons ligneux sur la densité est rapportée par d'autres publications [84, 177]. On signale également que leur proportion est en liaison positive avec la dureté, la résistance en compression axiale et transversale [86]; ils contribuent à augmenter la charge maximale à la limite élastique en flexion statique [86], constituent un facteur important d'anisotropie [18, 174, 175], et leur nombre est en corrélation positive avec les rétractibilités radiale et tangentielle, avec cette nuance que le retrait radial pourrait être d'autant plus faible que la dimension unitaire moyenne des gros rayons est la plus forte [24]. Relevons un résultat inattendu sur *Fagus grandifolia* [117] qui tendrait à prouver que plus le pourcentage de rayons ligneux (gros et petits rayons) est élevé, plus le retrait radial est faible.

Certains auteurs observent des relations avec d'autres éléments anatomiques; par exemple une liaison entre l'excentricité de l'ellipse formée par les vaisseaux en coupe transversale et le retrait radial (mais aucune corrélation avec les retraits tangentiel et axial) [200]; pour d'autres, c'est la présence d'un bois final bien marqué et de fibres à parois bien épaisses qui donne au bois une bonne résistance au choc [146]. Résultat moins connu, la longueur de fibres exerce une influence sur la densité, la résistance à la flexion, au choc et à la compression, et le volume poreux des fibres agit étroitement, mais négativement sur la densité, la dureté et la résistance au cisaillement [109, 110].

En plus des proportions et des caractéristiques des cellules constitutives du bois, des références indiquent que la longueur du chevauchement des fibres, ainsi que la solidité de leur liaison peuvent intervenir sur les propriétés mécaniques du matériau, et même sur la densité [1, 188].

L'influence des trachéides et du parenchyme longitudinal, éléments mineurs quantitativement, est mal connue. Il est à noter que la présence de bois de tension avec ses propriétés physiques et mécaniques particulières [142, 149], se signale également par un plan ligneux original [199]. Dans ce bois, les liaisons classiques entre propriétés physiques ou mécaniques et anatomie observées dans un matériau normal, sont fréquemment bousculées (voir 7.231).

Poussant encore plus avant leurs investigations, certains chercheurs se sont intéressés à l'influence de la constitution chimique du bois, notamment du rapport lignine - cellulose. L'importance et la nature de la fraction cellulosique, le degré de lignification (qui, on le sait, fait passablement défaut dans le bois de tension) semblent agir sur les propriétés mécaniques [89, 147], mais aussi sur la rétractibilité [215, 147, 137] et le coefficient d'anisotropie du retrait [136]. Certains considèrent que le rôle des rayons ligneux et de la structure de la paroi cellulaire est secondaire devant les phénomènes de cette nature [135].

7.28. CONCLUSION :

QU'EST-CE QU'UN BOIS DE HÊTRE DE QUALITÉ ?

L'étude des différentes propriétés du bois de hêtre nous a permis d'évoquer les utilisations de ce matériau (voir également § 7.3) et de constater que, suivant les emplois, l'on pouvait rechercher tel ou tel type de qualité. Il en va ainsi pour la densité ; de façon approximative, on peut dire à ce propos que les bois lourds, qui sont souvent durs, conviennent à des usages réclamant des qualités mécaniques élevées, alors que les bois légers, tendres et de faibles rétractibilité conviennent pour le déroulage, l'ébénisterie fine, le travail au tour, activités très valorisantes pour le produit. Dans ce cas, il est nécessaire d'avoir une vue un peu prospective, qui s'accompagne naturellement d'une marge d'incertitude, pour formuler un avis concernant l'objectif de qualité à rechercher.

Au vu des utilisations actuelles du bois de hêtre, emploi réduit dans les structures de résistance, demande forte dans les industries du placage et du meuble, de la nécessité économique de privilégier le bois-matériau — dont la mise en œuvre mobilise peu d'énergie — par rapport à d'autres matières premières, il est raisonnable de rechercher des bois tendres, à faible rétractibilité et ayant le plus faible niveau possible de contraintes de croissance. L'objectif dureté et rétractibilité faibles allant souvent de pair, comme il a été dit, avec une densité point trop élevée, on pourra, en première approximation, utiliser ce caractère-ci comme critère de sélection. Il serait cependant plus judicieux à notre avis de s'intéresser au plan ligneux d'abord parce que les relations entre les caractéristiques de celui-ci et les sources de variation (hérédité, milieu, sylviculture) sont plus simples à établir qu'avec la densité, paramètre très synthétique, ensuite parce que le fait d'admettre la densité comme représentative d'un type de plan ligneux, lui-même entraînant une certaine rétractibilité, est un peu sommaire. Deux échantillons peuvent être aussi lourds, le premier parce qu'il a beaucoup de rayons ligneux et une porosité moyenne, le second peu de rayons ligneux, mais une porosité très faible, d'où probablement des comportements bien différents des bois à l'usinage.

Dans cet esprit, et toujours avec l'objectif de produire des bois tendres et de bonne stabilité dimensionnelle, on s'attachera à obtenir des plans ligneux ayant une faible proportion de fibres, une bonne porosité et point trop de rayons ligneux.

Nous évoquerons au § 7.6 l'impact des diverses sources de variation sur la qualité du bois.

16a

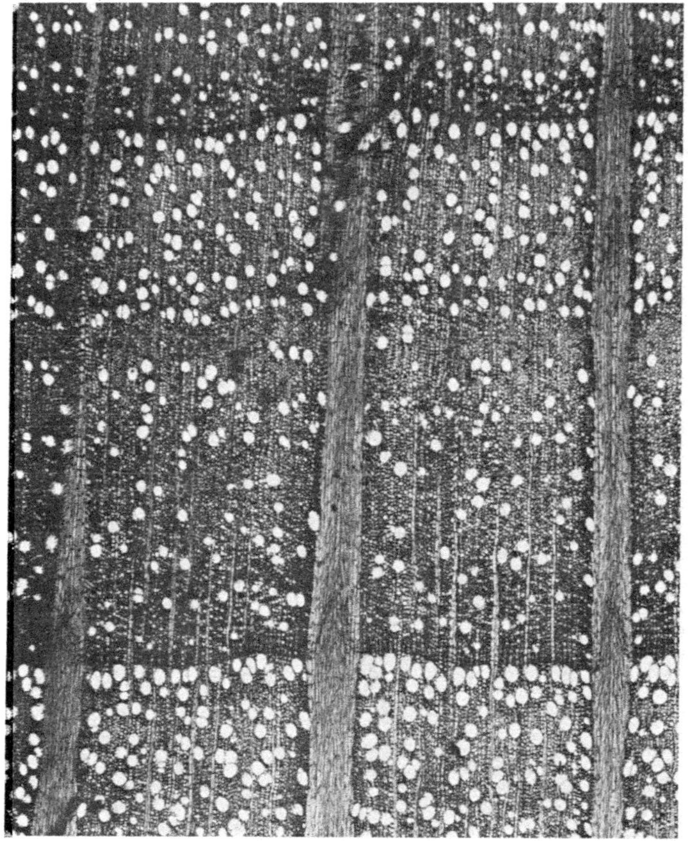

16b

PHOTO 16. — *Coupes microscopiques transversales de bois de hêtre.*

(16 a) : hêtre dur et nerveux, houppier étriqué, plan ligneux caractérisé par une proposition élevée de fibres, et corrélativement, par la rareté des vaisseaux qui sont très dispersés et de petite taille.

(16 b) : hêtre de bonne qualité, houppier bien développé, plan ligneux caractérisé par une grande abondance de vaisseaux souvent jointifs et de gros diamètre.

7.3. UTILISATIONS DU BOIS DE HÊTRE

par

Gérard NEPVEU

7.31. HISTORIQUE

En relisant les textes anciens sur les industries du bois, devis d'architectes, livres de comptes des cours royales, il n'est pas fait mention de l'utilisation du bois de hêtre, alors que l'on cite fréquemment les autres essences. On ne le retrouve pas non plus dans les charpentes et menuiseries des bâtiments construits avant le XVIIIe siècle. Les ingénieurs de la Marine Royale le proscrivent de la liste des bois qu'ils emploient. Durant cette période, on ne l'utilise vraisemblablement que comme bois de chauffage ou pour la fabrication de charbon de bois; on en signale l'usage depuis la fin du Moyen-Age en Allemagne pour produire de l'énergie dans différentes industries (salines, industries du fer), et même comme source de carbonate de potassium pour l'industrie du verre [124].

Il n'apparaît comme bois d'œuvre qu'à la moitié du XVIIIe siècle pour le charronnage, la saboterie, où il remplace le noyer qui coûte trop cher, la fabrication d'une multitude d'articles : rames de galère, battants de soufflets, battoirs à lessive, pelles à four, colliers, bâts, selles et jougs. DUHAMEL DU MONCEAU signale l'apparition à cette époque en France de la râclerie, ancêtre de l'industrie du placage, qui consiste à débiter le bois en minces planchettes appelées cerches servant à faire des clayettes à fruits, des boîtes, des lattes pour fourreaux d'armes blanches. On l'utilise également pour fabriquer des tables de cuisine, des étaux de boucher, des établis, des montures de fusil, et même des meubles; ainsi, les meubles plaqués ou laqués de style Louis XV ou Louis XVI d'origine sont-ils en hêtre. Il reste proscrit de la construction navale et de la charpente par suite de sa mauvaise tenue à l'eau et de sa cassure brutale. Il faut signaler que l'on se préoccupait dès cette époque des problèmes liés au fort retrait du bois de hêtre, puisque les divers objets fabriqués sont mis à sécher au-dessus de feux de bois humides produisant de la vapeur.

Dans la deuxième moitié du XIXe siècle apparaît la traverse de chemin de fer de hêtre appréciée pour sa résistance à l'écrasement. L'industrie du meuble en série se développe (meubles en bois blanc, sièges), ainsi que celle du bois courbé, industrie née en Autriche. On emploie des merrains de hêtre pour fabriquer des tonneaux destinés à recevoir des matières sèches, des pilotis en hêtre pour les ouvrages portuaires car, immergé, sa durabilité est bonne.

En 1878, CROIZETTE-DESNOYERS [31] publie une statistique très détaillée portant sur 1,3 million de m^3 et indiquant les usages du bois de hêtre exploité dans les forêts soumises au régime forestier :

- bois de feu..... 80 %
- bois d'œuvre ... 20 % dont :
    - traverses .... 5,5 %
    - perches de mines, charpentes, pilotis, quilles pour bateaux de pêche .... 0,4 %
    - merrain de fente ou de sciage................... 1,0 %
    - sciages marchands (surtout ébénisterie).......... 3,5 %
    - sabotage.. 5,0 %
    - charronnage .... 1,0 %
    - bois de tour .... 0,6 %
    - industries diverses (bourrellerie, soufflets, boîtes, brosses, pelles à four, ...) .... 3,0 %

Ainsi, à cette époque, le bois de feu occupe encore une position très importante, à côté d'une multitude d'usages qui vont jusqu'à la fabrication de pavés en bois injectés à la créosote.

Le XXe siècle connaît l'apparition d'industries nouvelles, le déroulage, très valorisante pour le bois de hêtre, grâce auquel il est permis d'obtenir de grands panneaux de contreplaqués d'une seule pièce. Plus récemment se développent à partir du hêtre la fabrication de panneaux de fibres et de particules, de papiers et de cartons, ainsi qu'une industrie chimique basée sur la cellulose de son bois. On peut signaler encore l'essor très important des bois bakélisés à base de hêtre.

Dans le même temps, l'emploi sous forme de meubles, en ébénisterie et carrosserie se développe, laissant une place à l'industrie du bois courbé, aux pianos et machines agricoles, alors que le hêtre est supplanté par le plastique et les métaux légers pour la fabrication de petits articles qui firent une partie de son succès au XIXe siècle (voir tableau 61).

7.32. UTILISATIONS ACTUELLES DU BOIS DE HÊTRE

On pourra distinguer les différents usages en fonction des stades d'exploitation des peuplements [208] :

TABLEAU 61

Fac simile

D'après un numéro du Moniteur des Scieries et des Travaux Publics
(Thèse GUENAU, 20-10-1979).

Principaux usages de nos bois indigènes

Il nous a paru intéressant de rappeler et de classer par ordre alphabétique les utilisations principales de nos bois indigènes ou introduits dans nos forêts. Les essences sont citées dans l'ordre décroissant, en ce qui concerne l'appréciation ou la vogue dont elles jouissent.

Allumettes : tremble, peupliers, bouleau, tilleul, (épicéa, sapin, weymouth).

Arcole (bois d') : charme, **hêtre,** bouleau, etc.

Billard (queues de) : charme, frêne.

Blocs de verrerie : **hêtre.**

Bobines : bouleau, charme, tilleul, tremble.

Boissellerie : **hêtre,** érable, platane, sapin, épicéa, marronnier.

Boulange (bois de) : surtout bouleau, aune, tremble, pin divers, chêne, **hêtre.**

Brancards : acacia, frêne, (orme)

Brosse : **hêtre,** aune, bouleau, cerisier.

Cannes : **hêtre,** houx, genévrier, cornouiller.

Caisses : résineux, bois blancs, bouleau, weymouth, marronnier, peuplier.

Cercles : châtaignier, acacia, frêne, bouleau (sous écorce), saules, noisetier.

Chaises : cerisier, **hêtre** (courbé surtout), frêne.

Chevaux de bois : marronnier, tilleul.

Chevilles : acacia, orme, bouleau, charme.

Charpente : chêne, acacia (quasi incorruptible), mélèze, résineux, aune (débité vert), **hêtre** et peupliers (petites pièces).

Charronnage : chêne, frêne, **hêtre,** orme, platane.

Cintrage : (avion, wagons, autos) : frêne, noyer, **hêtre,** orme.

Coins : charme, cormier.

Crayons communs : tilleul.

Crosses de fusil : noyer, érable, bouleau, frêne, orme, cormier.

Dents de herse et de rateau : acacia, frêne, saule blanc.

Drains : fagots d'aune, de tremble.

Echalas : mélèze, châtaignier, acacia, chêne, tremble et tilleul (sulfatés), saules, épicéa, pin (cœur refendu).

Echelles (montants) : épicéa, mélèze, châtaignier, bouleau, cerisier, peuplier, tilleul.

Echelons : acacia, chêne.

Etais de mine : mélèze, acacia, chêne, châtaignier, frêne, résineux, tremble, saule blanc.

Engrenages : acacia, alisiers, charmes, orme tortillard, houx.

Escaliers (rampes) : chêne, cerisier, **hêtre,** orme.

Escaliers (marches) : chêne, **hêtre,** orme.

Billot, Etal : charme, **hêtre,** platane.

Filatures : (navettes, bobines, fuseaux) : houx, charme, aune, érable, tremble.

Fonds de tombereaux, de wagon : **hêtre,** orme, mélèze, peuplier blanc.

Formes de chaussures : charme, tilleul.

Fourches à foin : saule blanc, tilleul.

Gravure sur bois : buis, cormier, poirier, pommier, tilleul, if.

Hélices d'avion : **hêtre,** (bois exotiques).

Hydrauliques (travaux) : chêne, aune, tremble, orme, mélèze, cœur de pin.

Instruments de mathématiques : cormier, poirier, charme, platane.

Jalousies : sapin, épicéa, (weymouth).

Jantes : frêne, chêne, acacia, **hêtre,** orme.

Jouets d'enfants : aune, charme, **hêtre,** sapin, épicéa, platane.

Jougs : charme, **hêtre.**

maillets : charme.

Manches d'outils, de fouets : charme, châtaignier, érable champêtre, cornouiller, frène, tremble, poirier, saule blanc, tilleul, épicéa.

Marine, arsenaux, wagons : chêne, frêne, **hêtre,** orme, mélèze.

Mature : mélèze, épicéa.

Mécaniques (pièces de) : alisiers, cormier, charme, orme tortillard, érable champêtre, chêne, cornouiller.

Membres artificiels : tilleul surtout.

Merrains : chêne, châtaignier, acacia, frêne et merisier (Kirsch), **hêtre** (poisson, savon, beurre...), mélèze, sapin, épicéa, pin, tremble (matière sèches).

Meubles : chêne, noyer, acacia, poirier et alisiers (faux ébène), mélèze, cerisier, érables, frêne, **hêtre** (fonds, bois courbés et tournés), orme, peuplier, tilleul (intérieurs), épicéa, et sapin.

Moulures : aune, charme, marronnier.

Moyeux : charme, érable champêtre, frêne, chêne, orme tortillard, platane.

Musique (instruments de) : sorbier, alisiers, charme (pianos, flûtes, fifres), érable, poirier, épicéa de montagne, tilleul (débité vert).

Nattes, tapis, cordes : écorce de tilleul d'orme.

Paille de bois : peuplier, résineux.

Parquets : acacia, cerisier étuvé, érables, **hêtre** (huilé), noyer, sapin (sur maille).

Pâte de bois : tremble, tilleul (la plus blanche), peuplier, bouleau (fibre courte), pin sylvestre, sapin, épicéa (pâte nerveuse), aune (souple), saule (liante), weymouth.

Pavés : mélèze, épicéa des montagnes, pin, sapin, **cœur de hêtre,** chêne (glissant), bois étrangers.

Perches à houblon, etc. : mélèze, sapin, tremble, saule blanc, marceau, tilleul.

Perchoirs de poulailler : érable champêtre, tilleul.

Pieux : acacia, chêne, châtaignier.

Pilotis : chêne, orme, aune, mélèze, cœur de pin, épicéa.

Placage : aune et cerisier (avec eau de chaux = acajou), chêne, bouleau, noyer, frêne, poirier.

Portes, fenêtres : chêne, mélèze, épicéa, sapin, peuplier.

Poteaux : épicéa, pin (mélèze), (pin d'Autriche).

Poulies : orme tortillard, charme, alisiers, fruitiers.

Pressoirs : charmes, noyer.

Quilles : buis, orme, charme.

Rabots : charme, cormier.

Rais de voiture : acacia, frêne.

Rames : frêne, **hêtre.**

Résine : pin maritime (noir d'Autriche, sylvestre), sapin (thérébentine de Venise).

Robinets : érable, charme, aune, frêne.

Sabot : **hêtre,** bouleau, peuplier, aune, noyer, érable, orme, tilleul, saule blanc, pins (collet).

Sculptures : chêne, alisier, poirier, érable, marronnier, pommier, tilleul (cadres).

Semelles, galoches : aune, charme, érable, bouleau, **hêtre,** orme, platane.

Skis : frêne.

Tables de cordonnier, cartonnier, etc. : tilleul.

Tannin : écorces de chêne rouvre, pédonculé (7-16 %), (de mélèze-Russie, épicéa 4 %, saule 7 %, aune, bouleau), bois de châtaignier, de chêne.

Tour (ouvrages de) : acacia, cytise, cormier, if, noyer, cornouiller, poirier, bouleau, érables, frêne, chêne, **hêtre,** tilleul, fusain.

Tranchage et découpage : marronnier, tilleul, saules.

Traverses de chemin de fer : chêne, **hêtre,** (pin-cœur).

Vannerie : frêne, saules, noisetier, cournouiller sanguin, bourdaine.

Vis : alisiers, charme.

7.321. **Produits des nettoiements et des éclaircies dans les fourrés et gaulis**

Les éclaircies dans ces jeune peuplements portent souvent sur des essences autres que le hêtre. On peut enlever çà et là des préexistants qui peuvent fournir du bois de chauffage ou du bois pour la carbonisation et la distillation.

Les gaulis de hêtre peuvent servir comme tuteurs pour cultures maraîchères.

7.322. **Eclaircies des bas perchis**
(Tiges de 15 à 25 cm de diamètre à hauteur d'homme).

On les destine aux industries des panneaux de fibres, des pâtes à papier et de cartons, et surtout de la cellulose. Fendus, ces bois donnent un excellent combustible.

7.323. **Eclaircies de futaie et coupes de régénération**
(grumes de 80 à 120 cm ou plus de circonférence)

Les emplois sont divers suivant les qualités ; les bois les plus nerveux ou les plus noueux pouvant être relégués à la fabrication de traverses.

LA SABOTERIE, LE CHARRONNAGE (jantes de roues, patins de freins), L'EM-BALLAGE (tonneaux pour matières pâteuses ou sèches), la BROSSERIE, la CARROSSERIE, ont disparu ou se maintiennent difficilement devant la concurrence d'autres matériaux. Le hêtre est l'un des meilleurs bois pour fabriquer des formes à chaussures [24].

ÉBÉNISTERIE : un grand nombre de meubles de style (sièges) sont fabriqués en hêtre. On utilise pour cela des grumes de bonne dimension (120-150 au milieu) à bois tendre. Les meubles de style Louis XV plaqués et Louis XVI laqués blanc sont faits de bois de hêtre.

MENUISERIE ET MEUBLES COMMUNS (grumes de 120 à 150 au milieu) : on utilise les meilleurs pièces pour les parties visibles des meubles, les deuxièmes choix servant aux intérieurs et aux carcasses. Les mobiliers scolaire et sanitaire vernis ou laqués sont fréquemment en hêtre. Signalons également la fabrication de frise à parquet.

TOURNERIE : beaucoup de pièces sculptées au tour le sont sur du bois de hêtre : pieds de chaises et de tables ainsi qu'une foule de petits objets ou articles de ménage. Le hêtre tendre est particulièrement apprécié pour cet usage.

BOIS COURBÉS : les bois découpés à leurs dimensions de montage sont étuvés sous pression de façon à les ramollir et pouvoir les cintrer sur des matrices. Ceci nécessite naturellement des bois de droit fil sans défaut. On fabrique ainsi des petits meubles et des sièges avec un minimum d'assemblage ce qui augmente leur solidité.

PIANOS : on réserve à cet usage les meilleures pièces de bois à grain doux qui servent à fabriquer la ceinture de soutien ; diverses pièces de calage sont souvent en hêtre. La table d'harmonie est en épicéa à accroissements fins et réguliers.

DÉROULAGE (grumes de 160 et plus au milieu) : on réserve à cet usage les bois tendres, nets de défauts (fibres droites, cylindriques, absence de fentes, cœur sain bien centré). Ces grumes sont vendues environ deux fois plus cher que les billes de qualité menuiserie [208]. Il faut 2 à 2,8 m³ de grumes pour obtenir 1 m³ de contreplaqué dont les propriétés physico-mécaniques sont supérieures à celles des contreplaqués d'autres essences [127]. Les placages de hêtre servent à confectionner des panneaux de contreplaqués d'usages multiples en menuiseries (cloisons, étalages, lambris, panneaux de portes) ou en ébénisterie (portes et côtés de meubles). Ces contreplaqués de hêtre peuvent également servir, en ébénisterie de luxe, de support à des placages de bois précieux. Les placages minces de hêtre sont souvent collés « en forme » pour constituer des panneaux cintrés : dossiers, sièges, coques, fuselages.

BOIS AMÉLIORÉS : on obtient un produit qui allie aux qualités mécaniques des bois de choix, améliorées par densification, celles d'une résine synthétique. Les usines utilisent essentiellement le bois de hêtre pour leurs fabrications. On distingue les pièces à forte teneur en résine (50 %) imprégnées dans la masse servant à des appareillages électriques ou chimiques, des pièces faiblement résinifiées réservées aux usages mécaniques; celles-ci sont fabriquées à partir de placages encollés à la résine synthétique et mis en forme sous pression à une température permettant la polymérisation des résines.

Depuis un substitut aux bois de résonance d'érable sous forme de contreplaqués en alliance avec d'autres espèces [54], jusqu'aux composts de sciure ou d'écorce [12, 78, 185, 206], en passant par les bois plastifiés dans l'ammoniac, les bois de mines [77, 82], les traverses de chemin de fer (84 % des traverses allemandes étaient en hêtre dans les années 50 [124]), l'emballage, ... le hêtre est certainement l'un des bois qui est utilisé sous des formes les plus variées. Il est certain que nous n'avons pas encore testé toutes ses possibilité et qu'à l'instar d'autres pays, nous pourrions développer certaines fabrications à partir de ce bois que nous exportons sous forme brute. Ainsi, pour ce qui concerne le déroulage, on a classé 21 % des bois allemands dans cette catégorie [124] alors que nous n'en utilisons que 7 % sous cette forme.

7.4. CLASSEMENT DU BOIS DE HÊTRE

par

Gérard NEPVEU

On distinguera le classement des bois en forêt et celui des produits transformés en usine. Il est nécessaire d'indiquer que, surtout en ce qui concerne le classement en forêt, la distinction des divers produits dépend souvent plus des circonstances locales que des potentialités effectives des produits. Ainsi, dans telle région, des grumes « placage » risqueraient de partir en sciage, d'où une moins-value certaine, faute d'un acheteur intéressé, alors que dans telle autre, un dérouleur utilisera des bois d'assez faible diamètre. Par ailleurs, certaines normes de qualité, telles les largeurs de cernes, sont sans doute discutables.

7.41. CLASSEMENT EN FORÊT

On évoquera ici le classement en qualité placage et sciage [46], en indiquant cependant pour mémoire que les bois à fibres sont eux aussi soumis à respecter certaines normes de qualité (absence de pourriture, écorçage ou non) et de dimension [209].

7.411. Classement en placage ou contreplaqué

PLACAGE.

– *Dimension* : diamètre 45 cm et plus au milieu de la grume, longueur de 4 m et plus,

– *qualité* : décroissance inférieure à 6 cm par mètre ; accroissements inférieurs à 1,5 mm et réguliers ; grain fin ; courbure négligeable, méplat pratiquement nul ; nœuds absents ; cœur bien centré ; fil droit ; absence de gerces, altérations ou piqûres d'insectes.

CONTREPLAQUÉ.

– *Dimension* : diamètre 35 cm et plus en milieu de grume,
– *qualité* : décroissance inférieure à 6 cm/m ; accroissements réguliers et inférieurs à 2 mm ; défauts comme ci-dessus avec tolérance de quelques nœuds sains en nombre limité.

7.412. Classement en sciage

QUALITÉ ÉBÉNISTERIE, MENUISERIE FINE.

– *Dimension* : 45 cm et plus de diamètre au milieu,
– *qualité* : même qualité que ci-dessus.

QUALITÉ MENUISERIE COURANTE.

— *Dimension :* 40 cm et plus de diamètre,

— *qualité :* décroissance inférieure à 12 cm/m; pas d'exigence de largeur d'accroissement à condition qu'ils soient réguliers; défauts : comme ci-dessus, en admettant quelques nœuds vicieux limités en nombre et en dimension. On accepte en outre une courbure faible comprise entre 1 et 3 cm/m et un méplat compris entre 5 et 10 % (différence du plus grand au plus petit diamètre de la section médiane divisée par la moyenne de ces deux diamètres), un cœur légèrement excentré, fil faiblement tors, gerces fines.

CHARPENTE, FONDS DE WAGON, FRISES, ... EMBALLAGE SCIÉ.

— *Dimension :* 30 cm et plus au milieu pour la charpente, les fonds de wagon; 20 cm et plus au milieu pour les emballages sciés,

— *Qualité :* pas d'exigence sur les défauts, anomalies, sur la conformation et la structure en opérant si besoin est des réfactions sur le cubage ou sur le diamètre.

7.413. **Classement en sciages destinés aux supports de voie ferrée**

— *Dimension :*
   33 cm et plus au fin bout, 3 m de long et plus pour les appareils de voies,
   29 cm et plus au fin bout, 2,60 m de long et multiples pour les traverses,
   24 cm et plus au fin bout, 2,50 m de long et multiples pour les traversines.

— *Qualité :* même qualité que ci-dessus à l'exception des roulures, gélivures, nœuds vicieux, fentes importantes, fil tors, échauffures.

Dans certaines conditions de vente, il est impossible de procéder à une estimation arbre par arbre. On définit alors des classements-types qui donnent, à partir de chaque classe de diamètre, le volume de l'arbre moyen ventilé en menuiserie, charronnage-traverses, bois pour défibrage et cellulose, ou si l'on estime que la qualité placage est atteinte en placage, menuiserie, charronnage-traverses.

Afin d'éviter l'approximation, ces classements-types doivent être établis pour quelques ensembles de stations ou de traitements; il est évident que deux hêtres de 60 cm de diamètre à hauteur d'homme pris l'un en taillis sous futaie, l'autre en futaie ne donneront pas les mêmes volumes de différents produits.

7.414. **Importance des défauts sur le classement et les prix**

Il est difficile de chiffrer objectivement l'influence des défauts sur les déclassements et les prix. En Allemagne, on signale que la présence de pourritures gris-rouge à brune fait chuter les prix de 30 à 60 % [94] ; il est indiqué qu'en Basse-Saxe, entre des troncs bien cylindriques et très coniques, on peut avoir des chutes de prix de 40 %, que la sinuosité des troncs, même exempts de défauts, intervient plus défavorablement que la présence de fourche et que l'observation de cicatrices révélant la présence de nœuds peut réduire la valeur des bois de 50 % par rapport à une tige normale [122]. Toujours en Basse-Saxe, les pourcentages de rebuts causés par, respectivement, les nœuds, les fentes de bout et les blessures atteignent 30, 29 et 23 % [178]. L'importance des défauts est jugée différemment dans d'autres pays [173]. En France, la présence de fibre torse peut faire tomber les prix de 25 % [193]. Les projectiles métalliques sont redoutés pour les outils de coupe : ils entraînent toujours une réfaction sévère [179].

De façon générale, le bois avec cœur rouge sain est peu apprécié bien que certains auteurs ne le jugent pas inférieur au point de vue solidité [98], ou même en défendent l'utilisation dans les placages tranchés ou pour d'autres usages décoratifs [51].

Il est nécessaire de faire remarquer que les normes de classement, souvent peu observées pour des raisons économiques, devraient sur le plan technologique être revues avec profit : ainsi en utilisant jusqu'à 35 % des grumes à sciage en déroulage, on pourrait atteindre des rendements de 30 %, alors qu'avec les normes habituelles, les rendements sont pour le déroulage de 40 % [213].

7.415. **Liens entre l'aspect extérieur de l'arbre et les défauts internes du bois**

En France, le classement des bois s'opérant sur pied, hormis les quelques départements pratiquant l'exploitation en régie, il est particulièrement important de déduire de l'aspect extérieur du tronc les défauts internes du bois et ce, avec une certaine précision.

Il existe une bonne liaison pour la fibre torse entre les mesures sous écorce et celles, visuelles, sur écorce [11].

Les arbres ayant la fibre torse ont fréquemment des branches s'enroulant autour de l'axe du tronc [99, 100].

L'aspect de l'écorce, malgré une opinion couramment répandue [130], n'exprime pas de qualités intrinsèques du bois (densité, rétractibilité) tant au point de vue couleur (noire, grise, blanche) qu'au point de vue épaisseur [156]. Les traces de brûlures sur les écorces, parmi les plus fines des espèces forestières, sont accompagnées la plupart du temps de pourritures internes; l'extension de celles-ci serait d'autant plus grande que le bois est tendre [190]. Les hêtres à écorce arrachée doivent être considérés avec méfiance.

La plupart des auteurs s'accordent à dire que la forme sur l'écorce des cicatrices recouvrant les plaies d'élagage naturel (moustaches de chinois) fournit des indications utiles sur la profondeur du nœud et du recouvrement de celui-ci, l'angle de la branche, la taille du défaut [27, 33, 45, 83, 120, 126], les pourritures, le cœur rouge [28]. En ce qui concerne l'extension des pourritures internes du tronc, les auteurs discutent sur l'importance relative des angles de branches et des diamètres des chicots [27, 45].

L'examen superficiel du nœud par un flachis à la hache est souvent trompeur car la pourriture reste parfois très localisée en profondeur [33].

L'étude de 6 000 arbres de 57 cantonnements forestiers roumains a indiqué que l'extension des pourritures internes est liée positivement au diamètre et à l'âge de l'arbre, à l'importance des blessures, au nombre d'années écoulées depuis l'apparition du défaut ainsi qu'à la classe de production, les peuplements les plus vigoureux semblant plus atteints, ce qui s'expliquerait par les densités différentes des bois de ces forêts [33].

Un critère valable de présence de cœur rouge de « tête » serait l'existence de branches mortes; une écorce craquelée « en peau de crapaud » à la base du tronc serait un signe de présence d'un cœur rouge de pied [130].

Certains auteurs sont réservés sur les liens entre les caractères des troncs et des billons et la qualité des planches qu'on peut en tirer : ils notent cependant qu'il faut craindre les arbres à cimes excentriques, les troncs courbés, fendus, les portions de ceux-ci situées à proximité des fourches, qui fournissent des produits de mauvaise stabilité dimensionnelle [178].

7.42. CLASSEMENT EN USINE (SCIAGES)

La commercialisation des sciages de hêtre intervient sous forme de plots ou d'avivés [25].

7.421. **Plots**

C'est un mode de débit apprécié par le scieur pour sa simplicité et son bon rendement; l'utilisateur lui reproche sa difficulté de manipulation, ainsi que les pertes importantes en matière qu'il entraîne.

Les dimensions varient de 13 à 105 mm pour l'épaisseur à l'état sec à l'air, 20 à 30 cm au minimum à mi-longueur pour la largeur, 3 m et plus en longueur.

On classe les plots en 3 choix

ÉBÉNISTERIE : pièces sans défaut, grain fin, sans cœur rouge, fil droit, largeur minimum entre flaches de 20 cm au milieu de la pièce.

MENUISERIE : moins d'exigence pour le grain du bois, tolérance de quelques nœuds laissant nette une bonne partie de la pièce. Même exigence de dimensions que ci-dessus.

CHARRONNAGE : plots tirés de surbilles ou de billes de pied de médiocre qualité (bois dur, nerveux, arbres brogneux, noueux et vissés).

7.422. **Avivés**

Les épaisseurs courantes varient de la même façon que pour les plots, les largeurs de 11,5 à 18,5 cm et plus, les longueurs de 2 m à 2,50 m et plus.

On scie également des chevrons, des frises de hêtre pour parquets avec, dans ce dernier cas, un débit spécial sur quartier et faux-quartier afin d'éviter les déformations des pièces.

Le classement est normalisé : il consiste à noter indépendamment les deux sous-ensembles formés par une rive et une face sur une échelle comportant les qualités D, C, B, A et X par ordre croissant, chacune d'elles tenant compte de la rectitude du fil, des nœuds (dimensions et état), de la présence de loupe ou pattes de chat, des fentes, des altérations du bois (veines, cœur rouge, taches, pourriture, piqûres noires), des gélivures, roulures. On obtient pour la pièce une combinaison de deux notes correspondant chacune aux deux sous-ensembles face-rive qui la constituent (XA, AB, AD, XC, ...). On classe alors les binômes en 5 « choix » (choix exceptionnel, 1er, 2e, 3e et 4e choix), le choix exceptionnel ne comportant par exemple que des pièces XX, le 3e choix des pièces BD, CC et CD...

7.5. CONSERVATION

par

Gérard NEPVEU

7.51. ALTÉRABILITÉ

Le hêtre a un bois très sensible aux attaques fongiques dont l'agent habituel est le *Stereum purpureum*.

En revanche, en raison du faible diamètre des vaisseaux de son bois, le hêtre n'est pas sensible aux attaques des *Lyctus* [25].

L'altérabilité du bois de hêtre rend préférable la coupe hors sève. S'il s'agit de bois d'éclaircie destiné à la production de fibres, on peut exploiter en sève au printemps, à condition d'écorcer (ce qui est coûteux) car alors le bois peut atteindre avec l'été une humidité suffisamment basse pour entraver la progression du champignon. Le bois non écorcé lui, sèche mal et s'échauffe [209].

Pour les bois d'œuvre exploités en sève, on peut éviter l'échauffure, en l'absence de tout arrachement d'écorce, en stockant le bois immergé, même durant 2 ou 3 ans. On peut aussi arroser les grumes entassées avec une pluie artificielle, éventuellement additionnée d'antiseptiques et recyclée; la consommation pour une conservation de 3 mois atteint 50 l par m^3 de bois. Les pertes sont nulles en cas d'immersion; elles peuvent atteindre 15 % par aspersion [50, 155].

Le bois mis en œuvre se classe parmi les plus altérables [70]. On considère en Suisse que c'est le problème numéro 1 du hêtre [17].

En soumettant le bois de hêtre à l'attaque de *Polyporus adustus,* on ne note pas de variation de la durabilité en fonction de la position dans le tronc, sauf s'il y a présence de cœur rouge qui est résistant; on n'observe pas non plus d'effet de la station [196].

On donne une durabilité de 300 à 800 ans pour le bois utilisé dans un endroit sec, de 70 à 100 ans s'il est immergé, de 5 à 95 ans en charpente [94]. Les traverses non traitées ne peuvent résister que 2 à 3 ans; avec un traitement de conservation, cette durée passe de 15 à 40 ans.

Ces considérations conduisent à attacher une grande importance au séchage de ce bois, à son traitement par des antiseptiques.

Pour les arbres sur pied, il faut craindre les trous laissés par la chute des branches mortes, les blessures étant d'autant plus fréquentes que l'écorce est fine : frottures de branches d'arbres voisins, inscriptions sur l'écorce, blessures d'exploitation, mitraille; une tare de cet ordre est rédhibitoire pour le choix d'arbres de place.

Il est recommandé d'abattre en éclaircie les arbres portant des chicots, des blessures sérieuses plutôt que les sujets tordus, inclinés ou à cimes excentrées [178].

Lorsque l'on procède à des prélèvements d'échantillons à la tarière de Pressler, il est formellement conseillé de veiller au rebouchage des trous de sondage à l'aide de chevilles imprégnées d'un produit antiseptique [195].

A cause de l'altérabilité de ce bois, certains auteurs proscrivent l'élagage de branches vivantes [121, 210]. Ils indiquent que, sur des hêtres de 40 ans dont on a coupé des branches de 1,5 à 5,5 cm de diamètre, même l'application de goudron sur les plaies n'est pas capable de contrecarrer la pourriture du bois. Il a même été préconisé de laisser des chicots de 5 à 10 cm de long lors de l'élagage des branches vivantes sur jeunes arbres afin de bloquer la pénétration de *Nectria ditissima*.

D'autres auteurs sont moins catégoriques sur cette question.

En élaguant des branches de diamètre atteignant 50 mm sur des hêtres de 50-55 ans, l'un d'eux note certes la présence de champignons 2 à 5, voire 9 ans après le recouvrement des plaies, mais ils progressent peu dans le bois. Les tissus de recouvrement riches en eau et pauvres en air sont moins attaqués que l'intérieur du bois [214].

Un autre préconise l'élagage si l'on se limite à des branches normalement disposées jusqu'à 3 cm de grosseur sur des arbres de bonne venue, et si l'on pratique l'opération proprement, tôt au printemps. L'enlèvement de branches plus grosses semble possible à condition de badigeonner les blessures avec des produits antifongiques. Toutefois, cette application gênerait la formation du cal de cicatrisation [219, 220].

Pour cet auteur, qui a observé un peuplement de 72 ans, 12 ans après élagage, l'extension de la pourriture après une opération soignée n'est pas plus importante qu'en cas d'élagage naturel ; la pourriture cesse de progresser sitôt la blessure recouverte. Le temps nécessaire à ce recouvrement varie avec la saison de végétation, le soin apporté à la coupe, la taille et la forme de la branche et la vigueur de l'arbre ; il demande 7 ans pour une ramification d'un diamètre de 3 cm, deux fois moins de temps que pour une cicatrice de branche morte (4 et 9 ans respectivement pour des branches de 10 et 60 mm [214]).

7.52. IMPRÉGNATION DU BOIS

Par suite de sa grande altérabilité, il est nécessaire d'injecter des antiseptiques dans le bois de hêtre pour le protéger.

Un badigeonnage sommaire peut déjà se pratiquer avec profit dès l'abattage.

On préserve le bois mis en œuvre destiné à des usages extérieurs (traverses de chemin de fer, wagon, ...) par des imprégnations à la créosote, injectée sous pression. D'autres substances peuvent être utilisées, notamment des sels métalliques. Signalons d'autres catégories d'imprégnations dont les rôles ne sont plus des rôles de protection :

TEINTURES : le bois de hêtre peut être teint en profondeur, soit à l'autoclave, soit en faisant pénétrer la teinture sur des arbres vivants, avant abattage, en profitant du flux de sève au printemps : la teinture, placée dans des récipients accrochés à hauteur d'homme le long du tronc, est amenée par des tuyaux dans des trous s'enfonçant à des niveaux variés dans l'arbre, et pénètre ainsi avec une faible pression. L'arbre peut absorber 1 000 litres de teinture, sauf au cœur où la sève ne circule pas [208]. Ce procédé a été utilisé en Allemagne pour obtenir des bois colorés utilisés en marqueterie, pour la fabrication des jouets et des boutons de bois, et en Union Soviétique pour la production de placages teintés [90].

IMPRÉGNATION AVEC DE L'HUILE : elle peut être pratiquée pour obtenir des parquets lavables [208].

IMPRÉGNATION PAR DES RÉSINES SYNTHÉTIQUES : le bois de hêtre est facilement imprégnable, même avec de grosses molécules [22]. C'est pour cette raison qu'il a été choisi comme matière première pour la bakélisation. L'imprégnation intervient sous pression et à chaud sur des bois massifs ou des placages, et modifie considérablement les propriétés mécaniques et chimiques du bois, atténuant très fortement les contrastes entre bois de hêtre présentant des caractéristiques structurales différentes, multipliant par 2 à 8 les propriétés mécaniques (sauf la résistance au choc qui diminue) [108].

7.6. FACTEURS DE QUALITÉ : MILIEU, SYLVICULTURE, HÉRÉDITÉ

par

Gérard NEPVEU

Il faut d'emblée souligner que la plupart des travaux relatifs à ces questions font une confusion entre les diverses sources de variation : par exemple, on trouve des études comparant plusieurs arbres de deux peuplements sur des sols déclarés semblables, sis à des altitudes différentes, et on attribue la variabilité à l'effet de l'altitude, sans s'inquiéter de la composition génétique différente des deux stations. Ces défauts n'ôtent cependant pas tout intérêt à ces résultats lorsque d'autres publications relatives à des matériels différents corroborent les premières observations. Dans le cas contraire, il faudra user d'une certaine circonspection dans l'interprétation. On rangera les sources de variation en quelques grands types, en se rappelant du caractère parfois arbitraire de la classification.

7.61. INFLUENCE DU MILIEU

7.611. Variabilité interrégionale signalée hors de France

En Pologne, on a mis en évidence une variabilité entre origines des bois sur toutes les propriétés mécaniques, sauf la résistance en compression axiale et la résistance en flexion dynamique [169, 170, 171]. Entre les deux grands domaines du hêtre dans ce pays, le domaine baltique et le domaine carpathique, on n'a pas trouvé de différence pour la qualité [59]; cependant on note que les hêtres des Carpathes sont plus sensibles à la fente [8]. On relève également un écart considérable en ce qui concerne les classements avec pour le déroulage 24 % dans la zone baltique et 5 % seulement dans les Carpathes de l'Ouest [105].

Les propriétés mécaniques des hêtres yougoslaves semblent assez homogènes à l'intérieur du territoire national, et assez voisines des bois de Bulgarie, Roumanie, Allemagne, y compris du point de vue retrait et densité, à l'exception des résistances au choc et à la compression pour lesquelles les hêtres roumains semblent dépasser les hêtres yougoslaves [72].

D'autres chercheurs pensent au contraire qu'il existe dans ce pays une variabilité des caractéristiques technologiques dont on puisse tirer parti [116].

Par exemple, l'étude de 2 500 arbres croates, a révélé des différences très importantes sur les classements en fonction de la station (0 à 7 % pour le tranchage, 5 à 10 % pour le déroulage, 20 à 31 % pour le bois de feu) [153]. Ces hêtres croates auraient une résistance mécanique supérieure à celle des hêtres européens, sauf en ce qui concerne la dureté et le module d'élasticité [184].

En Union Soviétique, le bois de hêtre est tenu pour peu variable sur le plan de la résistance à la compression axiale et à la flexion statique; les bois provenant de Moldavie sont semblables à ceux des Carpathes soviétiques, de Roumanie, aux bois d'Azerbaïdjan, de Géorgie, d'Arménie (Fagus orientalis), tout en restant un peu inférieurs à ceux de la région de Lwów, du Nord et de l'Est de l'Europe [204].

En Slovaquie, on ne note pas de différences régionales pour la qualité (densité du bois, courbure des grumes, présence de cœur rouge et pourriture du bois) [81, 87].

Une décroissance de la densité du bois du Sud au Nord de l'Allemagne est signalée [180, 201].

Une comparaison des hêtres roumains et français pour le retrait et la densité du bois ne semble pas tourner à l'avantage de l'un ou de l'autre avec toutefois, semble-t-il, une infradensité un peu plus faible en Roumanie [52].

7.612. **Variabilité régionale signalée en France**

En France, on a relevé des différences régionales portant sur la taille et le nombre des gros rayons ligneux, déterminants pour la dureté du bois, sur la texture, la densité, la porosité, la couleur du bois, la forme des sections tangentielles des rayons ligneux, l'épaisseur des parois des vaisseaux et des fibres. Les bois du Midi et des régions montagneuses sont crédités d'une plus grande densité, de rayons ligneux larges et nombreux, ceux des plateaux calcaires d'une meilleure légèreté, d'une dureté moins élevée et d'une couleur plus claire [210].

Tel était l'avis de DUHAMEL DU MONCEAU, l'un des pères de la sylviculture, qui vantait les hêtres à bois blanc des terrains riches crétacés et critiquait celui des sols humides et compacts souvent colorés en rouge et assez cassants [208].

D'autres références accordent une bonne réputation aux hêtres des plateaux calcaires de l'Est pour leur légèreté, leur dureté et leur retrait faibles, et une mauvaise aux sujets provenant des Pyrénées qui, en raison du climat chaud, pousseraient plus rapidement en donnant des bois durs et nerveux, à densité élevée, parfois difficiles à travailler à cause de leur retrait élevé [25].

Des études de variabilité récentes conduites sur un large échantillonnage ont remis quelque peu les choses en place. Ainsi, on a rendu justice aux hêtres pyrénéens du Haut-Couserans qui s'avèrent bien placés pour le retrait et la densité par rapport aux provenances françaises de bonne réputation [13]. Il en va de même pour les arbres de Corrèze qui ne sont pas différents en qualité des sujets issus des plateaux du Nord-Est [2]. Les hêtres du premier plateau du Doubs se classent en bonne position par rapport à ceux de Corrèze, du Nord-Est et de l'Ariège sur le plan des retraits et de la densité du bois [161].

On ne signale pas de variation entre 8 stations très différentes étudiées toujours en France, du point de vue des caractéristiques des fibres (longueur, largeur, épaisseur des parois) [4].

7.613. **Effet de l'altitude**

Les avis sont très partagés sur cette question, ce qui s'explique par la diversité du matériel, des sols, des altitudes étudiées.

De nombreux auteurs s'accordent pour trouver le bois d'altitude plus léger [63, 123, 144, 197, 201]. Globalement, les propriétés de résistance de ce dernier sont jugées sensiblement voisines de celles du hêtre de plaine, du moins pour les usages habituels [63], bien que certains estiment que les qualités mécaniques sont meilleures en basse altitude [144].

D'autres attribuent aux hêtres de fond de vallon, outre leur forme moins satisfaisante, des propriétés mécaniques inférieures [149].

Dans le détail, telle caractéristique est classée, tantôt supérieure en montagne, tantôt inférieure : il en est ainsi pour le module d'élasticité [63, 104], pour la résistance en compression [63, 197], pour la nervosité du bois, défaut qui confond contraintes de croissance et rétractabilité du bois [76, 149, 173, 197].

En ce qui concerne les caractéristiques du plan ligneux, certaines références indiquent une variabilité portant sur les vaisseaux, les fibres [41, 42, 118]; d'autres sont moins affirmatives [222].

Il existerait une certaine influence de l'altitude ou de la pente sur le défaut de fibre torse [63, 140].

Il faut insister sur le caractère fragmentaire de tous ces résultats qui méritent d'être vérifiés avec un échantillonnage judicieux prenant bien en compte la variabilité individuelle souvent élevée [56].

7.614. **Influence du sol**

En France, on s'accorda pendant longtemps à créditer les hêtres des sols calcaires d'une meilleure qualité que sur sols siliceux, notamment sur le plan de la nervosité du bois [208, 210]. La couleur claire que l'on considérait comme typique des sols calcaires par opposition à la teinte rose sur sols siliceux fut d'ailleurs longtemps associée au caractère de nervosité.

En Allemagne, certains ont affirmé que la richesse de la station n'influait pas sur la qualité [69], tandis que d'autres ont indiqué que les sols humides produisent des bois plus légers [180].

En réalité, il semble que la distinction entre sols siliceux et calcaires n'est valable que pour les plus pauvres dans le cas des premiers, les plus riches pour les seconds [173]. Dans une étude comparative portant sur 120 placettes, de 30 arbres chacune, dans l'Est de la France, on a confirmé que les différences entre ces deux grands types de sols sont faibles en regard de la variabilité entre massifs [85].

Cette idée semblerait corroborée par d'autres observations sur la densité, le retrait et la plupart des propriétés mécaniques [32], alors qu'il a été noté que les hêtres croates sur stations siliceuses ont des cotes de qualité supérieures à ceux des stations calcaires.

La variabilité en fonction des types de sol est également relevée à propos de propriétés mécaniques [146, 160] et en ce qui concerne l'aptitude à la courbure [50].

De façon générale, on peut dire que les facteurs augmentant la fertilité des stations font s'élever la densité du bois. Ceci est confirmé sur des peuplements pyrénéens [13], sur le premier plateau du Jura [161], en Lorraine [85], en Roumanie [52], sur Fagus orientalis [222]. Cependant, il n'est pas évident que la densité augmente de façon suffisamment considérable pour que la dureté et les retraits qui lui sont liés positivement atteignent des seuils où ils deviendraient rédhibitoires pour certaines utilisations. En outre, on signale des exceptions, notamment des stations pauvres, xérophiles où le bois a une densité élevée [161].

En ce qui concerne le plan ligneux, on ne note pas de relations claires entre qualité du site et dimensions des fibres [4, 146], bien que sur Fagus orientalis [222] on signale que l'appauvrissement de la station fait croître la proportion des vaisseaux et diminuer celle des fibres.

Il faut signaler deux publications [96, 159] qui rendent compte d'expériences permettant de faire la part des effets génétiques et environnementaux.

La première [159] a comparé trois provenances venant respectivement de stations calcaire, siliceuse et « neutre », en les installant sous forme de jeunes plants, en pépinière, sur sols calcaire et siliceux. Il ressort nettement que les origines cultivées sur sol calcaire ont plus de rayons ligneux ; en ce qui concerne la porosité (appréciée comme le pourcentage de surface sous forme de cavité vasculaire hors rayons ligneux), une interaction provenances x sols apparaît, la provenance « calcaire » sur calcaire étant la plus poreuse, mais la dernière lorsqu'elle est cultivée sur sol siliceux, et de façon plus générale, les provenances transférées sur un sol différent de leur milieu d'origine présentant une porosité plus faible.

La densité, qui est liée à la fois au pourcentage de rayons ligneux et à la porosité, s'avère inférieure pour les trois provenances sur sol siliceux.

La seconde [96] a comparé de jeunes plants de 3 ans installés sur grès bigarré et calcaire coquiller avec des éclairements relatifs différents (18 et 100 %) et des arbres de 50 à 70 ans sur les mêmes sols et dans trois situations sociologiques (dominants, codominants, dominés).

Le type de sol influerait sur le diamètre des vaisseaux (jeunes plants, éclairement faible seulement), sur la longueur des fibres (jeunes plants, éclairement fort), le diamètre des fibres, l'épaisseur de leurs parois, le diamètre des lumens (sur grès bigarrés, les jeunes plants ont des fibres de plus grand diamètre à parois plus épaisses, l'inverse intervenant pour les arbres adultes).

L'effet serait important pour la proportion des tissus (moins de vaisseaux, de fibres et plus de parenchyme pour les jeunes plants sur grès bigarré), beaucoup plus en tout cas que celui de l'éclairement; les adultes ne réagiraient pas de ce point de vue à la différence de sols.

La densité anhydre des jeunes plants et des adultes est beaucoup plus faible sur grès bigarré que sur calcaire (0,718 contre 0,762), ce qui s'oppose à ce qui était dit en France par le passé, mais rejoint les conclusions d'une autre expérience récente [159].

Cette mauvaise réputation des hêtres cultivés sur sols siliceux serait due aux contraintes de croissance qui sont beaucoup plus élevées que sur d'autres substrats [48].

7.615. **Influence du climat**

Au niveau de l'arbre, il a été remarqué que les faces des troncs exposés à la lumière ont moins de vaisseaux et davantage de fibres [69, 89], avec une influence variable sur les autres éléments du plan ligneux.

Ceci reflèterait une influence climatique sur l'activité cambiale, sensible également aux fluctuations interannuelles : on a observé que la surface cumulée des vaisseaux à l'intérieur d'un arbre croît avec la pluviométrie de septembre à août [39, 40]. L'effet d'une année très sèche et chaude se traduit, non seulement par un cerne plus fin, mais par une baisse de la longueur des fibres, des vaisseaux plus étroits dans le bois final, mais sans toutefois bouleverser la proportion fibres - vaisseaux [92].

Une variabilité d'ordre climatique pourrait expliquer la densité plus forte sur versant froid (270 sur *Fagus moesiaca*) ou sur station xérophile [161]. Les versants chauds à déficit en eau porteraient des bois plus nerveux [173]. En comparant les plans ligneux d'arbres venant de la zone limite de l'aire (Moldavie) à des sujets ayant crû dans des conditions optimums, notamment pour la pluviométrie, on a relevé, pour les premiers, moins de tissus conducteurs, de rayons, de parenchyme, et davantage de tissus de soutien (fibres) [205]. Ceci rejoindrait d'autres résultats [161].

Une étude déjà citée révèle que l'augmentation de l'éclairement influence les plans ligneux de plants de 3 ans (éclairements relatifs de 18 et 100 %); il fait croître la longueur de fibres (uniquement sur grès bigarré et non sur calcaire), le diamètre des vaisseaux, mais pas leur nombre à l'unité de surface, ce qui globalement augmente la porosité. Toutefois, l'épaisseur des parois des fibres, leur diamètre total et celui de leurs lumens ne semble pas influencée. La densité du bois anhydre, quant à elle, n'est pas modifiée [96].

7.62. INFLUENCE DE LA SYLVICULTURE

En 1958 « certains utilisateurs entreprirent des démarches auprès de l'ancienne Direction Générale des Eaux et Forêts pour qu'il soit mis fin aux opérations de conversion, responsables de la perte de qualité qu'ils disaient avoir constatée en passant des hêtres de taillis-sous-futaie à ceux de futaie » [156].

Une vaste enquête fut alors lancée sur la qualité du hêtre, enquête dont les résultats furent contradictoires, les uns classant le hêtre de taillis-sous-futaie en tête, d'autres en queue, mais s'accordant tous sur l'idée selon laquelle les courtes révolutions diminuent la proportion de cœur rouge. Une étude est alors entreprise comparant des hêtres dominants et dominés, testant la qualité d'arbres relativement isolés et d'arbres de bord de route ; elle indique que les sujets à houppiers bien développés sont au point de vue retrait, dureté et densité, les meilleurs, tous ces caractères étant inférieurs à ceux des arbres des forêts voisines, y compris la nervosité du bois.

Malgré les tares nombreuses de ces hêtres d'alignement (blessures accidentelles, élagage tardif et peu soigné qui occasionne des pourritures), leur origine peu réputée (Corrèze), ils sont appréciés en déroulage et, ce qui ne gâte rien, ont un diamètre de 50 cm à 40 ans !

L'avantage, du point de vue de la qualité du bois, de favoriser la formation de houppiers bien développés est soulignée par de nombreuses études portant, soit sur la comparaison de hêtres dominés et dominants, soit de sujets ayant cru dans des conditions de concurrence différentes :

- les arbres d'alignement présentent moins de contraintes que ceux poussant en peuplement, une croissance beaucoup plus forte, mais cependant une densité voisine et des retraits plus élevés [2] ;
- les contraintes de croissance sont beaucoup plus élevées en futaie qu'en taillis sous futaie [48, 65] ; plus une futaie est serrée, plus les arbres y sont tendus [157]. Ce sont les premières confirmations expérimentales d'une opinion couramment répandue ;
- les arbres à cime large, type taillis-sous-futaie, ont un bois de meilleure stabilité dimensionnelle, moins dense, moins dur, moins résistant en flexion statique et en compression axiale [154], plus poreux [108] ; leur plan ligneux est moins riche en fibres, et davantage pourvu en vaisseaux, rayons ligneux et parenchyme longitudinal [177, 112]. Des liaisons négatives entre diamètre du houppier d'une part, et contraintes de croissance, densité et re-trait du bois d'autre part sont notées en taillis-sous-futaie [163], mais démenties sur un autre matériel [161] ;
- le nombre de tiges à l'hectare augmentant, la densité croît [3,

207], résultat qui n'apparaît cependant pas dans une autre étude portant toutefois sur des peuplements assez homogènes sur le plan des densités d'arbres à l'unité de surface [85];

— les sujets dominés ont davantage de contraintes de croissance, un retrait et une densité plus forts [163]. Un autre auteur ne remarque pas de différences notables concernant la densité du bois entre dominants, codominants et dominés, mais, semble-t-il, les premiers ont moins de fibres, plus de rayons ligneux, des vaisseaux de plus fort diamètre [96].

7.63. INFLUENCE DE L'HÉRÉDITÉ

De façon générale, on peut dire que l'observation d'une variabilité individuelle assez importante, la stabilité relative du plan ligneux à l'intérieur d'un arbre, qui connaît pourtant au cours de sa vie une variation notable de milieu, les résultats d'étude d'héritabilité connus pour les caractéristiques intrinsèques du bois sur d'autres essences, laissent espérer l'intérêt d'une sélection pour la qualité. Les références solides indispensables pour confirmer cette impression sont encore très rares.

En ce qui concerne le défaut de fibre torse, l'étude d'un test de descendance a permis de mettre en évidence une héritabilité au sens strict élevée de 0,66 [193].

En comparant les caractéristiques des rayons ligneux, qui, on l'a vu, sont importantes en matière de qualité du bois, on a trouvé une différence clonale très significative avec, en outre, une excellente liaison ortet-ramet [194].

Enfin, en comparant trois provenances venant de sols calcaire à siliceux sous forme de jeunes plants installés sur milieux calcaire et siliceux, il a été noté une effet génétique sur le nombre des rayons ligneux, la densité du bois, la porosité due aux vaisseaux, avec toutefois dans ce dernier cas une interaction sols × provenances significative [159].

Tous ces résultats sont extrêmement prometteurs et militent en faveur du développement d'études de variabilité génétique.

7.64. CONCLUSION :
COMMENT PRODUIRE UN BOIS DE HÊTRE DE QUALITÉ ?

Les expériences sur la qualité du bois de hêtre ne confirment pas les « on-dit » anciens concernant les comparaisons interrégionales; on peut même dire qu'à l'intérieur de chaque région productrice en France, on peut trouver de bons et de mauvais peuplements du point de vue de la qualité. Les études concernant l'effet de l'altitude ou du climat sont encore trop fragmentaires pour en tirer des indications utiles pour l'aménagiste.

Les résultats partiels sur la variabilité génétique de caractéristiques influençant la qualité du bois laissent espérer un gain intéressant par un bon choix des sources de graines ou par sélection de bons semenciers lors des coupes de régénération. Il reste cependant encore beaucoup à faire dans le domaine de la recherche et de l'expérimentation avant de donner des informations vérifiées au gestionnaire et utilisables facilement. Cependant, on peut d'ores et déjà conseiller au sylviculteur une sélection vigoureuse contre les arbres à fil tors.

Le choix du sol peut influer sur la densité du bois, les sols les plus riches ayant le bois le plus dense, donc en général le plus dur et de moins bonne stabilité dimensionnelle. Mais on note des exceptions, ce qui fait penser qu'il serait imprudent d'écarter le hêtre des stations riches. La comparaison entre sols acides (grès) d'une part, sols sur calcaire ou sur limons d'autre part, est au désavantage des premiers pour les contraintes de croissance. Pour d'autres caractères : densité du bois, rétractibilité, la comparaison sols calcaires - sols siliceux tourne légèrement au bénéfice des premiers (bois moins dur et rétractibilité plus faible).

C'est sans conteste sur le plan sylvicole qu'on est le mieux à même de fournir des informations, notamment en ce qui concerne les contraintes de croissance qui apparaissent de plus en plus comme le défaut n° 1 chez le hêtre.

Il ressort nettement que les hêtres bien droits ayant un houppier bien développé et bien équilibré sont ceux présentant le moins de contraintes de croissance; il est donc extrêmement important de favoriser ce type d'arbre par des éclaircies assez vigoureuses et précoces.

Pour d'autres caractéristiques : densité et rétractibilité du bois, les résultats sont moins nets et parfois contradictoires. On peut cependant indiquer au sylviculteur que la pratique d'une sylviculture favorisant une croissance vigoureuse n'a pas d'effet notoirement néfaste sur ces propriétés à la différence d'autres essences.

BIBLIOGRAPHIE

[1] AHLBORN M., 1957. Beiträge zur Kenntnis der Festigkeitsausbildung des Festigungsgewebes einheimischer Laubhölzer und des Einflusses der Länge der Sklerenchymfasern auf die Ausbildung der Zugfestigkeit. Dissertation. Braunschweig, Tech. Hochsch. − 85 p.

[2] ALLEGRET C., 1976. Le hêtre en Corrèze. Rapport. Brive : D.D.A. : 62 p.

[3] ANDERSEN K.F., MOLTESEN P., 1955. [Technological research on Beech : density and its variation]. *Dan. Skovforen Tidsskr.,* **40** (12), 592-611.

[4] AYTUG B., 1962. [Notes on wood anatomy research]. Ist. Univ. Orm. Falk. Derg., 11 A (2), 88-93.

[5] BARISKA M., BOSSHARD H.H., 1974. Einfluss des Kambiumalters auf die Xylembildung, dargestellt an Merkmalen der Mikrozugfestigkeit von Buchenholz. *Holz als Roh- u. Werkst.,* **32** (1), 19-23.

[6] BARNER J., 1957. Die Einwirkung der Staunässe auf die Organbildung und Physiologie von Holzgewächsen unter besonderer Berücksichtigung der Darstellung anatomischer Befunde mit Hilfe von Koordinatentransformation. *Ber. Dtsch. Bot. Ges.,* **70**, 3-10.

[7] BEGLEY C.D., JEFFERS J.N.R., 1956. Moisture content of fresh-felled hardwoods. *Forestry Commission. Report on forest research,* 1954/55, 112-118.

[8] BIELCZYK S., 1953. [Effect of some factors on the checking of Beech Wood]. *Proc. Inst. Bad. Leśn.,* n° 89, 48 p.

[9] BIELCZYK S., EMINOWICZ A., 1954. [Moisture content of the wood of standing trees.] *Rocz. Nauk. leśn.,* n° 7, 5-30.

[10] BIERBACH J., 1971. [Special nails for woodworking.] *Holz Zentralbl.,* 97 (110), 1575-6.

[11] VARIABILITÉ de l'angle du fils du bois chez quelques feuillus : hêtre, chêne et Eucalyptus dalrympleana / Y. Birot, J. Dufour, P. Ferrandès, E. Teissier du Cros, P. Azœuf, R. Hoslin, 1980. *Ann. Sci. for.,* **37** (1), 19-36.

[12] BONNEAU M., DUCHAUFOUR P., MANGENOT F., 1964. Etude de l'humification de composts de sciure. *Ann. Inst. Pasteur,* **107** (3), suppl., 109-122.

[13] BORDEAUX Ch., 1977. Le hêtre de qualité dans le Haut Couserans. Saint-Girons : O.N.F. − 51 p. (Mémoire ENITEF 3ᵉ année).

[14] BOSSHARD H.H., 1974. Holzkunde, Basel; Stuttgart : Birkhäuser Verlag, tome 1. − 224 p.

[15] BOSSHARD H.H., BARISKA M., 1967. Statistical analysis of the wood structure of beech (*Fagus silvatica* L.). *Bull. Int. Assoc. Wood Anat.,* 1, 7-15.

[16] BOSSHARD H.H., BARISKA M., 1970. Statistische Gewebeanalyse dargestellt an Buche (*Fagus silvatica* L.). *Holzforschung,* **24**, 1-4.

[17] BOSSHARD H.H., STAHEL J., 1969. Economical and technical aspects of manufacturing Beech Wood in Switzerland. *Holzforsch. u. Holzverwert.,* **21** (6), 130-132.

[18] BOUTELJE J.B., 1962. The relationship of structure to transverse anisotropy in wood with reference to shrinkage and elasticity. *Holzforschung,* **16** (2), 33-46.

[19] BOYD J.D., 1972. Tree growth stress. V : Evidence of an origin in differentiation and lignification. *Wood Sci. Technol.,* **6**, 251-262.

[20] BUCUR V., 1981. Détermination du module d'Young du bois par une méthode dynamique sur carottes de sondage. *Ann. Sci. for.,* **38** (2), 283-298.

[21] BURGER H., 1949/50. Holz, Blattmenge und Zuwachs. X. : Die Buche. *Mitt. schweiz. Anst. forstl. Versuchwes.*, **26** (2), 419-468.

[22] CAMPREDON J., ROL R., 1931. Recherches sur le bois bakélisé. *Ann. Ec. natl. Eaux For. Stn Rech. Exper. for.*, **4** (1), 83-107.

[23] CARRÉ J., 1973. Evolution des caractéristiques des bois d'industrie en fonction de leur diamètre. In : *Station de Technologie forestière, rapport d'activité*, 1972, Gembloux, 6-41.

[24] CARVALHO A. de, 1966. [Woods for shoe lasts]. *Estud. Inf. Serv. Flor. Aqüic.*, Portugal, n° 201, p. 51.

[25] CENTRE TECHNIQUE DU BOIS, 1969. Fiches de documentation sur les principales essences des pays tempérés : Hêtre (*Fagus* sp.), Paris : C.T.B. – 14 p.

[26] CANMAMEDOV K.M., 1955. [Electrical resistance of wood], from Abst. in Holzforschung, 10 (3), 89.

[27] CHOVANÈC D., 1969. [Influence of forms of branching on stem quality, in Beech]. *Lesn. Čas.*, **15** (2), 97-114.

[28] CHOVANEC D., 1969. [External signs of injury to Beech]. *Lesn. Čas.*, **15** (4), 372-83.

[29] CIVIDINI R., 1969. Studio technologico sul faggio dell' Appennino Toscano. *Contrib. sci. prat. per una migliora conoscenze ed utilizzazione del Legno*, **12** (27), 9-38.

[30] CLARKE S.H., 1936. The influence of cell-wall composition on the physical properties of Beech Wood (*Fagus silvatica* L.). *Forestry*, **10** (2), 143-148.

[31] CROIZETTE-DESNOYER, 1878. Notice sur les divers emplois du hêtre. Document présenté à l'Exposition Universelle de Paris. Paris : Imprimerie Nationale.

[32] DAVIDOVIĆ B., ČEMERIKIĆ M., 1963. [Tests of the principal physical and mechanical properties of Beech from Goč, Željin and Southern Kučaj]. *Šumarstvo*, **16** (10/12), 343-56.

[33] DECEI I., 1975. Cercetari privind calitatea lemnului de fag in raport cu forma arborelui. Bucuresti : Ed. Ceres. – 49 p. (résumé français).

[34] DECEI I., STANESCU M., 1962. [The reduction in weight and volume of fuelwood stacked in stere]. *An. Inst. Cercet. for.*, **22** C, 187-200.

[35] DEGLISE X., RICHARD C., 1979. Détermination des chaleurs de combustion (pouvoirs calorifiques supérieurs) de bois métropolitains. Nancy : Université de Nancy I. Laboratoire de Photochimie Appliquée. – 3 p. (Rapport interne).

[36] DESCH H.E., 1932. Anatomical variation in the wood of some dicotyledonous trees. *New Phytol.*, **31**, 73-118.

[37] DIMITRI L., 1968. Untersuchungen über einige Eigenschaften der Buchenrinde. *Holz als Roh- und Werkst.*, **26** (1), 28-33.

[38] DOAT J., PETROFF G., 1975. La carbonisation des bois tropicaux. *Bois For. Trop.*, n° 159, 55-72.

[39] ECKSTEIN D., FRISSE E., 1979. Environmental influences on the vessel size of beech and oak. Communication présentée à Wood Anatomy Congress, Amsterdam, 9 p.

[40] ECKSTEIN D., FRISSE E., QUIEHL F., 1977. Holzanatomische Untersuchungen zum Nachweis anthropogener Einflusse auf die Umweltbedingungen einer Rotbuche. *Angew. Bot.*, **51**, 47-56.

[41] ERAK S., 1971. [Diameter, wall width and length of vessel elements, and diameter and wall width of fibres in Beech wood grown on the same parent rock at different altitudes in Bosnia]. *Pregl. naučnoteh. Rad. Inform., Zavodza tehnol. drveta*, **8** (1), 19-26.

[42] ERAK S., 1971. [The type and frequency of rays in Beech wood grown in the same parent rock at different altitudes in Bosnia]. *Pregl. naučnoteh. Rad. Inform., Zavod za tehnol. drveta*, **8** (1), 27-9.

[43] ERAK S., 1973. [Variations in the structure of beech wood from the Kozara district]. *Pregl., Zavod za tehnol. drveta*, Sarajevo, **10** (1/2), 29-34.

[44] ERAK S., 1974. [Some anatomical characteristics of Beech wood in Bosnia]. *Pregl., Zavod za tehnol. drveta*, Sarajevo, **11** (1/2), 53-59.

[45] ERTELD W., ACHTERBERG W., 1954. − Narbenbildung, Qualitätsdiagnose und Ausformung bei der Rotbuche. *Arch. Forstwes.*, **3** (7/8), 577-619.

[46] FAUQUET A., 1978. Cours de technologie du bois; 1re année. Nogent-sur-Vernisson : ENITEF.

[47] FERRAND J.Ch., 1979. Contraintes de croissance et étude de la qualité des bois en forêt, à l'usage des forestiers. Thème personnel. Nancy : ENGREF. − 29 p.

[48] FERRAND J.Ch., 1982. Etude des contraintes de croissance. 2 · Variabilité en forêt des contraintes de croissance du hêtre. *Ann. Sci. For.* (à paraître).

[49] FERRAND J.Ch., 1982. Etude des contraintes de croissance. 1 · Méthode de mesure sur carottes de sondage. *Ann. Sci. for.*, 39 (2).

[50] FILIPOVICI J., 1965. Studiul lemnului. Bucuresti : Editura didacticǎ si pedagogicǎ. Vol. II. − 619 p.

[51] FRIEDRICHS H., 1963. Die Kernbuche, ein interessantes Holz. *Holz-Zentralbl.*, **89**, 139-140.

[52] GARBAYE J., LE TACON F., TIMBAL J., 1975. Le Hêtre en Roumanie. *Rev. for. fr.*, **23** (4), 243-260.

[53] GHELMEZIU N., 1938. Untersuchungen über die Schlagfestigkeit von Bauhölzern. *Holz als Roh- und Werkst.*, **1** (15), 587-601.

[54] GHELMEZIU N., IACOB St., 1969. Résultats des recherches concernant les caractéristiques du bois de hêtre et les utilisations dans les constructions en Roumanie. *Bull. Bois Eur.*, **22** (suppl. 6), tome 1, 160-176 (Rapport présenté au Colloque sur le Traitement Industriel des feuillus des zones tempérées, Tatranska Lomnica, 1969).

[55] GIORDANO G., 1971. Tecnologia del legno. I : La Materia prima. Torino : Unione tipografico. Editrice Torinese. − 1086 p.

[56] GÖHRE K., 1958. Über die Verteilung der Rohwichte im Stamm und ihre Beeinflussung durch Wuchsgebiet und Standort. *Holz Roh- u. Werkst.,* **16** (3), 77-90.

[57] GÖHRE K., GÖTZE H., 1956. Untersuchungen über die Rohwichte des Rotbuchenholzes. *Archiv. Forstwes.,* **5** (9/10), 716-718.

[58] GOŁAWSKI S., 1953. [Specific gravity and static bending strength of beech in the three main zones of the stem cross-section]. *Sylwan,* **97** (5), 372-379.

[59] GONET B., 1966. [Technical and economic analysis of the northern and southern resources of Beech in Poland]. *Folia for. pol.* (Drzewn), n° 7, 201-54.

[60] GORCZYŃSKI T., 1951. Badania anatomicznoporównawcze nad drewnem buka zwyczajnego (*Fagus silvatica* L.). *Rocz. Dendrol. Polsk. Tow. Bot.,* **7**, 3-114.

[61] GÖTZE H., 1959. Vergleichende Untersuchungen über die Beziehung zwischen Baumalter und Rohwichte. *Wiss. Z. Humboldt Univ. Berlin* (Math. Naturwiss. R.), **8** (4/5), 738-752.

[62] GÖTZE H., GÜNTHER B., LUTHARDT H., SCHULTZE-DEWITZ G., 1972. Eigenschaften und Verwertung des Astholzes von Kiefer (Pinus silvestris L.) und Rotbuche (*Fagus silvatica* L.) — 2 : Physikalische und physikalisch-technische Eigenschaften. *Holztechnologie,* **13** (1), 20-27.

[63] GRÖSSLER W., 1943. Über Raumgewicht und Holzeigenschaften einiger Rotbuchen aus dem Hochgebirge. *Holz als Roh- u. Werkst.* **6**, (3), 81-86.

[64] GUENEAU P., CHARDIN A., 1973. Les contraintes de croissance. *Cahiers Scientifiques du C.T.F.T.,* n° 3, juin, 52 p.

[65] GUENEAU P., SAURAT J., 1974. Contraintes de croissance. Rapport n° 1 : Mesures en forêt. Paris : Centre technique du bois. — 30 p.

[66] GUENEAU P., TRENARD Y., 1974. Contraintes de croissance. Rapport n° 2 : Aspects anatomiques. Paris : Centre technique du bois. 23 p.

[67] HARTIG R., 1882. Über die Verteilung der organischen Substanz, des Wassers und Luftraums in den Baümen und über die Ursache der Wasserbewegung in transpirierenden Pflanzen. Berlin : Springer, VI-112 p.

[69] HARTIG R., WEBER R., 1888. Das Holz der Rotbuche in anatomisch-physiologischer, chemischer und forstlicher Richtung. Berlin : Springer. — 238 p.

[70] HERZNER R.A., 1949. Über die Wechselwirkung verschiedener Holz- und Bodenarten : ein Beitrag zur Kenntnis der Korrosionsfestigkeit heimischer Hölzer. *Zentralbl. ges. Forst. u. Holzwirtsch.,* **71** (1/2), 4-19.

[72] HORVAT I., 1969. [The principal and mechanical properties of Beechwood from the forest districts Zümberak, Petrova Gora, Senjsko bilo and Velebit]. *Drvna Ind.,* **20** (11/12), 183-94.

[73] HUBER B., PRÜTZ G., 1938. Über den Anteil von Fasern, Gefässen und Parenchym am Aufbau verschiedener Hölzer. *Holz als Roh- u. Werkst.,* **1** (10), 377-381.

[74] HUGHES J.F., 1965. Tension wood. A review of literature. *For. Abstr.,* **26** (2), 179-186.

[75] ILIĆ M., 1968. [Effect of origin and treatment of samples on the free swelling of Beech]. *Pregl. naučnoteh. Rad. Inform., Zavod za tehnol. drveta*, Sarajevo., **4** (1), 1-13.

[76] ILIĆ M., 1974. [Change in dimensions and internal stresses during airdrying of Beech dimension stock]. *Pregl. naučnoteh. Rad. Inform. Zavod za tehnol. drveta*, Sarajevo, 1/2, 1-18.

[77] IONESCU M., 1960. Folosirea faguliu ca lemn de mină. *Rev. Padurilor*, **75** (7), 425-428.

[78] JACQUIN F., 1965. Détermination de la valeur agronomique de quelques composts de sciure. *Bull. Ec. natl. super. agron. Nancy*, **7** (1), 24-28.

[79] JACQUIOT C., 1973. Atlas d'anatomie des bois des Angiospermes. Tome 1. Paris : Centre Technique du Bois. − 175 p.

[80] JANICZEK M., BOBROWICZ E., 1952. [Distribution of moisture content in the green wood of Fagus silvatica growing in Pomorze and the Carpathians]. *Pr. Inst. Badaw. Leśn.*, **78**, p. 44.

[81] JANOTA I., KURJATKO S., 1977. [Relation between volume and weight in the scaling of beech timber]. *Drevo*, **32** (4), 99-101.

[82] KARADOTCHEV P., 1966. Utilisation du bois de hêtre dans la République Populaire de Bulgarie. Congrès forestier mondial. 6. Madrid. T. 1, 725-729.

[83] KARAHASANOVIĆ A., 1973. [The moisture content of freshly felled Beech in Bosnia and Hercegovina]. *Pregl., Zavod za technol. drveta*, Sarajevo, **10** (1/2), 21-28.

[84] KELLER R., THIERCELIN F., 1975. Influence des gros rayons ligneux sur quelques propriétés du bois de hêtre. *Ann. Sci. for.*, **32** (2), 113-129.

[85] KELLER R., TIMBAL J., LE TACON F., 1976. La densité du bois de hêtre dans le Nord-Est de la France. Influence des caractéristiques du milieu et du type de sylviculture. *Ann. sci. for.*, **33** (1), 1-17.

[86] KENNEDY R.W., 1968. Wood in transverse compression. Influence of some anatomical variables and density on behaviour. *For. Prod. J.*, **18** (3), 36-40.

[87] KEPSTA D., 1974. [The incidence of defects in Beech sawlogs in Slovakia in relation to logging regions]. *Drevo*, **29** (10), 295-299.

[88] KEYLWERTH R., 1951. Die Kammertrocknung von Schnittholz. Betriebsblatt 1. *Holz als Roh- u. Werkst.*, **9**, 289-292.

[89] KLAUDITZ W., 1957. Zur biologish-mechanischen Wirkung der Acetylgruppen im Festigungsgewebe der Laubhölzer. *Holzforschung*. **11** (2), 47-55.

[90] KLIMENKO V.F., 1964. [Impregnating standing Beech]; *Lesn. Prom.*, **42** (9), 26-27.

[91] KNIGGE W., SCHULZ H., 1959. Methodische Untersuchungen über die Möglichkeit der Drehwuchsfeststellung in verschiedenen Alterszonen von Laubhölzern. *Holz als Roh- u. Werkst*, **17** (9), 341-351.

[92] KNIGGE W., SCHULZ H., 1961. Einfluss der Jahreswitterung 1959 auf Zellartverteilung Faserlänge und Gefässweite verschiedener Holzarten. *Holz als Roh- u. Werkst*, **19** (8), 293-303.

[93] KNUCHEL H., 1935. Der Einfluss der Fällzeit auf die Eigenschaften des Buchenholzes. *Mitt. Schweiz. Anst. Forstl. Versuchswes.*, **19** (1), 137-186.

[94] KOLLMANN F., 1939. Holzeigenschaftstafeln : Rotbuche. *Holz als Roh- u. Werkst.*, **2** (2), 95-96.

[95] KOLLMANN F., 1951. Technologie des Holzes u. der Holzwerkstoffe. Tome 1. Berlin; Göttingen; Heidelberg : Springer. − 1 050 p.

[96] KOLTZENBURG C., 1966. Die Abhängigkeit der Holzeigenschaften der Rotbuche (*Fagus silvatica*) von Lichtgenuss, soziologischer Stellung und anderen Wuchsbedingungen. Dissertation zur Erlangung des Doktorgrades : Göttingen, Forstliche Fakultät der Georg-August-Universität. − 121 p.

[97] KOLTZENBURG C., 1967. Der Einfluss von Lichtgenuss, soziologischer Stellung und des Standortes auf Holzeigenschaften der Rotbuche (*Fagus silvatica* L.). *Holz als Roh- u. Werkst.*, **25** (12), 465-473.

[98] KOPP G., 1970. [The ulitization of Beech wood with red heart in the manufacture of bentwood furniture], *Industr. Lemn*, **21** (5), 168-173.

[99] KRAHL-URBAN J., 1953. Drehwuchs bei Eichen und Buchen. *Allg. Forstz.*, **8** (49), 540-542.

[100] KRAHL-URBAN J., 1960. Einige Ergebnisse von Drehwuchs-Untersuchungen bei Rotbuchen. Abstr. in *Silvae Genet.*, **9** (5), 139.

[101] KRPAN J., 1951. [The utilization of Beech logs for peeling]. *Šumar. list*, **75** (3/4), 121-42.

[102] KRPAN J., 1956. [Moisture content of green Beech wood]. *Šumar. list*, **80** (11/12), 386-392.

[103] KRPAN J., 1957. [Experiments on the fibre saturation point of the more important Jugoslavian species]. *Glas. Sūmske Pokuse*, **13**, 18-109.

[104] KRZYSIK F., 1957. Die technischen Eigenschaften des Holzes der Gebirgs- und Flachlandsbuche in Polen. In : « Buk ako priemyselná surovina », Intern. Konfer Sliači. Bratislava : Slov. Akad. Vied 1960, 79-91.

[105] KRZYSIK F., 1957. Übersicht neuester Forschungsarbeiten auf dem Gebiete. Buchenholz und seine Verwertung. In : « Buk ako priemyselná surovina ». Intern. Konfer Sliači, Bratislava : Slov. Akad. Vied, 1960, 92-99.

[106] KUBIAK M., DIETER G., 1973. [Evaluation of knots in Fagus silvatica trees from the dimensions of bark scars]. *Sylwan*, **117** (12), 33-43.

[107] KÜBLER H., 1959. Studien über Wachstumspannungen des Holzes. Erste Mitteilung : die Ursache der Wachstumspannungen und die Spannungen quer zur Faserrichtung. Zweite Mitteilung : die Spannungen in Faserrichtung. *Holz als Roh- u. Werkst.*, **17** (1-9), 44-54.

[108] LAURENT P., 1979. Contribution à l'étude de l'amélioration des propriétés du bois lamellé imprégné de phénoplaste et comprimé à chaud. Conservatoire National des Arts et Métiers, Centre Régional Agréé de Nancy. − 190 p. (Mémoire Ingénieur C.N.A.M. en chimie industrielle).

[109] LECLERCQ A., 1977. Relations entre la croissance, la structure et la densité du bois de hêtre. *Bull. Rech. Agron. Gembloux*, **12** (4), 321-330.

[110] LECLERCQ A., 1979. Relationships between Beechwood anatomy and its physico-mechanical properties. Communication présentée à Wood Anatomy Congress, Amsterdam, 10 p.

[111] LENZ O., STRÄSSLER H.J., 1959. Contribution à l'étude de l'éclatement des billes de hêtre. *Mitt. schweiz. Anst. forstl. Versuchswes*, **35** (5), 369-411.

[112] LINNEMANN G., 1953. Untersuchungen über den Markstrahlanteil am Holz der Buche. *Ber. dtsch. bot. Ges.*, **66**, 37-63.

[113] LUKIĆ SIMONOVIC N., 1953. [Some properties of steamed and unsteamed Beech wood from the Majdanpek estate]. *Glas. Sumar. Fak.*, **6**, 51-66.

[114] LUKIĆ SIMONOVIC N., 1964. [Testing red heartwood of Beech]. *Šumarstvo*, **17** (11/12), 373-81.

[115] LUKIĆ SIMONOVIC N., 1967. [Changes in some mechanical properties of steamed and unsteamed Beech]. *Šumarstvo*, **20** (5/6), 56-65.

[116] LUKIĆ SIMONOVIC N., 1971. [Investigation of the technical properties of Beech wood in Yugoslavia]. *Šumarstvo*, **24** (7/8), 41-54.

[117] MC INTOSH D.C., 1955. Shrinkage of red oak and beech. *For. Prod. J.*, **5** (5), 355-359.

[118] MARIANI P.C., 1968. [Relation between altitude and wood characteristics in Beech from Nebrodi, Sicily]. *Ann. Accad. ital. Sci. for.*, **17**, 388-407.

[119] MARTIN G., 1979. La valorisation chimique des déchets du bois. Nancy : Inst. Nat. Polytechn. Lorraine. Dép. Econ. Gestion Entreprises.

[120] MAYER-WEGELIN H., 1929. Astigkeit und Aushaltung des Buchenholzes. *Forstarchiv*, **5** (20), 413-418.

[121] MAYER-WEGELIN H., 1930. Grünastung der Rotbuche. *Forstarchiv*, **6** (20), 493-498.

[122] MAYER-WEGELIN H., 1953. Die Einfluss von Schaftform und Holzfehlern auf den Wert des Buchenstammes. *Holz als Roh- u. Werkst.*, **11** (9), 343-349.

[123] MAYER-WEGELIN H., 1954. Produktion und Verwertung der Rotbuche. *Holz Zentralbl*, **80** (123), 1431-1433.

[124] MAYER-WEGELIN H., 1957. Die Entwicklung der industriellen Verwertung des Buchenholzes. In : « Buk ako priemyselná surovina ». Inter. Konfer. Sliaci, Bratislava, Slov. Akad. Vied, 1960, 92-99.

[125] MAYER-WEGELIN H., MAMMEN E., 1954. Spannungen und Spannungsrisse in Buchenstammholz. *Allg. Forst. Jagdztg*, **125** (9), 285-297.

[126] MILER Z., GIEFING D., WYROBEK K., 1973. [Relation between bark features and the size and depth of knots as .a basis for roundwood appraisal in Fagus silvatica]. *Pr. Kom. Nauk. Roln. Kom. Nauk lesn.*, **36**, 139-149.

[128] MIRZAGAEV A.N., 1965. [Distribution of moisture in the wood of growing Beech stems]. *Izv. Vyss. Uchebn Zaved. Lesn. ZH. Arhang*, **8** (3), 168-169.

[129] MOLOTKOV P.I., 1961. [Investigations on the moisture content of F. sylvatica wood]. *Izv. Vyss. Uchebn Zaved. Lesn. ZH.*, **4** (5), 133-136.

[130] MOREL M., 1973. La qualité du hêtre. 2ᵉ partie rapport de stage aux E^{ts} Renaut à Bazoilles/Meuse, Nancy : ENGREF. – p. 12-17.

[131] MOŽNINA I., 1958. [Comparative studies of home-grown timbers-Beechs]. Zb. Kmet. Gozd. Fak. Agron, Ljubljana, 5, 69 p.

[132] MOŽNINA I., 1971. Analiza tehničkih osobina bukovine. Udruženje proiz drv. ind. Sarjevo. In : LUKIC SIMONOVIC N., 1971.

[133] MÜLLER-STOLL W.R., 1948. Photometrische Holzstrukturuntersuchungen. Part. II : Über die Beziehungen der Lichtdurchlässigkeit von Holzschnitten zu Rohwichte und Wichtekontrast. *Forstwiss. Centralbl.*, **68**, 21-63.

[134] NACHTIGALL, 1914. Vergleichende Untersuchungen an Rotbuchenholz. *Z. Forst- u. Jagdwes.*, **46** (7), 419-29.

[135] NEČESANÝ V., 1961. [Volume changes in Beech. III - The part played by the structural elements of Beech wood in its swelling]. *Sylwan*, **105** (4), 1-10.

[136] NEČESANÝ V., 1963. [The effect of specimen size and chemical composition on the swelling of wood]. *Drev. Vysk.*, **2**, 75-90.

[137] NEČESANÝ V., MORAROVÁ E., 1959. [Volume changes in Beech. II : Influence of cellulose content on cell-wall saturation and on the amount of swelling of the wood]. *Drev. Vysk.*, **4** (1), 27-38.

[138] NEPVEU G., 1981. Prédiction juvénile de la qualité du bois de hêtre. *Ann. Sci. for.*, **38** (4), 425-447.

[140] NIKOLOV S., DOBRINOV I. *et al.*, 1967. [Investigations on the structure and physical and mechanical properties of Wood of *Fagus silvatica* of different forms in Bulgaria]. Sofia : Zemizdat. – 144 p.

[141] NIKOLOV S., ENCĚEV E., 1967. [Moisture content of green wood]. Sofia : Zemizdat. – 169 p.

[142] ÖRS Y., 1967. Sélection des variables pertinentes qui agissent sur le comportement rhéologique du bois de *Fagus silvatica* au moyen d'essais mécaniques, physiques et anatomiques. Thèse de doct. ing. : Paris, Université Paris VI. – 133 p.

[143] PALOVIĆ J., 1973. [The influence of the quality of Beech roundwood on the yield of sawn timber and furniture stock]. *Holzindustrie*, **26** (7), 211-215.

[144] PARSA PAJOUH D., 1970. Contribution à l'étude de la qualité du bois de *Fagus orientalis* de 3 stations de la forêt de l'Elbourz au moyen d'essais classiques sur éprouvettes normalisées et d'analyses densitométriques de radiographies. Thèse de doct. ing. : Nancy, Université de Nancy - Faculté des sciences. – 109 p.

[145] PAVIĆ J., 1965. Uticaj zapreminske težine i grešaka drveta na toplotnu moć bukovine, Beograd. in LUKIĆ SIMONOVIC N., 1971.

[146] PECHMANN H. von, 1963. Untersuchungen über die Bruchschlagarbeit von Rotbuchenholz. *Holz als Roh- u. Werkst.*, **11** (9), 361-367.

[147] PECHMANN H. von, 1956. Über den Zusammenhang zwischen der Struktur und der Festigkeit bei einigen Laubhölzern. Congr. Int. Union For. Res. Organ. 12. Oxford, 4 p. (n° IUFRO 56/41/3).

[148] PECHMANN H. von, 1958. Die Auswirkung der Wuchsgeschwindigkeit auf die Holzstruktur und die Holzeigenschaften einiger Baumarten. *Schweiz. Z. Forstwes.* **109** (11), 615-47.

[149] PECHMANN H. von, AUFSESS H. von, BERNHART A., 1963. Die Holzeigenschaften der Rotbuche im inneren Bayrischen Wald. *Forstwiss. Centralbl.,* **82** (1/2), 12-27.

[150] PEJOSKI B, 1961. [On the physical and mechanical properties of Beech from Macedonia]. *God. Zb. Zemjod Šumar. Fak. Univ. Skopje,* n° 14, 43/78.

[151] PEJOSKI B., GEORGIEVSKI Ž., 1972. [Physical and mechanical properties of Beech from Karadzica (Macedonia)]. *God. Zb. Zemjod. Šumar. Fak. Univ. Skopje,* **24**, 89-98.

[152] PETROFF G., DOAT J., 1977. Production d'énergie en France et en Afrique noire francophone. Essais de carbonisation en Laboratoire de bois tropicaux. – 25 p. Compte rendu DGRST, Action concertée VEDA, P1[bis], novembre, Décision 76-7-0893.

[153] PLAVŠIĆ M., GOLUBOVIĆ U., 1967. [Studies of the % distribution of assortments in the pure and mixed Beech stands of the Gorski Kotar region]. *Šumar. List,* **91** (11/12), 456-81.

[154] POLGE H., 1966. Utilisation des spectres de diffraction des rayons X pour les études de qualité du bois. Deuxième thèse. Champenoux : INRA. – Station de Recherches sur la Qualité des Bois. – 43 p. (Doc. à distribution limitée).

[155] POLGE H., 1972. Rapport de mission en Roumanie. Champenoux : INRA. – Station de Recherches sur la Qualité des Bois. – 7 p. (Doc. à distribution limitée).

[156] POLGE H., 1973. Etat actuel des recherches sur la qualité du bois de hêtre. *Bull. tech. Off. natl. For.,* n° 4, 13-22.

[157] POLGE H., 1980. Un défaut méconnu du hêtre : les contraintes de croissance. *Bull. tech. Off. natl. For.,* n° 12, 31-39.

[158] POLGE H., THIERCELIN F., 1979. Growth stress appraisal through increment core measurements. *Wood Science,* **12** (2), 86-92.

[159] POLGE H., THIERCELIN F., KELLER R., 1972. Effets du sol et de l'hérédité sur la croissance et les caractéristiques anatomiques de jeunes plants de Hêtre. Champenoux : INRA. – Station de Recherches sur la Qualité du Bois, 24 p. (Doc. à distribution limitée).

[160] POLLER S., HOFFMANN K., 1967. Zur chemischen Zusammensetzung von Buchenholz auf verschiedenen Standorten. *Archiv Forstwes.,* **16** (10), 1065-1072.

[161] PRENEY S., 1978. Contribution à la typologie des hêtraies du premier plateau du Doubs. Relations avec la qualité du bois. Besançon : O.N.F. – 87 p. (Mémoire ENITEF, 3ᵉ année).

[162] ROSENLEW (Société), 1976. Procédé pour extraire du furfural et des acides organiques volatils, 14 p. in MARTIN G. : La valorisation chimique des déchets du bois.

[163] RENAUD J.P., 1979. Définition et cartographie de stations dans un massif forestier de la Bresse Jurassienne. Contribution à l'étude du comportement du hêtre et du chêne : production et qualité. Lons-Le-Sanier : O.N.F. — 85 p. (Mémoire ENITEF, 3ᵉ année).

[164] RIASOVÁ T., 1961. [Testing the abrasion resistance of wood]. *Drev. vysk.,* **6** (1), 51-62.

[165] RUEL K., BARNOUD F., 1978. Recherches sur la quantification du bois de tension chez le hêtre. Signification statistique de la teneur en galactose. *Holzforschung,* **32** (5), 149-156.

[166] SACHSSE H., 1971. Der Feuchtegehalt von Buchen-Industrieholz. *Holz als Roh. u. Werkst.,* **29** (2), 56-66.

[167] SACHSSE H., 1973. Eigenschaftsunterschiede von Buchen-Industrienholz aus Schaft- und Kronenbereich. *Holz als Roh. u. Werkst.,* **31** (8), 299-306.

[168] SACHSSE H., 1974. Eine Anomalie des Strahlgewebes von Fagus silvatica L. *Holz als Roh. u. Werkst.,* **32** (3), 95-98.

[169] SAMORZEWSKI J., 1957. [The density and compression and static bending strengths of Polish Beech]. *Sylwan,* **101** (9), 85-103.

[170] SAMORZEWSKI J., 1959. [The tensile strength , shear //, impact strength and hardness of Polish Beech]. *Sylwan,* **103** (6/7), 151-170.

[171] SAMORZEWSKI J., 1961. [The late-wood %, cleavage, tensile strength //, and dynamic bending strength of Polish Beech]. *Sylwan,* **105** (1), 91-106.

[172] SÁRKÁNY S., STIEBER J., 1959. Untersuchungen über die quantitative-ökologische Xylotomie von Fagus silvatica. *Ann. Univ. Sci. Budap.,* 2, 238-257.

[173] SCHAEFFER R., 1954. La qualité du hêtre. *Rev. for. fr.,* (11), 662-666.

[174] SCHNIEWIND A.P., 1959. Transverse anisotropy of wood : a function of gross anatomic structure. *For. Prod. J.,* **9** (10), 350-399.

[175] SCHNIEWIND A.P., 1966. Irregularities of finished surfaces caused by unequal ray shrinkage. *For. Prod. J.,* **16** (8), 66-67.

[176] SCHULTZE-DEWITZ G., GÖTZE H., GÜNTER B., LUTHARDT H., 1971. Eigenschaften und Verwertung des Astholzes von Kiefer (Pinus silvestris) und Rotbuche (Fagus silvatica). 1. Mitteilung : Die Holzstruktur. *Holztechnologie,* **12** (4), 214-221.

[177] SCHULZ H., 1957. Die Anteil der einzelnen Zellarten an dem Holz der Rotbuche. *Holz als Roh. u. Werkst.,* **15** (3), 113-118.

[178] SCHULZ H., 1961. Über die Zusammenhänge zwischen Baumgestalt und Güte des Schnittholzes bei Buche. *Schriftenr. Forstl. Fak. Univ. Göttingen,* **29,** 95 p.

[179] SCHUTE R., 1972. [Metallic objects in the wood of Beech and Norway Spruce. I - Discolorations of wood through injuries caused by firearms and grenades. II - The cost of foreign bodies in wood.] *Holz Zentralbl.,* **98** (10, 19), 143-144, 279-281.

[180] SCHWAPPACH A., 1898. Untersuchungen über Raumgewicht und Druckfèstigkeit des Holzes wichtiger Waldbäume. Berlin : Springer. — 138 p.

[181] SIEK M., 1964. (Specific gravity and compression strengh of Beech wood in different zones of bole cross section). *Pr. Inst. Technol. Drewna,* **11** (1), 77-86.

[182] ŠKIRJA T.M., 1961. [Physical and mechanical properties of wood from the branches and top of Carpathian Beech.] *Izv. Vyssh. uchebn. zaved. Lesn. Ž* Arkang., **3** (1), 111-5.

[183] SPARKES A.J., 1968. Strength of dowel joints. *Woodwork. Ind.,* **25** (5), 25-26, 28.

[184] STAJDUHAR F., 1972. [Physical and mechanical properties of Beech wood in Croatia.] *Drvna Ind.,* **23** (3/4), 43-59.

[185] STOICA L., LATES L., FIDANOFF F., ALANCUŢEI V., STROIA D., 1973. [Composting bark and sawdust with the addition of the bacterial preparation Eokomit.] *Stud. si Cercet.,* I (*Silvicultura*), **29**, 75-111.

[186] STOJANOV V., ENČEV E., 1949. [Comparative studies on the technological properties of Beech woods.] *Sb. Balkarst. Nauk. Klon prir. Mat. Sofia,* **40** (20), 99-229.

[187] STOJANOFF V., ENČEV E., GÖHRE K., GÖTZE H., 1958. Über die Verteilung der Rohwichte im Stamm und ihre Beeinflussung durch Wuchsgebiet und Standort. *Archiv. Forstwes.,* **7** (12), 953-958, 959-974.

[188] SÜSS H., MÜLLER-STOLL W.R., 1969. Über das Faserwachstum, seine Beziehungen zum jahresperiodischen Dickenwachstum und die Faserüberlappung bei einigen Laubhölzern. *Holzforschung,* **23**, 145-152.

[189] SÜSS H., MÜLLER-STOLL W.R., 1970. Zusammenhänge zwischen der Grösse einiger Holzelemente der Rotbuche (*Fagus silvatica* L.) und der Orientierung des Stammes zur Himmelsrichtung bzw. der Jahrringbreite. *Holz als Roh- u. Werkst.,* **28** (7), 270-277.

[190] SÜSS H., MÜLLER-STOLL W.R., 1970. Änderungen der Zellgrössen und des Anteils der Holzelemente in zerstreutporigen Hölzern innerhalb einer Zuwachsperiode. *Holz als Roh- u. Werkst.,* **28** (8), 309-317.

[191] SÜSS H., MÜLLER-STOLL W.R., 1972. Zusammenhänge zwischen der Ausbildung einiger Holzermerkmale der Rotbuche (*Fagus silvatica* L.) und der Jahringbreite. *Holz als Roh- u. Werkst.,* **30** (9), 342-346.

[192] TAYLOR F.W., 1969. The effect of ray tissue on the specific gravity of wood. *Wood and Fiber,* **1** (2), 142-145.

[193] TEISSIER DU CROS E., KLEINSCHMIT J., AZOEUF P., HOSLIN R., 1979. Drehwuchs bei Buche, Variabilität und Erblichkeit. *Forstarchiv,* **51** (3), 41-47.

[194] TELLERUP E., 1953. Individual differences in the shape of wood rays in Fagus silvatica L. A wood anatomical investigation. In : Yearbook, Royal veterinary and agricultural College, Copenhague, 147-157.

[195] THIÉRCELIN F., ARNOULD M.F., MANGENOT F., POLGE H., 1972. Altérations du bois provoquées par les sondages à la tarière. Leur contrôle. *Ann. Sci. for.,* **29** (1), 107-133.

[196] TILLMANNS H.J., 1957. Die natürliche Dauerhaftigkeit einiger Kernhölzer in Beziehung zur Lage im Stamm. Dissertation : Göttingen, Forstliche Fakultät. – 101 p.

[197] TODOROVSKI S., 1968. [Effect of ecological factors on the physical and mechanical properties of Fagus moesiaca wood from the Karaorman mountains.] *God. Zb. Zemjod Sumar. Fak. Univ. Skopje*, 21, 39-59.

[198] TOMA G.T., 1946. [Variation in the weight of firewood. 2nd and 3nd investigations.] *Ann. Inst. Cercet. exp. for.* (Bucuresti), 1944-45, **10**, 75-102.

[199] TRENARD Y., 1977. Etude de la vascularisation du hêtre en divers points du tronc. *Holzforschung*, **31** (4), 106-112.

[200] TRENARD Y., GUENEAU P., 1977. Relations entre la structure anatomique et l'amplitude du retrait du bois. *Holzforschung*, **31** (6), 194-200.

[201] TRENDELENBURG R., 1939. Das Holz als Rohstoff. 1st. ed. München : J.F. Lehmann V. – 435 p.

[202] TROST C., 1930. Das Holzgewicht von der Winterfällung bis zum waldtrokkenen Zustand von 26 Holzarten für alle gebräuchlichen Sortimente. *Tharandt. Forstl. Jb.*, 81, 623-663.

[203] TSOUMIS G., 1958. [Growth, specific gravity and shrinkage of the wood of Pinus nigra Arn., Fagus silvatica L., Quercus sessiliflora Sm. and Castanea vesca Gärtn.] Thessaloniki : Aristotelian University. – 30 p.

[204] TYSHKEVICH G.L., 1976. [Physical and mechanical properties of the wood of Beech growing in Moldavia.] *Lesn. Zh.*, n° 4, 88-92.

[205] TYSHKEVICH G.L., 1976. [Anatomical structure of Beech wood in relation to growth conditions.] *Lesovedenie*, n° 1, 59-64.

[206] USE OF BARK IN HORTICULTURE, 1968/1969. *Forestry Commission. Report on forest. research*, 1969, 132-133.

[207] VALDENAIRE J.M., 1979. Contribution à l'étude des relations sol-végétation dans les hêtraies du Nord-Est de la France. Champenoux : INRA - Station de recherches sur les sols forestiers et la fertilisation; Laboratoire de phyto-écologie. – 91 p. (Mémoire ENITEF 3e année).

[208] VENET J., 1956. Tournées relatives au Hêtre. Cours de technologie, n° 126 R2. Nancy : E.N.E.F. – 17 p.

[209] VENET J., 1961. Les bois à fibres. Cours de technologie, n° EXPL 27 C4. Nancy : E.N.E.F. – 25 p.

[210] VENET J., 1972. Utilisation et sylviculture du hêtre. Cours. Nancy : ENGREF. – 22 p.

[211] VENET J., 1970. Cours. Nancy : E.N.G.R.E.F. – 231 p.

[212] VENET J., 1974. Identification et classement des bois français. Cours Nancy : ENGREF. – 311 p.

[213] VISNJEVAC N., 1963. [Beech sawlogs as raw material for plywood production.] *Drvna Ind.*, **14** (5/6), 77-80.

[214] VOLKERT E., 1953. Untersuchungen über das Verhalten von Astwunden nach Grünästung und natürlichen Astabfall bei Rotbuche. *Forstwiss. Centralbl.*, **72** (3/4), 110-124.

[215] VORREITER L., 1954. Holzkonstituenten und Raumquellung des Holzes. *Holz als Roh.-u. Werkst.*, **12** (6), 223-6.

[216] WALTER F., 1958. Die Eigenschaften des Holzes nach der Trocknung. Holzindustrie, **11** (1), 13-17.

[217] WAŁEK-CZERNECKA A., SMOLINSKI M., 1956. [Anatomy of the normal and tension wood of Beech.] *Roczn. dendrol. pol. Tow. Bot., Warsz.*, 11, 21-69.

[218] WICKER M., 1970. Structure et densité du bois de tumeurs de chêne et de hêtre. *Rev. gen. Bot.*, **77**, 499-517, 917-919.

[219] WINTERFELD K., 1966. Untersuchungen über die Auswirkungen der Grünästung bei der Rotbuche. Dissertation : Göttingen : Forstl. Fak. − 131 p.

[220] WINTERFELD K., 1965. Kann die Grünästung der Rotbuche die Rohholzqualität verbessern ? *Holz-Zentralbl.*, **82,** 1115-1117.

[221] WOBST H., 1967. Auswirkungen der Rotverkernung von Buchenstammholz auf einige kennzeichnende physikalische und mechanisch-technologische Eigenschaften. Proc. Congr. IUFRO. 14. Munich, pt IX, sect. 41, 179-209.

[222] YATSENKO-KHMELEVSKI A.A., 1946. [Changes in the constitution and structure of the wood of oriental Beech with age, height above ground level, and environmental conditions]. *Izv. Akad. Nauk Arm. SSR*, n° 5, 16 p.

[223] ZYCHA H., 1948. Über die Kernbildung und verwandte Vorgänge im Holz der Rotbuche. *Forstwiss. Centralbl.*, **67** (2), 80-109.

CHAPITRE 8

AMÉLIORATION GÉNÉTIQUE DU HÊTRE

Hêtre à fibre torse très prononcée

8. – AMÉLIORATION GÉNÉTIQUE DU HÊTRE

par

Eric TEISSIER du CROS

L'intérêt porté à l'amélioration génétique du hêtre est ancien en Europe. En effet, les premiers essais comparatifs destinés à étudier le comportement de différentes populations (ou provenances) de hêtre ont été installés pratiquement simultanément en Suisse et au Danemark au début de ce siècle. Au Danemark, les forestiers ont constaté que certaines populations de hêtre des parties centrales de l'aire naturelle avaient un meilleur comportement que le matériel local. En conséquence, ils ont, par plantation, substitué presque totalement ce matériel plus performant, aux peuplements locaux. Une telle décision, grave de conséquences du point de vue de la conservation et de la pureté des ressources génétiques, a pu être prise, en connaissance de cause, dans un pays où la hêtraie ne couvre que 100 000 ha.

En France, la situation est bien différente. La hêtraie est très diversifiée et couvre environ 1 700 000 ha. Traditionnellement elle a été régénérée par semis. Ce n'est que depuis 10 à 15 ans que, cherchant à ne pas attendre trop longtemps des faînées hypothétiques, ou, cherchant à réinstaller rapidement des futaies dans des forêts dégradées, les forestiers ont entrepris des plantations relativement importantes (environ 1 200 ha par an).

Dans ce but, il est arrivé très fréquemment que, profitant des disponibilités du marché, ils ne se soient pas souciés de l'origine du matériel utilisé.

De ce fait, des importations considérables de faines ou de plants ont été réalisées en provenance de l'étranger. Et, à moindre échelle, mais avec des conséquences tout aussi importantes, de nombreux transferts de faines ou de plants ont été faits entre régions françaises.

Les conséquences de ces pratiques sont :

— risque de mauvaise adaptation du matériel transféré aux nouvelles conditions de milieu ;

— risque d'abâtardissement génétique des peuplements locaux par le matériel introduit.

Ces considérations sont à la base des décisions prises en France en 1973-1974 :

a) de procéder au classement de peuplements où seraient réalisées en priorité les récoltes de graines (voir § 8-3);

b) de débuter un programme d'amélioration à proprement parler.

8.1. OBJECTIFS DE L'AMÉLIORATION

Sauf cas particuliers que nous ne ferons que mentionner pour mémoire : ornement, brise-vent, par exemple, ou qui seront abordés plus loin : peuplements porte-graines, l'amélioration du hêtre doit conduire à produire en un lieu donné une quantité élevée de bois de qualité optimale. Ces objectifs sont d'abord liés aux possibilités de l'espèce, comme son caractère social ou ses limites écologiques. Ils dépendent aussi de limites fixées *a priori*, comme, par exemple, celle de ne pas dénaturer le patrimoine génétique. Ces objectifs se traduisent par le choix de caractères de sélection et une stratégie d'amélioration.

Les principaux caractères de sélection retenus et étudiés sont :

caractères d'adaptation : résistance aux gelées de printemps, possibilités de croissance sur différents types de stations, résistance aux divers ennemis recensés.

vigueur : c'est-à-dire croissance rapide, notamment au stade juvénile.

forme : absence de fourchaison, rectitude du fût.

qualité du bois : principalement absence de fibre torse, faible dureté, faible retrait et faibles contraintes de croissance.

8.2. STRATÉGIE D'AMÉLIORATION DU HÊTRE

Le schéma d'amélioration du hêtre proposé au tableau 62 nécessite quelques commentaires :

— il ne paraît pas logique d'avoir « classé » des peuplements (voir définition de cette opération au paragraphe 8.3) et de ne vérifier qu'ensuite la validité de ce « classement », c'est-à-dire la valeur des critères de choix; il aurait été plus judicieux de rechercher d'abord les critères de choix ayant

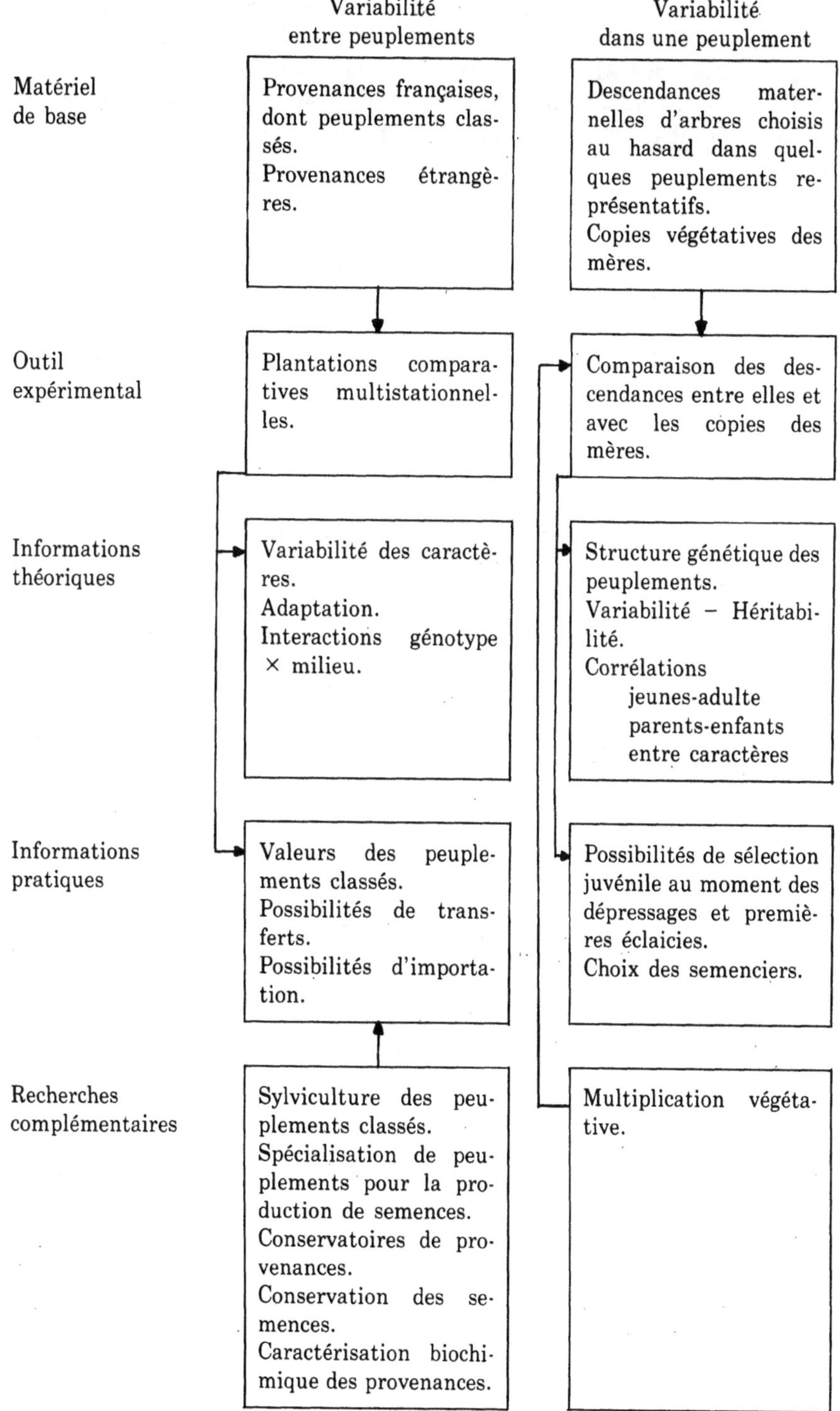

TABLEAU 62

Stratégie d'amélioration du hêtre.

Variabilité entre peuplements

Variabilité dans une peuplement

Matériel de base

Provenances françaises, dont peuplements classés.
Provenances étrangères.

Descendances maternelles d'arbres choisis au hasard dans quelques peuplements représentatifs.
Copies végétatives des mères.

Outil expérimental

Plantations comparatives multistationnelles.

Comparaison des descendances entre elles et avec les copies des mères.

Informations théoriques

Variabilité des caractères.
Adaptation.
Interactions génotype × milieu.

Structure génétique des peuplements.
Variabilité − Héritabilité.
Corrélations
jeunes-adulte
parents-enfants
entre caractères

Informations pratiques

Valeurs des peuplements classés.
Possibilités de transferts.
Possibilités d'importation.

Possibilités de sélection juvénile au moment des dépressages et premières éclaicies.
Choix des semenciers.

Recherches complémentaires

Sylviculture des peuplements classés.
Spécialisation de peuplements pour la production de semences.
Conservatoires de provenances.
Conservation des semences.
Caractérisation biochimique des provenances.

Multiplication végétative.

un déterminisme génétique et de les appliquer ensuite au classement des peuplements. Cette démarche est pourtant nécessaire car, d'une part, les programmes d'amélioration du hêtre en France entrepris par la Station d'Amélioration des Arbres Forestiers du Département des Recherches forestières de l'I.N.R.A. n'ont débuté qu'en 1976 et, d'autre part, les besoins en faînes étant de plus en plus élevés, mieux vaut les récolter dans des peuplements phénotypiquement convenables, sélectionnés dans les zones d'utilisation, que n'importe où ailleurs,

— ce schéma ne prévoit pas la constitution de vergers à graines pour produire les semences améliorées, car cette voie, déjà explorée par nos voisins : Allemagne Fédérale, Danemark, s'est révélée trop longue du fait de l'âge avancé de maturité du hêtre, et peu adaptée à la grande diversité des hêtraies françaises; en effet, elle nécessiterait un nombre trop élevé de vergers.

8.3. CLASSEMENT DES PEUPLEMENTS
(d'après CTGREF (1) 1976 et 1980)

par

Eric TEISSIER du CROS et Pierre DUCREUX

8.31. OBJECTIFS DU CLASSEMENT

Les besoins croissants de plants de hêtre pour les compléments de régénération et les reboisements nécessitent un approvisionnement soutenu en faînes. Les récoltes en semences forestières ont souvent eu tendance à se concentrer sur les peuplements phénotypiquement parmi les plus mauvais parce que parfois plus fructifères. Les utilisateurs ne se sont pas préoccupés de l'origine du matériel utilisé. Pour faire face à cette situation, un ensemble de mesures a été pris, dans le cadre de la loi n° 71/ 383 du 22 mai 1971 (Journal Officiel du 25 mai 1971), sur l'amélioration des essences forestières. Elles se résument comme suit :

— obligation de récolter les graines dans un nombre limité de « peuplements classés » ;

(1) Centre Technique du Génie Rural des Eaux et des Forêts, actuellement appelé Centre National du Machinisme Agricole, du Génie Rural, des Eaux et des Forêts (CEMA-GREF).

— utilisation du concept de « région de provenances » comme critère de séparation et d'identification des graines et des lots de plants ;

— organisation d'un système de contrôle officiel.

De plus, depuis 1979, l'Office National des Forêts, principal utilisateur de plants de hêtre en France a reçu des directives visant à ne plus procéder à aucun transfert entre régions de provenances et, *a fortiori,* à ne plus importer de graines ou de plants d'origine étrangère. Les deux raisons essentielles de cette décision limitative viennent d'une part du manque d'information que l'on a des possibilités d'adaptation du hêtre à des conditions éloignées de celles du lieu de récolte (climat, sol, photopériode) et d'autre part, de la méconnaissance totale des risques que l'on prend pour les générations futures en abâtardissant les sources locales par le matériel introduit.

8.32. **CRITÈRES DE CLASSEMENT ET VALEUR DE LA SÉLECTION**

Le choix des peuplements porte-graines est une sélection de populations où l'accent est mis sur l'homogénéité aussi bien pour les conditions de milieu que pour la qualité des arbres. Un peuplement présentant des individus remarquables dans un ensemble plutôt médiocre n'est pas retenu.

La sélection est phénotypique, elle ne permet donc pas d'apprécier la part génétique de la supériorité constatée. Elle peut conduire au classement de peuplements sur la seule valeur des milieux dans lesquels ils sont développés. Jusqu'à plus ample information, cela limite l'utilisation du matériel qui en provient, à des conditions aussi proches que possible de celles du lieu d'origine.

En d'autres termes, la supériorité génétique, si elle existe, n'a de sens dans bien des cas, que dans des conditions de milieu précises. Pour donner un exemple extrême, une provenance originaire d'un sol acide ne sera pas à recommander sur sol calcaire.

On peut se demander si les contraintes imposées par ce classement sont à la hauteur du gain génétique que l'on peut en attendre. Peu d'informations rigoureuses existent encore qui permettent de répondre à cette objection. On sait néanmoins que certains caractères des arbres sont transmissibles héréditairement. Nous en citerons quelques-uns plus loin. Mais sans prendre de grands risques, il est possible de répondre par l'affirmative pour deux motifs essentiels :

— les progrès en matière de génétique sont basés sur des principes simples que l'on retrouve dans l'ensemble du monde vivant. La sélection massale, c'est-à-dire la sélection d'individus pour leurs caractéristiques phénotypiques propres, ne se traduit que rarement par une perte ;

— en l'absence de classement et pour des raisons de facilités de récolte, l'approvisionnement en semences s'est souvent concentré sur des peuplements phénotypiquement mauvais. A défaut d'assurer une amélioration substantielle, le classement permet au moins d'éviter ce genre de pratique.

8.33. LE CONCEPT DE RÉGION DE PROVENANCES

Du fait de la grande diversité des milieux et de la pression qu'ils exercent sur les populations locales, la meilleure identification possible d'un lot de graines ou de plants est la population, ou ce qu'il est convenu d'appeler *provenance.*

En pratique, un nombre trop élevé d'identités à contrôler risque de nuire à l'efficacité du système. Il a de ce fait été décidé de sacrifier un peu à la finesse théorique d'identification, au profit de sa fiabilité. Le concept de *région de provenances* a donc été proposé et défini par le législateur. Une région de provenance est un ensemble englobant des peuplements qui, pour des raisons notamment d'homogénéité écologique des stations, sont supposés présenter des caractéristiques génétiques suffisamment proches pour que les différents lots de graines en provenant puissent être mélangés et commercialisés sous la même identité.

A ce stade, deux conceptions de la région de provenances apparaissent :

— la conception partitionniste qui consiste à découper un territoire en portions homogènes (figure 85);

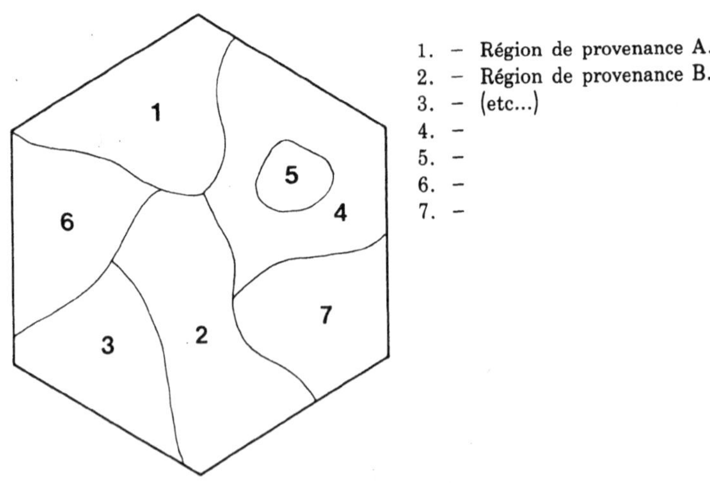

FIG. 85. — *Conception partitionniste.*

— la conception associative qui consiste à regrouper sous une même appellation tous les peuplements classés considérés comme présentant des conditions écologiques semblables, à l'exclusion de tout autre peuplement (figure 86).

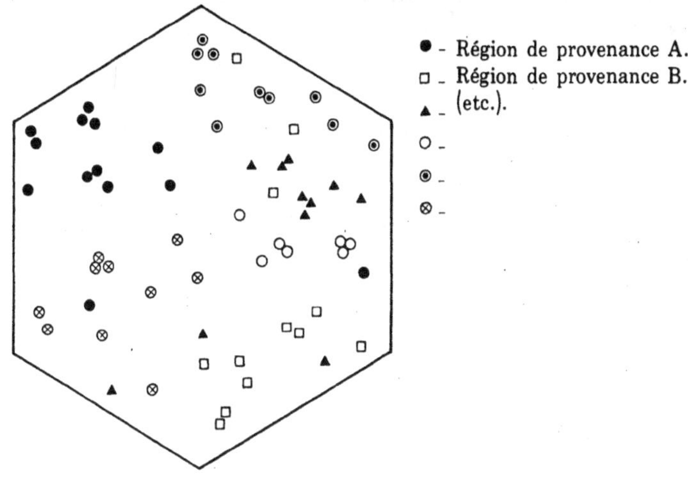

FIG. 86. — *Conception associative.*

La première conception risque de favoriser la commercialisation de lots de graines identifiées (étiquette jaune de l'O.C.D.E.), provenant de peuplements inclus dans les régions de provenances, mais non classés. La seconde exclut cette possibilité.

8.34. SITUATION EN FRANCE

La France a choisi la deuxième solution et s'interdit ainsi toute commercialisation de faînes ne venant pas de peuplements classés. Le choix engage l'avenir à long terme car c'est sur ces peuplements que reposera l'ensemble de l'approvisionnement en faînes, contrairement à d'autres espèces, comme l'épicéa par exemple, chez lequel, la récolte des graines dans les peuplements classés n'est qu'un stade transitoire en attendant la production des vergers à graines.

Au printemps 1980, la situation est la suivante (tableau 63 et figure 87) : 9 619 ha classés, correspondant à 89 peuplements regroupés en 15 régions de provenances. Cette situation est évolutive. En effet, d'une part l'ensemble du territoire français n'a pas encore été parcouru par la Division

Graines et Plants Forestiers du C.T.G.R.E.F. chargée de ce classement, et d'autre part, certains peuplements, coupés, disparaîtront du catalogue, d'autres, ayant révélé des conditions non homogènes avec la région de provenances, en changeront, d'autres enfin, pourront être déclassés si leur qualité génétique apparaît mauvaise à l'utilisation ou dans les essais comparatifs de provenances.

TABLEAU 63

Régions de provenances de hêtre en France en 1980.

Nom	Numéro de code	Nombre de peuplements classés	Surface classée (ha)
Perche	01	3	352
Bordure Manche	02	9	2 836
Picardie	03	4	1 865
Nord-Est calcaire........	04	26	1 899
Vosges du Nord gréseuses ..	05	7	123
Nord Massif Central	06	2	288
Sud Massif Central moyenne altitude	07	1	453
Bretagne	08	3	192
Bassin supérieur de la Saône.................	09	7	597
Charentes - Poitou........	10	2	147
Premier plateau du Jura...	11	11	325
Auvergne altitude........	12	6	137
Pyrénées Centrales	13	6	379
Argonne................	14	1	19
Ouest Massif Central	15	1	8
TOTAL		89	9 619

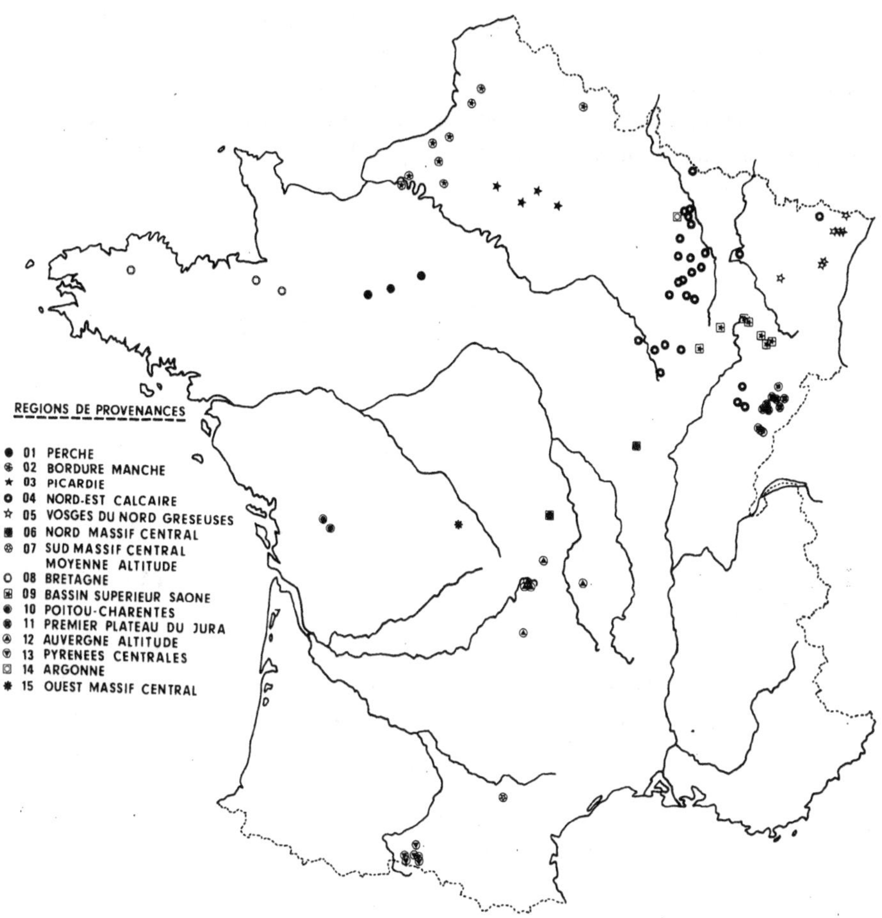

FIG. 87. – *Régions de provenances.*

8.35. **SITUATION À L'ÉTRANGER**

Bien qu'ayant retenu la notion de région de provenances, aucun autre pays de l'O.C.D.E. n'a choisi la conception associative. Les territoires de la République Fédérale d'Allemagne, des Pays-Bas et de la Belgique sont donc divisés en zones, puis en régions de provenances, souvent communes à plusieurs essences dans lesquelles des peuplements ont été classés.

R.F.A.................. 18 régions de provenances
Belgique .... 6 régions de provenances
Pays-Bas.............. 23 régions de provenances

Parmi les autres pays s'étant dotés d'une réglementation conforme à celle de l'O.C.D.E., citons la Roumanie. Dans ce pays, la notion de Région de provenances n'a pas été retenue. Chaque peuplement classé reçoit donc une identité propre. Cet effort est essentiellement orienté vers l'exportation, les hêtraies roumaines ne posant pas de difficultés de régénération.

8.4. PRINCIPAUX RÉSULTATS EN MATIÈRE D'AMÉLIORATION DU HÊTRE

par

Eric TEISSIER du CROS

Les informations livrées par les essais installés à l'étranger et en France ayant pour objectif d'apprécier la variabilité génétique, peuvent être scindées en deux blocs :

— les informations concernant la variabilité entre régions, provenances ou peuplements. Elles indiquent des lois de variation et permettent de caractériser ces groupes. Elles orientent les forestiers vers les sources de graines les mieux adaptées aux conditions de milieu des sites qu'ils reboisent.

— les informations concernent la variabilité entre individus d'un peuplement. Elles mettent en évidence les caractères sous dépendance génétique, notamment ceux qui se transmettent héréditairement, et les liaisons génétiques entre ces caractères. Elles orientent les forestiers pour le choix des arbres au cours des éclaircies jusqu'à la préparation de la régénération.

Les caractères étudiés sont regroupés sous des critères généraux : adaptation, forme, vigueur, qualité du bois (3).

8.41. CRITÈRES D'ADAPTATION

Débourrement végétatif : la majorité des plantations de hêtre sont réalisées actuellement en plein découvert. Cette pratique se traduit fréquemment par des dégâts de gelée de printemps qui peuvent griller les

---

(3) Certains résultats de ce chapitre sont trop récents pour avoir pu être publiés par l'auteur. Ils ne font pas l'objet de références bibliographiques.

PHOTO 17. – *Jeune plantation de hêtre après une gelée d'avril 1976 en forêt de Lyons (Normandie).*

jeunes pousses jusqu'à plus de 2 m de haut (photo 17). Si les conséquences ne sont pas toujours la mort des plants, elles peuvent entraîner des déformations des pousses ou la production de fourches basales (photo 18). En général chez les espèces forestières, ce caractère est sous forte dépendance génétique, et on considère qu'aux latitudes tempérées le choix de matériel à débourrement tardif diminue les risques. Chez le hêtre, la réponse est la même : la variance génétique totale représente 93 % de la variation (tableau 64) et, il est possible, par un choix de provenances à débourrement végétatif moyen tardif de gagner 10 jours par rapport à la provenance à débourrement moyen le plus précoce. Or, à titre d'exemple, 10 jours à la période normale du débourrement – fin avril, début mai – correspondent, dans la région d'Orléans, à une diminution de moitié des risques de gelée de printemps.

PHOTO 18. – *Quel est l'avenir d'un jeune plant présentant à 1 m une fourche de ce type ?*

Certes, ce choix peut être néfaste certaines années, comme le fait remarquer GALOUX (1966), quand ce sont précisément les provenances à débourrement végétatif le plus tardif qui sont touchées par des gelées extrêmement tardives elles-mêmes : juin, alors que les provenances précoces, s'étant déjà « endurcies », ont résisté. Mais ces années sont rares lorsqu'on relève les extrêmes de température dans les sites habituels où le hêtre est planté.

Le choix de provenances à débourrement végétatif tardif est réalisé dans des essais comparatifs. Il conduit à un classement en général très stable des provenances et cela quel que soit le site ou l'année d'observation (caractère peu soumis à l'interaction génotype-milieu).

L'existence d'une loi de variation de ce caractère n'a pas encore été montrée clairement, mais il semble néanmoins qu'il y ait une liaison avec l'altitude d'origine. Dans un essai à basse altitude, les provenances de haute altitude débourreraient plus tôt que des provenances de basse altitude.

L'amplitude de la variabilité pour le débourrement végétatif est du même ordre à l'intérieur d'un peuplement qu'entre peuplements (tableau

64). Elle est de 10 jours dans une parcelle étudiée en forêt domaniale de Lyons en Haute-Normandie.

Enfin, ce caractère semble se transmettre héréditairement (KRAHL-URBAN, 1962). L'héritabilité au sens strict, calculée par régression parent-enfants, donne une valeur proche de 1, entre 7 individus d'un peuplement de la forêt domaniale de Haye et leurs descendances maternelles à 3 ans.

Pour la pratique, il convient donc d'observer les règles suivantes :

— pour une région donnée, classement de peuplements à débourrement végétatif moyen tardif, d'après leurs performances en plantation comparative.

— dans les parcelles en régénération, choix des arbres à débourrement tardif, dans les peuplements classés, récolte des faînes sous ces arbres.

Compatibilité avec le sol. Le hêtre présente une particularité, peu fréquente chez les espèces forestières, d'être présent naturellement sur une gamme de sols allant de condition très acides à des conditions calcaires. La question s'est posée de savoir si on peut, sans risque, prendre des graines originaires de peuplements à sol acide et élever des plants ou les planter sur sol calcaire et vice-versa.

Reprenant une idée de POLGE *et coll.* (1972), LEPOUTRE et TEISSIER du

TABLEAU 64
Variabilité de quelques caractères chez le hêtre.
Décomposition en pourcentage de la variance totale
(d'après GALOUX, 1966)

Composants de la variance (en % de la variance totale)	$\dfrac{\sigma^2_{sp}}{\sigma^2_T} \times 100$	$\dfrac{\sigma^2_f}{\sigma^2_T} \times 100$	$\dfrac{\sigma^2_{sp} + \sigma^2_f}{\sigma^2_T} \times 100$
Débourrement végétatif ...	47	46	93
Pousses de la Saint-Jean ..	29	46	75
Croissance en hauteur	66	18	84

σ^2_{sp}	=	Variance entre sous-populations (provenances).
σ^2_f	=	Variance entre familles de demi-fratries dans les sous-populations.
$\sigma^2_{sp} + \sigma^2_f$	=	Variance génétique totale.
σ^2_T	=	Variance totale.

CROS (1979) ont étudié cette question au stade de la production des semis en pépinière. Ils ont constaté que :

— les semis d'un an accusent une perte de croissance quand ils se développent dans un milieu non conforme du point de vue de la teneur en calcaire à celui d'où proviennent les faînes qui leur ont donné naissance.

— ce développement moindre est la résultante d'une assimilation minérale déséquilibrée.

— le milieu a, semble-t-il, exercé une pression de sélection qui a façonné des écotypes adaptés.

Les conséquences de ces résultats portent d'une part sur l'élevage en pépinière, où il est recommandé de veiller à une certaine concordance des milieux avec ceux d'où viennent les faînes, notamment pour le pH, et d'autre part sur le classement des peuplements qui tient compte désormais de la nature du sol et de la roche-mère.

Résistance aux agents pathogènes. A notre connaissance, les seuls travaux engagés sur ce thème, chez le hêtre, concernent le chancre des rameaux (voir § 93.1). Ils montrent que les descendances d'arbres sensibles sont en moyenne plus réceptives au champignon *(Nectria ditissima)* que les descendances d'arbres ne présentant pas de chancre.

8.42. CRITÈRES DE VIGUEUR

Gagner sur la vigueur des arbres à tous les stades de leur développement est primordial. Au stade juvénile, c'est le reflet d'une installation rapide ; en plantation, cela permet une « sortie » plus précoce des plants des éléments concurrentiels et autorise des économies de dégagements ; ultérieurement, cela permet d'intervenir plus tôt dans les premières éclaircies. Deux critères de vigueur ont principalement été étudiés : la hauteur totale (ou pousse annuelle), et les pousses cycliques (pousse de la Saint-Jean ou pousse d'août).

LA CROISSANCE ANNUELLE EN HAUTEUR : GALOUX (1966) considère, d'après un essai comparatif, que ce caractère est sous forte dépendance génétique. La variance génétique totale représente 84 % de la variance totale. Les variations semblent plus marquées entre provenances ou populations qu'entre familles d'un même peuplement (tableau 64). Mais ce caractère est soumis à une forte influence du milieu qui peut, comme dans des essais anglais, masquer totalement la variabilité entre provenance (WOOD et PINCHIN, 1951 in GØHRN 1972) ou encore modifier les classements (LEPOUTRE et TEISSIER du CROS, 1979).

Quoiqu'il en soit, dans un milieu donné, des gains sont possibles. Ils sont évalués à 20 % en fin d'élevage en pépinière et à 15 à 37 % à 20 ans, lorsqu'on compare la performance de la meilleure provenance par rapport à la moyenne de l'essai (TEISSIER du CROS, 1980 ; KLEINSCHMIT, 1977).

LES POUSSES CYCLIQUES : ce caractère semble aussi sous assez forte dépendance génétique : la variance génétique totale représente 75 % de la variation. Si l'influence du niveau provenances reste sensible pour la manifestation de pousses de la Saint-Jean ou de pousses d'août, l'influence individuelle devient prépondérante (tableau 64). Mais utiliser un tel caractère dans une stratégie d'amélioration est délicat car les pousses cycliques ne s'expriment chez le hêtre qu'en conditions favorables et sur des arbres jeunes. Elles sont probablement la raison de nombreuses interactions entre la valeur génétique des provenances ou des individus et le milieu, intervenant ici par la fertilité, l'approvisionnement en eau, ou l'effet année.

8.43. CRITÈRES DE FORME

Chez les arbres forestiers, ce sont ces critères qui sont les premiers à avoir été pris en considération dans la sélection en forêt, notamment pour la constitution des vergers à graines de clones. Le hêtre ne fait pas exception et c'est ce qui explique l'intérêt porté à ces caractères chez cette espèce. Plusieurs caractères ont été étudiés :

RECTITUDE DU FÛT. Les travaux danois tendent à montrer que dans des conditions de milieux favorables au hêtre ou tout au moins proches de celles d'origine, on obtient un certain gain sur la forme en récoltant des graines sur des arbres droits, mais que ce gain devient nul en conditions difficiles ou éloignées de celles d'origine. Les travaux allemands confirment ce léger gain possible (GØHRN,1972 et KRAHL-URBAN, 1962).

FOURCHAISON. Ce caractère inquiète beaucoup les forestiers. GALOUX (1966) considère que les fourches rares et basales peuvent être accidentelles mais que les fourches répétitives ont probablement un déterminisme génétique. Sur le plan géographique, on observe qu'en général les hêtraies de plaine offrent des arbres plus fourchus que les hêtraies de montagne. Mais les hêtraies roumaines qui croissent en majorité de 600 à 1 200 m présentent aussi des arbres fourchus dans les meilleurs peuplements. Cette tare semble donc liée à l'espèce, et la part du milieu est vraisemblablement importante (gelées tardives par exemple). Cela entraîne qu'il n'y a pas un transfert complet des qualités de forme des arbres lorsqu'ils sont transportés de moyenne à basse altitude. Une deuxième source d'inquiétude des forestiers au sujet de la fourchaison est sa fréquence élevée dans les jeunes peuplements plantés. Une forte densité de plantation (15 000 plants à l'hectare) ne donne qu'environ 7 % d'arbres fourchus à 15 ans contre 19 % environ pour 5 900 plants plantés à l'hectare. L'essai allemand dont proviennent ces résultats porte sur 5 provenances (MUHLE et KAPPICH, 1979). La dépendance génétique de ce caractère semble claire au niveau des moyennes de provenances. Il est possible de détecter à 20-25 ans, en plantation comparative, des provenances alliant une bonne forme, donc un faible taux de fourchaison, et une bonne croissance en hauteur. Cette expression de la variabilité de la forme reste possible malgré une densité de plantation supérieure à 15 000 plants/ha (KLEINSCHMIT, 1977).

Une information plus générale des problèmes posés par l'incidence de la plantation sur la forme du hêtre est donnée au § 5.4.4.

8.44. QUALITÉ DU BOIS

Les aspects génétiques de la qualité du bois ont été exposés dans le chapitre précédent.

INFRADENSITÉ. L'hérédité de ce caractère n'a pas encore été démontrée chez le hêtre. Seule la stabilité du classement entre individus à partir de l'âge de 10-11 ans a pu être mise en évidence, seuil qui permet de fixer l'époque du premier tri possible pour ce caractère.

FIBRE TORSE. Ce caractère a été pris en compte en Allemagne Fédérale et en France. Il a été démontré clairement qu'il est variable, sous dépendance génétique et, dans une certaine mesure, transmissible héréditairement (KRAHL-URBAN, 1962 et TEISSIER du CROS et coll., 1980). Par contre, l'impossibilité de pouvoir l'apprécier simplement et directement à l'œil nu sur arbres jeunes et souvent sur les arbres adultes aussi, sans avoir recours à la technique mise au point par le C.E.A. (4) (voir § 7.415.), le rend difficile à généraliser. En pratique, les arbres présentant ce défaut visible à l'état adulte devront être éliminés dès sa manifestation dans les peuplements soumis à aménagement classique. Par contre, dans l'optique d'une gestion particulière des peuplements classés, l'élimination des arbres à fibre torse devrait être plus systématique et nécessiterait alors d'avoir recours à la technique du C.E.A.

D'AUTRES CARACTÉRISTIQUES de la qualité du bois, telles que rétractibilité du bois ou contrainte de croissance, sont à l'étude (voir chapitre 7). Leur

(4) C.E.A. = Commissariat à l'Energie Atomique. Section d'Application de la radioactivité.

dépendance génétique n'est pas encore connue, les essais engagés dans ce sens étant trop récents.

En conclusion à ce bilan des travaux sur l'amélioration du hêtre, des indications à plusieurs niveaux peuvent être données pour la France :

SYLVICULTURE AVEC RÉGÉNÉRATION NATURELLE

Le choix des semenciers doit porter essentiellement sur la forme, puisque le gain ne se manifeste pleinement qu'en absence de tout transfert, sur l'absence de fibre torse visible, sur l'absence de chancre des rameaux dans la cime et sur la tardiveté du débourrement.

SYLVICULTURE AVEC PLANTATION
en plein ou en complément

Le choix des provenances doit se baser essentiellement sur la compatibilité avec les stations, notamment avec les sols, sur la tardiveté du débourrement en évitant en particulier des différences d'altitudes marquées entre lieu de récolte et lieu de plantation; seules des graines provenant de peuplements classés proches du lieu d'utilisation seront utilisées; pour les régions éloignées des zones classées, l'utilisateur tiendra compte des homologies de milieu proposées par le C.T.G.R.E.F. (1980). A l'avenir, lorsque les premières plantations comparatives françaises installées depuis 1979 produiront des résultats, le choix pourra tenir compte d'une façon plus précise de critères d'adaptation, de vigueur et de forme.

La régionalisation de ces essais offrira aux reboiseurs un échantillon des meilleures provenances pour les principales zones d'utilisation. Cet échantillon n'a aucune raison *a priori* d'être commun à l'ensemble de notre territoire, mais il se peut, comme cela se produit fréquemment dans les comparaisons multistationnelles de matériel forestier, qu'un petit nombre de provenances se classe favorablement dans la majorité des sites et nécessite une attention particulière de la part des gestionnaires concernés. A titre d'exemple, mentionnons le peuplement de Sihlwald, près de Zurich, qui a prouvé une certaine supériorité tant pour la forme que pour la vigueur en Suisse, au Danemark et en République Démocratique d'Allemagne (BURGER, 1948 et HOFFMANN, 1961 in GØHRN, 1972).

SYLVICULTURE DES PEUPLEMENTS CLASSÉS

La totalité des faînes nécessaires aux reboisements en hêtre en France doit désormais se reposer sur les peuplements classés. La gestion de ces peuplements, tout en ne devenant pas aussi intensive que celle de vergers à graines, devrait évoluer rapidement pour optimiser la production de semences, et permettre leur rentabilisation par l'utilisation de techniques mécaniques de récolte. En effet, les faînées sont loin d'être annuelles, mais des possibilités de stockage à long terme existent, et les utilisateurs de jeunes plants sont en droit d'exiger les provenances recommandées.

OPTIMISATION DE LA PRODUCTION. Diverses techniques ont été mentionnées au paragraphe 5.3. qui accroissent la fructification et la grosseur des graines : fertilisation et travail du sol. D'autres sont déjà employées dans d'autres pays : diminution de la densité des peuplements pour accroître l'éclairement des houppiers (5). C'est ici que les critères de sélection efficaces au niveau individuel prennent toute leur importance. Les arbres subsistant dans les peuplements devront être droits, sans fourche, notamment répétitive, débourrer tardivement et ne pas présenter de fibre torse.

MISE HORS AMÉNAGEMENT. Cette sélection et ces techniques de culture représentent un investissement tel qu'il ne permet pas de maintenir dans un aménagement classique ces peuplements. En effet, s'ils ont été éclaircis suffisamment précocement, ils seront aptes à produire des faînes beaucoup plus longtemps qu'une révolution normale de futaie. La nécessité de les mettre hors aménagement apparaît, notamment en forêt domaniale (environ 8 500 ha). Leur surface n'est pas négligeable, mais même si elle devait augmenter dans les années à venir, il est clair que les retombées à moyen et long terme en matière de qualité et de quantité de graines et en matière de qualité des reboisements qui en découleraient, seraient bien supérieures aux pertes possibles de production de bois. En effet, n'obtient-on pas déjà 25 à 37 % de gain sur le volume uniquement par un bon choix de provenances ?

MÉCANISATION DE LA RÉCOLTE. Les différentes méthodes de récolte ont été citées au paragraphe 5.41. La méthode manuelle, même si elle donne de bons résultats en matière de pureté des faînes récoltées, fait intervenir un facteur humain qui peut aller à l'encontre du gain recherché :
- arbres développés à grosses branches souvent très fructifères;
- arbres trop voisins, donc mauvaise représentation du peuplement et diminution de la variabilité potentielle;

(5) Les Roumains parlent d'une consistance de 0,6.

– attrait pour les routes macadamisées faciles à nettoyer, mais ne permettant souvent que la récolte de bord de peuplements présentant des arbres très fructifères, d'où mauvaise représentation des peuplements et risque d'échange de gènes à partir de peuplements voisins éventuellement non sélectionnés.

La mécanisation sous ses différentes formes est souhaitable car elle permet une récolte sur une étendue plus grande pour obtenir la même quantité de graines. Pourtant, malgré cette mécanisation, la récolte devra se concentrer sous des arbres présentant le maximum de qualités. Ces arbres une fois repérés (environ 30 à 40 à l'hectare) pourraient faire l'objet de soins particuliers qui accéléreraient la récolte et augmenteraient son rendement : dégagement de la végétation, enlèvement des feuilles ou même pose de bâches dans le cas du secouage.

Le tableau qui vient d'être brossé est volontairement orienté vers des données très pratiques. Certains aspects de la variabilité n'ont pas été mentionnés ; ce sont ceux notamment qui n'ont pas de liaison directe avec la productivité. Le lecteur pourra trouver des informations telles que variabilité de la dimension des feuilles, de la forme et de la disposition des bourgeons dans la littérature. Ces caractères sont en effet trop dépendants du milieu pour avoir un pouvoir de discrimination fidèle.

Par contre, ce chapitre ne peut pas être clos sans que soient mentionnés les travaux récents engagés par la voie biochimique sur les marqueurs enzymatiques. Ces marqueurs, en général d'un déterminisme génétique simple, ont une expression indépendante du milieu. Leur transmissibilité est en cours d'étude, notamment à Göttingen et à Montpellier. Ils ont un caractère discriminant important et permettent de différencier des provenances ou des descendances. Les retombées théoriques ou pratiques sont nombreuses : hérédité des systèmes enzymatiques, liaisons entre gènes, caractérisation de groupes géographiques ou écologiques, et éventuellement détection d'états physiologiques anormaux des arbres (KIM, 1979 et THIEBAUT, 1980).

BIBLIOGRAPHIE

Centre technique du Génie rural des Eaux et des Forêts, 1976. Les régions de provenances de l'Epicéa commun (*Picea abies* Karst.). Nogent/Vernisson : CTGREF - Division graines et plants forestiers. – 53 p. (Note technique n° 30).

Centre technique du Génie rural des Eaux et des Forêts, 1980. Les régions de provenances du Hêtre (*Fagus silvatica* L.). Nogent/Vernisson : CTGREF - Division graines et plants forestiers. – 40 p. (Note technique n° 43).

GALOUX A., 1966. La variabilité génécologique du Hêtre commun (*Fagus silvatica* L.) en Belgique. Groenendaal-Hoeilaart : Station de recherches des Eaux et Forêts, Travaux série A, n° 11, 121 p.

GØHRN V., 1972. [Provenance and progeny trials with enropean beech]. *Forstl. Forsoegsvaes. Dan.*, **33** (2), 82-213.

KIM Zin-Suh, 1979. Inheritance of leucine aminopeptidase and acid phosphatase isozymes in beech (*Fagus silvatica* L.). *Silvae Genet.*, **28** (2-3), 68-71.

KLEINSCHMIT J., 1977. Forstpflanzenzüchtung und Saatgutbereitstellung beim Laubholz. *Forst- und Holzwirt,* **32** (21), 7 p.

KRAHL-URBAN J., 1958. Vorläufige Ergebnisse von Buchen-Provenienzversuchen. *Allg. Forst. u. Jagdztg.,* **129,** 242-251.

KRAHL-URBAN J., 1962. Buchen : Nachkommenschaften. *Allg. Forst- Jagdztg.,* **133** (2), 29-38.

LEPOUTRE B., TEISSIER du CROS E., 1979. Croissance et nutrition de semis d'un an de Hêtre (*Fagus silvatica* L.) de différentes provenances, élevées sur substratum naturel acide et sur même substratum calcarifié. *Ann. Sci. for.,* **36** (3), 239-262.

MUHLE O., KAPPICH I., 1979. Erste Ergebnisse eines Buchen-Provenienz- und Verbandsversuchs in Forstamt Bramwald. *Forstarchiv,* **50** (4), 65-69.

POLGE H., KELLER R., THIERCELIN F., 1972. Effet du sol et de l'hérédité sur la croissance et les caractéristiques anatomiques de jeunes plants de Hêtre. Champenoux : INRA · Station de recherches sur la qualité des bois. – 24 p. (Document n° 1).

TEISSIER du CROS E., 1977. Etude de la variabilité du Hêtre. *Rev. for. fr.,* **29** (5), 355-362.

TEISSIER du CROS E., 1978. Programme d'amélioration génétique des feuillus en France. Symposium IUFRO sur la régénération et le traitement des forêts feuillues de qualité en zone tempérée. Champenoux : INRA, 11-15 septembre 1978, 318-319.

TEISSIER du CROS E., 1980. Où en est l'amélioration des feuillus ? Situation en République Fédérale d'Allemagne et en France. *Rev. for. fr.,* **32** (2), 149-166.

TEISSIER du CROS E., KLEINSCHMIT J., AZOEUF P., HOSLIN R., 1980. Drehwuchs bei Buche, Variabilität und Erblichkeit. [La fibre torse chez le Hêtre, variabilité et hérédité]. *Forstarchiv,* **51** (3), 41-47. (Résumé français).

THIÉBAUT B., 1980. Programme de recherches sur le Hêtre (*Fagus silvatica* L.) et la hêtraie méditerranéenne. Montpellier : Université des Sciences et Techniques du Languedoc. Laboratoire de systématique et d'écologie méditerranéennes. – 42 p.

CHAPITRE 9

DOMMAGES CAUSÉS AU HÊTRE ET AUX HÊTRAIES

Est-ce une maladie ?

9. – DOMMAGES CAUSÉS AU HÊTRE ET AUX HÊTRAIES

A l'ombre des frondaisons du hêtre, colosse de verdure, vivent une multitude de vassaux qui s'échelonnent de la cime la plus hardie, jusqu'aux confins des racines les plus secrètes. D'innombrables commensaux, parasites, et prédateurs s'articulent en chaînes complexes autour du grand cœur chlorophyllien. Au sein de cette société pléthorique en espèces, se rencontrent tous les comportements de la symbiose la plus bénéfique au parasite le plus redoutable. Un équilibre fragile et instable gouverne les relations de ce petit monde, et toute déviation, dont l'intervention de l'homme est l'exemple à la fois le plus brutal et le plus prononcé, conduit à un nouvel état d'équilibre où les agresseurs trouvent parfois un avantage substantiel.

Plusieurs maladies ont connu un développement épidémique en hêtraie au cours de ces dernières années, allant jusqu'à remettre en cause le mode de conduite des peuplements ou faisant peser sur le hêtre une grave menace. D'autres maladies plus exceptionnelles ou bénignes perturbent cependant la gestion de la hêtraie ou hypothèquent gravement leur qualité potentielle. Enfin certaines pratiques d'application récente font naître ou amplifient des phénomènes parasitaires ou d'origine abiotique qui constituent une entrave à l'aménagement de la forêt.

A tous les stades de son développement le hêtre est soumis à des prédateurs, à des parasites, ou à des agressions d'origines diverses dont l'impact est très variable. Les connaissances les plus récentes sur l'étiologie des maladies, la biologie des organismes concernés, les dégâts qu'ils occasionnent ont été réunies dans les pages suivantes. En plus des éléments nécessaires à l'établissement d'un diagnostic précis, le lecteur trouvera les moyens à mettre en œuvre, ou les précautions à prendre, pour limiter l'incidence de ces dommages, et dans certains cas pourra apprécier les risques potentiels en fonction des facteurs écologiques et prévoir dès l'aménagement les interventions nécessaires à la préservation d'un bon état sanitaire de la hêtraie.

Un tableau symptomatologique, reporté en Annexe 3, p. 601 à la fin de cet ouvrage, aidera le lecteur à trouver une origine possible des dégâts qu'il observe.

9.1. GRAINES ET FLEURS

9.11. POURRITURE DES FAINES

par

Robert PERRIN

Cette maladie, causée par *Rhizoctonia solani* Kuhn, est la seule qui se soit révélée suffisamment dommageable pour les faines.

9.111. Symptômes et développement

Les symptômes et leur évolution conduisant à l'altération partielle ou totale des cotylédons, ont été décrits précédemment (§ 5.334).

L'importance de cette maladie est sous la dépendance directe de facteurs climatiques et édaphiques.

La proportion de faines atteintes augmente avec le pH du sol, et la richesse en matière organique. Les conditions climatiques des mois de novembre et décembre déterminent l'évolution de la maladie et par conséquent l'ampleur des dégâts. Un temps humide et doux, comme ce fut le cas en Europe en 1974, autorise un développement rapide et continu de la maladie, aboutissant à l'anéantissement de la fainée.

9.112. Le parasite

Il s'agit d'un champignon hyphomycète qui ne produit que des spores résultant de la production sexuée *(Thanatephorus)*. Ce pathogène largement répandu, polyphage, très destructif, est à l'origine de symptômes très variés. Dans le domaine forestier c'est un agent de fonte de semis chez les résineux, redouté des pépiniéristes. Il y a un grand nombre de pathotypes inféodés à un ou plusieurs hôtes, et dans le cas du hêtre on constate une stricte spécificité.

Il vit dans le sol dont les éléments organiques favorisent la colonisation par un mycélium à croissance très rapide. En l'absence de plante hôte, *R. solani* peut se conserver plusieurs années grâce à des amas mycéliens, ou pseudo-sclérotes.

9.113. **Méthode de lutte**

Le travail du sol réduit considérablement le nombre de faines atteintes. *Le labour avant fainée* se révèle la protection la plus efficace. Il enfouit
assez profondément l'horizon superficiel hébergeant *R. solani* qui n'est plus
alors en contact direct avec les faines (BURSCHEL *et al.,* 1964, LE TACON *et
al.,* 1976).

Les traitements anticryptogamiques des faines destinées à la conservation ont été abordés au § 5.42 (PERRIN *et al.,* 1978, PERRIN, 1979).

9.12. **OISEAUX ET RONGEURS**

par

Henri LE LOUARN

9.121. **Symptômes et dommages**

Les remarques données préalablement (§ 5.336) sont également valables si l'on ne considère plus l'action sur les semences, mais sur les stades
de développement de l'arbre : des dégâts pourront exister en fonction de la
densité de population de l'un ou l'autre rongeur. Ils seront pourtant très
localisés.

Il faut cependant noter que dans les jeunes plantations des dégâts
peuvent avoir lieu par destruction du bourgeon ou écorçage du niveau du
collet. Il semble que le principal responsable en soit le campagnol agreste
Microtus agrestis, espèce de milieu ouvert, mais que l'on rencontre en forêt
dans les clairières de vieux boisements ou le long des chemins de débardage
enherbés. Sa densité dans de tels milieux est faible, sinon très faible et son
action, sauf très localement, n'est pas chiffrable.

Au stade du gaulis, certains ébourgeonnements ont également été
remarqués, que l'on attribue au mulot et au campagnol roussâtre qui
peuvent se déplacer sur les branches basses. Il ne semble pas qu'en hêtraie
ces dégâts soient notables car il n'y a, de la part des deux espèces de
rongeurs, aucune recherche spécifique d'un type de nourriture donné, et les
attaques ne peuvent être qu'occasionnelles.

Ensuite on peut noter des écorçages, observés principalement dans
des plantations de pépinières qui sont le fait de deux rongeurs arboricoles,
le lérot *(Eliomys quercinus)* et l'écureuil. Il est d'ailleurs facile de distinguer
les attaques de l'une ou l'autre espèce : le lérot ronge l'écorce en plaques,
tandis que l'écureuil découpe des spirales de quelques centimètres de large.

Ce type d'écorçage se produit surtout sur les conifères, et à notre
connaissance aucune autre observation n'a été effectuée sur le hêtre.

Pour le devenir d'une parcelle de hêtre en régénération, il est probable que le stade critique se situe de la chute des semences à l'été suivant, lorsque la plantule s'est développée. Par la suite on ne compte plus une population importante de rongeurs axant leur alimentation sur une partie donnée de la plante.

Les mêmes remarques se retrouvent pour les oiseaux, bien que ceci puisse éventuellement être contredit très localement, et aussi très rarement.

9.122. **Méthodes de protection**

Si la destruction des rongeurs ne semble poser aucun problème si ce n'est la mise en place d'un dispositif très tôt en saison et l'adoption de certaines précautions pour éviter la mortalité chez d'autres animaux, la protection des semences contre les oiseaux demande la mise au point d'une technique rentable du point de vue financier. A notre avis les deux groupes de prédateurs sont de toutes façons à prendre en compte.

CONTRE LES RONGEURS

Les deux espèces considérées, campagnol et lérot, effectuent des déplacements relativement longs, de l'ordre de 200 m parfois, surtout lors des périodes d'émancipation des jeunes. Or, nous avons vu qu'à l'occasion de bonnes fainées, la production de jeunes était importante. Il conviendra donc d'étendre le périmètre de protection à une surface plus grande que celle strictement limitée à la parcelle en régénération. Une bande de protection de 100 m semble suffisante. Par contre, ces longs déplacements permettent de disperser les postes d'appâts, par exemple tous les 20 m, en les disposant de préférence près des souches ou tas de bois mort, ou près de plaques de gaulis, biotopes préférentiels des deux espèces.

Dans notre expérience de la forêt de Hez-Froidmont, les appâts, blé enrobé de chlorophacinone à 0,0075 %, étaient disposés sous des tunnels constitués de demi-cylindres coupés dans leur longueur, et fixés au sol pour éviter leur dérangement par des sangliers. Compte-tenu des résultats encourageants observés, on peut préconiser cette technique.

Dans l'éventualité d'une attaque sur jeunes plantules, il semble bon de continuer la protection jusqu'au printemps. Les densités de rongeurs, ensuite, seront beaucoup plus faibles.

CONTRE LES OISEAUX

Malgré le succès des filets, il n'est pas question de préconiser une protection sur grande surface. Des essais sur surface réduite, de 20 à 40 m^2 pourraient être tentés, les placettes étant changées lors de la fainée suivante. L'emploi de films acryliques peut aussi être envisagé, solution ayant donné satisfaction dans la protection de cultures.

9.2. PLANTULES : LA FONTE DE SEMIS

par

Robert PERRIN

La fonte des semis est universellement connue, et depuis fort long-temps (1 800) des forestiers qui gèrent des hêtraies. Cette maladie affecte surtout les régénérations naturelles. Quoique peu fréquentes en pépinières, ses manifestations sont spectaculaires et ne passent jamais inaperçues. Elle a reçu chez le hêtre une attention particulière au Danemark, en Allemagne et en Tchécoslovaquie, consécutive aux fortes attaques constatées vers 1927-1935, puis 1955-1960. (JANCARICK 1961, KOCH 1959, SCHÖNHAR 1955, MAUCKE 1927).

9.21. SYMPTÔMES ET DÉVELOPPEMENT

La maladie débute par des taches sur les cotylédons, décolorées, puis brunâtres, couvertes d'un fin duvet blanchâtre. Ces nécroses ne progressent que si l'humidité persiste. Elles gagnent ensuite la tigelle et affectent également les jeunes feuilles. La plantule meurt par dessiccation (Schéma Hartig). L'extension rapide de la maladie liée à l'abondance des précipitations en mai-juin (MANSHARD 1927, LIESE 1926), conduit à la formation de taches de mortalité atteignant parfois en quelques jours 90 % des semis. SCHÖNHAR (1955) reconnaît dans la gelée, le pH élevé du sol, un chaulage et un apport d'azote excessifs, un défaut d'humus, les raisons de l'aggravation de cette maladie. Les plantules échappent à cette maladie dès le début de la lignification.

9.22. AGENT PATHOGÈNE

Il s'agit d'un champignon syphomycète, habitant du sol, appartenant au genre *Phytophthora*, dont HARTIG a voulu voir une forme spéciale inféodée au hêtre : *Phytophthora fagi,* synonyme de *P. cactorum* (P et C). Schrocht et de *P. omnivora* de Barry.

La propagation souvent rapide de la maladie dans les planches de semis est assurée par les sporanges et les zoospores nageuses, qui se déplacent aisément dans les sols humides à l'aide de leurs flagelles. La reproduction sexuée aboutit à la formation d'oospores qui assurent la conservation du parasite dans le sol au moins pendant 4 ans (HARTIG 1891).

9.23. **MÉTHODE DE LUTTE**

En forêt, les interventions envisageables, se limitent à un dégagement du couvert, mais en pépinières quelques précautions et certaines interventions limiteront ou interdiront le développement de la maladie.

La désinfection du sol n'est efficace que pendant un temps limité (SCHÖNHAR 1955) et le risque de recontamination du sol par un autre parasite expose le pépiniériste à une catastrophe. On dispose aujourd'hui de fongicides systémiques, très efficaces contre les *Phytophthora,* avec le propamocarbe (1), et l'ethylphosphite d'aluminium (2). Le traitement peut avoir lieu préventivement 1 à 2 semaines avant le semis, ou immédiatement après la levée des faines. Il peut être aussi appliqué dès que l'on constate les premières manifestations de la maladie et même en traitement de semence. L'éradication des plantes atteintes ralentit l'extension de la maladie. On évitera soigneusement toute situation conduisant à un excès d'humidité favorable à la maladie, particulièrement par temps chaud (semis trop dense, ombrière, arrosage excessif).

La conservation du champignon pendant plusieurs années dans le sol oblige à une rotation où s'intercale avec profit une culture d'engrais vert. Les planches où la maladie a sévi antérieurement pourront sans danger être destinées au repiquage des plants âgés d'un an ou plus.

On évitera les contaminations d'une planche à l'autre en nettoyant soigneusement les outils après chaque usage.

9.3. **RAMEAUX BRANCHES ET TRONC**
Affections de l'écorce

par

Robert PERRIN

Les maladies atteignant l'écorce du tronc ou des branches du hêtre sont à la fois nombreuses, variées, très dommageables, et les plus actuelles. Qu'elles soient d'origines biotique ou abiotique, elles provoquent des altérations dont la gravité trouve son explication dans la fragilité même de l'écorce (cf.§4.4.).

(1) Distribué sous le nom de Previour S70 par SCHERING.
(2) Sous le nom d'Aliette par Pepro.

9.31. LE CHANCRE DU HÊTRE

9.311. Distribution et dommages

Cette maladie affecte à des degrés divers la régénération naturelle de hêtres dans toute l'Europe. Les tiges atteintes portent souvent plusieurs chancres à l'origine de déformations importantes et durables. Le chancre diminue considérablement la qualité des sujets atteints, allant jusqu'à compromettre entièrement l'avenir d'une régénération naturelle.

Le chancre se développe au dépens d'une tige ou d'une branche et se manifeste en premier lieu par une petite zone déprimée, rougeâtre de l'écorce, fréquemment au niveau de l'insertion d'une branche ou d'un rameau. L'évolution est plus rapide dans le sens longitudinal, mais parfois (10 %) le chancre parvient à ceinturer totalement la tige parasitée dont le feuillage jaunit prématurément et se dessèche dans sa partie distale. Ce symptôme aide à repérer de loin les sujets les plus atteints. Plus généralement l'hôte réagit en formant un bourrelet cicatriciel qui tend à limiter

PHOTO 19. – *Chancre sur un jeune hêtre.*

l'extension de la nécrose. Cependant, au cours de la période du repos végétatif, le chancre peut progresser au-delà de cette barrière qui se reformera plus en avant dès le printemps suivant. Le chancre évolue pendant plusieurs années, et les progressions annuelles sont matérialisées par une succession de rides concentriques. L'écorce morte s'exfolie laissant apparaître au centre du chancre les tissus ligneux, aboutissant au symptôme le plus caractéristique et le plus fréquent (Photo 19). La formation du bourrelet cicatriciel s'accompagne d'un renflement en forme de « col de naja » qui est un bon moyen pour détecter les branches ou les tiges chancreuses. La présence de chancres bien développés dans le houppier de hêtres adultes est à l'origine de débourrements précoces et de marcescences anormales de l'extrémité des branches atteintes. Ces particularités attirent aisément l'attention, et sont précieuses pour reconnaître la maladie à distance (figure 88).

Une cicatrisation s'opère, dans de rares cas (3 %), et constitue une propriété spécifique de certains arbres, qui manifestent, semble-t-il, une résistance d'origine génétique. La variabilité, à ce sujet, est étonnante. Chez les arbres adultes des sujets aux branches très atteintes, voisinent avec des arbres parfaitement indemnes. Ce phénomène est la première raison de l'hétérogénéité de l'attaque dans une régénération naturelle. En effet, les semis héritent de la sensibilité parentale (arbre mère) du semencier, et se distribuent immédiatement à son aplomb, formant une mosaïque de bouquets à sensibilité variable. De plus, les semis « sensibles » sont soumis plus que d'autres, à l'inoculum produit en abondance par l'arbre dont ils proviennent (figure 89).

9.312. **Le parasite**

Il s'agit d'un champignon ascomycète *Nectria ditissima* Tul. dont les fructifications de la phase sexuée apparaissent un à deux ans après l'initiation des chancres, dans les fissures de l'écorce morte. Groupés par 5 à 30, les périthèces contenant les ascospores ont la forme de petites poires de diamètre 0,3 mm, rouge vif à rouge foncé. Les fructifications de la phase asexuée se différencient dès la première année d'évolution du chancre, sous forme de petits coussinets blanchâtres, en périphérie de la zone altérée (*Cylindrocarpon willkommii*).

La production des spores est sous la stricte dépendance des pluies. La projection active (1 à 5 cm) des ascospores résulte de variations de turgescence à la suite des changements d'humidité. Les spores abondent à deux périodes de l'année : juillet et octobre, alors qu'en hiver la sporulation se limite à de rares ascospores. Ce phénomène découle de l'influence de la température sur l'intensité de la production, par un effet dépressif en dehors de l'intervalle (température moyenne journalière + 7 à + 18 °C).

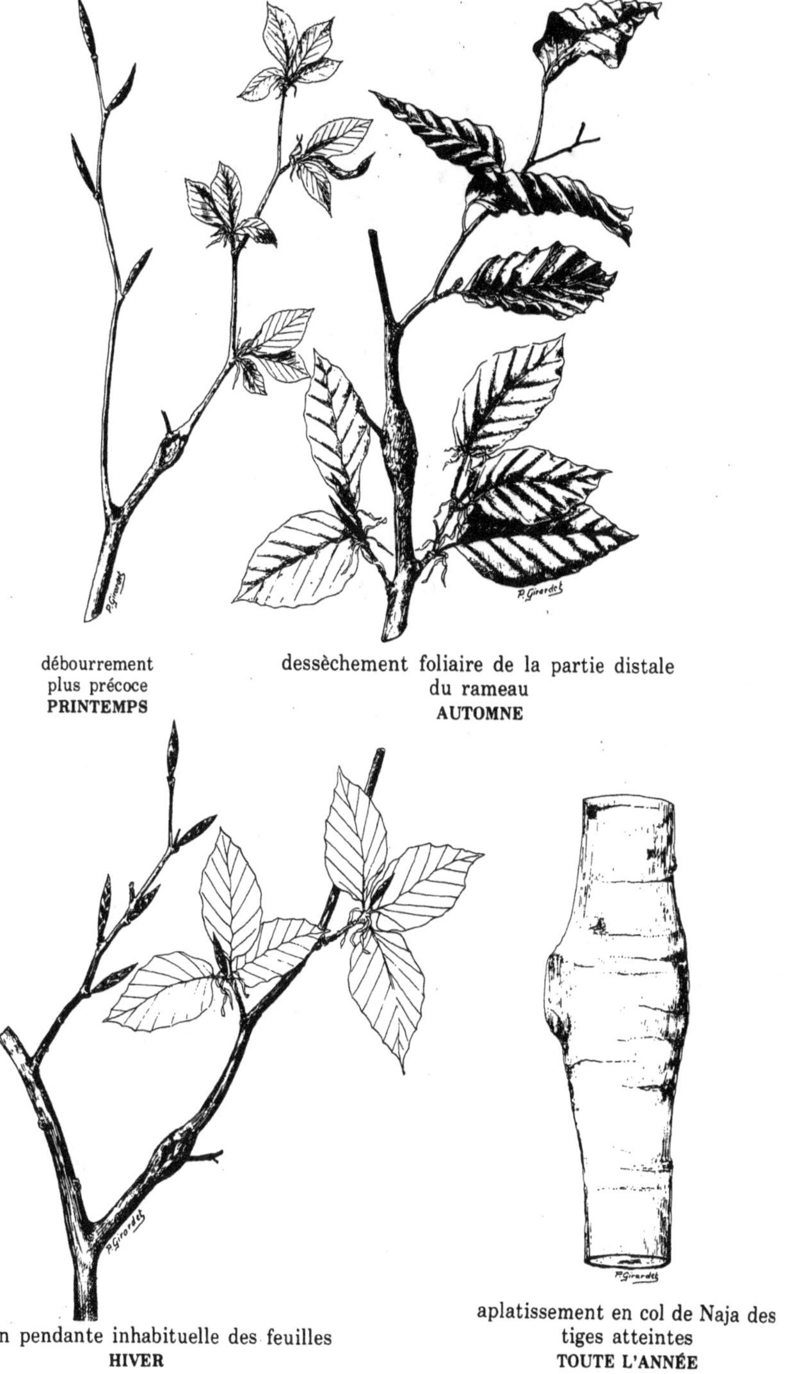

FIG. 88. – *Comment détecter la présence de chancre chez le hêtre ?*

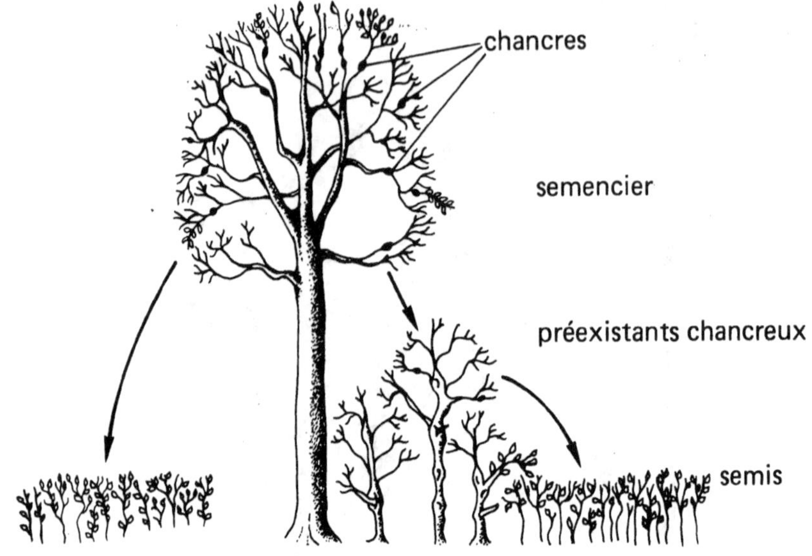

FIG. 89. — *Effet de la présence de semenciers ou de « préexistants » chancreux
sur l'inoculation des semis formant la régénération*

Les chancres juvéniles, en évolution, produisent plutôt des conidies de
Cylindrocarpon willkommii, alors que les chancres pérennes libèrent au
contraire plus d'ascospores. La dissémination des spores est assurée en
partie par le vent, mais surtout pas la pluie qui les entraînent le long des
branches et des tiges. A partir d'un chancre, ce phénomène permet la
multiplication des chancres sur la tige, aboutissant à l'aspect caractéris·
tique des branches et tiges distordues.

La présence continuelle des spores de *N. ditissima* entraîne une possibilité d'infection variable mais présente à tout moment de l'année. L'inita-
tion de chancres chez le hêtre, qui nécessite une blessure, dépend de la
réceptivité de l'hôte et du pouvoir infectieux des spores. Il se dégage deux
périodes pendant lesquelles les risques d'infection sont très importants, le
printemps et l'automne. Les voies de pénétration offertes au parasite sont
multiples et se réalisent principalement au cours du développement normal
de l'arbre. Ainsi une majorité de chancres localisés au niveau de l'insertion
d'une branche (63 %) provient de voies naturelles comme les cicatrices
folaires et celles des écailles des bourgeons, les ruptures d'épiderme (base
d'un bourgeon, insertion d'une branche sèche, tension excessive, neige, gel).
Les portes d'entrées d'origine accidentelle sont moins fréquentes et très
occasionnelles. La plus courante des blessures artificielles résulte des frottements des tiges ou des branches entre elles, et des dégâts occasionnés lors
du débardage. Les chancres consécutifs aux frottements sont toujours en
faible proportion (4,5 % en moyenne), indépendamment de la densité. Cette

cause de formation de chancre est négligeable contrairement à l'importance qu'on a pu lui attribuer dans le passé.

9.313. **Influence du type de traitement sylvicole**

Le chancre du hêtre s'il existe partout, a une importance variant avec le type de peuplement. En taillis sous futaie (T.S.F.), le hêtre disséminé dans un peuplement aux essences variées est rarement victime du chancre. Dans une futaie mixte, bien que plus fréquente, cette maladie ne constitue pas un danger sérieux pour les régénérations en place ou à venir. Par contre, dans les peuplements purs, le chancre du hêtre est une grave menace pour les régénérations naturelles. Les plantations sont généralement indemnes de chancres.

La manifestation épidémique brutale résulte vraisemblablement de la conversion des T.S.F. en futaie, se traduisant par les récents et graves développements de cette maladie. Au cours du vieillissement et de l'enrichissement la proportion et le nombre de hêtres atteints s'accroît sensiblement. Ils engendrent une régénération naturelle hébergeant une proportion variable, parfois importante de tiges chancreuses. A l'issue de la période d'amélioration, les hêtres adultes présentant des chancres dans leur houppier sont très fréquents. Ils donneront naissance à une régénération naturelle compromise par la forte proportion de tiges chancreuses.

9.314. **Influence du milieu**

La gravité de la maladie diffère d'une manière importante d'une forêt à l'autre, et d'une parcelle à l'autre dans une même forêt, variations qui reflètent l'influence des conditions stationnelles.

Sur calcaire, les régénérations naturelles des hêtraies sont plus menacées par le chancre que sur terrain acide en raison du caractère plus aléatoire de leur réussite et donc, en définitive, d'une mise en lumière plus lente des peuplements.

Le chancre du hêtre est d'autant plus fréquent et plus grave que la station est plus fertile. Les régénérations naturelles issues de peuplement croissant sur des sols bruns lessivés à moder développés sur limon, sont 8 à 10 fois plus atteintes que celles installées sur rendzines brunifiées.

9.315. **Les méthodes de lutte**

Elles sont presque essentiellement préventives et sylvicoles.

LUTTE PRÉVENTIVE

La connaissance des risques pathologiques permet de concevoir une stratégie de lutte dès l'aménagement, en ne faisant appel à la lutte chimique qu'en dernier recours, pour faire face à des situations dramatiques. Le traitement fongicide (Dichlofluanide ou Cryptonol ou Dithiocarbamate en suspension huileuse) doit être réalisé deux fois dans l'année, juste avant le débourrement, et à la chute des feuilles. Il sera répété au moins jusqu'à la première coupe secondaire.

LUTTE SYLVICOLE

Dès la coupe d'ensemencement, la présence de chancres dans le houppier d'un hêtre est un caractère qui doit l'exclure lors du choix des semenciers.

Les préexistants, relais au sol très efficace pour la dissémination de la maladie, seront éliminés systématiquement lors des travaux préparatoires avant la fainée.

Les plantations sous couvert de hêtres sont à proscrire tant que l'on ne disposera pas de provenances résistantes. On procèdera à une mise en lumière plus rapide tout en faisant porter l'effort sur les porte-graines chancreux.

L'élimination des tiges chancreuses dans la régénération naturelle interviendra précocement dès la première opération de dégagement. L'intervention sera vigoureuse, visant à purger les fourrés de tiges chancreuses, quitte parfois à paraître ouvrir un peu trop le peuplement.

Les plaies d'élagage constituent une blessure souvent mise à profit par le parasite. Le risque d'installation du chancre disparaît totalement lorsque persiste un chicot (1 cm) dont le dessèchement rapide s'oppose à la progression du parasite.

LUTTE CURATIVE

Enfin, les chancres développés aux dépens d'arbre présentent un intérêt particulier (parc, arboretum,...) pourront être résorbés après un curetage de la zone d'écorce altérée, suivis d'un traitement fongicide, et d'une obturation à l'aide d'un mastic à greffer.

9.32. LA MALADIE DE L'ÉCORCE DU HÊTRE

9.321. Distribution et dommages

Cette maladie sévit sporadiquement en Europe sur *Fagus silvatica* depuis bientôt un siècle, et en Amérique du Nord sur *Fagus grandifolia* depuis 1920. Outre les pertes économiquement élevées (4 millions de francs

1973 pour les Hêtraies Normandes), elle oblige à une gestion astreignante, à des exploitations excessives, dont l'ampleur et le cumul perturbent totalement la gestion des peuplements. Il est maintenant bien établi que c'est l'étroite association de la cochenille du hêtre *(Cryptococcus fagisuga)* et d'un champignon ascomycète *(Nectria coccinea)* qui provoque cette maladie.

9.322. Syndrome

La maladie de l'écorce affecte le hêtre à partir de 25 ans, mais c'est généralement à partir de 90 ans que l'on constate les dégâts les plus importants.

LA PRÉSENCE DE LA COCHENILLE

Les premiers symptômes perceptibles sont de minuscules points blancs souvent en lignes verticales dans les fissures de l'écorce. Il s'agit des secrétions cireuses blanches produites par une cochenille : *Cryptococcus fagisuga* Lind. qui manifeste une préférence pour les abris que lui ménagent les fissures de l'écorce (artificiellement créés par *Xylococculus betulae* en Amérique du Nord, ou *Nectria ditissima* en Europe) et les épiphytes (algues, lichens, champignons).

Les infestations paraissent débuter près de la base de l'arbre et sont confinées au tronc et aux branches maîtresses. Lorsque la population de l'insecte augmente, les taches plus nombreuses deviennent coalescentes formant des zones blanches qui sont souvent très évidentes dans la région supérieure du tronc. Eventuellement le tronc peut être recouvert totalement par la secrétion cireuse blanche de l'insecte (Photo 20) particulièrement abondante vers la fin de l'été et au début de l'automne. Les cires sont plus nombreuses sur une des faces de l'arbre (vents dominants et lessivage). Chez les très jeunes sujets la faible épaisseur de l'écorce permet à la cochenille d'atteindre et de tuer les tissus conducteurs. L'absence de formations ligneuses à l'emplacement des colonies de l'insecte conduit à la formation de cavités. L'écorce présente alors un aspect boursouflé.

L'INTERVENTION DE *N. COCCINEA*

Le stade suivant est celui de l'apparition, en un point quelconque de l'écorce infestée de cochenille, d'un suintement parfois fugace, correspondant à l'exsudation d'un liquide brun noirâtre où les bactéries abondent (Photo 21). L'écorce sous-jacente est déjà très altérée, les tissus corticaux sont vivement colorés en brun au centre de la nécrose, et orangés à la périphérie. La réaction de l'arbre va dépendre de son âge et de sa vigueur. Chez les jeunes sujets, un bourrelet cicatriciel limite l'extension de la nécrose aboutissant à la formation de chancres. Un autre symptôme peut précéder l'apparition du suintement, mais il est souvent délicat à déceler.

Les portions d'écorce parasitées par le champignon n'autorisent plus la nutrition de l'insecte qui régresse rapidement, et n'assure pas une nouvelle production de cires. Les cires de l'année précédente se dégradent, noircissent, et de telles plages contrastent avec le reste de l'écorce abondamment recouvert des cires blanches.

LE SUINTEMENT N'EST PAS UN SYMPTÔME SPÉCIFIQUE

Le suintement, en lui-même, n'est pas caractéristique de la maladie de l'écorce du hêtre. Il apparaît, chez le hêtre, à la suite d'autres événe-

PHOTO 20. – *Sécrétions cireuses de* Cryptococcus fagisuga *recouvrant totalement un tronc de hêtre.*

ments, comme la maladie du « T », les attaques d'armillaire, les pullulations de scolytes ou chez d'autres essences comme le chêne, le bouleau, le platane, le tremble, le peuplier. Il correspond, en réalité, à une portion d'écorce ayant perdu son intégrité de structure et qui, faute d'être activement cicatrisée, laisse échapper la sève rapidement oxydée. Dès ce stade, dans le cas de la maladie de l'écorce, se développent en périphérie de la nécrose les fructifications de la phase asexuée du champignon *Cylindrocarpon candidum,* sous forme de petits coussinets blanchâtres, mêlés aux cires de la cochenille auxquelles ils se confondent. Ils produisent des spores allongées nommées conidies.

PHOTO 21. – *Exsudation noirâtre due à* Nectria coccinea.

La multiplication des nécroses ou leur rapide évolution conduit à la mort de l'écorce, qui se déssèche, se détachant alors par larges plaques, laissant apparaître le bois altéré par les insectes xylophages et les champignons lignivores. Cette écorce est porteuse des fructifications sexuées, en forme de petites poires rouge vif à rouge sombre, groupées par 5 à 40, abondantes parfois au point de donner à l'écorce un aspect rougeâtre. Ces périthèces contiennent les ascospores. On assiste alors à un déclin progressif de l'arbre, d'autant plus rapide qu'il est plus âgé, qui se traduit par un houppier clairsemé souvent d'apparence chlorotique.

D'autres symptômes moins fréquents et surtout non constants indiquent avant l'apparition des suintements la mort prochaine de l'arbre : absence ou retard au débourrement, dessèchement brutal du feuillage au cours de l'été.

Bien souvent, le bois miné par les galeries d'insectes, détruit par les champignons lignivores, offre une moindre résistance et se brise sous l'effet du vent.

9.323. **Développement : une extension en foyer**

On considère que l'attaque débute préférentiellement sur quelques arbres, à partir desquels elle se développe aux alentours. Cette particularité résulte vraisemblablement de deux phénomènes : une plus grande sensibilité individuelle à la cochenille d'origine génétique et une prédisposition de l'insecte aux pullulations qui manifeste par exemple une meilleure fécondité. La dispersion de la cochenille par le vent n'est efficace qu'à courte distance (12 m), d'où l'évolution en « taches d'huiles » autour des foyers initiaux, modulée par les différences de sensibilité individuelle. En plus, des différences de sensibilité à l'insecte, évidentes chez des sujets obtenus par greffage de différentes provenances, certains arbres manifestent une résistance active à l'extension des nécroses dues à *N. coccinea*. Enfin, la rapidité de déclin de l'arbre dépend à la fois de sa vigueur propre et de l'intervention d'organismes secondaires, notamment l'armillaire couleur de miel (*Armillaria mellea*).

Les études réalisées, à partir de photographies en fausses couleurs révèlent l'importance des phénomènes de prédisposition dès les premières phases de l'évolution de la maladie.

9.324. **Influences climatiques**

Les conditions climatiques interviennent dans l'installation ou l'évolution de la maladie en modifiant la sensibilité de l'arbre à l'insecte ou au champignon. Ainsi une mauvaise alimentation hydrique conduit à une nette aggravation de l'altération de l'écorce par *N. coccinea*. Le développement épidémique de la maladie de l'écorce a coïncidé (au Danemark en 1930) avec un abaissement de la nappe phréatique.

Les influences climatiques sont encore plus prononcées lorsque le hêtre croît à la limite de son aire en conditions écologiques souvent marginales.

Les fluctuations climatiques exercent une influence directe sur les organismes en cause. En Allemagne, l'hiver doux et le printemps chaud de 1948-49 président à un développement anormalement précoce et important des populations de l'insecte. Sa régression peut être attribuée à une excessive sécheresse estivale (SCHINDLER - Allemagne 1962) ou à des successions d'hivers froids (THOMSEN *et al.*, Danemark 1939-43).

Une moindre pluviosité automnale, se traduit un à deux ans après par une recrudescence de la maladie dans les hêtraies normandes (PERRIN 1979).

9.325. **Conditions stationnelles**

Dans une même région ou une même forêt l'aggravation de la maladie, ou son incidence localisée, sont liées à des conditions stationnelles particulières. Les pertes les plus sévères sont le fait des peuplements les plus productifs établis sur sols profonds et riches. En forêt de Lyons (Normandie) les conditions édaphiques diffèrent notablement entre le plateau (sols lessivés à moder sur limons très épais) où les peuplements sont les plus touchés, et les pentes (mulls calcaires sur rendzines parfois brunifiées) où peu d'arbres sont atteints.

9.326. **Densité des peuplements et éclaircies**

Les densités élevées, bien que souvent mises en cause, ne jouent pas un rôle déterminant. La maladie affecte particulièrement les arbres les plus gros, aux houppiers les mieux développés qui, dans des conditions climatiques extrêmes, paraissent les plus vulnérables. Le prélèvement des arbres les plus exposés, lors des éclaircies, est souvent présenté comme une excellent intervention pour atténuer les conséquences de cette maladie. Cependant, les effets de l'éclaircie, perçus à travers des observations contradictoires, restent indéterminés.

On doit considérer à part les éclaircies sanitaires qui visent essentiellement à préserver la valeur marchande des arbres, mais qui provoquent des ouvertures importantes du couvert forestier. L'installation de véritables dispositifs expérimentaux est encore trop récente, pour connaître l'influence de l'éclaircie. En situation épidémique, l'éclaircie favorise au début l'installation de l'insecte sur un plus grand nombre d'arbres. Cependant 8 ans après sa réalisation, elle n'est pas en mesure d'enrayer l'évolution de la maladie dans les plantations (40-50 ans) du nord de l'Angleterre (PARKER · 1974). Les connaissances actuelles, incomplètes, indiquent, qu'en situation épidémique, l'éclaircie conduite de manière classique a non seulement aucun effet curatif, mais peut dans certains cas se révéler néfaste.

9.327. **L'insecte**

par

Claude-Bernard MALPHETTES

La cochenille du hêtre appartient à l'ordre des hémiptères. Les cochenilles sont des insectes voisins des pucerons, mais souvent chez l'adulte, et surtout chez la femelle, certains appendices ont disparu. Le corps de la femelle est souvent recouvert d'un bouclier chitineux ou par un amas cireux.

La cochenille du hêtre est strictement inféodée au genre *Fagus,* d'où son nom : *Cryptococcus fagi* Baerensprung ou encore *Cryptococcus fagisuga* Lindinger. Elle est dépourvue de bouclier, mais son corps est recouvert d'un amas de filaments cireux blancs qui révèle sa présence sur le fût des hêtres.

CYCLE BIOLOGIQUE

La cochenille du hêtre développe une seule génération par an. La ponte a lieu en été; l'hiver se passe sous forme de larves de premier stade. Après un deuxième stade larvaire à la fin de l'hiver et au début du printemps, la femelle apparaît en mai. Le mâle n'a encore jamais été observé; la reproduction est donc parthénogénétique.

Selon les années, en Haute-Normandie, le début de la ponte se situe entre la fin du mois de juin et celle du mois de juillet. Chaque femelle pond entre 20 et 40 œufs qui restent abrités dans l'enveloppe de filaments blancs. Les œufs, groupés en ovisacs, sont blanc nacré et ont la forme d'un ballon de rugby. La ponte se termine à la fin du mois d'août. Six semaines après la ponte, l'œuf éclot et donne naissance à une larve mobile. Celle-ci reste quelques jours dans l'enveloppe de filament où elle prend une coloration orangée (photo 22). Elle quitte ensuite son lieu de naissance pour rechercher à la surface du tronc, un site convenable pour son alimentation. La distance parcourue, comme pour beaucoup d'autres cochenilles, est vraisemblablement faible. Cette larve possède trois paires de pattes et des antennes bien développées. Elle mesure un quart de millimètre de long; elle constitue le seul stade mobile de l'insecte. Cette phase de mobilité est

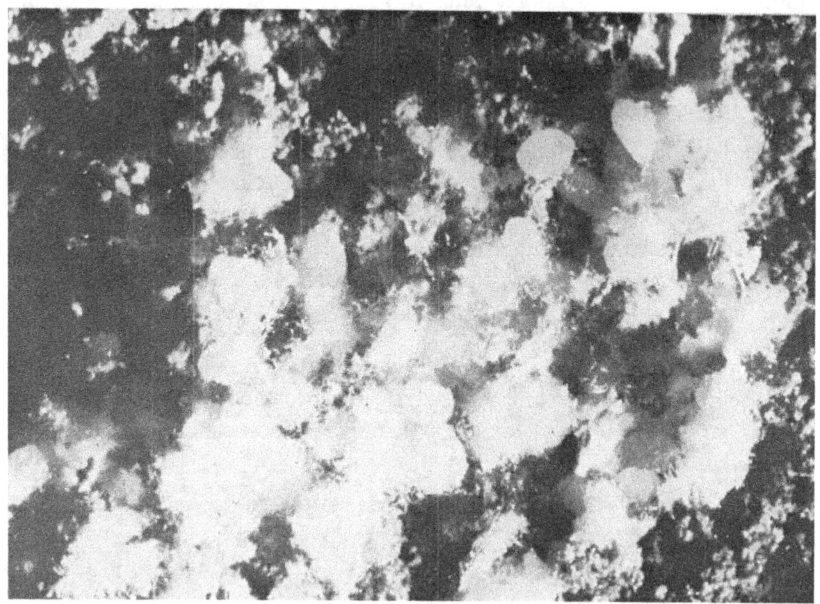

PHOTO 22. – *Larve mobile de* Cryptococcus fagisuga *sur une écorce de hêtre.*

assez longue (4 mois). En 1979, les premières larves étaient décelées à la fin d'août et les dernières étaient encore visibles mi-décembre. La larve enfonce un rostre dont la longueur (1 mm maximum) limite son exploration au parenchyme cortical, et se fixe, semble-t-il de manière définitive. Avec le début de son alimentation sa couleur change et son corps se gonfle. Le passage au deuxième stade larvaire se réalise au printemps, mais la date varie selon le lieu et l'année. Après cette première mue, la larve a perdu ses appendices locomoteurs. Elle est plus grande et plus jaune : les filaments de cire qui la recouvrent sont plus abondants. Elle ressemble beaucoup à la femelle adulte, qui est jaune citron pâle, et grossièrement sphérique; son enveloppe de filaments cireux est bien formée. Elle ne possède pas d'organes locomoteurs, elle mesure alors 0,8 mm de diamètre. Son stylet mesure 1,5 mm à 2 mm (KUNKEL, 1968) mais ne lui permet pas non plus d'atteindre le liber chez les arbres âgés.

DYNAMIQUE DES POPULATIONS DES COCHENILLES.

Cryptococcus fagi a peu d'ennemis naturels. Les coccinelles *Chilocorus renipustulatus* Scriba et *Exochomus quadripustulatus* L. sont ses prédateurs les plus fréquents. Les adultes et les larves se nourrissent aux dépens de la cochenille (SCHLINDER, 1962), mais leur impact est limité. BAYLAC (1980) a pu mettre en évidence qu'il n'y avait pas de corrélation entre l'abondance des cochenilles, donc des proies sur l'arbre, et celle de la coccinelle *(E. quadripustulatus)*. La densité du peuplement semble jouer un rôle prédominant : plus elle est faible, plus il y a de coccinelles; par ailleurs, le nombre de prédateurs sur un tronc est réduit : entre 2 m et le sol on ne dépasse généralement pas 10 à 11 coccinelles. SCHINDLER (1962) indique des valeurs semblables pour *C. renispustulatus.*

Les cochenilles sont aussi la proie d'une punaise *(Temnostethus graci-lis* Horvath), de planipennes et d'une cecidomyie du genre *Lestodiplesis* (BAYLAC, 1980). Leur nombre toujours insuffisant n'autorise qu'une action limitée sur des populations de cochenilles. On ne connaît qu'un seul parasite *(Aschersonia* sp.) qui tout comme les prédateurs est impuissant à réguler les populations de *Cryptococcus fagisuga.*

La dissémination de la cochenille se fait principalement grâce aux larves mobiles. Celles-ci sont transportées par les courants aériens et sont déposées sur les arbres voisins. La dispersion intervient selon deux gra-dients (WAINHOUSE, 1979) :

— le premier, sous le couvert du peuplement, à courte distance, contribue à élargir les foyers d'infestation existants;

— le second, au-dessus des couronnes, est responsable de la forma-tion de nouveaux foyers.

Le développement de la cochenille sur l'arbre contaminé dépend des relations de l'insecte avec son hôte. Les conditions climatiques jouent un rôle important. Les larves qui naissent se déplacent dans leur très grande majorité à la surface du tronc où elles sont nées, et cela durant une période assez étendue. Elles sont exposées à des conditions climatiques défavora-bles, en particulier à l'automne. La pluie est sans aucun doute le facteur qui exerce l'action la plus nette. Les larves mobiles peuvent très bien être noyées par le film d'eau qui existe sur les troncs, résultant aussi bien des précipitations, que de condensation sur le tronc. Le caractère hydrofuge du revêtement met l'insecte à l'abri de cette influence et le protège également des variations de température.

Certains agents forestiers imputent la prolifération de la cochenille à la sécheresse, rejoignant la constatation faite par SCHINDLER (1962) et SCHWERDTFEGER (1961); selon eux la sécheresse de 1959 aurait été respon-sable des pullulations de la cochenille constatées en 1960 en Allemagne. D'après les données de SCHINDLER on constate une sécheresse accrue lors du dernier trimestre de l'année 1958 en Basse Saxe. On peut penser à un phénomène analogue en France en 1976 à l'origine d'une forte recrudes-cence des populations de *C. fagi.* La sécheresse avait déjà débuté dès le dernier trimestre de 1975, qui est précisément la période où les jeunes larves se déplacent.

Enfin, la sécheresse agit aussi, à l'évidence, sur le comportement de l'arbre en diminuant sa résistance aux attaques de la cochenille.

RELATIONS ENTRE L'INSECTE ET L'ARBRE.

Les liaisons trophiques entre la cochenille et le hêtre sont encore méconnues.

KUNKEL (1968) a été le premier à observer la manière dont la cochenille piquait une écorce de hêtre. Celle-ci n'explore que les deux premiers millimètres de l'écorce. Contrairement à ce qui se passe pour le puceron *Dreyfusia piceae* Ratz qui vit aussi aux dépens de l'écorce du sapin, la cochenille du hêtre pique à l'intérieur des cellules du parenchyme cortical. Cette piqûre induit la formation de nécroses plus ou moins étendues. Si leur développement est rapide, l'insecte meurt faute de pouvoir se nourrir. On considère ce processus comme un moyen de défense de l'arbre s'apparentant à l'hypersensibilité. Par contre, sur d'autres sujets, les nécroses n'évoluent que tardivement après que les tissus ont subi une transformation qui favoriserait l'alimentation de la cochenille. Sur quelques sujets enfin, KUNKEL observe la formation d'un second périderme qui rejette la zone nécrosée vers l'extérieur, mais il s'agit alors d'arbres relativement jeunes (50 ans); ce type de réaction doit contribuer à une défense totale vis-à-vis de la cochenille. Il est possible que la cochenille induise également, certaines transformations biochimiques dans les tissus. Des pectinases ont pu être mises en évidence chez certains pucerons (McALLAN et ADAMS cités par FORBES et MULLICK, 1970).

L'étude d'EHRLICH (1934) révèle que la mortalité des hêtres est en corrélation positive avec leur diamètre à 1,30 m; les arbres les plus gros sont aussi les plus sensibles. En effet, leur houppier, plus développé, est à l'origine d'une transpiration accrue, qui lorsque l'approvisionnement en eau est limité, les rend particulièrement vulnérables. Ils souffrent plus que d'autres de la sécheresse. De plus, l'affaiblissement de l'hôte entraîne une modification de la composition chimique de la sève et par conséquent des sucs cellulaires, qui peut à son tour avoir des répercussions sur les populations de la cochenille.

9.328. **Le champignon**

par

Robert PERRIN

Nectria coccinea Pers. ex Fries est un ascomycète (espèce voisine de *N. ditissima* agent du chancre), qui diffère sensiblement de la variété *faginata* d'Amérique du Nord. Des techniques microbiologiques révèlent sa présence sous forme mycélienne dans les tissus corticaux en périphérie de la nécrose bien avant l'apparition des suintements. Les ascospores sont produites toute l'année durant et après les périodes pluvieuses, mais aussi lors de périodes très humides (brouillard et rosée). En forêt les ascospores sont plus abondantes que les conidies et sont considérées comme assurant la dissémination du parasite. Les conidies véhiculées par les eaux de ruissellement sur le tronc permettent, à partir d'une nécrose existante, la formation de nouvelles nécroses sur un même arbre. Les spores déposées sur une écorce infestée de cochenille, germent, produisent un mycélium qui pénètre l'écorce, vraisemblablement au niveau de microfissures résultant des piqûres de l'insecte, puis envahissent les tissus jusqu'au cambium.

La progression du champignon est encore sous la dépendance de la cochenille. En effet, il existe une affection de l'écorce du hêtre, nommée plaie chancreuse, (photo 23), où *N. coccinea* est seul en cause. Sur une portion de tronc d'étendue variable, l'écorce est très perturbée, excessivement crevassée, imparfaitement cicatrisée, avec des dépressions marquées. Par place en marge de cette nécrose une coloration rouge sombre des tissus, est limitée par un bourrelet cicatriciel. Des observations belges (PIRAUX, 1980) prouvent qu'il peut s'agir d'arbres atteints par la maladie de l'écorce, où les populations de cochenilles ont régressé. Privé de l'aide de la cochenille, *N. coccinea* ne produit qu'une lente altération de l'écorce constam-

PHOTO 23. — *Plaie chancreuse due à* Nectria coccinea.

ment remise en cause par une cicatrisation. Les perturbations physiologiques induites par la cochenille dans l'écorce la rendent plus vulnérable à *N. coccinea,* sans doute en altérant les processus naturels de défense de l'arbre.

On connaît un hyperparasite de *N. coccinea : Gonatorrhodiella highlei* al. SMITH qui, malgré une réduction notable de la production des spores de *N. coccinea,* ne parvient pas à s'opposer à son extension dans l'écorce.

9.329. **Méthodes de lutte**

La lutte biologique (prédateurs de l'insecte, hyperparasite du champignon) ne constitue pas une voie prometteuse. Les éléments nécessaires à l'élaboration d'une stratégie de lutte génétique et sylvicole restent anecdotiques ou fragmentaires, parfois inexplorés.

Une lutte sylvicole inexistante laisse le gestionnaire totalement désarmé. Seule la lutte chimique offre la possibilité de traiter curativement des hêtres de parcs d'un intérêt ornemental ou d'arboretum. L'oléoparathion ou plus simplement les huiles d'anthracène, éliminent la cochenille, et après curetage des portions d'écorces altérées, un fongicide (dichofluanide) vient à bout du champignon. L'enfouissement d'engrais (15 N, 15 P, 15 K par ex.) dans le sol à proximité des racines, apporte un regain de vigueur à l'arbre traité. Bien que plus délicate à mettre en œuvre, l'injection de solutions nutritives riches en sucres et vitamines, au niveau des racines, produit le même effet.

On peut cependant définir une sylviculture susceptible de limiter les pertes économiques et diminuer les risques d'extension de la maladie. Elle consiste en une gestion très attentive, visant à éliminer au plus tôt les arbres atteints. Les risques d'infection sont très élevés lorsque les pullulations de l'insecte sont fortes. Aussi les arbres devront être abattus dès qu'ils présentent le stade du revêtement blanc continu du tronc, avant même l'apparition des suintements. La valeur marchande peut être ainsi totalement préservée. Cette intervention permettra d'une part de réduire les possibilités de dissémination de la cochenille, mais surtout de celle du champignon qui fructifie à un stade tardif dans l'évolution de la maladie.

9.33. **LES AFFECTIONS DE L'ÉCORCE D'ORIGINE ABIOTIQUE**

Le hêtre est, avec le peuplier, l'une des essences feuillues les plus sensibles aux extrêmes climatiques. Son écorce lisse, dépourvue d'un véritable rhytidome, peu épaisse, de couleur claire est particulièrement exposée. A la suite de l'intervention d'agents pathogènes ou de ravageurs de faiblesses, les dommages se prolongent parfois jusqu'à la mort de l'arbre.

9.331. **En pépinière**

Les plantules de hêtre, comme les plants plus âgés après repiquage, peuvent subir des dommages dûs à une température excessive du sol, même dans le nord de l'Europe.

De tels événements se produisent de mai à août, mais surtout en juin, juillet, particulièrement là où le sol de couleur sombre (tourbe, humus) possède une grande capacité d'absorption de la chaleur. Une température supérieure ou égale à 50° pendant 10 à 30 minutes est suffisante pour détruire les tissus de la tige, au niveau du collet, en contact direct avec la partie superficielle du sol. Les jeunes plantules s'effondrent, comme cisaillées à la base. Contrairement aux fontes de semis, avec lesquelles la

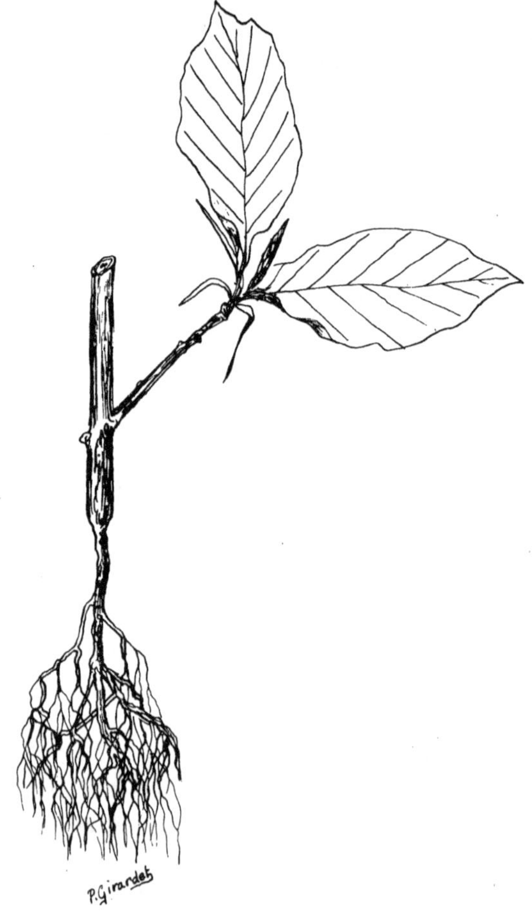

FIG. 90. – *Etranglement du collet d'un jeune plant dû à une température excessive au niveau du sol.*

confusion existe, les dégâts apparaissent dans les semis clairs, en relation évidente avec l'orientation et l'ensoleillement. Les plants plus âgés présentent, toujours au niveau du sol, des lésions plus fréquentes côté sud, qui cicatrisent avec le temps, ou un ceinturage total de la tige, qui au bout d'un certain temps aboutit à un étranglement au collet, accompagné d'un jaunissement et d'un flétrissement du feuillage (fig. 90).

Les plantules élevées sous ombrage, ou bénéficiant d'une alimentation en eau abondante, se révèlent plus sensibles à ces affections.

MÉTHODES DE LUTTE.

L'emploi d'ombrières peut être préconisé, mais elles devront être maintenues jusqu'à fin août. Les sols sombres tels que la tourbe, seront fréquemment travaillés (rugosité de surface) et abondamment irrigués dans les périodes de fortes chaleurs. L'emploi de matériaux plus clairs (sable, terre ...) est parfois recommandé à la surface du sol.

9.332. En forêt

Les températures extrêmes où les déficits hydriques prononcés sont à l'origine d'altérations localisées ou généralisées de l'écorce.

EXTRÊME DE TEMPÉRATURE.

En plus du classique coup de soleil, qui particulièrement sur la face sud des arbres, brûle l'écorce qui meurt et se détache par lambeaux entiers, le hêtre est aussi victime d'action localisée, moins violente de fortes températures. L'écorce se déshydrate, et il se produit des fissures dites d'insolation par où pourront s'introduire des parasites de faiblesses comme *N. coccinea*, *Ganoderma applanatum* ou *Fomes fomentarius,* et par où, faute d'une cicatrisation active, apparaîtra au printemps suivant un suintement brun noirâtre. Selon DIMITRI il suffit d'une température de 50 à 70 °C pour induire une altération irréversible de l'écorce d'autant plus aisément que l'écorce est plus fine.

DÉFICIT HYDRIQUE.

Les déficits hydriques importants interviennent généralement en association avec des températures élevées qui accusent encore le phénomène. Le déséquilibre entre la transpiration active et l'alimentation en eau déficiente provoque une perte de turgescence de l'écorce, accompagnée de perturbations physiologiques complexes, comme une surconsommation des réserves en hydrate de carbone. Cet affaiblissement généralisé, ne se révèle qu'après une ou plusieurs années, par une cime peu fournie, où les feuilles moins nombreuses sont de petites tailles, et ont souvent un aspect chlorotique (vert jaunâtre). L'écorce se fissure et se décolle parfois. Les portions terminales des branches principales dépourvues de feuillage perdent la totalité de leur écorce. Le phénomène gagne progressivement l'ensemble de l'arbre.

L'ampleur et la gravité de ce dommage sont encore plus marquées sur certains sols (sols bruns lessivés marmorisés ou sols à pseudogley) ou accentuées par l'intervention fréquente de l'armillaire couleur de miel (*Armillaria mellea*). Il s'introduit par les racines et gagne le collet de l'arbre dont il détruit l'écorce. Sa présence est décelée par les cordonnets mycéliens d'abord blancs puis noirs, appelés rhyzomorphes, de 1 à 3 mm de diamètre formant un réseau sous l'écorce. Lorsqu'il est bien installé, il forme des palmettes mycéliennes blanches subcorticales. Sa présence extérieure peut être révélée par des suitements abondants noirâtres sur l'écorce, localisés au pied de l'arbre, rarement au-dessus de 1 m, contrairement aux suitements observés dans le cas de la maladie de l'écorce, souvent situés plus haut. La cochenille du hêtre échoue dans la colonisation de l'écorce souvent plus épaisse et plus crevassée de la base des hêtres. Les hêtres meurent par taches de dimensions variables.

De tels dépérissements n'interviennent qu'après des événements climatiques exceptionnels, comme la succession d'une année 1975 au printemps très pluvieux (engorgement du sol), et de l'année 1976 excessivement sèche. La mortalité des hêtres les plus vulnérables se prolonge durant quelques années. L'abondance de l'armillaire dans les ronds de mortalité doit inciter le forestier à la prudence lors des reboisements envisagés, en préférant les feuillus aux résineux trop sensibles.

9.4. **LES FEUILLES**

Maladies

Parmi l'abondante mycoflore des feuilles du hêtre, trois espèces seulement se comportent en parasite : *Discula quercina* (West) V. arx, *Phillactinia suffulta* (Rab) Sacc. et *Microsphaera alphitoides* Griff et Maubl. Les dégâts occasionnés sont souvent bénins, cependant l'anthracnose du hêtre (*Discula quercina*) cause occasionnellement des dommages sensibles en pépinière et dans les jeunes semis.

9.41. **ANTHRACNOSE**

par

Robert PERRIN

L'agent pathogène en cause *Discula quercina* est le premier colonisa-
teur des feuilles (HOGG et al., 1966). Il induit des lésions brunes bordées de
noir, irrégulières (fig. 91). Les taches s'étendent fréquemment vers le som-

FIG. 91. – *L'anthracnose provoque sur les feuilles des taches brunes bordées de noir et sur
les pousses des nécroses qui, progressant vers la base, se traduisent par un dessèchement.*

met ou le bord du limbe, circonscrites latéralement par les nervures. Lorsque l'humidité est suffisante la nécrose progresse jusqu'à un flétrissement complet de la feuille. Dès la fin de l'été, de minuscules petites pycnides sphériques, noires ornent la face inférieure des taches foliaires. La phase sexuée se réalise sur les feuilles tombées à terre, où les périthèces, noirs et sphériques (*Gnomonia errabunda* (Rabb) Amersw) pourvus d'un long col, éjectent les ascospores à partir du mois d'avril jusqu'en juin. Les ascospores, dispersés par le vent, infectent les feuilles nouvellement apparues. Les conidies sont produites dès le mois de juin et assurent la propagation de la maladie (RITSCHL, 1937).

Le champignon provoque également la mortalité des pousses ou des rameaux du hêtre. La nécrose débute souvent dans la partie terminale, et à la suite d'une lente progression vers la base, provoque le dessèchement des rameaux. Le front de la nécrose est généralement bordé par un bourrelet cicatriciel, mais il n'y a pas véritablement de « chancre » (fig. 91). Cette manifestation de la maladie semble favorisée par des situations prédisposantes, comme l'existence d'un chancre (dû à *N. ditissima*) sur la tige considérée où une forte attaque du puceron laineux (*Phyllaphis fagi*) sur le feuillage, ou encore à la suite d'une déficience ou d'un déséquilibre dans la nutrition minérale.

9.42. OÏDIUM OU BLANC DU HÊTRE

Deux espèces *Phillactimia suffulta* et *Microsphaera alphitoïdes*, par un mycélium abondant forment des taches blanchâtres sur les feuilles du hêtre. Les attaques tardives, très limitées, n'ont pas d'influence sensible sur la croissance de l'arbre.

9.43. GELÉES TARDIVES

Mieux connues des forestiers, les gelées tardives, provoquent parfois de sérieux dommages.

La portion terminale de la feuille est la plus sévèrement atteinte. Le symptôme débute en une perte de consistance, associée à une coloration bronze du limbe. Il se forme ensuite des lésions irrégulières en rangées parallèles entre les nervures latérales. Très rapidement la partie atteinte se dessèche et se colore en brun. L'ampleur des dégâts dépend de l'intensité de la gelée, du degré de maturité de la feuille, et des conditions climatiques précédant la gelée (voir photo 17, p. 457). C'est parfois la totalité du feuillage qui est détruite. Les dégâts des gelées tardives sont fréquemment confondus avec les nécroses foliaires dues à *Orchestes fagi*. La présence constante du cheminement de la mineuse permet une distinction aisée.

9.44. PUCERON LAINEUX

par

Claude-Bernard MALPHETTES

Ce ravageur est d'une importance capitale pour la réussite des régénérations naturelles de hêtres. Il peut être l'agent limitant de cette opération comme nous avons pu le constater (LE TACON et MALPHETTES, 1974 et 1976).

En effet, au mois de juin, à la suite de ses attaques le jeune semis dépérit totalement en l'espace de trois semaines.

9.441. Biologie

Phyllaphis fagi (L.) est un hôte constant des hêtraies. Selon PRABUCKI (1972) il vit pendant une partie de son cycle dans les couronnes et pendant une autre sur les jeunes hêtres. Son cycle s'étend sur une année et comprend aussi bien des formes à reproduction parthénogénétique que des formes à reproduction sexuée.

Les femelles ailées quittant les houppiers où elles sont nées, colonisent au début du mois de juin, les jeunes semis. Elles donnent rapidement naissance, par voie parthénogénétique, à une descendance qui, se développe sur la plante. Celle-ci n'a à ce moment que deux feuilles et ne tarde pas à périr. La colonie s'installe préférentiellement à la face inférieure des feuilles et en suce la sève. Ceci provoque un enroulement du limbe et son flétrissement, ainsi que celui de l'axe principal.

Plus tard des femelles ailées regagnent la couronne. C'est dans celle-ci que les formes sexuées apparaissent et pondent les œufs d'hiver qui permettent à l'insecte de traverser la mauvaise saison.

9.442. **Diagnostics et moyens de lutte**

Les colonies du puceron sont bien visibles sur les jeunes semis dès que l'on retourne les feuilles. Les pucerons sont recouverts de filaments blancs tirant sur le bleu et déposent du miellat.

Il importe au forestier de surveiller attentivement les jeunes semis dès la fin du mois de mai. Aussitôt que les premiers pucerons s'installent sur la plante il convient de mettre en œuvre un traitement chimique, sans attendre un développement important de la colonie. Il faut se rappeler que les choses vont alors très vite.

Pour protéger les jeunes semis il convient d'utiliser un insecticide anti-puceron (aphicide) à action endothérapique. Ce type d'insecticide agit non pas directement sur l'insecte mais au travers de la plante. Le produit est assimilé par le végétal et est véhiculé par la sève et c'est en suçant celle-ci que le puceron est tué. L'installation de l'insecte sous la feuille rend l'utilisation d'un insecticide endothérapique nécessaire car il est inaccessible aux insecticides de contact qui se déposeraient sur la face supérieure du limbe. D'autre part les insecticides endothérapiques sont sans grande action sur les ennemis du puceron (parasites ou prédateurs). Le milieu biologique se trouve par conséquent moins perturbé.

Un seul traitement est nécessaire. En effet la rémanence du produit, épandu au moment où arrivent les pucerons et non pas avant, est suffisante pour protéger les jeunes semis pendant le mois de juin. Ils ne seront pas colonisés par d'autres générations du puceron dans les mois suivants. De plus l'année suivante les plants ont suffisamment de feuilles pour pouvoir supporter l'attaque qui se renouvellera très probablement au mois de juin.

9.45. ORCHESTE DU HÊTRE

par

Claude-Bernard MALPHETTES

9.451. **Biologie**

Cet insecte appartient à l'ordre des Coléoptères et à la famille des Curculionides : c'est donc un charançon dont le nom spécifique est *Rhynchaenus* (= *Orchestes*) *fagi* L.

C'est un hôte normal de toutes les hêtraies et qui peut présenter des pullulations considérables. Dans ce cas, les adultes peuvent provoquer de gros dégâts dans les vergers avoisinant les massifs de hêtre. En 1963, des vergers de cerisiers de la plaine de Woevre et des côtes de Meuse ont été très attaqués par l'Orcheste du hêtre et une très grande quantité de cerises a été perdue. Dans les hêtraies les dégâts sont généralement très bien supportés. Seules les jeunes régénérations pourraient être menacées (SCHINDLER, 1966).

L'insecte hiverne sous la forme adulte. Il reprend son activité au moment où les premières feuilles apparaissent sur les hêtres. L'orcheste du hêtre est un charançon particulièrement agile, il vole bien et présente la particularité de sauter. Il est de couleur noire, mesure 2 à 3 mm, ses pattes postérieures présentent un fort renflement. L'adulte se nourrit aux dépens des feuilles : son alimentation se traduit par des perforations dans le limbe.

La ponte a lieu au moment où les feuilles s'étalent. La femelle creuse avec son rostre un trou dans la nervure centrale, à la face inférieure de la feuille. Dans ce trou elle dépose un œuf. L'emplacement de la ponte est visible sous la forme d'une légère tache brune et il n'est pas rare que la feuille se courbe à ce niveau.

La larve commence par miner la nervure centrale vers l'apex de la feuille. Peu de temps après elle gagne le parenchyme foliaire où elle continue à se comporter en mineuse. La mine commence par une galerie assez caractérisée puis son hôte consomme le parenchyme foliaire sur une assez grande plage. En fin de développement, elle gagne la périphérie du limbe où, toujours entre les deux épidermes, elle fabrique une loge de nymphose. Cette loge est perceptible aux doigts : on perçoit un léger renflement assez dur.

L'adulte émerge de ce cocon vers la mi-juin, ou le début du mois de juillet selon le climat. Ce sont ces jeunes adultes qui peuvent surtout s'attaquer aux jeunes régénérations ou plantations, ainsi qu'aux vergers. Il n'y a qu'une génération par an. Ces adultes après s'être alimentés vont gagner les lieux d'hivernage (base des troncs, litière). On retrouve aussi bien l'insecte au sommet des grands arbres que sur des jeunes hêtres. Le lecteur trouvera de bonnes photographies de l'insecte et de ses dégâts dans CHAUVIN *et al.*, 1966.

9.452. **Dégâts**

Sur les feuilles les dégâts des larves ressemblent à ceux de gelées tardives. En effet, la mine tend à brunir. Cependant on peut distinguer les deux dégâts par le fait que dans le cas du charançon, les deux épidermes sont séparés. De plus en observant la face inférieure de la feuille on peut retrouver sur la nervure centrale la trace de la ponte.

D'après MAISNER (in SCHWENKE, 1974) et SCHINDLER (1965), les adultes peuvent s'alimenter aux dépens des cupules des faines ce qui provoque l'avortement de la graine et un anéantissement de la fainée.

9.453. **Lutte**

L'intervention contre les adultes semble vouée à l'échec car les charançons d'une façon générale et l'orcheste en particulier, sont très réfractaires à l'action des insecticides. Par contre d'après SCHINDLER (1965), il est possible d'intervenir contre les larves en utilisant du Diméthoate qui est un ester-phosphorique à action endothérapique. Cependant il faut surveiller de près les plantations ou régénérations menacées de façon à intervenir très rapidement après la ponte. Il ne faut pas laisser à la larve le temps de creuser la galerie. On se basera donc dans le cas de cet insecte, sur la recherche des pontes. Dans la majorité des cas, le développement d'une action de lutte ne s'impose pas.

9.5. **RACINES**

Maladie de l'encre

par

Robert PERRIN

Bien qu'aboutissant à la mort de l'arbre, les maladies racinaires du hêtre, par leur impact très localisé, ne provoquent qu'exceptionnellement des pertes notables.

En plus des attaques de l'armillaire, colonisant les souches d'éclaircie, et atteignant les arbres les moins vigoureux alentour (RISBETH, 1978) ou intervenant à la suite d'extrêmes climatiques (voir § 933), les racines du hêtre peuvent être parasitées par *Phytophthora cambivora* et *P. cinnamomi*.

Maladie très grave chez le châtaignier, l'encre ne se manifeste qu'occasionnellement chez le hêtre réputé moins sensible aux attaques de *Phytophthora*. Celui-ci pénètre par les petites racines, le long desquelles il s'étend dans la cambium et le cortex interne, pour atteindre les racines principales et même le collet de l'arbre.

9.51. **SYMPTÔMES**

La surface des racines atteintes est colorée en noir, dégage une odeur aigre, et dans les portions récemment parasitées, paraît gorgée d'eau. La coloration noire des tissus se prolonge parfois jusqu'à former des taches en forme de « flamme » à la base du tronc. L'exsudation d'un liquide noir intervient parfois à ce niveau. Contrairement à l'armillaire, aucune forme mycélienne n'est évidente à l'œil nu. Les symptômes s'expriment sur la partie aérienne, correspondante aux racines altérées. Le jaunissement, puis le brunissement du feuillage souvent clairsemé débutent à la cime de l'arbre, puis gagne la totalité du houppier, au cours des 2 à 3 ans nécessaires à la mort de l'arbre. On assiste à un brusque flétrissement lors de périodes chaudes et sèches.

A partir du premier arbre atteint, la maladie évolue en foyer par une progression centrifuge. Les attaques sévères interviennent presque toujours sur des sols soit superficiels, soit lourds et compacts où le drainage est malaisé.

9.52. **LES PARASITES**

Phytophthora cambivora et *P. omnivora* (phycomycètes) sont les agents de cette maladie. Leur conservation est assurée par le mycélium vivant, mais surtout par les chlamydospores et les oospores dans le sol. La dissémination réalisée par les zoospores nageuses est particulièrement active dans les sols lourds et humides.

9.53. **LUTTE**

Un traitement fongicide curatif, peut être appliqué à l'écorce dès le premier stade de l'infection, après excision des parties malades, et étendu à la désinfection du sol prospecté par les racines.

En forêt les opérations de drainage se révèlent bénéfiques, mais on évitera la création de peuplements sur des sols lourds et humides, qui pour d'autres raisons conviennent mal au hêtre.

9.6. **ALTÉRATIONS DU BOIS**

Sous ce terme « *Altérations* » seront regroupées les nombreuses atteintes que subit le hêtre, tant sous forme de *bois vif* lorsque les arbres, encore sur pied, sont plus ou moins endommagés dans leurs parties mortes que sous forme de *bois abattus,* et dans ce dernier cas soit par l'homme, soit par des événements météoriques causes de chablis.

Le hêtre est connu pour la fragilité extrême de son bois. Son bois parfait ne contenant aucune substance fongistatique (à la différence du chêne, par exemple, dont les composés tannoïdes ou polyphénoliques, concourant à la coloration du bois de cœur, ralentissent la progression des lignivores), sa résistance à l'envahissement par les champignons sera très faible. LUTZ avait pu noter, dès 1935, qu'un bois de hêtre artificiellement imprégné par des extraits de bois de chêne voyait sa résistance aux lignivores notablement accrue.

Pourtant l'aubier manifestera vis-à-vis de certains champignons quelques réactions. La formation de thylles dans les vaisseaux fonctionnels s'oppose à la pénétration des hyphes du *Phellinus igniarius,* d'ailleurs plus fréquent sur le chêne que sur le hêtre. Mais la plupart des agents d'altération du hêtre, qui sont des champignons lignivores, pénètrent facilement le bois en suivant divers stades de décomposition que l'on peut regrouper en trois phases principales :

- coloration plus ou moins accusée, avec apparition de lignes foncées, aux franges d'extension mycélienne ;
- extension et intensification des colorations, avec apparition de pourriture rougeâtre ou violacée puis blanche. A ce stade, contrairement à la première phase, se produisent des modifications profondes dans la structure du bois, entraînant des changements dans ses propriétés chimiques et technologiques ;
- enfin pourriture avancée avec décomposition totale, voire disparition du bois (troncs creux).

Nous étudierons successivement :

- Les principaux agents de pourriture, avec une mention particulière à une altération propre au bois de hêtre, le « cœur rouge ».

- Les phénomènes connus chez le hêtre sous le nom d'« échauffure ».

- La maladie dite du « T » dont l'origine est controversée.

Nous concluerons sur les moyens, essentiellement préventifs, de nature à minimiser les effets de ces différentes atteintes.

9.61. **POURRITURES**

par

Louis LANIER

La mycoflore associée aux pourritures du bois de hêtre est particulièrement abondante (BOURDOT et GALZIN, 1927; CARTWRIGHT et FINDLAY, 1958; LANIER *et al.*, 1978...).

En nous limitant aux plus fréquents et aux plus dommageables parmi ces agents, on peut les regrouper en :

— agents de pourriture blanche active : *Ungulina fomentaria, Ganoderma applanatum, Xanthochrous hispidus, Leptoporus adustus, Irpex* (= *Trametes*) *pachyodon* qui sont les plus fréquemment relevés. L'effet enzymatique des mycéliums s'exercera préférentiellement sur les lignines, en respectant plus ou moins les parois cellulosiques; d'où la charpie blanchâtre résultant de leur action.

— agents de pourriture rouge ou brunâtre : *Polyporus sulfureus*, et de nombreuses Agaricales : *Panus conchatus, Mucidula* (= *Oudemansiella*) *mucida, Pholiota* spp. ... dont les hyphes s'en prendront préférentiellement à la cellulose.

Parmi ces agents, le plus classique, connu de tous les mycologues et forestiers est l'Amadouvier (*Ungulina fomentaria* Fr. Pat.) dont les consoles ventrues ornent fréquemment les troncs de vieux hêtres dans les réserves biologiques. La pourriture blanche, fibreuse est très active et peut décomposer un chablis en quelques années.

On trouvera également fréquemment au niveau des souches le *Ganoderma applanatum*, dont le carpophore peut atteindre des dimensions géantes. Il est aisé à reconnaître avec sa face supérieure, ondée par les accroissements successifs, en croûte brun-grisâtre. La chair du carpophore est brunâtre et les tubes très fins (moins de 1/4 de mm de diamètre). Il cause également une pourriture très active, blanche et fibreuse (SUVOROV, 1968).

La *Mucidula* (= *Ondemantiella*) *mucida* est une collybie, donc un champignon à chapeau, fréquente sur troncs et grosses branches et exclusive du hêtre. Elle apparaît surtout sur les troncs debout ou abattus en groupes fragiles, déliquescents, après une phase de mâturation blanc laiteux, presque translucide.

De même, surtout au niveau des souches, naît en grande abondance la *Pholiota mutabilis*, appréciée des mycophages, qui partage son biotope avec un cortège fongique complexe. Des Hypholomes (Nématolomes) *Hypholoma fasciculare, H. sublateritium, H. appendiculatum,* le spectaculaire *Polyporus* (= *Grifola*) *giganteus,* pouvant atteindre le poids de plusieurs kilogrammes, l'Armillaire bien sûr, venant partager avec les *Stereum,* les *Coriolus,* les *Trametes* si nombreux, le *Pleurotus ostreatus,* les *Xylaria* les restes du bois décomposé par les mycéliums successifs.

D'autres champignons sont plus rares et ne sont relevés que dans des réserves biologiques où le hêtre meurt debout puis se décompose au sol. Au cortège précédent s'ajoutent alors les *Dryodon (D. coralloides, D. cirrhatum,* le *Phaeolus albo-rubescens,* le *Stereum insignitum,* le rutilant *Trametes cinnabarina,* le *Xanthrochrous obliquus).*

Devant une telle profusion d'agents, décomposant le hêtre, selon les circonstances, en ordre dispersé, successif, chacun reprenant et complétant le travail de ses prédécesseurs, de nombreux auteurs se sont attachés à démêler le rôle de tel ou tel agent.

Le principe de ces études a été codifié : elles consistent à mettre en présence des éprouvettes et le champignon à étudier, en faisant varier les conditions de l'attaque et en mesurant les caractéristiques physiques, chimiques, mécaniques des éprouvettes après des temps variables, de l'ordre de quelques mois.

Une donnée importante et synthétique est la perte de poids exprimée en pour cent après un délai fixé (JACQUIOT, 1978) (Tableau 65).

Grâce à des procédés modernes d'investigations (analyses biochimiques, enzymologie et surtout microscopie électronique à balayage) on connaît mieux le détail des modes d'action des champignons lignivores.

TABLEAU 65

Perte de poids d'éprouvettes de bois soumises à différents champignons.

AGENT	Ganoderma applanatum	Stereum hirsutum	Coriolus versicolor	Trametes trabea
Perte de poids en % : après 4 mois .... après 6 mois	52 65	20 - 40 –	30 - 40 –	33 –

AGENT	Coriolus pubescens	Daldinia concentrica	Ustulina vulgaris	Phacolus albo-rubescens
Perte de poids en % : après 4 mois .... après 6 mois	35 –	30 –	15 –	25 –

Ainsi, DIROL (1976) a étudié l'action de *Coriolus versicolor* sur des éprouvettes en bois de hêtre, à la fois en microscopie optique et en microscopie électronique à balayage.

Deux phases dans l'action du champignon ont été mises en évidence :
- une phase initiale de pénétration passive par les vaisseaux le long des fibres et par les rayons ligneux;
- une phase de pénétration active à travers les vaisseaux dont les parois sont dégradées.

L'atteinte de la cellulose et de la lignine est progressive, la lamelle moyenne se montrant résistante à la dissolution enzymatique.

Retenons des nombreuses études consacrées à tel ou tel des agents d'altération : les travaux de BUTIN et ZIMMERMANN (1972) sur certains *Ceratocystis,* plus classiques sur les résineux mais pouvant s'en prendre au hêtre ; l'étude de MALENÇON (1923) sur *Panus conchatus* ; celles de WILKINS (1938, 1943) sur les *Ustulina* ; les recherches de RAVILLY (1971) sur les *Corticium* et celles de SIEPMANN (1973) sur les altérations des bois abattus.

Des renseignements plus généraux peuvent être trouvés dans l'ouvrage collectif de l'Académie de Berlin (1963) ou dans la revue de littérature de BAKSHI et SINGH (1970).

9.62. CŒUR ROUGE

par

Louis LANIER et François LE TACON

Certaines essences forestières, à bois normalement clair, voient les qualités au moins visuelles de celui-ci affectées par une duraminisation anormale, un « faux cœur » qui le déprécient au plan commercial. Ainsi le « cœur noir » du frêne et le « cœur rouge » du hêtre constituent-ils d'importants défauts, dont la cause initiale est d'ailleurs mal connue.

Les symptômes sont nets : à partir du milieu d'une découpe, par exemple au niveau de la bille de pied au moment de l'abattage, peut s'apercevoir une zone brun-rougeâtre, plus ou moins régulière, « flammée » dans le sens radial, qui s'atténue en virant au grisâtre lorsque le bois sèche.

Parmi les causes incriminées on a pu soupçonner les agents biotiques, y compris des bactéries, les facteurs climatiques, la nature du sol, les races de hêtre, sans qu'aucune certitude n'ait pu être acquise.

Cette coloration semble due à l'oxydation de produits organiques à partir d'une zone où la circulation de l'air est possible (moelle, fentes, etc...). Elle n'est donc vraisemblablement pas une altération d'origine parasitaire. Les propriétés mécaniques ne sont que légèrement modifiées (résistance au choc, retrait). Par contre l'aptitude à l'imprégnation par les résines est considérablement modifiée.

Toutes les études de statistiques confirment toutefois une observation déjà ancienne, à savoir une liaison étroite entre l'augmentation dans une coupe, du pourcentage d'arbres atteints de cœur rouge et l'âge de ceux-ci. Pratiquement et sauf circonstances sylvicoles exceptionnelles (défaut d'éclaircies, arbres dominés) la proportion d'arbres à cœur rouge reste très

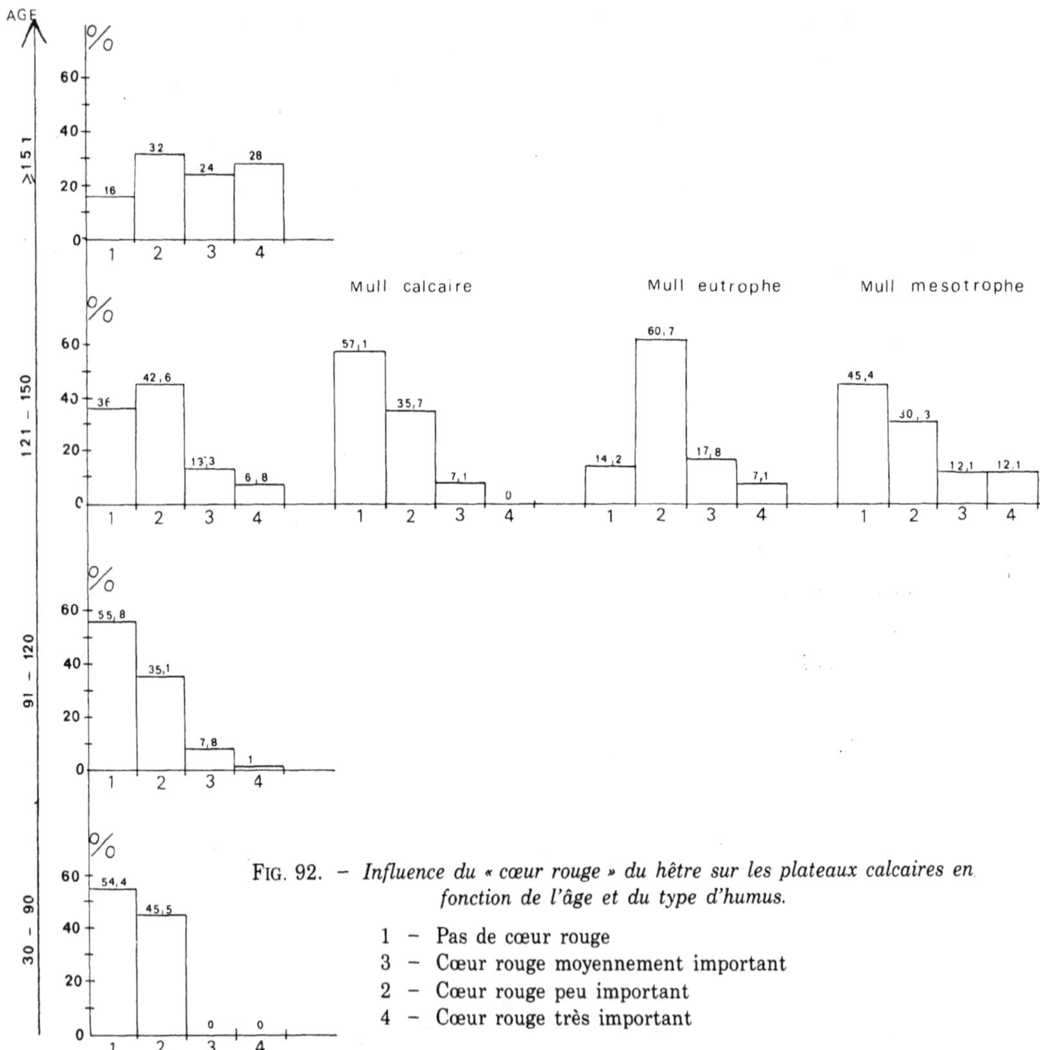

FIG. 92. — *Influence du « cœur rouge » du hêtre sur les plateaux calcaires en fonction de l'âge et du type d'humus.*

1 — Pas de cœur rouge
3 — Cœur rouge moyennement important
2 — Cœur rouge peu important
4 — Cœur rouge très important

limitée à moins de 100 ans et n'atteint des pourcentages élevés (plus de 80 %) qu'au-delà de 150 ans. L'enquête de LE TACON et TIMBAL réalisée dans la région des plateaux calcaires du nord-est de la France, et portant sur 300 grumes illustre bien ce phénomène (fig. 92).

L'influence de l'âge est prépondérante. Cette altération est pratiquement inexistante en-dessous de 120 ans. Elle se développe entre 120 et 150 ans (20 % de grumes dépréciées), et devient très importante au-delà de 150 ans (plus de 50 % de grumes dépréciées).

Cette observation conduit les gestionnaires modernes en hêtraie à adopter des *révolutions ne dépassant pas 100 à 120 ans.*

Pour les stations les moins fertiles où il est impossible d'obtenir à 120 ans un diamètre suffisant, on ne devra pas dépasser 150 ans. Il faut noter que le type de station semble avoir une certaine influence : sur mull calcaire, c'est-à-dire sur les stations les moins fertiles, la proportion du cœur rouge entre 120 et 150 ans semble moins importante que sur mull mésotrophe ou eutrophe.

9.63. ECHAUFFURE DU BOIS

par

Louis LANIER

Une altération particulière au hêtre, ayant reçu ce nom d'« échauffure », se produit essentiellement au niveau de l'aubier lorsque les billes sont abandonnées sur les coupes ou après débusquage dans les fossés ou les bords de parcelle avant transport en scierie.

Plusieurs agents ont été notés sur le bois de hêtre « échauffé » mais le plus fréquent visible après quelques mois au niveau des découpes et des blessures de l'écorce est le *Stereum purpureum,* apparaissant en minces fructifications, mauve-violacé, à face inférieure lisse et à face dorsale finement villeuse.

Après débit, surtout sur dosses, le bois montre les traces blanchâtres, allongées dans le sens du fil, irrégulières et zonées, en forme de flammes. GUINIER (1933) a noté l'action différente des deux *Stereum* les plus fréquents sur le bois de hêtre : le *Stereum purpureum* a un développement particulièrement rapide; en quelques semaines l'ensemble de l'aubier d'une bille de hêtre maintenue dans l'atmosphère humide de la forêt et à température moyenne est atteint; le *Stereum hirsutum,* quant à lui, également très fréquent sur le hêtre, peut provoquer une pourriture généralisée à l'ensemble de la bille, mais son développement est beaucoup plus lent. Il semble concurrencé sur les troncs fraîchement abattus par la présence de *S. purpureum*.

Les études de VIALA (1963) ont montré que les pertes de poids par échauffure étaient relativement faibles (7,8 %) mais que la chute de résilience était notable (47 %). Le pH n'est pas affecté, ni le poids de cendres, ni même la teneur en lignine. Seule la teneur en cellulose totale passe de 48,2 % (bois sain) à 37,4 % dans le bois échauffé.

9.64. MALADIE DU « T »

par

Robert PERRIN

Ce terme forgé par les forestiers, décrit une grave imperfection du bois de hêtre, dont la trace est en forme de T en coupe transversale (photo 24). Souvent très nombreux sur un même arbre, ces défauts nuisent à la commercialisation des grumes qui en sont affectées.

9.641. **Formation**

BOSSHARD (1965) et JACQUIOT (1962) reconnaissent en une fine fissure de l'écorce, la première manifestation visible du phénomène. D'abord superficielles, ces fentes s'élargissent à la suite de tensions radiales au niveau des rayons libériens sclérifiés, et aboutissent à une lésion de l'assise cambiale. Elle est associée à une dessiccation partielle et une coloration du bois. Cette portion de cambium détruite correspond à la barre transversale du T. La plaie se cicatrise progressivement, nécessitant souvent plusieurs années pour un recouvrement total (fig. 93). Au terme de cette opération, une trace radiale, perpendiculaire à la précédente, subsiste dans le bois, au point de convergence des bourrelets (photo 24). C'est la barre verticale du T. Au même niveau sur la surface de l'écorce, il persiste une cicatrice ovalaire légèrement déprimée au contour bien marqué, correspondant à la trace sous-jacente dans le bois.

L'éclatement de l'écorce, très audible, est la conséquence de son incapacité à supporter les écarts de températures hivernaux, qui peuvent être élevés lorsque des gelées nocturnes succèdent à des journées ensoleillées.

Les travaux expérimentaux de DIMITRI (1967) ont démontré les effets néfastes des températures extrêmes (basses ou élevées) sur l'écorce, en relation avec son contenu en eau et son épaisseur. Ces deux caractères

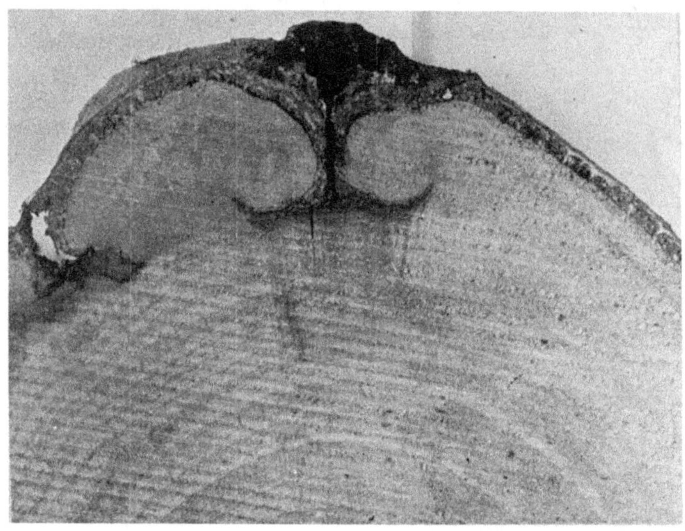

Photo 24. – *Coupe transversale d'un fût de hêtre au niveau d'un « T ».*

connaissent d'importantes variations d'un point à l'autre d'un même arbre. Les températures élevées, allant de concert avec un défaut de précipitations, et une forte évapotranspiration, constituent des conditions qui peuvent détruire l'écorce du hêtre localement.

En conclusion, les températures extrêmes peuvent être à l'origine de nécroses corticales donnant parfois lieu à des exsudations. Elles constituent des voies de pénétrations pour des microorganismes, et notamment pour *Nectria coccinea,* comme le rapportent Leibundgut et Frick en 1943 en Suisse.

Dans la majorité des cas la cicatrisation oblitère ces lésions, et laisse la trace en forme de T dans le bois. L'orientation particulière des dégâts, leur formation équienne, intervenant une année aux conditions climatiques singulières, caractérisent une origine abiotique évidente.

Longtemps confondue avec la maladie de l'écorce du hêtre cette « maladie » en diffère fondamentalement par son origine et son évolution.

9.642. Le comportement du forestier

La sensibilité des gros arbres aux températures élevées incite à les exploiter en priorité sur les sols à faible réserve en eau. Certains microcli-

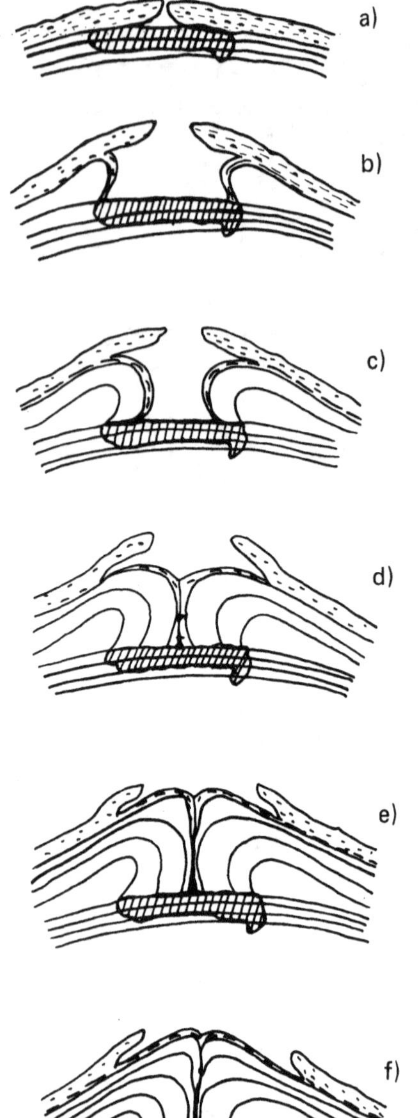

a) La fine fissure dans l'écorce est à l'origine de l'altération du cambium et de la coloration suivant généralement la limite d'un cerne (barre tangentielle du T).
La cicatrisation s'opère les années suivantes.

b + c) Soulèvement de l'écorce.

c + d) Recouvrement progressif de la zone lésée.

e + f) La jonction des bourrelets cicatriciels aboutit à la formation de la barre radiale du T (inclusion de tissus corticaux).

FIG. 93. — *Croquis illustrant l'apparition des cicatrices de l'écorce et le défaut T* (d'après Bosshard, 1965).

mats, caractérisés par de forts contrastes de températures hivernaux, sont incompatibles avec une production de hêtre de qualité. L'éclaircie est une circonstance, qui pratiquée trop vigoureusement, peut se traduire par la formation de « T ».

9.65. CONCLUSION

Nous concluerons sur les moyens de lutte à opposer à ces divers agents d'altération.

La fragilité de l'écorce du hêtre, qui vient d'être rappelée, et l'obligation pour la plus grande part des champignons à pourriture de trouver une porte d'entrée dans les tissus ligneux, conduisent à recommander d'être particulièrement rigoureux, dans le cas du hêtre, pour éviter toute blessure mettant le bois à nu. Ainsi faut-il prohiber les feux en forêt. Les rémanents d'exploitation de la hêtraie doivent être brûlés loin de tous les arbres subsistants. De même, l'ouverture brutale des peuplements et même le traitement en taillis-sous-futaie qui amènent le soleil à lécher les troncs de hêtre doivent-ils être proscrits.

Toujours à titre préventif, il est aisé de se défaire de la majorité des agents d'altération en tablant sur une de leurs caractéristiques communes qui est le besoin d'un degré hygrométrique relativement élevé (au minimum 25 à 30 %) pour se développer. Un bois de hêtre « sec à l'air », c'est-à-dire quelques mois après son débit et sa mise en plots dont les planches sont séparées par des cales, atteint 17-18 % d'humidité, donc échappe à la quasi-totalité des lignivores. On pourra utilement badigeonner les découpes à l'aide d'un fongistatique préventif qui pourra être mélangé avec un produit anti-fente.

Les recommandations de GÄUMANN (1936) sur les périodes d'abattage (en hiver avec débardage rapide) restent d'actualité.

Retenons que le bois de hêtre, particulièrement fragile, sans défenses naturelles vis-à-vis des agents d'altération, faiblement protégé par une mince écorce, doit être traité durant toute la vie de l'arbre, mais plus encore au moment de l'abattage, des opérations de débardage, de transport et de débit, avec les plus grandes précautions et la plus grande célérité. C'est à ce prix seulement qu'il pourra être préservé et satisfaire pleinement ses utilisateurs.

9.7. GRANDS ANIMAUX-GIBIER

par

Jean-François PICARD

Plutôt que de nous limiter aux relations grands-animaux - gibier-hêtre, nous avons préféré parler de leurs relations avec la forêt, et replacer la hêtraie dans ce contexte plus général.

Les dégâts que peuvent provoquer les grands animaux gibier en forêt sont de diverse nature, liés le plus souvent au comportement alimentaire (abroutissement, écorçage, arrachage...), mais aussi sexuel (frottis, cassures...).

9.71. SYMPTÔMES

9.711. Ecorces

L'arrachage de l'écorce sur une tige peut résulter soit d'un véritable écorçage, soit d'un frottis.

En principe, un frottis laisse en place l'écorce décollée sous forme de lambeaux qui pendent le long de la tige ou restent accrochés aux branches du sujet frotté. De plus, un frottis s'accompagne le plus souvent de bris de branches, surtout si on peut soupçonner le cerf et si le dégât intervient à la période du brâme. Un frottis plus précoce (mai-juin) provient d'un animal qui cherche à débarrasser ses bois du velours qui les recouvre.

L'écorçage peut avoir lieu, du point de vue de la physiologie de l'arbre, à deux périodes différentes :

— EN SÈVE (printemps-été) : l'animal décolle de longues lanières dont il se nourrit. Le décollement se fait au moyen des incisives de la mâchoire inférieure qui laissent une trace peu visible à l'endroit où l'animal a « mordu ». Si ces lanières se rompent hors de portée de la bouche de l'animal, elles peuvent rester adhérentes au tronc par une extrémité,

— HORS SÈVE (hiver-été) : l'écorce ne se détache jamais sur une grande longueur (quelques centimètres au plus). Par conséquent, les marques d'incisives sont beaucoup plus nombreuses que dans le cas de l'écorçage d'été et les dégâts sont moins spectaculaires. Mais l'animal qui s'acharne sur un sujet peut aller jusqu'à faire une annellation qui entraînera la mort de l'arbre. Quand on rencontre un individu rongé, bien faire attention à la taille des traces de dents, à la localisation du dégât et à la minutie avec laquelle il a été fait : les petits rongueurs écorcent également certaines essences, mais leurs dents sont plus petites, « le travail » est plus soigné et porte souvent sur les tiges comme sur les branches, alors que les cervidés s'attaquent surtout aux tiges.

9.712. Pousses

L'identification des dégâts d'abroutissement apparaît d'emblée plus difficile. Il faut surtout distinguer ceux dûs aux rongeurs des autres, en particulier de ceux dûs aux cervidés. En effet, les rongeurs, avec l'espèce de pince que constituent leurs incisives, sectionnent *franchement* et *obliquement* les pousses. Une caractéristique commune à tous les cervidés est d'être dépourvus d'incisives à la mâchoire supérieure : ils sectionnent un côté des pousses et *arrachent* le côté opposé. Dans le cas d'une pousse un tant soit peu coriace, on voit très bien les résidus fibreux laissés par l'arrachage.

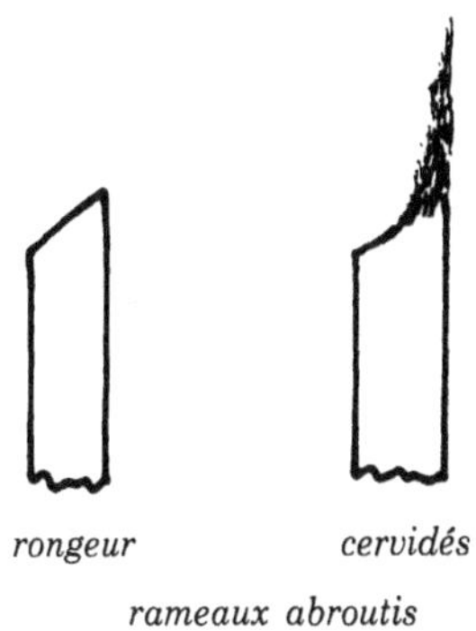

rongeur   *cervidés*

rameaux abroutis

9.72. ESPÈCES EN CAUSE

9.721. Sanglier

Omnivore, le sanglier a un régime alimentaire extrêmement varié d'une saison à l'autre, mais aussi d'une année sur l'autre. BRIEDERMANN, 1965, a établi que les années où les fruits forestiers (glands surtout, mais aussi faînes, pommes...) étaient abondants, ils pouvaient former jusqu'à 52 % de la ration alimentaire du sanglier (tableau 66).

Noter que dans la nourriture d'origine animale, on trouve essentiellement des petits rongeurs et des insectes (leurs différentes formes larvaires) que le sanglier trouve dans le sol. Et c'est à cause de cela que certains considèrent que le sanglier est aussi utile qu'il est nuisible : en vermillant, il détruit bon nombre d'insectes nuisibles et de rongeurs qui, s'ils avaient vécu, auraient peut être été aussi destructeurs que lui.

Le sanglier peut parfois (mais toujours localement) commettre des dégâts importants dans les jeunes plantations où plus d'un plant de hêtre peut se retrouver les racines en l'air !

Enfin, comme le sanglier aime à se souiller fréquemment, il se frotte pour se débarrasser en même temps de la boue et des parasites agglutinés. C'est ainsi que, autour des mares boueuses qu'il fréquente, on remarque de nombreux arbres maculés de boue jusqu'à 50-70 cm : ce sont ceux contre lesquels se frottent les sangliers. Il ne s'agit pas là à proprement parler de dégâts, les arbres souffrant peu du traitement qui leur est ainsi infligé.

TABLEAU 66

Origine de la nourriture du sanglier selon la présence ou l'absence d'une glandée
(d'après BRIEDERMANN 1965).

Origine de la nourriture	moyenne annuelle en %	
	année avec glandée	année sans glandée
Fruits forestiers..........................	52	1
Productions agricoles.....................	32	70
Parties souterraines de plants forestiers.....	2	7
Parties aériennes de plants forestiers	5	11
Nourriture d'origine animale	4	5
Divers..................................	4	6

9.722. **Cerf**

De tous les grands animaux sauvages, le cerf (photo 25) est certainement, à l'heure actuelle, l'espèce qui potentiellement peut commettre les dégâts les plus importants (en quantité, mais aussi en variété) et les plus graves. En général, là où il est peu abondant (en moyenne, au plus une tête au 100 ha), il est discret dans son comportement comme dans les dégâts qu'il occasionne. Mais si on laisse le cheptel s'accroître de façon inconsidérée (par ex. plus de 6 animaux pour 100 ha), les dégâts peuvent apparaître brutalement et augmenter très rapidement pour atteindre en quelques années un degré insupportable, incompatible avec une gestion rationnelle de la forêt. Le hêtre n'est en général pas une victime de choix pour le cerf, mais il est bien placé dans la liste des espèces arborescentes classées en fonction de leur appétabilité. En montagne, il vient en général derrière le sapin et les fruitiers, mais devant l'épicea; en plaine, derrière le chêne, le

PHOTO 25

charme, le saule marsault, mais devant le bouleau. FICHANT, (1976) le place
lui au premier rang des ligneux abroutis, avec 2,4 % du bol alimentaire.
BENCZE (1965) souligne qu'en s'attaquant plus facilement au charme qu'au
hêtre, il aide ce dernier à dominer les régénérations de charme. Enfin
ECKHART, en Autriche, craint que le hêtre ne se substitue au sapin et à
l'épicéa dans une forêt où ils sont en mélange et où la densité de cerf
atteint 6/100 ha). Encore que dans ces degrés d'appétibilité, il faille être
très prudent; les habitudes alimentaires des animaux pouvant varier
considérablement d'une région à l'autre en fonction du cortège d'espèces
disponibles localement. Comme le cerf a été introduit un peu partout sans
qu'aucune étude floristique préliminaire d'appétibilité, même sommaire,
ait été faite, il lui a bien fallu, pour survivre, s'adapter à ce qu'il trouvait là
où on l'avait placé.

L'abroutissement n'est malheureusement pas le seul dommage occasionné par le cerf. Le hêtre peut également être écorcé ou frotté. Là encore, ce n'est pas l'essence préférée et les dégâts d'écorçage sont moins fréquents que ceux d'abroutissement, même si, localement, ils peuvent atteindre un niveau insupportable. Un exemple particulièrement frappant (et désolant) de cet écorçage peut être trouvé en forêt de la Petite Pierre (Bas-Rhin) où, dans un gaulis d'environ 25 ans ce sont surtout les gros hêtres qui sont écorcés. L'écorçage apparaît comme un phénomène naturel contre lequel le meilleur moyen de lutte est l'amélioration des gagnages et un affouragement régulier et bien dosé. Mais, dans ce cas comme pour l'abroutissement, il n'existe pas de règle absolue.

Les dégâts de frottis et de bris de branches (ou de plants) sont constants dans les forêts où le cerf est présent. Localisés, ils sont également économiquement moins graves que les autres types de dégâts. Ils concernent presque toujours de jeunes arbres et, là encore, le hêtre n'est pas parmi les victimes de choix. Ces dégâts sont dûs à deux types de comportements :

— D'ORIGINE PHYSIOLOGIQUE : quand la croissance des bois est terminée (fin juin), le cerf cherche à se débarrasser de la peau (= « velours ») qui les recouvre en les frottant contre de jeunes plants : ce faisant, il peut les ébrancher et les écorcer partiellement.

— D'ORIGINE SEXUELLE : au moment du brâme (de mi-septembre à mi-octobre), le cerf dominant extériorise sa suprématie en bramant mais aussi en « cassant du bois », c'est-à-dire en frappant à grands coups les branches des arbustes ou même de jeunes troncs, sorte d'extériorisation « traduisant la tension qui anime le coiffé » (HEIL, 1970).

Enfin le cerf, comme le sanglier, se souille et se frotte aux arbres pour se débarrasser de la boue : on reconnaît les arbres frottées par le cerf à la hauteur jusqu'à laquelle ils sont maculés de boue (plus de 1 m).

9.723. **Chevreuil**

Beaucoup plus petit que le cerf (il pèse en moyenne 7 à 8 fois moins) le chevreuil mange proportionnellement plus (on considère que 4 à 5 chevreuils mangent autant qu'un cerf adulte - UECKERMANN 1964). Son comportement est extrêmement différent de celui du cerf : plus casanier, très individualiste, son territoire est plus petit mais doit être varié. Les dégâts qu'il occasionne sont directement liés à ce comportement. En particulier, ne formant pas de hardes pendant la saison difficile (hiver), il n'occasionne pas de dégâts d'abroutissement sur des surfaces importantes. Mais, parce qu'il a un comportement territorial accentué, il est amené à délimiter ce territoire, ce qu'il fait en général en frottant la base de ses bois à de jeunes arbres ou arbustes. Une autre particularité distingue le chevreuil du cerf : il est certain que la flore stomacale du chevreuil est beaucoup moins active que celle du cerf, ce qui l'obligerait en conséquence à avoir une nourriture plus riche (plus pauvre en éléments fibreux) et plus variée.

FICHANT (1974), par une étude du contenu stomacal d'animaux abattus à l'automne dans une forêt feuillue (chêne et hêtre) de l'Ardenne belge donne comme résultat :
- ligneux : 10,9 %, dont 1,3 % pour le hêtre, 5 % pour le chêne ;
- semi-ligneux : 32 % ;
- fruits forestiers (glands) : 20,6 % ;
- divers : 36,5 %.

Qu'il s'agisse des faines, des jeunes plants ou des jeunes arbres, ce tableau révèle que le chevreuil ne constitue pas un danger important pour le hêtre, à l'exception des peuplements artificiels qu'il affectionne particulièrement. Comme le cerf, le chevreuil écorce (très rarement) et frotte les arbres.

9.724. Chamois

En principe, le chamois (ou l'isard dans les Pyrénées) n'est pas un animal forestier, cependant, certains auteurs (COUTURIER, 1938 et 1961) considèrent qu'il y a deux races de chamois : une race rupicole qui ne va en forêt qu'après les chutes de neige, une race forestière, plus massive et plus trapue, qui se tient en forêt toute l'année.

La présence d'une importante couche de neige en hiver l'oblige à se réfugier dans les forêts de l'étage montagnard, toutes riches en hêtre dans nos massifs montagneux (sauf dans les Alpes internes, trop sèches, où il est remplacé par le pin sylvestre).

Autrefois, peu abondant, très chassé et très braconné, il ne posait pas de problème particulier au forestier. La situation, comme d'ailleurs pour le cerf, a beaucoup évolué depuis la fin de la guerre. D'abord avec la réglementation de la chasse et la répression du braconnage, ensuite avec l'introduction et l'extension rapide du chamois dans des régions où il n'existait pas avant la guerre, en particulier dans les Vosges. BERDUCOU (1975) constate des dégâts hivernaux d'abroutissement (le chamois n'écorce pas) sur le sapin et sur le hêtre de plus en plus fréquents et de plus en plus graves quand la population augmente. On constate également que ces dégâts restent localisés aux secteurs où ils existaient déjà, et ne s'étendent pas, en principe, aux zones auparavant indemnes (notions de station-refuge). Encore aujourd'hui, on ne peut pas dire que le chamois soit, globalement, un problème grave vis-à-vis du hêtre. Mais, au moins dans certains régions (en particulier réserves ou parcs naturels), l'expérience prouve qu'un développement important des populations peut être à l'origine de dégâts graves.

9.725. **Mouflon et bouquetin**

Nous ne citerons que pour mémoire ces deux espèces introduites ou réintroduites récemment, dont seul le mouflon est susceptible d'occasionner des dégâts (abroutissement essentiellement, mais aussi frottis et écorcage) au hêtre; le bouquetin étant pratiquement exclusivement rupicole. L'éthologie du mouflon, introduit de Corse à une date récente, est encore très mal connue. FICHANT (1974) signale la consommation de feuilles de hêtre, dans une proportion toutefois beaucoup plus faible que celles de chêne. Il est néanmoins certain que, localement, des dégâts importants puissent être commis (comme c'est déjà le cas dans le massif de l'Espinouze).

CONCLUSION

Concilier la gestion d'une forêt avec celle d'un cheptel de grands animaux pose des problèmes dont la complexité est liée à la diversité des intérêts en présence. Le hêtre n'est cependant pas l'essence la plus exposée et les dégâts occasionnés sont très variables en nature et en intensité.

En fait, ce qui importe le plus, c'est de maintenir la forêt vivante, et de le faire de telle sorte que ni la forêt, ni les animaux n'en souffrent. Un équilibre harmonieux doit être trouvé entre l'homme, la forêt et les animaux, équilibre auquel on ne parviendra que grâce à une connaissance approfondie du milieu forestier et de la dynamique des populations d'animaux dont on doit contrôler l'importance.

9.8. **HÊTRE ET POLLUTION ATMOSPHÉRIQUE**

par

Noël DÉCOURT

Les symptômes d'une action de la pollution atmosphérique sur le hêtre apparaissent, comme pour les autres végétaux, au niveau des feuilles. Pour les deux polluants les plus courants, les nécroses internervaires sont réputées caractéristiques du dioxyde de soufre, les nécroses apicales caractéristiques du fluor. En fait, la présence de nécroses pouvant avoir d'autres origines, on ne supposera une action possible de la pollution atmosphérique que si d'autres éléments de diagnostic sont disponibles :

— présence d'une source polluante à proximité;

— symptômes analogues sur d'autres espèces que le hêtre, par exemple pour le dioxyde de soufre, nécroses en forme de chevron très typiques sur la fougère aigle ;

— appauvrissement, voire disparition complète de la flore lichénique sur l'écorce du hêtre. La flore lichénique peut céder la place à une invasion des troncs par une algue verte *(Pleurococcus* sp.), leur donnant une coloration très caractéristique ;

— l'analyse de feuilles prélevées en fin d'année dans la partie supérieure de la cime (au fusil, ou lors de leur chute) permettra de confirmer un diagnostic si on trouve plus de 25 ppm de fluor, ou plus de 2 000 ppm de soufre total dans les tissus foliaires.

Le hêtre adulte est considéré généralement comme résistant ou assez résistant à la pollution atmosphérique par le dioxyde de soufre (BOSSAVY, 1964). Il serait par contre nettement plus sensible dans sa jeunesse ou à l'état de rejet de taillis (BOSSAVY, 1965).

Vis-à-vis du fluor, il est considéré également comme très ou moyennement résistant malgré son aptitude à fixer ce polluant en quantité relativement importante. DE CORMIS *et al.,* (1970) notent que des feuilles prélevées sur des hêtres en Maurienne peuvent contenir jusqu'à 800 ppm de fluor sans présenter de nécroses visibles, tandis qu'au voisinage, des feuilles de *Gentiana lutea* sont très nécrosées avec une teneur de 40 ppm seulement.

Ces observations ont été confirmées par des mesures faites dans la région de Rouen (DECOURT, 1977). Le pin sylvestre dépérit avec 70-80 ppm de teneur foliaire en fluor, alors que dans les mêmes conditions le hêtre résiste mieux avec des teneurs atteignant 400 ppm. Des mesures systématiques effectuées sur des hêtres, des pins sylvestres et des chênes, croissant côte à côte dans les mêmes conditions de pollutions plus ou moins fortes, permettent d'établir des relations entre les capacités comparées de fixation du fluor de ces trois espèces (fig. 94). Dans les mêmes conditions, le hêtre fixe également nettement plus de soufre que le chêne ou le pin sylvestre.

Cette relative tolérance à des polluants assez courants, comme le dioxyde de soufre ou le fluor, est illustrée par des études comparées de perte de croissance effectuées dans cette même région, où se rencontrent ces deux polluants, sur ces trois espèces (tableau 67).

On y constate non pas une baisse d'accroissement, mais une légère stimulation de celui-ci, sous forme de pertes « *négatives* ».

Le hêtre apparaît donc comme une espèce susceptible d'être maintenue ou introduite en zone polluée par le fluor ou le dioxyde de soufre. Des difficultés risquent cependant d'apparaître dans les régénérations et dans les jeunes peuplements, qu'il faudrait essayer de maintenir un certain temps à l'abri de peuplements plus âgés.

Dans cette même région, il semble également que le développement de la maladie de l'écorce du hêtre, due à l'action combinée de *Cryptococcus fagi*

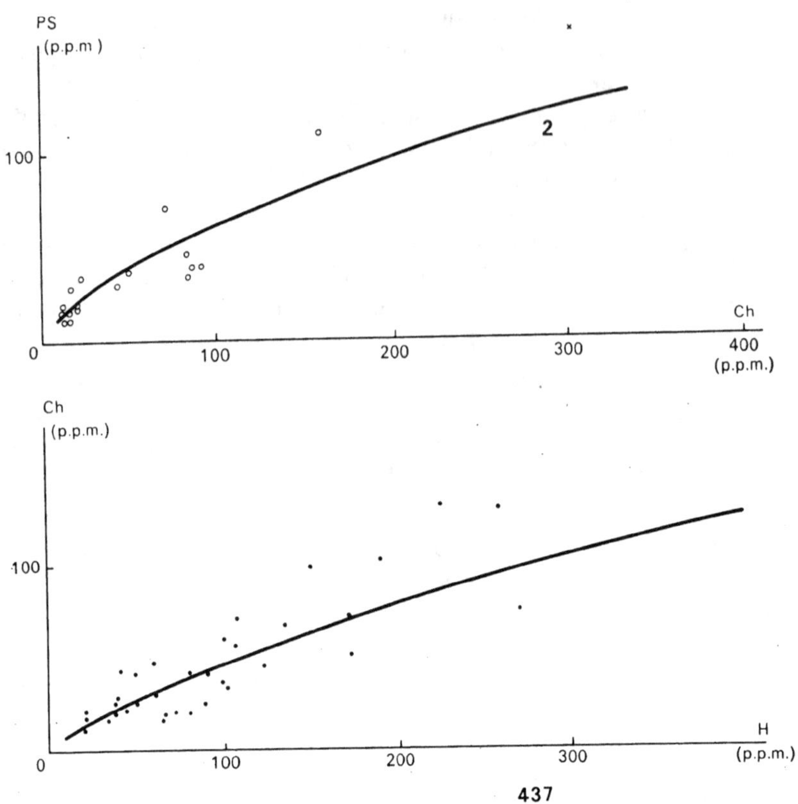

FIG. 94. – *Relations entre les concentrations en fluor de feuilles de pins sylvestres (PS),
chêne (Ch), hêtre (H), croissant dans les mêmes conditions de pollution de l'air*
(d'après N. DECOURT, 1977).

TABLEAU 67

Perte d'accroissement en volume %
(D'après N. DECOURT, 1977)

Périodes	entre 1950-1973 par rapport à avant 1950			entre 1968-1973 par rapport à avant 1950		
Espèces / Zones	Pin	Chêne	Hêtre	Pin	Chêne	Hêtre
Moyennement polluée.........	21	6	− 2	21	15	− 3
Très polluée	8	4	− 10	10	12	− 7

et de *Nectria coccinea,* soit nettement freiné par la pollution atmosphérique (DECOURT *et al.,* 1980).

On possède peu d'observations sur la capacité de résistance du hêtre à d'autres polluants. AUCLAIR (1979) note dans un tableau résumant le comportement de diverses espèces ligneuses en présence de polluants, établi à partir de plusieurs sources bibliographiques, qu'il est considéré comme assez résistant au *chlore* et à *l'ammoniaque,* mais il signale des observations contradictoires sur sa capacité de résistance aux *oxydes d'azote.*

Enfin, sur un tout autre plan, le hêtre est considéré comme tolérant bien l'éclairage nocturne (CATHEY *et al.,* 1975) artificiel, ce qui n'est pas le cas de toutes les espèces d'arbres.

9.9. DOMMAGES CAUSÉS PAR LES HERBICIDES

par

Henri FROCHOT

L'utilisation mal contrôlée d'herbicides en forêt ou en pépinière peut entraîner des dommages sur les hêtres.

Certains effets ne sont pas décelables visuellement : ils se traduisent seulement par une diminution de la croissance des parties aériennes ou racinaires. Ces effets sont en général passagers.

D'autres sont brutaux : déssèchement total de l'arbre avec souvent un affaissement des rameaux de l'année. Ces effets sont en général liés à une erreur de traitement ; ils ne sont caractéristiques d'aucun herbicide parti-culier, car ils représentent l'étape finale de tout processus destructif d'un végétal par action herbicide, sous certaines conditions.

La plupart du temps, on observe des dommages qui ne mettent pas en jeu la vie du plant, et qui sont liés à des imperfections du traitement : application irrégulière, mal dirigée, éclaboussures, embruns... Ces symptô-mes doivent faire prendre conscience à l'utilisateur des risques d'une application mal contrôlée et des améliorations à y apporter.

QUELQUES SYMPTÔMES CARACTÉRISTIQUES :

— *jaunissement des feuilles* par taches, ou sur la totalité du limbe : de nombreux herbicides inhibiteurs de photosynthèse peuvent provoquer ces symptômes. On pensera plus particulièrement :

• aux triazines et urées substituées, lors d'un surdosage ou d'un traitement trop tardif,

• au dichlobénil et chlortiamide appliqués sur feuillage humide : dans ce cas, le granulé adhère aux feuilles et l'herbicide diffuse localement.

— *décoloration totale des feuilles,* qui prennent une teinte blanche :
• symptômes provoqué par des projections d'aminotriazole sur les feuilles, ou même sur l'écorce pendant la saison froide ;

— *dessèchement rapide* (1 à 2 jours) *des feuilles* ou des parties herbacées :
• projection de diquat ou de paraquat. Ces herbicides, appelés « défanants », détruisent rapidement les parties chlorophylliennes touchées.

— *gaufrage du limbe,* qui présente des nervures saillantes à la face inférieure, un allongement souvent anormal et des zones nécrotiques ;
• projection de glyphosate sur le feuillage, le hêtre est très sensible à cet herbicide.

— *torsion des pousses et des feuilles* (qui se vrillent), souvent accompagnée d'un éclatement de l'écorce selon une ligne qui suit les vaisseaux conducteurs :
• projection de 2,4-D ou 2,4,5-T sur les feuilles ou les jeunes écorces ;

— *raccourcissement des entre-nœuds* avec diminution de la taille des feuilles *(nanification),*
• projection de fosamine ammonium sur le feuillage en application d'automne.

BIBLIOGRAPHIE

AKADEMIE VERLAG, 1963. Holzzerstoerung durch Pilze. Internationales Symposium. Eberswalde 1962. Berlin. 413 p.

AUCLAIR D., 1979. Comportement de diverses espèces ligneuses en présence des principaux polluants. In : I.N.R.A. : La forêt et la ville. Versailles : Editions S.E.I., 243-252.

BAKSHI H., SINGH T., 1970. Heart rots in tree. *Int. Rev. For. Res.,* **3,** 197-251.

BAYLAC M., 1980. Faune associée à *Cryptococcus fagi* (Baer.) (*Homoptera : coccoidea*) dans quelques hêtraies du nord de la France. *Acta Oecol. Oecol. appl.* **1** (2), 199-208.

BENCZE L., 1965. [Importance de l'examen de la capacité alimentaire du gros gibier]. Congrès de l'Union internationale des Biologistes du Gibier. 7. Beograd-Lubljana.

BERDUCOU C., 1975. Conséquences biologiques de la protection de l'Isard. *Bull. Ecol.,* **6** (3), 313-323.

BODENMANN A., EIBERLE K., 1967. Über die Auswirkungen des Verbisses der Gemse im Aletsschwald. *Schweiz. Z. Forstwes.*, **7**, 461-470.

BOSSHARD H.H., 1965. Mosaikfärbkernholz in *Fagus silvatica* L. *Schweiz. Z. Forstwes*, **116** (1), 1-11.

BOSSHARD H.H., 1974. Holzkunde. 2 : Zur Biologie, Physik und Chemie des Holzes. Bâle : Stuttgart : Birkhäuser. − 312 p.

BOSSAVY J., 1964. Les différentes échelles de sensibilité des végétaux aux pollutions atmosphériques. *Rev. for. fr.*, **16** (3), 228-233.

BOSSAVY J., 1965. Echelle de sensibilité au fluor. *Rev. for. fr.*, **17** (3), 205-211.

BOURDOT H., GALZIN A., 1927. Hyménomycètes de France. Sceaux : chez l'auteur. − 761 p.

BRAUN H.J., 1976. Das Rindesterben der Buche, *Fagus sylvatica* L., verursacht durch die Buchenwollschildlaus *Cryptococcus fagi* Bär. I : Die Anatomie des Buchenrinde als Basis Ursache. *Eur. J. For. Pathol.*, **6**, 136-146.

BRIEDERMANN L., 1965. Die Nahrungskomponenten des Schwarzwildes in der mitteleuropäischen Kulturlandschaft. Congrès de l'Union internationale des biologistes du gibier. 7. Belgrade, 207-213.

BRIEDERMANN L., 1968. Die biologische und forstliche Bedeutung des Wildschweines im Wirtschaftswald. *Arch. Forstwes.*, **17** (9), 943-967.

BURSCHEL P., HUSS J., KALBHENN R., 1964. Die natürliche Verjüngung der Buche. *Schriftenr. forstl. Fak. Göttingen*, **34**, 186 p.

BUTIN H., ZIMMERMANN G., 1972. Zwei neue holzverfährende *Ceratocystis* - Arten in Buchenholz. *Phytopathol. Z.*, **74** (4), 281-287.

CARTWRIGHT K.S.G., FINDLAY W.P.K., 1958. Decay of timber and its prevention. Londres, H.M.S.O., 332 p. (Department of scientific and industrial research).

CENTRE TECHNIQUE FORESTIER, 1967. Reconnaissance des dégâts de gros gibier et des rongeurs en forêt. Nogent/Vernisson : C.T.F. − 9 p. (Note technique).

CHAIGNEAU A., 1974. Les Habitudes de gibier. Paris : Payot. − 242 p.

CHAUVIN G., GUEGUEN A., STRULLU D.G., 1976. A propos d'une infestation des hêtres en Bretagne par l'*Orchestes fagi* L. (Coleoptère curculionide). *Rev. for. fr.*, **28** (5), 343-348.

CORMIS L. de, CANTUEL J., BONTE J., 1970. Absorption et accumulation du fluor atmosphérique par les feuilles de certains végétaux herbacés. *Pollut. atmos.*, 47, 169-175.

COTTON A.D., 1919. The occurence of Oak Mildew on Beech in Britain. *Trans. br. mycol. Soc.*, **6**, 198-200.

COUTURIER M., 1938. Le Chamois. Grenoble : Arthaud. − 857 p.

COUTURIER M., 1961. Ecologie et protection du Bouquetin (*Capra aegagrus ibex ibex* L.) et du Chamois (*Rupicapra rupicapra rupicapra* L.) dans les Alpes. *La Terre et la Vie*, 1, 54-73.

COUTURIER M., 1964. Le gibier des montagnes françaises. Grenoble : Arthaud. − 463 p.

DABURON H., 1974. L'équilibre forêt-gibier : le problème des cervidés en forêt. In : PESSON P. Ed. Ecologie forestière. Paris : Gauthiers-Villars, 369-382.

DAY W.R., 1932. The ink disease in England. *Forestry,* **6** (2), p. 182.

DAY W.R., 1938-1939. Root rot of sweet chestnut and beech caused by species of *Phytophthora. Forestry,* **12** (2), 101-116 ; **13** (1), 46-58.

DAY W.R., 1946. The pathology of beech on chalk soils. *Q.J. For.,* **11** (2), 72-82.

DECOURT N., 1977. Premier inventaire des effets de la pollution atmosphérique sur le massif forestier de Roumare. *Rev. for. fr.,* **24** (6), 435-447.

DECOURT N., MALPHETTES C.B., PERRIN R., CARON D., 1980. La pollution soufrée limite-t-elle le développement de la maladie de l'écorce du hêtre ? *Ann. Sci. for.,* **37** (2), 135-145.

DENBNOVETSKII G. YU, AUTYUNNYAN E.H.A., 1974. La vitalité des ascospores et des conidies de *Nectria ditissima. Mycol. Phytopathol.,* **8,** 424-425.

DIMITRI L., 1967. Untersuchungen über die etiologie des « Rindensterben » der Buche. Forstwissenschaftliches Zentralblatt, 83 (5), 257-276.

DIROL D., 1976. Etude *in vitro* de la colonisation et de la dégradation structurale du bois de hêtre par *Coriolus versicolor* (L.) Quélet. *Rev. Mycol.,* **40** (3), 295-315.

DORNIER C., 1973. Les daims de la forêt de Sélestat - Illwald : Un problème d'équilibre sylvo-cynégétique. *Bull. Inf. Off. natl. For.,* **28,** 34-39.

DZIECIOLOWSKI, 1970. Variation in red deer (*Cervus elaphus* L.) food selection in relation to environment. *Ekol. pol.,* **18** (32), 636-645.

ECKART G., 1973. Der Verjüngungszustand des Waldes in Österreich. *Centralbl. gesamte Forstwes.,* **90** (1), 1-21.

EHRLICH J., 1934. The Beech bark disease, a *Nectria* disease of *Fagus* following *Cryptococcus fagi* (Baer). *Can. J. Res.,* n° 10, 593-692.

FICHANT R., 1974. Contribution à la connaissance de l'alimentation naturelle du Mouflon (*Ovis musimon* Pallas) en Basse Semois (Belgique). Arlon : Fondation universitaire luxembourgeoise. − 33 p. (Note de recherches n° 3).

FICHANT R., LEDANT R., BAURANT J.P., 1976. L'alimentation du cerf du domaine des Epioux (Belgique). *Chasse et Nature,* Royal Saint-Hubert Club de Belgique.

GÄUMANN E., 1936. Der Einfluss der Fällungzeit auf die Dauerhaftigkeit des Buchenholzes. *Mitt. Schw. Anst. Forstl. Versuchswes.,* **19** (2), 382-456.

GEIGER R., 1966. The Climate near the ground (trad. 4e éd. allem. 1961). Cambridge : Harvard University Press. − 611 p.

GHINESCU A., 1975. Chasses roumaines - Notes sur le sanglier. *Plaisirs de la chasse,* (273), 114-118.

GOFFIN R.A., CROMBRUGGHE S.A. de, 1976. Régime alimentaire du Cerf (*Cervus elaphus* L.) et du Chevreuil (*Capreolus capreolus* L.) et critères de capacité stationnelle de leurs habitats. *Mammalia,* **40** (3), 356-376.

GUINIER P., 1933. Sur la biologie de deux champignons lignicoles (*Stereum*). *C.R. Soc. Biol. de Nancy,* **112** (13), 1363-1366.

HARTIG R., 1891. Traité des maladies des arbres. Traduit sur la 2e édition par J. Gerschel et E. Henry... – Paris-Nancy : Berger-Levrault. X-316 p., pl. en coul./voir p. 58-63.

HEIL E., 1970. Le grand gibier - biologie et principes d'un aménagement moderne. In : La chasse en Alsace et en Moselle. Strasbourg : Edition des Dernières nouvelles, 11-98.

HENNIG R., 1963. Schwarzwildhege, Schwarzwildjagd. Hannover : Landbuch Verlag. – 116 p.

HOGG J., BARBARA M., HUDSON H.J., 1966. Microfungi on leaves of *Fagus sylvatica*. I. The microfungal succession. *Trans. br. mycol. Soc.*, **49** (2), 185-192.

HOUSTON D.R., PARKER E.J., PERRIN R., LANG K.J., 1975. Beech bark disease : a comparison of the disease in North America, Great Britain, France and Germany. *Eur. J. For. Pathol.*, 9, 199-211.

JACQUIOT C., 1961. Note préliminaire sur une maladie du bois de hêtre dans l'est de la France. *Rev. for. fr.*, **13** (3), 167-178.

JACQUIOT C., 1962. Recherches sur la maladie des « T » du hêtre. Compte-rendu du 87e congrès des Sociétés savantes de Paris et des Départements. Paris. 895-899.

JACQUIOT C., 1978. Ecologie des champignons forestiers. Paris : Gauthier-Villars. – 94 p.

JANCARIK V., 1960. Padáni semenácku v lesnich skslkách a dsrana proti nemu. *Pr. vysk. Ustavu Lesn.* CSR, 18, 181-257.

JANCARIK V., 1961. Die Krankheiten in den Forstbaumschulen in den böhmischen Ländern in Jahren 1954-1960. *Commun. Inst. For. Cech.*, **2**, 159-170.

JØRGENSEN C.A., 1934. Bøgens Kunbladskinmel og dens bekaempelse. *Dan. Skovforen. Tidsskr.* (4), 123-127.

KOCH J., 1959. Svampe i planteskolen. *Dan. Skovforen. Tidsskr*, **44** (3), 220-231.

KUNKEL H., 1968. Untersuchungen über die Buchenwollschildlaus *C. Fagi* Baer., einen Vertreter der Rindenparenchymsauger. *Z. angew. Entomol.*, **61** (4), 373-380.

LANIER L., JOLY P., BONDOUX P., BELLEMÈRE A., 1978. Mycologie et pathologie forestière. Paris : Masson. 2 vol. (voir Maladies du hêtre, vol. 2, p. 397-398).

LEIBUNDGUT H., FRICK L., 1943. Eine Buchenkranheit in Schweizerischen Mittelland. *Schweiz. Zeitschrift fur Forstwesen.*, 94 (10), 297-306.

LE TACON F., MALPHETTES C.B., 1974. Germination et comportement de semis de hêtre sur six stations de la forêt domaniale de Villers-Cotterêts (Aisne). *Rev. for. fr.*, **26** (2), 111-123.

LE TACON F., MALPHETTES C.B., 1976. Nouveaux résultats concernant la germination et le comportement de semis de hêtre en forêt domaniale de Villers-Cotterêts (Aisne). *Rev. for. fr.*, **28** (2), 132-137.

LIESE J., 1926. Achtet auf den Buchenkeimlingspilz. *Forstarchiv*, **2** (14), 217-218.

LINZON S.N., MCILVEEN W.D., PEARSON R.G., 1972. Late spring leaf surch of maple and beech trees. *Plant Dis. Rep.*, **56** (6), 526-530.

LONSDALE D. *Nectria* infection of beech bark in relation to infestation by *Crypto-coccus fagisuga* Lind. *Eur. J. For. Pathol.* (press).

LUTZ L., 1935. Méthodes permettant de déterminer la résistivité des bois bruts ou immunisés soumis à l'attaque par les champignons lignicoles. *Ann. Ec. natl. Eaux For. Stn Rech. for.*, **5** (3), 315-329.

LYR H., 1967. Uber die Ursachen der Buchenrindennekrose. *Arch. Forstwes.*, **16** (6-9), 803-807.

MALENÇON M., 1923. Sur un cas de parasitisme de *Panus conchatus*. *Bull. Soc. mycol. Fr.*, **39** (2), 153-155.

MANSHARD E., 1927. Der Buchenkeimlingspilz *Phytophthora omnivora De Bary* und seine Bekämpfung. *Forstarchiv*, **3** (6), 84-86.

MAUCKE A., 1927. Ein Beitrag zur Bekämpfung von *Phytophthora omnivora*. *Forstarchiv*, **3** (20), 355-356.

MURRAY J.S., 1954. Survey of beech canker at Wesbury forest – diffusion limitée. 12 pages non publiées.

PARKER E.J., 1974. Beech bark disease. Thèse doct. : Université de Surrey. – 161 p.

PARKER E.J., 1975. Some investigations with beech bark disease *Nectria* in southern England. *Eur. J. For. Pathol.*, **5** (2), 118-124.

PEACE T.R., 1962. Pathology of trees and shrubs. London : Oxford Clarendon Press. – 723 p. (voir p. 387-388).

PERRIN R., 1974. Le chancre du hêtre. *Eur. J. For. Pathol.*, **4** (4), 251-252.

PERRIN R., 1975. Le chancre du hêtre : localisation des sources d'inoculum et possibilités d'intervention sylvicoles. *Rev. for. fr.*, **27** (6), 431-435.

PERRIN R., 1977. La lutte chimique contre le chancre du hêtre. *Rev. for. fr.*, **24** (1), 27-33.

PERRIN R., 1977. Le dépérissement du hêtre. *Rev. for. fr.*, **29** (2), 101-126.

PERRIN R., 1977. *Gonatorrhodiella highlei* Al. Smith, hyperparasite de *Nectria coccinea* (Pers ex Fries) Fries un des agents de la maladie de l'écorce du hêtre. *C.R. Acad. Agric. Fr.*, **63** (1), 67-70.

PERRIN R., 1978. Résultats préliminaires de l'application de la photographie aérienne infra rouge couleur à la maladie de l'écorce du hêtre. *Bull. Soc. fr. Photogramm.*, **69**, 16-21.

PERRIN R., 1978. Le dépérissement du hêtre : une maladie de l'écorce provoquée par *Nectria coccinea* (Pers ex Fries) Fries après *Cryptococcus fagisuga* Lind. Symposium I.U.F.R.O. sur la régénération et le traitement des forêts feuillues de qualité en zone tempérée, Champenoux : I.N.R.A., 11-15 sept. 1978, 60-70.

PERRIN R., 1978. Etude de la sporulation de *Nectria ditissima* Tul., agent du chancre du hêtre. *Ann. Sci. for.*, **35** (3), 213-228.

PERRIN R., MULLER Claudine, BONNET MASIMBERT M., 1978. Essai d'amélioration de la méthode de conservation des faînes. Symposium I.U.F.R.O. sur la régénération et le traitement des forêts feuillues de qualité en zone tempérée, Champenoux : I.N.R.A., 11-15 sept. 1978, 60-70.

PERRIN R., 1979. Contribution à la connaissance de l'étiologie de la maladie de l'écorce du hêtre. I : Etat sanitaire des hêtraies françaises. Rôle de *Nectria coccinea* (Pers ex Fries) Fries. *Eur. J. For. Pathol.*, **9**, 148-166.

PERRIN R., 1979. La pourriture des faînes causée par *Rhizoctonia solani* Kühn : Incidence de cette maladie après les faînées de 1974 et 1976. Traitement curatif des faînes en vue de la conservation. *Eur. J. For. Pathol.*, **9**, 89-103.

PERRIN R., VERNIER F., 1979. Le chancre du hêtre. Influences des conditions stationnelles sur la gravité de la maladie. *Rev. for. fr.*, **24** (4), 286-297.

PICARD J.F., 1976. Les goûts alimentaires des cervidés et leurs conséquences. *Rev. for. fr.*, **28** (2), 108-112.

PIRAUX A., 1980. Observations relatives à la maladie de l'écorce du hêtre dans les Ardennes belges. Bilan d'une épidémie. *Ann. Sci. For.* **37** (4), 349-356.

PRABUCKI J., 1972. The honeydew-secreting aphid *Phyllaphis fagi* L. (*Homoptera*) and its living conditions in the « beech forest » near Szczecin from the aspect of bee-keeping requirements. *Ekol. pol.*, **20** (41), 561-591.

RAVILLY F., 1971. Sur le pouvoir lignivore de quelques corticiés. *Bull. Soc. mycol. Fr.*, **87** (1), 55-60.

REYDELLET M., 1971. « Le grand seigneur de la Vanoise : le Bouquetin. *Rev. for. fr.*, **23** (n° sp. « Parcs nationaux »), 116-122.

RISBETH J., 1978. Infection foci of *Amillaria mellea* in first rotation hardwoods. *Ann. Bot.*, **42** (181), 1131-1139.

RITSCHL A., 1937. Untersuchungen über *Gloesosporium fagicolum* den Erreger der Blattflechsenkrankheit der Buche. *Z. Pflkrankh*, **47** (9), 486-491.

SCHINDLER U., 1962. Erfahrungen mit der Buchenwollschildaus. *Der Forst- und Holzwirt.*, **17** (5), 5 p.

SCHINDLER U., 1965. Zum Massenauftreten des Buchenspringrusslers, 1963-1964. *Der Forst- und Holzwirt.*, **20** (5), 93-98.

SCHINDLER U., 1966. Zum Massenwechsel des Buchenspring-rüsslers. *Rhynchaenus fagi. Z. angew. Entomol.*, **58** (2), 182-186.

SCHÖNHAR S., 1955. Erfahrungsberichte aus der Württembergischen forstlichen Versuchsanstalt. 1. Keimlingsfäule und Wurzelfäule im Pflanzgarten. *Allg. Forstz.*, **10** (13), 165-166.

SCHWENKE W., 1974. Die Forstschädlinge Europas. II : Käfer. Hamburg; Berlin : *Paul Parey.* − 500 p.

SCHWERDTFEGER F., 1961. Erscheinung und Auftreten des Buchenrindensterbens in Niedersachsen 1960-61. *Der Forst- und Holzwirt.*, **16** (23), 541-545.

SHIGO A.L., 1964. Organism interactions in the beech disease. *Phytopathology*, **54** (3), 263-269.

SIEPMANN R., 1973. Isolierung und Bestimmung von Basidiomycetes und anderen Pilzen aus waldlagerden Buchenholz. *Mater. Org.*, **8** (4), 271-294.

SUVOROV P.A., 1968. Die holzzerstörende Eigenschaft des *Ganoderma applanatum* (Wallr.) Pat. *Archiv. Forstwes.*, **17** (9), 937-941.

SZANTO I., 1948. A Bükkfa rákja mint éghajlati betegség. *Erdesz. Kiserl.*, **48** (1-2), 10-31 (résumé anglais).

THOMSEN M., BUCHWALD N.F., HAUBERG P.A., 1949. Angreb af *Cryptococcus fagi, Nectria galligena* og andre parasiter paa bøg i Danmark 1939-43. *Forstl. forsøgsvaes. Dan.,* **18** (2), 97-326.

UECKERMANN E., 1964. Die Fütterung des Schalenwildes. Hamburg : Berlin : P. Parey. − 86 p.

UECKERMANN E., 1973. Stand der Forschung über Ursachen und Bekämpfung des Schälens durch Rotuild. In : I.U.F.R.O. Seminar, Wald und Wild. *Beih. Z. Schweiz. Forstver.*, **52**, 158-175.

VERNIER F., 1978. Etude de l'influence de quelques facteurs sur la sensibilité du hêtre au chancre, Champenoux : I.N.R.A. - Laboratoire de pathologie forestière. − 68 p. (Mémoire E.N.I.T.E.F., 3e année).

VIALA D., 1963. Contribution à l'étude des modifications anatomiques et chimiques des bois attaqués par les *Stereum. Ann. Ec. natl. Eaux For. Stn. Rech. for.*, **20** (3), 371-397.

WAINHOUSE D., 1979. Dispersal of the beech scale (*Cryptococcus fagi* Baer.) in relation to the development of beech bark disease. *Mitteilungen der Schweitzerischen Entomologischen Gesellschaft.*, 52, 181-183.

WILKINS W.H., 1938, 1943. Studies in the genus *Ustulina* with special reference to parasitism. 3 : Spore germination and infection. *Trans. br. mycol. Soc.*, **22** (1-2), 43-93. 6 : Trans. br. mycol. Soc., **26** (3-4), 169-170.

CHAPITRE 10

AMÉNAGEMENT DES HÊTRAIES :
LE POINT DE VUE DES GESTIONNAIRES

Forêt d'Eawy (Haute-Normandie).

10. – AMÉNAGEMENT DES HÊTRAIES : LE POINT DE VUE DES GESTIONNAIRES

par

André MORMICHE et Bernard VANNIÈRE

10.1. OBJECTIFS DE GESTION

10.11. INTRODUCTION

Le forestier qui gère une forêt ne peut s'en remettre au hasard, ni à son inspiration pour décider des opérations de récolte ou de sylviculture qui vont y être entreprises. Une planification s'impose pour assurer ordre, cohérence et continuité de l'action des divers responsables qui se succèdent au cours du temps. Elle doit être à la fois souple pour s'adapter aux aléas d'un milieu vivant et complexe, soumis aux caprices du climat, et rigou-reuse pour permettre à chaque génération d'hommes la récolte de la seule part qui lui revient. C'est le rôle de l'aménagement.

Si la forêt, fragilisée par sa « durée », est protégée par la loi (Code Forestier), le gestionnaire doit définir néanmoins pour le hêtre, comme pour chaque essence, la place à lui réserver dans la forêt de demain, les objectifs de production et les moyens à mettre en œuvre pour les atteindre.

Ne pouvant tout aborder, nous considérons plus particulièrement ici la fonction de production qui est la plus communément assignée aux hêtraies, les autres fonctions (récréations et accueil du public, cynégétique, etc...) étant généralement subordonnées à la première et compatibles avec elle, moyennant certaines adaptations; le cas du rôle de protection sera examiné à part, dans la mesure où il peut devenir prépondérant et imposer des contraintes particulières en zone de montagne.

10.12. **PLACE DU HÊTRE DANS LA FORÊT DE DEMAIN**

Bien que nous ne possédions pas de statistiques suffisamment précises pour retracer l'extension du hêtre en France à travers la période
historique, il apparaît certain, qu'avec la restauration des forêts entreprise
depuis le début du XIXe siècle, après l'ère du bois-calorie au profit à la fois
de l'industrie et du chauffage domestique, on assiste à une progression des
surfaces occupées par cette essence. Il semble inutile de rappeler ici le rôle
déterminant joué par les allongements de révolution des taillis, les enrichis-
sements des taillis-sous-futaie ainsi que leur conversion, dans ce domaine.

Aujourd'hui, le hêtre occupe environ 15 % de la surface forestière de
la France, soit 2 millions d'hectares.

Dans le cadre de la politique forestière actuelle qui accorde la priorité
à la production de bois d'œuvre et qui encourage la conversion des taillis et
taillis-sous-futaie, en futaie, le hêtre – essence tolérant l'ombre – dont
l'aptitude à coloniser les vides et trouées des peuplements feuillus est
certaine – risque de connaître une nouvelle progression et, peut-être, de
réduire de manière excessive la place des autres essences.

Malgré la vanité de toute prospective concernant les éventuels besoins
en bois d'œuvre et d'industrie de hêtre du XXIe siècle, il serait sage de
contrôler l'extension de cette essence et d'en fixer les limites compte tenu
d'une indispensable harmonisation entre les productions des différents
feuillus : chêne - frêne - érables - fruitiers etc. et de la potentialité des
différentes stations.

L'expérience montre que l'évolution dirigée, au profit du hêtre, de
différents groupements forestiers où cette essence n'est qu'associée, aboutit à une hêtraie monospécifique. C'est le cas de la hêtraie normande, qui
résulte de l'évolution d'une série de la classe du querco-fagetea dans
laquelle le chêne et les autres feuillus : chêne, orme, tilleul, érable, sycomore, merisier, frêne, etc.. ont été progressivement éliminés au profit
exclusif du hêtre.

LESAGE (1954) a écrit, à son propos, qu'il s'agissait d'une hêtraie
artificielle. Or, cette monospécificité de la hêtraie a entraîné quelques
déséquilibres de l'écosystème forestier, parmi lesquels il faut citer une
évolution régressive des sols, une absence quasi totale de régénération
naturelle et l'apparition d'épidémies inquiétantes : chancre causé par le
Nectria ditissima, mortalité forte depuis 1969 due à l'attaque conjuguée de
Cryptococcus fagi et de *Nectria coccinea.*

Ainsi s'observe pour le hêtre, la règle qui veut que, dans un groupement forestier, l'espèce tolérant le mieux l'ombre, assure sa dominance et

peut, si la sylviculture la favorise, éliminer les autres essences pour former un peuplement pur.

A l'inverse, lorsque dans un groupement forestier, le gestionnaire décide de favoriser une essence de lumière, le chêne par exemple, l'essence d'ombre associée se maintient assez facilement. C'est le cas du hêtre, en Basse-Normandie, dans les forêts de Bellème et de Réno-Valdieu où, malgré une sylviculture orientée vers le chêne, cette essence est présente dans la majorité des peuplements et représente 25 % de la récolte.

En conclusion, le hêtre n'étant pas l'essence améliorante que les forestiers du XIXe siècle avaient cru déceler, son extension pouvant compromettre la place des autres feuillus, et ses peuplements monospécifiques entraînant de graves déséquilibres biologiques, il appartient au gestionnaire d'en limiter la progression et la place dans chaque groupement.

Examinons donc, pour les forêts de production, dans quel cas on retiendra le hêtre. Nous verrons plus loin la place qui doit lui être réservée dans les peuplements.

a) Il y a d'abord le cas où le hêtre est pratiquement la seule essence apte à croître en donnant des produits de valeur : c'est le cas général des hêtraies de basse altitude sur sol calcaire (Cephalanthero-Fagion), très abondantes dans l'est de la France (Lorraine, Champagne, Bourgogne, Franche-Comté).

Il n'y a là aucun doute et même dans le cas où des pins noirs ont été introduits comme premier boisement, on tend maintenant à les remplacer progressivement par du hêtre, à mesure qu'ils parviennent à exploitabilité.

b) Ailleurs, le hêtre n'est plus le seul prétendant. En plaine, il existe des chênaies-hêtraies où l'on peut hésiter entre chacune de ces deux essences (Quercetalia-robori-petraeae). En basse montagne, le hêtre se mélange au sapin (Eu-Fagion et Luzulo-Fagion) : on trouve tous les stades de transition entre la hêtraie et la sapinière à peu près pures.

Dans le premier cas, on se laissera surtout guider par la qualité du chêne qu'il est possible de produire dans la station pour fixer l'objectif final. Si l'on peut y produire un chêne de bonne qualité, sans que ce soit nécessairement du tranchage, mais exempt de défauts graves comme la gélivure, la raréfaction du chêne de qualité et les prix élevés qui en découlent, doivent nous inciter à donner la préférence à cette essence, même si elle croît un plus lentement que le hêtre, différence largement compensée par le gain de qualité et de valeur. En revanche, si on se trouve sur des stations trop pauvres, où le chêne est gélif, ou l'écotype local de médiocre qualité, le hêtre peut se révéler le meilleur choix : ce cas se rencontre par exemple souvent dans les forêts sur grès rhétiens ou bigarrés de la Plaine Lorraine, ou encore sur gaize dans l'Argonne.

Il existe aussi des stations extrêmement riches et fertiles, développées sur des limons épais ou sur des couches profondes d'argile de décalcification. Le hêtre et le chêne y développent un bois assez nerveux. On doit y préférer le chêne, dont la production assure un rendement plus élevé en valeur et dont le couvert autorise, beaucoup plus facilement qu'avec le hêtre, une culture associée de feuillus secondaires très intéressants : frêne, érables, merisier, etc...

En altitude, le hêtre est en contact avec le sapin. Pendant longtemps, la tendance des forestiers a été de favoriser la progression du sapin au détriment du hêtre ; on le constate souvent dans les aménagements vosgiens ou jurassiens. Ceci était justifié par l'état de ces forêts au siècle dernier, où le feuillu avait été longtemps favorisé en vue de fournir du chauffage, et le sapin relégué dans les parties hautes. Mais on eut souvent tendance à laisser se constituer des sapinières trop pures, dont la régénération a pu présenter ensuite des difficultés ; et surtout on peut avoir voulu pousser le sapin trop loin dans les stations qui lui convenaient mal et où il risquait de souffrir des années sèches mieux supportées par le hêtre.

Enfin, en basse montagne jusqu'à une limite altitudinale variable selon les régions de France et les expositions, le hêtre peut donner une production de qualité honorable qui s'est sensiblement revalorisée ces derniers temps par rapport à celle du sapin, phénomène qui devrait durer, dans la mesure où une bonne sylviculture conduira à produire des bois déroulables.

Il n'apparaît donc plus justifié de chercher à accroître à tout prix l'espace occupé par le sapin, ni même à ne laisser au hêtre qu'un rôle de compagnon du sapin à but cultural.

Au contraire, dans de telles situations, le hêtre peut être maintenu comme essence-objectif, pour la production de bois, à égalité avec le sapin, l'idéal semblant être un équilibre entre ces deux essences, par grandes plages, avec possibilité d'alternance, et en donnant la préférence au hêtre dans les stations sèches trop risquées pour le sapin.

Plus haut en altitude, dans l'étage montagnard proprement dit, on se trouve dans le domaine incontesté de la sapinière où le hêtre ne joue plus alors qu'un rôle d'associé, essentiel, mais à but purement cultural, sa croissance et la qualité de ses produits devenant trop médiocre.

Bien entendu, la nature du propriétaire et ses contraintes propres interviennent pour fixer les essences objectif. L'Etat et dans certaines limites les collectivités locales, peuvent plus facilement qu'un particulier se permettre de choisir une spéculation à très long terme comme le chêne, quand elle est possible, les particuliers préféreront plus souvent le hêtre qui, à partir de 100 ans déjà, donnera des produits de valeur.

10.13. **OBJECTIFS DE PRODUCTION**

Décider de cultiver le hêtre et lui assigner sa place ne suffisent pas. Il faut préciser l'objectif en indiquant quelle qualité de bois on entend produire et quand elle sera atteinte, car cela orientera toute la sylviculture et donc la gestion ultérieure des peuplements.

Le terme d'exploitabilité s'exprime généralement par un diamètre, et un âge auquel ce diamètre moyen sera atteint par la majorité du peuplement final; ces deux valeurs étant évidemment liées entre elles dans une forêt donnée.

Il n'y a pas de valeur uniformément admise pour le diamètre d'exploitabilité. Cependant, dans les stations assez riches où le hêtre est susceptible d'une bonne croissance, un large consensus semble s'être établi autour d'un diamètre d'exploitabilité de 60 cm.

Lorsque les conditions se font plus rudes, les sols plus pauvres, le diamètre d'exploitabilité annoncé par les gestionnaires tend à diminuer légèrement (55 cm), mais ce sont quand même toujours des dimensions importantes qui sont le but de la gestion.

D'une manière assez générale, les aménagistes français prescrivent ces diamètres d'exploitabilité compte tenu des résultats du modèle de sylviculture appliqué et des besoins apparents de l'industrie.

Au plan économique, une étude plus approfondie devrait être faite; il semble toutefois que le gros hêtre, comme le gros chêne, rémunère bien la place qu'il occupe. L'examen des résultats obtenus aux ventes d'automne de Haute-Normandie a permis d'établir les courbes des prix moyens pondérés du m^3 grume sur pied, en fonction du volume moyen grume de chaque coupe; la figure 95 donne les résultats obtenus en 1979, dans les forêts d'Eawy (6 600 ha), d'Eu (6 500 ha) et de Lyons-la-Forêt (10 600 ha).

Malgré les erreurs certaines que comporte l'étude détaillée d'une vente de bois sur pied, erreurs dues à l'emploi de tarif de cubage inadapté, à l'estimation à vue de la hauteur grume, aux qualités différentes des bois, etc..., les résultats constatés depuis une décennie confirment que l'optimum de valeur du m^3 grume n'est atteint qu'au-delà de 65/70 cm de diamètre.

Les emplois nobles du hêtre exigeant actuellement un bois tendre et exempt de tares, est-il utile de rappeler qu'à ces diamètres d'exploitabilité, il faut absolument associer une norme de qualité par station dont la définition intégrera la texture et la présence de nœuds ? C'est donc en fonction de cette norme de qualité, que devra être prescrit le « modèle de sylviculture » à appliquer.

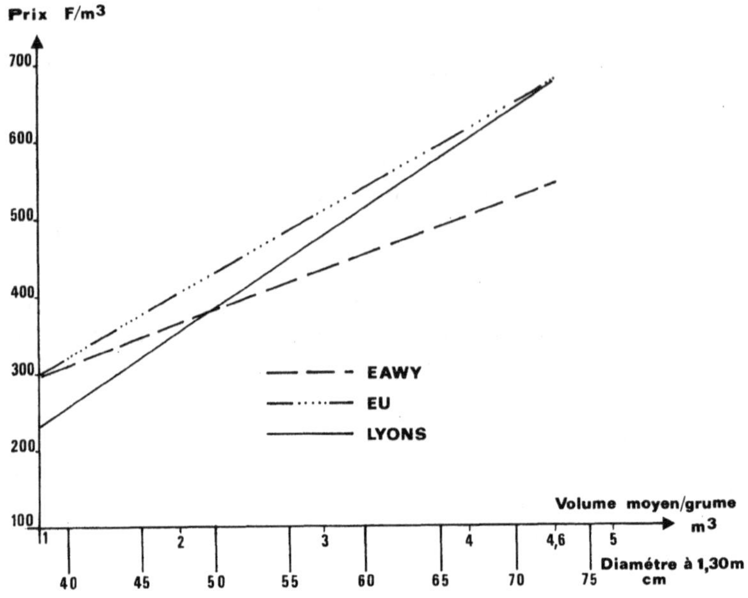

FIG. 95. – *Evolution du prix du bois de hêtre en fonction de son diamètre ou de son volume dans trois hêtraies de Haute-Normandie (1979).*

*
* *

L'âge d'exploitabilité correspondant est variable. Dans l'Est, où toutes les forêts étaient anciennement traitées en taillis-sous-futaie, et dont la conversion n'est encore nulle part achevée, on récolte couramment des réserves de 60 cm de diamètre qui n'ont pas 100 ans.

Il apparaît difficile de reproduire de telles conditions de croissance en futaie, et, de fait, les plus anciens peuplements issus des premières conversions, âgés maintenant de plus de 100 ans, n'atteignent pas cette dimension. Mais cela tient, d'une part au concept de la futaie régulière d'où une « culture de peuplement » par opposition à une « culture d'arbres », avec une régularisation au profit de la tige moyenne, d'autre part, à la timidité excessive des éclaircies.

Actuellement, les gestionnaires fixent généralement l'âge d'exploitabilité du hêtre à éduquer en futaie entre 120 et 140 ans dans le Nord-Est et entre 120 et 160 ans dans l'Ouest, où cette essence semble plus longévive et surtout où la sylviculture pratiquée est excessivement prudente.

Sachant que des accroissements plus larges se traduisent par un bois moins dense, c'est-à-dire plus tendre, il y a intérêt, pour l'avenir à accélérer la croissance des hêtres et retenir des âges d'exploitabilité plus faibles,

tout en conservant le même objectif final de 60 cm ou plus, ce qui implique
une sylviculture différente.

En l'absence d'expériences réelles, un âge d'exploitabilité compris
entre 120 et 140 ans constitue, pour l'avenir, un compromis raisonnable
pour la culture du hêtre en futaie régulière ; il peut être prolongé de 10 à
20 ans, lorsqu'une essence plus longévive − tel le chêne − est associée au
hêtre.

10.14. CHOIX D'UNE SYLVICULTURE

10.141. Sylviculture naturelle ou artificielle

La foresterie française du XIXe siècle − contrairement à celle de pays
comme l'Allemagne − préconisait une sylviculture dont les bases étaient
essentiellement naturelles. Ce fut la méthode du « réensemencement naturel et des éclaircies ».

Depuis quelques années, les Allemands donnent à leur sylviculture un
caractère écologique et esthétique, autant qu'économique et technique.

Aujourd'hui en France, la sylviculture subit des pressions antagonis-
tes : l'économie et les progrès de la connaissance dans le domaine de la
sélection des matériels de reproduction, voire l'extension des possibilités du
bouturage et, par conséquent, de la possibilité (encore lointaine et peut-être
utopique) d'éduquer des peuplements de hêtre à partir de clones, l'orientent vers une artificialisation certaine ; à l'opposé, l'impérieux besoin de
sauvegarder les paysages forestiers, de faire jouer à la forêt son rôle
essentiel de protection des sols et de conservatoire pour la faune et la flore,
et d'intégrer sa fonction sociale dans ses objectifs, milite en faveur d'une
sylviculture plus naturelle. S'ajoute d'ailleurs, depuis peu, un élément
décisif en faveur de cette dernière ; c'est la nécessité de choisir un type de
production peu exigeant en énergie.

Pour le hêtre, comme nous l'avons déjà indiqué au § 10.12, une
orientation trop poussée des groupements forestiers, dans le cadre de la
futaie régulière, aboutit à la formation d'un peuplement monospécifique,
artificiel et, le plus souvent, générateur de troubles pour l'écosystème
forestier.

Les objectifs de production ayant été fixés, il appartient d'envisager
quels seront les moyens à mettre en œuvre pour les atteindre, c'est-à-dire
quel type de sylviculture doit être choisi.

Pour les raisons évoquées ci-dessus, la sylviculture naturelle nous
semble la plus appropriée aux massifs forestiers dans lesquels l'objectif

hêtre aura été retenu. Elle n'exclut pas quelques apports sous forme d'introduction de matériels de reproduction hautement sélectionnés, mais seulement sous forme de complément et non au titre du peuplement principal.

La sylviculture artificielle du hêtre peut s'appliquer, avec avantage, dans le cadre de la forêt paysanne, aux plantations d'alignement − cas des brise-vent du Pays de Caux par exemple − aux bois de faible superficie et aux terrains de culture abandonnés. Elle a un champ d'application qui n'est absolument pas négligeable et, par conséquent, ses régles devront être précisées par l'expérimentation dans des domaines aussi divers que la définition et la sélection des écotypes, le bouturage et la sélection de clones, la plantation haute tige, la taille de formation et l'élagage, la fertilisation, etc...

Est-il utile de préciser que le régime du taillis − comme celui du taillis-sous-futaie − sont des formes de sylviculture artificielle ?

Si d'assez nombreuses hêtraies d'altitude, conservées comme forêts de protection, s'accomodent du taillis, dont la simplicité de l'aménagement n'exige aucun développement, elles sont actuellement converties en futaie irrégulière ou jardinée.

De même, le régime du taillis-sous-futaie s'adapte très difficilement au hêtre, et le problème qu'il pose est celui de sa conversion en futaie.

Après ces quelques rappels sur la sylviculture artificielle appliquée au hêtre, que nous ne développerons pas davantage, il est clair que pour appliquer une sylviculture naturelle au hêtre, il est nécessaire de retenir le régime de la futaie, avec toutefois quelques règles impératives concernant le mélange des essences, la régénération naturelle et la régularisation des peuplements.

10.142. **Place du hêtre
dans les peuplements traités en futaie**

Chacun reconnaît les inconvénients d'une monoculture du hêtre :
- formation d'une litière à décomposition lente donnant naissance à un humus nettement acide (dans l'Ouest, le mor sous hêtraie n'est pas rare) ;
- difficultés de régénération fréquemment constatées dans les hêtraies pures, sans que l'on puisse encore parfaitement l'expliquer ;
- risques pathologiques (cf. l'invasion de *Cryptococcus fagi* en Normandie), et économiques ;
- monotonie d'une forêt trop uniforme pour le public, et aussi pour le gibier.

Lorsque le hêtre a été choisi comme essence principale, dans une station donnée, le risque d'une évolution progressive vers la formation d'un peuplement monospécifique étant certain avec le traitement en futaie et surtout avec la futaie régulière, il appartient au gestionnaire de fixer et de respecter la place qui lui sera réservée au moment du renouvellement et pendant toute la vie du peuplement.

Parmi les essences qui devront être associées au hêtre, il faut choisir, en premier, celles qui appartiennent au groupement forestier stationnel : l'érable sycomore et les fruitiers dans les hêtraies calcicoles, le chêne sessile dans les hêtraies-chênaies méso-neutrophiles ou méso-acidiphiles, le frêne, le chêne pédonculé, l'érable sycomore dans la hêtraie-chênaie pédonculée de vallons, le tilleul, dans la hêtraie à tilleul, etc... Il est possible de choisir, en second, des essences paraclimaciques, telles que le mélèze d'Europe (provenance de Pologne ou d'Europe Centrale), le chêne rouge d'Amérique, éventuellement le douglas.

Ces mélanges d'essences posent quelques problèmes, parmi lesquels il faut citer :
- l'âge d'exploitabilité des essences secondaires, bien que différent de celui du hêtre, peut, à la rigueur, être augmenté ou réduit suivant les besoins, compte tenu de la marge existant entre âge d'exploitabilité et longévité. De même, en agissant sur le modèle de sylviculture, l'âge d'exploitabilité du peuplement peut varier de 10 à 20 ans en plus ou en moins ;
- les exigences en lumière des essences secondaires, de même que leurs courbes de croissance en hauteur en fonction de l'âge, diffèrent souvent assez nettement de celles du hêtre ; elles compromettent leur maintien dans un peuplement régulier. De la continuité des interventions de dégagement à leur profit, pendant toute la vie du peuplement, dépend donc la sauvegarde de ces mélanges. Il est, en outre, souhaitable, de profiter de la période de renouvellement, pour donner une certaine avance aux essences qui risqueraient d'être en difficulté ultérieurement : cas du chêne par exemple ;
- le dosage du mélange constitue une appréciation particulièrement aléatoire. Devant être exprimé en % du couvert de l'étage dominant, il ne peut être ni inférieur à 25 % sous risque de voir disparaître les essences secondaires au profit de la hêtraie, ni supérieur à 50 %, puisque, au-delà, le hêtre n'apparaîtrait plus comme l'essence principale. C'est donc entre ces limites, que devra être choisi l'objectif à atteindre.

En conclusion, le mélange d'essences dans les peuplements où le hêtre est l'essence principale ne soulève de réelles difficultés dans le régime de la futaie, que dans le traitement en futaie régulière. En futaie jardinée ou en futaie par parquets, les inconvénients s'estompent. Il nous semble donc utile d'indiquer, ici, les possibilités qu'offre la « période de renouvellement » dans le cadre de la futaie régulière, pour artificialiser le peuplement ou, au contraire, le rendre plus naturel. Si l'on choisit la régénération par coupe unique, coupe rase suivie de semis ou de plantation, l'artificialisation est complète. De même, une très courte période de renouvellement − 10 à 15 ans − ne permet pas une différenciation suffisante des essences dont les exigences en lumière demandent une certaine avance pendant leur période juvénile. Ainsi, est-on amené, contrairement aux règles les plus récentes, règles prescrites en réaction à l'époque de l'entre-deux guerres, où les crédits faisant totalement défaut, les régénérations s'éternisaient, à préconiser une période de renouvellement assez longue − 25 à 35 ans − voire 40 ans. Cette période assez longue correspond à une phase d'irrégularisation du peuplement, laquelle sera suivie d'une phase de régularisation pendant la période d'amélioration.

10.143. Forme de l'arbre
dans les peuplements traités en futaie

Après les excès reconnus des futaies « cathédrales » aux fûts élancés mais aux cimes étriquées, tout le monde semble s'accorder pour admettre que l'objectif doit être de produire des arbres équilibrés, croissant vite en grosseur, ce qui signifie un houppier suffisamment large et développé en hauteur comme en largeur pour atteindre à temps le diamètre d'exploitabilité.

Par analogie avec les travaux de CURTIN (1970), on admet qu'un « bon » hêtre exploitable présente un rapport :

$$\frac{\text{Hauteur de fût}}{\text{Hauteur totale}} = 1/2 \text{ au lieu de } 3/4,$$

voire plus, que l'on rencontre souvent en futaie. Cependant, ce fût propre devra avoir été formé précocement lorsque le peuplement est encore jeune, pour que l'élagage naturel se fasse rapidement, sur des branches fines, ce qui revient à admettre qu'initialement la part du houppier dans la hauteur totale pourra être plus réduite, de l'ordre de 1/3 ou 1/4 entre 30 et 40 ans, et devra croître ensuite pour atteindre cette proportion de 1/2 qui semble la meilleure.

10.2. LES PRINCIPALES MÉTHODES D'AMÉNAGEMENT

10.21. LES DIFFÉRENTS RÉGIMES

Nous laisserons de côté le régime du taillis-sous-futaie, bien qu'il subsiste, plus ou moins dénaturé d'ailleurs, dans de nombreuses hêtraies. Le problème posé par les taillis-sous-futaie est très généralement celui de leur conversion en futaie.

Certaines hêtraies d'altitude, traitées en taillis, semblent s'accomoder de ce traitement; mais la simplicité de l'aménagement correspondant ne mérite pas de longs développements.

Il reste le régime de la futaie, qui peut se présenter sous diverses modalités allant de la futaie régulière ou équienne, à la futaie jardinée avec tous les intermédiaires du type futaie par parquets. Toutes peuvent s'appliquer au hêtre, et présentent avantages et inconvénients (voir § 5.5.).

10.22. CHOIX D'UNE MÉTHODE DE FUTAIE

10.221. Les méthodes applicables au hêtre

Les méthodes de futaie se différencient par l'étendue du peuplement élémentaire au sein duquel les arbres appartiennent à la même classe d'âge :

— *en futaie régulière,* ce peuplement élémentaire s'étend à la parcelle toute entière, qui est à la fois l'unité de gestion et l'unité de sylviculture. En principe sur une même parcelle (surface de l'ordre d'une dizaine d'hectares), tous les arbres doivent avoir à peu près le même âge, à quelques années près.

Les avantages sont évidents : la gestion est simplifiée; à chaque instant, on ne fait sur la parcelle qu'un seul type d'intervention sylvicole; la structure de la forêt est facile à apprécier; les conditions de l'équilibre des classes d'âge faciles à déterminer et contrôler; la programmation des travaux, leur équilibrage dans le temps, leur contrôle, se font aisément; la gestion peut être confiée à un personnel moyennement qualifié.

Les inconvénients sont la contrepartie de cette simplicité : les conditions de station et les peuplements initiaux sont rarement homogènes sur toute une parcelle ; l'uniformité du traitement ne permet pas de tenir compte des particularités locales de station ou de peuplement ; la recherche de la simplification entraîne nécessairement dans un premier temps des sacrifices d'exploitabilité ; il est difficile d'obtenir une régénération uniforme sur toute une parcelle avec le hêtre. Le mélange des essences s'avère difficile à obtenir et à maintenir. Enfin, l'équilibre des âges et la régularité des revenus ne peuvent être obtenus que sur une surface assez grande : une centaine d'hectares constituant un minimum.

    – *en futaie par parquets,* les peuplements élémentaires équiennes ne couvrent plus toute la parcelle, mais seulement des plages ou parquets plus ou moins étendus (pouvant couvrir de 0,5 à 4 ou 5 hectares). Une parcelle est donc formée d'un assemblage de parquets d'âges divers, l'équilibre n'étant pas recherché au sein d'une seule parcelle, mais seulement sur l'ensemble de la forêt.

    – *en futaie jardinée,* les peuplements élémentaires se réduisent à des bouquets de quelques ares pouvant à la limite ne donner naissance qu'à un seul arbre parvenant à exploitabilité, mais plus souvent à un groupe de 4 ou 5 arbres. La parcelle sera donc une mosaïque de bouquets équiennes de 3 à 20 ares, d'âges divers, formant une suite d'âges plus ou moins équilibrée.

Les avantages de ces deux formules sont visibles : possibilité de mieux coller au terrain, de tenir compte des disparités stationnelles et de l'hétérogénéité des peuplements initiaux, sans sacrifices d'exploitabilité ; possibilité de cultiver des essences diverses en amenant chacune à sa mâturité propre ; souplesse de la méthode, permettant de tirer parti des fainées partielles ; bonne adaptation au cas de petits domaines de 20 à 100 hectares ; avantage esthétique enfin, la régénération se faisant par clairières et non par coupes rases étendues.

En regard *les inconvénients* existent aussi : la gestion devient plus complexe, donc plus coûteuse ; le contrôle des surfaces récoltées et régénérées est difficile, et le risque de s'écarter de l'état normal est réel. Les travaux sylvicoles sont dilués et doivent être confiés à un personnel particulièrement qualifié et consciencieux.

10.222. Les raisons du choix

Cette comparaison des diverses méthodes explique qu'en France, l'O.N.F. qui redoute le pointillisme exagéré, qui doit gérer de grandes surfaces avec une structure administrative rigide et un personnel à la formation trop souvent insuffisante, ait opté pour la simplicité de gestion, c'est-à-dire les méthodes de futaie régulière, n'acceptant la futaie par parquets que dans les forêts périurbaines où les impératifs d'ordre esthétique et récréatif ne permettent pas de mettre en régénération des parcelles entières. Mais dans un contexte différent, les forestiers belges ont souvent opté pour la futaie jardinée de hêtre, qui a été retenue comme méthode générale de conversion des taillis-sous-futaie. Ils prouvent ainsi, tous les jours, que cette méthode est applicable à la hêtraie.

Les mêmes considérations s'appliquent dans le cas d'un propriétaire privé. S'il possède un domaine étendu et s'il ne peut en suivre personnellement la gestion, il aura intérêt à recourir à la futaie régulière, de gestion plus simple et plus économique. S'il possède un domaine peu étendu, ou s'il réside sur place et participe à la gestion de sa forêt, il aura peut-être intérêt à opter pour la futaie jardinée ou par parquets. Les autres cas sont affaires de tempérament; il n'y a pas de règle absolue en la matière, ni de solution parfaite.

Un cas un peu particulier est celui des forêts périurbaines, c'est-à-dire soumises à une fréquentation importante de la part du public qui est, en outre, très attaché à la quasi stabilité des paysages boisés. Ce public admet assez bien les éclaircies, si elles ne sont pas trop brutales, car elles ne remettent pas fondamentalement en cause l'aspect de la forêt; mais les coupes de régénération portant sur des surfaces d'une dizaine d'hectares se heurtent à un refus énergique, lorsqu'elles transforment les peuplements dans un minimum de temps : 10 à 15 ans.

La futaie jardinée serait idéale, du point de vue de l'aspect de la forêt; mais elle implique une régénération par trouées disséminées sur toute la forêt, qui ne peut s'accomoder de la fréquentation du public. Suivant le taux de fréquentation et la nécessité ou non d'enclore les zones en régénération, et la possibilité de mettre en « défens » les parcelles de régénération, la futaie régulière avec une longue période de régénération par parcelle − 30 à 40 ans − et surtout la futaie par parquets peuvent être retenues.

10.3. LA FUTAIE RÉGULIÈRE

10.31. LES DEUX MODALITÉS DE LA FUTAIE RÉGULIÈRE

La méthode de la futaie régulière, telle qu'elle est pratiquée en France, se caractérise par l'obligation de récolter et régénérer (les 2 opérations sont liées) au cours d'une période assez longue d, durant laquelle l'aménagement sera applicable, une surface de forêt déterminée s, pendant que dans le même temps le reste de la forêt est parcouru régulièrement par des éclaircies, ou des interventions sylvicoles dans les jeunes peuplements.

Deux modalités sont applicables suivant la tradition française :
- *le champ de régénération strict,* formé d'un certain nombre de parcelles qui doivent être impérativement régénérées au terme de la durée d'application de l'aménagement. La surface du champ de régénération est évidemment égale à s ;
- *le champ de régénération élargi,* qui est formé d'un ensemble de parcelles, de surface supérieure à s, et au sein duquel on devra obligatoirement avoir régénéré en fin de durée d'application une surface égale à s, mais sans que celle-ci soit déterminée initialement dans son contour et sa localisation exacte. Il est entendu que les parties qui n'auront pas été régénérées au cours de la première durée d'application de l'aménagement devront être obligatoirement régénérées au cours de la période suivante, pour éviter que l'on puisse trouver dans une même parcelle des arbres d'âges trop divers, ce qui ferait perdre les caractéristiques et les avantages de la futaie régulière. Cette 2e modalité est un assouplissement de la 1re, dont le caractère trop rigide ne convient pas toujours très bien aux tempéraments des essences.

Dans les deux cas, il faut évidemment que la durée d soit suffisante pour permettre de mener à son terme la régénération d'un peuplement parvenu à maturité.

Dans le cas du hêtre, où il faut savoir attendre la régénération dont *l'installation est capricieuse* et qui ne peut, en général, être obtenue en une seule fois sur toute une parcelle, on ne pourra adopter *le champ de régénération strict* que si la durée d'application de l'aménagement est assez longue (de 25 à 30 ans) et en admettant d'emblée que l'on devra compléter artificiellement un ensemencement qu'il sera difficile d'obtenir à 100 % sur toute la surface d'une parcelle. Si on retient une durée d'application plus courte (20 à 25 ans), on devra nécessairement adopter le champ de régénération élargi avec une surface supérieure de 30 à 50 % à la surface normale à régénérer.

10.32. SURFACE A RÉGÉNÉRER ET DURÉE DE RENOUVELLEMENT

10.321. Cas des forêts équilibrées (fig. 96)

Une futaie régulière « normale » est constituée de parcelles d'âges gradués de façon que chaque classe d'âge, de 0 jusqu'à l'âge d'exploitabilité, occupe une surface sensiblement égale. Ce cas est assez théorique. Lorsque

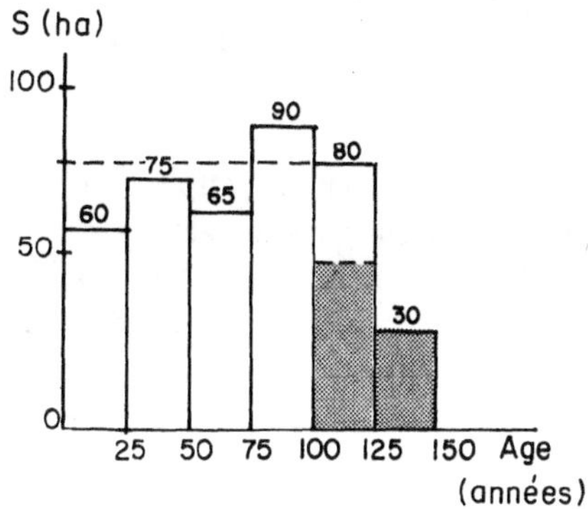

FIG. 96. – *Surface à régénérer et durée du renouvellement. Cas d'une hêtraie équilibrée.*

Surface S = 400 ha, exploitabilité : 25 ans.
d = 25 ans, s = 80 ha.

Surface à régénérer en 120 ans.

l'on se trouve devant une forêt dont la structure en classes d'âge est proche de cet état idéal, la durée de renouvellement pourra être choisie égale à l'âge d'exploitabilité retenu pour le hêtre, et la surface à régénérer déterminée par la proportion classique :

$$\frac{s}{d} = \frac{S}{D} \text{ ou } s = S \cdot \frac{d}{D}$$

dans laquelle :

    s = Surface à régénérer durant la durée d'application à l'aménagement d;

    S = Surface de la forêt consacrée au hêtre;

    D = Durée de renouvellement du hêtre.

On considèrera comme suffisamment proches de l'état normal toutes les forêts dans lesquelles le choix d'un tel rythme de renouvellement des peuplements ne risquerait pas de se traduire par un vieillissement excessif de certains d'entre eux qui ne pourraient attendre leur tour, ni par une réalisation prématurée de peuplements, qui entraînerait des sacrifices d'exploitabilité inadmissibles.

Dans l'exemple considéré, la régénération au rythme de 80 ha en 25 ans peut se faire sans que les peuplements n'excèdent 150 ans, âge supposé compatible avec la survie du hêtre.

10.322. **Forêt déséquilibrée par excès de vieux bois**
(fig. 97 et 98)

Notons d'abord qu'excès de vieux peuplements se traduit nécessaire-ment par déficit d'autres classes d'âge, généralement de jeunes peuple-ments. Or, la marge d'exploitabilité est assez grande en général pour le hêtre, et un peuplement qui serait exploitable à 120 ans peut, dans la plupart des cas, être conservé 20 ou 30 ans de plus, ce qui permet de compenser le déficit d'une classe d'âge par l'excédent des classes immédia-tement précédentes (figure 97).

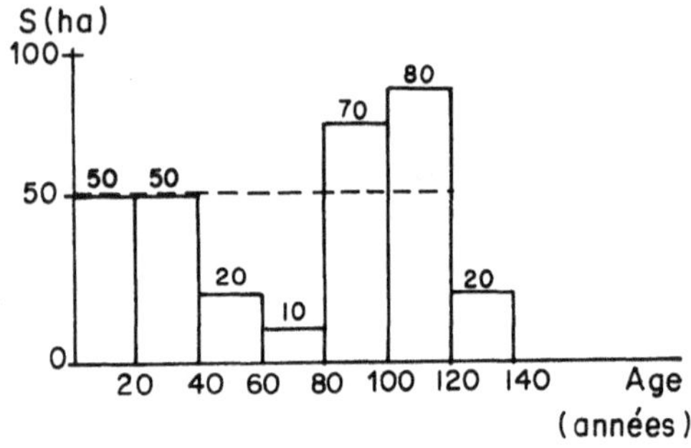

FIG. 97. – *Surface à régénérer et durée du renouvellement. Excès de « vieux bois », faible déséquilibre.*

Surface S = 300 ha, exploitabilité : 120 ans.
d = 20 ans, s = 50 ha.
··· composition idéale de la forêt pour une exploitabilité à 120 ans.

L'excédent des 80 ans et plus n'est que de 70 ha, correspondant au déficit des classes moyennes 40-80 ans. En fait, en régénérant les vieux peuplements au rythme normal de 50 ha en 20 ans, on parvient à absorber l'excédent sans jamais dépasser l'âge de 150 ans, ce qui est admissible.

Le problème est plus compliqué lorsque la composition en classes d'âge de la forêt se présente sous forme de blocs très inégaux, l'un de vieux peuplements excédentaires, l'autre de jeunes très déficitaires.

L'adoption d'un rythme de renouvellement normal, correspondant à l'âge d'exploitabilité, se traduirait alors par un vieillissement accentué de nombreux peuplements qui *dépasseraient l'âge limite de survie.*

Il faut entendre cet âge comme celui au-delà duquel les arbres domi-nants risquent de devenir en majorité dépérissants et incapables de pro-duire des semences. On devra alors exploiter et régénérer ces vieux peuple-ments dans un délai plus court que celui résultant du rythme de renouvel-lement idéal, de façon à rester dans les limites de leur durée de survie, mais dans un délai aussi long que possible, pour étaler ce renouvellement et

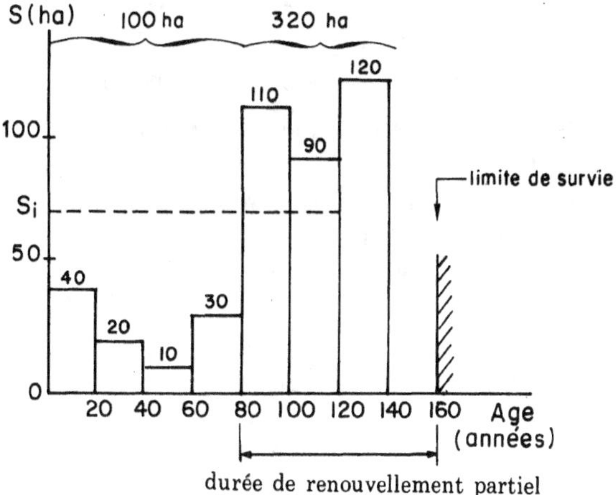

FIG. 98. – *Surface à régénérer et durée du renouvellement. Excès de « vieux bois », fort déséquilibre.*
Surface S = 420 ha, exploitabilité 120 ans, survie : 160 ans,

$$\text{Surface à régénérer : } s_i = 420 \times \frac{20}{120} - 10 \text{ ha}$$

amortir les anomalies. On obtient ce résultat en adoptant *une durée de renouvellement partiel* (figure 98).

Suivant le rythme de renouvellement idéal de 70 ha en 20 ans, au bout de 60 ans, on se trouverait avec 110 ha dans la classe d'âge 140-160 ans, qui ne pourraient attendre plus longtemps. On va donc régénérer le bloc de 320 ha de vieux peuplements âgés de plus de 80 ans en une durée de renouvellement partiel de 160 − 80 ans = 80 ans, ce qui donne une surface normale à régénérer au cours de cette durée :

$$s_n = 320 \times \frac{20}{80} = 80 \text{ ha}$$

On peut vérifier qu'au bout de 80 ans, la forêt présenterait alors la composition représentée à la figure 99 :

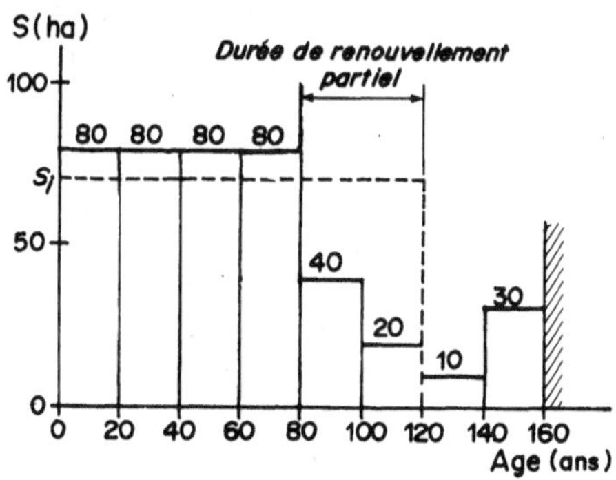

FIG. 99. – *Surface à régénérer et durée du renouvellement. Cas du peuplement représenté à la figure 98, quatre-vingts ans plus tard.*

On devra alors renouveler les classes déficitaires en 40 ans, soit au rythme de 50 ha seulement tous les 20 ans, au lieu de 70 ha, ce qui se traduira par une baisse momentanée de la production et du revenu.

Cet exemple permet de tirer quelques conclusions de ces procédures de rajeunissement :

a — au terme de la durée de renouvellement partiel, on a amélioré la composition en classes d'âge et fortement atténué le déséquilibre; mais le déficit de jeunes peuplements s'est transformé en déficit de peuplements mûrs à récolter;

b — si les conditions locales avaient permis de laisser des peuplements sur pied jusqu'à 180 ans ou seulement 170 ans, on aurait peut-être pu adopter le rythme idéal de 70 ha tous les 20 ans; en effet, avec une durée de renouvellement partiel de 90 ans, la surface normale à régénérer n'est plus que de

$$320 \times \frac{20}{90} = 71 \text{ ha}$$

On aurait ainsi fait durer les vieux peuplements assez longtemps pour assurer l'équilibre;

c — le déséquilibre est d'autant plus difficile à résorber qu'il y a moins de marge entre l'âge d'exploitabilité idéal et l'âge limite de survie : en effet, si l'âge d'exploitabilité avait été fixé à 140 ans, la surface idéale à régénérer aurait été seulement de 60 ha, mais il aurait fallu adopter la même durée de renouvellement partiel de 80 ans, donc la même surface normale à régénérer de 80 ha.

Notons qu'en cas de déséquilibre extrême, une parade à la baisse trop forte des revenus doit alors être cherchée dans l'installation d'*un relais de production* à base d'essences à exploitabilité plus rapprochée que celle du hêtre, mais convenant aussi à la station : résineux comme douglas, épicéas, mélèze du Japon, pin laricio, ou feuillus comme peupliers, frêne, pin, merisier, chêne rouge.

Si un relais à moyen terme est seulement nécessaire (entre 100 et 120 ans par exemple), on peut essayer de conserver le hêtre, à condition de le soumettre précocement à un régime d'éclaircies très fortes, dont l'expérience nous manque encore.

d — il est important de bien comprendre la notion de *durée de survie,* qui est l'intervalle de temps que mettrait un peuplement donné à atteindre son âge limite de survie, et non celui le séparant de l'âge d'exploitabilité. Cette mauvaise interprétation conduirait à des réalisations hâtives des vieux peuplements. La détermination de l'âge limite de survie est souvent difficile à faire, l'âge d'une parcelle étant souvent lui-même mal connu. On lui substitue donc parfois la notion de durée de survie, difficile à apprécier convenablement, sauf lorsqu'elle est très brève (de l'ordre d'une vingtaine d'années).

Il ne faut pas non plus perdre de vue que ce qui compte dans un peuplement de futaie régulière, les arbres à prendre en considération pour classer les parcelles, et choisir les parcelles à régénérer prochainement, ce sont *les arbres dominants,* et eux seuls, qu'il y a donc intérêt à individualiser dans les inventaires, et dont on s'efforcera de connaître l'âge à l'occasion des coupes.

10.323. **Forêt déséquilibrée par déficit de vieux bois**

Dans l'état actuel des choses et par suite de la faible valeur accordée au hêtre lorsqu'il n'a pas atteint un diamètre suffisant, il faut éviter d'être conduit à récolter prématurément des peuplements ne contenant que des arbres trop fins. Il faudra, au contraire, veiller à faire durer le plus possible les peuplements âgés, tout en accélérant la venue à exploitabilité des jeunes classes d'âge par des interventions sylvicoles énergiques. On pourra là encore recourir à la durée de renouvellement partiel (figure 100).

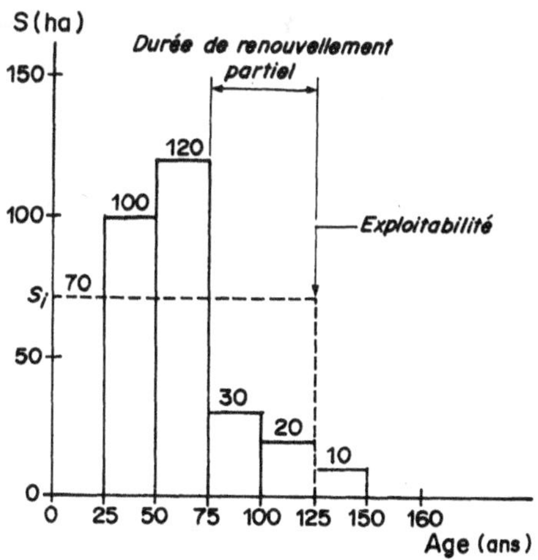

FIG. 100. – *Surface à régénérer et durée du renouvellement. Forêt déséquilibrée par déficit de « vieux bois ».*
Surface S = 350 ha, exploitabilité 125 ans.
d = 25 ans, s_i = 70 ha.

Il ne paraît pas recommandable dans le cas du hêtre de prévoir la récolte de peuplements avant l'âge, comme on pourrait le faire sans inconvénient avec certains résineux; donc, on laissera les peuplements jeunes excédentaires parvenir à l'âge d'exploitabilité normal fixé ici à 125 ans. Et on adoptera pour durée de renouvellement partiel l'intervalle séparant l'âge des plus vieux de ces peuplements jeunes, de l'âge d'exploitabilité, soit, dans le cas présent : $125 - 75 = 50$ ans. La surface normale à régénérer sera alors en 25 ans de :

$$60 \times \frac{25}{50} = 30 \text{ ha} \qquad \text{au lieu de 70 ha.}$$

On prévoira, en outre, d'éclaircir fortement les peuplements âgés de 40 à 75 ans, de façon à accélérer leur croissance et à les amener le plus tôt possible à mâturité technologique. Tout retard dans leur accroissement, qui obligerait à retarder leur récolte et leur renouvellement se révèlerait catastrophique en créant un fossé impossible à combler.

10.324. **Cas des peuplements équilibrés mais vieux**

On trouvera fréquemment des peuplements relativement équilibrés, mais soumis à une sylviculture extrêmement prudente, en sorte qu'à 150 ans ou plus, ils n'atteignent pas encore un diamètre suffisant. On peut penser alors qu'une sylviculture à base d'éclaircies fortes par le haut et entreprises assez précocement devrait permettre de réduire cet âge d'exploitabilité à 120 ans par exemple. C'est probable, mais il faut se garder de réaliser trop vite le renouvellement au rythme correspondant, car on réduirait massivement le stock de gros bois qui ne se trouvent encore que dans les peuplements âgés. Il faut réduire à terme l'âge d'exploitabilité, mais n'appliquer cette réduction qu'à des peuplements qui auront subi tout au long de leur vie un traitement sylvicole correspondant à cet objectif.

Considérons un exemple purement théorique (figure 101).

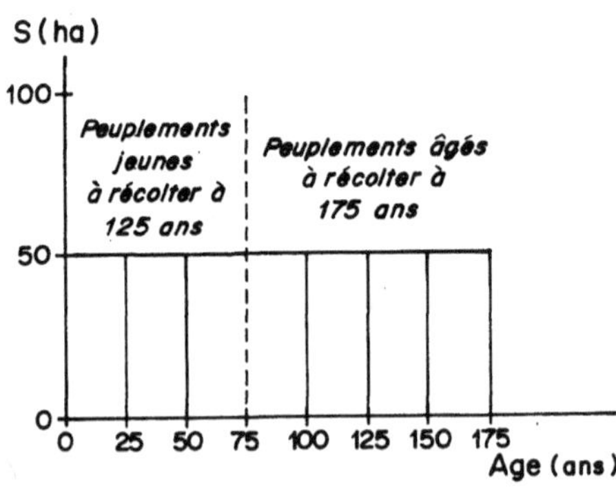

FIG. 101. — *Surface à régénérer et durée du renouvellement. Cas théorique d'un peuplement équilibré mais vieux.*

S = 350 ha, exploitabilité ancienne 175 ans, exploitabilité nouvelle 125 ans.

$$d = 25 \text{ ans, } s_i = 350 \times \frac{25}{125} = 70 \text{ ha}$$

La surface à régénérer nouvelle serait, avec un âge d'exploitabilité de 125 ans :

$$s_i = 350 \times \frac{25}{125} = 70 \text{ ha,}$$

mais tous les peuplements actuellement âgés de plus de 75 ans sont trop serrés, donc avec un diamètre moyen (ou même dominant) trop faible, pour être exploitables à 125 ans ou même 150 ans, et ils sont trop âgés pour pouvoir réagir valablement à une éclaircie faite tardivement.

On devra donc conserver provisoirement pendant encore 2 ou 3 durées d'application un âge d'exploitabilité de 175 ans, jusqu'à ce que les peuplements jeunes, traités énergiquement, deviennent exploitables.

10.33. CLASSEMENT DES PARCELLES

Une fois déterminée la surface à régénérer, il faut choisir les parcelles à récolter et régénérer. On s'appuie pour cela sur *les descriptions des peuplements,* qui font ressortir l'état végétatif et sanitaire, ainsi que la qualité des arbres, leur aptitude à se régénérer, et sur *des inventaires* qui révèleront les caractéristiques dendrométriques des peuplements.

Il est souhaitable, dans les inventaires, de distinguer les hêtres dominants des autres; et on classera les parcelles en fonction du diamètre moyen des arbres dominants, ce qui évite de fausser les résultats par la masse des arbres de sous-étage, surcimés ou dominés, qui, de toute façon, n'appartiennent pas au peuplement principal.

On choisira, en priorité, les parcelles parvenues en limite de survie s'il y en a, puis celles dont le diamètre dominant sera le plus fort. L'âge n'interviendra que de façon subsidiaire dans ce classement.

Il y aura tout intérêt à stratifier ce classement par type de station, de façon à éviter de régénérer en une seule fois tous les peuplements se trouvant sur les meilleures stations et à laisser pour plus tard ceux se trouvant sur les plus médiocres sous prétexte qu'à âge égal les arbres y sont moins gros.

Il faut essayer de répartir équitablement la récolte et l'effort de régénération entre les diverses qualités de station, quitte à laisser tomber les plus mauvaises qui, de toute façon, ne produiront jamais rien et qu'il vaut mieux laisser hors-cadre.

10.34. RÉGULATION DES PRÉLÈVEMENTS

10.341. Régénération

La détermination du *volume à récolter en régénération* ne soulève aucune difficulté. La possibilité P, indicative de préférence, est déterminée par la formule classique :

$$P = V/d + z\,I_v$$

où V = matériel inventorié dans l'ensemble à régénérer E_r
  d = durée d'application de l'aménagement
  I_v = accroissement annuel en volume dans E_r
  z = facteur de réduction de l'accroissement

I_v sera déterminé par comparaison d'inventaires, ou par assimilation à des peuplements analogues d'accroissement connu, ou encore sur la base de tables de production applicables dans la région.

z est un facteur compris entre 0,5 et 1, pour tenir compte que l'accroissement du peuplement semencier diminue au fur et à mesure des récoltes. En l'absence de données précises, on prend couramment $z = 0{,}7$.

De toute façon, le 2e terme est un terme correctif dont le poids est souvent faible devant le premier, et qu'il n'y a pas lieu de déterminer avec une précision exagérée. Enfin, la possibilité n'a qu'une valeur indicative; elle doit être un instrument, un garde-fou pour le gestionnaire, non un carcan qu'on respecte au m^3 près. Au besoin, un inventaire de contrôle peut être effectué à mi-période dans l'ensemble à régénérer, qui permet un ajustement de la possibilité.

On évitera, en tout cas, de procéder à la détermination de l'accroissement par sondages à la tarière. Outre leur difficulté, ceux-ci endommagent gravement les billes de pied de hêtre où ils déterminent souvent une pourriture, dépréciant ainsi la récolte.

10.342. Eclaircies (voir aussi § 5.513)

La détermination du volume à prélever en éclaircie est plus délicate. Il est d'usage d'asseoir les coupes d'éclaircie par contenance, à années fixées à l'avance par l'aménagiste, de façon à respecter une rotation donnée. Mais cela ne garantit pas que le prélèvement sera judicieux, et dans le passé il a souvent été trop faible. Un raccourcissement de la rotation peut se traduire par des éclaircies plus fortes; mais ce procédé a ses limites : si la rotation est trop courte, les gestionnaires seront tenté de « sauter » une éclaircie.

— *Jusqu'à 30-40 ans,* c'est la période des nettoiements et des éclaircies non commerciales, il faudrait chercher à obtenir des arbres qui, au stade du perchis, aient des cimes qui occupent entre le 1/4 et le 1/3 de la hauteur totale. La rotation des interventions recommandée au cours de cette période est de 5 à 6 ans.

— *A partir de 30-40 ans, et jusqu'à 100 ans environ,* on devra prélever la différence entre l'accroissement du peuplement et le volume à incorporer au capital en voie de constitution. Cela suppose que l'on ait pu définir approximativement, dans les objectifs, la composition en volume du capital à constituer ; par exemple, dire que l'on cherchera à obtenir par hectare de peuplement parvenu à exploitabilité : 80 hêtres dominants, d'un diamètre moyen de 60 cm et donc totalisant un certain volume auquel s'ajouteront une vingtaine de codominants de moindre volume unitaire, en sorte que l'on obtiendra au total un volume final V_f à l'âge d'exploitabilité.

On part à 40 ans d'un volume initial V_i, et on imagine une procédure pour atteindre V_f à partir de V_i. On peut choisir en première approximation un processus linéaire et si le nombre d'années nécessaires pour atteindre l'âge d'exploitabilité est n, le matériel sur pied après éclaircie devra s'accroître annuellement de : $(V_f - V_i)/n$:

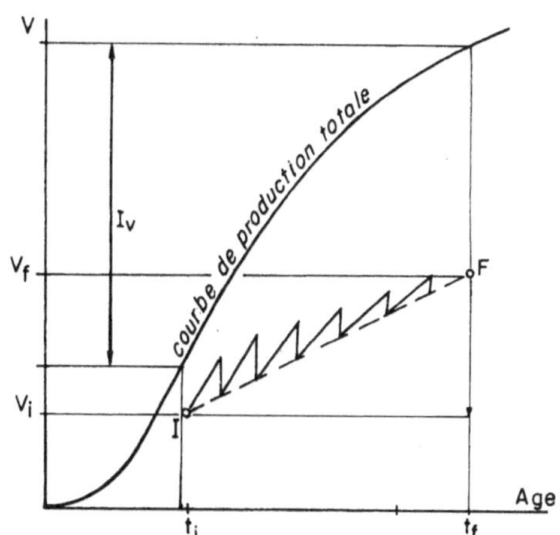

FIG. 102. — *Processus linéaire. Le volume enlevé à chaque éclaircie diminue avec l'âge du peuplement.*

V	=	volume du peuplement
V_i	=	volume initial du peuplement à l'issue de la première éclaircie
V_f	=	volume final du peuplement à l'âge d'exploitabilité
I_v	=	volume enlevé en éclaircie
I	=	situation initiale
F	=	situation finale
t_i	=	âge du peuplement à la première éclaircie marchande
t_f	=	âge d'exploitabilité

L'accroissement du peuplement dans la station considérée peut être donné par une table de production, et l'on sait par la Loi de Eichhorn qu'il est pratiquement indépendant de l'intensité des éclaircies pourvu qu'elles ne créent pas de vides dans le peuplement.

Suivant la figure 102, le volume enlevé en éclaircie tend à diminuer une fois atteint l'âge d'accroissement moyen maximal.

On peut aussi opter pour un volume enlevé en éclaircie plus régulier, se dire que l'accroissement total du peuplement entre le début des éclaircies et l'exploitatibilité sera I_v, alors que le volume à incorporer au capital au cours de la même période sera $V_f - V_i$. Le prélèvement total en éclaircie sera donc :

$$E = I_v - V_f + V_i ,$$

et si on prévoit p passages, le prélèvement moyen à chaque passage sera E/p (figure 103). Il va de soi qu'une telle étude doit être faite par type de station ou classe de fertilité.

Dans l'incertitude où nous sommes, faute d'études suffisantes, on doit se contenter de ces approximations, qui auront cependant souvent pour effet de révéler que la pratique usuelle correspond à des éclaircies trop faibles et d'indiquer dans quelle proportion il y a lieu de les intensifier.

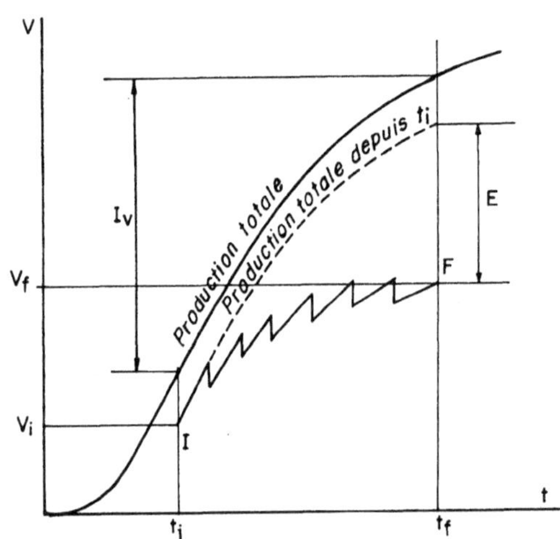

FIG. 103. — *Processus non linéaire. Le volume enlevé à chaque éclaircie est stable.*

V = volume du peuplement
V_i = volume initial du peuplement à l'issue de la première éclaircie
V_f = volume final du peuplement à l'âge d'exploitabilité
I_v = volume enlevé en éclaircie
I = situation initiale
F = situation finale
t_i = âge du peuplement à la première éclaircie marchande
t_f = âge d'exploitabilité

Les rotations à prévoir, compte tenu des contraintes de commercialisation, se situent autour de 8 ans dans les premières éclaircies commerciales et peuvent passer à 10 ans par la suite.

Comme une éclaircie ne se définit pas uniquement par des chiffres, nous suggérons aussi que la méthode du contrôle soit appliquée à un échantillon de parcelles-types pouvant servir de référence, parcelles qui seraient soigneusement inventoriées avant chaque martelage. De telles parcelles permettraient de faire des comparaisons précises, pour déterminer les prélèvements optimum et serviraient en même temps à former le coup d'œil du personnel de gestion.

10.35. ASSIETTE DES COUPES

10.351. Coupes de régénération

Comme il a été montré au chapitre 5, la régénération du hêtre dépend de trop de facteurs aléatoires pour être programmée, ou seulement déclenchée. De plus, il est exceptionnel qu'elle survienne partout à la fois sur une parcelle. Le sylviculteur se borne donc à mettre le peuplement en condition favorable en intervenant au besoin activement (crochetage, relevé de couvert, extraction de sous-étage et de préexistants, destruction de ronces...), et en dosant judicieusement la lumière. Mais il faut savoir attendre le semis.

En revanche, une fois celui-ci apparu, il faut savoir aller vite. C'est donc la constatation de l'existence d'une ensemencement convenable sur une partie de la parcelle qui doit donner le départ des opérations de régénération, par une première coupe de mise en lumière, qui pourra enlever jusqu'à 30 % du couvert initial, *sur les zones ensemencées seulement*. Ensuite, la marche des coupes peut être régulière, suivant une rotation fixe de 3 ou 4 ans, chaque rotation enlevant progressivement le couvert sur les zones déjà mises en lumière, de façon que les semis soient entièrement découverts quand ils ont atteint 1,5 m à 2 m de hauteur, ce qui est normalement obtenu entre 9 et 15 ans et procédant à la première mise en lumière des ensemencements apparus depuis le passage précédent. Ainsi, chaque tache de régénération est « terminée » en un délai assez bref, cependant que la régénération de la parcelle entière peut demander 20 à 30 ans.

L'objectif de la régénération étant d'obtenir un peuplement mélangé comme indiqué au § 10-14, les opérations devront tenir compte de l'état initial du peuplement et des exigences des essences secondaires pour provoquer préalablement ou postérieurement leur installation, la durée de régénération pouvant être allongées de 5 à 10 ans pour tenir compte de l'avance nécessaire à donner à une ou plusieurs essences.

Cependant, il faut aussi *savoir terminer une régénération*. On doit s'estimer satisfait si on a obtenu un ensemencement en hêtre sur 60 % environ de la surface.

On peut aussi fixer un délai à partir duquel on devra renoncer à espérer encore une régénération naturelle plus complète, et intervenir artificiellement dans le reste de la parcelle. Ce délai ne devrait pas être inférieur à 15/20 ans, après l'obtention des premiers semis, ou même, ne pas être inférieur à 20/25 ans après la mise en ensemencement.

10.352. **Coupes d'amélioration**

Viennent ensuite les travaux sylvicoles de dégagement, puis de dépressage et nettoiements qui sont exposés au § 55. Les nettoiements se succèdent tous les 5 ans - 6 ans, et prennent déjà le caractère d'éclaircie entre 30 et 40 ans.

Après 40 ans, les éclaircies devraient devenir commercialisables (dans l'état actuel du marché) et se succéder à la rotation de 8 ans, puis de 10 ans jusqu'à l'âge de 100 ans environ.

A ce stade, le peuplement devrait avoir pratiquement atteint sa consistance définitive. Les coupes suivantes pourront être plus espacées et plus légères pour n'être plus que des coupes de préparation à la régénération.

Toutes ces coupes sont assises à années fixes, déterminées à l'avance. A titre d'exemple, on pourrait avoir le calendrier suivant :

Ages	Rotations	Nature de l'opération
0-30 ans	4-6 ans	dégagements-nettoiements
36 ans	6 ans	éclaircie avec désignation des arbres d'avenir
44 ans	8 ans	1re éclarircie marchande
52 ans	8 ans	éclaircie
60 ans	8 ans	éclaircie
70 ans	10 ans	éclaircie
80 ans	10 ans	éclaircie
90 ans	10 ans	éclaircie
100 ans	10 ans	éclaircie
112 (115)	12 ans (15)	coupe de préparation
124 (130)	12 ans (15)	coupe de préparation

10.4. LES MÉTHODES DE LA FUTAIE JARDINÉE

C'est surtout en Belgique que les méthodes de futaie jardinée sont appliquées aux hêtraies, bien qu'il n'y ait aucune raison de ne pas y recourir en France, lorsque les contraintes de gestion ne s'y opposent pas.

10.41. PRINCIPES DE LA FUTAIE JARDINÉE

La notion d'âge disparaît; les âges ne sont plus connus, puisque chaque parcelle peut contenir des arbres de tous âges; on ne connaît plus que des dimensions. Cependant, on connaît quand même l'âge auquel les arbres parviennent à l'exploitabilité (il suffit de lire les souches des arbres correspondants lors des coupes).

L'objectif de gestion est défini donc par une dimension d'exploitabilité, et le temps nécessaire pour y parvenir n'est plus qu'une donnée accessoire, utile quand même car on souhaite produire des arbres à croissance rapide, aux meilleures qualités technologiques.

Le jardinage se définit par une « norme », composition idéale de la forêt en catégories de diamètre. Il est généralement admis que les effectifs « normaux » d'une classe de diamètre à la suivante sont dans un rapport constant, en sorte qu'ils sont représentés par une exponentielle décroissante. La valeur de ce rapport, appelé décrément de Liocourt, dépend du tempérament de l'essence et de la fertilité de la station.

10.42. NORMES

COLETTE, en fixant l'exploitabilité à 70 cm de diamètre, a établi une courbe « normale » applicable aux hêtraies à luzule blanchâtre de l'Ardenne belge.

Cette composition « normale », transposée en catégories de diamètres de 5 cm, donne les effectifs suivants :

D (cm)	N/ha
(15)	(83)
20	62
25	46
30	34
35	26
40	19
45	14
50	11
55	8
60	6
65	4
70	3

Cette composition « normale » correspond à une surface terrière (G) de 21,9 m²/ha pour les arbres des classes 20 et plus. Elle correspond à un coefficient de décroissance de Liocourt de :

$$\frac{N\,(d)}{N\,(d+5)} = 1,34$$

Il a aussi été établi qu'on pouvait admettre dans les hêtres de futaie jardinée un diamètre de houppier équivalent à 20 fois leur diamètre à 1,30 m. Ce qui permet d'estimer le couvert des arbres de 20 et + à 400 G/ ha, soit 8 800 m², ce qui laisse environ 1 200 m² pour l'installation de la jeunesse (fourré, gaulis et bas perchis), valeur qu'il considère comme suffisante car une ouverture trop forte risquerait de favoriser surtout l'enherbement, plutôt que le semis.

Evidemment, une telle norme n'est pas généralisable partout. Une station plus fertile peut nourrir et donc supporter un plus grand nombre d'arbres; cependant, sa richesse se traduira surtout par un accroissement plus rapide des arbres, donc un temps de séjour plus court dans chaque classe, sans qu'il soit nécessaire d'augmenter les effectifs de chaque classe.

Un contrôle plus grossier peut être proposé qui consisterait à vérifier seulement la part de la surface terrière occupée par quelques grandes catégories de grosseur :

	Part dans G
Petits (classes 15 à 25)	25 %
Moyens (classes 30 à 45)	40 %
Gros (classes 50 et +)	35 %

et à s'assurer en outre que la jeunesse (fourrés, gaulis, bas perchis) occupe bien au sol une place suffisante, qui peut être comprise entre 10 et 15 % de la surface totale.

Sur quelle surface rechercher la structure normale ?

Vouloir l'obtenir sur chaque parcelle individuellement paraît difficile, et risque de conduire à des sacrifices injustifiés, soit par régénération prématurée, soit par maintien abusif d'arbres trop âgés. Il importe, bien entendu, de veiller à obtenir et conserver l'irrégularité souhaitée au niveau de chaque parcelle, mais c'est sur des blocs de plusieurs parcelles, aussi homogènes que possible du point de vue stationnel, que l'on cherchera à obtenir la structure équilibrée caractérisée par la norme. De tels blocs ne devraient pas couvrir moins de 50 ha.

10.43. **AMÉNAGEMENT EN FUTAIE JARDINÉE**

Un aménagement en futaie jardinée se caractérise par la fixation d'un ordre de passage en coupe des parcelles et d'une rotation ; la détermination d'une possibilité n'est qu'accessoire.

10.431. **Rotation des coupes**

La rotation des coupes doit être assez longue pour mobiliser un volume suffisant à l'hectare. En principe, dans une futaie équilibrée, on devrait enlever à peu près la production. Celle-ci peut être estimée soit par comparaison d'inventaires, soit par comparaison avec une table de production, choisie par la hauteur des plus grands arbres.

Pour les hêtraies usuelles, de productivité comprise entre 6 et 8 m^3/ha/an, cela implique une rotation qui ne peut descendre en-dessous de 8 ou 10 ans, pour récolter environ 60 m^3/ha.

Une telle rotation ne suffit pas à assurer un suivi satisfaisant des régénérations là où elles se produisent. Le hêtre est exigeant en cela, aussi il convient de prévoir à mi-rotation un passage intermédiaire en travaux sylvicoles.

10.432. **Place à donner à la régénération**

Il ne faut pas la rechercher pied par pied, mais par bouquets, qui seuls pourront donner naissance à des arbres bien conformés.

L'expérience belge conduit à préconiser des bouquets qui ne soient pas inférieurs à 3 ares (correspondant environ à 2 arbres de 70 cm de diamètre), mais qui peuvent, sans inconvénients, être plus vastes jusqu'à 10 ou même 20 ares.

Il faut, à chaque passage, donner une place suffisante à la régénération. On peut penser que, si R est l'âge d'exploitabilité et r la rotation, il faut, à chaque passage, ouvrir la fraction r/R de la surface parcourue. L'appréciation de cette surface est une des difficultés du jardinage. Mais, en outre, il faut éviter que cette recherche d'une régénération suffisante se fasse au détriment de l'exploitabilité : on ne mettra la régénération en lumière que lorsqu'elle se produit sous des arbres mûrs.

10.44. RÔLE DES AUTRES ESSENCES

Un des intérêts majeurs du jardinage appliqué à la hêtraie est qu'il permet de s'accomoder de la présence d'essences diverses, à tempérament et exploitabilité différents du hêtre, bien plus facilement qu'en futaie régulière. Le chêne, notamment, peut y être conservé sans inconvénient, lorsqu'il est de belle qualité, jusqu'à un âge avancé, où il donne les meilleurs produits.

D'autres essences, de valeur variable, doivent également avoir leur place : érables, frênes, fruitiers et même tilleul et charme. On devra éviter de les éliminer systématiquement dans les régénérations, et chercher au contraire à maintenir au moins 25 à 30 % de la surface terrière totale en essences autres que le hêtre, en recourant au besoin à la plantation dans les places où la régénération du hêtre serait insuffisante après l'ouverture d'une trouée.

10.45. LES TRAVAUX SYLVICOLES

C'est le gros handicap de la futaie jardinée. Les bouquets de jeunesse aux divers stades d'évolution étant dispersés sur toute la forêt, il faut parcourir régulièrement toute la surface de la forêt et adapter en chaque endroit l'intervention au peuplement qui s'y trouve. Il ne peut donc être question de passer annuellement en dégagement de semis sur toute l'étendue de la forêt, mais les conditions d'éclairement modéré qui prévalent normalement dans cette méthode doivent permettre au semis de s'installer seul; un dégagement dans l'année suivant la coupe et un autre à mi-rotation, donc au bout de 3 ou 4 ans, devraient suffire. Ces mêmes passages serviraient aussi aux dépressages et aux nettoiements dans les fourrés, gaulis et bas perchis également disséminés dans la parcelle.

La bonne exécution de ces travaux, qui conditionne la réussite du traitement, repose nécessairement sur une main-d'œuvre particulièrement consciencieuse et bien formée, capable de comprendre l'esprit de la méthode et de prendre, à chaque instant, les initiatives et décisions nécessaires, sans se contenter du simple rôle d'exécutant.

10.5. LA FUTAIE PAR PARQUETS

10.51. PRINCIPES DE LA MÉTHODE

Il s'agit d'une méthode intermédiaire entre la futaie régulière par parcelle entière et la futaie jardinée par bouquets.

On recherchera, en principe, comme dans la futaie régulière, à réaliser un équilibre par classes d'âge qui devraient occuper des surfaces équivalentes. Le contrôle de cet équilibre et la détermination de la surface à régénérer se font comme en futaie régulière, ce qui implique, en principe, un repérage assez précis, sur le terrain et sur plan, des divers parquets, à mesure qu'ils sont constitués. C'est plus aisément concevable dans un mode de gestion intensif du type périurbain que dans une gestion semi-extensive.

On peut cependant envisager un contrôle de l'équilibre d'une futaie par parquets sur inventaire, analogue à ce qui se fait en jardinage. Les grands groupes de grosseur entre lesquels on peut répartir les arbres devraient occuper des proportions définies de la surface terrière ou du volume total.

En l'absence d'études plus poussées qui ne semblent pas avoir été faites jusqu'à présent, nous pouvons seulement rappeler à titre indicatif, la composition mentionnée au § 5.52.

10.52. ORGANISATION DES OPÉRATIONS

La « despécialisation » des parcelles complique un peu les choses. Il faut pouvoir passer régulièrement, mais suivant une rotation assez longue dans les parquets adultes en amélioration (du perchis à la futaie), avec une rotation plus courte dans les parquets plus jeunes (gaulis, bas perchis); enfin, les prélèvements dans les parquets en régénération doivent suivre et accompagner le développement des semis, et ne peuvent donc être programmés strictement.

Ces exigences contradictoires peuvent être conciliées par l'adoption d'une rotation multiforme de 3, 6, 9 ans, ou 4, 8, 12 ans, qui comprend des interventions facultatives aux deux premières sous-périodes.

Exemple : interventions dans les parquets *a, b, c, d,* d'une parcelle :

Année N   : *a* : coupe d'ensemencement; *b* et *c* : éclaircies; *d* : dépressage.

Année N + 3   : *d* : dépressage; rien en *a* (pas de semis).

Année N + 4   : faînée.

Année N + 6   : *a* : 1re secondaire; *d* : dépressage.

Année N + 9   : *b* et *c* : éclaircie; *d* : dépressage; *a* : 2e secondaire.

Année N + 12 : *a* : 3e secondaire; *d* : nettoiement.

Année N + 15 : *a* : coupe définitive.

Année N + 18 : *b, c, d* : éclaircie; *a* : dégagement.

etc...

Les interventions aux années intermédiaires + 3 ou + 6 sont facultatives, et déterminées en fonction des besoins; mais il y a obligation de visiter la parcelle et de prendre une décision ces années là.

10.53. **RÉGULATION DES PRÉLÈVEMENTS**

La futaie par parquets s'accommode difficilement d'une gestion par volume, à moins que les parquets à régénérer aient pu être exactement délimités sur le terrain, et inventoriés lors de l'aménagement, ce qui serait l'idéal. Dans ce cas, une possibilité peut être calculée pour les parquets à régénérer, de la même manière qu'en futaie régulière.

10.6. **LA CONVERSION DES TAILLIS-SOUS-FUTAIE**

La conversion en futaie de hêtre des taillis-sous-futaie pose de difficiles problèmes, du fait du manque dans la réserve de hêtres des classes d'âges de 0 à 60 ans. Cela provient de l'allongement des révolutions du taillis, et surtout de l'abandon des travaux de dégagements de semis depuis le début du siècle ou du moins la Grande Guerre.

Chacune des trois grandes méthodes de futaie : jardinée, par parquets ou régulière, peut être envisagée, la différence tenant à la localisation de la régénération, plus ou moins dispersée ou concentrée selon le cas. Les critères de choix seront les mêmes que ceux exposés au § 10.22. La conversion n'est, en effet, qu'une étape transitoire.

10.61. **DURÉE DE CONVERSION**

La 1re difficulté consiste à déterminer la durée de la conversion ; en effet, tout au long de cette durée, et surtout au terme de celle-ci, on devra disposer d'un nombre satisfaisant de semenciers de hêtre pour assurer un ensemencement suffisant dans les peuplements à régénérer à chaque période. Compte tenu de l'état de vieillissement de nombreux taillis-sous-futaie, ce ne sera pas toujours possible et on devra, dans certains cas, envisager le recours à la régénération artificielle pure et simple.

La notion de durée de survie est difficilement applicable au taillis-sous-futaie ; les arbres y sont d'âges trop divers : on trouve toujours, dans une parcelle, de vieux arbres surannés, mais il y en a bien davantage qui peuvent attendre encore longtemps. Ce concept devient artificiel et subjectif et risque de conduire à des aberrations.

En fait, s'il est bien certain que les vieux hêtres finissent par dépérir, et le font alors très rapidement, on a souvent tendance à sous-estimer leur durée de survie en taillis-sous-futaie, où gros diamètre n'est pas forcément synonyme de grand âge comme en futaie ; et l'appauvrissement de beaucoup de taillis-sous-futaie vient du fait que l'on a cru devoir récolter hâtivement les gros hêtres, de peur qu'ils ne puissent attendre les 25 ou 30 ans du prochain passage, mais sans assurer leur remplacement. En réalité, un hêtre de 70 cm de diamètre n'est pas forcément suranné en taillis-sous-futaie, où il n'est pas rare de trouver des hêtres encore vifs de 1 m de diamètre.

Sauf dans des cas extrêmes, on cherchera à adopter une durée de conversion aussi longue que possible, qui ne devrait jamais être inférieure à 100 ans. Si des durées plus courtes devaient être choisies, il faudrait recourir à des relais de production qui seraient à établir par voie artificielle dans les parties les plus appauvries.

10.62. **VIEILLISSEMENT DU TAILLIS**

La méthode classique de conversion du taillis-sous-futaie suppose *une période d'attente,* pour laisser vieillir le taillis ; une telle solution aurait pour inconvénient de reculer encore le terme de la conversion, ou en réduisant l'étalement des classes d'âge de la futaie à constituer, de la déséquilibrer davantage. En fait souvent, à cause de la perte de valeur du taillis, celui-ci est resté inexploité depuis 10 ou 15 ans, et on trouve des taillis âgés de plus de 40 ans qui ont presque atteint l'âge requis pour la conversion (45-50 ans). Si on ne trouve pas de taillis suffisamment âgé, on doit opérer sans période d'attente, et accepter, au cours des 20 premières années, de régénérer des parcelles au taillis trop jeune; ce n'est pas impossible mais seulement plus coûteux. On pourra d'ailleurs recourir aux moyens chimiques pour dévitaliser les taillis et réduire les frais.

10.63. RÉGÉNÉRATION NATURELLE OU ARTIFICIELLE

Encore moins que dans la futaie régulière, on ne doit chercher une régénération naturelle à 100 %. C'est illusoire et impossible à obtenir avec des semenciers souvent trop clairsemés. On doit tenter la régénération naturelle dès que l'on estime, d'après la répartition et la densité des semenciers potentiels, possible d'obtenir une régénération en hêtre à 50-60 %, ce qu'il semble raisonnable d'espérer à partir de 8-9 m²/ha de surface terrière.

Pour évaluer cette possibilité, on ne considère que les arbres (hêtres et autres essences précieuses admissibles dans la futaie) de diamètre 35 et + qui sont conservés comme semenciers potentiels.

L'ensemencement obtenu est complété artificiellement dans les parties vides, soit dès la mise en régénération pour les taches d'essences précieuses suffisamment étendues (disons de l'ordre de 20 ares) où il n'y a rien à attendre, soit après la coupe définitive là où le semis ne s'est pas installé. Selon la place occupée par le hêtre, ce complément pourra être effectué en hêtre ou en essences diverses d'appoint (cf. § 10.13).

10.64. CLASSEMENT DES PARCELLES

Il est souvent difficile de trouver des parcelles pouvant attendre assez longtemps pour pouvoir être régénérées seulement en fin de durée de conversion (80 à 100 ans). Ces parcelles auront en effet perdu une partie de leur matériel actuel. Ce souci n'existe pas en futaie régulière. Aussi, il est important dans les inventaires de tenir compte des petits bois, des classes 20 à 30, en notant particulièrement, ceux dont la conformation ou le statut de dominance les prédispose à devenir des semenciers. On a ainsi intérêt à distinguer 3 groupes d'arbres :

Petits bois .... (D = 20-30 cm)　　　: semenciers futurs éventuels.
Bois moyens....... (D = 35-45 cm)　　　: semenciers actuels.
Gros bois .... (D = 50 cm et +)　: semenciers actuels.

En taillis-sous-futaie non enrichi, les arbres de futaie sont souvent isolés les uns des autres, et la concurrence entre voisins, faible; aussi, la disparition d'un arbre n'est pas nécessairement compensée par un meilleur accroissement des voisins. Le nombre de tiges initial est donc un critère important à retenir, car il constitue un capital limité qu'il faudra gérer au mieux. On ne peut recenser tous les cas possibles, mais seulement les plus fréquents :

a) *parcelles appauvries,* qui se trouvent en-dessous du seuil de régénération naturelle défini plus haut, et sans possibilité de l'atteindre ultérieurement par la croissance des petits bois. Deux possibilités :
- ou bien, *régénération artificielle,* dans le délai le plus court possible afin de remettre en production une surface improductive;
- ou bien, dans un taillis assez riche et fourni en essences précieuses réalisation *par balivage,* après extraction des vieilles réserves, d'une futaie sur souche qui sera utilisée comme relais de production. Cette deuxième solution, quand elle est possible, est souvent la moins onéreuse pour le propriétaire.

b) *parcelles assez riches,* pour permettre une régénération naturelle immédiate ou à terme.

On classera, en priorité, dans le groupe de *régénération immédiate* les parcelles à forte proprotion de *réserves vieillies* à durée de survie limitée, mais aussi les parcelles les plus pauvres, qui risqueraient de passer au-dessous du seuil de régénérabilité si elles devaient attendre plus longtemps. Il faut classer ces parcelles en régénération même si elles excèdent la surface normale à régénérer, car ensuite il sera trop tard.

La constitution du groupe de parcelles destinées à attendre la fin de la durée de conversion pour être régénérées est difficile. On y place les parcelles possédant le plus grand nombre de tiges des catégories moyens bois et petits bois dominants, ayant par conséquent un arbre moyen de diamètre assez faible. On peut tenir compte aussi dans ce choix du fait que le chêne est plus longévif que le hêtre, et donc que les parcelles riches en chêne peuvent attendre plus longtemps à diamètre moyen égal. Le chêne peut même, dans certains cas, constituer une sorte de relais de production déjà installé.

Un relais de production par plantations de résineux, ou enrichissement en feuillus à exploitabilité rapprochée, peut aussi être envisagé dans les parcelles appauvries. Ce relais permettra de reconstituer un capital forestier affaibli, et pourra à terme financer la reconstitution d'une hêtraie par voie artificielle.

10.65. ORIGINE DES PLANTS

Dans la plupart des cas, un recours à la plantation de hêtre devra être envisagé. Nous attirons l'attention sur l'inconvénient qu'il y a à introduire dans une forêt où le hêtre est dans son aire naturelle, où un écotype local bien adapté a été sélectionné par la nature durant des millénaires, des plants achetés dans le commerce, d'origine inconnue, ou dans le meilleur des cas, connue mais étrangère à la région, et dont les génotypes n'ont pu démontrer au préalable leurs qualités d'adaptation. On court aussi un risque grave d'abâtardissement de la race locale. De telles introductions devraient être proscrites ou entourées d'extrêmes précautions (voir chapitre 8 où cette question est développée).

10.7. CAS DES HÊTRAIES DE MONTAGNE

On trouve en montagne, notamment dans les Pyrénées, mais aussi dans les Alpes, le Massif Central, le Jura et les Vosges, des hêtraies d'une certaine étendue, auxquelles cette situation montagnarde confère des fonctions et des caractéristiques particulières qui influent sur leur gestion.

Ces forêts, jadis traitées en taillis, sont souvent vieillies du fait que leur exploitation a été abandonnée, en raison de leur inaccessibilité, et du remplacement du bois de chauffage par d'autres combustibles.

10.71. LES FONCTIONS DE LA FORÊT

Deux fonctions de la forêt prennent une particulière importance en montagne :
- *la fonction de protection,* qui peut devenir primordiale lorsque la pente est forte (disons à partir de 40 à 50 %) ou dans des situations particulières : crêtes, terres instables, berges de torrents, risques d'avalanches. Elle l'emporte alors sur la fonction de production qui, sans être négligée, lui sera subordonnée ;

— *la fonction paysagère,* qui peut aussi devenir un impératif contraignant du fait que la forêt peut être vue dans toute son étendue, et constitue une composante essentielle du paysage que le forestier doit respecter.

10.72. PLACE DU HÊTRE EN MONTAGNE

Un nouveau facteur intervient ici : l'altitude. En montagne, le hêtre ne peut avoir une croissance assez rapide et donner des produits de qualité qu'aux altitudes modérées, et sur des sols suffisamment profonds, et neutres ou peu acides. On conservera donc le hêtre dans ces stations. Au-dessus d'une certaine altitude, variable selon les régions, l'exposition et les conditions locales, on se trouve normalement dans le domaine de la futaie résineuse où le hêtre peut conserver un rôle de production d'appoint, dont la part ira en diminuant rapidement avec l'altitude, jusqu'à ce qu'il ne soit plus qu'un compagnon à rôle cultural.

On le conservera cependant comme essence principale sur tous les sols superficiels à calcaire actif où il est encore l'essence la mieux adaptée, et seule capable d'une certaine productivité.

10.73. STRUCTURE A DONNER AUX HÊTRAIES

Les contraintes liées à la montagne sont déterminantes : on est beaucoup plus souvent conduit à chercher pour les hêtraies une structure jardinée, ou inéquienne, pour ne pas modifier brutalement le paysage, ni découvrir de vastes étendues, dès que les fonctions de protection ou paysagère sont contraignantes.

Ceci amènera les aménagistes à retenir soit la méthode de la futaie jardinée, surtout si la structure actuelle du peuplement est déjà irrégulière, soit, lorsque la structure du peuplement est régulière et peut être conservée parce que la pente n'est pas trop forte, à choisir la méthode de la futaie régulière, mais à groupe de régénération élargi, ce qui permet d'étaler la régénération d'une parcelle sur une durée assez longue, en faisant progresser la régénération de haut en bas de la parcelle pour limiter les dégâts de débardage.

10.74. **CRITÈRES D'EXPLOITABILITÉ**

Le relief et les difficultés d'exploitation conduisent à un abaissement des diamètres d'exploitabilité : on se contentera de produire des arbres de 50 à 55 cm de diamètre, dimension à considérer comme un maximum et non plus comme une moyenne; ce diamètre pouvant encore être réduit dans des circonstances particulières (sols superficiels, sols instables, qu'il ne faut pas surcharger, ...).

Les âges d'exploitabilité en découlent. Mais comme il doit rester entendu que forêt de montagne ne doit pas signifier absence de sylviculture, on s'efforcera par un régime d'éclaircies vigoureuses et précoces d'obtenir une croissance assez rapide, et donc d'atteindre le diamètre d'exploitabilité vers 120 ans.

10.75. **DESSERTE ROUTIÈRE**

Aménager une forêt, c'est d'abord la rendre accessible. Aucun aménagement sylvicole n'est applicable dans une forêt mal desservie, dont on ne peut sortir les bois, où on ne peut envoyer de la main-d'œuvre pour exécuter les travaux sylvicoles.

Donc on devra, avant toute chose, prévoir la création d'un réseau de desserte routière et de pistes de débardage d'une densité suffisante, qu'il faudrait si possible étudier à l'échelle d'un massif, et non pas de chaque propriété considérée isolément.

10.76. **GESTION DES FORÊTS JARDINÉES**

Malgré tout, la sylviculture de montagne conservera dans de nombreux cas un caractère extensif. Cela devrait conduire à l'adoption d'une rotation des coupes assez longue pour permettre la mobilisation d'un volume à l'hectare suffisant pour être commercialisable, mais pas trop longue pour assurer au peuplement une croissance satisfaisante et éviter la régularisation. Une rotation de l'ordre de 12 ans semble un compromis raisonnable, pouvant être abaissée en cas de forêt très bien desservie, et allongée dans des cas extrêmes de productivité médiocre ou de mauvaise desserte.

On veillera beaucoup plus à maintenir l'équilibre de la forêt par le contrôle des surfaces régénérées que par le respect d'une possibilité volume difficile à calculer rigoureusement. Par exemple si l'âge d'exploitabilité est 120 ans, il faudrait à chaque rotation régénérer 1/10 de la surface, donc ouvrir dans chaque parcelle des trouées, de 5 à 10 ares, totalisant 1/10 de la surface de la parcelle, qui devront être soigneusement repérées. Dans le cas fréquent des forêts vieillies, à rajeunir en un délai écourté, on pourra accroître la part occupée par la régénération. Il sera probablement préférable dans ce cas de raccourcir la rotation, puisque le volume à récolter sera plus grand.

On veillera aussi à asseoir les trouées de régénération de façon que l'exploitation des coupes ultérieures puisse facilement éviter d'endommager les semis.

En raison des impératifs de protection, on ne pourra pas se permettre d'attendre longtemps l'installation de la régénération : il faut occuper le terrain. En conséquence, on préférera, dans la mesure du possible, ouvrir les trouées sur régénération acquise. Dans le cas contraire, on s'efforcera de favoriser l'installation des semis par des travaux préparatoires : crochetage, extraction de sous-étage...

Enfin, si à mi-rotation, la régénération ne s'est pas installée, on n'hésitera pas à la compléter par des plantations. On devra donc prévoir dans chaque parcelle, à mi-rotation, un contrôle de la régénération, suivi des interventions qui s'avèreraient nécessaires.

La régénération devra ensuite être suivie par des dégagements et dépressages, dont les méthodes et l'organisation ne diffèrent pas de ce qui a été dit pour les hêtraies de plaine.

10.77. **GESTION DES FUTAIES RÉGULIÈRES**

Mise à part la préférence encore plus marquée pour le groupe de régénération élargi, il n'y a pas grande différence dans ce cas avec ce qui a été dit pour les futaies de plaine.

Insistons seulement sur un point : l'étalement de la régénération dans le temps, rendu encore plus nécessaire par les contraintes propres à la montagne ne doit pas signifier lenteur dans la conduite de la régénération. Il faut au contraire occuper le sol rapidement, là où le peuplement a été ouvert, et libérer assez vite les semis du couvert de leurs parents. Ce qui implique donc, comme en futaie jardinée, des travaux préparatoires, et un recours aux plantations de complément si la régénération tarde trop à s'installer, ou s'il n'y a aucun espoir de l'obtenir (semenciers trop âgés).

L'intensification souhaitée de la sylviculture se traduira dans les opérations d'amélioration :
- par des dépressages précoces qui seront entrepris dans les fourrés et gaulis, et qui seront prévus périodiquement au plan de gestion ;
- par des éclaircies fortes. Celles-ci seront d'autant plus fortes que leur rotation sera plus longue qu'en plaine pour qu'elles soient économiquement réalisables. Une rotation de 12 ans, analogue à celle des coupes de jardinage, semble un compromis admissible entre l'idéal sylvicole et le réalisme commercial. Ce chiffre pourra être réduit à 10 ans dans les jeunes futaies d'âge inférieur à 70 ans, ou très bien desservies.

Une telle sylviculture devrait permettre une bonne croissance du hêtre, donc des produits de valeur, obtenus en une durée relativement courte, malgré les difficultés dues au milieu.

Pour déterminer l'importance du volume à prélever en éclaircie, aucune table de production n'est applicable aux hêtraies de montagne françaises (1). Le forestier devra se fier à son expérience, en ne perdant pas de vue l'objectif à atteindre, et en se rappelant que, du fait de la réduction du diamètre d'exploitabilité et de l'étagement des cimes dû à la pente, on peut vraisemblablement prévoir dans le peuplement final un effectif majoré de 40 à 50 % par rapport aux forêts de plaine.

Enfin il paraît nécessaire de rappeler que l'expérience acquise dans la gestion plus intensive des hêtraies de montagne est encore très modeste. Les indications fournies au § 10.76. et 10.77. résultent plus de considérations théoriques que d'une longue pratique ; elles correspondent aux mesures que les gestionnaires de ces forêts se proposent de mettre en œuvre, mais devront être corrigées et adaptées en fonction des résultats obtenus.

10.78. **HÊTRAIES DE PROTECTION PURE**

Nous traiterons très brièvement le cas des hêtraies dont la situation est telle qu'aucune production économique ne peut en être attendue, mais dont le rôle de protection demeure essentiel. Leur gestion, qui est alors un service public, doit assurer leur pérennité, donc leur renouvellement progressif, ainsi que celle de leur fonction de protection, au moindre coût.

Selon la nature du peuplement actuel et les conditions de station, on choisira un traitement en futaie jardinée (irrégulière) ou en taillis simple.

---

(1) Certaines hêtraies de montagne − sud du Massif central − évoluent cependant selon un modèle qui se rapproche de celui des tables suisses de BADOUX (voir le paragraphe 6.2. à ce sujet).

10.781. **Futaie jardinée**

Il vaudrait mieux dire irrégulière, car on n'aura guère le souci d'une norme. On espacera au maximum les coupes, et on prolongera le plus possible l'âge d'exploitabilité, de façon à réduire la fréquence des interventions coûteuses pour la collectivité. Mais on sera limité dans cet allongement des rotations par la nécessité de ne pas découvrir pour la régénération une trop grande fraction de la surface boisée. Le renouvellement se fera par trouées de faible étendue, disséminées, et plantées, à moyenne densité (2 000 plants/ha) puisqu'on n'a pas le souci d'obtenir des arbres bien conformés. Les produits des coupes, sans valeur marchande, seront abandonnés sur place, après façonnage sommaire, à moins que leur extraction ne s'impose pour des raisons de sécurité (risques de mise en mouvement); on pourra alors recourir à l'hélicoptère.

Il est des cas de peuplements sur terrains instables (éboulis, risques de glissements de terrain) où il faut éviter de surcharger le sol. On préférera si possible le traitement en taillis; si ce n'est pas possible, on devra alors, contrairement à ce qui vient d'être dit, réduire les dimensions d'exploitabilité et ne pas laisser grossir et vieillir les arbres.

10.782. **Traitement en taillis**

Là encore, dans un souci d'économie, on allongera la révolution du taillis, dans la mesure compatible avec la faculté de rejeter du hêtre — qui est meilleure en altitude, rappelons le.

Les produits pourront aussi être abandonnés sur place si aucune valorisation n'est possible. Les coupes de taillis se feront par placeaux peu étendus, disséminés, de façon à ne pas interrompre le couvert. La régénération de l'ensouchement devra se faire lorsqu'il apparaîtra que le taillis perd de sa vigueur. On procèdera par plantations (2 000 plants à l'hectare), en veillant à n'introduire que l'écotype local, adapté au milieu.

BIBLIOGRAPHIE

AMANI M., 1975. Evolution dans l'aménagement des hêtraies de plaine en France. – Thèse : Nancy, Université de Nancy I. – VIII-226 p.

BLANCHARD G., 1976. Problèmes posés par l'utilisation de la durée de renouvellement en futaie régulière. *Bull. tech. Off. natl. For.*, (8), 29-41.

COLETTE L., 1951. Le développement du hêtre-type en futaie jardinée. *Bull. Soc. r. for. Belg.*, (10), 415-420.
1960. Trente années de contrôle en hêtraie jardinée. Groenendaal-Hoeilaart : Station de recherches des eaux et forêts, Travaux série B, n° 25, 44 p.

CURTIN R.A., 1970. Dynamics of tree and crown structure in *Eucalyptus obliqua*. *For. Sci.,* **16** (33), 321-328.

DECOURT N., 1973. Tables de production pour les forêts françaises. Nancy : E.N.G.R.E.F. - 49 p.

HAMILTON G.J., CHRISTIE J.M., 1971. Forest management tables (metric). *For. Comm. Booklet,* **34**, 201 p.

LE GOFF N., 1974. La croissance du hêtre en France. Utilisation possible de tables de production étrangères pour suivre l'évolution des peuplements. Champenoux : I.N.R.A. - Station de sylviculture et production. - 45 p. (Document n° 74/3).

LE GOFF N., OTTORINI J.M., 1979. Normes de densité pour les hêtraies du Nord-Est et du Nord-Ouest de la France. *Ann. Sci. for.,* **36** (4), 281-298.

LESAGE, 1954. La Hêtraie normande. Peuplement artificiel. *Rev. for. fr.,* **6** (11), 649-656.

OFFICE NATIONAL DES FORÊTS, 1970. Manuel d'aménagement. 2ᵉ ed. Paris : ONF. - 202 p.

CONCLUSION

« Tityre tu patulae recubans sub tegmine fagi
Silvestrem tenui musam meditaris avena... ».
(Virgile, Bucoliques I.
Une traduction proposée page 195).

CONCLUSION

Le hêtre, deuxième essence feuillue française ? Longtemps objet d'une certaine indifférence, voire d'une véritable hostilité, il a dû en supporter les injustes conséquences, du moyen-âge au début du XXe siècle : son importance relative en superficie a décliné, du fait de l'homme, jusqu'à une époque toute proche.

Il n'intéressait guère les écrivains forestiers, et cette mise aux oubliettes injuste dura jusqu'après la première guerre mondiale. Une bonne image en est donnée par les nombres respectifs des articles qui, dans la suite des numéros de la *Revue des Eaux et Forêts,* puis de la *Revue Forestière Française,* titrent sur le chêne (1) d'une part, le hêtre d'autre part :

de 1862 à 1886 (24 ans) : 40 titres « chêne », 2 titres « hêtre » seulement
de 1887 à 1927 (40 ans) : 47 titres « chêne », 10 titres « hêtre » seulement
de 1928 à 1948 (20 ans) : 8 titres « chêne », 5 titres « hêtre » seulement
de 1949 à 1970 (21 ans) : 56 titres « chêne », 40 titres « hêtre »

Le regain d'intérêt était là, les progrès techniques aussi.

Nous espérons que ce livre en portera témoignage, et replacera le hêtre à son rang véritable, que lui vaut d'abord, et depuis toujours, sa remarquable « plasticité » écologique, bien adaptée à la diversité écologique de notre pays.

« La réhabilitation du hêtre est en bonne voie », écrivait PLAISANCE en 1953.

La cause est maintenant entendue : la gamme d'utilisation du hêtre s'est largement étendue depuis les années 40 : bois améliorés, contreplaqués, emballages, sciages pour ébénisterie et menuiserie, meubles en bois courbés, pâtes pour la papeterie et l'industrie chimique; « le hêtre s'est remarquablement adapté, mieux que le chêne, aux besoins industriels d'aujourd'hui » (I.D.F., 1969).

Il sait aussi, mieux que le chêne, produire vite beaucoup de bois.

Ceux qu'intéressent d'abord les fortes productions ligneuses seront séduits par ses aptitudes, qui le classent peut-être en tête des essences feuillues indigènes.

Mais, s'agit-il de protéger les sols en montagne ? Le hêtre ne redoute pas les conditions difficiles, luttant, souvent seul, jusqu'aux limites de la végétation forestière.

---

(1) Singulier collectif sous-entendant l'ensemble des chênes.

Parle-t-on beauté des paysages ? Ses futaies sont des cathédrales, ses alignements champêtres font le charme des campagnes normande et bretonne, et encadrent royalement les allées des châteaux.

Et voici que sa sylviculture émerge d'une certaine confusion initiale, que chercheurs et techniciens s'accordent sur quelques grands principes maintenant solides : régénérations naturelles plus rapides et plus sûres grâce à des fructifications bien préparées, densités de plantations plus élevées, éclaircies précoces et vigoureuses, etc.

Des progrès sont encore nécessaires : l'intérêt des peuplements mélangés, pour ne citer qu'un exemple, rallie de plus en plus d'adeptes, mais leur maîtrise est encore imparfaite.

Ces progrès, les forestiers les feront.

Nous terminerons en donnant la parole à l'un des premiers d'entre eux, sachant, comme lui, que si les bonnes gestions font bien sûr les belles forêts, technique et poésie ne sont pourtant pas incompatibles. Il s'agit de la hêtraie de Compiègne, quinze mille hectares de belle forêt, monde vivant et grandiose depuis les dernières glaciations (BOURGENOT, 1980) :

Sur le ciel pâle se profilent des colonnes
C'est au travers des rumeurs sourdes de l'été
Un orchestre de calme et d'immobilité
Gris perle, de feuilles mortes et d'anémones

Grands arbres, quels hasards, quels dieux vous ont prêté
Ce limpide genou, cette épaule parfaite
Et cette feuillaison dont l'ombreuse retraite
Ruisselle ingénuement sur votre nudité

Quand la brume, qui sourd de vos confuses mains
Le long de vos longs bras vers les cieux riverains
Dans l'aurore s'élève avant de disparaître,

Ou quand le soir se meurt en étincellements
Un lumineux silence allie heureusement
Le pas concret du cerf à la candeur du hêtre.

L. BOURGENOT

BIBLIOGRAPHIE

PLAISANCE (G.), 1953. – A propos du hêtre. Bulletin de la Société Française de Franche-Comté et des provinces de l'Est, tome XXVI, pages 483-490.

BOURGENOT (L.), 1980. – La forêt, cette méconnue. La Jaune et la Rouge, n° 358, pages 7 à 11.

I.D.F. (1969). – Le hêtre. Bulletin de la vulgarisation forestière, n° 69.1 (10 pages) et 69.2 (10 pages).

ANNEXES

Annexe 1

TARIFS DE CUBAGE
POUR LE HÊTRE EN FRANCE

(se rapporte au chapitre 6.1)

TARIFS DE CUBAGE BOIS FORT TIGE ET BOIS FORT TOTAL POUR LE HETRE EN FRANCE

H= \ D=	4	6	8	10	12	14	16	18	20	22	24	26	28	30	32	34	36	38
10	.015	.021	.027	.033	.039	.046	.052	.058	.065	.071								
	.001	.001	.002	.003	.003	.004	.004	.005	.006	.006								
	.016	.022	.028	.034	.039	.046	.052	.058	.065	.071								
	.001	.002	.002	.003	.003	.004	.004	.005	.006	.006								
15		.054	.070	.085	.101	.117	.133	.150	.166	.182	.199	.216	.233					
		.005	.006	.007	.009	.010	.012	.013	.015	.016	.018	.019	.021					
		.060	.076	.093	.108	.124	.139	.154	.168	.182	.199	.216	.233					
		.005	.007	.008	.010	.011	.012	.014	.015	.016	.018	.019	.021					
20				.154	.183	.211	.240	.269	.298	.328	.357	.387	.417	.446	.477	.507		
				.014	.016	.019	.022	.024	.027	.030	.032	.035	.038	.041	.043	.046		
				.174	.204	.233	.261	.289	.317	.343	.369	.395	.419	.446	.477	.507		
				.016	.018	.021	.024	.026	.029	.031	.034	.036	.038	.041	.043	.046		
25					.285	.329	.374	.419	.464	.509	.554	.600	.645	.691	.737	.783	.830	
					.026	.030	.034	.038	.042	.046	.051	.055	.059	.063	.067	.072	.076	
					.329	.376	.422	.467	.511	.554	.596	.637	.676	.715	.753	.789	.830	
					.030	.034	.038	.042	.047	.050	.054	.058	.062	.065	.069	.072	.076	
30						.472	.535	.599	.663	.727	.791	.855	.920	.984	1.049	1.114	1.178	1.243
						.043	.049	.055	.061	.066	.072	.078	.084	.070	.076	.102	.108	.114
						.554	.622	.688	.754	.817	.879	.940	.999	1.056	1.112	1.166	1.218	1.268
						.050	.057	.063	.069	.075	.080	.086	.091	.097	.102	.107	.112	.116

TARIFS DE CUBAGE BOIS FORT TIGE ET BOIS FORT TOTAL POUR LE HETRE EN FRANCE

H= D=	16	18	20	22	24	26	28	30	32	34	36	38	40	42	44	46	48	50
35	.724	.810	.896	.981	1.067	1.153	1.239	1.325	1.411	1.497	1.582	1.668						
	.066	.074	.082	.090	.098	.106	.114	.121	.129	.137	.145	.153						
	.865	.937	1.048	1.137	1.224	1.308	1.370	1.470	1.548	1.624	1.697	1.768						
	.079	.088	.096	.104	.112	.120	.127	.135	.142	.149	.156	.162						
40		1.052	1.163	1.273	1.383	1.493	1.603	1.713	1.822	1.932	2.041	2.150	2.256					
		.096	.106	.117	.127	.137	.147	.157	.167	.177	.187	.197	.207					
		1.276	1.398	1.516	1.632	1.745	1.855	1.963	2.067	2.168	2.266	2.361	2.453					
		.117	.128	.139	.150	.160	.170	.180	.190	.199	.208	.217	.225					
45		1.326	1.464	1.601	1.739	1.875	2.012	2.148	2.283	2.418	2.553	2.687	2.820	2.952				
		.121	.134	.147	.159	.172	.183	.197	.210	.222	.234	.247	.259	.271				
		1.648	1.805	1.959	2.107	2.255	2.398	2.538	2.673	2.805	2.932	3.056	3.175	3.291				
		.151	.166	.180	.194	.207	.220	.233	.245	.258	.269	.281	.272	.302				
50			1.799	1.907	2.134	2.300	2.465	2.630	2.793	2.956	3.117	3.278	3.437	3.596	3.753			
			.165	.181	.196	.211	.226	.241	.257	.271	.286	.301	.316	.330	.345			
			2.274	2.468	2.658	2.843	3.024	3.200	3.372	3.538	3.700	3.857	4.009	4.156	4.297			
			.207	.227	.244	.261	.278	.294	.310	.323	.340	.354	.368	.382	.395			
55			2.170	2.370	2.567	2.767	2.963	3.158	3.352	3.544	3.734	3.923	4.110	4.295	4.479	4.660		
			.179	.218	.236	.254	.272	.290	.306	.326	.343	.360	.378	.395	.412	.428		
			2.803	3.049	3.284	3.513	3.737	3.956	4.169	4.376	4.577	4.772	4.961	5.144	5.320	5.490		
			.258	.280	.302	.323	.343	.363	.383	.402	.421	.439	.456	.473	.437	.505		

TARIFS DE CUBAGE BOIS FORT TIGE ET BOIS FORT TOTAL POUR LE HETRE EN FRANCE

H=	16	18	20	22	24	26	28	30	32	34	36	38	40	42	44	46	48	50
D=																		
60			2.576	2.811	3.045	3.277	3.506	3.734	3.959	4.182	4.402	4.620	4.836	5.049	5.260	5.467		
			.237	.258	.280	.301	.322	.343	.364	.384	.405	.425	.444	.464	.483	.503		
			3.412	3.705	3.991	4.271	4.544	4.811	5.071	5.324	5.569	5.808	6.040	6.263	6.480	6.688		
			.313	.340	.367	.392	.418	.442	.466	.489	.512	.534	.555	.576	.596	.615		
65			3.018	3.291	3.562	3.829	4.094	4.356	4.614	4.867	5.121	5.370	5.615	5.856	6.094	6.328		
			.277	.302	.327	.352	.376	.400	.424	.448	.471	.494	.516	.538	.560	.582		
			4.089	4.440	4.784	5.121	5.450	5.770	6.083	6.388	6.685	6.973	7.252	7.522	7.784	8.036		
			.376	.408	.440	.471	.501	.530	.559	.587	.615	.641	.667	.692	.716	.739		
70			3.496	3.810	4.119	4.425	4.727	5.024	5.317	5.606	5.890	6.170	6.445	6.715	6.981	7.241		
			.321	.350	.379	.407	.434	.462	.489	.515	.541	.567	.593	.617	.642	.666		
			4.844	5.261	5.670	6.069	6.460	6.842	7.214	7.577	7.930	8.274	8.607	8.930	9.242	9.544		
			.445	.484	.521	.558	.594	.627	.663	.697	.729	.761	.791	.821	.850	.878		
75			4.012	4.368	4.719	5.064	5.405	5.739	6.069	6.392	6.709	7.021	7.326	7.625	7.918	8.204		
			.369	.401	.434	.465	.497	.528	.558	.588	.617	.645	.674	.701	.728	.754		
			5.682	6.172	6.653	7.123	7.583	8.032	8.471	8.898	9.315	9.720	10.113	10.495	10.864	11.221		
			.522	.567	.612	.655	.697	.738	.779	.818	.856	.894	.930	.965	.979	1.032		
80			4.565	4.966	5.361	5.748	6.129	6.502	6.868	7.227	7.578	7.921	8.257	8.584	8.903	9.214		
			.420	.456	.493	.528	.563	.598	.631	.664	.697	.728	.759	.789	.819	.847		
			6.608	7.179	7.739	8.287	8.824	9.348	9.860	10.360	10.846	11.320	11.781	12.227	12.661	13.080		
			.607	.660	.712	.762	.811	.860	.907	.953	.997	1.041	1.083	1.124	1.164	1.203		

TARIFS DE CUBAGE BOIS FORT TIGE ET BOIS FORT TOTAL POUR LE HETRE EN FRANCE

D= \ H=	16	18	20	22	24	26	28	30	32	34	36	38	40	42	44	46	48	50
85			5.158	5.606	6.045	6.476	6.899	7.312	7.716	8.110	8.495	8.870	9.236	9.591	9.936	10.270	10.594	
			.474	.515	.556	.595	.634	.672	.709	.746	.781	.816	.849	.882	.914	.944	.974	
			7.626	8.287	8.935	9.569	10.190	10.798	11.391	11.970	12.535	13.085	13.619	14.139	14.642	15.130	15.601	
			.701	.762	.822	.880	.937	.993	1.048	1.101	1.153	1.203	1.253	1.300	1.347	1.392	1.435	
90			5.790	6.287	6.774	7.250	7.715	8.169	8.611	9.042	9.461	9.868	10.262	10.644	11.013	11.369	11.712	
			.532	.578	.623	.667	.709	.751	.792	.831	.870	.907	.944	.979	1.013	1.046	1.077	
			8.744	9.503	10.247	10.977	11.691	12.390	13.073	13.739	14.390	15.024	15.640	16.239	16.821	17.385	17.930	
			.804	.874	.942	1.009	1.075	1.139	1.202	1.264	1.323	1.382	1.438	1.494	1.547	1.599	1.649	
95			6.462	7.011	7.547	8.070	8.579	9.074	9.556	10.023	10.475	10.913	11.335	11.743	12.134	12.510	12.870	
			.594	.645	.694	.742	.789	.834	.879	.922	.963	1.004	1.042	1.080	1.116	1.150	1.184	
			9.967	10.833	11.683	12.517	13.333	14.132	14.914	15.677	16.422	17.148	17.854	18.542	19.209	19.856	20.483	
			.916	.996	1.074	1.151	1.226	1.300	1.372	1.442	1.510	1.577	1.642	1.705	1.767	1.826	1.884	
100			7.176	7.779	8.366	8.936	9.490	10.028	10.548	11.051	11.537	12.004	12.454	12.885	13.297	13.689	14.063	
			.660	.715	.769	.822	.873	.922	.970	1.016	1.061	1.104	1.145	1.185	1.223	1.259	1.293	
			11.300	12.285	13.251	14.198	15.126	16.035	16.924	17.793	18.641	19.468	20.274	21.058	21.820	22.559	23.275	
			1.039	1.130	1.219	1.306	1.391	1.475	1.557	1.637	1.715	1.791	1.865	1.937	2.007	2.075	2.141	
105			7.933	8.591	9.230	9.850	10.450	11.030	11.590	12.128	12.646	13.142	13.616	14.069	14.498	14.905	15.289	
			.729	.790	.849	.906	.961	1.014	1.066	1.115	1.163	1.209	1.252	1.294	1.333	1.371	1.406	
			12.752	13.865	14.938	16.029	17.079	18.103	19.115	20.099	21.060	21.978	22.911	23.801	24.666	25.506	26.321	
			1.173	1.275	1.376	1.474	1.571	1.665	1.758	1.849	1.937	2.023	2.107	2.189	2.269	2.346	2.421	

TARIFS DE CUBAGE BOIS FORT TIGE ET BOIS FORT TOTAL POUR LE HETRE EN FRANCE

H= D=	16	18	20	22	24	26	28	30	32	34	36	38	40	42	44	46	48	50
110				9.449	10.142	10.812	11.459	12.081	12.679	13.253	13.802	14.325	14.822	15.293	15.737	16.154	16.544	16.906
				.869	.933	.994	1.054	1.111	1.166	1.219	1.269	1.317	1.363	1.406	1.447	1.486	1.522	1.555
				15.582	16.812	18.019	19.202	20.361	21.496	22.606	23.690	24.748	25.780	26.786	27.764	28.714	29.635	30.529
				1.433	1.546	1.657	1.766	1.873	1.977	2.079	2.179	2.276	2.371	2.464	2.554	2.641	2.726	2.808
115				10.354	11.102	11.823	12.516	13.181	13.818	14.425	15.003	15.551	16.069	16.555	17.011	17.434	17.825	18.184
				.952	1.021	1.087	1.151	1.212	1.271	1.327	1.380	1.430	1.478	1.523	1.565	1.603	1.639	1.672
				17.443	18.823	20.177	21.504	22.805	24.080	25.326	26.544	27.734	28.895	30.026	31.127	32.197	33.236	34.243
				1.604	1.731	1.856	1.978	2.098	2.215	2.330	2.442	2.551	2.658	2.762	2.863	2.962	3.057	3.150
120				11.306	12.111	12.884	13.624	14.331	15.003	15.645	16.250	16.821	17.355	17.854	18.316	18.741	19.129	19.478
				1.040	1.114	1.185	1.253	1.318	1.380	1.439	1.495	1.547	1.596	1.642	1.685	1.724	1.759	1.792
				19.458	20.999	22.513	23.997	25.452	26.878	28.273	29.637	30.969	32.270	33.537	34.772	35.973	37.140	38.272
				1.790	1.931	2.071	2.207	2.341	2.472	2.601	2.726	2.849	2.968	3.085	3.199	3.309	3.416	3.521
125				12.308	13.170	13.975	14.782	15.531	16.241	16.912	17.542	18.132	18.680	19.187	19.651	20.073	20.450	20.784
				1.132	1.211	1.287	1.359	1.428	1.494	1.555	1.613	1.668	1.718	1.765	1.807	1.846	1.881	1.912
				21.635	23.352	25.038	26.692	28.314	29.903	31.459	32.981	34.468	35.920	37.336	38.716	40.059	41.365	42.632
				1.990	2.148	2.303	2.455	2.604	2.751	2.894	3.034	3.171	3.304	3.435	3.561	3.685	3.805	3.922
130				13.359	14.279	15.157	15.991	16.781	17.525	18.225	18.877	19.483	20.042	20.552	21.013	21.424	21.786	22.096
				1.227	1.313	1.394	1.471	1.543	1.612	1.676	1.736	1.792	1.843	1.890	1.933	1.971	2.004	2.032
				23.984	25.890	27.762	29.600	31.402	33.169	34.899	36.592	38.247	39.863	41.440	42.977	44.474	45.930	47.344
				2.206	2.381	2.554	2.723	2.889	3.051	3.210	3.366	3.518	3.667	3.812	3.953	4.091	4.225	4.355

Annexe 2

TABLES DE PRODUCTION

(se rapporte au § 6-2)

ANNEXE 2-1

DÉFINITION [1] DES GRANDEURS
UTILISÉES DANS LES TABLES

AGE (années)

Il s'agit de l'âge total (2) (âge des plants). Pour les peuplements de hêtre, rarement équiennes, on pourra définir un *âge moyen* (moyenne des âges d'arbres pris dans différentes catégories de circonférence) et un *âge dominant* (moyenne des âges d'arbres de circonférence voisine de la circonférence dominante). L'âge dominant et la hauteur dominante permettent de déterminer la classe de productivité du peuplement, l'âge moyen servant alors d'entrée pour la table correspondante.

PEUPLEMENT PRINCIPAL

Il est composé des arbres restant sur pied après les éclaircies :

hauteur dominante (m) : hauteur totale de l'arbre de surface terrière moyenne des 100 plus grosses tiges à l'hectare (table anglaise), des 20 % plus grosses tiges à l'hectare (table allemande),

hauteur moyenne (m) : hauteur totale de l'arbre de surface terrière moyenne du peuplement (table anglaise), hauteur moyenne pondérée par la surface terrière (table allemande),

nombre de tiges à l'hectare,

diamètre moyen (cm) : diamètre (mesuré à 1,30 m du sol) de l'arbre de surface terrière moyenne du peuplement.

---

(1) Ces définitions sont reprises, en grande partie, du manuel « Tables de production pour les Forêts Françaises » (DECOURT, 1973).

(2) L'âge, s'il n'est pas connu, peut être évalué par sondage à la tarière jusqu'au cœur à 0,30 m au-dessus du sol (on ajoute au nombre de cernes lu un nombre d'années forfaitaire, 3 par exemple).

volume de l'arbre moyen (m^3) : l'arbre de volume moyen correspond à peu près à l'arbre de diamètre moyen et de hauteur moyenne. Il s'agit du volume *bois fort tige* pour la table « Nord-Ouest » et du volume *bois fort total* (tige et branches) pour la table « Nord-Est »,

surface terrière (m^2/ha) : somme des surfaces des sections des tiges (sur écorce) à 1,30 m au-dessus du sol, rapportée à l'hectare,

volume (m^3/ha) : volume du peuplement rapporté à l'hectare (bois fort tige pour la table « Nord-Ouest », bois fort total pour la table « Nord-Est »).

ÉCLAIRCIES

Composées de tous les arbres enlevés en éclaircie.

- *nombre de tiges,*
- *diamètre moyen,*
- *volume arbre moyen,*
- *volume,*

mêmes définitions que pour le peuplement principal

- *volumes totaux* (m^3/ha) : somme cumulée des volumes enlevés en éclaircie à un âge donné.

- *pourcentage enlevé en éclaircie* : expression en % de la fraction de la production totale en volume enlevée par les éclaircies.

DONNÉES GLOBALES

(volume bois fort tige pour le Nord-Ouest, bois fort total pour le Nord-Est)

- *production totale* (m^3/ha) : somme du volume restant sur pied et des volumes enlevés par les éclaircies,

- *accroissement courant (m^3/ha/an)* : accroissement en volume durant une courte période de temps encadrant l'âge considéré,

- *accroissement moyen* (m^3/ha/an) : accroissement en volume depuis l'origine du peuplement (production totale divisée par l'âge).

ANNEXE 2-2

TABLE DE PRODUCTION
POUR LE NORD-EST DE LA FRANCE
d'après SCHOBER, 1972

NORD-EST

CLASSE ✗ 9

AGE (ans)	PEUPLEMENT PRINCIPAL							ECLAIRCIES						Production totale (m^3)	Accroissement courant (m^3/an)	Accroissement moyen (m^3/an)	AGE (ans)
	Hauteur dominante (m)	Hauteur moyenne (m)	Nombre de tiges	Diamètre moyen (cm)	Volume arbre moyen (m^3)	Surface terrière (m^2)	Volume (m^3)	Nombre de tiges	Diamètre arbre moyen (m)	Volume arbre moyen (m^3)	Volume (m^3)	Volumes totaux (m^3)	% enlevé en éclaircie				
30	11.6	10.9	4 840	6.4	0.010	15.44	48	-	~	-	-	ʹ	-	48	-	1.6.	30
35	14.2	13.5	2 618	9.2	0.031	17.48	82	2 222	4.6	-	-	-	-	82	6.8	2.3	35
40	16.8	16.1	1 756	11.7	0.068	19.03	119	862	7.3	0.012	10	10	7.8	129	9.5	3.2	40
45	19.3	18.6	1 276	14.2	0.124	20.35	158	480	9.8	0.035	17	27	14.6	185	11.2	4.1	45
50	21.6	20.9	966	16.8	0.203	21.36	196	310	12.3	0.077	24	51	20.6	247	12.3	4.9	50
55	23.8	23.1	761	19.2	0.304	22.17	231	205	15.0	0.141	29	80	25.7	311	13.0	5.7	55
60	25.6	24.9	623	21.6	0.425	22.91	265	138	18.0	0.239	33	113	29.9	378	13.3	6.3	60
65	27.2	26.5	523	24.0	0.566	23.61	296	100	20.7	0.360	36	149	33.5	445	13.4	6.8	65
70	28.7	28.0	444	26.4	0.730	24.21	324	79	23.2	0.481	38	187	36.6	511	13.3	7.3	70
75	30.2	29.5	382	28.7	0.914	24.65	349	62	26.0	0.661	41	228	39.5	577	13.2	7.7	75
80	31.5	30.8	331	31.0	1.124	24.98	372	51	28.4	0.843	43	271	42.1	643	13.1	8.0	80
85	32.9	32.2	289	33.3	1.356	25.20	392	42	31.0	1.071	45	316	44.6	708	13.0	8.3	85
90	34.2	33.5	254	35.7	1.614	25.35	410	35	33.3	1.314	46	362	46.9	772	12.8	8.6	90
95	35.3	34.6	226	38.0	1.898	25.59	429	28	36.2	1.607	45	407	48.7	836	12.6	8.8	95
100	36.4	35.7	202	40.3	2.213	25.79	447	24	37.9	1.833	44	451	50.2	898	12.4	9.0	100
105	37.4	36.7	181	42.7	2.558	25.97	463	21	39.9	2.095	44	495	51.7	958	12.2	9.1	105
110	38.4	37.7	163	45.2	2.933	26.12	478	18	42.4	2.444	44	539	53.0	1 017	11.9	9.2	110
115	39.2	38.5	147	47.7	3.347	26.26	492	16	44.4	2.750	44	583	54.2	1 075	11.7	9.3	115
120	40.1	39.4	133	50.2	3.805	26.34	506	14	46.7	3.143	44	627	55.3	1 133	11.5	9.4	120
125	40.9	40.2	121	52.8	4.289	26.45	519	12	49.4	3.583	43	670	56.3	1 189	11.3	9.5	125
130	41.6	40.9	110	55.4	4.827	26.52	531	11	51.0	3.909	43	713	57.3	1 244	11.0	9.6	130
135	42.2	41.5	100	58.2	5.430	26.60	543	10	52.8	4.200	42	755	58.2	1 298	10.7	9.6	135
140	42.9	42.2	91	61.1	6.088	26.65	554	9	54.6	4.556	41	796	59.0	1 350	10.5	9.6	140
145	43.5	42.8	83	64.0	6.807	26.73	565	8	56.8	5.000	40	836	59.7	1 401	10.2	9.7	145
150	44.1	43.4	76	67.0	7.579	26.82	576	7	60.0	5.571	39	875	60.3	1 451	10.0	9.7	150

✗ Les classes de productivité sont basées sur l'accroissement moyen atteint à 100 ans

classe 9 – Accroissement moyen à 100 ans : 9 m^3/ha/an

ANNEXES

CLASSE 7

NORD-EST

AGE (ans)	PEUPLEMENT PRINCIPAL							ECLAIRCIES						Production totale (m³)	Accroissement courant (m³/an)	Accroissement moyen (m³/an)	AGE (ans)
	Hauteur dominante (m)	Hauteur moyenne (m)	Nombre de tiges	Diamètre moyen (cm)	Volume arbre moyen (m³)	Surface terrière (m²)	Volume (m³)	Nombre de tiges	Diamètre arbre moyen (cm)	Volume arbre moyen (m³)	Volume (m³)	Volumes totaux (m³)	% enlevé en éclaircie				
30	8.6	7.9	7 326	4.9	–	13.64	–	–	–	–	–	–	–	–	–	–	30
35	10.6	9.9	4 310	6.8	0.010	15.75	44	3 016	3.5	–	–	–	–	44	–	1.3	35
40	12.8	12.1	2 819	8.9	0.026	17.53	74	1 491	5.0	–	–	–	–	74	6.1	1.9	40
45	15.0	14.3	2 002	11.0	0.053	18.95	107	817	6.9	0.009	7	7	6.1	114	8.0	2.5	45
50	17.0	16.3	1 491	13.1	0.093	20.09	139	511	8.9	0.027	14	21	13.1	160	9.1	3.2	50
55	18.9	18.2	1 153	15.2	0.147	20.97	169	338	11.1	0.059	20	41	19.5	210	10.0	3.8	55
60	20.6	19.9	927	17.3	0.214	21.79	198	226	13.4	0.106	24	65	24.7	263	10.6	4.4	60
65	22.1	21.4	768	19.3	0.293	22.49	225	159	15.8	0.176	28	93	29.2	318	10.9	4.9	65
70	23.4	22.7	643	21.4	0.387	23.09	249	125	17.8	0.248	31	124	33.2	373	11.1	5.3	70
75	24.8	24.1	545	23.4	0.499	23.54	272	98	19.9	0.337	33	157	36.6	429	11.1	5.7	75
80	26.1	25.4	468	25.5	0.626	23.89	293	77	22.3	0.455	35	192	39.6	485	11.0	6.1	80
85	27.2	26.5	406	27.5	0.766	24.16	311	62	24.5	0.581	36	228	42.3	539	10.9	6.3	85
90	28.4	27.7	355	29.6	0.927	24.38	329	51	26.4	0.706	36	264	44.5	593	10.7	6.6	90
95	29.4	28.7	313	31.6	1.105	24.59	346	42	28.4	0.857	36	300	46.4	646	10.5	6.8	95
100	30.4	29.7	278	33.7	1.302	24.79	362	35	30.4	1.029	36	336	48.1	698	10.3	7.0	100
105	31.3	30.6	248	35.8	1.516	24.96	376	30	32.3	1.200	36	372	49.7	748	10.1	7.1	105
110	32.2	31.5	222	38.0	1.757	25.11	390	26	34.1	1.385	36	408	51.1	798	9.9	7.3	110
115	33.0	32.3	200	40.1	2.010	25.24	402	22	36.4	1.636	36	444	52.5	846	9.6	7.4	115
120	33.7	33.0	181	42.2	2.287	25.33	414	19	38.6	1.895	36	480	53.7	894	9.4	7.5	120
125	34.4	33.7	164	44.4	2.591	25.42	425	17	40.1	2.059	35	515	54.8	940	9.2	7.5	125
130	35.0	34.3	149	46.7	2.919	25.52	435	15	41.8	2.267	34	549	55.8	984	8.9	7.6	130
135	35.5	34.8	136	48.9	3.265	25.58	444	13	44.5	2.615	34	583	56.8	1 027	8.7	7.6	135
140	36.0	35.3	124	51.3	3.653	25.63	453	12	45.9	2.833	34	617	57.7	1 070	8.6	7.6	140
145	36.5	35.8	113	53.8	4.080	25.69	461	11	47.6	3.091	34	651	58.5	1 112	8.5	7.7	145
150	37.0	36.3	103	56.4	4.553	25.75	469	10	49.2	3.400	34	685	59.4	1 154	8.4	7.7	150

Classe 7 – Accroissement moyen à 100 ans : 7 m³/ha/an

NORD-EST

CLASSE 5

AGE (ans)	PEUPLEMENT PRINCIPAL							ECLAIRCIES						Production totale (m³)	Accroissement courant (m³/an)	Accroissement moyen (m³/an)	AGE (ans)
	Hauteur dominante (m)	Hauteur moyenne (m)	Nombre de tiges	Diamètre moyen (cm)	Volume arbre moyen (m³)	Surface terrière (m²)	Volume (m³)	Nombre de tiges	Diamètre arbre moyen (cm)	Volume arbre moyen (m³)	Volume (m³)	Volumes totaux (m³)	% enlevé en éclaircie				
30	5.6	4.9	15 019	3.2	–	11.96	–	–	–	–	–	–	–	–	–	–	30
35	7.1	6.4	9 004	4.5	–	14.12	–	6 015	2.0	–	–	–	–	–	–	–	35
40	8.8	8.1	5 822	5.9	0.005	16.01	27	3 182	3.0	–	–	–	–	27	–	0.7	40
45	10.6	9.9	3 888	7.6	0.014	17.55	53	1 934	4.0	–	–	–	–	53	5.1	1.2	45
50	12.4	11.7	2 723	9.4	0.029	18.79	78	1 165	5.3	0.005	6	6	7.1	84	6.4	1.7	50
55	14.0	13.3	2 048	11.1	0.051	19.78	104	675	7.2	0.015	10	16	13.3	120	7.3	2.2	55
60	15.6	14.9	1 595	12.8	0.082	20.59	130	453	8.9	0.033	15	31	19.3	161	8.0	2.7	60
65	17.0	16.3	1 283	14.5	0.120	21.29	154	312	10.7	0.058	18	49	24.1	203	8.5	3.1	65
70	18.3	17.6	1 052	16.3	0.168	21.89	177	231	12.3	0.091	21	70	28.3	247	8.7	3.5	70
75	19.5	18.8	881	18.0	0.225	22.38	198	171	14.2	0.135	23	93	32.0	291	8.7	3.9	75
80	20.6	19.9	747	19.7	0.290	22.77	217	134	15.8	0.179	24	117	35.0	334	8.6	4.2	80
85	21.6	20.9	639	21.4	0.368	23.08	235	108	17.4	0.231	25	142	37.7	377	8.5	4.4	85
90	22.6	21.9	553	23.2	0.454	23.34	251	86	19.0	0.291	25	167	40.0	418	8.3	4.6	90
95	23.5	22.8	483	24.9	0.551	23.55	266	70	20.8	0.371	26	193	42.0	459	8.1	4.8	95
100	24.4	23.7	424	26.7	0.660	23.77	280	59	22.3	0.441	26	219	43.9	499	7.9	5.0	100
105	25.2	24.5	375	28.5	0.781	23.93	293	49	24.0	0.531	26	245	45.5	538	7.7	5.1	105
110	26.0	25.3	333	30.3	0.913	24.08	304	42	25.6	0.643	27	272	47.2	576	7.6	5.2	110
115	26.7	26.0	297	32.2	1.061	24.18	315	36	27.3	0.750	27	299	48.7	614	7.4	5.3	115
120	27.3	26.6	266	34.1	1.222	24.28	325	31	28.9	0.871	27	326	50.1	651	7.2	5.4	120
125	27.9	27.2	240	36.0	1.392	24.38	334	26	31.1	1.000	26	352	51.3	686	7.0	5.5	125
130	28.4	27.7	217	37.9	1.576	24.47	342	23	32.7	1.130	26	378	52.5	720	6.9	5.5	130
135	28.9	28.2	197	39.8	1.777	24.53	350	20	34.7	1.300	26	404	53.6	754	6.8	5.6	135
140	29.4	28.7	179	41.8	1.994	24.58	357	18	36.1	1.444	26	430	54.6	787	6.7	5.6	140
145	29.9	29.2	163	43.9	2.233	24.64	364	16	38.0	1.625	26	456	55.6	820	6.6	5.7	145
150	30.3	29.6	149	45.9	2.490	24.70	371	14	40.0	1.857	26	482	56.5	853	6.6	5.7	150

Classe 5 - Accroissement moyen à 100 ans : 5 m³/ha/an

CLASSE 3

NORD-EST

AGE (ans)	PEUPLEMENT PRINCIPAL							ECLAIRCIES						Production totale (m³)	Accroissement courant (m³/an)	Accroissement moyen (m³/an)	AGE (ans)
	Hauteur dominante (m)	Hauteur moyenne (m)	Nombre de tiges	Diamètre moyen (cm)	Volume arbre moyen (m³)	Surface terrière (m²)	Volume (m³)	Nombre de tiges	Diamètre arbre moyen (cm)	Volume arbre moyen (m³)	Volume (m³)	Volumes totaux (m³)	% enlevé en éclaircie				
30	2.4	1.7	–	–	–	10.40	–	–	–	–	–	–	–	–	–	–	30
35	3.2	2.5	–	–	–	12.41	–	–	–	–	–	–	–	–	–	–	35
40	4.5	3.8	15 042	3.5	–	14.22	–	–	–	–	–	–	–	–	–	–	40
45	6.1	5.4	10 153	4.5	0.001	15.90	7	4 889	1.9	–	–	–	–	7	–	0.2	45
50	7.5	6.8	6 850	5.7	0.003	17.36	21	3 303	2.5	–	–	–	–	21	–	0.4	50
55	8.8	8.1	4 765	7.0	0.008	18.50	40	2 085	3.4	–	–	–	–	40	3.7	0.7	55
60	10.1	9.4	3 570	8.3	0.017	19.46	61	1 195	4.7	0.004	5	5	7.6	66	5.2	1.1	60
65	11.5	10.8	2 755	9.7	0.030	20.15	83	815	5.9	0.009	7	12	12.6	95	5.9	1.5	65
70	12.7	12.0	2 157	11.1	0.048	20.76	104	598	6.9	0.017	10	22	17.5	126	6.2	1.8	70
75	13.7	13.0	1 732	12.5	0.072	21.31	124	425	8.1	0.028	12	34	21.5	158	6.3	2.1	75
80	14.7	14.0	1 421	14.0	0.101	21.78	143	311	9.3	0.042	13	47	24.7	190	6.3	2.4	80
85	15.6	14.9	1 186	15.4	0.135	22.13	160	235	10.6	0.055	13	60	27.3	220	6.1	2.6	85
90	16.4	15.7	1 004	16.9	0.174	22.44	175	182	11.9	0.077	14	74	29.7	249	5.9	2.8	90
95	17.2	16.5	865	18.3	0.217	22.69	188	139	13.5	0.108	15	89	32.1	277	5.6	2.9	95
100	17.9	17.2	755	19.6	0.265	22.88	200	110	15.1	0.136	15	104	34.2	304	5.4	3.0	100
105	18.7	18.0	664	21.0	0.318	23.06	211	91	16.5	0.176	16	120	36.3	331	5.3	3.2	105
110	19.4	18.7	587	22.4	0.376	23.18	221	77	17.7	0.208	16	136	38.1	357	5.2	3.2	110
115	20.0	19.3	521	23.8	0.441	23.27	230	66	19.0	0.258	17	153	39.9	383	5.1	3.3	115
120	20.5	19.8	464	25.3	0.511	23.38	237	57	20.3	0.298	17	170	41.8	407	4.9	3.4	120
125	21.0	20.3	415	26.9	0.588	23.50	244	49	21.6	0.347	17	187	43.4	431	4.9	3.4	125
130	21.4	20.7	373	28.4	0.673	23.60	251	42	23.0	0.429	18	205	45.0	456	4.8	3.5	130
135	21.8	21.1	337	29.9	0.760	23.65	256	36	24.6	0.500	18	223	46.6	479	4.7	3.5	135
140	22.2	21.5	306	31.4	0.853	23.68	261	31	26.4	0.581	18	241	48.0	502	4.6	3.6	140
145	22.6	21.9	279	32.9	0.953	23.71	266	27	27.9	0.667	18	259	49.3	525	4.5	3.6	145
150	22.9	22.2	256	34.4	1.059	23.75	271	23	29.8	0.783	18	277	50.5	548	4.5	3.7	150

Classe 3 – Accroissement moyen à 100 ans : 3 m³/ha/an

ANNEXE 2-3

TABLE DE PRODUCTION
POUR LE NORD-OUEST DE LA FRANCE
d'après Hamilton et Christie, 1971

NORD-OUEST

CLASSE * 10

AGE (ans)	PEUPLEMENT PRINCIPAL							ECLAIRCIES						Produc-tion totale (m³)	Accrois-sement courant (m³/an)	Accrois-sement moyen (m³/an)	AGE (ans)
	Hauteur dominante (m)	Hauteur moyenne (m)	Nombre de tiges	Diamètre moyen (cm)	Volume arbre moyen (m³)	Surface terrière (m²)	Volume (m³)	Nombre de tiges	Diamètre arbre moyen (cm)	Volume arbre moyen (m³)	Volume (m³)	Volumes totaux (m³)	% enlevé en éclaircie				
20	11.5	–	4 600	7.8	0.012	21.9	56	–	–	–	–	–	–	56	10.3	2.8	20
25	14.3	–	2 902	9.7	0.029	21.3	85	1 698	7.6	0.015	26	26	23.4	111	11.7	4.4	25
30	17.0	–	1 840	12.0	0.060	20.8	111	1 062	8.9	0.033	35	61	35.5	172	12.6	5.7	30
35	19.3	–	1 236	14.9	0.113	21.5	140	604	10.7	0.058	35	96	40.5	237	13.2	6.8	35
40	21.3	–	886	18.1	0.194	22.9	172	350	12.8	0.100	35	131	43.1	304	13.5	7.6	40
45	23.0	–	667	21.5	0.309	24.3	206	219	15.4	0.160	35	166	44.6	372	13.6	8.3	45
50	24.4	–	526	25.0	0.454	25.8	239	141	18.3	0.247	35	201	45.7	440	13.5	8.8	50
55	25.7	–	428	28.5	0.633	27.3	271	98	21.4	0.356	35	236	46.5	507	13.2	9.2	55
60	26.9	–	358	32.0	0.841	28.7	301	70	24.6	0.497	35	271	47.4	572	12.7	9.5	60
65	28.0	–	305	35.4	1.075	29.9	328	53	27.7	0.663	35	306	48.3	634	12.1	9.8	65
70	29.0	–	265	38.6	1.328	31.1	352	40	30.9	0.873	35	341	49.2	693	11.5	9.9	70
75	29.9	–	232	41.9	1.603	32.0	372	33	34.1	1.061	35	376	50.3	748	10.8	10.0	75
80	30.6	–	205	45.2	1.902	32.8	390	27	37.3	1.280	34	410	51.3	800	10.1	10.0	80
85	31.4	–	183	48.3	2.213	33.6	405	22	40.3	1.540	33	443	52.2	849	9.4	10.0	85
90	32.0	–	166	51.4	2.530	34.4	420	17	43.4	1.809	31	474	53.0	894	8.9	9.9	90
95	32.5	–	152	54.3	2.849	35.0	433	14	46.3	2.076	30	504	53.8	937	8.4	9.9	95
100	33.0	–	139	57.1	3.201	35.7	445	13	49.0	2.350	29	533	54.4	979	8.0	9.8	100
105	33.5	–	129	59.9	3.535	36.2	456	10	51.7	2.642	28	561	55.1	1 018	7.6	9.7	105
110	33.9	–	119	62.6	3.916	36.7	466	10	54.2	2.925	27	588	55.7	1 055	7.2	9.6	110
115	34.3	–	111	65.3	4.279	37.2	475	8	56.8	3.220	26	614	56.3	1 090	6.8	9.5	115
120	34.7	–	104	67.9	4.635	37.6	482	7	59.3	3.556	26	640	57.0	1 123	6.4	9.4	120
125	35.0	–	97	70.4	5.031	37.9	488	7	61.6	3.846	25	665	57.6	1 154	6.1	9.2	125
130	35.3	–	92	72.9	5.359	38.3	493	5	64.0	4.224	25	690	58.3	1 183	5.7	9.1	130
135	35.5	–	86	75.3	5.779	38.5	497	6	66.3	4.463	24	714	59.0	1 211	5.4	9.0	135
140	35.7	–	81	77.8	6.173	38.7	500	5	68.6	4.740	24	738	59.6	1 238	5.2	8.8	140
145	36.0	–	77	80.2	6.519	38.8	502	4	71.1	5.087	23	761	60.3	1 263	4.9	8.7	145
150	36.2	–	73	82.7	6.863	38.9	501	4	73.3	5.372	23	784	61.0	1 286	4.7	8.6	150

* Les classes de productivité sont basées sur l'accroissement moyen maximum

Classe 10 – Accroissement moyen maximum : 10 m³/ha/an

NORD-OUEST

CLASSE 8

AGE (ans)	PEUPLEMENT PRINCIPAL							ECLAIRCIES						Produc-tion totale (m³)	Accrois-sement courant (m³/an)	Accrois-sement moyen (m³/an)	AGE (ans)
	Hauteur dominante (m)	Hauteur moyenne (m)	Nombre de tiges	Diamètre moyen (cm)	Volume arbre moyen (m³)	Surface terrière (m²)	Volume (m³)	Nombre de tiges	Diamètre arbre moyen (cm)	Volume arbre moyen (m³)	Volume (m³)	Volumes totaux (m³)	% enlevé en éclaircie				
20	9.8	-	4 990	6.9	0.006	18.1	32	-	-	-	-	-	-	32	8.3	1.6	20
25	12.2	-	4 108	8.2	0.017	21.7	69	882	6.9	0.012	7	7	9.2	76	9.2	3.0	25
30	14.4	-	2 724	9.9	0.032	21.1	88	1 384	7.8	0.020	28	35	28.5	123	9.8	4.1	30
35	16.4	-	1 872	12.1	0.059	21.4	111	852	9.0	0.033	28	63	36.2	174	10.3	5.0	35
40	18.2	-	1 329	14.6	0.102	22.2	135	543	10.4	0.052	28	91	40.3	226	10.7	5.7	40
45	19.7	-	989	17.4	0.164	23.5	162	340	12.3	0.082	28	119	42.3	281	11.0	6.2	45
50	21.0	-	766	20.3	0.247	24.7	189	223	14.5	0.125	28	147	43.8	336	11.0	6.7	50
55	22.2	-	613	23.2	0.352	26.0	216	153	16.8	0.184	28	175	44.8	391	10.9	7.1	55
60	23.3	-	505	26.2	0.479	27.3	242	108	19.3	0.259	28	203	45.6	445	10.6	7.4	60
65	24.3	-	426	29.2	0.624	28.4	266	79	22.0	0.354	28	231	46.5	497	10.2	7.6	65
70	25.2	-	365	32.1	0.789	29.5	288	61	24.6	0.463	28	259	47.3	547	9.7	7.8	70
75	26.0	-	318	34.9	0.965	30.4	307	47	27.3	0.592	28	287	48.3	594	9.2	7.9	75
80	26.8	-	280	37.7	1.154	31.2	323	38	30.0	0.731	28	315	49.4	638	8.7	8.0	80
85	27.4	-	249	40.4	1.357	32.0	338	31	32.6	0.881	27	342	50.3	680	8.2	8.0	85
90	28.1	-	224	43.1	1.567	32.6	351	25	35.3	1.048	26	368	51.1	720	7.7	8.0	90
95	28.6	-	204	45.6	1.784	33.3	364	20	37.8	1.227	25	393	51.9	757	7.4	8.0	95
100	29.1	-	187	48.1	2.011	33.9	376	17	40.2	1.404	24	417	52.6	793	7.0	7.9	100
105	29.5	-	172	50.6	2.244	34.5	386	15	42.5	1.589	23	440	53.2	827	6.6	7.9	105
110	29.9	-	159	52.9	2.491	35.0	396	13	44.8	1.778	22	462	53.8	859	6.2	7.8	110
115	30.3	-	148	55.2	2.730	35.5	404	11	47.1	1.991	22	484	54.4	889	5.8	7.7	115
120	30.6	-	139	57.5	2.957	36.0	411	9	49.2	2.163	21	505	55.1	917	5.4	7.6	120
125	30.9	-	130	59.7	3.200	36.3	416	9	51.4	2.379	21	526	55.8	942	5.1	7.5	125
130	31.0	-	122	61.8	3.443	36.7	420	8	53.5	2.590	20	546	56.5	967	4.8	7.4	130
135	31.2	-	115	64.0	3.687	37.0	424	7	55.6	2.789	20	566	57.2	990	4.6	7.3	135
140	31.4	-	109	66.1	3.917	37.2	427	6	57.6	2.985	19	585	57.7	1 013	4.4	7.2	140
145	31.6	-	103	68.2	4.175	37.4	430	6	59.5	3.183	19	604	58.4	1 035	4.1	7.1	145
150	31.7	-	97	70.3	4.423	37.6	429	6	61.5	3.357	19	623	59.2	1 052	3.9	7.0	150

Classe 8 - Accroissement moyen maximum : 8 m³/ha/an

NORD-OUEST

CLASSE 6

AGE (ans)	PEUPLEMENT PRINCIPAL						ECLAIRCIES						Produc-tion totale (m³)	Accrois-sement courant (m³/an)	Accrois-sement moyen (m³/an)	AGE (ans)
	Hauteur dominante (m)	Hauteur moyenne (m)	Nombre de tiges	Diamètre moyen (cm)	Volume arbre moyen (m³)	Surface terrière (m²)	Volume (m³)	Nombre de tiges	Diamètre arbre moyen (cm)	Volume arbre moyen (m³)	Volume (m³)	Volumes totaux (m³)	% enlevé en éclaircie				
25	9.6	−	4 700	6.7	0.009	16.6	40	−	−	−	−	−	−	40	6.4	1.6	25
30	11.4	−	3 946	8.0	0.015	19.8	61	754	6.9	0.011	12	12	16.4	73	7.0	2.4	30
35	13.1	−	2 684	9.7	0.028	19.7	76	1 262	7.5	0.017	21	33	30.3	109	7.5	3.1	35
40	14.6	−	1 928	11.6	0.049	20.4	94	756	8.6	0.028	21	54	36.7	147	7.9	3.7	40
45	15.9	−	1 423	13.8	0.079	21.2	113	505	9.9	0.042	21	75	39.9	188	8.2	4.2	45
50	17.1	−	1 087	16.2	0.122	22.3	133	336	11.5	0.062	21	96	41.9	229	8.4	4.6	50
55	18.2	−	855	18.7	0.181	23.4	155	232	13.2	0.091	21	117	43.2	271	8.4	4.9	55
60	19.2	−	691	21.3	0.255	24.6	176	164	15.1	0.129	21	138	43.9	314	8.4	5.2	60
65	20.1	−	574	23.9	0.341	25.7	196	117	17.3	0.180	21	159	44.8	355	8.2	5.5	65
70	20.9	−	487	26.4	0.444	26.7	216	87	19.5	0.241	21	180	45.6	395	7.9	5.6	70
75	21.6	−	420	29.0	0.555	27.7	233	67	21.8	0.314	21	201	46.3	434	7.6	5.8	75
80	22.3	−	367	31.5	0.678	28.5	249	53	24.0	0.395	21	222	47.1	471	7.2	5.9	80
85	22.9	−	324	33.9	0.812	29.3	263	43	26.3	0.487	21	243	48.0	506	6.8	5.9	85
90	23.5	−	289	36.3	0.952	29.9	275	35	28.6	0.592	21	264	49.0	539	6.5	6.0	90
95	24.0	−	260	38.7	1.100	30.5	286	29	30.9	0.699	20	284	49.8	570	6.1	6.0	95
100	24.4	−	237	40.9	1.253	31.1	297	23	33.1	0.820	19	303	50.5	600	5.8	6.0	100
105	24.8	−	217	43.1	1.410	31.7	306	20	35.2	0.939	18	321	51.1	628	5.5	6.0	105
110	25.2	−	201	45.3	1.567	32.3	315	16	37.4	1.074	18	339	51.8	654	5.1	5.9	110
115	25.5	−	187	47.3	1.727	32.8	323	14	39.3	1.190	17	356	52.4	679	4.8	5.9	115
120	25.7	−	174	49.4	1.891	33.3	329	13	41.4	1.333	16	372	53.1	701	4.4	5.8	120
125	25.9	−	164	51.3	2.043	33.8	335	10	43.3	1.459	16	388	53.7	723	4.1	5.8	125
130	26.1	−	154	53.3	2.201	34.2	339	10	45.2	1.582	16	404	54.4	743	3.9	5.7	130
135	26.2	−	145	55.2	2.366	34.6	343	9	47.1	1.727	15	419	55.1	761	3.7	5.6	135
140	26.3	−	137	57.0	2.526	34.9	346	8	48.8	1.852	15	434	55.7	779	3.5	5.6	140
145	26.4	−	129	58.9	2.698	35.2	348	8	50.7	2.000	15	449	56.4	796	3.2	5.5	145
150	26.5	−	122	60.7	2.844	35.4	347	7	52.4	2.116	15	464	57.3	810	3.0	5.4	150

Classe 6 − Accroissement moyen maximum : 6 m³/ha/an

CLASSE 4

NORD-OUEST

AGE (ans)	PEUPLEMENT PRINCIPAL						ECLAIRCIES						Production totale (m^3)	Accroissement courant (m^3/an)	Accroissement moyen (m^3/an)	AGE (ans)
	Hauteur dominante (m)	Hauteur moyenne (m)	Nombre de tiges	Diamètre moyen (cm)	Volume arbre moyen (m^3)	Surface terrière (m^2)	Volume (m^3)	Nombre de tiges	Diamètre arbre moyen (cm)	Volume arbre moyen (m^3)	Volume (m^3)	Volumes totaux (m^3)	% enlevé en éclaircie				
30	8.3	–	5 200	6.2	0.005	15.7	26	–	–	–	–	–	–	26	4.7	0.9	30
35	9.6	–	4 185	7.2	0.010	16.9	41	1 015	6.7	0.009	9	9	18.0	50	5.0	1.4	35
40	10.9	–	3 048	8.4	0.017	16.9	53	1 137	7.2	0.012	14	23	30.3	76	5.3	1.9	40
45	12.0	–	2 279	9.9	0.029	17.6	66	769	7.9	0.018	14	37	35.9	103	5.5	2.3	45
50	13.1	–	1 729	11.7	0.046	18.5	80	550	8.7	0.025	14	51	38.9	131	5.7	2.6	50
55	14.0	–	1 335	13.6	0.070	19.5	94	394	9.8	0.036	14	65	40.9	159	5.8	2.9	55
60	14.9	–	1 064	15.7	0.102	20.6	109	271	11.1	0.052	14	79	42.0	188	5.8	3.1	60
65	15.7	–	869	17.8	0.144	21.6	125	195	12.6	0.072	14	93	42.7	218	5.8	3.3	65
70	16.4	–	724	20.0	0.192	22.7	139	145	14.2	0.097	14	107	43.5	246	5.8	3.5	70
75	17.0	–	616	22.1	0.250	23.6	154	108	15.9	0.130	14	121	44.0	275	5.6	3.7	75
80	17.6	–	532	24.2	0.314	24.5	167	84	17.6	0.166	14	135	44.7	302	5.4	3.8	80
85	18.2	–	464	26.4	0.386	25.3	179	68	19.4	0.208	14	149	45.4	328	5.1	3.9	85
90	18.6	–	411	28.4	0.462	26.1	190	53	21.3	0.260	14	163	46.2	353	4.9	3.9	90
95	19.0	–	366	30.5	0.546	26.7	200	45	23.1	0.313	14	177	46.9	377	4.6	4.0	95
100	19.4	–	328	32.6	0.634	27.3	208	38	25.0	0.373	14	191	47.9	399	4.3	4.0	100
105	19.7	–	296	34.6	0.726	27.8	215	32	27.0	0.443	14	205	48.8	420	4.1	4.0	105
110	20.0	–	270	36.5	0.822	28.3	222	26	28.8	0.510	13	218	49.5	440	3.8	4.0	110
115	20.2	–	249	38.4	0.916	28.8	228	21	30.7	0.582	12	230	50.2	458	3.6	4.0	115
120	20.4	–	231	40.2	1.009	29.3	233	18	32.4	0.657	12	242	50.8	476	3.4	4.0	120
125	20.6	–	216	41.9	1.106	29.9	239	15	34.1	0.730	11	253	51.4	492	3.1	3.9	125
130	20.7	–	203	43.7	1.197	30.4	243	13	35.8	0.806	11	264	52.1	507	2.9	3.9	130
135	20.8	–	191	45.3	1.288	30.8	246	12	37.4	0.875	11	275	52.8	521	2.6	3.9	135
140	20.8	–	180	47.0	1.378	31.3	248	11	39.1	0.953	10	285	53.5	533	2.4	3.8	140
145	20.9	–	170	48.6	1.465	31.6	249	10	40.6	1.020	10	295	54.2	544	2.2	3.8	145
150	20.9	–	161	50.3	1.553	32.0	250	9	42.2	1.099	10	305	55.0	555	2.0	3.7	150

Classe 4 - Accroissement moyen maximum : 4 m^3/ha/an

TABLEAU SYMPTOMATOLOGIQUE SYNOPTIQUE DES DOMMAGES CAUSÉS AU HÊTRE
(Fagus silvatica L.)
(se rapporte au Chapitre 9)

ANNEXE 3

TABLEAU SYMPTOMATOLOGIQUE SYNOPTIQUE DES DOMMAGES CAUSÉS AU HÊTRE
(Fagus silvatica L.)
(se rapporte au Chapitre 9)

Organes atteints	Symptômes	Eléments de diagnostic complémentaires	Cause
Graines	● pourriture cotylédonaire		*Rhizoctonia solani* Kühn
	● disparition	Traces au sol Concentrations automnales d'oiseaux	Sanglier Oiseaux : Pigeon ramier, Pinson du Nord
		Consommation immédiate (début novembre)	Rongeurs, Mulot : Campagnol roussâtre
Plantules	● cisaillement au collet dans des semis clairs, plants lignifiés − strangulation ou nécrose au collet	Sols sombres, riches en humus ; dégâts intervenant de mai à août	Chaleur
	● taches cotylédonaires décolorées puis brunâtre couvertes d'un fin duvet blanchâtre, altération gagnant la tigelle, effondrement de la plantule	Semis dense, forte humidité en mai-juin	*Phytophthora omnivora* : « fonte des semis »
	● abroutissement, disparition	Traces au sol	Cervidés

Organes atteints	Symptômes	Eléments de diagnostic complémentaires	Cause
Feuilles	• lésions irrégulières en rangées parallèles entre les nervures latérales, coloration brune partielle ou totale de la bordure du limbe	Température $< 0\ ^{\circ}$C peu après le débourrement	Gelée
	• lésions brunes irrégulières bordées de noir ; minuscules points noirs face inférieure		Anthracnose (*Discula quercina*)
	• filaments blanchâtres, tirant sur le bleu, cotonneux à la face inférieure de la feuille, présence de miellat	Débute dès les premières feuilles	Puceron laineux (*Phyllaphis fagi*)
	• cheminement d'une mineuse à partir d'un point sur la nervure principale, prolongé par une tache foliaire s'élargissant jusqu'à la bordure du limbe		*Orchestes fagi*
	• ébourgeonnements des branches basses		Mulot Campagnol roussâtre
	• nécroses internervaires	Source polluante alentour. Symptômes analogues sur d'autres essences	Dioxyde de Soufre
	• nécroses apicales	Appauvrissement de la flore lichenique	Fluor
	• jaunissement localisé, teinte blanche généralisée, dessèchement brutal, allongement anormal, feuilles vrillées, pousses fissurées longitudinalement, nanification, épaississement du collet	Traitement herbicide récent	Herbicide

Organes atteints	Symptômes	Eléments de diagnostic complémentaires	Cause
Rameaux Branches Troncs	● fissures longitudinales parfois suintantes	Liées avec l'orientation ou apparaissant au printemps	Insolation ou gel
	● trace elliptique sur l'écorce associée à un défaut en forme de T en coupe transversale dans le bois	Conditions microclimatiques particulières (contraste de température)	Maladie du « T »
	● zone nécrotique rougeâtre, bordée par un bourrelet cicatriciel, renflement de la tige en col de « naja »	Régénération naturelle	Chancre *(Nectria ditissima)*
	● points blancs cotonneux hydrofuges, plus ou moins denses puis noircissement localisé des cires, et apparition d'un écoulement noirâtre		Cochenille *(Cryptococcus fagisuga)* $+$ *Nectria coccinea* $\downarrow$ $=$ Maladie de l'écorce
	● pousses cisaillées — résidu fibreux à la section		Cervidés
	— section nette		Rongeurs
	● écorcage — lanières arrachées ou frottures		Cervidés
	— écorce rongée en plaques	Plantations ou régénérations naturelles	Lérot Ecureuil
	— écorce découpée en spirale		
Bois	● zone brun-rougeâtre flammée dans le sens radial au cœur de l'arbre abattu	Arbres surannés	Cœur rouge
	● Altération de l'aubier des arbres abattus		Echauffure

Organes atteints	Symptômes	Eléments de diagnostic complémentaires	Cause
Racines	● coloration noire, odeur aigre. Prolongement sur le tronc par une tache sombre en flamme avec exsudation noirâtre	Sols argilolimoneux mal drainés	Encre *(Phytophthora)*
	● Lame fine au niveau du cambium, cordonnets mycéliens blancs puis noirs	Consécutif à un affaiblissement	Armillaire couleur de miel *(Armillaria mellea)*
Ensemble	● Cime clairsemée, feuillage jaunissant, dépérissement progressif, parfois aggrégation des arbres atteints	Conditions climatiques exceptionnelles. Intervention de l'Armillaire	Déficit hydrique prolongé

GLOSSAIRE

Abroutissement : prélèvement à but alimentaire effectué par les herbivores sur des végétaux herbacés ou ligneux.

Acidophile ou acidiphile : qui a son optimum écologique sur les sols acides.

Affouragement : apport de fourrage pour nourrir ou compléter la nourriture des cervidés.

Allélopathie : propriété pour une plante de libérer dans le sols des substances ayant un effet inhibiteur sur la germination ou la croissance d'une autre plante.

Allogamie : fécondation croisée entre deux ou plusieurs individus.

Analyse pollinique : détermination du pourcentage des pollens de différentes espèces contenus à différents niveaux d'un sol. Elle permet une reconstitution approximative de la végétation à une époque donnée et l'étude de son évolution au cours des âges.

Androgyne : se dit d'une plante qui présente quelques fleurs mâles dans une inflorescence femelle, ou qui se caractérise par l'apparition successive de fleurs mâles puis de fleurs femelles sur la même inflorescence.

Anémophilie : caractérise les espèces allogames pour lesquelles le transport du pollen se fait par le vent.

Anthère : partie terminale de l'étamine, constituée généralement de deux loges (ou thèques) contenant le pollen.

Anthracologie : étude des charbons de bois fossiles en vue de la reconstitution des climats et des végétations passés.

Anthracnose : nom commun de maladies caractérisées par des lésions noires provoquées par des champignons imparfaits.

Anticryptogamique : qui altère la croissance ou le développement d'un champignon.

Apex : extrémité externe du cylindre central d'une racine ou d'une tige.

Archetype : type primitif, ancêtre.

Ascomycète : groupe de champignons à thalle filamenteux articulé, dont la reproduction sexuelle s'effectue par l'intermédiaire d'un asque contenant 8 ascopores.

Ascospores : spores issues de la reproduction sexuelle des ascomycètes.

Autogamie : fécondation entre les fleurs mâles et femelles d'un même individu.

Basipète : allant du sommet vers la base.

Bas-perchis : fait suite au gaulis. Les hauteurs de l'étage dominant sont de l'ordre de 8 à 12 m ; la progression dans un tel peuplement n'offre pas de difficulté.

Bois parfait : bois de la zone interne de l'arbre correspondant aux couches les plus anciennement formées et ne comportant plus de cellules vivantes (cf. cœur).

Bois ronds : bois abattus ou façonnés en grumes, billons, rondins ou bûches n'ayant pas subi de première transformation industrielle.

Bois de trituration : bois destiné à la fabrication de pâte à papier et des panneaux de fibres et de particules.

Bourgeon dormant : bourgeon non apparent = bourgeon proventif.

Brame : cri poussé par le cerf au moment du rut. par extension, période du rut pour le cerf.

Cambium : assise génératrice libéro-ligneuse, donnant du liber (ou phloème) à sa face externe et du bois (ou xylène) à sa face interne.

Cecidomyie : insecte de l'ordre des Diptères et de la famille des Cecidomyiidae dont les larves pourraient se nourrir de larves de cochenille (lutte biologique).

Chancre : faciès correspondant à une altération plus ou moins étendues des organes lignifiées d'une plante ligneuse.

Chaton : ensemble de fleurs unisexuées disposées en rangs serrés le long d'un axe non ligneux.

Chlamydospores : spores à paroi épaisse formée à partir du mycelium ou des conidies de certaines espèces. Elles assurent la conservation de l'espèce.

Chorologie : étude des aires actuelles d'extension géographique et des migrations des êtres vivants (végétaux et animaux).

Clone : tous les individus, ou ramets, issus d'un même plant, ou ortet, par voie végétative. Sauf mutation naturelle ou induite, ces ramets sont identiques du point de vue génétique.

Collet : partie de la plante située au point de rencontre de la tige et de la racine.

Conidies : spores asexuées produites par une terminaison mycélienne.

Coraloïde : en forme de corail.

Cortical : relatif à l'écorce.

Cotylédons : feuilles embryonnaires dans la graine, stockant souvent les réserves.

Culture in vitro : culture de tissus ou d'organes sur milieu artificiel en complète aseptie.

Cyme : type d'inflorescence dans lequel les fleurs latérales dépassent les fleurs centrales.

Débardage : opération consistant à amener les bois du point de chute jusqu'à l'emplacement de stockage ou d'embarquement par des moyens appropriés.

Débourrement : phase d'apparition de l'appareil foliaire.

Débusquage : phase préliminaire du débardage; en principe, se place du point de chute au lieu de reprise par les moyens de transports.

(se) Décantonner : se dit de certains animaux forestiers (et notamment du sanglier) qui n'ont pas un tempérament sédentaire affirmé, lorsqu'ils quittent le coin de forêt où ils vivaient depuis un certain temps.

Dehiscence : ouverture.

Déhiscent : qui s'ouvre.

Delignure : chute de bois résultant du sciage.

Descendance maternelle : descendance dont seule la mère est connue.

Distale : qui intéresse l'extrémité d'un organe.

Distique : à jeunes rameaux étalés dans un plan par rapport à un rameau principal.

Dortoir : lieu de concentration pour le repos nocturne d'oiseaux grégaires durant le stationnement hivernal.

Dysmoder : moder ayant un horizon A_0 présentant une couche brun sombre épaisse constituée par des déjections de la mésofaune (collemboles et enchytréides) (voir moder).

Ebourgeonnement : enlèvement des bourgeons.

Ecorce : ensemble de tissus extérieurs au cambium.

Ectomycorhize : mycorhize à mycelium intercellulaire ne pénétrant pas à l'intérieur des cellules.

Effet année : effet des conditions climatiques d'une année déterminée.

Effet de mulch : protection contre une évaporation excessive par formation d'un mulch (voir mulch).

Effet famille : effet du potentiel génétique de la famille.

Effet parasite : effet dépressif de l'organisme parasite sur l'hôte.

Elagabilité : aptitude d'un arbre à perdre des branches mortes.

Eluvial : horizon appauvri, par opposition à l'horizon illuvial ou horizon d'accumulation.

Endogène : interne à l'individu.

Endoderme : zone externe d'une racine, comprise entre l'épiderme et le cylindre central.

Endomycorhize : mycorhize à mycelium pénétrant à l'intérieur des cellules.

Epiderme : couche de cellules directement en contact avec l'extérieur.

Ethologie : étude du comportement (des animaux).

Exogène : extérieur à l'individu.

Extorse : s'ouvrant vers l'extérieur.

Faon : petit de cervidé.

Flagelle : organe long, mince et flexible de certains microorganismes, servant à leur locomotion en milieu liquide.

Fongicide (substance) : qui a le pouvoir de tuer les champignons.

Fongistatique (substance) : qui est capable de stopper le développement d'un champignon.

Fourchaison : fait pour un arbre de présenter des troncs fourchus à une hauteur relativement faible.

Fourré : stade consécutif à celui du semis. Peuplement formé de tiges très nombreuses, ramifiées. Diamètre : moins de 1 cm, hauteur : 0,5 cm à 3 m. Pénétration difficile sauf aux sangliers.

Fructification : en mycologie, organe contenant les spores du champignon.

Gagnage : lieu où les cervidés viennent chercher leur nourriture.

Gamosépale : à sépales soudés.

Gaulis : stade consécutif à celui de fourré. Peuplement formé de tiges encore flexibles. Diamètre 1 à 5 cm et hauteur 3 à 6 m. Pénétration et circulation difficiles.

Génotype : constitution héréditaire totale d'un individu en ce qui concerne un ou plusieurs caractères.

Gley : horizon hydromorphe entièrement réduit, où les oxydes de fer sont soit sous forme ferrique, soit ont été entraînés par drainage latéral ou vertical.

Héliophile : qui a besoin de lumière.

Herbicide : substance ou préparation permettant de lutter contre les mauvaises herbes.

Herbicide systémique : herbicide susceptible d'être efficace après pénétration et diffusion à l'intérieur de la plante traitée.

Héritabilité génétique ou héritabilité au sens étroit : partie de la variabilité totale du matériel étudié, reproductible à la génération suivante par voie générative, c'est-à-dire par les semences.

Hyperparasite : organisme vivant aux dépens d'un parasite.

Hyphe : filament de champignon.

Hyphomycètes : champignons dont les spores apparaissent directement sur le mycelium sans formation d'une structure particulière.

Hypogée : souterrain.

Infestation : occupation d'une plante par un parasite.

Infradensité : rapport entre le poids anhydre et le volume saturé du même échantillon de bois.

Inoculum : matériel infectieux potentiel disponible dans l'eau, l'air ou le sol, qui peut assurer l'infection d'une plante sensible par un parasite.

Involucre : ensemble des bractées placées en verticille.

Liber (= phloème secondaire) : ensemble de cellules provenant du fonctionnement de la face externe du cambium.

Lignivore : qui se nourrit aux dépens des formations ligneuses.

Loculaire : divisé en loges.

Macropaléobotanique : partie de la paléobotanique étudiant les restes macroscopiques des végétaux fossiles (charbons de bois, troncs fossilisés...).

Marcescence : aptitude à conserver son feuillage sénescent pendant le repos végétatif.

Mésoacidiphile : qui a son optimum écologique sur les sols moyennement acides.

Mésoclimat : climat local, intermédiaire entre climat régional et microclimat. C'est le climat à l'échelle d'une station forestière.

Micropodzolisation : formation d'horizons podzoliques peu épais sur quelques centimètres (voir podzolisation et spodique).

Miellat : substance à base de sucres secrétée par des pucerons.

Minirhizotron : boîte parallélipipédique transparente, à parois mobiles, permettant d'étudier la croissance des racines.

Moder : horizon de surface (A_1) mal structuré, avec mauvaise liaison matière organique − matière minérale ; existence d'un horizon A entièrement humifère (A_0), peu épais, acide, à minéralisation lente de la matière organique.

Monopodique : se dit d'une croissance au cours de laquelle la tige principale s'accroît sans cesse en donnant de chaque côté des rameaux axillaires.

Mor : humus. Horizon de surface (A_1) non structuré, avec juxtaposition de la matière organique et de la matière minérale ; existence d'un horizon A entièrement humifère (A_0) très épais, très acide à minéralisation très lente de la matière organique.

Mort-bois : espèce ligneuse (arbuste, arbrisseau ou sous-arbrisseau) de peu d'intérêt ou gênante dans le sous-bois.

Mouflage : installation de poulies de renvoi permettant un trajet non rectiligne.

Mulch : formation d'une couche structurée à porosité grossière protégeant le reste du sol contre une évaporation excessive par rupture de la remontée capillaire.

Mull : horizon de surface (A_1) bien structuré avec une bonne liaison entre matière organique et argile ; pas d'horizon entièrement humifère.

Mycelium : thalle végétatif des champignons.

Mycoflore : ensemble des espèces fongiques composant la population de microorganismes dans un écosystème.

Mycorhize : association (symbiose) d'une racine et d'un champignon.

Nécrose : zone morte d'une plante ou d'un tissu.

Ombrothermique : relatif aux précipitations et aux températures.

Oospore : œuf des oomycètes, résultant de la fécondation d'un gamête femelle ou oosphère inclus dans un oogène, par un anthérozoïde issu du gamétange mâle ou anthéridie.

Palmette mycélienne : formation mycélienne en pellicule, fine, développée au niveau du cambium.

Parc à clones : collection d'arbres dont chaque ortet ou clone est représenté par un ou plusieurs ramets (copies végétatives).

Parthénocarpie : développement de l'ovaire en fruit sans fécondation.

Parthénogénétique : qui se reproduit à partir d'un ovule non fécondé (terme utilisé chez les animaux, pour les végétaux on utilise le terme parthénocarpique).

Parthénogenèse : développement d'un embryon sans fécondation.

Pathotype : subdivision d'une espèce se distinguant par des caractères de son pouvoir pathogène en relation avec une gamme d'hôte.

Pélosol : sol à texture très argileuse.

Pélosol vertique : pélosol à argile gonflante.

Perchis : stade consécutif à celui du gaulis. Peuplement formé de tiges rigides tendant à s'individualiser. Circulation relativement facile. Elagage naturel intense.

Périanthe : ensemble des pétales et des sépales (corolle + calice).

Péricarpe : ensemble des enveloppes du fruit résultant de la transformation de l'ovaire après fécondation.

Périderme : au sens large, ensemble comprenant le phellogène, le suber et le phelloderme. Au sens strict, le suber.

Perithèce : appareil reproducteur de certains ascomycètes. Conceptacle à parois plus ou moins épaisses, clos ou pourvu d'un col et d'un estiole.

Phelloderme : tissu parenchymateux issu du fonctionnement du phellogène sur sa face interne.

Phellogène : assise secondaire la plus externe de l'arbre, produisant sur sa face externe le suber ou liège, et sur sa face interne le phelloderme.

Phénotype : l'ensemble des caractères visibles d'un organisme résultant de l'action de son génotype, du milieu et de l'interaction de son génotype avec le milieu.

Photographies fausses couleurs : photographies obtenues à partir d'une émulsion spéciale à trois couches dont l'une est sensible aux infrarouges ; le rendu coloré est différent des couleurs normales.

Phyllotaxie : disposition des feuilles sur la tige, et, par extension, des bourgeons et des rameaux.

Phytocide : substance chimique détruisant, sélectivement ou non, la végétation.

Phytotoxique : terme qualifiant une substance ou préparation capable d'occasionner aux végétaux des altérations passagères ou durables.

Plagiotrope : qui a un développement horizontal.

Planipennes (ordre des) : insectes dont les larves pourraient se nourrir d'œufs de larves de cochenille (lutte biologique). A cet ordre appartiennent les genres *Chrysopa* et *Hemerobius*.

Podzolisation : destruction de l'argile avec libération de l'aluminium et de la silice sous l'effet de la matière organique acide des horizons de type mor, et migration des éléments ainsi libérés et de la matière organique, avec formation d'un horizon d'accumulation caractéristique.

Pollinisation : transport naturel ou artificiel du pollen sur le stigmate.

Pousses cycliques : croissance annuelle en hauteur, en deux ou plusieurs périodes, séparées par une période de repos du bourgeon terminal.

Pousses d'août : pousse cyclique dont l'une des périodes de croissance à lieu dans le courant de l'été.

Pousses de la Saint-Jean : pousse cyclique dont l'une des périodes de croissance a lieu au début de l'été.

Préexistants : dans une régénération naturelle, individus, souvent mal conformés, nés avant le déclenchement de la régénération (coupes secondaires) et s'étant développés sous faible éclairement.

Protandrie : maturité des fleurs mâles précédant celle des fleurs femelles.

Protogynie : maturité des fleurs femelles précédant celle des fleurs mâles.

Provenance : source de graines et, par extension, lieu de récolte de ces graines. Cela sous-entend peuplement homogène du point de vue écologique, année de forte fructification, graines récoltées sous au moins 20 arbres suffisamment éloignés pour ne pas être apparentés.

Pseudogley : horizon à hydromorphie temporaire. Les oxydes de fer ne passent à l'état ferreux que temporairement et reprécipitent en période sèche. Cet horizon est caractérisé par des plages décolorées d'où le fer a été entraîné et des plages d'oxydation où le fer s'est précipité sous forme ferrique.

Pycnide : conceptacle sporifère contenant des conidies chez certains champignons.

Rameaux anticipés : ramifications nées pendant la même saison de végétation que les bourgeons dont elles proviennent.

Ravageur : terme général appliqué aux insectes causes d'altération des plantes.

Résilience : énergie libérée par un corps soumis à une contrainte lorsque celle-ci ne s'exerce plus. Au cas particulier, énergie nécessaire pour fracturer une éprouvette par flexion dynamique, donnant une mesure de sa résistance au choc.

Rhytidome : écorce recouvrant la surface des tiges âgées et s'exfoliant ou non de manière diverse.

Rhyzomorphe : association de plusieurs hyphes mycéliens (voir hyphes).

Rostre : prolongement de la tête de certains insectes en forme de bec.

Semis : jeunes sujets issus de graines (hauteur < 40 cm) à tiges non ramifiées.

Sciaphile : qui tolère ou aime l'ombre.

Sélectivité : propriété d'un produit agropharmaceutique qui, utilisé dans des conditions d'emploi définies, permet de lutter contre les ennemis des cultures en épargnant les organes utiles.

Souiller (se) : pour certains gros animaux comme le sanglier, se rouler dans la boue pour se débarasser des parasites de toisons.

Spodique (structure) : zone d'accumulation des oxydes de fer, d'alumine, de silice et de matière organique caractérisée par la précipitation de ces différents constituants autour des grains de sable. Cet horizon ou cette structure sont caractéristiques de la podzolisation.

Sporange : organe produisant des spores endogènes.

Sporulation : mécanisme de formation des spores.

Stigmate : partie libre et terminale des carpelles, surmontant le style, et portant généralement des papilles. C'est sur le stigmate que se dépose et germe le grain de pollen;

Stylet : pièce buccale utilisée pour la perforation des végétaux chez certains insectes.

Suintement : faciès résultant de l'écoulement de la sève oxydée, modifiée par l'activité des microorganismes, sur le tronc des arbres.

Surface terrière : d'un arbre : surface de la section transversale de cet arbre à hauteur d'homme (1,30 m); d'un peuplement : somme des surfaces terrières de tous les arbres qui le composent (s'entend généralement ramenée à l'unité de surface).

Sympodique : à accroissement terminal s'arrêtant puis relayé par le développement de bourgeons axilaires.

Synergie : action conjuguée de deux ou plusieurs produits qui, associés, provoquent un effet supérieur à celui attendu de la superposition des propriétés de chacun des constituants pris isolément.

Syngénétique : se rapporte à la genèse et par extension à la dynamique des groupements végétaux.

Syphomycètes : classe des champignons regroupant les espèces à thalle cenocytique dépourvue de cloisons transversales.

Systémique : adjectif utilisé pour un fongicide, un herbicide ou un insecticide dont l'action se fait après absorption par la plante.

Tables de production : ce sont des tableaux qui condensent en données chiffrées l'évolution probable dans le temps des peuplements forestiers équiennes, classés par essence et par degré de fertilité des sols qui les portent.

Tarare : appareil de tamisage servant à séparer des particules de dimension différente.

Tigelle : petite tige issue du développement d'un embryon.

Tourbe blonde : tourbe (matière organique peu transformée) constituée essentiellement de sphaignes (tourbe acide).

Trigone : à trois côtés.

Turgescence : état d'une cellule à membranes dilatées par suite d'une forte pression osmotique interne.

« Velours » : terme utilisé pour désigner la peau qui recouvre les bois des cervidés au moment de leur croissance annuelle.

Verger à graines : plantation de clones ou de descendances sélectionnés gérée de façon à produire fréquemment et en abondance des semences faciles à récolter.

Vermiller : fouiller la terre du groin, pour rechercher larves, insectes, tubercules...Le vermillage laisse des traces très visibles en forêt : terre retournée sur 5 à 10 cm, touffes d'herbe bousculées... Souvent les traces de vermillage sont alignées, mais il arrive aussi que le terrain soit « labouré » en plein.

Xylophages : se dit des insectes qui se nourrissent du bois.

Zoospores : spores de certains espèces munies de flagelles permettant leur mobilité (ex. : mildiou de la vigne).

Fichier préparé par Nicolas Perrier, société 4P
Imprimé pour vous par Books On Demand (Allemagne)
Dépôt légal : novembre 2023